U0249651

内容提要

本教材根据园林专业课程体系设计框架结构，全书分为园林植物栽培养护基础、园林植物栽培、园林植物养护三篇，共十三章。园林植物栽培养护基础包括园林植物的生长发育规律、环境因子对园林植物生长发育的影响、园林植物的选择与生态配置三章；园林植物栽培包括园林树木的栽植、园林植物的露地栽培、园林植物的设施栽培、特殊立地环境的园林植物栽植四章；园林植物养护包括园林植物养护管理总论、园林植物的土水肥管理、园林植物的整形修剪、古树名木的养护与管理、园林植物的保护与管理、园林植物的其他养护与管理六章。

本教材可作为园林、观赏园艺、林学等相关专业本科教材使用，也可供相关专业教师与科技工作者参考。

普通高等教育农业部“十二五”规划教材
全国高等农林院校“十二五”规划教材

园林植物栽培养护

严贤春 主编

中国农业出版社

主　编　严贤春

副主编　潘远智　弓　弼

编　者　（按姓名笔画排列）

弓　弼（西北农林科技大学）

严贤春（西华师范大学）

李　杰（西南科技大学）

陆万香（西南大学）

郝燕燕（山西农业大学）

郭碧花（西华师范大学）

梁　艳（齐齐哈尔大学）

舒常庆（华中农业大学）

潘远智（四川农业大学）

魏开云（西南林业大学）

审　稿　陈其兵（四川农业大学）

秦　华（西南大学）

前　言

园林植物是园林绿化的主要材料。随着园林事业的发展，园林绿化设计与施工企业如雨后春笋般出现，由于重设计轻施工、重栽植轻养护等思想的存在，使得园林绿化很难达到预期目标。所以，园林绿化市场中需要一支技术精湛的栽植和养护队伍。

园林植物栽培养护是园林专业的重要专业课，是从事园林建设、城市林业、城市绿化工作的技术与管理人员必须掌握的一门课程。学好园林植物栽培养护对园林绿地的建设、施工、管理与养护等实践工作具有重要的意义，本教材就是顺应这一要求而编写的。

本教材内容体系可分为三篇，共十三章。

第一篇，园林植物栽培养护基础，包括园林植物的生长发育规律、环境因子对园林植物生长发育的影响、园林植物的选择与生态配置三章。

第二篇，园林植物栽培，包括园林树木的栽植、园林植物的露地栽培、园林植物的设施栽培、特殊立地环境的园林植物栽植四章。

第三篇，园林植物养护，包括园林植物养护管理总论、园林植物的土水肥管理、园林植物的整形修剪、古树名木的养护与管理、园林植物的保护与管理、园林植物的其他养护与管理六章。

本教材的编者来自全国不同院校，具有一定的代表性，基本反映了目前国内本学科的教学情况。编写人员的具体分工如下：严贤春编写绪论、第一章、第八章、第十三章；陆万香编写第二章；李杰编写第三章；弓弼编写第四章、第十章；潘远智编写第五章；梁艳编写第六章；魏开云编写第七章；郭碧花编写第九章；舒常庆编写第十一章；郝燕燕编写第十二章。李登飞负责全书插图电脑制作。

本教材为普通高等教育农业部“十二五”规划教材立项项目。教材在规划立项及编写过程中得到了农业部教材办公室、中国农业出版社高等教育教材出版分社以及各编者所在单位的大力支持，全体编者付出了艰辛劳动。教材编写过程中参考并引用了同行大量有价值的资料，在此一并表示感谢。

本教材可作为园林、观赏园艺、林学等专业本科教材使用，也可供有关专业教师与科技工作者参考。

编写一本适合园林专业本科教学使用的《园林植物栽培养护》教材是编写组成员的一致追求，我们为此作出了努力。但由于编者水平有限，书中错误和不妥之处在所难免，敬请广大读者及同行批评指正。

编　者

2013年2月

目　录

第二篇　园林植物栽培

第三篇 园林植物养护

绪　论

一、园林植物栽培养护的概念及内涵

园林植物是城市园林、城市绿化、风景名胜的主要组成成分。园林植物指能绿化、美化、净化环境，具有一定观赏价值、生态价值和经济价值，适于布置人们生活环境、丰富人们精神生活和维护生态平衡的栽培植物。时至今日，人们对园林植物的功能赋予了新的要求，不仅要求园林植物具有观赏功能，还要求具有改善环境、保护环境，以及恢复、维护生态平衡的功能。因此，园林植物不仅包括木本和草本的观花、观果、观叶和观姿的植物，也包括用于建立生态绿地的所有植物。随着科技的发展和社会的进步，园林植物的范畴将不断扩大。

园林植物栽培养护是研究园林植物的种植、养护与管理的学科。园林植物的栽植主要是指各类园林植物种植工程及施工作业，即将各类园林植物按照规划设计方案定植于绿地。园林植物的养护与管理主要是指对园林绿地上的各类园林植物进行灌溉、施肥、修剪、防治病虫害、看管维护等作业。

园林植物栽培养护的对象是城乡各类园林绿地、风景名胜区及相关景观中的各类园林植物，包括乔木、灌木、藤木以及草本植物等。园林植物既包括单株散生的植物，也包括以各种组团形式出现的群栽植物。

与园林植物栽培养护最为接近的是城市林业，城市林业是20世纪60年代中叶在北美出现的新兴学科，近年来在我国得到迅速的发展，它被定义为对城市所有植物的经营与管理，是林业的一个分支。从这个定义看，城市林业很容易在经营实践中与园林植物栽培养护相混淆，但前者是在宏观层面上对城市所有植物的经营实践，而园林植物栽培养护更强调对植物个体的栽植与养护，因此园林植物栽培可以看作是城市林业的一个组成部分。

从学科的归属来说，许多国家将园林植物栽培养护归入园艺学，因为从传统的概念来讲，多数园林植物是以观赏为目的，另外，园林植物栽培养护的理论与实践在很大程度上与园艺的管理相同；也有的认为园林植物栽培养护是林学或园林学科的一部分。不管如何划分归属，园林植物栽培养护都与这些学科有着密切的关系，它是从事园林建设、城市林业、城市绿化工作的技术与管理人员必须掌握的一门学科，学好园林植物栽培养护对园林绿地的建设、施工、管理与养护等实践工作具有重要的意义。

园林植物栽培养护属于应用学科范畴，在我国是园林专业、城市林业专业的主要专业课程之一。行业上则隶属于城市园林绿化管理部门。

园林植物栽培养护是一门实用性、综合性极强的学科，它以多门学科为基础。例如，为了选择适合的植物做出合理的配置，不仅需要植物学和植物分类学等方面的知识，还需要了解植物的生态习性。为了保证树木移植的成活率，必须全面了解树木的生理特性，选择适合的栽植方法与栽植时间。园林植物的修剪与整形是一项经常性的工作，它完全依赖于对树体结构与生长情况的了解，否则，不仅难以达到预期的效果，还会造成对植株的伤害。园林植物管理中的一个重要方面是植物的安全性问题，即需通过日常的监测与维护来避免有问题的植株对人群或财产造成损害。因此为了学好园林植物栽培养护，必须首先学习和掌握相关学科知识。

园林植物不同于森林中的植物，它们生长在居住地的周围或人们经常到达的地方，称为人类聚落中的伴人植物。它们的作用表现在景观、生态、游憩等多方面，因此人们对它们的要求完全不同于森林或旷野中的植物，希望它们在健康生长、保持完好形态的同时，能充分发挥人们所需求的各项功能，并希望它们能长期与人们相伴。但是植物是生命体，具有生长、发育、成熟、衰老的过程，在它们所处的环境中，不断出现影响植物生长的不利因素，而且随着植物的生长，个体之间的空间关系也随之发生改变，不可能永远停留在规划设计的模式状态，因此需要对它们不断地进行调整。

二、园林植物栽培养护的历史与现状

中国的园林植物和造园艺术对世界园林的发展作出了重大贡献，具有“世界园林之母”的美誉，其中在园林植物栽培养护方面也具有悠久的历史，积累了丰富的经验。我国最早栽培的是具有经济价值的果树、桑树和茶树。

《论语·八佾》中哀公问社于宰我，宰我对曰“夏后氏以松”，说明中华先民早在夏代就开始将松等植物应用于社坛的绿化栽植。

《诗经》（前11—前6世纪）中就有原产我国的桃、李、杏、梅、枣、板栗、榛等树种的记载。《诗经·陈风·东门之枌》载：“东门之枌，宛丘之栩。子仲之子，婆娑其下。”说明在殷周时代，人们已在村旁宅院种植树木，遮阴纳凉，欢乐歌舞。

在《史记·货殖列传》中描述果树栽培盛况：“燕秦千树栗，安邑千树枣，淮北荥阳河济之间千树梨，蜀汉江陵千树橘，其人与千户侯等。”吴王夫差在嘉兴建造会景园时，就已栽植花木。

《汉书·贾山传》记载：“秦为驰道于天下，东穷燕齐，南极吴楚，江湖之上，滨海之观毕至。道广五十步，三丈而树（秦制6尺为步，10尺为丈，每尺合今制27.65cm），厚筑其外，隐以金椎，树以青松。”可见秦时已将行道树种植在重要的交通主干道口。

关于树木栽培技术，北魏贾思勰撰写的《齐民要术》（533—534）中记载：“凡栽一切树木，欲记其阴阳，不令转易……大树髡之……小者不髡。先为深坑，内树讫，以水沃之，著土令如薄泥，东西南北摇之良久……然后下土坚筑……时时灌溉，常令润泽……埋之欲深，勿令挠动……凡栽树，正月为上时，二月为中时，三月为下时。然枣鸡口，槐兔目，桑虾蟆眼，榆负瘤散；自余杂木，鼠耳虻翅，各其时……”其意为栽树要记住其原有的阴阳面，不要改变，否则难以成活。大树要截冠栽植，防止风摇，小树可以不去冠。栽树时要深挖坑，注水和泥，四方摇动使根与土密接，回土踩实，经常灌水，覆土保湿。栽时宜深些，栽后防止摇动伤根。栽树的时间以正月（农历）最好，二月也可以，但不能迟于三月。不过枣树宜“鸡口”移，槐树宜“兔目”移，桑树宜“虾蟆眼”移，榆树宜“负瘤散”移，其余的杂木，有的要到“鼠耳”移，有的要到“虻翅”移，各有适宜的栽植时间（“鸡口”、“兔目”等均为叶芽绽开时的形态）。

唐代柳宗元在《种树郭橐驼传》中总结了一位驼背老人的种树经验，即“能顺木之天，以致其性”，“其本欲舒，其培欲平，其土欲故，其筑欲密。既然已，勿动勿虑。”即种树要根据树木的习性，并满足其习性要求，栽时要使树根舒展，尽量多用原来培育树苗的土，并要踏平，种好后，不能再去乱动。说明了适地适树、保证栽植质量对提高成活率的重要性。

明代《种树书》中载有：“种树无时，惟勿使树知。”“凡移树，不要伤根。须阔掘垜，不可去土，恐伤根。”“仍多以木扶之，恐风摇动其巅，则根摇，虽尺许之木，亦不活；根不摇，虽大可活。更茎上，无使枝叶繁，则不招风。”说明了树木栽植时期的选择、挖掘要求和栽后支撑的重要性。明代王象晋的《群芳谱》除叙述树木的形态特征外，还有树木栽培方法等记载。

清代汪灏的《广群芳谱》除天时谱外，分为谷谱、桑麻谱、蔬谱、茶谱、花谱、果谱、竹谱、卉谱、药谱、木谱十谱，园林植物分别列于花谱、果谱、木谱、竹谱、卉谱中，记述详细，体例醒目，为中外名著。

通览古代涉及栽培的相关文献，我国园林植物栽培历史久远，栽培理论与技术已达相当高的水平。古人遗留下来的有关园林植物栽培养护的许多宝贵经验一直沿用至今，指导着今天的园林植物栽培养护实践。

20 世纪 20～40 年代，我国对园林植物的许多研究主要在森林植物方面，侧重在植物特性与植物分类。当时经济不发达、城市人口很少，城市绿地的建设也十分落后，对园林植物的养护主要是在一些私家庭院和城市公园。当时的私家庭院主要有两类：一类为我国传统园林格局基础上的历史遗留，如江南园林等，已处在衰落的阶段；另一类则为当时新兴的以西方园林为模式的私家花园，如上海、天津、青岛、厦门等曾有殖民租界，达官和富商云集，有过占地面积较大的私家庭园。1949 年的资料表明，上海市私家庭园共占地 143hm^2，为同期公共绿地的 2.18 倍，这些庭园基本上以常绿乔木植物为主，辅以少数落叶植物构成群落的主体，在树冠以外的空间种植一些观果、观花灌木，树冠以下栽植半耐阴或耐阴的灌木及草本植物。另外，城市公共绿地或城市公园也大多是模仿西方的园林布局，如上海英国园林风格的中山公园，法式园林风格的淮海公园等，其中的树木一般都得到了很好的养护。但总体上来说城市绿地树木的养护管理一直处于落后的状况。

新中国成立后，中央政府把城市建设列为重要的建设内容，在明文规定的 11 项建设内容中，城市的公园和绿地属于第五项。当时毛泽东主席提出了“绿化祖国”的号召，在全国兴起植树造林的高潮，各地建立的植物园、树木园为今后对园林植物的研究提供了基础。

20 世纪 50 年代初，在绿化北京展览馆时，采用了大树布置园林。杭州在 1954 年以后的几年中，在连续扩建花港观鱼、平湖秋月、柳浪闻莺和玉泉等著名风景区时，移栽了20～50 年生的天竺桂、七叶树、香樟、桂花、银杏、马尾松、雪松、紫薇、广玉兰等。上海历史博物馆绿化时，将干径 43～55cm、高 10.6～12.0m、土球直径 3.7m、重 20t 以上的大广玉兰移栽成活。

随着园林事业的逐步恢复和发展，许多城市进行了园林植物及其栽培技术的调查，加强了古树名木的研究与保护。在园林植物的选择上，更加重视适地适树，加强了乡土植物的开发与应用，逐渐向体现地域特征和城市植物多样性的方向发展。在园林绿化功能方面，更加重视园林植物的生态效益。在栽培与养护技术方面，开始引进树木移栽机进行种植工程施工；并且注意改进地面铺装，进行合理的根区环境改良；在大树移植、科学施肥、树洞填充与修补、树木复壮等方面的研究都取得了重要成果。

城市绿化高潮的真正到来则是在20世纪70～80年代，国家颁布了一系列有关的政策与法规来加强城市绿化建设。1979年国家城市建设总局发布了《关于加强城市园林绿化工作的意见》，该意见对城市绿化的指导主要表现在三个方面：①在园林绿化建设条款中提出了量化指标，如公共绿地1985年达到人均4m²，2000年达到6～10m²；新建城市绿地面积不得低于城市用地总面积的30%等。②明确提出按经济规律办事、改善经营管理。③建立健全技术责任制，把技术管理工作提高到应有位置。园林部门对城市树木生长衰老的原因开展了细致的研究，通过解决土壤通气问题，挽救了许多园林树木，特别是古树名木。同时采用土壤分析和叶面分析等方法准确了解衰老树木的营养状况。从多方面、多角度综合对衰老树木进行复壮，包括土壤施肥、叶面喷肥和树木打针输液等技术。

1992年6月22日国务院以第100号令发布《城市绿化条例》，标志着我国的城市绿化工作步入了以法建设的新阶段。该条例强调了城市绿化工程设计的一项主要原则，就是以园林植物材料为主要内容，用植物材料来满足生态环境建设和构成优美景观的功能，各类绿地共同构成城市绿化的全部内容，最终构成城市的整个绿地系统。几乎在《城市绿化条例》公布的同期，建设部提出了在全国范围内创建园林城市的活动，从而进一步推动了城市绿化建设的进程，这些都对园林植物栽培与养护管理提出了更高的要求。

最近二三十年，得益于改革开放的方针政策，对外交流不断扩大，国民经济迅速发展，国家财力不断增强，特别是各级政府和广大人民群众对园林绿化事业认识的提高，进一步促进了园林植物栽培养护理论的创新和技术的进步。

我国的园林工作者在原有容器育苗技术的基础上，引进吸收国外先进的容器育苗技术，尤其是大苗容器培育技术，生产的容器苗木为园林植物的移栽提供了便利条件，在短时间内能达到快速绿化效果。容器苗木减少了起苗、打包等移栽过程中人力、物力的消耗，可使苗木移栽的成活率几乎达到100%。容器苗木的培育及栽植技术的研究与推广，是今后园林植物栽培的发展方向之一。

实现园林植物栽培养护的机械化是园林绿化建设的必由之路。目前，在种植工程机械化施工方面，主要是在大树移栽机械设备方面已经有了初步进展。树木移栽机是一种自我推进、安装在卡车上的机器，可以挖坑、运输和栽植胸径17～21cm的大树。可以在很短的时间内挖出土球，而且可以吊装、运输带土球的树木，并将其移栽到预先挖好的种植穴内。

根据不同植物的生理生态特性、发育期，以及土壤、气候等因素对植物的影响，进行园林植物配方施肥和定量灌溉，是园林植物养护管理科学化的重要内容。目前，我国对这方面的研究还不够重视，不能做到科学施肥和科学灌溉。这不仅影响了园林植物的正常生长发育，同时也浪费了大量的资源，增加了养护管理成本。

在非适宜季节栽植中，为了提高阔叶植物带叶栽植的成活率，目前已经较多地使用抗蒸腾剂（抗干燥剂）。较好的抗蒸腾剂具有持效期较长、不易堵塞喷头、冬天不冻结等特点。一些新研制的抗蒸腾剂经适当稀释后喷在植株上，形成一层柔软而不明显的薄膜，不破裂，耐冲洗，可透过氧气和二氧化碳，并可阻止水汽的扩散，还具有刺激植物生长和防晒等作用。

此外，一些植物生长调节剂通过叶片吸收进入树体，进而运输到迅速生长的梢端后，幼嫩细胞虽可继续增大，但细胞分裂速度减缓或停止，从而使植物生长变慢，并保持树体的健康状况。利用植物生长调节剂，调节植物生长、控制植物株型，形成化学修剪技术，是植株整形修剪技术体系的重要组成部分，也有着广阔的应用前景。

在树洞处理上，近年来已有许多新型材料用于填充，其中聚氨酯泡沫是一种最新的材料。这种材料强韧，稍具弹性，对边材和心材有良好的黏着力，容易灌注，膨化和固化迅速，并可与多种杀菌剂混合使用。在树洞填充和伤口处理的养护中，应当更多地推广使用美观、实用、低成本的材料和技术。

客观地说，我国在园林植物管护方面仍然落后于国际先进水平，主要表现在对园林植物栽培养护的深入研究不足，且往往只注重种植而忽视养护，日常的养护工作也不够规范，多数城市缺乏合格的专业管护人员，特别是园林植物养护的技术工人。在园林专业教学方面也常常偏重于园林规划设计理论与实践，相对轻视了园林植物养护知识的传授。因此，在国际上已十分关注的一些研究领域，如园林植物的安全性管理、基于植株机械强度的受损树木修补、铺装地面植物栽植以及植物问题诊断等方面基本无系统的研究。当前我国城市化已进入高速发展阶段，在城市环境建设越来越需要各类园林植物的今天，更加关注植物的管理养护应成为城市绿化事业发展的必然。

从城市园林绿化建设发展趋势来看，今后城市绿化会向着生物多样性方向发展，人工植物群落的设计与应用将成为一种潮流。更多的植物种类将加入到园林植物行列中来，更丰富的园林植物景观将在人居环境中营建，从而对园林植物栽培养护提出了更高的要求，同时也为园林工作者发挥自己的聪明才智提供了更广阔的发展空间。

目前，国际上园林植物栽培养护的主要研究与实践着重在以下几个方面：

①植物的生理研究：如城市环境中受各种因素胁迫条件下的植物生理反应，微量元素缺乏、城市土壤碱化、环境污染等对植物生长的影响。

②建筑、施工对城市植物根系的影响：许多城市基础设施的施工常破坏植物根系的生长环境，有的直接损伤根系，如何减少损伤、促使根系恢复是需要着重研究的课题。

③园林植物对城市各类设施的影响及其预防：如树木根系对地下设施的破坏、树木对建筑物的损害等已成为主要的研究内容。

④受损植物的处理以及植物的安全管理：包括对受损伤植物安全性的检测，对有问题树木的诊断与治疗。如德国的树艺学家 Mattheck 建立的 VTS 方法（visual tree assessment），即通过望诊来判断树木的问题，并建立树木力学（tree mechanics）来计算树木的受力情况。

⑤提高植物移植成活率的技术：植物移植是园林管理中的一项经常性工作，提高成活率的关键在于注重种植技术、设备及栽植后的养护与管理。

⑥植物修剪、整形的技术规范：通过对植株结构、功能与生理的研究制订科学合理的修剪技术，确保植株的生长不受影响。

⑦园林植物的价位问题：研究计算城市园林植物经济价位的合理方法。

⑧园林植物病虫害综合治理：减少农药的使用，采用环境友好型农药施用技术（environmental friendly method）以及生物防治技术。

⑨园林植物施肥方面：近年来已研究了肥料新类型和施肥新方法，其中微孔释放袋就是其中的代表之一，树木营养钉可以用普通木工锤打入土壤，其施肥速率比打孔施肥快 2～5 倍。

当前国际上植物栽培的研究与实践活动十分活跃，有许多学术组织。最著名的有美国的国际树艺学会（International Society of Arboriculture，ISA），出版杂志 Journal of Arboriculture 和 Aborist News，主要发表有关树木养护与城市林业方面的专业文章及相关信息；英国的树艺学会（Arboriculture Association），出版杂志 Arboricultural Journal，综观植物栽培与养护的实践。在互联网已十分发达的今天，可以通过网络了解有关园林植物养护方面的知识与动态，以便学习园林植物栽培知识。

三、园林植物栽培养护的意义

园林植物是城市环境的主要生物资源，具有绿化、美化和净化环境的功能，对人居环境的作用主要表现在改善小气候、降低大气中的污染物、节约能源消耗、为野生动物提供生存条件等。城市园林绿化建设是一种与城市化进程相对立的“再建自然”的过程。所谓“再建自然”，就是利用植物材料自身特有的生态功能，构建科学合理的可持续发展的城市生态系统。园林植物来源于自然，应用于“再建自然”，既是人居环境建设的需要，也是植物自身的应有作用。

园林植物栽培与养护水平直接关系到园林植物在园林绿化建设中作用的发挥，直接影响园林植物的应用效果和价值体现。为了保证所配置的园林植物成活，同时要使选择的园林植物发挥其应有的作用，需要了解植物的生理生态特性，选择适合栽植的时间，应用科学合理的栽植方法。在掌握园林植物形态特性和生长发育规律的基础上，对园林植物进行整形与修剪，才能充分体现园林的美学价值和植物的生态功能。由于园林植物生长在人口密集和硬质的道路、建筑环境之中，更加需要精心养护，加强水肥管理。园林植物所涉及的管护技术措施，与相关学科的知识联系紧密。园林绿地中的任何植物受到各种危害时，其诊断、治理、修复则是理论性和专业性都很强的工作，只有充分了解植物的结构及生理特性，才能做出科学的判断，采取适当的措施。事实表明，当树木花草的种植不再是一家一户的个人行为，不再是一棵一株的简单劳作，而是作为一项城市建设事业时，掌握园林植物栽培与养护管理的科学知识，就成为园林从业人员必须具备的重要业务素质之一。

四、园林植物栽培养护的研究内容与学习方法

园林植物栽培养护主要研究园林植物的移栽定植和养护管理的理论与技术。它以植物学、气象学、土壤学、植物生理学、遗传学、育种学、花卉学、园林树木学、园林苗圃学及植物病理学等为基础，是园林专业的一门专业课程。

园林植物栽培养护是农业科学中植物栽培学的一个分支，它与其他植物栽培学有一定的区别。其他的植物栽培学，如蔬菜栽培学、果树栽培学、作物栽培学、森林培育学等一般都以直接生产某种形式的物质产品为主要目的，而园林植物栽培养护则是以发挥植物改善生态环境和人们精神生活的功能为主，这些功能既有物质的，又有精神的。特别是在思想感情和美学方面会受到人们意识形态和不同民族、不同时代的美学观念影响。园林植物也具有直接利用产品的功能，但这是次要的。

园林植物栽培养护所研究的对象和有关理论与技术，比其他植物栽培学范围广。园林植物涉及乔木、灌木、藤木、多年生草本、一二年生草本等种类。而蔬菜、果树、粮食、木材等所涉及的植物种类和类型则不及园林植物那样丰富。相应的园林植物栽培养护管理理论与技术涉及的范围也就更为广泛，例如，同样是树木，从木材生产的角度看，已经衰老和开始腐朽的树木就不再具有产品生产的价值，需要在其衰老和腐朽之前砍伐利用。然而从园林植

物栽培与养护的角度看，园林树木，特别是其中的古树名木，不仅具有观赏价值和科学价值，而且是一个地区历史风貌和文明发展的象征，古树名木作为旅游资源在供游人观赏的同时，还体现出其间接的经济价值。为此需要加强相关理论与技术的研究，认真做好养护管理工作，采取科学的技术措施促使其复壮，延长其生命周期。

园林植物栽培养护的特点可以概括为以下几点：

（1）植物因生长发育而发生个体的变化　植物与周围环境的平衡随生长而不断被打破，当然植物能通过自身的调节来达到新的平衡，但在人工化的环境中则经常需要通过各种养护措施来使其恢复，并且不断地调整养护目标与措施。如在植物的幼年迅速生长期，养护的主要目标是促使植株形成良好的株型结构，保持良好的生长环境；植物达到成年时，重点是保持植物的完好株型和稳定的生长环境；同时必须随时关注造成植株衰退死亡的各种因素，避免植株过早进入衰退期，尽量延长植物的生命。

（2）植物养护是一个长期的过程　园林树木的寿命较长，在一个地方长时间生长，经常会受到某种胁迫或干扰，如修剪、病虫害、气候条件的异常以及人为活动等，都有可能构成对其生长不利的影响，因此树木的养护应贯穿其整个生命过程。

（3）植物养护是以其健康为原则　所有植物养护与管理的实践都是为了确保植物的健康生长，因此在具体运用植物养护方法时，必须针对不同的植物种类、个体、立地条件而做适当的调整，各地应有适合当地环境的植物养护规范。

（4）对植物养护应持慎重的态度　这一点十分重要，因为任何失误都有可能难以弥补。例如，错误的修剪对植株带来的伤害可能是巨大的、长期的，甚至是无法弥补的。

（5）选择合适的植物、栽植高质量的苗木是养护的基础　选择合适的植物的基本点是适地适树，因为任何植物一旦栽植在不适宜其生长的立地环境中，很难通过管护来获得健康的植株，而没有优质的苗木作基础，多数情况下也无法达到预期的养护目标。

园林植物栽培养护的任务是服务于园林建设实践，它从园林植物与环境之间的关系出发，在调节控制二者之间的关系上发挥作用。因此，既要充分发挥园林植物的生态适应性，又要根据栽植地的立地条件和园林植物的生长状况与功能要求，实行科学管理。既要最大限度地利用环境资源，又要适时调节园林植物与环境的关系，使其正常生长，充分发挥其改善环境、游憩观赏和经济生产的综合效益，促进生态系统的动态平衡，使园林植物栽培更趋合理，养护管理取得事半功倍的效果。

园林植物栽培养护研究的对象是即将栽植和正在生长的园林植物。研究的内容包括园林植物生长发育的基本规律，园林植物栽植成活的理论与技术，栽植后的园林植物的管理和灾害的防治等。

学习园林植物栽培养护必须树立辩证唯物主义观点，认识到园林植物的生存和生态环境有着密切的关系，从而科学地加以控制、促进和调节。园林植物栽培养护是实践性很强的应用学科，所以在学习方法上必须做到多看、多做、多问、多想、多记。“多看”是指多看书、多观察，了解园林植物栽培养护的历史和现状，掌握栽培的理论与技术原理；“多做”是指理论联系实际，不断总结和吸收历史和现实的栽培养护经验与教训，勤于实践，在实践中学习，在学习理论的同时，提高动手能力；“多问”是指善于向他人学习，特别是那些具有实践经验的园林工作者，他们多年的经验是非常宝贵的财富，应该虚心向他们学习，不断地向他们求教；“多想”是指对所看到的园林植物栽培养护技术措施，应该进行分析归纳；“多记”是把所观察到的园林植物生长发育规律及栽培养护技术记载下来，并进行分析总结。只有这样，才能学习好园林植物栽培养护的理论，掌握实践技术，培养分析问题和解决问题的能力。

复习思考题

1. 试述园林植物在园林绿地建设中的重要作用。
2. 园林植物栽培养护包括哪些内容?
3. 怎样才能学好园林植物栽培养护课程?
4. 学习园林植物栽培养护的意义是什么?

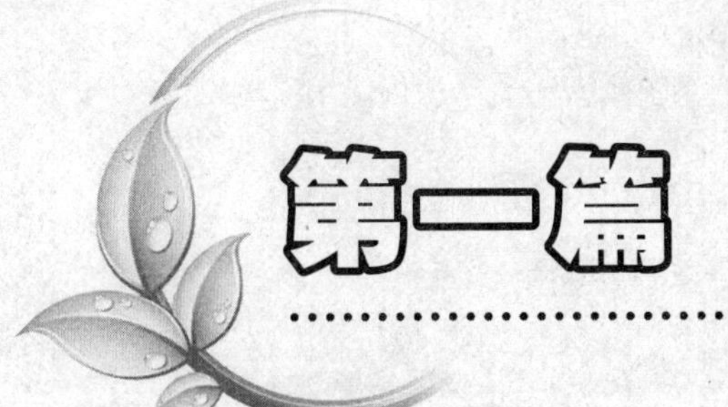

第一篇

园林植物栽培养护基础

第一章　园林植物的生长发育规律

【本章提要】园林植物的生长发育规律是园林植物栽培养护管理的基础。本章重点介绍园林植物根、茎、叶、花、果等各个器官的特性和生长发育规律，植物整体性及器官生长发育的相关性；园林植物一生中的生长发育规律；园林植物一年中的生长发育规律及物候特性。

生长发育是植物共有的现象之一。生长与发育是两个相关而又不同的概念，虽然二者经常连用，但其含义有本质不同。生长表现在形态解剖上是细胞、组织和器官通过细胞分裂、扩大和分化，导致体积和重量不可逆的增加，是量变的过程；发育是建立在细胞、组织和器官分化基础上的结构和功能的变化，卵细胞从受精形成合子开始，经过开花、结实直到个体死亡为止，这是生命过程的质变，难以用简单的数字来表达。生长是一切生理代谢的基础，而发育必须建立在生长的基础上，是植物的性成熟，是细胞中质的变化。生长和发育是植物生命活动中相互依存、相互制约、对立统一的两个方面。所以，园林植物的生长和发育是两个既相关又有区别的概念，尤其是植物进入开花结实期后，常将两者连用。

园林植物的生长和发育是紧密相连的，体现于整个生命活动过程中，它不仅受植物遗传基因的支配控制，还受环境条件的影响。植物营养器官与生殖器官的反复转化叫发育周期，园林植物的发育周期大体分为生命周期和年发育周期。

园林植物在漫长的历史发展过程中，逐步形成了自身的生长发育规律。认识园林植物的生长发育规律，可以人为调节与控制其生长发育的速度和方向，科学指导生产实践，克服盲目性，充分发挥园林植物的综合作用。

第一节　园林植物的器官及其生长发育

园林植物是由多种不同器官组成的一个统一体，如树木一般由根、树干（或藤本植物的枝蔓）和树冠等主要器官构成，树冠包括枝、叶、花、果等。习惯上将树干和树冠称为地上部分，将根称为地下部分，而地上部分与地下部分的交界处称为根颈。不同类型的园林植物，如乔木、灌木、藤木或草本，它们的结构又各有特点，这决定了园林植物在生长发育规律和园林应用中的功能性差异。植物在生命过程中，始终存在着地上部分与地下部分、生长与发育、衰老与更新、整体与局部等之间的矛盾。了解和掌握园林植物的结构与功能、器官的生长发育、各器官之间的关系以及个体生长发育规律，是实现园林植物科学栽培养护的基础。

一、根系及其生长发育

根是植物的重要器官，根系是一个植株所有根的集合。根是植物生长在地下部分的营养器官，其顶端具有很强的分生能力，并能不断发生侧根，形成庞大的根系，有效地发挥吸收、固着、输导、合成、储藏和繁殖等功能。“根深叶茂”不仅客观地反映出了园林植物地下部分与地上部分密切相关，也是对园林植物生长发育规律和栽培经验的总结。

（一）根系的类型与结构

1. 园林植物根系的类型 根据根系的发生及来源，园林植物的根可分为实生根、茎源根和根蘖根三个基本类型。

（1）实生根 通过实生繁殖的园林植物，根由种子的胚根发育而来，称为实生根。实生根的一般特点主要表现为主根发达，分布较深，固着能力好，阶段发育年龄幼，吸收力强，生活力强，对外界环境的适应能力较强，个体间差异较大。

（2）茎源根 由植物枝蔓通过扦插、压条等繁殖方式形成的个体，其根系来源于茎上的不定根，称为茎源根。茎源根的主要特点是主根不明显，须根特别发达，根系分布较浅，固着性较差，阶段发育年龄老，生活力差，对外界环境的适应能力相对较弱，个体差异较小。

（3）根蘖根 有些园林植物能从根上发生不定芽进而形成根蘖苗，与母株分离后形成独立个体，其根系称为根蘖根。根蘖根的主要特点与茎源根相似。

2. 园林植物根系的组成结构 完整的根系包括主根、侧根、须根和根毛（图1-1）。主根是由种子的胚根发育而成，主根上产生的各级较粗大的分支称为侧根，主根和侧根构成根系的主要骨架，所以又叫骨干根。在各级骨干根上形成的较细的根称为须根，一般直径小于2.5mm，是根系中最活跃的部分，根系的吸收、合成、分泌、输导等主要生理功能都体现在须根上。根毛则是须根吸收根上根毛区表皮细胞形成的管状突起物，其特点是数量多、密度大，$1mm^2$ 表面能着生600多个根毛。根毛的寿命很短，一般在几天或几周内即随吸收根的死亡及生长根的木栓化而死亡。

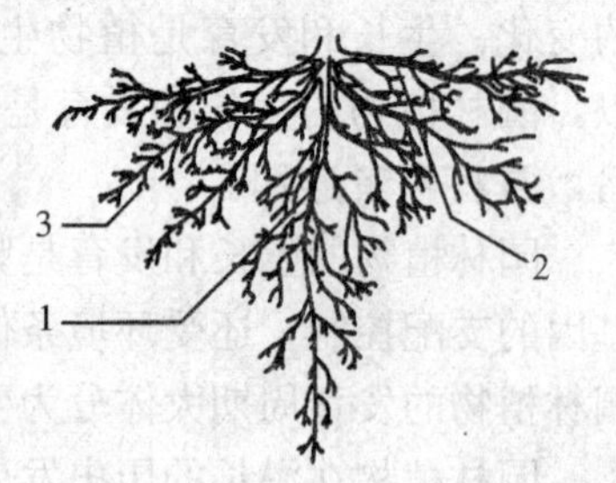

图1-1 树木根系结构图
1. 主根 2. 侧根 3. 须根

根据须根的形态结构及功能又可将其分为生长根、吸收根、过渡根和输导根四种类型。

（1）生长根 生长根又称轴根，是初生结构的根，无次生结构，但可转化为次生结构。生长根具有较大的分生区，分生能力强，生长快，在整个根系中长且粗，并具有一定的吸收能力，其主要作用是促进根系的延长，扩大根系分布范围并形成吸收根。生长根的不同生长特性使园林植物发育成各种不同类型的根系。

（2）吸收根 吸收根又称营养根，是着生在生长根上无分生能力的细小根，也是初生结构，一般不能变成次生结构。吸收根上常布满根毛，具有很高的生理活性，其主要功能是从土壤中吸收水分和矿物质。在根系生长最好时期，其数目可占植株根系的90%或更多。吸收根的长度通常为0.1～4mm，粗度0.3～1mm，但寿命比较短，一般在15～25d。吸收根的数量、寿命及活性与树体营养状况关系极为密切，通过加强水肥管理，可以促进吸收根的发生，提高其活性，是保证园林植物良好生长的基础。

(3) 过渡根　过渡根多数是由吸收根转变而来，多数过渡根经过一定时间由于根系的自疏而死亡，少数过渡根由生长根形成，经过一定时期后开始转变为次生结构，变成输导根。

(4) 输导根　输导根是次生结构，主要来源于生长根，随着年龄的增大而逐年加粗变成骨干根。它的功能主要是输导水分和营养物质，并起固着作用。

(二) 根系的分布

根系在土壤中的分布格局因植物和土壤条件而异，根据不同植物的特点主要有垂直分布和水平分布两种类型。

1. 垂直分布　植物的根系大体沿着与土层垂直的方向向下生长，这类根系叫作垂直根。垂直根多数是沿着土壤缝隙和生物通道垂直向下延伸，入土深度取决于土层厚度及理化特性。在土质疏松、通气良好、水分养分充足的土壤中，垂直根发育良好，入土深；而在地下水位高或土壤下层有砾石层等不利条件下，垂直根向下发展会受到明显限制。垂直根能将植株固定于土壤中，从较深的土层中吸收水分和矿质元素。

不同植物根系的垂直分布范围不同，通常树冠高度是根系分布深度的2～3倍。在适宜的土壤条件下，树木的多数根集中分布在地下40～80cm范围内，具吸收功能的根，则分布在20cm左右的土层中。就树种而言，根系在地下分布的深浅差异很大。有些树木，如直根系和多数乔木树种，它们的根系垂直向下生长特别旺盛，根系分布较深，常被称为深根性树种；主根不发达，侧根水平方向生长旺盛，大部分根系分布于上层土壤的树木，如部分须根系和灌木树种，则被称为浅根性树种。深根性树种能更充分地吸收利用土壤深处的水分和养分，耐旱、抗风能力较强，但起苗、移栽难度大。生产上多通过移栽、截根等措施，来抑制主根的垂直向下生长，以保证栽植成活率。浅根性树种则起苗、移栽相对容易，并能适应含水量较高的土壤条件，但抗旱、抗风及与杂草竞争力较弱。

部分树木根系因分布太浅，随着根的不断生长挤压，会使近地层土壤疏松，并向上凸起，容易造成路面的破坏。园林生产上，可以将深根性与浅根性树种进行混交，利用它们根系分布的差异性，达到充分利用地下空间及水分和养分的目的。在对园林树木施基肥时，应尽量施在根系集中分布层以下，以促进根系向土壤深层发展。

2. 水平分布　树木的根系沿着土壤表层几乎呈平行状态向四周横向发展，这类根系叫作水平根。根系的水平分布一般要超出树冠投影范围，甚至可达到树冠的2～3倍。因此，对园林树木施肥时，要施到树冠投影的外围。水平根大多数占据着肥沃的耕作层，须根很多，吸收功能强，对树木地上部的营养供应起着极为重要的作用。在水平根系的区域内，由于土壤微生物数量大、活力高，营养元素的转化、吸收和运转快，容易出现局部营养元素缺乏，应注意及时加以补充。

根系在土壤中的分布状况除取决于树种外，还受土壤条件、栽培技术措施及树龄等因素影响。许多树木的根系，在土壤水分、养分、通气状况良好的情况下，生长密集，水平分布较窄；而在土层浅、干旱、养分贫瘠的土壤中，根系稀疏，单根分布深远，有些根甚至能在岩石缝隙内穿行生长。采用扦插、压条等方法繁殖的苗木，根系分布较实生苗浅。树木在青、壮年时期，根系分布范围最广。此外，由于树根有明显的趋肥、趋水特性，在栽培管理上，应提倡深耕改土，施肥要达到一定深度，诱导根系向下生长，防止根系上翻，以提高树木的适应性。

（三）根系的功能

根是植物适应陆地生活逐渐形成的器官，在植物的生长发育中主要发挥吸收、固着、支持、输导、合成、储藏和繁殖等功能。

1. 根系的吸收功能 根系的主要功能是吸收作用，它能吸收土壤中的水分、无机盐类和二氧化碳。植物生长发育所需要的各种营养物质，除少部分可通过叶片、幼嫩枝条和茎吸收外，大部分都要通过根系从土壤中吸收。根系是植物的主要吸收器官，但并不是根的各部分都有吸收功能。无论是对水分的吸收还是对矿物质的吸收，其吸收功能主要在根尖部位，而且以根毛区的吸收能力最强。根毛区的大量根毛既增大了吸收面积，由纤维素和果胶质组成的细胞壁黏性和亲水性强，也有利于对水分和营养物质的吸收。在移植苗木时应尽量少损伤细根，保持苗木根系的吸收功能，有利于提高苗木的成活率。

有些园林树木的根系能分泌有机和无机化合物，以液态或气态形式排入土壤。多数植物的根系分泌物有利于溶解土壤养分，或者有利于土壤微生物的活动以加速养分转化，改善土壤结构，提高养分的有效性。有些植物的根系分泌物能抑制其他植物的生长而为自身保持较大的生存空间，也有一些植物的根系分泌物对自身有害，因此在园林植物栽培与管理中，不仅要在换茬更新时考虑前茬植物的影响，也要考虑植物混交时的相互关系，通过栽植前的深翻和施肥等措施加以调节和改造。

2. 根系的固着和支持作用 园林树木庞大的地上部分能抵御风、雨、冰、雪、雹等灾害的侵袭，就是由于植物发达的、深入土壤的庞大根系所起的固着与支持作用，根内牢固的机械组织和维管组织是根系固着和支持作用的基础。在大树移栽作业中，由于根系受到了伤害，原来的根系与移栽地土壤没有密切结合，容易活动，栽植后一定要进行树体的支撑和固定。

3. 根系的输导和合成功能 由根毛、表皮吸收的水分和无机盐，通过根部导管运送到枝，而叶制造的有机养料经过茎的韧皮部输送到根，然后输送到根的各个部分，以维持根系生长的需要。根系也可以利用其吸收和输导的各种原料合成某些物质，如多种氨基酸、生长激素和生物碱等。

4. 根系的储藏和繁殖功能 许多园林树木的根内具有发达的薄壁组织，是树木储藏有机和无机营养物质的重要器官，特别是秋冬季节，树木在落叶前后将叶片合成的有机养分大量向地下转运，储藏到根系中，翌年早春又向上回流到枝条，供应树木早期生长所需要的养分。所以，园林树木的根系是其冬季休眠期的营养储备库，骨干根中储藏的有机物质可以占到根系鲜重的12%～15%。根内储藏的大量养分也供树木移植后恢复生长发育。

许多园林树木的根系具有较强繁殖能力，其根部能产生不定芽形成新的植株，尤以阔叶树木和大多数灌木植物产生不定芽的能力较强。多数树木在根部伤口处更容易形成不定芽，利用树木根部产生不定芽的能力和特性，可采用根插、根蘖分生等方法进行园林树木的营养繁殖，特别是对于一些种子繁殖困难或种子产量很低的植物来说，除了用枝条进行营养繁殖外，用根繁殖也是一条重要途径，而且有些园林树木用根繁殖比用枝条繁殖更容易。

（四）影响根系生长的因素

植物根系的生长没有自然休眠期，只要条件适宜，就可全年生长或随时由停滞状态迅速过渡到生长状态。根系生长与体内的营养物质和外部的环境条件有极其密切的关系。

1. 体内的有机养分 根系生长、水分和营养物质的吸收以及有机物质的合成，都有赖于植物体供应糖分。因此，在土壤条件良好时，植物根群的总量主要取决于地上部输送的有机物质数量。当结果过多或叶片受到损害时，有机营养供应不足，根系生长会受到明显抑制，此时即使加强施肥，也难以改善根系生长状况。如果采用疏果措施减少消耗，或通过保叶改善叶的机能，则能明显促进根系的生长发育，这种效果不是施肥所能代替的。

2. 土壤温度 根系活动与温度有密切的关系，温度主要影响根系的活性。在低温条件下水的扩散速度变慢，因而影响其吸收率。而且在低温条件下，原生质黏性大，有时呈凝胶状态，根的生理活动减弱。土温过高也能造成根系的灼伤与死亡。

不同树种开始发根所需的土温不同。一般原产温带寒地的落叶树木发根需要温度低，而热带亚热带树种所需温度较高。根的生长有最佳温度和上、下限温度。一般根系生长的最佳温度为15～20℃，上限温度为40℃，下限温度为5～10℃。温度过高或过低对根系生长都不利，甚至会造成伤害。由于不同深度土壤的土温随季节变化，分布在不同土层中的根系活动也不同。以我国长江流域为例，早春土壤解冻后，离地表30cm以内的土层土温上升较快，温度也适宜，根系活动较强烈；夏季表层土温过高，30cm以下土层温度较适合，根系较活跃。90cm以下土层周年温度变化较小，根系长年都能生长，所以冬季根的活动以下层为主。

3. 土壤水分 根系生长既需要充足的水分，又需要良好的通气。

通常最适于植物根系生长的土壤含水量为土壤最大田间持水量的60%～80%。当土壤水分降低到某一限度时，即使温度、通气状况及其他因子都适宜，根系也停止生长。在干旱的情况下，根的木栓化加速，并且自疏现象加重，严重缺水时叶子会夺取根部的水分，这样根系不仅停止生长和吸收，甚至死亡。适度干旱、缺肥可以促进根系生长，扩大根系的吸收范围。

土壤水分过多也不利于根系的生长。水分过多则通气不良，植物在缺氧情况下不能进行正常的呼吸和其他生理活动，导致根系停长甚至烂根死亡。同时二氧化碳和其他有害气体在根系周围积累，当达到一定程度时，就可能引起根系中毒。

4. 土壤通气状况 土壤通气状况对根系生长影响很大。在通气良好条件下，根系密度大，分支多，须根也多。通气不良时，发根少，生长缓慢或停止，易引起树木生长不良和早衰。城市由于铺装地面多、市政工程施工夯实以及人流踩踏频繁，造成土壤坚实，影响根系的伸展。城市环境中的这类土壤内外气体交换不畅，易引起有害气体（二氧化碳等）积累，影响根系生长并对根系造成伤害。

在植物栽培中，除了考虑土壤中空气的含量外，更要注重土壤孔隙度或非毛管孔隙度。孔隙度低，土壤气体交换恶化，植物根系一般生长不良。为保证树木正常生长，土壤孔隙度要求在10%以上。

5. 土壤营养条件 在一般土壤条件下，土壤养分状况不至于使根系处于完全不能生长的程度，所以土壤营养不会像温度、水分、通气那样成为限制根系生长的因素。但土壤营养可影响根系的质量，如发达程度、细根密度、生长时间的长短等。根总是向肥多的地方生长。在肥沃的土壤中根系发达，细根密，活动时间长；在瘠薄的土壤中，根系生长瘦弱，细根稀少，生长时间较短。生产上施用有机肥可促进树木吸收根的发生，适当增施无机肥对根系的发育也有好处。如施氮肥促进树木根系的发育，主要是通过增加叶片糖分及生长促进物质的形成而实现的。但是过量施用氮肥会引起枝叶徒长，反而会削弱根系的生长。磷也能促进根系的发育，这是由于其促进枝叶的生长机能而产生的间接效果。其他微量元素，如硼、锰等对根系生长都有良好的影响。但在土壤通气不良的情况下，有些元素会转变成有害的离子（如铁、锰会被还原为 Fe^{2+} 和 Mn^{2+}，提高了土壤溶液的浓度），使根受害。

根的生长与功能的发挥还依赖于地上部分所供应的糖分。土壤条件适宜时，根的总量取决于树体有机养分的多少。叶受害或结实过多，根的生长就受阻，即使施肥，也难以很快见效，需要通过保叶或疏果来改善根的生长状况。

6. 其他因素 根的生长与土壤类型、土层厚度、母岩分化状况及地下水位高低都有密切的关系。

（五）根系的生长发育规律

1. 根系的年生长动态 根系在一年中的生长一般都表现出一定的周期性，其生长周期与地上部分不同，但与地上部分的生长密切相关，二者往往呈现出交错生长的特点，而且不同植物的表现也有所不同。掌握园林树木根系年生长动态规律，对于科学合理地进行树木栽培和管理有着重要的意义。

一般来说，根系生长所要求的温度比地上部分萌芽所要求的温度低，因此春季根系开始生长比地上部分早。有些亚热带植物的根系活动要求温度较高，如果引种到温带冬春较寒冷的地区，由于春季气温上升快，地温的上升还不能满足树木根系生长的要求，也会出现先萌芽后发根的情况，出现这种情况不利于树木的整体生长发育，有时还会因树木地上部分活动强烈而地下部分吸收功能不足导致树木死亡。

树木的根一般在春季开始生长后即进入第一个生长高峰，此时根系生长的长度和发根数量与上一生长季节树体储藏营养物质的水平有关，如果在上一生长季节中树木的生长状况良好，树体储藏的营养物质丰富，根系的生长量就大，吸收功能增强，地上部分的前期生长也好。根系生长一段时间后，地上部分开始生长，而根系生长逐步趋于缓慢，此时地上部分的生长出现高峰。当地上部分生长趋于缓慢时，根系生长又出现一个大的高峰期，即生长速度快、发根数量大，这次生长高峰过后，在树木落叶后还可能出现一个小的根系生长高峰。

在生长季节内，根系生长也有昼夜动态变化节律。许多树木的根系夜间生长量和发根量都多于白天。根系的年生长有较明显的周期性，生长与休眠交替进行，根系生长在先。由于树木的根系庞大，分布范围广，功能多样，即使在生长季，一棵树的所有根也并非在同一时间内都生长，而是一部分根生长时，另一部分根可能呈静止状态，使根的生长情况变得更复杂。例如，在有些树木根系的垂直分布范围内，中上层土温受气温影响变化大，使其中的根系生长出现季节性波动，但下层土温变化小，往往能使根系长年都处于生长状态。

一年中，树木根系生长出现高峰的次数和强度与植物种类和年龄有关，根在年周期中的生长动态还受当年地上部生长和结实状况的影响，同时还与土壤温度、水分、通气及营养状况等密切相关。因此，树木根系年生长过程中表现出高峰和低峰交替出现的现象，是上述因素综合作用的结果，只是在一定时期内某个因素起着主导作用。

根系活动除受树木体内的机制控制外，在很大程度上还受土温的影响。与树体地上部分芽萌动和休眠相比，通常根系春季提早生长，秋季休眠延后，这样很好地满足了地上部分生长对水分、养分的需求。在春末与夏初之间以及夏末与秋初之间，不但温度适宜根系生长，而且树木地上部分运输至根部的营养物质量也大，因而在正常情况下，许多树木的根系都在一年中的这两个时期分别出现生长高峰。在盛夏和严冬时节，土壤分别出现极端高温和低温，抑制根系活动。尤其在夏季，根系的主要任务是供给蒸腾耗水，于是根系的生长相应处于低谷，有的甚至停止生长。不过，实际情况可能更复杂。生长在南方或温室内的树木，根系的年生长周期多不明显。

2. 根系的生命周期　从生命活动的总趋势看，树木根系的寿命应与该树种的寿命长短一致。长寿树种如牡丹，根系能活三四百年。但根系的寿命受环境条件的影响很大，并与根的种类及功能密切相关。不良的环境条件，如严重的干旱、高温等，会使根系逐渐木质化，加速衰老，丧失吸收能力。植物的根，寿命由长至短的顺序大致是：支持根、储藏根、运输根、吸收根，许多吸收根特别是根毛对环境条件十分敏感，存活时间很短，有的仅存活几小时，处于不断的死亡与更新动态变化之中。当然，也有部分吸收根能继续增粗，生长成侧根，进而变为高度木质化、寿命几乎与整个植株相当的永久性支持根。但对多数侧根来说，一般寿命为数年至数十年。

不同类型的树木都有一定的发根方式，常见的是侧生式和二叉式。根系的生长速度与树龄有关。在树木的幼年期，一般根系生长较快，常超过地上部分的生长速度，并以垂直向下生长为主，为以后树冠的旺盛生长奠定基础，所以，壮苗应先促根。树冠达最大时，根幅也最大。至此，不仅根系的生物量达最大值，而且在此期间，根系的功能也不断地得到完善和加强，尤其是根的吸收能力显著提高。随着树龄的增加，根系的生长趋于缓慢，并在较长时期内与地上部分的生长保持一定的比例关系，直到吸收根完全衰老死亡，根幅缩小，整个根系结束生命周期。

在树木根系的整个生命周期中，根系始终有局部自疏和更新的现象。根系生长开始一段时间后就会出现吸收根的死亡现象，吸收根逐渐木栓化，外表变为褐色，逐渐失去吸收功能。有的轴根演变成起输导作用的输导根，有的则死亡。须根自身也有一个小周期，其更新速度更快，从形成到壮大直至死亡一般只有数年的寿命。须根的死亡起初发生在低级次的骨干根上，其后在高级次的骨干根上，以至于较粗的骨干根后部几乎没有须根。

根系的生长发育很大程度上受土壤环境的影响，并与地上部分的生长有关。在根系生长达到最大根幅后，也会发生向心更新。另外，由于受土壤环境的影响根系的更新不是很规律，常出现大根季节性间歇死亡，随着树体的衰老根幅逐渐缩小。有些植物进入老年后发生水平根基部的隆起。

当树木衰老，地上部濒于死亡时，根系仍能保持一段时期的寿命。利用根的此特性，可以进行部分老树复壮工程。

二、芽及其生长发育

芽是枝、叶和花的原始体，所有的枝、叶、花都是由芽发育而成的。芽是多年生植物为延续生命和适应不良环境而形成的一种重要的临时性器官。它是带有生长锥和原始小叶片而呈潜伏状态的短缩枝或未伸展的紧缩的花或花序，前者称为叶芽，后者称为花芽。植物通过芽的发育实现从营养生长向生殖生长的转化，以芽的形式度过冬季不良环境，翌年春天再萌芽生长。芽与种子有部分相似的特点，是树木生长、开花结实、更新复壮、保持母株性状、营养繁殖和整形修剪的基础。了解芽的特性，对园林植物整形修剪和管理具有重要意义。

（一）芽的形成与萌发

从芽原基出现到芽的萌发短的要经过数日，长的要经过近两年时间。其过程为芽原基出现→鳞片分化→雏梢分化→芽的萌发。

1. 芽原基出现 芽内着生叶原基的芽轴，称为雏梢，也可以说是新梢在芽内的雏形。芽在春天萌发前芽内已经形成了新梢的雏形。在芽的萌发过程中，在雏梢的叶腋里由下向上发生新一代芽的原基，就是侧芽原基。也就是说，在芽膨大萌发时，雏梢顶端已分化为新的顶芽原基，则此芽萌发抽生中、短枝。芽膨大时芽内的雏梢顶端没有分化为顶芽原基，此芽萌发后形成长枝，这种长枝在将要停止生长时才形成顶芽。

2. 鳞片分化 芽原基出现后，生长点即由外向内分化鳞片原基，而后逐渐发育成固定形态的鳞片。据观察，梨雏梢叶腋里所生的芽原基，在母芽内就已经开始分化鳞片，以后随着母芽发育一直继续到该芽所从属的叶片停止增大时为止。因此，叶片增大期也是叶腋里的芽鳞片分化的时期。在鳞片分化期，芽的体积有显著的增大，这是由于鳞片的增多和增大造成的。

有人观察梨树芽的形成发现，鳞片分化期后进入质变期，处于质变期的芽形态上分化停止，而生理上却处于活跃状态，所谓活跃状态就是芽在此时很容易受内外条件的影响，而发生质变，是叶芽向花芽发育的临界期——质变期。如果具备形成花芽的条件，能通过质变期向花芽方向发展，开始花芽的形态分化过程，最后形成花芽。如果不具备形成花芽的条件，芽按叶芽发育进程进入下一个发育时期（夏季休眠），未通过质变期的芽正值夏季高温季节，生长点处于休眠状态，称为夏季休眠期。夏季休眠期一般延续到 9 月。如果当时条件适宜，有一部分芽则打破夏季休眠，生长点又可以分化出 1～3 片鳞片，称为二次鳞片分化。此时生长点如处于生理活跃状态，在有利于花芽分化的条件的影响下，这部分芽还可以通过质变期而分化为花芽。所以有时花芽的鳞片数超过叶芽的鳞片数。

3. 雏梢分化 有研究认为，仁果类和核果类树种在鳞片分化期之后，如果条件合适，芽可以通过质变期转入花芽分化，如果条件不具备，芽进入雏梢发育期。多数落叶开花树木的雏梢分化大致可划分为三个阶段：

（1）冬前雏梢分化期 没有通过质变期的芽，一般在秋季落叶前后开始缓慢雏梢分化，有的树种（梨）这段雏梢将来成为不具叶芽的梢段。

（2）冬季休眠期 落叶果树的芽在落叶前停止雏梢分化，进入冬季休眠，经过低温的作用，芽又逐渐脱离休眠，转入冬后芽的分化。

（3）冬后雏梢分化期 芽解除休眠后，越冬雏梢开始进一步形态发育。从雏梢再次开始分化到萌芽前的一段时间，称为冬后雏梢分化期。此时期主要是叶片数的增加。

树体营养状况和环境条件及栽培措施与芽分化的程度和速度及芽的性质密切相关，因此，应提高栽培技术水平，改变环境条件，增加树体营养，使芽向栽培需要的方向发展。

4. 芽的萌发 萌芽是地上部分由休眠转入生长的一个标志，也是地上部分年生长周期开始的标志。其实在萌芽前还有由休眠转入生长的过渡时期，过渡时期从日平均气温稳定在3℃以上时起，到芽膨大准备萌发时止。树木休眠的解除通常以芽的萌发作为形态标志，其生理活动则更早。

树木由休眠转入生长要求一定的温度、水分和营养物质。具有合适的温度和湿度条件，经过一定的时间，树液开始流动。有些树种（如葡萄、核桃和猕猴桃等较为特殊）在萌芽前会出现明显的伤流期。北方树种芽膨大所需要的温度较低，当日平均气温稳定在 3℃以上时，经一定时期，达到一定积温即可。原产温暖地区的树木，芽膨大所需的积温较高，叶芽膨大需要的积温比花芽低。树体储藏养分充足时，芽萌动较早且整齐，进入生长期快。树木在萌芽期抗寒能力较低，遇突然降温萌动的芽会发生冻害，在北方特别容易受晚霜危害。

叶芽膨大到幼叶分离为叶芽萌芽期，花芽膨大到花蕾出现（或花萼露出）为花芽萌芽期。从花蕾出现或花萼露出开始到花瓣全部自然脱落为开花物候期。

芽萌发的次数与树种原产地及气候条件有密切关系。原产温带或原产南方的落叶树种通常一年萌发一次，如苹果、梨、梅等；而原产热带、亚热带或具早熟性芽的树种一年可萌发多次，如柑橘、葡萄、枣、桃、月季等。

温带树种移到南方，因气候变暖，雨水增多，生长季延长，有的种类萌芽次数增多；而原产南方的树种移到北方，因气候干燥，雨水少，生长季缩短，萌芽次数则会减少。

萌芽次数受外界环境条件的影响，一年萌芽一次的树木，如叶片遭到病虫危害或受到其他刺激和伤害后，造成二次萌芽抽枝。这是外界环境条件的干扰造成的，会消耗树体内储藏的营养，对植株健壮生长是不利的。因此，应加强养护管理，防止早落叶，避免二次枝的发生。

（二）芽的类型

1. 根据芽的着生位置分类　芽根据着生位置分为定芽和不定芽。

在固定位置发生的芽称为定芽，如顶芽和侧芽。顶芽是着生在枝顶的芽。有些树种枝条生长到一定程度，顶端自然枯萎，没有顶芽，常由最上面的侧芽代替，称为假顶芽或伪顶芽。侧芽是着生在叶腋中的芽。

芽依其在叶腋中的位置分为主芽和副芽。生于叶腋中央最饱满的芽称为主芽，主芽可分为叶芽、花芽或混合芽。叶腋中除主芽以外的芽称为副芽，可在主芽两侧各生一个（如桃花），也可重叠生在主芽上方（如桂花）。有的树种副芽潜伏时间很长，称为隐芽，当主芽受损时，副芽能萌发生长。

在茎或根上发生位置不确定的芽称不定芽。园林树木中的许多种类，当地上部分受到刺激时，易形成不定芽。

2. 根据一个节上新生芽数分类　根据一个节上新生芽数，芽可分为单芽和复芽。一个节上仅生一个饱满的芽称为单芽，无副芽或副芽极小。一个节上具有两个以上的芽称为复芽，按芽数不同分为双芽、三芽、四芽。

3. 根据芽的性质分类　芽根据性质分为叶芽、花芽和混合芽。萌发后仅生枝叶而不开花的芽称叶芽，叶芽一般较瘦弱，先端尖，多具毛。萌发后仅开花的芽为花芽，通常称纯花芽，如桃花、榆叶梅、连翘等。萌发后既抽生枝叶又开花的芽称混合芽，如海棠、山楂、丁香等。

4. 根据芽的萌发情况分类　芽根据萌发情况分为活动芽和隐芽。枝条上的芽在萌发期能及时萌发的称为活动芽。顶芽和距顶芽较近的腋芽均为活动芽。芽形成后到翌年春天或连续多年不萌发，呈休眠状态，这种芽称隐芽或潜伏芽。

（三）芽的习性

1. 芽序　芽在枝条上按一定规律排列的顺序性称为芽序。因为大多数的芽都着生在叶腋间，所以芽序与叶序一致。不同植物的芽序不同，多数树木的互生芽序为 2/5 式，即相邻芽在茎或枝条上沿圆周着生部位相位差为 144°；有些树木的芽序为 1/2 式，即着生部位相位差为 180°。另外，还有对生芽序，如蜡梅、丁香、洋白蜡、油橄榄等，每节芽相对而生，相邻两对芽交互垂直；轮生芽序，如夹竹桃、盆架树、雪松、油松、灯台树等，芽在枝上呈轮生状排列。有些树木的芽序也因枝条类型、树龄和生长势而有所变化。

由于枝条也是由芽发育生长而成的，芽序对枝条的排列乃至树冠形态都有决定性作用。所以了解树木的芽序对整形修剪、安排主侧枝的方位等有重要的作用。

2. 芽的异质性与顶端优势 同一枝上不同部位的芽在大小和饱满程度乃至性别上都有较大差异，这种现象称为芽的异质性。这是由于在芽形成时树体内部的营养状况、外界环境条件和着生位置不同而造成的。位于枝条顶端的芽或枝条，萌芽力和生长势由强依次减弱的现象称为顶端优势。枝条越直立，顶端优势表现越明显。

枝条基部的芽是在春初展雏叶时形成的，由于这一时期新叶面积小、气温低、光合效能差，故这时叶腋处形成的芽瘦小，且往往为隐芽。此后，随着气温增高，枝条叶面积增大，光合效率提高，芽的发育状况得到改善，到枝条进入缓慢生长期后，叶片累积的养分能充分供应芽的发育，形成充实饱满的芽。

许多树木达到一定年龄后，所发新梢顶端会自然枯死，或顶芽自动脱落。某些灌木中下部的芽反而比上部的好，萌生的枝势也强。

有些树木（如苹果、梨等）的长枝有春梢、秋梢，即春季一次枝生长后，夏季停长，在秋季温度和湿度适宜时，顶芽又萌发成秋梢。秋梢常组织不充实，在冬寒时易受冻害。如果长枝生长延迟至秋后，由于气温降低，枝梢顶端往往不能形成顶芽。

了解芽的异质性及其产生的原因，就能够根据需要在树冠的恰当部位选择插条和接穗，在整形修剪时也能科学地选留剪口芽。

3. 芽的早熟性与晚熟性 枝条上的芽形成后到萌发所需的时间长短因树种而异。有些树种在生长季早期形成的芽当年就能萌发，有些树种一年内能连续萌生3～5次新梢并能多次开花（如月季、米兰、茉莉花等），这种当年形成、当年萌发成枝的芽，称为早熟性芽。也有些树种芽虽具早熟性，但不受刺激一般不萌发，遭受病虫等自然伤害和人为修剪、摘叶时才会萌发。

当年形成的芽需经一定低温时期解除休眠，到第二年才能萌发成枝，这种芽称为晚熟性芽。许多暖温带和温带树木的芽为晚熟性芽，如银杏、广玉兰、毛白杨等。

有一些树种兼具早熟性芽与晚熟性芽，如葡萄，其副芽是早熟性芽，而主芽是晚熟性芽。

芽的早熟性与晚熟性是树木比较固定的习性，但在不同的年龄时期、不同的环境条件下，也会有所变化。如生长在较差的环境条件下的适龄桃树，一年只萌发一次枝条；具晚熟性芽的悬铃木等树种的幼苗，在肥水条件较好的情况下，当年常会萌生二次枝；叶片过早衰落也会使一些具晚熟性芽的树种如梨、垂丝海棠等二次萌芽或二次开花，这种现象会给第二年生长带来不良影响，所以应尽量防止这种情况的发生。

4. 萌芽力和成枝力 一年生枝条上芽的萌发能力称萌芽力。常用萌芽数占该枝上芽总数的百分数来表示，称萌芽率。不同的树木种类与品种其叶芽的萌发能力不同。有些树木的萌芽力强，如多数杨、柳、白蜡、卫矛、紫薇、小叶女贞、女贞、黄杨、桃等，这类树木容易形成枝条密集的树冠，耐修剪，易成形。有些树木的萌芽力较弱，如松和杉的多数种类、梧桐、楸树、梓树、银杏、核桃、苹果和梨的某些品种等，枝条受损后不容易恢复，树形塑造比较困难，要特别保护苗木的枝条和芽。

枝条上的叶芽有一半以上能萌发则为萌芽力强或萌芽率高，如悬铃木、榆、桃等；枝条上的芽多数不萌发而呈休眠状态，则为萌芽力弱或萌芽率低，如梧桐、广玉兰等。萌芽率高的树种，一般来说耐修剪，树木易成形。因此，萌芽力是修剪的依据之一。

枝条上的叶芽萌发后，并不是全部都能抽生长枝。枝条上的叶芽萌发后能够抽生长枝的能力称为成枝力，不同树种的成枝力不同。如悬铃木、葡萄、桃等萌芽率高，成枝力强，树冠密集，幼树成形快，效果也好。这类树木若是花果树，则进入开花结果期也早，但也会使树冠过早郁闭而影响树冠内的通风透光，若整形不当，易使内部短枝早衰。而银杏、西府海棠等成枝力较弱，所以树冠内枝条稀疏，幼树成形慢，遮阴效果也差，但树冠通风透光较好。

5. 芽的潜伏力　树木枝条基部的芽或上部的某些副芽，在一般情况下不萌发而呈潜伏状态。当枝条受到某种刺激（上部或近旁受损，失去部分枝叶时）或树冠外围枝处于衰弱状态时，能由潜伏芽萌发抽生新梢的能力，称为芽的潜伏力（也称潜伏芽的寿命）。潜伏芽也称隐芽。潜伏芽寿命长的树种容易更新复壮，复壮得好的几乎能恢复至原有的冠幅或产量，甚至能多次更新，所以这种树木的寿命也长。而潜伏芽寿命较短的树种如桃，不易更新复壮，树木寿命也短。

潜伏芽的寿命长短与树种的遗传性有关，环境条件和养护管理等对其也有重要的影响。如桃一般的经济寿命只有10年左右，但在良好的养护管理条件下，30年生的老桃树仍有相当高的产量。

栽培上为更新树冠，常剪除枯枝，促使基部隐芽萌发，以便更新。一般树木衰老部分突然新生的枝，多数来自隐芽，由不定芽新生的极少。隐芽和不定芽都需刺激后抽生枝条，故在栽培上通过修剪刺激抽生新梢。

三、茎与枝条及其生长发育

茎以及由它长出的各级枝、干，是组成树冠的基本部分，也是扩大树冠的基本器官。枝是长叶和开花结果的部位。枝条由节和节间组成，上面生长着叶。

除了少数具有地下茎或根状茎的植物外，茎是植物体地上部分的重要营养器官。植物的茎起源于种子内胚的胚芽，有时还加上部分下胚轴，而侧枝起源于叶腋的芽。茎是联系根和叶，输送水分、无机盐和有机养料的轴状结构，其顶端具有极强的分生能力。许多园林树木能形成庞大的分枝系统，连同茂密的叶丛，构成完整的树冠结构。枝干系统及所形成的树形决定于各种树木的枝芽特性，在园林树木栽培和管理过程中，通过整形修剪，建立和维护良好的树形，是一项基本的也是极其重要的工作。了解和掌握树木枝条和树体骨架形成的过程和基本规律，是做好树木整形修剪和树形维护的基础。

（一）茎的生长习性

茎的生长方向是背地性的，多数是垂直向上生长，也有呈水平或下垂生长的。茎枝除中顶端的加长和形成层活动的加粗生长外，少数禾本科植物还具有居间生长。如竹笋在春夏就是以这种方式生长的，所以生长特别快。多数园林树木茎的外形呈圆柱形，也有的呈椭圆形或扁平柱形等。不同植物的茎在长期的进化过程中，形成了各自的生长习性以适应外界环境，使叶在空间合理分布，尽可能充分接收光照。根据枝茎的外部形态特点和生长习性，主要可以分为直立茎、缠绕茎、攀缘茎和匍匐茎四种主要类型。

1. 直立茎 背向地面直立而生的园林植物的茎属于直立茎。大多数园林树木的茎为直立茎。在直立茎的树木中，也有些变异类型，以枝的伸展方向可分为：紧抱型，如钻天杨等；开张型，如雪松等；下垂型，如龙爪槐、垂枝桃、垂枝榆等；扭旋型，如蓝桉等；龙游（扭曲）型，如龙游梅、龙桑、龙爪枣、龙爪柳等。

2. 缠绕茎 有些植物的茎比较柔软不能直立，只有缠绕于其他支柱上才能实现植株的向上生长。缠绕茎的缠绕方向，有些按逆时针方向旋转向上，有些按顺时针方向旋转向上。热带雨林中的许多绞杀植物都有缠绕茎。园林植物中的许多种类也属于缠绕茎，如紫藤、金银花等。

3. 攀缘茎 茎细长柔软，自身不能直立，具有适应攀附他物的器官（如卷须、吸盘、气生根、叶柄、钩刺等），借他物为支柱，向上生长。在园林应用中，这类植物通称为攀缘植物。依靠卷须攀缘的，如葡萄、乌蔹莓等；气生根攀缘的，如常春藤等；叶柄攀缘的，如铁线莲等；钩刺攀缘的，如蔷薇类等；吸盘攀缘的，如地锦、美国地锦等。

4. 匍匐茎 有些植物的茎蔓细长，自身不能直立，也没有缠绕和攀缘特性和结构，只能匍匐在地面上生长。这类植物在园林应用中也有重要意义，常用作地被植物，如匍匐灌木铺地柏、砂地柏等。在热带雨林中，有些藤木如绳索状，爬伏于地面或呈不规则的小球状铺于地面。攀缘藤木在无物可攀时，也只能匍匐于地面生长。

（二）茎的分枝特性

分枝是园林植物生长发育过程中的普遍现象，主干的伸长和侧枝的形成，是顶芽和腋芽分别发育的结果。侧枝和主干一样，也有顶芽和腋芽，可以继续产生侧枝，依次产生大量分枝形成园林树木的树冠。各种园林树木由于芽的性质和活动情况不同，形成不同的分枝方式，使树木表现出不同的形态特征。主要的分枝方式有单轴分枝、合轴分枝和假二叉分枝三种类型。

1. 单轴分枝 枝的顶芽具顶端优势延长生长，能形成通直的主干或主蔓，同时依次发生侧枝，又以同样方式形成次级侧枝，这种有明显主轴的分枝方式称为单轴分枝，也称为总状分枝。

单轴分枝的树木，其主干的伸长和加粗能力比侧枝强得多，在主干上产生各级分枝，但侧枝的分枝能力要比主干弱，容易形成明显的主干，树木高大挺拔，在园林绿化中适于营造庄严雄伟的气氛。裸子植物的树木多属于单轴分枝，如松、杉、柏、银杏、铁树等。被子植物中也有大量属于单轴分枝的树木，如杨、山毛榉等。

2. 合轴分枝 枝的顶芽经一段时期生长以后，先端分化花芽或自剪，而由邻近的侧芽代替延长生长，以后又按上述方式分枝生长，这样就形成了曲折的主轴，这种分枝方式叫合轴分枝。

合轴分枝使树木或树木枝条在幼嫩时呈现曲折的形状，在老枝和主干上由于加粗生长曲折的形状逐渐消失。合轴分枝的树木其树冠呈开展型，侧枝粗壮，既提高了对宽大树冠的支持和承受能力，又使整个树冠枝叶繁茂，通风透光，有效地扩大光合作用面积，是较为进化的分枝方式。

合轴分枝的树木有较大的树冠能提供大面积的遮阴，在园林绿化和景观美化中适于营造悠闲、舒适和安静的环境，是主要的庭荫树木，如法国梧桐、白蜡、菩提树、桃、杏、李、樱花、榆、柳、苹果、无花果等。

3. 假二叉分枝　具有对生芽的植物顶芽停止生长后，或顶芽是花芽的树木开花后，顶芽下两侧腋芽同时发育，以后如此继续，形成二叉状分枝，叫假二叉分枝。所以假二叉分枝的树木与顶端分生组织本身一分为二的真二叉分枝不同，实际上是合轴分枝方式的一种变化。真二叉分枝多见于低等植物，在部分高等植物中，如苔藓植物中的苔类和蕨类植物中的石松和卷柏等也具有真二叉分枝。

具有假二叉分枝的树木多数树体比较矮小，高大乔木植物很少，但在园林绿化中的作用非常广泛，如丁香、接骨木、泡桐、石榴、连翘、迎春、金银木、四照花等。

树木的分枝方式不是一成不变的。许多树木年幼时呈总状分枝，生长到一定树龄后，就逐渐变为合轴分枝或假二叉分枝。因而在同一树上，可见到两种不同的分枝方式，如玉兰等。

（三）枝的类型

1. 根据枝条在树体上的位置分类　可分为主干、中干、主枝、侧枝、延长枝等。

2. 根据枝条的姿势及相互关系分类　可分为直立枝（直立生长垂直于地面的枝条）、斜生枝（和水平线成一定角度的枝条）、水平枝（水平生长的枝条）、下垂枝（先端向下生长的枝条）、逆行枝（倒逆姿势的枝条）、内向枝（向树冠内生长的枝条）、重叠枝（两枝同在一个垂直面上，上下相互重叠）、平行枝（两个枝同在一个水平面上，互相平行生长）、轮生枝（多个枝着生点相距很近，好似多个枝从一点抽生，并向四周呈放射状伸展）、交叉枝（两个枝条相互交叉）、并生枝（自节位的某一点或一个芽并生两个或两个以上的枝）等（图1-2）。

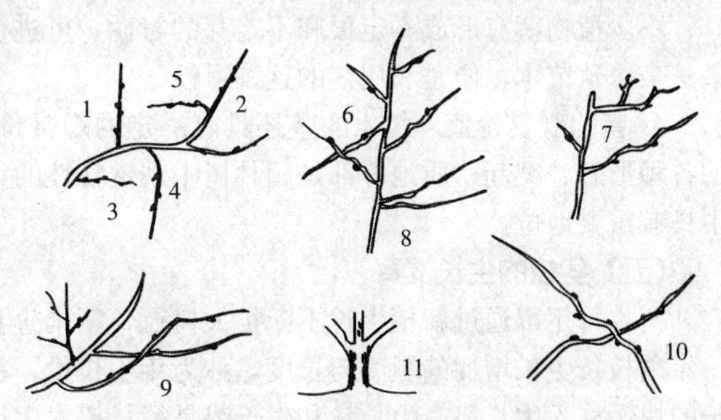

图1-2　各类枝示意图

1. 直立枝　2. 斜生枝　3. 水平枝　4. 下垂枝　5. 内向枝　6. 逆行枝　7. 平行枝　8. 并生枝　9. 重叠枝　10. 交叉枝　11. 轮生枝

3. 根据枝条在生长季内抽生的时期及先后顺序分类　分为春梢（早春休眠芽萌发抽生的枝梢）、夏梢（7～8月抽生的枝梢）、秋梢（秋季抽生的枝梢）及一次枝（春季萌芽后第一次抽生的枝条称一次枝）、二次枝（当年在一次枝上抽生的枝条称二次枝）等。春梢、夏梢、秋梢在落叶之前三者统称为新梢。

4. 根据枝龄分类　可分为新梢（落叶树木有叶的枝或落叶以前的当年生枝称新梢，常绿树木从春至秋当年抽生的部分称新梢）、一年生枝（当年抽生的枝自落叶以后至翌春萌芽以前）、二年生枝（一年生枝自萌芽后到第二年春为止）等。

5. 根据性质和用途分类　可分为营养枝（所有生长枝的总称，包括长、中、短三类生长枝）、徒长枝（生长特别旺盛，枝粗叶大、节间长、芽小、含水分多，组织不充实，往往直立生长的枝条）、叶丛枝（枝条节间短，叶片密集，常呈莲座状的短枝）、开花（结果）枝［着生花芽的枝条，观赏花木称开花枝，果树上称结果枝，根据枝条的长短又分为长花枝（长果枝）、中花枝（中果枝）、短花枝（短果枝）及花束状枝，不同的树种划分标准不同］、更新枝（用来替换衰老枝的新枝）、辅养枝（协助树体制造营养的枝条，如幼树主干上保留较弱的枝条，使其制造养分，促使树干充实）。

（四）茎的功能

1. 茎的输导功能 茎的输导功能是和其结构紧密联系的。被子植物茎木质部中的导管和管胞将根系从土壤中吸收的水分和无机盐输送到植物的各个部分；而大多数裸子植物中，管胞是唯一输导水分和无机盐的组织。茎的韧皮部的筛管则将叶的光合产物运送到植物的各个部分。

2. 茎的支持功能 茎的支持作用保证了树木的空间结构和形态，它支持着枝、叶、花的空间合理配置，保证了树木正常的光合作用、开花、传粉以及果实种子的发育、成熟和传播，同时抵御暴风和冰雪的侵蚀。

3. 茎的储藏和繁殖功能 茎组织中的薄壁细胞储藏大量的营养物质，特别是在秋冬季节，茎中储存的营养物质对树木第二年春季的发芽、展叶、开花、生长等具有决定性的影响，有些旱生和沙生树木的茎具有储水结构和功能，雨季迅速吸收的水分储存起来供旱季消耗。

不少植物茎有形成不定根和不定芽的习性，可进行营养繁殖。农、林生产中用扦插、压条法来繁殖苗木，便是利用茎的这种习性。

4. 茎的观赏价值 树木的茎还具有一定的观赏价值。如树干和枝的色彩、形状，树皮的各种形态、突起、质地等都是园林树木观赏特性的重要组成部分，在园林树木管理和应用中具有重要地位。

（五）茎枝的生长发育

树木每年都通过新梢生长不断扩大树冠，新梢生长包括加长生长和加粗生长两个方面。一年内枝条生长增加的粗度与长度，称为年生长量。在一定时间内，枝条加长生长和加粗生长的快慢称为生长势。生长量和生长势是衡量树木生长状况的常用指标，也是评价栽培措施是否合理的依据之一。

茎枝一般有顶端的加长生长和形成层活动的加粗生长（禾本科类植物因没有形成层，只有加长生长，且加长生长还包括居间分生组织的活动）。

1. 枝的加长生长 发生在顶端的加长生长的细胞分裂、伸长可延续至几个节间。随着距顶端距离的增加，伸长逐渐减缓。新梢的延长生长并不是匀速的，一般都会表现出慢—快—慢的生长规律。多数植物的新梢生长可划分为以下三个时期。

（1）开始生长期 叶芽幼叶伸出芽外，随之节间伸长，幼叶分离。此期的新梢生长主要依靠树体在上一生长季节储藏的营养物质，新梢生长速度慢，节间较短，叶片由前期形成的芽内幼叶原始体发育而成，其叶面积较小，叶形与后期叶有一定的差别，叶的寿命也较短，叶腋内的侧芽的发育也较差，常成为潜伏芽。

（2）旺盛生长期 开始生长期之后，随着叶片的增加和叶面积的增大，枝条很快进入旺盛生长期。此期形成的枝条，节间逐渐变长，叶片的形态也具有该植物的典型特征，叶片较大，寿命长，叶绿素含量高，同化能力强，侧芽较饱满，此期的枝条生长由利用储藏物质转为利用当年的同化物质。因此，上一生长季节的营养储藏水平和本期肥水供应对新梢生长势的强弱有决定性影响。

（3）停止生长期 旺盛生长期过后，新梢生长量减小，生长速度变缓，节间缩短，新生叶片变小。新梢从基部开始逐渐木质化，最后形成顶芽或顶端枯死而停止生长。枝条停止生长的早晚与植物种类、部位及环境条件关系密切。一般来说，北方植物早于南方植物，成年树木早于幼年树木，观花和观果树木的短果枝或花束状果枝早于营养枝，树冠内部枝早于树冠外围枝，有些徒长枝甚至会因没有停止生长而受冻害。土壤养分缺乏、透气不良、干旱等不利环境条件都能使枝条提前1～2个月结束生长，而氮肥施用量过大、灌水过多或降水过多均能延长枝条的生长期。在栽培中应根据目的合理调节光、温、肥、水，控制新梢的生长时期和生长量，加以合理的修剪，促进或控制枝条的生长，达到园林树木培育的目的。

2. 枝的加粗生长　干枝的加粗是形成层细胞分裂、分化、增大的结果。在新梢伸长生长的同时，也进行加粗生长，加粗生长比加长生长稍晚，其停止也稍晚。新梢加粗生长的次序也是由基部到梢部。在同一株树上，下部枝条停止加粗生长比上部稍晚。此后，随着新梢不断地加长生长，形成层活动也持续进行。新梢生长越旺盛，形成层活动也越剧烈，而且时间也长。秋季由于叶片积累大量的光合产物，枝干明显加粗。因此，为促进枝干的加粗生长，必须在枝上保留较多的叶片。

形成层活动的时期和强度，依枝的生长周期、树龄、生理状况、部位及外界温度、水分等条件而异。落叶植物形成层的活动稍晚于萌芽，春季萌芽开始时，在最接近萌芽处的母枝形成层活动最早，并由上而下开始微弱增粗，此后随着新梢的不断生长，形成层的活动也逐步加强，粗生长量增加，新梢生长越旺盛形成层活动也越强烈，持续时间越长。秋季由于叶片积累大量光合产物，因而枝干明显加粗。级次越低的枝条粗生长高峰期越晚，粗生长量越大。一般幼树粗生长持续时间比老树长，同一树体上新梢粗生长的开始期和结束期都比老枝早，而大枝和主干的粗生长从上到下逐渐停止，而以根颈结束最晚。

3. 年轮及其形成　在树干和枝条的增粗生长过程中，由于树木形成层随季节的活动周期性使树干横断面上出现因密度不同而形成的同心环带，即为树木年轮。温带和寒温带的大多数木本植物的形成层在生长季节（春季、夏季）不断地增生，而在秋季和冬季形成层的增生趋于缓慢或停止，这是年轮发生的生理学基础。热带树木可因干季和湿季的交替而出现年轮，有时由于一年中气候变化多次可导致树木出现几个密度不同的同心环带，实际每一轮并不代表一年，可称之为生长轮，但一年中生长轮的数量对于特定地区的特定植物来说是有规律的。

针叶树的年轮是因管胞大小和管胞壁厚薄不同而形成的。春材的细胞大、细胞壁薄；秋材的细胞小而多、细胞壁厚，通常被明显地挤成扁平状。阔叶树的材质一般受导管细胞的大小和数目的影响，春材细胞大，细胞壁薄，而秋材的细胞密集。更确切地说，年轮是树木横断面上由春材和秋材形成的环带。在只有一个生长期的温带和寒温带，在根颈处的树木年轮就成为树木年龄和历史上气候变化的历史记载。

由于气候的异常影响或树木本身的生长异常（如病害等），在树干横断面也会产生伪年轮。根据年轮判断树木年龄时，伪年轮是引起误差的主要原因，只有剔除伪年轮的影响才能正确判断树木的实际年龄。伪年轮一般具有以下特征：①伪年轮的宽度比正常年轮小；②伪年轮通常不会形成完整的闭合圈，而且有部分重合；③伪年轮外侧轮廓不太明显；④伪年轮不能贯穿全树干。

4. 枝的顶端优势　树木同一枝条上顶芽或位置高的芽比其下部芽饱满、充实，萌芽力、成枝力强，抽生出的新枝生长旺盛，这种现象就是树木枝条的顶端优势。许多园林树木都具有明显的顶端优势，它是保持树木具有高大挺拔的树干和树形的生理学基础。灌木的顶端优势弱得多，但无论乔木还是灌木，不同植物的顶端优势的强弱相差很大，要在园林树木养护中达到理想的栽培目的，园林树木整形修剪要有的放矢，必须了解与运用树木的顶端优势。对于顶端优势比较强的植物，抑制顶梢的顶端优势可以促进若干侧枝的生长；而对于顶端优势很弱的植物，可以通过侧枝修剪促进顶梢的生长。一般来说，顶端优势强的植物容易形成高大挺拔和较狭窄的树冠，而顶端优势弱的植物容易形成广阔圆形树冠。有些针叶树的顶端优势极强，如松类和杉类，当顶梢受到损害侧枝很难代替主梢的位置，影响冠形的培养。因此，要根据不同植物顶端优势的差异，通过科学管理，合理修剪，培养良好的树干和树冠形态。对于观花植物，如月季、玉兰、紫薇等，也应通过调节枝条的生长势，促使枝条由营养生长向生殖生长转化，促进花芽分化和开花。

一般来说，幼树、强树的顶端优势比老树、弱树明显，枝条在树体上的着生部位越高，枝条顶端优势越强，枝条着生角度越小，顶端优势的表现越强，而下垂枝条顶端优势弱。

（六）影响枝条生长的因素

影响枝条生长的因素很多，主要有以下几方面：

1. 植物种类或品种与砧木 不同植物种类或品种，由于遗传性的差别，新梢生长强度有很大的变化。有的生长势强，树梢生长强度大，称长枝型；有的生长缓慢，枝短面粗，称短枝型；还有的介于上述两者之间，称半短枝型。这些都是由遗传基础决定的。

砧木对地上部分树梢生长的影响很明显。通常砧木可分为三类，即乔化砧、半矮化砧和矮化砧。同一品种嫁接在不同类型的砧木上，生长会表现出明显差异。

2. 有机养分 树木体内储藏养分对枝梢的萌发、伸长等有显著影响。储藏养分不足，新梢短而纤细。树体挂果多少对当年新梢生长也有明显影响。结果过多，当年大部分同化物质为果实所消耗，枝条伸长受到抑制，反之则可以出现旺长。

3. 内源激素 植物体内五大类激素都影响枝条的生长，生长素（IAA）、赤霉素（GA）、细胞分裂素（CTK）多表现为刺激生长；脱落酸（ABA）及乙烯多表现为抑制生长。然而新梢伸长并不完全决定于赤霉素和脱落酸，生长素、细胞分裂素和乙烯都有作用。

4. 环境条件 各种环境因子都会影响新梢的生长，但不同因素的影响不一样。在生长季节中，水分多少往往是影响新梢生长的关键因素。强烈的光照对树冠的发育有抑制作用，但能增加根系的生长和根茎比。一般认为，长日照能增加枝条生长的速率和持续时间，短日照则会降低生长速度和促进芽的形成。温度对枝梢生长的影响是通过改变树体内部的生理过程而实现的。各种树木的生长都有最适温度范围，过高过低都对树梢生长不利。

四、叶和叶幕的形成

叶是行使光合作用制造有机养分的主要器官，植物体内90%左右的干物质是由叶片合成的。光合作用制造的有机物不仅供植物本身的需要，而且是地球上有机物质的基本源泉。叶片还执行着呼吸、蒸腾、吸收等多种生理机能。常绿植物的叶片还是养分储藏器官。因此，研究叶片及叶幕的形成，不仅关系到植物本身的生长发育与生物产量的多少，而且关系到其生态效益与观赏功能的发挥。

（一）叶的功能

叶的主要生理功能是光合作用和蒸腾作用，还具有一定的吸收能力，例如根外施肥，向叶面上喷施一定浓度的溶液，经叶表面吸收进入植物体内。一些植物的叶还有繁殖能力，如落地生根。

1. 叶的环境功能　由于植物的光合作用主要由叶片承担，所以叶片在园林树木改善环境的作用中有着重要的意义。

①植物叶片是环境中 CO_2 和 O_2 的调节器，在光合作用中每吸收 44g CO_2 就可以放出 32g O_2。虽然植物也进行呼吸作用，但在日间由光合作用所放出的 O_2 比呼吸作用所消耗的 O_2 量大 20 倍。

②叶片能够吸收或阻滞空气中的有毒有害物质。城市空气中有许多有毒物质，植物的叶片可以将其吸收解毒或富集于体内而减少空气中有毒物质的含量。如忍冬叶片吸收有毒气体的能力很强，吸收 SO_2 量达 438.14mg/（m^2·h），叶面只有星点烧伤，受害并不严重。

树木的枝叶还能阻滞空气中的烟尘，起到过滤器的作用，使空气更清洁。各种树木阻滞烟尘的能力差别很大，如桦比杨的滞尘力大 2.5 倍，杨比针叶树大 30 倍。一般而言，树冠大而浓密、叶片多毛或粗糙以及有油脂或黏液分泌腺的植物，吸收和滞尘能力较强。

③树木的枝叶可以减缓雨水对地表的冲击力，减少地表径流，增加土壤的水分入渗量和减轻水土流失。

④园林树木叶片是树木蒸腾的主要器官，对降低周围环境温度和增加空气湿度、调节局部小气候起主要作用。

2. 叶的观赏价值　园林树木的叶具有极其丰富多彩的形态、色彩，不同的排列方式与质地是构成园林树木观赏性的主要元素。

（二）叶片的形成与生长

单叶的发育自叶原基出现以后，经过叶片、叶柄（或托叶）的分化，直到叶片的展开和叶片停止增长为止，构成了叶片的整个发育过程。枝条基部的叶原基是在冬季休眠前在冬芽内出现的，至第二年休眠结束后再进一步分化，叶片和叶柄进一步延伸，萌芽后叶片展开，叶面积迅速增大，同时叶柄也继续伸长。

叶的大小和厚度以及营养物质的含量在一定程度上反映了植物的发育状况。在肥水不足、管理粗放的条件下，一般叶小而薄，营养元素含量低，叶片的光合效能差；在肥水过多的情况下，叶片大，植株趋于徒长。由于叶片是由叶芽中前一年形成的叶原基发展起来的，其大小与形成叶原基时的树体营养状况和叶片生长条件有关。不同植物种类和品种，其叶片形态和大小差别明显，同一树体上不同部位枝梢上的单叶形态和大小也不一样。旺盛生长期形成的叶片生长时间较长，单叶面积大。

不同叶龄的叶片在形态和功能上也有明显差别，幼嫩叶片的叶肉组织量少，叶绿素浓度低，光合功能较弱，随着叶龄的增大单叶面积增大，生理活性增强，光合效能大大提高，直到成熟并持续相当时间后，叶片逐步衰老，各种功能也逐步衰退。由于叶片的发生时间有差别，同一树体上着生着各种不同叶龄或不同发育时期的叶片，它们的功能也在新老更替。

（三）叶片的寿命

叶片的寿命因树种而异，落叶树种的叶片寿命多为一个生长季（5～10 个月），秋末即行脱落。不适宜的生产技术措施和环境条件，如过重的修剪、长时间的干旱、大量的灌水、病虫危害、大风、水涝等，均会缩短叶片的寿命，引起早期落叶。早期落叶不仅影响其功能的发挥，同时对以后树体的发育、越冬和次年开花结果都有很大的影响。常绿树木叶片的寿命多在1年以上，个别可达3～4年，每当冬季低温到来和花后春梢将停止生长时，即有一部分衰老叶片脱落。

在生产中采取措施，较长时间地保持良好而众多的叶片，并适当调节枝条的延伸长度，可使树体营养充足，花芽形成多，开花繁茂。在实际树木养护中，应特别注意保叶的问题，采用各种措施，延长叶片的寿命与功能。尤其是常绿树种，保叶工作更显得重要，因为具有大量的叶片，树木本身才能更好地生长和发育，而且树木的生态效益与观赏功能才能得以发挥。

(四) 叶幕的形成

叶幕是指树冠内叶片集中分布的区域。叶幕的结构就是叶幕的形状与体积，它与植物种类、年龄、树冠形状等有密切的关系，也受整形修剪的方式、土壤、气候条件以及栽培管理水平等因素的影响。叶幕结构的变化也导致叶面积指数的变化。

幼树时期，由于分枝尚少，树冠内部的小枝多，树冠内外都能见光，叶片分布均匀，树冠形状和体积与叶幕的形状和体积基本一致。无中心主干的成年树，其叶幕与树冠体积不一致，小枝和叶多集中分布在树冠表面，叶幕往往仅限于树冠表面较薄的一层，多呈弯月形叶幕。有中心主干的成年树树冠多呈圆头形，到老年多呈钟形叶幕。成片栽植的树木，其叶幕顶部成平面形或立体波浪形。观花观果类园林树木为了结合花、果生产，经人工修剪成一定的冠形，有些行道树为了避开高架线，人工修剪成杯形叶幕。

藤木的叶幕随攀附的构筑物形状而异。在密植的情况下枝条向上生长，下部光秃而形成平面形叶幕或弯月形叶幕；采用杯状整形就形成杯形叶幕；采用分层整形就形成层形叶幕；采用圆头形整形就形成半圆形叶幕；球状树冠为圆形叶幕；塔形树冠为圆锥形叶幕。

落叶树木的叶幕在年周期中有明显的季节变化。其叶幕的形成也是按慢—快—慢的规律进行的。

叶幕形成的速度与强度因树种和品种、环境条件和栽培技术的不同而不同。一般幼龄树长势强，或以抽生长枝为主的树种或品种，其叶幕形成时期较长，出现高峰较晚；树长势弱、年龄大或短枝种类及品种，其叶幕形成高峰到来早。如桃以抽生长枝为主，叶幕形成高峰出现较晚，其树冠叶面积增长最快是长枝旺长之后；而梨和苹果的成年树以短枝为主，其树冠叶面积增长最快是在短枝停长期，故其叶幕形成早，高峰出现也早。

叶幕的形状和厚薄是叶面积大小的标志。平面形、弯月形及杯形叶幕，一般绿叶层薄，叶面积小；而半圆形、圆形、层形、圆锥形叶幕则绿叶层厚、叶面积较大（图1-3）。

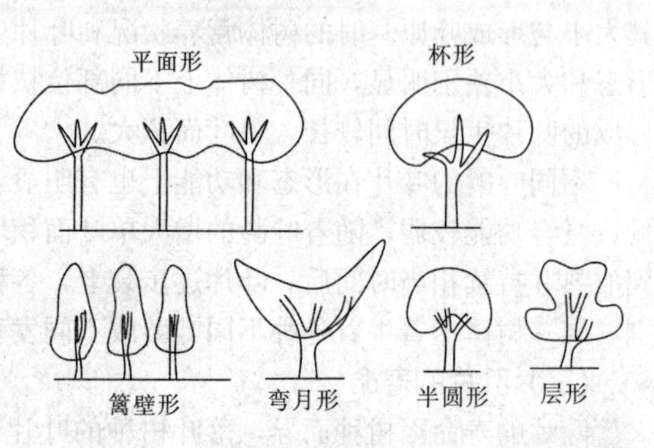

图1-3 叶幕形状

落叶树种的叶幕，从春天发叶到秋季落叶，能保持5～10个月的生活期；而常绿树种，由于叶片的生存期长，多半可达1年以上，而且老叶多在新叶形成之后逐渐脱落，叶幕比较稳定。

对生产花、果的落叶树种来说，较理想

的叶面积生长动态是前期增长快，后期合适的叶面积保持期长，并要防止叶幕过早下降。

（五）叶面积指数

叶面积指数（LAI）即一个林分或一株植物叶的面积与其占有土地面积的比率。叶面积指数受植物的大小、年龄、株行距和其他因子的影响。

许多落叶木本植物群落的叶面积指数为3～6，常绿阔叶树高达8，大多数裸子植物的叶面积指数比被子植物高得多，可达16。从植物生产的角度看，群植植物的生产量与叶面积指数密切相关，即在一定叶面积指数范围内，其总初级生产量（GPP）和净初级生产量（NPP）随叶面积指数增加而增加，到一定指数值后总初级生产量增加缓慢，逐渐维持在一个比较稳定的水平，而净初级生产量（NPP）缓慢增长后逐渐下降，即单位面积上的产量逐渐减少。

五、花的形成和开花

植物的发育是从种子萌发开始，经历幼苗、植株、开花、结实，最后形成种子。在整个发育过程中，经历着一系列质变过程，其中最明显的质变是由营养生长转为生殖生长，花芽分化及开花是生殖发育的标志。

对于观花观果的植物来说，开花结果不仅是繁衍后代延续种群的需要，也是更好发挥花木观赏功能的需要。这类树木开花结实的好坏，直接关系到园林种植设计的效果。

园林植物的花形态和大小各异，在色彩上更是千变万化，有的植物的花组成各种花序，形成不同的观赏效果，同时还可产生自然衍生美，因为植物的花不仅本身具有观赏价值，而且能引来各种鸟类和昆虫，形成百花争艳、鸟语花香的田园风光，让人能够享受到回归大自然的自由感和甜蜜感。

（一）花芽的分化

1. 花芽分化的概念和意义　植物的生长点既可分化为叶芽，也可分化为花芽。植物的生长点由叶芽状态开始向花芽状态转变的过程，称为花芽分化。花芽形成，即从生长点顶端变得平坦、四周下陷开始，到逐渐分化萼片、花瓣、雄蕊、雌蕊以及整个花蕾或花序原始体的全过程。生长点内部由叶芽的生理状态（代谢方式）转向形成花芽的生理状态（用解剖方法还观察不到）的过程称为生理分化。由叶芽生长点的细胞组织形态转为花芽生长点的组织形态过程，称为形态分化。因此，植物花芽分化概念有狭义和广义之分。狭义的花芽分化是指形态分化，广义的花芽分化包括生理分化、形态分化、花器形成与完善直至性细胞形成。

花芽分化是园林树木在年周期中重要的生命活动之一。花芽分化的多少和质量对于园林植物来说直接影响到第二年花的数量和质量，所以，花芽分化的好坏与观赏效果有密切关系。掌握花芽分化的规律，对于花芽分化期的养护至关重要，同时也是催延花期的生物学依据。因此，保证花芽分化顺利进行，是园林植物栽培养护工作的主要任务之一。

2. 花芽分化期　根据花芽分化的指标，花芽分化一般可分为生理分化期、形态分化期和性细胞形成期三个分化期，不同植物的花芽分化时期有很大差异。

（1）生理分化期　生理分化期是由叶芽生理状态转向花芽生理状态的过程，是能否形成花芽的决定性质变时期，是为形态分化奠定基础的时期。生理分化时期生长点原生质处于不稳定状态，对内外因素有高度的敏感性，易于改变代谢方向。因此，生理分化期也称花芽分化临界期。各种促进花芽形成的技术措施，必须在此阶段之前进行才能收到良好的效果。生理分化期出现在形态分化前的1～7周，一般是4周左右。树种不同，生理分化开始的时期亦不同，牡丹是7～8月，杨梅是6～7月，梨是5～6月，龙眼在广东是12月至翌年1月。生理分化期持续时间的长短，除与树种和品种的特性有关外，与树体营养状况及外界的温度、湿度、光照条件均有密切关系。

（2）形态分化期　形态分化期是指花或花序的各个花器原始体发育所经历的时期。一般又可分为分化初期、萼片分化期、花瓣分化期、雄蕊分化期、雌蕊分化期5个时期。

①分化初期：因树种稍有不同。一般于芽内突起的生长点逐渐肥厚，顶端高起呈半球体状，四周下陷，从而与叶芽生长点相区别，从组织形态上改变了发育方向，即为花芽分化的标志。此期如果内外条件不具备，也可能退回去。

②萼片分化期：下陷四周产生突起体，即为萼片原始体，过此阶段才可肯定为花芽。

③花瓣分化期：于萼片原基内的基部发生突起体，即花瓣原始体。

④雄蕊分化期：花瓣原始体内基部发生的突起，即雄蕊原始体。

⑤雌蕊分化期：在花原始体中心底部发生的突起，即为雌蕊原始体。

整个分化过程需1个月至3～4个月时间，有的种类更长。雄蕊和雌蕊分化期有些树种延迟时间较长，在第二年春季开花前才能完成。花芽形态分化的过程及形态变化，还因树种是混合芽或纯花芽，是否为花序，是单室还是多室等而略有差别。

（3）性细胞形成期　性细胞形成期是从雄蕊产生花粉母细胞或雌蕊产生胚囊母细胞为起点，直至雄蕊形成二核花粉粒、雌蕊形成卵细胞为终点。当年进行一次或多次花芽分化并开花的植物，其花芽性细胞都在年内温度较高的时期形成，而于夏秋分化。次年春季开花的植物，其花芽在当年形态分化后要经过冬春一定时期的低温（温带植物0～10℃，暖温带植物5～15℃）累积条件，才能形成花器并进一步分化完善，再在第二年春季萌芽后至开花前的较高温度下才能完成。性细胞形成时期消耗能量及营养物质很多，如不能及时供应，就会导致花芽退化，影响花芽质量，引起大量落花落果。因此，在花前和花后及时追肥灌水，对提高坐果率有一定的影响。

3. 花芽形态建成的程序

（1）幼年阶段　营养面积小，缺乏结构物质；DNA、RNA含量少，基因不活泼；内源激素生长素及赤霉素含量较高，营养生长旺盛。

（2）幼年阶段末期　营养面积较大，糖类积累增多，并储于根、干、大枝和短枝中。

（3）营养生长的缓慢或终止　来自枝条顶端的生长素及赤霉素含量降低，来自种子的生长素及赤霉素也降低（采果前后），生长抑制物质脱落酸、根皮素、乙烯等增加。

（4）潜在的花芽分化组织中及其附近储备物质的积累　糖类、氨基酸、蛋白质等及激动素增加。

（5）来自根系和其他分生组织的细胞激动素的积累　细胞分裂活跃。

（6）生理分化开始　遗传基因（DNA）的活化和转移，转运核糖核酸（tRNA）和信使核糖核酸（mRNA）的大量产生，促进特殊蛋白质的合成，生理分化开始。

（7）形态分化开始　花原始体出现。

4. 花芽分化的类别　花芽分化开始时期和延续时间的长短，以及对环境条件的要求因植物种类及品种、地区、年龄等的不同而异。花芽分化与气候条件有密切的关系，不同的植物花芽分化对气候条件的要求不同。根据不同树种花芽分化的季节特点，可以分为夏秋分化型、冬春分化型、当年分化型、多次分化型和不定期分化型5种类型。

（1）夏秋分化型　绝大多数春夏开花的观花植物，如海棠、榆叶梅、桃花、樱花、迎春、连翘、玉兰、紫藤、丁香、黄刺玫、牡丹、山楂、杨梅、山茶花（春季开花的）、杜鹃花等，属于夏秋分化型。花芽在前一年的夏秋（6～8月）进行分化，有的延迟到9～10月完成花器分化和主要部分的发育。也有些树种，如板栗、柿等分化较晚，秋天只能分化出花原始体而看不到花器，延续时间较长。此类植物花芽的进一步分化与完善，还需经过一段低温，直到第二年春天才能进一步完成性器官的分化。有些植物的花芽，即使由于某些条件的刺激和影响，在夏秋已完成分化，仍需经低温后才能提高其开花质量。冬季剪枝瓶插水养催花，必须经过一段时间适宜的低温后才能进行，否则达不到要求。夏秋分化型的花木，通过实施生产技术措施，可以促使开二次花。

（2）冬春分化型　原产亚热带、热带地区的某些植物，一般秋梢停长后至第二年春季萌芽前，即于11月至翌年4月完成花芽的分化。柑橘类的柑和橘常从12月至次春期间分化花芽，其分化时间较短并连续进行。此类型中有些延迟到第二年初才分化，而在冬季较寒冷的地区，如浙江、四川等地，有提前分化的趋势。

（3）当年分化型　许多夏秋开花的植物，如木槿、槐、紫薇、珍珠梅、荆条等，都是在当年新梢上形成花芽并开花，一年只开一次花，不需要经过低温阶段即可完成花芽分化。

（4）多次分化型　在一年中能多次抽梢，每抽一次梢就分化一次花芽并开花，分化多次，开花多次，这类植物属于多次分化型。如茉莉花、月季、葡萄、无花果、金柑和柠檬等，有的植物有多次开花的变异类型，如四季石榴、四季桂、西洋李中的三季李、四季橘等也属于此类。多次分化型植物，春季第一次开花的花芽有些可能是上一年形成的，花芽分化交错发生，没有明显的分化停止期，花芽分化节律不明显。

（5）不定期分化型　不定期分化型为草本植物，如热带和亚热带草本果树香蕉、菠萝等，当其达到一定的叶面积则形成花芽，一年分化一次，时间不固定。

5. 花芽分化的规律　掌握不同植物花芽分化的规律，就可有的放矢地进行栽培养护和实施相应的技术措施，促进花芽分化，形成更多的花。

（1）花芽分化的长期性　多数树木的花芽是分期分批陆续分化形成的。这与着生芽的新梢在不同时间分期分批停止生长，而停止生长后各类新梢所处的内外条件不一样有关。如栗花芽分化从6月下旬至8月中旬，经过冬眠停止分化，翌春又继续分化，直到萌芽后才全部完成。葡萄、枣、月季、茉莉花、四季桂、柠檬、金柑等一年可以多次发枝并多次形成花芽。花芽分化的长期性，为植物一年中多次开花、多次结果提供了理论根据，也为控制花芽分化提供了可能。

（2）花芽分化的相对集中性和相对稳定性　花芽分化是相对集中进行的。每种树木花芽分化的开始期和盛期在不同地区和不同年份是有差别的，但不悬殊。梅花、玉兰、牡丹等集中在6～7月，苹果和梨大都集中在6～9月。花芽分化的相对集中性和相对稳定性与相对稳定的气候条件及物候期有密切关系。一般在新梢停止生长后和采果后（结果树）各有一个分化高峰，有些树种则在落叶后至萌芽前利用储藏的营养及适宜的气候条件又进行分化。这些特性为相对稳定地养护管理花木类提供了理论依据。如梅花在6月进行“扣水”，促使花芽分化，其原因是梅花花芽分化集中在6～7月。

（3）花芽生理分化期　树木的芽从叶芽到花芽进行形态分化，必须有一个生理分化期。

各种树木的生理分化期是不同的，如柑橘花芽生理分化期在果实采收前后。

（4）形成一个花芽所需要的时间　不同树种形成一个花芽所需的时间不同。从生理分化到雌蕊形成所需时间因树种而异，苹果需 1.5～4 个月，芦柑需 0.5 个月，雪柑约需 2 个月，甜橙需 4 个月左右。枣形成一个花芽需 5～8d，月季形成一个花芽需要 2 周。

研究形成一个花芽所需要的时间，是控制花芽分化率和调节开花期的依据。南宁栽培菠萝用乙烯利处理后 7～9d 花芽开始分化，80d 左右分化完成，25～30d 即可开花。因此，在不同的日期进行处理，即可在预定的时间五一或十一采收果实。

（5）花芽分化早晚因条件而异　树木花芽分化时期不是固定不变的。一般幼树比成年树晚，旺树比弱树晚，同一树上短枝、中长枝、长枝上腋花芽形成依次渐晚。一般停长早的枝分化早，但花芽分化多少与枝长短无关。大年时新梢停长早，但因结实多，使花芽分化推迟。

（二）园林植物的开花

植物正常花芽的花粉粒和胚囊发育成熟，花萼和花冠展开，这种现象称为开花。不同植物开花顺序、开花时期、异性花的开花次序以及不同部位的开花顺序等方面都有很大差异。

1. 开花顺序　不同植物、同种植物的不同品种以及一株植物不同部位的开花顺序有很大差异。

（1）不同植物的开花顺序　同一地区不同植物在一年中的开花时间不同，除特殊小气候环境外，各种植物每年开花都有一定的先后顺序。了解当地植物开花时间对于合理配置园林植物具有重要指导意义。如在北京地区常见植物的开花顺序是银芽柳、毛白杨、榆、山桃、玉兰、加拿大杨、小叶杨、杏、桃、绦柳、紫丁香、紫荆、核桃、牡丹、白蜡、苹果、桑、紫藤、构树、栓皮栎、刺槐、苦楝、枣、板栗、合欢、梧桐、木槿、国槐等。

（2）同种植物不同品种的开花顺序　同一地区同种植物的不同品种之间，开花时间也有一定的差别，并表现出一定的顺序性。如在北京地区，桃花中的白桃于 4 月上中旬开花，而绯桃则要到 4 月下旬到 5 月初开花。有些品种较多的观花植物，可按花期早晚分为早花、中花和晚花三类，在园林植物应用中也可以利用其花期的差异，通过合理配置，延长和改善美化效果。

（3）同株植物不同部位的开花顺序　有些园林植物属于雌雄同株异花的植物，雌雄花的开放时间有的相同，有的不同。同一树体上不同部位的开花早晚也有所不同，同一花序上的不同部位开花早晚也可能不同。这些特性多数是有利于延长花期的，掌握这些特性也可以在园林植物应用中提高其美化效果。

2. 开花类型　植物在开花与展叶的时间顺序上常表现出不同的特点，常分为先花后叶型、花叶同放型和先叶后花型 3 种。在园林植物应用中了解植物的开花类型，通过合理配置，提高总体的绿化美化效果。

（1）先花后叶型　先花后叶型植物在春季萌动前已完成花器分化，花芽萌动不久即开花，先开花后展叶。如银芽柳、迎春、连翘、山桃、梅花、杏、李、紫荆等，有些能形成一树繁花的景观，如玉兰、山桃等。

（2）花叶同放型　花叶同放型植物开花和展叶几乎同时，花器也是在萌芽前已完成分化，开花时间比先花后叶型稍晚。多数能在短枝上形成混合芽的植物也属此类。混合芽虽先抽枝展叶而后开花，但多数短枝抽生时间短很快见花。

（3）先叶后花型　先叶后花型植物多数是在当年生长的新梢上形成花器并完成分化，萌芽要求的气温高，一般于夏秋开花，是植物中开花最迟的一类，有些甚至能延迟到晚秋。如木槿、紫薇、凌霄、国槐、桂花、珍珠梅、荆条等。

3. 花期　花期即开花延续的时期，花期长短受植物种类和品种、外界环境以及树体营养状况的影响而有很大差异，为了合理配置和科学管护园林植物，提高美化效果，应了解不同园林植物的花期。

（1）不同植物种类和品种的花期　由于园林植物种类繁多，几乎包括各种花器分化类型的植物，加上同种植物品种繁多，在同一地区，植物花期延续时间差别很大，从1周到数月不等。

开花时间不同的植物花期长短也不同，早春开花的植物多在秋冬季节完成花芽分化，到春天一旦温度合适就陆续开花，一般花期相对短而开花整齐；而夏季和秋季开花的植物，花芽多在当年生枝上分化，分化早晚不一致，开花时间也不一致，加上个体间的差异，使其花期持续时间较长。

（2）树体营养状况和环境条件对花期的影响　同种植物，青壮年树比衰老树的花期长而整齐，树体营养状况好花期延续时间长。

花期长短也因天气状况而异，花期遇冷凉潮湿天气时花期可以延长，而遇干旱高温天气时则会缩短。在不同小气候条件下，开花期长短不同，如在树荫下、大树北面和楼房等建筑物背后生长的植物花期长。但由于这些原因而延长花期时花的质量往往受影响。

4. 开花次数　多数园林植物每年只开一次花，特别是原产温带和亚热带地区的绝大多数植物，但也有些植物或栽培品种一年内有多次开花的习性，如月季、柽柳、四季桂、佛手、柠檬等，紫玉兰中也有多次开花的变异类型。

每年开花一次的植物种类，如一年中出现第二次开花的现象称为再度开花或二度开花，我国古代称作“重花”。常见再度开花的植物有桃、杏、连翘等，偶见玉兰、紫藤等出现再度开花现象。植物出现再次开花现象有两种情况：一种是花芽发育不完全或因树体营养不足，本来春季开花的植物部分花芽延迟到夏初才开，这种现象常发生在某些植物的老树上；另一种是春季开花的植物秋季发生再次开花现象，通常是由于气候原因导致的再度开花，如进入秋季后温度下降，但晚秋或初冬发生气温回暖，一些植物二度花开。如在1975年，春季物候期提早，在10～11月间很多地方的植物再度开花；1976年，北京的秋季特别暖和，连翘从8月初到12月初都有开花的；上海地区近年来多见海棠、含笑等植物在秋季再度开花的现象。

一般来说，植物再度开花时花的繁茂程度不如第一次开花，因为有些花芽尚未分化成熟或分化不完全，使植物花芽分化不一致，部分花芽不能开花。出现再度开花对园林植物影响不大，有时还可加以研究利用。如人为促成一些植物在国庆节等重要节假日期间再度开花，就是提高园林植物美化效果的一个重要手段。在北京，可于8月下旬至9月初摘去丁香的全部叶子，并追施肥水，至国庆节前就可再度开花。

（三）影响花芽分化的因素

花芽分化是在内外条件综合作用下进行的，但决定花芽分化的首要因子是物质基础（即营养物质的积累水平），而激素的作用和一定的外界环境因素如光照、温度、水分、矿质元素及栽培技术等，则是花芽分化的重要条件。

1. 花芽形态建成的内在条件　由简单的叶芽转变成复杂的花芽，是一种由量变到质变，由营养生长转向生殖生长的过程。这种转变过程需具备如下条件：

（1）芽内生长点细胞必须处于分裂又不过旺的状态　形成顶花芽的新梢必须处于停止加长生长或缓慢生长状态，即处于长而不伸、停而不眠的状态，才能进入花芽的生理分化状态；而形成腋花芽的枝条必须处于缓慢生长状态，即在生理分化状态下生长点细胞不仅进行一系列的生理生化变化，还必须进行活跃的细胞分裂才能形成结构上完全不同的新的细胞组织，即花原基。正在进行旺盛生长的新梢或已进入休眠的芽是不能进行花芽分化的。

（2）要有比建成叶芽更丰富的结构物质　包括光合产物、矿质盐类以及由以上两类物质转化合成的各种糖类、氨基酸和蛋白质等。

（3）要有形态建成中所需要的能源、能量储藏、转化物质　如淀粉、糖类和三磷酸腺苷（ATP）等。

（4）形态建成中的调节物质　激素在植物体的一定部位产生，并输送到其他部位，起促进或抑制生理过程的作用。花芽分化需要激素启动与促进，与花芽分化相适应的营养物质积累等也直接或间接与激素有关。植物体内自然形成的内源激素，目前已知能促进花芽形成的激素有细胞分裂素（CTK）、脱落酸（ABA）和乙烯（多来自根和叶）；对花芽形成有抑制作用的激素有生长素（IAA）和赤霉素（GA）（多来自种子）。随着科学的进展，人工合成了多种促花物质（即植物生长调节剂）如比久（B_9）、矮壮素（CCC）、多效唑（PP_{333}）等。利用这些外用生长调节剂同样可以调节树体内促花激素与抑花激素之间的平衡，借以达到促进花芽形成的目的。

（5）与花芽形态建成有关的遗传物质　如脱氧核糖核酸（DNA）和核糖核酸（RNA）等，它们是代谢方式和发育方向的决定者。

植物细胞都具遗传全能性。在遗传基因中，有控制花芽分化的基因，这种基因要有一定的外界条件（如花芽生理分化所要求的日照、温度、湿度等）和内在因素（如各种激素的某种平衡状态、结构物质和能量物质的积累等）的刺激，使这种基因活跃，就能使花芽分化。所以，控制花芽分化基因的连续反应活动，是控制组织分化的关键。这些内外条件能诱导出特殊的酶，以导致结构物质、能量物质和激素水平的改变，从而使生长点进入花芽分化，即控制花芽形态分化的DNA与RNA，是代谢发育方向的决定者。例如，实生树首次成花是由其遗传性决定的。实生树通过幼年期要长到一定的大小和年龄以后，才能接受成花诱导。但不同树木在一定条件下，首次成花的快慢不同，这是受其遗传性所决定的，快则1～3年，慢则半个世纪。

2. 不同器官的相互作用　植物的根、枝、叶、花、果实生长与花芽分化均有密切关系。良好的营养生长为转向生殖生长打下坚实的物质基础，没有这个基础，花芽形成是不可能的。

（1）根、枝、叶生长与花芽分化　良好的根、枝、叶的生长是植物开花结果的基础。植物要早开花结果，需要一定的根、枝量和叶面积，才能使达到一定年龄阶段的植物由营养生长转向生殖生长。进入成年阶段的植物，需要一定的枝叶量才能保证生长与开花结果的平衡。但如果树体生长过旺，消耗过大，减少树体储藏营养的积累，进而影响花芽分化和花器发育，影响植物的开花和结果。

绝大多数树木的花芽分化是在新梢生长减慢或停止时开始。因为新梢生长停止前后的代谢方式不同，生长停止前营养消耗占优势，生长停止后积累占优势。一般认为生理分化期的早晚与枝条停止生长的早晚成正相关。新梢摘心或去幼叶都有利于花芽分化，是因为新梢生长点和幼叶分别是生长素（IAA）和赤霉素（GA）的主要合成部位。生长素和赤霉素共同促进新梢生长，所以摘心和去幼叶是为了降低生长素和赤霉素的含量，抑制新梢生长，促进营养物质的积累，有利于花芽分化。

（2）开花结果与花芽分化　开花和结果会消耗大量的营养物质，这时根和枝叶由于得不到足够营养，生长受到抑制，所以开花量会影响新梢和根系的生长，同时也影响花芽分化。因此，要通过合理的栽培措施，合理控制树体总的开花结果数量，才能确保开花结果的均衡和稳定。

（3）根系活动强度与花芽分化　根系生长与花芽分化成正相关，根系在生长活动的情况下，吸收根多，不仅可以为地上部枝叶制造成花物质提供无机原料，还能以叶片的光合产物为原料直接合成花芽分化所必需的一些结构物质和调节物质，如增加蛋白质的合成和细胞分裂素的水平，蛋白质和细胞分裂素影响花芽分化。如果根系活动弱，水分和矿物营养吸收得少，蛋白质和细胞分裂素合成受到抑制，则会影响花芽分化。所以根系随着花芽分化的开始，由生长低峰转向生长高峰。因此，一切有利于增强根系生理功能的管理措施，均有利于促进花芽分化。

（4）枝条发育质量与花芽分化　随着枝条的生长，叶片增加，叶面积加大，为花芽分化提供了制造营养物质的基础，因而有利于花芽分化，但枝条生长过旺或停止生长过晚，由于消耗营养物质过多，又能抑制花芽分化。

3. 影响花芽分化的外部因素　外部条件可以影响内部因素的变化，并刺激有关开花的基因，然后在开花基因的控制下合成特异蛋白质，从而促进花芽分化。

（1）光照　光照对树木花芽形成的影响是很明显的。如有机质形成、积累与内源激素的平衡等都与光照有关。光对树木花芽分化的影响主要是光量、光照时间和光质等方面。

强光对新梢内生长素的合成起抑制作用，这是抑制新梢生长和向光弯曲的原因。紫外线钝化和分解生长素，从而抑制新梢生长，促进花芽形成，所以在高海拔地区，植物开花早，生长停止早，树体矮小。

许多树木对光周期并不敏感，其表现是迟钝的，但并不是与光周期毫无关系，只是光周期对其不如对一年生植物那样重要。如杏在长日照条件下形成花芽多，在短日照条件下形成花芽少；树在长日照条件下形成雄花，在短日照条件下形成雌花。

（2）温度　温度影响树木一系列生理活动，如光合作用、根系的生长和吸收及蒸腾作用，也影响激素的水平等。高温（30℃以上）、低温（20℃以下）抑制生长素的产生，因而抑制新梢的生长，从而对花芽分化产生影响。温度对某些植物来说，一定范围的低温有促进花芽分化的作用，例如紫罗兰只有通过10℃以下的低温才能完成花芽分化。花芽分化要求的温度与开花需要的温度往往是不一致的，原产热带或亚热带的植物开花所需要的温度较高，如牵牛花、茑萝、鸡冠花、半支莲、凤仙花等要求温度在10～16℃时开花最好。

（3）水分　花芽生理分化之前适当控制水分，有利于光合产物的积累和花芽进一步分化。因为控制水分会增加植物体内氨基酸特别是精氨酸水平，从而有利于发育。同时叶片脱落酸含量提高，从而抑制赤霉素和生长素的合成，并抑制淀粉酶的产生，促进花芽分化。如在新梢生长季对梅花适当减少灌水量（俗称“扣水”），能使枝短，成花多而密集，枝下部芽也能成花。如干旱区山地植物成花比充足灌水处早。

（4）矿质营养　施肥特别是施用大量氮素对花原基的发育具有强烈的影响。植物缺乏氮素时，限制叶组织的生长，足以阻止成花诱导作用。对柑橘和油桐施用氮肥，可以促使诱导成花。施用硫酸铵既能促进苹果根的生长，又能促进花芽分化。对于北美黄杉，硝态氮可促进成花，而铵态氮对成花数量没有影响。氮对成花作用的关键是施氮的时间以及氮与其他元素的配比是否合适。

磷对成花的作用因植物种类而异，如苹果施磷增加成花，但樱桃、梨、桃、板栗、杜鹃花等对磷无反应。缺铜可使苹果、梨等花芽减少，缺钙、镁可使柳杉花芽减少。总之，大多数元素相当缺乏时，都会影响成花。

（四）花芽分化的控制途径

要有效地控制花芽分化，必须充分利用花芽分化长期性的特点，对不同植物、不同年龄的植物采取相应的控制措施，提高控制效果，还要利用不同植物的花芽临界期，抓住控制花芽分化的关键时期，采取相应的技术措施，如通过繁殖方法、砧木选择、适地适树、整形修剪、水肥调控、疏枝间伐及生长调节剂的使用等，控制和调节植物生长发育的外部条件和平衡植物各器官间的生长发育关系，从而达到控制花芽分化的目的。

在了解植物花芽分化规律和条件的基础上，可综合运用各项栽培技术措施，调节植物体各器官间生长发育的关系与外界环境条件的影响，来促进或控制植物的花芽分化。

决定花芽分化的首要因素是营养物质的积累水平，这是花芽分化的物质基础。所以应采取一系列的技术措施，如通过适地适树（土层厚薄与干湿等）、选砧（乔化砧、矮化砧）、嫁接（高接、桥接、二重接等）、促进控制根系（穴大小、紧实度、土壤肥力、土壤含水量等）、整形修剪（适当开张主枝角度、环剥、主干倒贴皮、摘心、扭梢、摘幼叶促发二次梢、轻重短截和疏剪）、疏花、疏（幼）果、施肥（肥料类别、叶面喷肥、秋施基肥、追肥等），以及生长调节剂的施用等。在此基础上，再使用生长抑制剂，如比久（B_9）、矮壮素（CCC）、乙烯利等，可抑制枝条生长和节间长度，促进成花。

控制花芽分化应因树、因地、因时制宜，注意以下几点：①首先研究各种树木花芽分化的时期与特点；②抓住分化临界期，采取相应措施进行促控；③根据不同分化类别的树木其花芽分化与外界因子的关系，通过满足或限制外界因子来控制；④根据树木不同年龄时期的树势，对枝条生长与花芽分化关系进行调节；⑤使用生长调节剂调控花芽分化。

必须强调的是，对植物采取促进花芽分化的措施时，需要建立在健壮生长的基础上，抓住花芽分化的关键时期，施行上述措施（单一的或几种同时进行），才能取得满意的效果。

花期控制无论对杂交育种、适时观花，还是防止低温对花器的危害，都具有重要意义。花期的提前与延后一般可通过调节环境温度和阻止植物体升温而加以控制。对盆栽花木，可根据植物习性，采用适当遮光、降低温度、增加湿度的措施，对延长花期、使花色正常都有作用。

六、果实的生长发育

果实和种子的功能主要是繁殖，园林植物果实的观赏功能也很突出，许多园林植物的果实具有很高的观赏价值，园林中栽植观果类植物，其目的主要是以果的奇（奇特、奇趣之果）、丰（给人以丰收的景象）、巨（果大给人以惊异）和色（果色多样而艳丽）来提高植物的观赏和美化价值，但必须根据果实的生长发育规律，通过一定的栽培和养护措施，才能使植物充分发挥这些方面的功能。

（一）授粉和受精

植物开花、花药开裂、成熟花粉通过媒介达到雌蕊柱头上的过程叫授粉。花粉授到柱头上，花粉萌发形成花粉管伸入达到胚囊与卵子结合的过程，称为受精。作为生殖器官的花，对植物自身而言，其主要机能是授粉受精，最终产生果实与种子，以达到繁衍后代的目的。

1. 授粉方式

（1）自花授粉，自花结实　同一品种内授粉叫自花授粉。具有自花亲和性的品种，在自花授粉后结实量能达到生产要求产量的，叫自花结实，如桃、樱桃、枣以及部分李和葡萄的品种等。自花授粉获得种子，培育的后代一般都能保持母本的习性，但很易衰退。

（2）异花授粉，异花结实　不同品种间进行授粉叫异花授粉。异花授粉后能获得丰产的叫有异花亲和性（能异花结实）。异花授粉获得的种子的杂种优势使后代具有较强的生命力，培育的后代一般很难继承父、母本的优良品性而形成良种，所以生产上不用这类种子直接繁育苗木。尤其是花灌木、果树等，仅用于作嫁接苗的砧木。需要异花授粉的植物在自花授粉的情况下，不易获得果实，如苹果、梨等。异花授粉对果实品质影响不大，自花结实的植物经异花授粉后，可提高坐果率，增加产量。

（3）单性结实　未经过受精而形成果实的现象叫单性结实。单性结实的果实大都无种子，但无种子果实并不一定都是单性结实的。例如无核白葡萄可以受精，但因内珠被发育不正常，不能形成种子，叫种子败育型无核果。

（4）无融合生殖　无融合生殖一般是指不受精也产生具发芽力的胚（种子）的现象。湖北海棠和一部分核桃品种，其卵细胞不经受精可形成有发芽力的种子，即是无融合生殖的一种——孤雌生殖。柑橘由珠心或珠被细胞产生的珠心胚也是一种无融合生殖。

2. 影响授粉和受精的因素

（1）授粉媒介　植物有的是风媒花，如松柏类、榆、悬铃木、槭、核桃、板栗、桦、杨柳科和壳斗科等；有的是虫媒花，如大多数花木和果木、泡桐、油桐等。风媒和虫媒不是绝对的，有些虫媒花，如椴树、白蜡，也可借风力传播。

（2）授粉适应　在长期的自然选择过程中树木对传粉有不同的适应。尽管授粉有上述四种方式，但绝大多数树木是以异花授粉为主，能自花授粉的植物经异花授粉后，产量更高，后代生活力更强。树木对异花授粉的适应主要表现在如下几个方面：

①雌雄异株：如杨、柳、杜仲、羽叶槭等。

②雌雄异熟：有些树木雌雄异花同株，但常有异熟之分化。如核桃，除同熟类型外还有雄花先熟或雄花先放的类型，油梨、荔枝也属此类。泡桐常雄花先熟。柑橘常雌花先熟。

③雌雄不等长：有些树种雌雄虽同花、同熟，但其蕊不等长，影响自花授粉与结实，如某些杏、李的品种。

④柱头的选择性：分泌柱头液对不同花粉刺激萌发上有选择性，或抑或促。

（3）营养条件对授粉受精的影响　亲本树的营养状况是影响花粉发芽、花粉管伸长速度、胚囊寿命以及柱头接受花粉时间的重要内因。树体内氮素、糖类、生长素的供应都对上述过程有影响。在树体营养良好的情况下，花粉管生长快、胚囊寿命长、柱头接受花粉的时期也长，这样就大大延长了有效授粉期。氮素不足的情况下，花粉管生长缓慢、胚囊寿命短，当花粉管到达珠心时，胚囊已经失去功能，不能受精。对衰弱树，花期喷尿素可提高坐果率。生长后期（夏季）施氮肥有利于提高次年结实率。

硼对花粉萌发和受精有良好作用，有利于花粉管的生长。在萌（花）芽前喷1%～2%的硼砂，或花期喷0.1%～0.5%的硼砂，可增加苹果坐果率。秋施硼肥，有利于欧洲李第二年坐果率和产量的提高。

钙也有利于花粉管的生长，最适浓度可高达1mmol/L。故有人认为花粉管向胚珠方向的向性生长，是对从柱头到胚珠钙的浓度梯度的反应。

施磷可提高坐果率，缺磷的树发芽迟、花序出现迟，降低了异花授粉的概率，还可能降低细胞激动素的含量。

用赤霉素处理，可以使自花不结实的树种、品种提高结果率。赤霉素除有促进单性结实的效应外，还可加速花粉管的生长，使生殖分裂加速。

多量的花粉有利于花粉发芽，这是因为花粉密度大，由花粉本身供应的刺激物增多。如果花粉密度不大，增加花粉水浸提液，仍可促进花粉发芽。

（4）环境条件对授粉受精的影响　环境条件中，温度是影响授粉受精的重要因素。温度影响花粉发芽和花粉管生长，不同树种、品种，最适温度不同。苹果25℃以上发芽不好，葡萄要求温度较高，在20 ℃以上者居多。

花期遇低温会使胚囊和花粉受害。温度不足，花粉管生长慢，到达胚囊前胚囊已失去受精能力。低温期长，开花慢，叶生长相对加快，消耗养分多，不利于胚囊的发育与受精。低温还不利于昆虫传粉，一般蜜蜂活动要15 ℃以上的温度。

花期遇大风使柱头干燥，不利于花粉发育，也不利于昆虫活动。

阴雨潮湿也不利于传粉，使花粉不易散发或易失去活力，还能冲掉柱头黏液。

大气污染会影响花粉发芽和花粉管伸长，不同树木花期对不同污染的反应不同。

3. 促进授粉受精的措施

（1）配置授粉树　不论是自花结实还是自花不实的树种与品种，除能单性结实者外，异花授粉均能提高结实量，生产上常按一定比例混栽。园林绿地中若不能配置授粉树，则可采用异品种高枝嫁接或花期人工授粉。

（2）调节营养　首先要加强头一年夏秋的管理，保护叶片不受病虫危害，合理负担，提高树体营养水平，保证花芽健壮饱满。其次要调节春季营养的分配，均衡树势，不使枝叶旺长，必要时采用控梢措施。对生长势弱的树或衰老树，花期根外喷洒尿素、硼砂等对促进授粉受精有积极的作用。

（3）人工辅助授粉　对于一些雌雄异熟的树木可采集花粉后进行人工辅助授粉。南京、青岛等地用人工授粉的方法使雪松产生种子。

（4）改善环境条件　搞好环境保护、控制大气污染，对易受大气污染的植物的授粉受精是很重要的。另外在花期禁止喷洒农药，保护有益于传粉昆虫的活动，促进虫媒花的授粉受精。花期遇气温高、空气干燥时，对花喷水也很有效。

（二）坐果和落花落果

1. 坐果　坐果是经过授粉、受精后，花的子房膨大发育成果实。开花数并不等于坐果数，坐果数也不等于成熟的果实数。因为中间还有一部分花、幼果要脱落，这种现象叫落花落果。从果实形成到果实成熟期间，常会出现落果。

各种植物的坐果率不一样，如苹果、梨的坐果率为2%～20%，枣的坐果率仅为

0.5%～2%，芒果坐果率则更低，仅为万分之几。这实际上是植物适应自然环境、保持生存能力的一种自身调节。植物自控结果的数量对植物自身是有好处的，可防止养分过量消耗，以保持健壮的生长势，维持良好的合成功能，达到营养生长与生殖生长的平衡。在栽培实践中，常发生一些非正常性落花落果，严重时影响观赏价值或减产，应尽量避免。

2. 落花落果

（1）落花落果次数　根据对仁果类和核果类的观察，落花落果现象一年可出现4次。

①落花：第一次落花出现于开花后，因花未受精，未见子房膨大，连同凋谢的花瓣一起脱落。这次落花对果实产量影响不大。

②落幼果：落幼果出现在花后约2周，子房已膨大，是受精后初步发育的幼果。这次落果对产量有一定的影响。

③六月落果：六月落果于第一次落果后2～4周出现，大体在6月间。此时落果已有指头大小，因此损失较大。

④采前落果：有些树种或品种在果实成熟前也有落果现象，即采前落果。

以上这几种不是由机械和外力所造成的落花落果现象，统称为生理落果。也有些由于果实大，结果多，而果柄短，因互相挤压造成采前落果。夏秋暴风雨也常引起落果。

（2）落花落果的原因　造成生理落果的原因很多，最初落花、落幼果是由于花器发育不全或授粉、受精不良而引起的。其他不良的环境条件，如水分过多造成土壤缺氧而削弱根系的呼吸，使其吸收能力降低，导致营养不良；而水分不足又容易引起花梗、果柄形成离层，导致落花落果。缺锌也易引起落花落果。

六月落果主要是营养不良引起的。幼果的生长发育需要大量的养分，尤其胚和胚乳的增长，需要大量的氮才能形成所需的蛋白质，而此时有些树种的新梢生长也很快，同样需要大量的氮素。如果此时氮供应不足，幼果和新梢之间就会发生对氮争夺的矛盾，常使胚的发育终止而引起落果，因此应在花前施氮肥。磷是种子发育重要的元素之一，种子多，生长素就多，可提高坐果率。花后施磷肥对减少六月落果有显著成效，可提高早期和总的坐果率。

水不仅是一切生理活动所必需的，而且果实发育和新梢旺长都大量需水。由于叶片的渗透压比果实高，若此时缺水，果实的水易被叶片争夺而干缩脱落。过分干旱，树木整体造成生理干旱，导致严重落果。另一原因是幼胚发育初期生长素供应不足，只有那些受精充分的幼果，种胚量多且发育好，能产生大量生长素，对养分水分竞争力强而不脱落。

采前落果的原因是将近成熟时，种胚产生生长素的能力逐渐降低。这与树种、品种特性有关，也与高温干旱或雨水过多有关。日照不足或久旱突降大雨，会加重采前落果。不恰当的栽培技术，过多施氮肥和灌水，栽植过密或修剪不当，通风透光不好，都会加重采前落果。

3. 提高坐果率的措施

①为了减少落花落果常采用各种保花保果措施，保证花和果实的良好生长发育。

②进行必要的疏果，克服大小年，调节与平衡营养生长与生殖生长的关系，保护营养面积和结果的适当比例，使叶片数与果实数成一定比例。疏花比疏果更能节省养分，但要把握疏花疏果的量，疏多疏少都有不利。要根据具体树种、具体条件，并要有一定的实践经验才能获得满意的效果。

③在幼果生长期，在保证新梢健壮生长的基础上，要防止新梢过旺生长，一般可采用摘心或环剥等，以削弱新梢的生长，提高坐果率。

④在盛花期或幼果生长初期喷涂生长素（如 2,4－D、GA 等），以提高幼果中生长素的浓度。激素的使用能防止果柄产生离层而落果，也可促进养料输向果实，有利于幼果的生长发育。但在树体营养条件较差的情况下使用生长素后即使不发生落果，其幼果因为营养不良或结果过多，也不能达到应有的栽培目的。

（三）果实的生长发育

从花谢后至果实达到生理成熟时止，需要经过细胞分裂、组织分化、种胚发育、细胞膨大和细胞内营养物质的积累转化等过程。这个过程称为果实的生长发育。

1. 果实生长发育时间 各类植物的果实成熟时，果实外表会表现出成熟果实的颜色和形状特征，称为果实的形态成熟期。果熟期的长短因植物种类和品种不同而不同，榆和柳等植物的果熟期最短，桑、杏次之。松属植物种子发育成熟需要两个完整生长季，第一年春季传粉，第二年春季才能受精，球果成熟期要跨年度。果熟期的长短还受自然条件的影响，高温干燥，果熟期缩短，反之则延长，山地条件、排水好的地方果实成熟较早。果实外表受伤或被虫蛀食后成熟期会提早。

2. 果实生长发育的规律 果实内没有形成层，果实的增大是靠果实细胞的分裂与增大进行的。果实生长的初期以伸长生长（即纵向生长）为主，后期以横向生长为主。果实重量的增长，大体上与其体积的增大呈正比。果实体积的增大决定于细胞数目、细胞体积和细胞间隙。

果实生长发育与其他器官一样，也遵循慢—快—慢的 S 形生长曲线规律，但在众多的观果树种中，其生长情况有两种类型：一种是单 S 生长曲线型，如苹果、梨、柑橘等，此类果实生长全过程是由小到大，逐渐增长，中间几乎没有停顿现象，但也不是等速上升，在不同时期的生长速率是有变化的。另一种是双 S 生长曲线型，如桃、梅、樱桃等，这类果实有较明显的 3 个阶段，即幼果生长快速期，持续约 3 周；生长缓慢期（即硬核期），在外形上无明显增大的迹象，主要是内部种胚的生长和果核的硬化；最后是增大期，生长速度再次加快，直至成熟。园林观果植物果实多样，有些奇特果实的生长规律有待更多的观察和研究。

花器和幼果生长的初期是果实细胞主要分裂期，此时树体内营养状况决定着果实细胞的分裂数，对许多春天开花、坐果的多年生果树，花果生长所需的养分主要依靠上一年储藏的养分供应。储藏养分的多少对幼果细胞分裂数有决定性影响，所以秋施基肥，合理修剪，疏除过多的花芽，对促进幼果细胞的分裂有重要作用。

果实发育中后期主要是果肉细胞的增大期，此期果实除含水量增加外，糖分含量也直线上升。合适的叶果比、良好的光照和介质适宜的土壤水分条件，满足其水肥的要求，是提高果实产量和质量的保证。此时若浇水过多，施用氮肥过多，虽能增加一定产量，但果实含糖量下降，品质降低。

激素与果实的生长发育有密切的关系。试验证明，果实发育过程中，生长素、赤霉素、细胞分裂素、脱落酸及乙烯等多种激素都存在。但在果实发育的不同阶段，是在一种或几种激素的相互作用下，以调节和控制果实的发育。如桃在幼果生长快速期赤霉素含量高于生长缓慢期，最后进入果实增大期后，乙烯含量显著增加。对大部分果实来说，前期促进生长的细胞分裂素、赤霉素等激素的含量较高，后期则抑制生长的乙烯、脱落酸等激素的含量较高。了解激素对果实生长发育的作用，可通过人工合成激素来调控果实生长发育，以达到栽培目的。

3. 果实色泽和质地 果实的着色是成熟的标志之一。有些果实的着色程度决定其观赏价值。果实着色是由于叶绿素分解，细胞内已有的类胡萝卜素、黄酮等使果实显现黄、橙等色。果实中的红、紫色是由叶片中的色素原输入果实后，在适宜的条件下，经氧化酶作用而产生的花青素苷转化形成的。花青素苷是糖类在阳光（特别是短波光）的照射下形成的，所以在果实成熟期，保证良好的光照条件，对花青素苷的合成和果实的着色是很重要的。

观果植物以果实为观赏对象，对色泽要求高，果实色泽不同的植物在园林造景中起到重要的作用。影响果实色泽的主要物质有叶绿素、花青素、胡萝卜素、黄酮等，影响果实着色的主要因素是光质（直射光、散射光）、矿质营养、糖类、水分、温度、植物激素等。

作为观赏部位的园林植物果实，其在植物体上保留的时间越长越好。果实中原果胶的减少、可溶性果胶的增加会使果实的细胞结合力下降，果实变软、变绵；果实内糖类、干物质含量高，果实硬度大。因此，生产上除减缓果实产生离层外，减缓果实软化的措施也很重要。

（四）促进果实发育的栽培措施

①要从根本上提高包括上一年在内的树体储藏营养的水平，这是果实能充分长大的基础。要创造良好的根系营养条件，保持树体代谢的相对平衡和对无机养料最强的吸收能力。为此要增施有机肥料、注意栽植密度，使树木的地上部分与地下部分有良好的生长空间。

②运用整形修剪技术措施，使树体形成良好的形态结构，调节营养生长和生殖生长的关系，扩大有效的光合面积，提高光合效率和树体营养水平。

③保证肥水供应。在落叶前后施足基肥的基础上，在花芽分化、开花和果实生长等不同阶段，进行土壤和根外追肥。果实生长前期可多施氮肥，后期应多施磷、钾肥。

④根据具体情况适时采用摘心、环剥和应用生长激素提高坐果率。要根据观赏的要求，适当疏（幼）果，注意通风透光，并加强病虫害防治等。

七、树体结构与树冠的形成

（一）树体结构

园林树木一般由树根、树干和树冠三部分组成，习惯上将树干和树冠称为地上部分，将树根称为地下部分，而地上部分和地下部分的交界处称为根颈（图 1-4）。

1. 树干 树干是树体的主轴，下接根部，上承树冠。树干又可分为主干和中干。有些树种或经整形定干的树体则没有中干。

（1）主干 主干是指树木从第一个分枝点至地面的部分。主干是树体上、下营养循环运转必经的总渠道，是储藏有机物的场所之一，在结构上起支撑作用。灌木仅具极短的主干，灌丛不具主干，而呈丛生枝干，藤木的主干称为主蔓。

（2）中干 中干是主干在树冠中的延长部分，即位于树冠中央直立生长的大枝，又称为中心干。中干领导全树冠各类枝条的生长。中干的有无或强弱对树形有很大的影响。

2. 树冠 树冠是主干以上枝叶部分的统称。树冠包括主枝、侧枝、延长枝等。

(1) 主枝 主枝是着生在中干上面的主要枝条。主枝是构成树冠的主要骨骼。主枝和树干呈一定角度着生，有的在中干上呈层次排列。

(2) 侧枝 侧枝是着生在主枝上的主要枝条，它们是从主枝上分生出来的主要大枝，在侧枝上分生出来的主要大枝叫副侧枝。

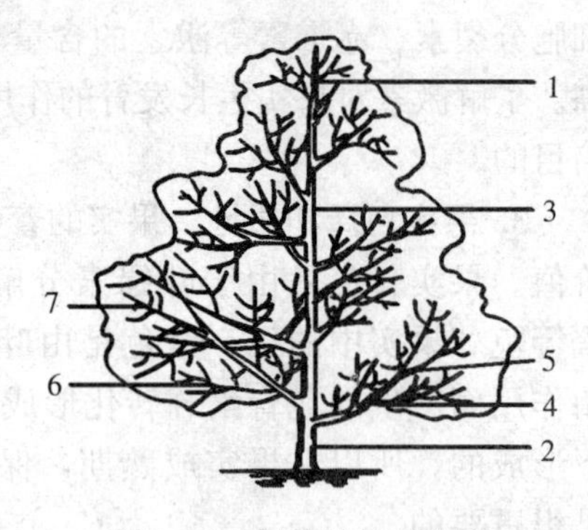

图 1-4 树体结构示意图

1. 树干 2. 主干 3. 中干 4. 主枝 5. 侧枝 6. 花枝组 7. 延长枝

主干、中干、主枝、侧枝等是组成树冠骨架的永久性枝，它们支撑树冠全部的侧生枝及叶、花、果，在生理上主要起运输和储藏水分、养分的作用。由于骨干枝着生的状态不同，树冠的基本外貌也各异。

(3) 延长枝 延长枝是各级骨干枝先端的延长部分，延长枝在树木幼年、青年期生长量较大，起扩大树冠的作用。其枝龄增高后，转变为骨干枝的一部分。随着分枝级次的增高，到一定级次后，延长枝和附近的侧生枝差别很小或变得难以区分。

(4) 小侧枝 小侧枝是自骨干枝上分生的较细的枝条。它们可能是单一枝或再分生小枝群（花枝组），常能分化花芽，并开花结实。

（二）树体结构特性

1. 干性与层性 树木中心干的强弱和维持时期的长短，称为干性。顶端优势明显的树种，中心干强而持久。由于顶端优势和不同部位芽的质量差异，使强壮的一年生枝的着生部位比较集中。这种现象在幼年期历年重现，使主枝在中心干上的分布或二级枝在主枝上的分布形成明显的层次，称为层性。层性是顶端优势和芽的异质性共同作用的结果。一般顶端优势强而成枝力弱的树种层性明显。有些树种的层性一开始就很明显，如松、柏等；有些树种则随树龄增大，弱枝衰亡，层性逐渐明显，如苹果、梨等。具有层性的树冠有利于通风透光。层性又随中心干的生长优势和保持年代而变化。树木进入壮年之后，中心干的优势减弱或失去，层性消失。不同树种的干性和层性强弱不同。如银杏、松、杉类、苹果、梨等树种干性都较强，而桃、石榴、柑橘等则干性弱。银杏、松属某些种以及灯台树、枇杷、核桃、杉类、山核桃等层性最为明显。柑橘、桃等层性与干性均不明显。

2. 分枝角度 枝条抽生后与其着生枝条间的夹角称为分枝角度。由于树种及品种的不同，分枝角度常有很大差异。在一年生枝上抽生枝梢的部位距顶端越远，则分枝角度越大。

（三）树体结构类型

按照枝、干的生长方式，树体结构可大致分为单干直立型、多干丛生型和藤蔓型三种类型。

1. 单干直立型 单干直立型有一明显的与地面垂直生长的主干。乔木和部分灌木树种为这种类型。

单干直立型树木顶端优势明显，由骨干枝、延长枝及细弱侧枝构成树体的主体骨架。通常树木以主干为中心轴，着生多级饱满、充实、粗壮、木质化程度高的骨干主枝，起扩大树冠、塑造树形、着生其他次级侧枝的作用。由于顶端优势的影响，主干和骨干主枝上的多数芽为隐芽，长期处于潜伏状态。由骨干主枝顶部的芽萌发形成延长枝（实际上，也会有部分芽萌发成细弱侧枝或开花枝），进一步扩展树冠。延长枝进一步生长，有的能加入到骨干枝的行列。延长枝上再着生细弱侧枝，完善树体骨架。细弱枝相对较细小，养分有限，可直接着生叶或花。有的芽也能改良成营养枝作繁殖材料，或形成生殖枝开花结果。

各类树种寿命不同，通常细弱枝更新较频繁，但随树龄的增加，主干、骨干主枝以及延长枝的生长势也会逐渐转弱，从而使树体外形不断变化，观赏效果得以丰富。

2. 多干丛生型　多干丛生型以灌木树种为主。由根颈附近的芽或地下芽抽生形成几个粗细相近的枝干，构成树体的骨架，在这些枝上再萌生各级侧枝。

多干丛生型树木离心生长相对较弱，顶端优势也不十分明显，植株低矮，芽抽枝能力强。有些种类反而枝条中下部芽较饱满，抽枝旺盛，使树体结构更紧密，更新复壮容易。这类树种主要靠下部的芽逐年抽生新的枝干来完成树冠的扩展。

3. 藤蔓型　藤蔓型有一至多条从地面长出的明显主蔓，其藤蔓兼具单干直立型和多干丛生型树木枝干的生长特点。但藤蔓自身不能直立生长，因而无确定冠形。

藤蔓型树种如九重葛、紫藤等，主蔓自身不能直立，但其顶端优势仍较明显，尤其是在幼年时，主蔓生长很旺，壮年以后，主蔓上的各级分枝才明显增多，其衰老更新特性常介于单干直立型和多干丛生型之间。

（四）树冠的形成

多数园林树木树冠的形成过程就是树木主梢不断延长，新枝条不断从老枝条上分生出来并延长和增粗的过程。通过地上部芽的分枝生长和更新以及枝条的离心式生长，乔木植物从一年生苗木开始，前一生长季节所形成的芽在后一生长季节抽生成枝条，随树龄的增长，中心干和主枝延长枝的优势转弱，树冠上部变得圆钝而宽广，逐渐表现出壮龄期的冠形，达到一定立地条件下的最大树高和冠幅后，进一步转入衰老阶段。竹类和丛生灌木类植物以地下芽更新为主，多干丛生，植株由许多粗细相似的丛状枝茎组成，有些种类的每一条枝干的生长特性与乔木类似，但多数与乔木不同，枝条中下部的芽较饱满，抽枝较旺盛，单枝生长很快达到其最大值，并很快出现衰老。藤木的主蔓生长势很强，幼时很少分枝，壮年后才出现较多分枝，但大多不能形成自己的冠形，而是随攀缘或附着物的形态而变化，这也给利用藤本植物进行园林植物造型提供了合适的材料。

八、植物整体性及器官生长发育的相关性

植物是一个有机整体，植物体各部位或器官之间在生长发育的速率和节律上都存在着相互联系、相互促进或相互抑制关系。园林植物某一部位或器官的生长发育，常能影响另一部位或器官的形成和生长发育。这种植物体各部位或器官之间在生长发育方面的相互促进或抑制关系，称为植物生长发育的相关性。植物生长发育的相关性是通过植株营养物质吸收、合成、储存、分配和激素调节来实现的。最普遍的相关现象包括地上部分与地下部分、营养生长和生殖生长、顶端优势、各器官的相关等方面。植物各器官生长发育上这种既相互依赖又相互制约的关系，是植物有机体整体性的表现，也是制定合理的栽培措施的重要依据之一。

（一）地上部树冠与地下部根系之间的关系

植物各器官的相互关系中，以地下部与地上部各器官的相关关系最为明显。因为根系生命活动所需要的营养物质和某些特殊物质主要是由叶片光合作用产生的，这些物质沿着枝干的韧皮部下运以供应根系；同时，地上部分生长所需要的水分和矿物质元素，主要是由根系吸收，沿着木质部上运供应。当然根系也具有代谢功能，能合成20多种氨基酸、三磷酸腺苷、磷脂、核苷酸、蛋白质、细胞分裂素等重要物质。这些物质可以参与蛋白质的合成和其他代谢，对生长开花极为重要。因为植物体内经常进行着这种上下运输的生理活动，所以它们之间每时每刻都在互相影响，在正常生长过程中，保持着一定的动态平衡关系。

在正常情况下，植物体地上部分与地下部分之间为一种相互促进、协调的关系。以水分、营养物质和激素的双向供求为纽带，将两部分有机地联系起来。因此，地上部分与地下部分之间必须保持良好的协调和平衡关系，才能确保整个植株的健康发育。“根深叶茂，本固枝荣；枝叶衰弱，孤根难长。”充分说明了植物地上部树冠与地下部根系之间相互联系和相互影响的辩证统一关系。实际上，地上部与地下部关系的实质是树体生长交互促进的动态平衡，是存在于植物体内相互依赖、相互促进和反馈控制机制决定的整体过程。

如果地上部树冠的枝叶与地下部根系之间平衡关系被破坏，如病虫害、自然灾害及移植、修剪等使原有的协调关系遭到破坏，则常出现新器官的再生，以恢复其平衡。如果根系遭到破坏，则必然影响枝叶的生长，常出现生长弱或偏心生长等现象，严重时不能恢复平衡而导致死亡。在移植树木时伤根很多，破坏了地上部分与地下部分的动态平衡，为保证成活，对树冠进行修剪，以求在较低水平上保持平衡。在对树木进行修剪时，也常应用地上部分与地下部分的相关性，地上部分或地下部分任何一方过多地受损，都会削弱另一方，从而影响整体。

由此可见，植物地上部和地下部是一个整体，它们之间存在着明显的相关关系，生长量需保持一定的比例，称为冠根比或枝根比（T/R），这个参数对诊断植株健康水平和质量负载能力大有帮助。植物的冠根比随种类品种、植物年龄、土壤条件及其他栽培条件而异，特别是土壤的质地与通气性影响明显。如苹果生长在沙地冠根比为0.7～1.0，生长在壤土上为2.0～2.5，生长在黏土上为2.1。至于常绿树，柑橘为1.2，枇杷为3.64。一般树木冠根比（干重）为3～4。冠根比还随年龄而变化，通常从幼年起随年龄的增长冠根比有所增加，至成年后保持相对稳定。

植物的冠幅与根系的水平分布范围也有密切关系。一般根系的水平扩张大于树冠，而垂直伸长则小于树高。同时个别大根与地上部的大枝之间具有局部的对应关系。一般表现为在树冠的同一方向上，地上部树叶多，其相对的地下部分根量也多。

此外，从根系和枝条在周期中的生长情况看，它们之间也存在着密切的相关关系。根系与新梢、果实生长都需要养分，相互之间存在着供应关系上的矛盾。但植物可通过自动调节，解决养分供应的矛盾，如使各生长高峰错开，自动调节养分供应的矛盾。根系常在较低温度下比枝叶先行生长。当新梢旺盛生长时，根系生长缓慢；当新梢渐趋停长时，根的生长则逐渐达高峰；当果实生长加快时，根系生长又变缓慢；秋后秋梢停止生长和果实成熟后，根生长又常出现一个小的高峰。

总之，植物地上部分和地下部分的生长是相互联系、相互依存的，既相互促进，也相互制约，呈现交替生长反馈控制的作用过程，在园林植物栽培中可以通过各种栽培措施，调整园林植物根系与树冠的结构比例，使园林植物保持良好的结构，进而调整其营养关系和生长速度，促进植物整体的协调、健康生长。

因此，在了解上述相关性的基础上，可以利用相应的栽培技术措施，调节地上部分和地下部分的生长。在土壤通气良好、磷肥供应充足、氮肥适当、水分较少、温度较低和疏花疏果等条件下，有利于地下部分根系生长。反之如适当疏枝，短截修剪，提供充足氮肥和水分，减少磷肥，在较高温度条件下，则有利于地上部枝叶生长。此外，在花、果生产中，常利用矮化砧调节地上部的生长，也可密植，通过深耕和肥水管理，为根系创造良好条件，增强树势。

（二）消耗性器官与生产性器官之间的关系

植物有光合能力的绿色器官称为生产性器官，无光合能力的非绿色器官称为消耗性器官。实际上叶片是植物净光合积累的主要器官，其他器官的绿色部分占比例很小。所以，叶片承担着向树体的根、枝、花、果等器官供应有机养分的功能，是最重要的生产性器官。然而，叶片作为整个树体有机营养的供应源，不可能同时满足众多消耗性器官的生长发育对营养物质的要求，需要根据植物各器官在生长发育上的节律性，在不同时期首先满足某一个或某几个代谢旺盛中心对养分的需求，按一定次序优先将光合产物输送到生长发育最旺盛的消耗中心，以协调各个器官生长发育对养分的需求。因此，叶片向消耗性器官输送营养物质的流向，总是和树体生长发育中心的转移相一致。一般来说，幼嫩、生长旺盛、代谢强烈的器官或组织是树体生长发育和有机养分重点供应的中心。植物在不同时期的生长发育中心，大体与生长期树体物候期的转换相一致。

（三）营养生长与生殖生长之间的关系

植物的根、枝干、叶和叶芽为营养器官，花芽、花、果实和种子为生殖器官，植物的营养器官和生殖器官虽然在生理功能上有区别，但它们的形成都需要大量的光合产物。生殖器官所需要的营养物质是由营养器官供应的，所以良好的营养生长是生殖器官正常发育的基础。没有健壮的营养生长，就难有植物的生殖生长。在生长衰弱、枝细叶小的植株上是难以分化花芽、开花结果的。即使成花，其质量也不会好，极易因营养不良而发生落花落果。生殖器官的正常生长发育表现在花芽分化的数量和质量以及花、果的数量和质量上；而营养器官的正常生长发育表现在树体的增长状况，如树木的增高、干径的加粗、新梢的生长以及枝叶的增加等，在一定限度内，树体的增长与产量呈正相关。树木营养器官的发达是开花结实丰盛、稳定的前提，但营养器官的扩大本身也要消耗大量养分，因此常出现两类器官竞争养分的矛盾。

营养生长与生殖生长之间需要形成合理的动态平衡。在园林植物栽培和管理中，可以根据不同的栽培目的和要求，通过合理的栽培和修剪措施，调节营养生长与生殖生长之间的关系，使不同植物或同一植物的不同时期偏向于营养生长或生殖生长，达到更好的美化和绿化效果。

枝条生长过弱、过旺或停止生长过晚，均会造成营养积累不足，运往生殖器官的养分少，致使果实发育不良，或造成落花落果，或影响花芽分化。一切不良的气候、土壤条件和不当的栽培措施，如干旱或长期阴雨，光照不足，施肥灌水不合时宜、过多或不足，修剪不当等，都会使营养生长不良，进而影响生殖器官的生长发育。反之，营养器官的扩大本身也要消耗大量养分，开花结实过量，消耗营养过多，也能削弱营养器官的生长，使树体衰弱，影响花芽分化，形成开花结果的大小年现象。因此常出现两类器官间竞争养分的矛盾。大量结实对营养生长的抑制效应，不仅表现在结实当年，而且对下一年或下几年都有影响。所以在花果生产中，常在加强肥水的基础上，对花芽和叶芽的去留要有适当的比例，以调节养分需求矛盾。

在自然生长发育过程中，树木的花芽分化多在枝条生长缓慢和停止生长时开始（葡萄可在枝条生长旺盛时进行分化）。一个叶芽能否发生质变形成花芽，首先与枝条本身的发育质量有直接关系。一般来说，大多数植物发育比较粗壮且姿势适当平斜的中、短枝，在生长前期如能及时停止生长，则容易形成花芽。相反，生长细弱和虚旺的直立性长枝，难以形成花芽。对于一些观花植物，应通过合理修剪调节树体结构和枝条发育状况，促进花芽形成和分化。在实践中人们采用改变枝向或角度、使用矮化砧以及利用生长抑制剂等措施，都是为了减弱和延缓枝条的生长势，促进花芽分化。

在调节营养生长和生殖生长的关系时，除了注意数量上的适宜以外，还应注意时间上的协调，务必使营养生长与生殖生长相互适应。对观花观果植物，在花芽分化前，一方面要提供植物阶段发育所需的必要条件；另一方面，要使植株有健壮的营养生长，保证有良好的营养基础。在开花坐果期，要适当控制营养生长，避免枝叶过旺生长，使营养集中供应花果，以提高坐果率。在果实成熟期，应防止植株叶片早衰脱落或贪青徒长，以保证果实充分成熟。以观叶为主的植物，则应延迟其发育，尽量阻止其开花结果，保证旺盛的营养生长，以提高其观赏价值。对一些以根、茎为储藏器官的观花植物，也应防止生长后期叶片的早衰脱落。

（四）其他器官之间的关系

植物器官间的互相依赖、互相制约和互相作用是普遍存在的，也体现了植物整体的协调和统一。同时各器官又有相对独立性，在不同季节还有阶段性。

1. 根端与侧根　根的顶端生长对侧根的形成有抑制作用。除去根的先端，则促进侧根的发生和生长，切断侧生根，可促发侧生须根。如苗木移栽时，切断主根，促进侧根生长，增加根量，扩大吸收面积。对实生苗进行多次移栽，其目的就是增加须根量，有利于出圃后栽植成活。对成年树深翻改土，切断一些一定粗度的根有利于促发吸收根，增强树势，更新复壮。

2. 顶芽与侧芽　园林植物顶芽生长抑制侧芽发出或侧枝生长的现象十分普遍，如塔柏。这种顶端优势现象对植株的形状和开花结果部位的分布影响很大。幼树进行摘心，可加速整形，提早开花结果，如碧桃。另外，月季、一串红、荷兰菊等顶芽摘心可促进侧芽萌发，延长花期。此外，正在生长的新梢能抑制休眠芽的萌发，主芽的存在和生长抑制副芽的萌发，当主枝受害或主芽受伤后，休眠芽萌发以代替失去的器官。

幼年树和青年树的顶芽生长较旺，侧芽相对较弱，显示出明显的顶端优势。剪除顶芽，则优势位置下降，促进较多侧芽萌发，有利于扩大树冠，去掉侧芽则可保持顶端优势。生产实践中，可根据不同的栽培目的，利用修剪措施控制树势和树形，常用短截修剪手法削弱顶端优势，促发分枝。

3. 枝量和叶面积　由于枝是叶片着生的基础，在相同植物或相同砧木上，某一品种的节间长度是相对稳定的。所以就单枝来说，枝条越长，叶片数量越多；从总体上看，枝量越大，相应的叶面积也应越大。

4. 果实和叶面积　许多试验表明，增加叶果比可增加单果重量，但二者并非直线相关，不是留果越少，单果叶数越多，果实就越大，而是应有一个合适的范围。一般叶果比为20～40，既可增加果实的大小，也能保证正常的产量。植物种类不同，气候、土壤条件的差异，也应有相应的叶果比。

5. 树高与直径　通常树木的树干加粗生长晚于加长生长，但加粗生长的生长期较加长生长长。一些树木的加长生长与加粗生长能相互促进，但由于顶端优势的影响，往往加长生长或多或少会抑制加粗生长。

第二节　园林植物的生命周期

无论草本还是木本园林植物，从生命开始到结束，都要经历几个不同的生长发育阶段。植物繁殖成活后经过营养生长、开花结果、衰老更新，直至生命结束的全过程叫作植物的生命周期，又称生物学年龄时期。它不是指具体的年龄，而是年龄阶段的变化。植物不同年龄时期长短不一，并有其生长发育特点，对外界环境和栽培管理都有一定要求，研究植物不同年龄时期的生长发育规律，目的在于根据园林植物各阶段的特点，采取相应的栽培管理措施，促进或控制各年龄时期的生长发育节律，可实现植物适龄开花结实、延长盛花盛果观赏期、延缓植物衰老进程等目的，使其更好地满足园林绿化的需要。

一、植物生命周期的一般规律

1. 离心生长　植物自播种发芽或经过营养繁殖成活后，以根颈为中心进行生长。根具向地性，在土壤中逐渐发生和形成各级根和须根，并向纵深发展。地上部的芽具背地性，向地上生长形成各级骨干枝和枝条，向空中发展。这种由根和茎以根颈为中心向地下和地上不断地扩大其空间的生长，称为离心生长。

2. 离心秃裸　以离心方式出现的树冠的自然打枝和根系自疏，统称离心秃裸。随着地上部的离心生长，枝叶生长逐年增加，树冠不断扩大，竞争能力增强，造成树冠内膛光照条件和营养条件恶化，内膛骨干枝上早期形成的小枝、弱枝慢慢死亡。以后逐渐发展到主枝上的小枝，再涉及着生在下一级骨干枝上的小枝（侧枝），以此类推，自中心向外围按离心方式发生枝条枯死的现象，称为树冠的自然打枝。地下根系同样会发生由基部向根端方向逐渐衰老的现象，这种现象称为根系自疏。

一些树木，如棕榈科的许多树种，由于没有侧芽，只能以顶芽逐年向上延伸离心生长，因而没有典型的离心秃裸现象。离心秃裸（枯死）现象发生的早晚与树种和外界环境条件有密切的关系。喜光树种内膛小枝寿命短，枯死得早；耐阴树种内膛小枝枯死得晚。外界环境条件好，内膛小枝寿命长，枯死得晚；否则内膛小枝寿命短，枯死得早。

随着年龄的增加，同化作用和代谢作用的水平和方向发生变化。不断的离心生长使枝条级次逐渐增多，使枝条内有机物积累。由于枝条所处的部位不同，一部分枝条的一些生长点发生质变，形成花芽，开始开花结实。随着年龄的增加和树体的扩大，开花结实量不断增多，大量营养物质由同化器官转向果实和种子，从整体上改变了生长与发育的消长关系。此时，生长趋于缓慢，发育逐渐加强，衰老成分随之增加。也就是说，枝条增长到一定程度后，就不再增长。

可见，树体的离心生长并不是无止境的，当树冠达到一定大小后，树冠的扩大就终止了，并处于相对稳定状态，这时开花结实量也达到最多。不同的树种由于生长量和停止生长的早晚不同，因而树冠大小有差异。越向树冠上方，级次越高，枝条的发育阶段越老。另外，树木离心生长持续的时间、离心秃裸的快慢、向心更新的特点等与树种、环境条件及栽培技术有关。

3. 向心更新 植株的生长经过稳定阶段后，生长势开始下降，同时由于年龄的增加，各级骨干枝依次衰老，衰老死亡的枝条大于新生的枝条，因而树冠开始缩小。衰老死亡的现象不仅发生在内膛小枝上，而且发生在骨干枝上，枝条的死亡是从树冠外围开始逐渐向中心发展，直到整株死亡，对于隐芽寿命短的树种（如松属的许多种），到此时则完成了生命的全过程。

对于阔叶树种，当骨干枝从树冠外围开始死亡，并逐渐向内方和中心方向发展时，在大骨干枝上，特别是在基部和弯曲的地方常出现萌蘖枝。萌蘖枝出现的规律是由外向内直至根颈，这就是常讲的向心更新。

对于乔木树种，凡无潜伏芽或潜伏芽寿命短的，只有离心生长和离心秃裸，没有或几乎没有向心更新，如油松、桃等；只有顶芽而无侧芽者，只有顶芽延伸的离心生长，而无离心秃裸，更无向心更新，如棕榈等。

灌木离心生长时间短，地上部枝条衰老死亡较快，向心更新不明显。多以干基萌条和根蘖条更新为主。

多数藤木的离心生长较快，主蔓基部易光秃，其更新与乔木相似，有些与灌木相似，有些介于二者之间。

竹类多为无性繁殖，绝大多数种类几十天内可以达到个体发育的最大高度。成竹以后虽然也有短枝和叶片的更新，但没有离心生长、离心秃裸和向心更新现象。

二、木本植物的生命周期

木本植物个体寿命较长，可达几十年甚至上百年。在木本植物中存在着两种不同起点的生命周期：一类是实生苗，即由种子开始的个体；一类是营养苗，即由营养器官繁殖开始的个体。实生苗是从受精卵开始，发育成胚胎，形成种子，种子萌发长成植株，经过生长、开花、结实至衰老死亡，这是起源于种子的实生树的生命周期。营养苗是用木本植物的营养器官，如枝、芽、根等繁殖而成的独立植株，经过生长、开花、结实直到衰老死亡，这是起始于营养器官的营养繁殖树的生命周期。

（一）实生树的生命周期

实生树的生命周期具有明显的两个发育阶段，即幼年阶段和成年阶段。幼年阶段从种子萌发时起，到具有开花潜能（具有形成花芽的生理条件，但不一定就开花）之前的一段时期，叫作幼年阶段。不同植物种类和品种，其幼年阶段的长短不同，少数植物的幼年阶段很短，当年就可开花，如矮石榴、紫薇等；但多数园林树木都要经过一定期限的幼年阶段才能开花，如梅花需要 4～5 年、银杏 15～20 年、松 5～10 年等。在此阶段，树木不能接受成花诱导而开花，任何人为措施都不能使树木开花，但合理的措施可以使这一阶段缩短。幼年阶段达到一定生理状态之后，就获得了形成花芽的能力，从而达到性成熟阶段，即成年阶段。进入成年阶段的树木就能接受成花诱导（如环剥、喷洒激素等）并形成花芽。开花是树木进入性成熟的最明显的标志。实生树经多年开花结实后，逐渐出现衰老和死亡的现象，这一过程称为老化过程或衰老过程。

实生苗的生命周期具体可划分为胚胎期、幼年期、青年期、壮年期和衰老期，各个生长发育时期有不同特点，栽培上应采取相应的措施，以更好地服务于园林。

1. 胚胎期（种子期） 胚胎期从卵细胞受精形成合子开始到种子发芽为止。种子期可以分为前后两个阶段，前一阶段是从受精到种子形成，后一阶段是种子脱离母体到开始萌发。在前一阶段中母体的营养物质主要供给胚，以保证种子的成熟；在后一阶段，种子脱离母体后，为了维持种子的生活力，必须为种子创造适宜的储藏条件。

前一阶段对植物种族的繁衍具有极大的意义，种子的形成过程是植物体生命过程中最重要的时期。在这个时期，胚内将形成植物种的全部特性。这种特性将在以后由种子发育成植株时表现出来。因此，在种子形成的时期，外界环境必然影响未来的植株，此时如果天气较冷、常刮大风，雨水过多或过于干旱，土壤性质不适合等都会造成种子质量低劣。因此，在这个时期应该给母树提供大量营养，防止土壤过于干燥或积水，注意改变土壤的理化性质，风大的地方要给母树设防护林或风障。总之，要给母树的生长提供良好的条件，因为母树的营养物质首先供给胚使用，以保证种子的优先需要与健康的发育。

在后一阶段，当种子脱离母体之后，即使处于适宜的环境条件下，一般也不发芽而呈现休眠状态。这种休眠状态实际上是在系统发育过程中形成的一种适应外界不良环境条件延续种子生存的特性。由于树种的不同和原产地的差异，其休眠长短不同。例如，桃需 100～200d，杏需 80～100d，黄栌和千金榆需 120～150d，核桃和女贞约需 60d，金银花和桂香柳约 90d，桑、山荆子、沙棘约 30d。

也有少数树木种子无休眠期，如枇杷、柑橘、杨和柳等。树木种子在休眠期一般都要求一定的温度和湿度条件。因为种子过于干燥能够导致将来的杂种苗趋于野生，因此得到种子后应立即播种或随即沙藏。树木种子沙藏要求一定的温度和湿度。如蔷薇类的种子在播种前，常将种子沙藏，以满足种子休眠时对低温和湿度的生理需要。一些原产热带干旱地区的树种则要求一定的高温条件打破休眠。另外，还有些种类需要在变温条件下才能满足休眠期的需求。

植物产生种子是长期自然选择的结果，是植物繁衍的需要。这一时期，对于园林植物的栽培管理工作来说，主要任务是促进种子形成、安全储藏和在适宜的环境条件下播种并使其顺利发芽。

2. 幼年期（幼苗期） 实生苗的幼年期是从种子萌发到植株开第一朵花为止。实生苗的幼年期与幼年阶段基本吻合。

（1）幼年期的特点

①幼苗的可塑性大，遗传性尚未稳定，易受外界环境的影响。在此期间应根据园林建设的需要搞好定向培育工作，如养干、促冠、培养树形等。园林中的引种栽培、驯化也适宜在该期进行。育种工作者常借助于环境因素直接影响幼年植株，以得到人们需要的特性。在引种工作中也常利用幼苗的可塑性进行引种驯化培育。在培育植物耐旱性时，常将其放在干燥环境中进行锻炼，令其见干见湿，但干的时间要长，湿度能维持生命就可以了，这样不断地培养驯化，最后能大大地提高植物的抗旱性。

抗寒锻炼也是如此。如我国桉树引种是从意大利和澳大利亚先引到广东，后进入湖南，再到浙江、江苏、湖北、安徽等地；另一条路线是从法国先引入云南，后到四川。

②不同的树种及品种幼年期长短不一样。幼年期持续时间的长短主要与植物遗传特性有关。草本植物幼年期一般只有1年。除少数园林树木如紫薇、月季、糯米条等当年播种当年就可以开花外，绝大多数树种需要较长时间。如桃三、李四、杏五等；牡丹播种后3～4年，甚至4～5才开花；核桃（除特殊品种外）一般为5～12年；有些树木幼年期长达20～40年，银杏又称公孙树，就是说幼年期较长，达15～20年；红松可达60年以上。

幼年期的长短还受环境因子的影响，一般在干旱、瘠薄的土壤条件下树木生长势弱，幼年期短；反之，在湿润肥沃的土壤上，营养生长旺盛，幼年期较长。空旷地生长的树木和林缘受光良好的树木，第一次开花的年龄比郁闭林分和浓阴中的树木早。

③幼年期是旺盛离心生长的时期。在这一时期树冠和根系的离心生长旺盛，光合作用面积迅速扩大，开始形成地上的树冠和骨干枝，逐步形成树体特有的结构，树高、冠幅、根系长度和根幅生长很快，同化物质积累增多，为营养生长转向生殖生长从形态和内部物质上做好了准备，为首次开花创造条件。

④枝条生长直立，每年具有1～3次生长高峰，停止生长较晚。

⑤植株内有机物质积累较少，这也是幼树不能开花的主要原因。

⑥此期的最初几年枝条组织生长得不充实，如不注意防寒越冬，则会发生冻害。

（2）控制的途径

①加强营养生长，尽快形成良好的树体骨架。园林绿化中，常用多年生大规格苗木、灌木栽植，其幼年期基本在苗圃度过，由于此时期植物在高度和体积上迅速增长，应注意培养树形，移植时修剪细小根，促发侧根，提高出圃后的定植成活率。行道树、庭荫树等用苗，应注意养干、养根和促冠，保证达到规定主干高度和一定的冠幅。

②对于观花、观果的园林植物，当树冠长到适宜大小时，应设法促其生殖生长，从整体上来说，应保持树体健壮，促进局部枝条独立性，也就是说使一部分枝条开花或准备开花，另一部分枝条生长，积累营养。使用生长抑制物质，或适当环割、开张枝条角度等措施可促进花芽形成，提早开花，缩短幼年期。

③利用矮化砧和中间砧有利于苗木提早开花结果。

④扩穴深翻，充分供应肥水。肥水管理一般前期促、后期控。也就是在生长前期多施肥灌水，促进营养器官匀称而健壮地生长；后期要控制肥水，因为后期肥水过多会使树木枝条贪青徒长，造成枝条生长不充实，对树木越冬很不利。

⑤加强休眠季树体保护。因为幼年期树木生长得快，组织不充实，在休眠季需要加强树体保护，如防寒越冬、缠草绳、立支柱等。

⑥轻修剪。幼年期树木修剪要轻，多留枝条，促进有机营养储藏，为提早开花作准备。

⑦控制顶芽，有利于侧芽萌发和侧枝生长，增加分枝级次，有利于缓和生长势，促进花芽形成。

抑制生长势可用乙烯利、比久（B_9）处理。

3. 青年期（结果初期） 从植株第一次开花到大量开花，花果性状逐渐稳定及树冠逐渐扩大的时期为青年期。

（1）青年期的特点

①树木固有的特性逐渐发展和巩固。树木开始形成花芽、开花、结果，开花结果数量逐

年上升，本阶段前期开的花、结的果不能完全反映品种的特性，后期开的花和结的果才能反映出本品种的特性。

②树木的可塑性即适应外界环境的能力比幼年期大为降低，具有一定的保守性，在开花结果部位以下着生的枝条仍处于幼年阶段。

③树木的根系与树冠加速生长，可能达到或接近预定的最大营养面积，是离心生长最快的时期。

④从生长占优势到生长与发育趋于平衡的过渡时期，其营养生长和生殖生长比例的变化决定向盛果期转化的速度。如观花、观果树木要求转化速度快，使盛果期及早到来；观叶、绿化遮阴植物则希望尽量放慢转化速度；对于果树而言，此时由于叶果比大，花芽形成容易，产量逐年上升，甚至隔年结果习性的品种也表现出连年结果现象。

⑤此期的长短主要决定于养护管理的水平。

（2）控制的途径

①促进树体结构尽快建成，使树冠尽可能地达到最大营养面积，加强树体内营养物质积累，一直保持旺盛的生命力，更快地发挥其功能作用。

②加强土肥水管理，一般情况下应施重肥，以保证苗木有良好的营养条件。如果生长过旺，应少施氮肥，多施磷、钾肥，必要时应用适宜的化学抑制剂。

③采用轻度修剪，在促进树木健壮生长的基础上促进开花。为了使青年期的树木多开花，不能采用重剪，过重修剪从整体上削弱了树木的总生长量，减少了光合产物的积累，同时又在局部上刺激了部分枝条进行旺盛的营养生长，新梢生长较多，会大量消耗储藏养分。但要随开花和结果量的增加而加重修剪。注意缓和树势，使花芽量达到适当的比例（苹果一般为30％～50％的果枝量）。

④花灌木应采取合理的整形修剪，调节树木长势，培养骨干枝和丰满优美的树形，为壮年期大量开花结实打下基础。

⑤加大骨干枝的角度，使枝条外张，其目的是为了树冠内通风透光。

4. 壮年期（盛果期） 从植株大量开花结实开始，到结实量大幅度下降，树冠外沿小枝出现干枯时为止为壮年期，是观花、观果植物一生中最具观赏价值的时期。这个时期越长，观花观果时间越长，效果越好。

（1）壮年期的特点

①壮年期树木不论是根系还是树冠都已扩大到最大限度，树木各方面已经成熟，植株粗大，树冠已定型，是观赏的最佳时期，经济效益最高。

②树种的性状已经完全稳定，并充分反映出品种的固有性状，有很强的遗传保守性，对不良环境的抗性较强，故在苗木繁殖时选用处于本期的植株做母树最好。

③正常情况下，花、果数量多，性状最为稳定，对于栽培目的来讲，本期越长越好。

④生命周期中及每年消耗营养最多的时期，由于代谢产物交换恶化和开花结实消耗大量的营养，使枝条和根系的生长受到抑制。

⑤壮年期的后期骨干枝离心生长停止，离心秃裸现象严重，树冠顶部和主枝先端出现枯梢，根系先端也干枯死亡。

⑥开始出现向心更新，由于顶端小枝的衰老或回缩修剪使树冠变小，地下部分的须根大量死亡，这样自然缩小了根叶之间营养的运输距离，树冠内部发生少量生长旺盛的更新枝，

出现向心更新。

（2）控制的途径　维持树木旺盛的生长发育、防止树木早衰、延长树木观赏时间是壮年期树木栽培管理工作的重点。

①进行科学的土、肥、水管理，为了最大限度地延长壮年期，较长期发挥观赏效益，要充分供应肥水，早施基肥，分期追肥，满足树体对养分的要求，保证树体健壮，防止树木早衰、延长成年期时间。

②合理修剪，进行细致的修剪，均衡配备营养枝、育花枝、结果枝，使生长（地上、地下）与开花结果及花芽分化达到相对均衡状态。同时要注意更新枝的培养，剪除病虫枝、老弱枝、重叠枝、下垂枝和干枯枝，以改善树冠通风透光条件。

③对观叶遮阴为主的树来说，进入此期后树冠利用价值逐年下降，管理上要尽量疏除花芽、果实，增加肥水施用量和注意肥料种类的搭配，增加磷肥用量，控制花芽量和留果量，以促进营养生长，延长树体的利用年限。

④对观花观果植物应调整树势平衡、调整发育枝和结果枝比例、控制留花留果量、减轻树体负担，减轻观花观果树负担、延长观花（果）年限。

⑤观花观果的树木要防止隔年开花结果现象的发生，隔年开花结果现象是果树和采种母树经常发生的现象，就是第一年结果多、第二年结果少，果树上称为“大小年现象”。造成隔年开花结果现象的原因很多，主要是营养和激素平衡问题，同时外界环境条件（风、雨、雹和病虫害等）和栽培技术措施有密切关系。大小年现象如果不加以解决，会恶性循环。

5. 衰老期（老年期）　从骨干枝及骨干根逐步衰亡，开花结实量逐渐减少，生长显著减弱到植株死亡为止为衰老期。

（1）衰老期的特点

①生长势减弱，出现明显的离心秃裸现象。由于根系和叶片吸收和合成能力降低，光合能力下降，加之开花结实消耗大量营养，使储藏的营养物质越来越少，树体衰老，树冠内部枝条大量枯死，丧失顶端优势，树冠截顶。

②根系以离心方式出现自疏，吸收功能明显下降。

③树体开花结实量大为减少，品质降低，树体对逆境的抵抗力差，极易遭受病虫及其他不良环境条件的危害导致死亡。

④输导组织老化，树冠外围小枝死亡。后期个别较大的骨干枝也枯死，有的种类衰老后植株逐渐死亡。有的种类由于枝条的枯死，根冠距离相应缩小，从而由外向内发生更新枝，所以此期向心更新强烈发生。

⑤土壤肥力片面的消耗、根系附近土壤中有毒物质产生与积累等多种因素促使衰老。

⑥树体平衡遭到严重破坏，树冠更新复壮能力很弱。营养枝和结果母枝越来越少，植株生长势逐年下降，枝条细且生长量小。

⑦不同类别树种更新方式和特点不同，有些乔木无潜伏芽，不能进行向心更新，如松。有些树种只有顶芽而无侧芽，只能进行离心生长不能进行向心更新，如棕榈。有些乔木既能靠潜伏芽更新，又能由根蘖更新。

（2）控制的途径　衰老期树木管理的任务是维持树木的长势或帮助更新和复壮，返老还童。

①老化过程在一定条件下是可逆的，可以通过深翻土壤，修剪根系，多施氮肥、有机

肥，施用植物生长调节剂和回缩树冠等措施复壮。但复壮以后的生长能力不能达到树木生长初期的水平，只能暂时或部分地提高其生活力。

②必要时用同种幼苗进行桥接或高接，帮助恢复树势。

③对更新力强的植物，重剪骨干枝，促发侧枝，或用萌蘖枝代替主枝进行更新和复壮。

④城市树木更新的时期，应开始淘汰这些树木。花灌木截枝或截干，刺激萌芽更新，或砍伐重新栽植，古树名木采取复壮措施，尽可能延长其生命周期。

⑤老树更新与树木潜伏芽寿命有很大关系。潜伏芽寿命长，容易更新；寿命短，则不容易更新。不同的树种潜伏芽寿命不同，如核桃、枣、梨、苹果、槐和紫藤等潜伏芽寿命长，更新能力也强。李、桃、黄刺玫和木槿等潜伏芽寿命短，芽易萌发，这种树衰老后很难恢复。

（二）营养繁殖树的生命周期

营养繁殖树的生命周期是树木的营养器官（如枝、芽、根等）发育成独立植株后，生长、开花、结实，直至衰老、死亡的过程。营养繁殖（扦插、嫁接、压条、分株等）的个体，其发育阶段是母体发育阶段的延续，营养繁殖的树木其繁殖体已渡过了幼年阶段，没有胚胎期和幼年期或幼年期很短，因此没有性成熟过程，只要生长正常，在适当的条件下就可开花结果，经过多年的开花结果，也要进入衰老阶段，直至死亡。

营养繁殖树的发育特性，要看营养体的起源、母树的发育阶段和部位。成熟枝条取自发育阶段已经成熟的营养繁殖的母树，或实生成年母树树冠成熟区外围的枝条，在成活时就具备了开花的潜能，经过一定年限的营养生长就能开花结实。利用实生幼年树的枝条或成年植株下部的幼年区的萌生枝条、根蘖枝条繁殖形成的新植株，因其发育阶段同样处于幼年阶段，即使进行开花诱导也不会开花。这一阶段的长短取决于所采枝条幼年阶段的长短。乔木的营养繁殖多采用处于幼年阶段的枝条，以延长营养生长的时间；而花灌木的营养繁殖多采用成熟的枝条，以利及早观花、观果。

营养繁殖树与实生树相比，寿命较短，营养繁殖树生命周期没有胚胎阶段，幼年阶段可能没有或相对较短，其生命周期中只有成年阶段的成熟过程和老化过程，而没有性成熟过程。一生只经历青年期、壮年期和衰老期，这是与实生繁殖树的主要区别。各时期的特点及管理措施与实生树相应时期基本相同。

在了解不同树木的生命周期特点之后，就可以采取相应的栽培管理措施，如对实生树应缩短其幼年阶段，加速性成熟过程，提早进入成年阶段开花结果，并延长和维持成年阶段，延缓衰老过程，更好地保持园林树木的绿化和美化效果。

（三）树木个体生长大周期

个体树木的生长发育过程一般表现为慢—快—慢的S形曲线式总体生长规律，即开始阶段的生长比较缓慢，随后生长速度逐渐加速，直至达到生长速度的高峰，随后逐渐减慢，最后完全停止生长而死亡。

不同树木在其一生的生长过程中，各个生长阶段出现的早晚和持续时间的长短有很大差别。相对来说，阳性速生植物的生长高峰期出现较早，持续时间相对较短；耐阴植物的生长高峰期出现较晚，但延续期较长。园林树木可根据树高加速生长期出现的早晚划分为速生植物、中生植物和慢生植物。

在城市及园林绿地规划设计中，应根据植物生长特性，速生植物与慢生植物合理配置，以保持良好的长期绿化和美化效果。如果不了解树木在生长速度方面的差异，植物配置往往不合理，初期的配置效果尚好，由于缺乏对植物生长速度差异的预见性，若干年后所呈现的植物景观效果往往背离最初的设计意图。

三、草本植物的生命周期

（一）一、二年生草本植物的生命周期

一、二年生草本植物生命周期很短，终生只开一次花，在1～2年中完成一生，如百日草一般春天播种后生命周期开始，春夏季经历营养生长期，然后开花，秋季来临时，种子成熟后全株死亡，生命周期结束，整个生命周期历时近1年。一、二年生草本植物经历幼苗期、成熟期（开花期）和衰老期三个阶段。

幼苗期从种子发芽开始至第一个花芽出现为止，一般2～4个月。二年生草本花卉多数需要通过冬季低温。第二年春天才能进入开花期，营养生长期内应精心管理，尽快达到一定的株高和株形。

成熟期从植株大量开花到花大量减少为止。这一时期植株大量开花，花色、花形最具代表性，是观赏盛期，自然花期1～3个月。除了水肥管理外，对枝条摘心、扭梢，使其萌发更多的侧枝并开花，一串红摘心一次可延长花期15d左右。

衰老期从开花量大量减少、种子逐渐成熟开始，到植株枯死为止，是种子收获期，应及时采收种子，以免散落。

（二）多年生草本植物的生命周期

多年生草本植物要经历幼年期、青年期、壮年期和衰老期。多年生草本植物个体寿命较木本植物短，寿命10年左右，一生需经过幼年期至衰老期4个时期，各生长发育阶段与木本植物相比较短。

需要注意各发育时期是逐渐转化的，各时期之间无明显界限，通过合理的栽培措施，能在一定程度上加速或延缓下一阶段的到来。

第三节　园林植物的年周期

一、植物年周期的意义

植物生长发育过程在一年中随着时间和季节的变化而变化，所经历的生活周期称为年周期。生物在进化过程中，由于长期适应周期性变化的环境，形成与之相对应的形态和生理机能有规律变化的习性，即生物的生命活动能随气候变化而变化。

年周期是生命周期的组成部分，是地理气候、栽培树木的区域规划、种植设计、选配树种和繁殖、栽培、催延花期及制定树木科学栽培措施的重要依据。栽培管理年历的制定是以植物的年生长发育规律为基础的。因此，研究园林植物的年生长发育规律对于植物造景和防护设计以及制定不同季节的栽培管理技术措施具有十分重要的意义。

园林植物在年周期中分生长期和休眠期两个阶段。生长期从春季树液流动至秋末落叶为止，包括根系生长期、萌芽展叶期和新梢生长期。花芽分化与开花结实期包括花芽分化、开花期、坐果与果实生长期。休眠期自秋季自然落叶开始至翌年春发芽为止，这是园林植物在长期的系统发育过程中，对不利外界环境的一种适应。园林植物栽培上应积极采取有效措

施，防止过早或延迟落叶。为了增加营养积累，要合理地施肥灌水，防治病虫害，保护好叶片，提高储藏营养水平。对早春低温敏感的植物，应防止树液过早活动，延迟休眠期，以避免冻害发生。

二、不同类型园林植物的年周期

（一）草本植物的年周期

由于园林植物的种类和品种极其繁多，原产地立地条件也极为复杂，年周期变化也很不同，尤其是休眠期的类型和特点多种多样。

一年生植物春天萌芽，当年开花结实，而后死亡，仅有生长期的各时期变化而无休眠期。因此，一年生植物的年周期就是生命周期，短暂而简单。

二年生植物秋播后，以幼苗状态越冬休眠或半休眠，次年春季继续生长。多数多年生宿根花卉和球根花卉则在开花结实后，地上部分枯死，地下储藏器官形成后进入休眠状态越冬（如宿根花卉萱草、芍药、鸢尾等，春植球根花卉唐菖蒲、大丽花、荷花等）或越夏（如秋植球根花卉水仙、郁金香、风信子等，它们在越夏时进行花芽分化）。

还有许多多年生常绿园林植物，在适宜的环境条件下，周年生长保持常绿状态而无休眠期，如万年青、书带草和麦冬等。

（二）落叶树木的年周期

温带地区的气候在一年中有明显的四季，因此温带落叶树木的年周期最为明显，可分为生长期和休眠期，在生长期和休眠期之间又各有一个过渡期，即生长转入休眠期和休眠转入生长期。

1. 休眠转入生长期 春天随着气温逐渐回升，树木开始由休眠状态转入生长状态。一般以日平均气温在3℃以上起到芽膨大待萌时止。芽萌发是树木由休眠转入生长的明显标志，一般生理活动则出现得更早。树木由休眠转入生长，要求一定的温度、水分和营养物质等。当有适合的温度和水分条件，经一定时间树液开始流动，有些植物（如核桃、葡萄等）会出现明显的伤流。一般北方植物芽膨大所需的温度较低，而原产温暖地区的植物芽膨大所需要的温度则较高。这一时期若遇到突然低温很容易发生冻害，要注意早春的防寒措施。

2. 生长期 从春季开始萌芽生长到秋季落叶前的整个生长季节。生长期在一年中所占的时间较长，树木在此期间随季节变化会发生极为明显的变化。如萌芽、抽枝、展叶、开花、结实等，并形成许多新的器官，如叶芽、花芽等。

萌芽常作为树木开始生长的标志，但实际上根的生长比萌芽要早得多。每种树木在生长期中，都按其固定的物候顺序通过一系列的生命活动。

3. 生长转入休眠期 秋季叶片自然脱落是树木开始进入休眠期的重要标志。秋季日照缩短、气温降低是导致树木落叶进入休眠期的主要外部原因。树木落叶前，在叶片中会发生一系列的生理生化变化，如光合作用和呼吸作用减弱、叶绿素分解，部分氮、钾成分向枝条和树体其他部位转移等，最后在叶柄基部形成离层而脱落。

不同的植物种类进入休眠的早晚不同，同一种植物年龄不同进入休眠的早晚也不相同，幼树生长旺盛，停止生长晚，进入休眠期比成龄大树晚。同一树体的各个部分进入休眠的时期也不一致。一般位于上部的中小枝、弱枝及早熟枝条比主干主枝进入休眠早，根颈进入休眠最晚，一般规律是由上而下逐渐进入休眠，而解除休眠恰恰相反。同一枝干的不同组织进入休眠的时期也不同，皮层、木质部、髓部较早，形成层较晚，初冬遇严寒形成层常发生冻害，待形成层进入自然休眠后，细胞液浓度增大，抗寒力比皮层、木质部显著增强，所以深冬冻害多发生在木质部和髓部。

4. 落叶休眠期 从秋季正常落叶到次春萌芽为止是落叶树木的休眠期。休眠是在长期的系统发育过程中对不利外界环境的一种适应。

（1）落叶 落叶是植物一种普遍的自然现象，落叶植物秋冬季节随温度降低会集中落叶，常绿植物也会在生长季节因为叶子衰老而出现换叶现象。落叶前，叶子内部由于外界温度下降、日照变短而发生一系列生理生化变化，如叶绿素分解，叶子变色，枝条成熟，光合作用和呼吸作用减弱，一部分营养物质转移到枝干中，叶柄基部产生离层而脱落。自然落叶是已经完成营养积累而进入休眠期的标志。落叶树种能否正常落叶，也是对当地自然条件是否适应的标志。

一般落叶植物在日平均温度降至15℃以下、日照短于12h时开始落叶，但不同植物种类对温度敏感程度不一。昼夜温差大、干旱或水涝以及病虫害都会促进早期落叶，使营养积累大为减少，对次年生长、开花不利。如果生长后期肥水过量，高温高湿，会使枝梢不能及时停止生长而延迟落叶。

园林植物栽培上应积极采取有效措施，防止过早或延迟落叶。为了增加营养积累，应合理施肥灌水，防治病虫害，保护好叶片，提高储藏营养水平。

（2）休眠 休眠是植物体全部或局部在某一时期表现为相对停止生长的现象。植物的休眠是一个相对的概念。进入休眠后，虽然在外部形态上看不出有生长现象，但植物体内仍然缓慢地进行着呼吸、蒸腾、根系的吸收、养分的合成与转化、芽的分化发育等生理活动，为次年萌芽开花从内部做物质准备。植物的休眠根据其生态表现和生理活性可分为自然休眠和被迫休眠。

自然休眠是由植物体内部生理过程所引起或由树木遗传性所决定的。此时即使给予适宜的发芽条件，也不能正常萌发生长。植物要求一定期限的低温（3～7℃）条件才能顺利通过自然休眠期转入生长。一般植物自然休眠期在12月到翌年2月，此时抗寒力最强，不易发生冻害。

被迫休眠是植物体已通过自然休眠期，完成了萌芽生长的准备工作，但由于环境条件（特别是低温）限制，不能发芽生长，一旦外界环境条件适宜，植物即开始活动进入生长期。

进入休眠后，植物抗寒力显著提高。从栽培角度来说，两个关键时期要注意防寒：一是由生长转入休眠时，如果植物不能及时自然落叶转入休眠，甚至在温度不太低的情况下也会发生冻害；二是由休眠转入生长期后，抗寒力显著降低，如遇短期回暖，树体即开始活动，细胞液浓度降低，当温度骤然降低时，常会发生冻害，如早春花芽受冻、树皮冻害、花期冻害等。因此，对那些早春对低温敏感的植物，应防止树液过早活动，延迟休眠期，以避免冻害发生。具体措施包括：树干涂白或喷白、降低体温、减少体温变幅；早春灌水，降低土温，延迟萌芽；喷洒植物生长调节物质和微量元素，延长休眠期。

（三）常绿树木的年周期

常绿植物无明显的生长期与落叶休眠期。常绿树并不是树体上全部叶片全年不落，而是叶的寿命相对较长，多在1年以上，没有集中明显的落叶期，每年仅有一部分老叶脱落并能不断增生新叶，这样在全年各个时期都有大量新叶保持在树冠上，使树木保持常绿。在常绿针叶树中，松属叶可存活 2～5 年，冷杉叶可存活 3～10 年，紫杉叶甚至可存活 6～10 年，它们的老叶多在冬春间脱落，刮风天尤甚。常绿阔叶树的老叶多在萌芽展叶前后逐渐脱落。热带、亚热带的常绿阔叶树木，其各器官的物候动态表现极为复杂，各种树木的物候差别很大。

在赤道附近的树木，由于年无四季，全年可生长而无休眠期，但也有生长节奏表现。在离赤道稍远的季雨林地区，因有明显的干、湿季，多数树木在雨季生长和开花，在干季因高温干旱落叶，被迫休眠。在热带高海拔地区的常绿阔叶树，也受低温影响而被迫休眠。

常绿树中不同树种甚至同一树种不同年龄和不同气候区，年生长发育进程也有很大差异，如马尾松分布的南带，一年抽两三次梢，而在北带只抽一次梢。总之，常绿植物发芽、生长和开花的周期性循环比温带地区复杂，不如温带地区协调一致。

三、园林植物的物候

（一）物候的概念及发展

植物在一年中随着气候的季节性变化而发生的规律性萌芽、抽枝、展叶、开花结实和落叶休眠等现象，称为物候或物候现象。与之相适应的植物器官的动态时期称为生物气候学时期，简称物候期。不同物候期植物器官所表现出的外部特征称为物候相。通过认识物候期，了解树木生理机能与形态发生的节律性变化及其与自然季节变化之间的规律，对于园林设计、园林树木栽植与养护具有十分重要的意义。

我国物候观测已有 3 000 多年的历史。北魏贾思勰的《齐民要术》一书记述了通过物候观测，了解树木的生物学和生态学特性，直接用于农林业生产的情况。该书在“种谷”的适宜季节中写道：“二月上旬及麻菩、杨生种者为上时，三月上旬及清明节、桃始花为中时，四月上旬及枣叶生、桑花落为下时。”

林奈于 1750—1752 年在瑞典第一次组织全国 18 个物候观测网，历时 3 年，并于 1780 年第一次组织了国际物候观测网。1860 年在伦敦第一次通过物候观测规程。我国从 1962 年起由中国科学院组织了全国物候观测网，统一全国物候观测记录表。通过长期的物候观测，能掌握物候变动的周期，为天气预报和指导农林业生产制定栽培管理措施提供依据。

植物物候观测记载的项目可根据工作要求确定。在观察记载各项目时，关键是识别各发育期的特征。中国科学院地理研究所宛敏渭、刘秀珍于 1979 年编著的《中国物候观测方法》，书中列出了乔木和灌木植物物候观测各发育时期的特征，以便按统一方法进行观测。

物候特性的形成是植物长期适应环境的结果。不同的植物种类，物候期有很大不同。如常绿树和落叶树，前者没有明显的休眠期，后者有较长的裸枝休眠期，甚至不同品种都有自己的物候特性。如山茶花中的早桃红，花期为 12 月至次年 1 月，而牡丹茶的花期则为 2～3 月。同一植物在不同地点或不同年代由于温度的变化与波动，它们的物候期也不相同。另外，木本植物不同的年龄时期，同名物候期出现的早晚也有差异，一般年龄小，春天萌动早，秋天落叶迟。白居易诗句“人间四月芳菲尽，山寺桃花始盛开”说明了不同海拔高度物候期的差异。

通过物候观察，不但可以研究不同植物种类或品种随地理气候变化而变化的规律，为植物的栽培区划提供依据，而且可以为园林设计提供依据，如了解各种植物的开花期，可以通过合理的配置，使不同植物的花期相互衔接，做到花坛四季有花，提高园林景观质量；在迎接重大节日和举办花展时，为选择植物品种提供依据；为确定绿化造林时期和树种栽植先后顺序提供依据；另外，为有计划地安排生产、杂交育种等提供参考。此外，通过物候观测还可为园林植物的周年管理，如移栽、定植、嫁接、整形、修剪、施肥、灌溉等提供依据。

（二）树木物候的基本规律

1. 顺序性 树木物候的顺序性是指树木各个物候期有严格的时间先后次序的特性。例如，只有先萌芽和开花，才可能进入果实生长和发育时期；先有新梢和叶子的营养生长，才有可能出现花芽分化。树木进入每一物候期都是在前一物候期的基础上进行与发展的，同时又为进入下一物候期做好准备。树木只有在年周期中按一定顺序顺利通过各个物候期，才能完成正常的生长发育。不同植物的不同物候期通过的顺序不同。如有的植物先花后叶，如梅花、蜡梅、紫荆、玉兰、日本樱花、桃、杏等，有的植物先叶后花，如紫薇、木槿等，即树木器官的动态变化具有顺序性。

2. 不一致性 树木物候期的不一致性，或称不整齐性，是指同一植物不同器官物候期通过的时期各不相同，如花芽分化、新梢生长的开始期、旺盛期、停止生长期各不相同。此外，树木在同一时期，同一植株上可同时出现几个物候期。如新梢生长与开花结果、果实膨大与花芽分化，油茶可以同时进入果实成熟期和开花期，人们称之为“抱子怀胎”。贴梗海棠在夏季果实形成期，大部分枝条上已经坐果，但仍有部分枝条上开花。两个或多个物候期并进，必然出现养分竞争，如果任其自然，结果不一定符合栽培目的。所以园林植物栽培管理的任务就是设法调节矛盾，缓和竞争，保证观赏部位正常发育。

3. 重演性 树木的同一物候现象在一定条件下可以多次重复出现。在外界环境条件出现非节律性变化的刺激和影响下，如自然灾害、病虫害、栽培技术不当，能引起树木某些器官发育的中止或异常，使一些树种的物候期在一年中出现非正常的重复，如二次开花、二次生长等。这种现象反映出树体代谢功能的紊乱与异常，影响正常的营养积累和翌年正常生长发育。

（三）物候观测方法

我国是世界上最先从事物候观测的国家之一，至今还保存有多年前的物候观测资料。通过长期的物候观测，能掌握物候变动的周期，为天气预报和指导农林业生产部门制定栽培管理措施提供依据。物候观测不仅在气候学、地理学、生态学等学科领域具有重要意义，树木的物候观测在园林中也有重要作用。主要表现在：可以有助于解决树木在生物学与生态学方面的许多理论问题；弥补气象记录的缺陷，帮助推断古气候和研究树木的进化；为树木的规划及引种，树木的培育、养护管理提供理论依据。根据《中国物候观测方法》一书提出的有关基本原则，结合树木的特点，对物候观测方法介绍如下。

1. 确定观测地点 观测地点以露地为主，在一定地区范围，应有代表性。对观测地点的情况如地理位置、行政隶属关系、海拔、土壤、地形等做详细记载。

2. 确定观测植株 根据观测的目的要求，选定物候观测植物。通常以露地正常生长多年的植株为宜，新栽植株物候表现多不稳定。同地同种树木宜选 3～5 株作为观测对象，并观测树冠南面中、上部外侧枝条。同样，对观测植株的情况，如种或品种名、起源、树龄、生长状况、生长方式（孤植或群植等）、株高、冠幅、干径、伴生植物种类等加以记载，必要时还需绘制平面图，对观测植株或选定的观测标准枝应做好标记。

此外，树木在不同的年龄阶段，其物候表现可能有差异，因而，选择同种不同年龄的植株同时进行观测，更有助于认识树木一生或更长时间内的生长发育规律，缩短研究时间。

3. 确定观测时间与年限　观测时间应以不失时机为原则，在物候变化大的时候如生长旺期等，观测时间间隔宜短，可每天或 2～3d 观测一次，若遇特殊天气，如高温、低温、干旱、大雨、大风等，应随时观测，反之，间隔期可长。一天中宜在气温最高的 14:00 前后观测。在可能的情况下，观测年限宜长不宜短，年限越长，观测结果越可靠，价值更大，一般要求 3～5 年。

4. 确定观测人员　长期的物候观测工作常会使人感到单调，因此，要求观测人员必须认真负责，持之以恒，明确物候观测的目的和意义，还应具备一定的基础知识，特别是植物学方面的知识。

在观测人员众多时，应事先集体培训，统一标准和要求，人员宜固定。

5. 观测资料的整理　物候观测不应仅是对树木物候表现时间的简单记载，有时还要对树木有关的生长指标加以测量，必须边观测边记录，个别特殊表现要附加说明。观测资料要及时整理，分类归档。

对树木的物候表现，应结合当地气候指标和其他有关环境特征，进行定性、定量的分析，寻找规律，建立相关联系，撰写树木物候观测报告，以更好地指导生产实践。

6. 物候观测的内容　物候观测的内容常因物候观测的目的要求不同，有主次、详略等变化。如为了确定树木最佳的观花期或移栽时间，观测内容的重点将分别是树木的开花期和芽的萌动或休眠时间等。树木物候表现的形态特征因植物而异，因此，应根据具体植物确定物候期划分的依据与标准。

(1) 萌芽期　萌芽期是指春季树木的花芽或叶芽开始萌动生长的时期，萌芽为树木最先出现的物候。据芽萌动的程度，萌芽期可划分为以下两个时期。

①芽膨大变色期：为芽萌动初期，此时，芽因吸水而膨大，颜色由深变浅。

②芽延长开裂期：芽体显著变长，顶部破裂，芽鳞裂开，可见幼叶颜色或芽进一步松散、变成幼叶状。

(2) 发叶期

①发叶始期：树体上开始出现个别新叶。

②发叶初期：树体上有 30%左右枝上的新叶完全平展。春色叶植物的叶色有较高观赏价值，应注意观察记载最佳观赏时间。

③发叶盛期：树体上 90%以上的枝上的叶片已展开，外观上呈现出翠绿的春季景象。

④完全叶期：树体上新叶已全部平展，先、后发生的新叶间以及新、老叶间在叶形、叶色上无较大差异，叶片的面积达最大，一些常绿阔叶树的当年生枝接近半木质化，可采作扦插繁殖的插穗。

(3) 抽梢期　抽梢期是指从叶芽萌抽新梢到封顶形成休眠顶芽所经历的时间。除观测记载抽梢的起止日期外，还应记载抽梢的次数，选择标准枝测量新梢长度、粗度，统计节数与芽的数量，注意抽枝、分枝的习性。对苗圃培养的幼苗（树），还应测量统计苗高、干径与分枝数等。

(4) 开花期　以普通阔叶树为例，可划分为以下几个时期。

①现蕾期：花芽已发育膨大为花蕾。

②吐色期：花蕾萼片裂开，顶部形成小孔，微显露花冠颜色。

③始花期：植株上出现第一朵或第一批完全开放的花。

④初花期：树体上大约30%的花蕾开放成花。

⑤盛花期：树体上大约70%的花蕾开放成花。

⑥末花期：树体上不足10%的花蕾还未开放成花。

⑦花谢期：树体上已无新形成的花，大部分花凋谢。

了解树木的花期与开花习性，有助于安排杂交育种和树木配置工作。在观测中，要注意开花期间花色、花量与花香的变化，以便确定最佳观花期。

（5）果实期　果实期从坐果至果实成熟脱落为止，常观测以下两个时期。

①果熟期：主要记载果实的颜色，对采种与观果有实际意义。

②脱落期：记载果实开裂、脱落的情况，有些树木的果实成熟后长期宿存。

对观果树木，通过对果熟期和脱落期的观测，有助于确定最佳观果期；对非观果树木，在可能的情况下，可在坐果初期及时摘除幼果，减少养分消耗。

（6）秋色叶期　秋色叶树种多为落叶树种，秋色叶期可大致划分为秋色叶始期、秋色叶初期、秋色叶盛期及全秋色叶期，划分标准难以统一规定。

树体上的叶可能全部或部分呈现秋色，全部叶变为秋色的速度在不同种类间存在差异，但常见的情况是树冠内部及下部的叶变色早而快。此外，注意观察记录秋色叶叶色的微妙变化。

（7）落叶期　落叶期是指落叶树在秋、冬季正常的自然落叶时间。常绿树自然落叶多在春季，与发新叶交替进行，无明显落叶期。

①落叶初期：树体有10%左右的叶脱落。此时，树木即将进入休眠，应停止能促进树木生长的措施。

②落叶盛期：全树有50%以上的叶脱落。

③落叶末期：树体上几乎所有的叶均已脱落，即使树上还剩少量残存叶片，但也会一碰就落，此时常为树木移栽的适宜期。

④无叶期：树上叶子已全部脱落，树木进入休眠期。少数树木的个别干枯叶片长期不落，则属例外，应加注明。

（四）园林植物物候期的影响因素

尽管园林植物种类千差万别，其物候期特点各不相同，但其物候期大体上可分为：根系活动期，萌芽和开花期，授粉、受精、坐果和果实发育期，抽枝展叶及新梢生长期，花芽分化期，叶变期及落叶期、休眠期等。除此以外，有的树种还有伤流期，如核桃、猕猴桃、元宝枫和葡萄等。

物候期受外界环境条件（温度、雨量、光照、风等气象因子和生态环境）、树种和品种的制约，同时还受年份、海拔及栽培技术措施的影响。

1. 不同植物种类与品种　同一地区，同样的气候条件，不同的树种，则物候期不同。如迎春和连翘在北京3月中下旬至4月初开花；黄刺玫、紫荆则4月下旬开花；紫薇、珍珠梅等夏秋开花。同一树种的品种不同，在同一地区，同样的气候条件，物候期也不同。在北京地区，桃花中的白桃花期为4月上中旬，而绯桃花期则为4月下旬到5月初。

2. 不同地区　树种、品种均相向，但地区不同，则物候期不同。同一树种开花时间顺序在春天是由南往北，秋天是由北往南。如梅花在武汉2月底或3月初开花，在无锡3月上旬开花，在青岛4月初开花，在北京4月上旬开花。又如，无花果是在温带和亚热带均可栽种的树种，在华北地区秋末落叶后有短期休眠，生长期较短，而在亚热带地区落叶后很快长出新叶，比在华北地区生长期延长很多。

3. 不同年份　地区、树种、品种均相同，而年份不同，则物候期不同，因为各年的气象不同所致。

4. 不同海拔　树种、品种、地区都相同，而海拔不同，物候期也不同。如黄香蕉苹果在北京地区是8～9月份成熟，而在云南马龙县7月中旬即可成熟，这是云南马龙海拔高所致。

5. 不同纬度和经度　树种、品种相同，而所处的纬度和经度不同，物候期也不同。据郭学望等介绍，从广州沿海直至北纬26°的福州、赣州一带南北相距5°，物候期相差50d，即每一个纬度相差竟达10d。

物候的东西差异，主要是由于气候的大陆性强弱不同。凡大陆性强的地方，冬季严寒，夏季酷热；凡海洋性强的地方，则冬春较冷，夏季较热。一般看来，我国是具有大陆性气候特征的国家，但东部沿海因受海洋影响而具海洋性气候特征，因此我国各种树木的始花期，内陆地区早，近海地区迟，推迟的天数由春季到夏季逐渐减少。

6. 不同植株部位　树种、品种、地区均相同，而植株的部位不同，物候期也不同。一般树冠外围的花比内膛的花先开，朝阳面比背阴面的花先开。

7. 不同年龄　年龄不同则物候期也不同，一般幼树比成年树发芽晚，进入休眠也晚。

8. 不同栽培条件　栽培条件不同，则物候期也不同，栽培条件好的比栽培条件差的物候期早。施肥、灌水、防寒、病虫防治及修剪等，都会引起树木内部生理机能的变化，进而导致物候期的变化。春天树干涂白、灌水会使树体增温减慢，推迟萌芽和开花期。在夏季进行高强度的修剪和多施氮肥，可推迟落叶和休眠期，应用生长调节剂可控制树木的休眠。

树木的物候期受多种因素影响，主要与温度有关，每个物候期的来临都需要一定的温度。

复习思考题

1. 如何理解生长与发育两者的辩证关系？
2. 园林植物常用的分类方法有哪些？就本地常见园林植物从不同角度进行分类。
3. 园林植物各个器官的生长发育有何规律？栽培养护中如何利用这些规律？
4. 试述园林植物生长发育的整体性。
5. 怎样利用地上部与地下部的相关性促进园林植物的生长发育？
6. 举例说明离心生长、离心秃裸、向心更新等植株一生中的生长发育规律。
7. 分析比较园林植物生命周期各阶段的特点，栽培养护中对各阶段如何加以控制？
8. 列表比较一串红与樱花的生命周期。
9. 什么是物候期？了解园林植物物候规律在园林植物栽培养护中有何意义？
10. 物候期的影响因素有哪些？
11. 比较落叶树木、常绿树木和草本植物的年周期。

第二章　环境因子对园林植物生长发育的影响

【本章提要】园林植物与环境是紧密联系的有机统一体，适宜的环境是植物生存的必要条件。本章主要介绍了温度、光照、水分、空气等气候因子，土壤因子，地形地势、风、生物因子对园林植物生长发育的影响，同时分析了城市生态环境诸因子对园林植物生长发育的影响，以便能选择或创造适宜的环境条件，科学合理地选择、栽植或改造植物。

园林植物的生长发育除受遗传特性影响外，还与各种外界环境因子综合作用有关。环境因子的变化，直接影响植物生长发育的进程和生长质量。只有在适宜的环境中，植物才能生长发育良好，花繁叶茂。

与一般的自然森林中的植物不同的是，园林植物的生长环境是以人群活动集中的城市地域为主，具有典型的人为影响。园林植物的生长环境因子包括直接因子和间接因子。直接因子包括光照、温度、水分、空气和土壤，是植物生长过程中不可缺少又不可替代的，无论哪个因子发生变化，都对植物发生影响，故又称为生存因子。同时，这些因子又不是孤立的，而是互相关联和制约的，它们综合影响着植物的生长发育。间接因子包括生物、地形地势、建筑物、铺装地面、灯光、城市污染等人为影响，它们间接影响着植物的生长发育。

植物的生长发育与外界环境之间的关系是十分复杂的。作为植物生存条件的各个因子并不是孤立的，它们之间既相互联系，又相互制约。各个生态因子对植物的影响也不是同等的，其中总有一个或若干个因子起主导作用。只有掌握其规律，准确抓住主导生态因子，根据植物的生长特性创造适宜的环境条件，并制定合理的栽培技术措施，才能促进园林植物正常生长发育，达到美化环境、增强观赏价值的目的。

第一节　气候因子对园林植物生长发育的影响

气候因子包括温度、光照、水分和空气等，对园林植物生长发育产生重要影响。

一、温　　度

温度是影响植物生长发育最重要的环境因子之一。温度决定着植物的自然分布，植物的所有生理活动和生化反应都与温度有关，温度的变化还会导致其他环境因子，如湿度、空气流动等发生变化，从而影响植物的生长发育。

（一）植物生长的基础温度和生态类型

植物生命活动过程中的最低温度、最适温度和最高温度（亦即温度最低点、最适点和最高点），称为植物的“三基点”温度（cardinal temperature）。在最适温度下，植物生长发育迅速而且健壮、不徒长；在最高和最低温度下，植物停止生长发育，但仍能维持生命。园林植物种类不同，原产地气候型不同，温度的“三基点”也不同。原产热带的植物，生长的基点温度最高，一般在18℃开始生长；原产温带的植物，生长基点温度最低，一般10℃左右就开始生长；原产亚热带的植物，生长的基点温度介于前两者之间，一般在15～16℃开始生长。如热带水生花卉王莲的种子需要在30～35℃水温下才能发芽生长，仙人掌科蛇鞭柱属多数种类要求28℃以上高温才能生长。原产温带的芍药，在北京冬季10℃条件下，地下部分不会枯死，次春10℃左右即能萌动出土。

植物生长发育不但需要一定的温度范围，还需要有一定的温度总量才能完成其生活周期。对园林植物来说，在综合外界条件下能使树体萌芽的日平均温度为生物学零度，即生物学有效温度的起点，一般落叶植物的生物学零度多在6～10℃，常绿植物为10～15℃。通常将植物生长季中高于生物学零度的日平均温度总和，即生物学有效温度的累积值，称为生长季积温（又称有效积温，effective accumulated temperature），其总量为全年内有效温度的日数和有效温度值的乘积。其计算公式为：

$$K=N(T-T_0)$$

式中，K ——有效积温（日度）；

N ——生长活动的天数（d）；

T ——发育期间平均温度（℃）；

T_0——生物学零度（℃）。

不同植物在年生长期内，对有效积温的要求不同，一般落叶植物为2 500～3 000日度，而常绿植物多在4 000日度以上。但是，在一些高原地区，虽然某些植物的生长发育积温达不到，但是高原上太阳辐射强，弥补了积温的不足，使这些植物不仅能够生长，而且生长发育很好。另外，在某些地区，虽然积温能够满足某些植物生长发育的要求，但由于极端温度的限制，仍然难以生长。在自然条件下，一般对积温要求高的植物只能分布在较低纬度，对积温要求低的植物，分布在较高纬度，形成了植物不同的地理分布。因此，园林植物在生长期中对温度热量的要求与其原产地的温度条件有关，如原产北方的落叶植物萌芽、发根都要求较低的温度，生长季的暖温期也较短；而原产热带、亚热带的常绿植物，生长季长而炎热，生物学零度值也高。

根据园林植物对温度要求的不同，通常可以将其分为五类：

1. 耐寒植物　耐寒植物多原产于高纬度地区或高海拔地区，耐寒而不耐热，冬季能忍受－10℃或更低气温而不受害。如落叶松、冷杉、牡丹、丁香属、锦带花、芍药、桂竹香等。

2. 喜凉植物　喜凉植物在冷凉气候下生长良好，稍耐寒而不耐严寒，但也不耐高温，一般在－5℃左右不受冻害。如梅花、蜡梅、桃花、菊花、三色堇、雏菊等。

3. 中温植物　中温植物一般耐轻微短期霜冻，在我国长江流域以南大部分地区能露地越冬。如山茶花、苏铁、桂花、栀子花、含笑、杜鹃花、金鱼草、报春等。

4. 喜温植物　喜温植物极不耐霜冻，一经霜冻，轻则枝叶坏死，重则全株死亡，一般在5℃以上安全越冬。如茉莉花、光叶子花、白兰花、瓜叶菊等。

5. 耐热植物 耐热植物多原产于热带或亚热带，喜温暖而能耐40℃或以上的高温，但极不耐寒，在10℃甚至15℃以下便不能适应。如椰子、米兰、扶桑、变叶木、芭蕉属、仙人掌科、天南星科植物等。

（二）温度对园林植物生长发育的影响

植物本身就是一个变温的有机体，其温度的变化趋向于它们所处的环境，因此，园林植物的生长发育均受到温度的影响。

植物各个器官生长发育要求的温度不同。种子形成大多需要较高温度，大多数植物种子萌发的最适温度在25～30℃，最高温度为35～40℃，温度再高会对芽产生有害作用。有些植物种子发芽前需要低温处理，促进种子后熟，可提高种子萌芽率。如月季和牡丹种子层积处理后可提高发芽率。植物的根生长所需要的最低温比茎生长相对低3～5℃。根在土温20℃的春、秋季生长最快，在炎热夏天生长最慢；树冠（枝叶）则相反。因此，随着温度的上升，植物地上与地下部分生长的差异逐渐增大。植物从种子萌发到种子成熟，对温度的要求随着生长发育阶段的改变而改变。如一年生草本植物的种子发芽温度较高（25℃），幼苗生长期温度偏低（18～20℃），由生长阶段转入发育阶段温度逐渐增高（22～26℃）。植物同一器官在不同的生长阶段对温度要求也不同，如水仙花茎生长初期要求30℃，刚从鳞茎露头时要求11℃，从鳞茎伸出2～3cm时只要求9℃。

在自然界，温度随昼夜和季节而发生有规律的变化称节律性变温。生物适应于温度的节律性变化的现象称为温周期现象（thermoperiodicity）。昼夜变温对植物的影响主要体现在：能提高种子萌发率，对植物生长有明显的促进作用，昼夜温差大对植物的开花结实有利，并能提高产品品质。昼夜变温对植物的有利作用是因为白天高温有利于光合作用，夜间适当低温使呼吸作用减弱，光合产物消耗减少，净积累增多。例如，不同昼夜温差下培育出的火炬松苗，在昼夜温差最大时（日温30℃、夜温17℃）生长最好，苗高达32.2cm；昼夜温度均在17℃时，苗高10.9cm，两者差异十分显著。此外，昼夜变温影响植物的分布，如在大陆性气候地区，树线分布高，是因为昼夜变温大。据研究，大多数植物昼夜温差以8℃左右最为合适，如果温差超过这一限度，不论是昼温过高还是夜温过低，都对植物的生长与发育有不良影响。温度的季节变化和水分变化的综合作用，使植物产生了物候这一适应方式。例如，大多数植物在春季温度开始升高时发芽、生长，继之出现花蕾，夏秋季高温下开花、结实和果实成熟，秋末低温条件下落叶，随即进入休眠。

一些植物在个体发育过程中，必须经过一个低温时期才能进行花芽分化，诱导成花，这种低温促进植物开花的作用称为春化作用（vernalization）。不同植物对通过春化的温度、时间要求有差异。许多原产温带中北部以及各地的高山植物，其花芽分化多要求在20℃以下较凉爽气候条件下进行，如八仙花、卡特兰属和石斛属的某些种类在低温13℃左右和短日照下能促进花芽分化。许多秋播的二年生草本植物，如金盏菊、雏菊等，需要0～10℃低温条件才能花芽分化。有些植物能在20℃甚至更高温度下通过春化阶段，如春季开花的木本花卉植物杜鹃花、山茶花、碧桃、樱花、海棠等，它们都是在前一年6～8月，气温高至25℃以上时进行花芽分化，入秋后进入休眠，经过一定低温结束或打破休眠而开花。许多球根花卉的花芽也是在夏季高温下进行分化的，如唐菖蒲、美人蕉于夏季生长期进行花芽分化，而郁金香则在夏季休眠期进行花芽分化。

此外，温度的高低还会影响花色，有些植物受影响显著，有些受影响较小。蓝白复色的矮牵牛，开花期温度在30～35℃范围内，花呈蓝色或紫色；15℃以下，花呈白色；15～30℃，花呈蓝白复色。月季、大丽花、菊花等在较低温度下花色鲜艳，高温下则花色暗淡。

（三）极端温度对园林植物的危害

在植物进行正常生命活动的“三基点”温度之外，如果温度持续升高或降低到某一值，植物便会因高温或低温受害，这个值即为临界温度，超过临界温度越多，植物受害越严重。极端温度在我国南北气流交换最频繁、最剧烈的长江中下游地区容易出现。在园林绿化上，特别是对外来园林苗木和幼树，极端温度常造成极大损失。

1. 高温对园林植物的危害　生长期温度高达30～35℃时，一般落叶植物的生理过程受到抑制，升高到50～55℃时受到严重伤害。常绿植物较耐高温，但50℃时也会受到严重伤害。落叶植物秋冬温度过高时不能顺利进入休眠期，影响翌年的正常萌芽生长。高温危害植物，首先是破坏光合作用和呼吸作用的平衡，叶片气孔不闭、蒸腾加剧，使树体“饥饿”而亡；其次，高温下树体蒸腾作用加强，根系吸收的水分无法弥补蒸腾的消耗，从而破坏了树体内的水分平衡，叶片失水、萎蔫，使水分的传输减弱，最终导致植物枯死；再有，高温会造成对植物的直接危害，强烈的辐射灼伤叶片、树皮组织，甚至导致局部死亡，以及因土壤温度升高造成对植物根颈的灼伤。

园林植物的种类不同，抗高温能力也不相同。米兰在夏季高温季节生长旺盛，而仙客来和水仙等因不能适应夏季高温而休眠。通常来说，叶片小、质厚及气孔较少的植物，对高温的耐受性较高。同一植物在不同发育阶段对高温的抗性也不同，通常休眠期为最强，生长、发育初期最弱。树体的不同器官对高温的反应也有差异，根系表现最为敏感，大多数植物的幼根在40～45℃的环境中4h就会死亡，夏季表层裸露的土壤可能达到致植物根系死亡的温度。

2. 低温对园林植物的危害　当温度降到植物能忍受的极限低温以下时就会受到伤害。低温伤害，其外因主要决定于降温的强度、持续的时间和发生的时期；内因主要决定于植物的抗寒能力，此外还与树势等发育状况有关。低温对植物造成的危害，主要发生在春、秋季和寒冷的冬季，特别是早春温度回升后的突然降温，对植物危害更严重。不同植物种类的抗寒能力差异很大，如可可、椰子等热带植物在2～5℃就严重受冻，但起源于北方的落叶植物则能在－40℃以下低温条件下安全越冬。同种植物不同品种间的抗寒能力也不尽相同，如梅花中的美人梅品种能耐－30℃低温，为北京等地适栽的优良抗寒品种。另外，植物不同发育阶段其抗寒能力也不相同，通常以休眠阶段抗寒性最强，营养生长阶段次之，生殖生长阶段最弱。植物的营养条件与对低温的忍耐性有一定关系，如生长季（特别是晚秋）施用氮肥过多，植物因推迟结束生长，抗冻性会明显减弱；多施磷、钾肥，则有助于增强植物的抗寒能力。

二、光　照

光照是绿色植物生存的必要条件，是植物制造有机物质的能量源泉。光照对植物生长发育的影响主要表现在三个方面：光照度、光周期和光质。

（一）光照度对园林植物生长发育的影响

光照度（light intensity）是指太阳光在植物叶片表面的照射强度，即单位叶面积上所接收可见光的能量，单位为勒克斯（lx）。叶片在光照度为3 000～5 000lx时即开始光合作用，但一般植物生长需在18 000～20 000lx下进行。如果阳光不足，可用人造光源代替。

光照度常依地理位置、地势高低以及云量、雨量的不同而变化，其变化是有规律的：随纬度的增加而减弱，随海拔的升高而增强。一年之中以夏季光照最强，冬季光照最弱。一天之中以中午光照最强，早晚光照最弱。光照度不同，不仅直接影响光合作用的强度，而且影响到一系列形态和结构上的变化，如叶片的大小和厚薄，茎的粗细、节间的长短，叶肉结构以及花色浓淡等。

园林植物对光照度的要求，通常通过光补偿点和光饱和点来表示。光补偿点（light compensation point）就是植物光合作用所产生的糖分与呼吸作用所消耗的糖分达到动态平衡时的光照度。在这种情况下植物不积累干物质。当光照度超过光补偿点时，光合作用强度也随之增加，但光照度增加到一定程度后，再增加光照度，光合作用强度则不再增加，这种现象叫光饱和现象，此时的光照度叫光饱和点（light saturation point）。耐阴性强的植物其光补偿点较低，有的不足300lx，而不耐阴的阳性植物则为1 000lx左右。耐阴性强的植物其光饱和点较低，有的为5 000～10 000lx，而一些阳性植物光饱和点可达50 000lx。

根据对光照度要求的不同，可以将园林植物分成三种类型。

1. 阳性植物 阳性植物只能在全光照条件下生长，光补偿点高，不能忍受任何明显的遮阴，否则生长不良。大部分观花、观果类植物和少数观叶植物均属于阳性植物。如一串红、茉莉花、扶桑、石榴、月季、棕榈、橡皮树、银杏、紫薇、杨、柳等。

2. 阴性植物 阴性植物多原产于热带雨林或高山阴坡及林下，具有较强的耐阴能力，在全日照光强的1/10即能进行正常光合作用，其光补偿点低，仅为太阳光照度的1%。强光照下会使叶片焦黄枯萎，长时间会造成死亡。阴性植物主要是一些观叶植物和少数观花植物，许多天南星科植物在华南地区常作阴性观赏植物。如兰花、文竹、玉簪、八仙花、一叶兰、万年青、蕨类、珍珠梅、蚊母树、珊瑚树、八角金盘等。

3. 中性植物 中性植物介于阳性植物和阴性植物之间，比较喜光，稍能耐阴，光照过强或过弱对其生长均不利。大部分园林植物属于此类。如冷杉、云杉、常春藤、八仙花、山茶花、杜鹃花、忍冬、罗汉松等。

对于不同植物种类给予相应的光照度才能使其生长良好。阳性植物若在阴暗环境下生长，枝条纤细，节间伸长，叶片黄瘦，花小不艳，香味不浓，果实青绿而不上色，因而失去其观赏价值；阴性植物若在光照太强的环境中，叶片的叶绿体会被杀死，造成叶片灼烧、黄化、脱落甚至死亡，此类现象也称作光伤害。喜光植物具有避免光伤害的生理机制，其叶绿体中的类囊体羧化而产生一种酶，使类胡萝卜素转化为玉米素，此过程将辐射能量以热的形式散失，从而避免光伤害的发生。

植物与光照度的关系不是固定不变的，随着年龄和环境条件的改变会相应地发生变化，有时甚至变化较大。通常幼苗、幼树耐阴能力高于成年树。同一树种，生长在湿润肥沃的土壤上，其耐阴能力就强一些；生长在干旱贫瘠的土壤上，则常表现出阳性树种的特征。在园林植物配置中常根据实际情况选择适合的植物。

有些植物花朵开放与光照有关，如半支莲、大花酢浆草在强光下开放，晚香玉、紫茉莉在光照由强转弱的傍晚开花，牵牛花在晨曦光照由弱转强条件下开花，而昙花则在21:00以后的黑暗中开放。

强光下紫外线多，促使花青素的形成，因而花色、叶色及果色艳丽，如春季芍药的紫红色嫩芽以及秋季红叶均为花青素的颜色。强光还有抑制植物生长的作用，使植物节密矮化。斑叶植物如花叶常春藤、花叶绿萝在弱光下斑块变小，甚至全部呈浓绿色。

（二）光周期对园林植物生长发育的影响

光周期（photoperiod）是指一天内昼夜的交替变化。植物在不同的原产地对当地的光周期变化产生了适应和反应，有些植物需要在白昼较短、黑夜较长的季节开花，另一些植物则需要在白昼较长、黑夜较短的季节开花。植物对昼夜长短日变化和年变化的反应叫作光周期现象，主要表现在控制植物的花芽分化和发育开放过程。

根据植物在发育上要求的日照长度，可将园林植物分为三类。

1. 长日照植物　长日照植物生长过程有一段时间需要每天有较长日照时数才能开花，通常需要12～14h以上的光照时数才能实现由营养生长向生殖生长的转化，花芽才得以分化和发育。如日照长度不足，则会推迟开花甚至不开花。如杨、柳、榆、落叶松、荷花、唐菖蒲等。

2. 短日照植物　短日照植物生长过程需要一段时间白天短、黑夜长的条件，即每天光照时数应少于12h，但需多于8h，才有利于花芽的形成和开花。如紫杉、一品红、菊花、蜡梅等。

3. 日中性植物　日中性植物对日照时间不敏感，只要发育成熟，温度适合，几乎一年四季都能开花。如月季、紫薇、香石竹、大丽花等。

对光周期进一步研究证明，在白昼和黑夜交替的光周期现象中，对植物开花起决定性作用的是黑夜长短。即长日照植物必须在短于一定长度的临界黑夜，而短日照植物则必须超过一定长度的临界黑夜时才能开花。一般认为，黑夜长短影响花原始体的形成，日照长短影响花原始体的数量。因此，无论长日照或短日照植物，在满足其白昼和黑夜交替的周期后，日照均有利于植物的大量开花。根据这个认识，在花卉生产中，人们常采用控制植物光照时数的方法来调节花期，以满足节假日市场需求。

植物的开花对光照时间的要求是其在分布区内长期适应一定光周期变化的结果。在北半球，短日照植物多起源于低纬度的南方，长日照植物则多起源于高纬度的北方。一般短日照植物由南方向北方引种时，因夏季日照长度比原生地延长，结果营养生长期延长，对花芽分化不利，尽管株型高大，枝叶茂盛，花期却延迟或不开花，而且容易遭受冻害；长日照植物由北向南引种时，虽然能正常生长，但发育期延长，甚至不能开花结实。

（三）光质对园林植物生长发育的影响

光质（light quality）即光的组成，是指具有不同波长的太阳光光谱成分。太阳光主要由紫外线、可见光和红外线三部分组成。根据测定，太阳光的波长范围主要在150～4 000nm之间，其中可见光（即红、橙、黄、绿、青、蓝、紫）波长在380～760nm之间，占全部太阳光辐射的52%，不可见光即红外线占43%、紫外线占5%。

不同波长的光对植物生长发育的作用不同。试验证明，红光、橙光有利于植物糖分的合成，加速长日照植物发育，延迟短日照植物发育。相反，蓝紫光能加速短日照植物发育，延迟长日照植物发育。蓝光有利于蛋白质的合成，而短波光的蓝紫光和紫外线能抑制茎的伸长和促进花青素的形成，紫外光还有利于维生素C的合成。高海拔地区的强紫外光会破坏细胞分裂素和生长素的合成而抑制植株生长，因此在自然界中高山植物一般都具茎干矮、叶面缩小、茎叶富含花青素、花果色艳等特征，这除了与高山昼夜温差大有关外，主要与蓝、紫等短波光以及紫外光较强等密切相关。热带花卉花色浓艳亦因热带地区含紫外线较多之故。

三、水　分

水是植物体构成的主要成分，也是植物生命活动的必要条件。植物枝叶和根部的水分含量占50%以上。植物体内的生理活动都要在水分参与下才能进行，光合作用每生产1kg光合产物，需蒸腾300～800kg水。水通过不同质态、数量和持续时间的变化对植物起作用，水分过多或不足，都影响植物的正常生长发育，甚至导致树体衰老、死亡。

（一）水在植物生理活动中的重要作用

水是植物生命过程不可缺少的物质，细胞间代谢物质的传送、根系吸收的无机营养物质输送以及光合作用合成的糖类分配，都是以水作为介质进行的。另外，水对细胞壁产生的膨压支持植物维持其结构状态，当枝叶细胞失去膨压即发生萎蔫并失去生理功能，如果萎蔫时间过长则导致器官或树体最终死亡。一般植物根系正常生长所需的土壤水分为田间最大持水量的60%～80%。

植物生长需要足量的水，但水又不同于植物吸收的其他物质，其吸收的水分中大约只有1%被保留下来，而大量的水分通过蒸腾作用耗失体外。蒸腾作用能降低植物体温度，如果没有蒸腾，叶片将迅速上升到致死的温度，蒸腾的另一个生理作用是同时完成对养分的吸收与输送。蒸腾使植物水分减少而在根内产生水分张力，土壤中的水分随此张力进入根系。当土壤干燥时，土壤与根系的水分张力梯度减小，根系对水分的吸收急剧下降或停止，叶片发生萎蔫、气孔关闭、蒸腾停止，此时的土壤水势称为暂时萎蔫点。如果土壤水分补给上升或水分蒸腾速率降低，植物体会恢复原状；但如土壤水分进一步降低时，则达永久萎蔫点，植物体萎蔫将难以恢复。

（二）水分对园林植物生长发育的影响

同种植物生长过程中对水分的需求不同。种子萌发时，需要有充足的水分，以使水分渗入种皮，有利于种皮的软化，胚根、胚芽的伸长和伸出种皮，并供给种胚必要的水分。在幼苗状态时，因根系弱小，在土壤中分布较浅，吸收能力很弱，抗旱力极弱，需要经常保持土壤湿润。从种子萌发到幼苗期是含水量最高的时期，也是需水供水的关键时期。以后逐渐降低土壤湿度，保证适当水分，以防苗木徒长，造成植株老熟。花芽分化时，相对干旱能使枝条加长生长，体内储存的营养物质可集中供应花芽分化。开花后如果土壤水分过多，花朵会很快完成授粉而败落，种子不饱满，为延长花期应尽量少浇水，但是如果水分不足，花朵难以完全绽开，不能充分表现出品种固有的花形与色泽，而且缩短花期，也会影响观赏效果。对观果类植物应多浇水，以满足果实发育的需要。种子成熟时，要求空气干燥。

同一植物，年生育期内对水分的需要量随物候发生变化。春季萌芽前为落叶植物的需水时期，如冬春干旱则需在初春补充水分，此期水分不足，常延迟萌芽或萌芽不整齐，影响新梢生长。花期干旱会引起落花落果，降低坐果率。新梢生长期温度急剧上升，枝叶生长迅速，此期需水量最多，对缺水反应最敏感，为需水临界期，供水不足对树体年生长影响巨大。果实发育的幼果膨大期需充足水分，为又一需水临界期。秋梢过长是由后期水分过多造成的，这种枝条往往组织不充实、越冬性差，易遭低温冻害。

水分影响植物的花芽分化。花芽分化期间如水分缺乏，花芽分化困难，形成花芽少；如水分过多或长期阴雨，花芽分化也难以进行。对于很多植物，水分常是决定花芽分化迟早和难易的主要因素。如沙地生长的球根花卉，球根内含水量少，花芽分化早。对梅花适时扣水也能抑制营养生长，致使新梢顶端自然干梢，叶片卷曲，停止生长，转而花芽分化。广州的花农就是在 7 月控制水分，促使提前花芽分化和开花结果，供春节观赏。光叶子花若只长叶不开花，可通过控制水分和氮肥促使其开花。

土壤水分的多少，对花朵色泽的浓淡也有一定的影响。水分不足，色素形成较多，所以花色变浓，如白色和桃红色的蔷薇品种，在土壤过于干旱时，花朵变为乳黄色或浓桃红色。为了保持品种的固有特性，应及时进行水分调节。

（三）水分与园林植物生态类型

园林植物种类不同，需水量有极大差别，这与植物原产地的雨量及其分布状况有关。为了适应环境的水分状况，植物体在形态和生理机能上形成了特殊的要求。

根据园林植物对水分的需求量，可将园林植物分为旱生植物、湿生植物、中生植物和水生植物。

1. 旱生植物　旱生植物耐旱性强，能忍受较长期空气或土壤干燥而继续生活。为了适应干旱的环境，旱生植物在外部形态和内部构造上都产生了许多适应变化和特征：叶片变小或退化成刺毛状、针状，或肉质化；表皮角质层较厚，气孔下陷；叶表面具厚茸毛；细胞液浓度和渗透压变大等。这些特征大大减少了植物体水分的蒸腾。同时，这类植物大多根系比较发达，能增强吸水力，从而增强了适应干旱环境的能力。多数原产炎热而干旱地区的仙人掌科、景天科等植物即属此类。另有许多木本园林植物，如桃、杏、石榴、枣、无花果、核桃、马尾松、黑松、泡桐、紫薇、夹竹桃、白杨、刺槐、柳、苏铁、箬竹等，也属此类。

2. 湿生植物　湿生植物耐旱性弱，生长期间要求有大量水分存在，或有饱和水的土壤和空气，有的还能耐受短期水淹。常生长在潮湿、雨量充沛、水源充足的陆地环境中，在干燥或旱生环境中常致死亡或生长不良。如池杉、水松、垂柳、龙爪柳、水杉、红树、枫杨、秋海棠、合果芋、龟背竹、水仙、马蹄莲、热带兰、蕨类和凤梨科植物等。

3. 中生植物　中生植物对水分的要求和形态特征介于旱生植物和湿生植物之间，大多数草本和木本园林植物属于中生植物。由于种类众多，因而对干与湿的忍耐程度具有较大差异。如油松、侧柏、酸枣、月季、大丽花、金丝桃等倾向中性偏干环境生长，而桑、旱柳、乌桕、栀子花、美人蕉、南天竹等则倾向中性偏湿环境生长。

4. 水生植物　水生植物只有在水中才能正常生长，其根、茎和叶形成一整套相互连接的通气组织系统，以保证植株各部位对氧气的需要。叶片常成带状、丝状或极薄，有利于增加采光面积和对二氧化碳与无机盐的吸收。如睡莲、荷花、王莲、金鱼藻、水葱、荇菜、旱伞草、芦竹、芦苇等。水生植物一般还需要较强的光照。

综上所述，水分在植物的各个生育期都很重要，又易受人为控制。因此，在植物的各个物候期，创造适宜的水分条件，促进园林植物的生长发育，是使园林植物发挥其最佳观赏效果和绿化功能的主要途径之一。

四、空　气

空气中对园林植物起主要作用的成分是二氧化碳（CO_2）、氧气（O_2）和氮气（N_2）。

1. CO_2 CO_2是绿色植物进行光合作用的原料之一。在空气中的含量很少，仅占空气的0.03%。增加空气中CO_2的含量，就能增加光合作用的强度，从而提高作物的产量（即通常所说的CO_2施肥）。例如，在温室、塑料大棚条件下，CO_2浓度增加到0.12%～0.2%，月季就有明显的增产效果，菊花和香石竹也由于增施CO_2大大提高了产量。一般情况下，空气中CO_2浓度为正常时的10～20倍对光合作用有促进作用，但当含量增加到2%以上，则对光合作用有抑制作用，在土壤通气差的条件下根系会发生这种情况，从而影响生长发育。超过大气正常浓度的高CO_2浓度还会引起呼吸速率降低，对植物造成伤害。例如在温室或温床中，施过量厩肥，会使土壤中的CO_2含量增加到1%～2%，这种情况维持时间较长，就会使植物产生病害，解决办法是对温室或温床给予高温或进行松土，以释放多余的CO_2。

2. O_2 植物呼吸需要O_2。在呼吸作用中吸收O_2，分解有机物释放出CO_2，产生生命活动过程所需要的能量（ATP）。空气中O_2的含量约为21%，能够满足植物的需要。在一般栽培条件下，出现O_2不足的情况较少，只有在土壤过于坚实或表土板结时才引起O_2不足。因为当土壤坚实或表土层板结会影响气体交换，致使CO_2大量聚集在土壤板结层之下，使O_2不足，根系呼吸困难。播种后种子因O_2不足，停止发芽，甚至因有机物质的厌氧发酵产生乙醇而导致死亡。松土使土壤保持团粒结构，空气可以透过，使O_2达到土层，达到根系，以供根系呼吸，同时也可使土壤中的CO_2散到空气中。

3. N_2 空气中有78%以上是N_2，但不能直接被植物利用，只有借助豆科植物以及某些非豆科植物的固氮根瘤菌才能固定成氨或铵盐。土壤中的氨或铵盐再经过硝化细菌的作用转换成亚硝酸盐或硝酸盐后才能被植物吸收，进而被用于合成蛋白质。

第二节　土壤因子对园林植物生长发育的影响

土壤是园林植物生存和生长发育的基础。植物生长在土壤中，土壤起支撑植物以及不断供给空气、水分和营养元素的作用。因此，土壤的理化特性与植物的生长发育极为密切，良好的土壤结构能满足植物对水、肥、气、热的要求。土壤对植物生长的影响主要表现在土壤质地、厚度、结构、温度、水分、空气等物理性质，土壤酸碱度、营养元素、有机质等化学性质，以及土壤的生物环境。

一、土壤物理性质

（一）土壤质地与结构

1. 土壤质地 土壤是由固体、液体和气体组成的三相系统，其中固体颗粒是组成土壤的物质基础，占土壤总重量的85%以上。根据固体颗粒的大小，可以把土粒分为以下几级：粗沙（直径2.0～0.2mm）、细沙（0.2～0.02mm）、粉沙（0.02～0.002mm）和黏粒（0.002mm以下）。这些大小不同的固体颗粒的组合称为土壤质地。土壤按质地可分为沙土、壤土和黏土三大类。

（1）沙土　沙土的沙粒含量在50%以上，土壤疏松，通气透水性强，蓄水和保肥性能差，易干旱，土温易增易降，昼夜温差大，有机质含量少，肥劲强但肥效短，常用作草本植物培养土成分和改良黏土的成分，也常作为扦插用土或栽培幼苗和耐干旱的园林植物。

（2）黏土　黏土以粉沙和黏粒为主，质地黏重，孔隙小，通气透水性能差，但保水保肥能力强，土温昼夜温差小，尤其是早春土温上升慢，对幼苗生长不利，仅适于少数喜黏质土壤的植物种类，如云杉、冷杉和桑。

（3）壤土　壤土质地比较均匀，其中沙粒、粉沙和黏粒所占比重大致相等，既不松又不黏，通气透水性能好，并具一定的保水保肥能力，有机质含量多，土温比较稳定，是比较理想的农作土壤，适应大多数园林植物的要求。

2. 土壤结构　土壤结构（soil structure）是指土壤固体颗粒的排列方式、孔隙和团聚体的数量、大小及其稳定度。最重要的土壤结构是团粒结构，它是土壤中的腐殖质将矿质土粒黏结成直径0.25～10mm的小团块，具有水稳性。有团粒结构的土壤是结构良好的土壤，它能协调土壤中水分、空气和营养物质之间的关系，缓解保肥和供肥的矛盾，有利于根系活动及吸取水分和养分，促进土壤中微生物和动物的活动，增加土壤肥力，为植物的生长发育提供良好的条件。

土壤质地和结构与土壤水分、空气和温度状况有密切关系。

（二）土壤温度

土壤温度与热量是植物和土壤微生物分解活动和土壤化学反应的重要条件，在土壤形成及植物生长方面起着重要的作用。因为它影响着土壤中时刻不停的生物学过程与生物化学过程的速度和强度，也影响着土壤矿物质部分的风化、土壤胶体的活动、土壤中的化学反应、物理作用以及空气、水分的运动等。

土壤温度直接影响根系的活动。土温低会降低根系的代谢和呼吸强度，抑制根系的生长，减弱其呼吸作用；土温过高则促使根系过早成熟，根部木质化加大，从而减少根系的吸收面积。夏季土温过高时，表土根系会遭遇伤害甚至死亡，故可采取种植草坪、灌木及地被植物或进行土壤覆盖加以解决。根际土壤温度与植物生长有关，其实质是对光合作用与水分平衡的影响。据测定，光合蒸腾率随土温上升而减少，当土温为29℃时开始降低；到36℃时根组织的干物质明显下降，叶中钾和叶绿素的含量显著减少，当土温为40℃时，叶片水分含量减少，叶绿素含量严重下降，而根中水分含量增加，这是由于高温导致初生木质部的形成减弱、水的运转受阻。当冬季土温低于－3℃时，根系冻害发生，低于－15℃时大根受冻。一定范围内园林植物根系的吸水率随土温的升高而增加，但超过一定限度反而会受到抑制。

土壤热量主要来源于太阳辐射能，经土壤表面吸收传到深层，土壤的增温和冷却取决于土壤各层的温差、土壤导热率、热容量和导湿率等。土壤表面和深层的温差越大，热交换就越多，如沙土升温快、散热也快。湿土层温度变化小，增温和冷却较缓，干土则相反。因此在水少的情况下，热容量大的黏土白天增温比沙土慢，夜间冷却也慢。春季黏土比沙土冷，但在温度上升时比沙土持暖期长。土壤中有机质的分解也能产生热量，因此，施绿肥、厩肥等有机肥料可以提高土温。尽管这种热能只是暂时的，而且比起太阳辐射微不足道，但它对植物的生长起到关键性的作用。

（三）土壤水分

土壤水分能直接被植物根系所吸收。土壤水分的适量增加有利于各种营养物质溶解和移动，有利于磷酸盐的水解和有机态磷的矿化，所以土壤水分是提高土壤肥力的重要因素，肥水是不可分的。土壤水分还能调节土壤温度。但水分过多或过少都会影响植物的生长：水分过少时，植物会受干旱的威胁及缺氧；水分过多会使土壤中空气流通不畅并使营养物质流失，从而降低土壤肥力，或使有机质分解不完全而产生一些对植物有害的还原物质。一般树木的根系适应田间最大持水量60%～80%的土壤水分，通常落叶树在土壤含水量为5%～12%时叶片凋萎（葡萄5%，桃7%，梨9%，柿12%）。干旱时土壤溶液浓度增高，根系不但不能正常吸水反而产生外渗现象，所以施肥后强调立即灌水以维持正常的土壤溶液浓度。

（四）土壤通气

土壤通气性（soil aeration）是指土壤空气与大气进行交换的能力，以及土壤内部气体扩散的特性。土壤通气性能的好坏，直接影响土壤肥力的有效利用，进而影响作物生长。土壤通气不良，则氧气不足，抑制作物根系的呼吸作用，进而削弱根系吸收水肥的功能。

植物根系一般在土壤空气中O_2含量不低于15%时生长正常，不低于12%时才发生新根。土壤空气中CO_2增加到37%～55%时，根系停止生长。土壤淹水造成通气不良，尤其是有机物含量过多或温度过高时，氧化还原电位显著下降，使得一些矿质元素成为还原性物质，如$Fe^{3+} \rightarrow Fe^{2+}$、$SO_4^{2-} \rightarrow H_2S$、$CO_2 \rightarrow CH_4$等，抑制根系呼吸，造成根系中毒，影响根系生长。黏重土和下层具有横生板岩或白干土时，也造成土壤通气不良。

各种植物对土壤通气条件要求不同，可生长在低洼水沼地的越橘、池杉忍耐力最强；可生长在水田地埂上的柑橘、柳、桧柏、槐等对缺氧反应不敏感；桃、李等对缺氧反应最敏感，水涝时最先死亡。

土壤的通透性与水有直接关系，水又是影响土壤肥力的主要因素之一。在土壤体系中，水具有两面性：没有水，植物无法吸收到土壤中的养分；水分过多，土壤通气性差，氧气不足，冬春季还会使土温过低，有毒物质积累，进而影响植物的生长发育。

土壤通气状况对土壤中微生物产生影响。在通气不良的情况下，嫌气性微生物占优势，有机质分解速度变慢，释放有效养分少，同时形成一些对作物有害的物质如H_2S，低价铁、锰和有机酸等。如果土壤通气过强（如旱地的粗沙土），则好气性微生物占绝对优势，有机质分解强烈，影响土壤有机质的有效利用与积累。

二、土壤化学性质

（一）土壤酸碱度

土壤酸碱度是土壤重要的理化性质之一。土壤酸碱度与土壤微生物活动、有机质合成与分解、营养元素转化与释放、微量元素有效性、土壤保持养分能力及生物时钟等有密切关系。

根据植物对土壤酸碱度的适应范围和要求，可把植物分成三类：

1. 酸性土植物 酸性土植物是指在$pH<6.5$的土壤中能良好生长的植物，这些植物在碱性土或钙质土上不能生长或生长不良，多分布于高温多雨地区。温室园林植物几乎全部种类都要求酸性或弱酸性土壤。如杜鹃花、山茶花、白兰花、含笑、栀子花、茉莉花、兰花、马尾松、橡皮树和棕榈科植物等。

2. 中性土植物 中性土植物是指在$6.5<pH<7.5$的土壤中生长良好的植物，大多数园林植物属于此类，如菊花、矢车菊、百日草、杉木、雪松、杨、柳、梧桐等。

3. 碱性土植物 碱性土植物是指在$pH>7.5$的土壤中能良好生长的植物，碱性土园林植物少部分还能忍受一定的盐碱，如仙人掌、非洲菊、香豌豆、石竹、天竺葵、玫瑰、柽柳、沙棘、侧柏、紫穗槐等。

土壤由于酸碱性的差别往往会造成对某一养分的缺乏。例如，偏酸性条件下，往往容易造成钾、钙、镁、磷等养分的缺乏，导致植物生长减慢，老叶失绿，枝叶部分死亡，花数量减少，甚至不结实；在碱性土壤上，植物对铁元素的吸收困难，常造成酸性土植物发生失绿症，这是由于过高的 pH 条件不利于铁元素的溶解，植物吸收铁元素过少的缘故。土壤酸碱度影响微生物的活动，从而影响植物的生长。在酸性土壤中，细菌对有机质的分解作用减弱，而有些细菌，如根瘤菌、氨化细菌和硝化细菌等因酸性增强而死亡。

（二）土壤有机质

土壤有机质是土壤中最活跃的成分，是由动植物的残体在土壤中腐烂分解后形成的一大类物质，一般可占土壤成分的 5%左右。它是土壤养分的主要来源，在微生物的作用下，分解释放出植物生长所需要的多种大量元素和微量元素，因此有机质含量高的土壤不仅肥力充分，而且土壤理化性质也好，有利于植物的生长。

（三）土壤盐分

土壤中的盐分以碳酸钠、氯化钠和硫酸钠为主，其中碳酸钠危害最大。含大量可溶性氯化钠和硫酸钠为主的土壤称为盐土，盐土不呈碱性反应，由海水浸渍而成，系滨海地带土壤。以较高浓度的可溶性碳酸钠和重碳酸钠为主的土壤称为碱土，碱土多发生在雨水少、干旱的内陆。就我国而言，盐土面积大，碱土面积小。

据研究，妨碍植物生长的盐分极限浓度是：硫酸钠 0.3%，碳酸盐 0.03%，氯化物 0.01%。大多数乔木根系分布在 2.5～3m 土层内，土层中含盐量必须低于有害浓度才能正常生长。植物受盐碱危害轻者，生长发育受阻，表现枝叶焦枯，严重时整株死亡。1979 年，上海市崇明县跃进农场 1.3hm^2 葡萄园土壤含盐量超过 0.3%，幼树死亡达 40%以上。在盐碱土上种植园林植物，应当选择抗盐碱能力强的树种，如黑松、北美圆柏、新疆杨、柽柳、紫穗槐、胡杨、沙枣、沙棘、枸杞、火炬树、白蜡、苦楝、合欢、无花果等。

三、土壤微生物

植物栽入土壤中，往往在根际聚集大量微生物。有的微生物区系能产生生长调节物质，这类物质在低浓度时刺激植物生长，而在高浓度时则抑制植物生长。土壤微生物对植物生长履行一系列重要功能，如氮素循环，有机质和矿物质分解，固氮微生物增加土壤中的氮素，菌根真菌则有效地增加根的吸收面积。

根瘤菌能自由存在于土壤中，但没有固定大气中氮的能力，必须与豆科植物和部分非豆科植物共生才有固氮的功能。香豌豆、羽扇豆等即使生长在土壤中氮素不够丰富的条件下，也能生长良好，这是由于它们能由根瘤菌获得较多的氮。

菌根是真菌和高等植物根系结合而形成的，在高等植物的许多属中都有发现。特别是真菌与兰科、杜鹃花科植物形成的菌根相互依存尤为明显，兰科植物的种子没有菌根真菌共存就不能发芽，杜鹃花科的种苗没有菌根真菌存在也不能成活。外生菌根的形成还可以有效提高植物的吸收面积和吸收能力，如柑橘等植物的菌根菌。

第三节　影响园林植物生长发育的其他环境因子

一、地形地势

地形地势本身不是影响树木分布及生长发育的直接因子，而是由于不同的地势海拔高度、坡度大小和坡向等对气候环境条件的影响，间接地作用于植物的生长发育过程。

海拔高度对气候有很大的影响，海拔由低至高则温度渐低、相对湿度渐高、光照渐强、紫外线含量增加，这些现象以山地更为明显，影响树木的生长与分布。山地土壤随海拔的增高，温度渐低、湿度增加、有机质分解渐缓、淋溶和灰化作用加强，因此 pH 渐低。由于各方面因子的变化，对于植物个体而言，生长在高山上的植物与生长在低海拔的同种植物个体相比较，则有植株高度变矮、节间变短等变化。树木的物候期随海拔升高而推迟，生长期结束早，秋叶色艳而丰富、落叶相对提早，而果熟较晚。

不同方位山坡的气候因子有很大差异。在同一地理条件下，南向坡（南、东南、西南）日照充足，而北向坡（西、西北、东北）日照较少。温度的日变化阳坡大于阴坡，一般可相差 2.5℃。由于生态因子的差别，不同坡向表现不同。在北方，由于降水量少，所以土壤的水分状况对树木生长影响极大。在北坡，由于水分状况相对南坡好，可生长乔木，植被繁茂，甚至一些阳性树种亦生于阴坡或半阴坡；在南坡，由于水分状况差，所以仅能生长一些耐旱的灌木和草本植物。但是在雨量充沛的南方则阳坡的植被就非常繁茂。此外，不同的坡向对树木冻害、旱害等亦有很大影响。生长在南坡的树木，物候早于北坡，但受霜冻、日灼、旱害较严重；北坡的温度低，影响枝条木质化成熟，树体越冬力降低。北方，在东北坡栽植树木，由于寒流带来的平流辐射霜，易遭霜害；但在华南地区，栽在东北坡的树木，由于水分条件充足，表现良好。

坡度的缓急、地势的陡峭起伏等，不但会形成小气候的变化，而且对水土流失与积聚都有影响，还可直接或间接影响植物的生长和分布。坡度通常分为 6 级，即平坦地为 3°以下、缓坡为 6°～15°、中坡为 16°～25°、陡坡为 26°～35°、急坡为 36°～45°、险坡为 45°以上。在坡面上水流速度与坡度及坡长成正比，而流速越快、径流量越大时，冲刷掉的土壤量也越大。坡度越大，土壤冲刷越严重，含水量越少，同一坡面上，上坡比下坡的土壤含水量小。据观测，连续晴天条件下，3°坡的表土含水量为 75.22%，5°坡为 52.38%，20°坡为 34.78%。耐旱和深根的植物，如杏、板栗、核桃、香榧、橄榄和杨梅等，可以栽在坡度较大（15°～30°）的山坡上。坡度对土壤冻结深度也有影响，坡度为 5°时结冻深度在 20cm 以上，而 15°时则为 5cm。山谷的宽狭与深浅以及走向变化也能影响树木的生长状况。

复杂地形构造下的局部生态条件对植物栽培有重要意义。因为大地形所处的纬度气候条件不适于栽培某种植物时，往往某一局部由于特殊环境造成的良好小气候，可使该植物不仅生长正常而且表现良好。如江苏一般不适于柑橘的经济栽培，但借助太湖水面的大热容量调节保护，可降低冬季北方寒流入侵的强度，保护树体免受冻害，围湖的东、西洞庭山成为北缘地区的重要柑橘生产基地。

因此，在不同的地形地势条件下，应充分考虑地形地势造成的温度、湿度上的差异，结合植物的生态特性，合理配置植物。

二、风

空气流动形成风。风既能直接影响植物，又能影响环境中湿度、温度、大气污染的变化，从而间接影响植物生长发育。

风对植物有良好作用的一面，如微风与和风可以促进气体交换、增强蒸腾、改善光照和光合作用、降低地面高温、减少病原菌等。风媒花植物靠风繁殖后代，靠风传播种子完成自育过程。风能使异花植物有效杂交，保持杂种优势。例如，银杏雄株花粉可顺风传播数十千米以外，云杉等生长在下部枝条上的雄花花粉可借助林内的上升气流落至上部枝条的雌花上。风又是传播若干植物果实和种子的自然动力。

风对植物生长也有不利的一面。据研究，当风速达 10m/s，树木光合作用积累的有机物质为无风时的 1/3，比 5m/s 时低 1/2。大风条件下，无支柱小树比有支柱者树高平均减少 24%。大风可使空气相对湿度降低到 25%以下，引起土壤干旱，黏土由于土壤板结、干旱易龟裂造成断根现象。在干旱天气，风可加速蒸腾作用导致树木萎蔫，特别是春夏生长期的旱风、焚风等干燥的风，因加速蒸腾导致树木失水过多而枯萎。我国西北、华北和东北地区的春季常发生旱风，致使空气干燥、新梢枯萎、花果脱落、叶片变小，呈现生理干旱现象，影响树体器官发育及早期生长。冬季大风会降低土壤表面温度，增加土层冻结深度，使树体根部受冻加剧。海边地区的潮风常夹杂大量盐分，使树枝被覆一层盐霜，导致嫩枝枯萎，甚至全株死亡。飓风、台风等则更可造成树木的机械伤害，如当风速超过 10m/s 时往往造成树木折枝，13～16m/s 的风速能使树冠表面受到 150～200Pa 的压力，一些浅根性植物能被连根拔起。我国东南沿海一带，每年夏季（6～10 月）常受台风侵袭，树倒现象严重，对树体危害很大。

植物的抗风能力与植物的生物学特性、形态特征、树体结构有关。一般而言，凡树冠紧密、材质坚韧、根系强大深广的树种，抗风力强，而树冠庞大、材质柔软或硬脆、根系浅的树种，抗风力弱。同一树种又因繁殖方法、立地条件和配置方式不同而有异。扦插繁殖的树木，其根系比播种繁殖的浅，故易倒，在土壤松软而地下水位较高处亦易倒，直立树和稀植的树比密植者易受风害，而以密植的抗风力最强。

各种园林植物的抗风能力差别很大。抗风力强的植物有马尾松、黑松、圆柏、榉树、胡桃、白榆、乌桕、樱桃、枣树、臭椿、朴树、栗、国槐、梅、香樟、麻栎、河柳、台湾相思、木麻黄、柠檬桉、柑橘及竹类等；抗风力中等的植物有侧柏、龙柏、杉木、柳杉、檫木、楝树、苦槠、枫杨、银杏、广玉兰、重阳木、榔榆、枫香、凤凰木、桑、梨、柿、桃、杏、花红、合欢、紫薇、木绣球、长山核桃、旱柳等；抗风力弱、受害较大的植物有大叶桉、榕树、木棉、雪松、悬铃木、梧桐、加拿大杨、钻天杨、银白杨、泡桐、垂柳、刺槐、杨梅、枇杷等。

三、生物因子

影响园林植物生长发育的生物因子主要有动物、植物及微生物。其中有些对园林植物的生长有益，称为有益生物，如蜜蜂可以帮助传粉，促进结实，蚂蚁、螳螂、七星瓢虫等为害虫的天敌。有些对园林植物生长有害，称为有害生物，如昆虫、细菌、真菌、病毒、线虫及寄生性种子植物等。另外，有些动物以及人类的经营活动也影响园林植物的生长。栽培上要正确利用有益生物，抑制有害生物，促进园林植物生长。

第四节　城市生态环境对园林植物生长发育的影响

城市生态环境（urban ecological environment）可以简单地理解为人们所置身的城市空间，由城市自然生态环境和人工生态环境组成。城市自然生态环境又可进一步分为由城市的地质、地貌、大气、水文、土壤等构成的城市物理环境和由动物、植物、微生物构成的城市生物环境；城市人工生态环境则主要指建筑物、道路、工程管线等各类城市设施、社会服务以及生产对象等。在城市生态环境中，由于人类活动的影响，各环境因子呈现出与自然生态环境不同的特点，必然也给生长在城市中的园林植物带来各种影响。

一、城市气候环境

城市地域范围内的气候特点明显不同于周围乡村，主要表现为：空气污染严重；太阳辐射降低，晴天减少；平均气温升高，热岛效应明显；风速减小，相对湿度降低；有云天气增多，雨量增加（表 2-1）。

表 2-1　城市地区的气候特点

（吴泽民，2003）

气候因子	项　目	与城郊地区的比较
空气污染	微尘	高 10 倍
	有害气体	高 5～25 倍
太阳辐射	总辐射	少 15%～20%
	紫外辐射：冬季	减少 30%
	夏季	减少 5%
	有太阳的时间	减少 15%～20%
气温	年均温度	高 0.5～1.5℃
	晴天的气温	高 2～6℃
风速	年平均风速	减少 10%～20%
	静风	增加 5%～20%
相对湿度	冬天	减少 2%
	夏天	减少 8%～10%
云	云量	增加 5%～10%
	雾：冬季	增加 100%
	夏季	减少 30%
降水量	总降水量	多 5%～10%
	小雨（5mm）	增加 10%
	一日的降水量	减少 5%

（一）城市的温度条件

1. 热岛效应　由于城市中人类的生产、生活活动释放出大量的热量，以及城市下垫面性质的改变，通常使得城市中的温度要高出周边的非城市化地区，等温曲线基本上是以同心圆状由市中心依次向外递减，这种现象被称为城市的热岛效应（heat island effect）。热岛效应是城市气候最明显的特征之一，是城市气温在水平分布上的特点。

在热岛效应的作用下，一般大城市年平均气温比郊区高 0.5～1℃，冬季平均最低气温高 1～2℃。因此，对低纬度城市而言，热岛效应加剧了夏季城市中高温酷暑的程度，容易造成植物由高温引起的伤害，如焦叶、干梢，树干基部树皮受到灼伤等；在中高纬度地区，城市的冬季热岛效应降低了积雪的频度和时间，延长了无霜期，降低了相对湿度等。热岛效应引起的这些气候要素的变化影响城市园林植物的物候，植物随着城市的春天来得早而早发芽，随着城市的秋季结束较迟而晚休眠。如在德国的汉堡，金钟花的初始花期城区比郊区早 7d；在伦敦，市区公园的花比郊区早开 2～3 周；在华盛顿，市区的木兰花比郊区早开 2 周。

2. 城市小环境温度变化　在城市局部地区，建筑物和铺装地面极大地改变了光、热和水的分布，形成特殊的小气候，对温度因子的影响最为明显。

夏季高温季节，城市街道和建筑物受热后，如同一块不透水的岩石，其温度远远超过植被覆盖地区，影响植物的正常生长发育。冬季，由于建筑物南北向接收到的太阳辐射相差较大以及风的影响，南北向的温度存在很大差异，造成冬季冻土层的深度和范围明显不一样。北京市园林科研所调查了建筑物附近的温度变化情况：冬季楼的朝向对温度影响最大，楼南侧气温最高，北侧最低，东侧与西侧居中，其他季节楼的朝向对气温影响较小，夏季楼西侧气温较南侧略高。地温受楼朝向的影响比气温大，楼南侧冻土期明显缩短，冻土深度明显变浅，在 20m 高楼南侧楼高范围内冻土期为露天对照的 1/2 左右，而北侧冻土期比露天对照略长，但冻土层深度明显高于对照，楼西与楼东差距不大，一般建筑对温度影响范围可达 3～5 倍楼高，以 1 倍楼高范围最为明显。

城市建筑物周围形成的小气候影响了周边园林植物的生长发育。楼南侧的不耐寒植物在冬季更容易遭受冻害；一些喜光喜温的植物，因为楼层的遮阴使之生长发育受阻，引起徒长或延迟开花结果。在栽培和养护园林植物过程中要合理利用小气候，例如楼南侧可栽植一些喜温暖湿润植物，春季，北侧植物的栽植时间可以略晚于南侧。

（二）城市的光照条件

在城市地区，大气中的悬浮颗粒污染物较多，凝结核随之增多，较易形成低云。因此，城市的晴天日数、日照时数一般比郊区少，雾、阴天日数都比郊区多。城市日照持续时间的减少，使长日照植物开花推迟。

云雾增多，大气污染严重，造成城市大气浑浊度增加，透明度降低，致使所接收的太阳直接辐射明显减少，散射增多。而且越接近市区中心，这种辐射量的变化越大。

由于城市建筑物的高低、方向、大小以及街道宽窄和方向不同，使城市局部地区太阳辐射的分布很不均匀，即使同一街道两侧也会出现很大差异。一般东西向街道北侧接收的太阳辐射远比南侧多，而南北向街道两侧接收的光照与遮光状况基本相同。所以，北侧尽量选择栽植阳性植物。建筑物遮光对园林植物生长发育会产生一定的影响，特别是建筑物附近生长的树木，接收到的太阳辐射量不同，极易形成偏冠，使树冠朝向街心方向生长。

除了自然光照外，城市环境中还有人工光照，如大型公共建筑照明、城市雕塑照明、城市街道照明、喷泉照明等城市夜景照明会延长光照时数，因而可能打破植物正常的生长和休眠，导致植物生长期延长，不利落叶植物过冬等；另外大面积玻璃幕墙对光的强反射产生的眩光，也会造成光污染，对植物生长产生一定的影响。

（三）城市的风

城市的风是由于城市的热岛效应，市中心空气温度增高、气流上升，与郊区农村构成气压差，气流填补的结果形成。城市风的大小和形成与盛行风和城区与郊区的温差有关。

城市鳞次栉比的建筑物，纵横交错的街道，使城市下垫面摩擦系数增大，致使城市风速一般都低于郊区农村10％～20％。例如，北京城区的表面粗糙度为0.28，郊区仅为0.18，城区的风速比郊区平均小20％～30％，在建筑物密集的前门甚至可小40％。这种风速的差异有明显的日变化和季节变化，同时与盛行风的风速有关。如据吴林对上海的研究，市区与郊区风速的差异在10:00～12:00和13:00～15:00之间最大，19:00～21:00最小。以2m/s作为临界风速，当风速大于2m/s时，市区风速小于郊区，反之则大于郊区风速。

由于城市街道的走向、宽窄及绿化状况不同，建筑物的高度及布局形式不同，城市局部地区风差异很大，有的地方风速很小，有的地方可能大于同高度的郊区。而且城市布局结构对城市的气流产生明显的影响。例如当气流进入街道时，常可使风向发生90°的偏转，而且风速也发生变化。若街道中心的风速为100％，向风墙侧为90％，背风墙侧仅为45％。在绿化较好的干道上，当风速为1.0～1.5m/s时，植物可降低风速一半以上；当风速为3～4m/s时，植物可降低风速15％～55％。在平行于主导风向的行列式建筑区内，由于狭管效应，其风速可增加15％～30％；在周边式建筑区内，其风速可减小40％～60％。

（四）城市的大气湿度

在大多数情况下，由于城市下垫面坚实、不保水、各类植被覆盖面积较小、温度较高等原因，城市中的地表蒸发量与植被蒸腾量较小，绝对湿度与相对湿度均小于其周边地区，形成所谓的干岛效应。但在夜间静风或小风天气，城市热岛效应较强的情况下，也会出现城市中水汽含量大于其周边地区的城市湿岛或称凝露湿岛现象。

城市的大气相对湿度与绝对湿度一样具有季节性变化，一般冬季高、夏季低，但在季风气候带，则表现为夏季高、冬季低。城市的相对湿度与绝对湿度均随城市的发展而下降，如上海市在近30～40年中平均绝对湿度（水汽压）下降了470×10^5Pa，相对湿度下降了2.3％；南京市城内相对湿度比郊区低3％。

二、城市土壤环境

城市土壤（urban soil）是指城市或城郊地区的一种非农业土壤，通过回填、混合、压实等城市建设过程中的人为因素形成的表面层大于50cm的土壤。城市土壤的物理、化学和生物特性都与自然状态下的土壤有较大差异，表现在形态方面土层无分化、含碳量低、细菌总数少等。

（一）土壤物理性质的变化

在城市发展中，市政施工常在改变地形的同时破坏了土壤结构，甚至很多区域就地填埋了大量的建筑、生产、生活固体废弃物，形成城市土壤的堆垫土层，因此城市土壤的垂直层次不明显。堆垫土混入过多或过分集中，会改变土壤质地和结构，使树木根系无法穿越而限制其分布深度和广度。

土壤紧实度可用单位体积或单位面积土壤所能承受的重量或单位体积自然干燥土壤的质量表示。在城市地区，由于人流活动践踏或机械作用，土壤紧实度明显高于郊区。一般越靠近地表，紧实度越大。人为因素对土壤紧实度的影响可达到20～30cm，在某些地段，经机械多层压实后，影响深度可达 1m 以上。土壤紧实度增加后，土壤团粒结构被破坏，土壤结构不良，通气透水弱，自然降水大部分流失，渗入到土壤中的降水仅有一小部分，土壤湿度下降，影响土壤生物区系的组成和植物根系的呼吸代谢等生理活动，严重时可致植物根组织窒息死亡，一些对通气性要求较高的树种如油松、白皮松等受影响更为明显。城市土壤紧实限制园林植物根系生长，结果改变树木根系的分布特性，如深根性变为浅根性，减少根系的有效吸收面积，降低树体的稳定性，从而使树木生长不良，易遭受大风或其他城市机械因子的伤害，而发生风倒或被撞倒。

另外，城市铺装表面覆盖下的土壤是一种极端类型，这些土壤无法与外界进行正常的气体交换，水分的渗透与排出也不畅，通常处于长期的潮湿或干旱状态，生长在这类土壤中的植物，其根系生长受到很大的影响。

城市热岛效应以及建筑物和铺装地面积聚的热量传到土壤中，使得城市土壤的平均温度比郊区土壤高，土壤变得干燥。

（二）土壤化学性质的变化

城市土壤的钙含量、pH 一般均高于周围郊区的土壤，这是因为城市建设过程中大量使用的水泥、石灰及其他砖石材料遗留在土壤中，地表铺装物一般也采用钙质基础的材料，增加了土壤的钙含量，或因为建筑物表面碱性物质中的钙质经淋溶进入土壤，导致土壤碱性增强。另外，北方城市冬季通常施钠盐来加速街道积雪融化，也会直接导致路侧土壤 pH 升高。土壤 pH >8 时往往会引起植株缺铁，叶片黄化，同时干扰土壤微生物的活动，进而影响土壤有机物质和矿质元素的分解和利用，限制城市环境中植物的选择。

此外，城市土壤过于紧实和封闭使土壤微生物减少，有机物质分解速率下降，土壤中有效养分减少。特别是菌根数量的锐减，既减少了可吸收水分和矿质营养的根系表面积，又减少了对空气氮素的固定。城市土壤各类渣土多，碱性强，通常氮、磷缺乏，造成土壤贫瘠化，肥力不足。所以，城市树木的生长普遍较差，容易早衰，变成“小老树”，甚至死亡。许多园林植物地下根系发育不均，地上茎干亦弯曲不直，生长缓慢，甚至出现枯黄、早衰，开花结实较少等现象。

三、城市水文环境

随着城市化的发展，城市下垫面不透水面积比例不断增加，对城市水文环境影响很大。尽管城市降水量大于郊区，但是由于城市街道和路面的封闭，自然降水几乎全排入下水道，地下径流量小，植物得不到充足的水分，使水分平衡经常为负值。铺装地面的阻隔使地面径流规模逐渐增大，有些低洼地区，在雨季或暴雨之后，因排水条件较差，水不能及时排走，造成局部积水，也会使植物根系生长受阻、死亡，对不耐涝的植物尤为严重。地表径流量增大还会促使城市河流流量增加，流速加大，洪峰增高，洪峰时间提前，城市径流污染负荷增加。城市地表水分蒸发量也小，使得城市的相对湿度和绝对湿度均较开阔的农村地区低，加剧了城市高温。

由于城市地表不透水，城市生产和生活对清洁水源的过量利用，结果城市地下水位下降严重，局部水质恶化，水量平衡失调，地下水补给不足。如天津、西安等城市过度开采地下水，地下水位逐年下降，亦加剧了土壤水的短缺。而且有些建筑工程如地铁、人防工程等地下设施已深入到地面以下很深的地层，从而使得城市植物的根系难接近地下水。这些情况常造成植物根系从土壤中吸取的水量不足，补水不足，导致植物枝叶干枯甚至死亡。所以应选择耐旱、根系发达树种在城市种植。

四、城市环境污染

随着城市建设规模的扩大、工业生产的发展、人口密度的增加，各类能源消耗超负荷，同时产生大量的污染物质，当污染超过城市环境的自净能力时，城市环境就会受到严重的污染和破坏，人类生存将受到自身发展带来的威胁，城市发展将受到自身建设带来的毁坏。

影响园林植物生长发育的城市环境污染主要有大气污染、土壤污染和水体污染。

（一）大气污染

1. 城市的大气污染源及主要污染物 我国城市的大气污染源，主要是工业、交通运输和居民生活需要对各种矿物燃料的燃烧。主要污染物为二氧化硫（SO_2）、氟化氢（HF）、氯气（Cl_2）、氯化氢（HCl）、光化学污染、臭氧（O_3）、氮的氧化物（NO_x）、一氧化碳（CO）、乙醛（C_2H_4O）、过氧酰基硝酸酯等。其中以 SO_2 含量最高，由此造成酸雨危害日趋严重。空气中含有过高 SO_2 的原因，是城市中高大的建筑物、密集的公共设施和纵横交错的街道所形成的特殊下垫面，以及人们在日常生产生活中排放大量的热量、废气、烟尘等污染物共同作用所形成的特殊气候条件。Cl_2、HCl 以及 HF 等气体对植物的危害尤甚于 SO_2。

粉尘是飘浮在大气中的细微颗粒，也是城市大气污染的主要类型之一，我国北方一些地区沙漠化严重，城市常受沙尘暴威胁，粉尘降落沉积在叶表面可以堵塞气孔，妨碍树木对辐射能量的吸收，影响植物正常的气体交换。

2. 大气污染对园林植物的影响 大气污染物对植物的危害，主要是从气孔进入叶片，扩散到叶肉组织，然后通过筛管运送到植物体其他部位，影响气孔关闭、光合作用、呼吸作用和蒸腾作用，破坏酶的活性，损坏叶片的内部结构；同时有毒物质在植物体内进一步分解或参与合成过程，形成新的有害物质，使植物组织和细胞坏死。花的各种组织，如雄蕊的柱头，也容易受污染物伤害而造成受精不良和种子空瘪率提高。植物的其他暴露部分，如芽、嫩梢等也会受到侵染。

大气污染对园林植物危害最重的有 SO_2、HF、Cl_2、NH_3 和 HCl 等，一般是由事故性泄露引起的，其危害范围较小。植物遭受有毒气体的受害程度，因不同发育阶段而异，一般在生长发育最旺盛期树体敏感易受害，秋季生长缓慢期不敏感，进入休眠后抗性最强。在有毒气体污染地区，可以选择抗污染适栽植物或在背风地点栽植，以免受危害。

（1）SO_2 SO_2 是由工厂的燃料燃烧产生的有害气体。空气中 SO_2 增至 0.002%，甚至 0.001%时，花卉便出现受害症状，浓度越高危害越严重。SO_2 从气孔、水孔进入叶肉组织中，改变细胞汁液 pH，使叶绿素去镁，抑制光合作用，降低有机物质的生产速率；同时与 SO_2 同化有机酸产生的 α-醛结合，形成羟基磺酸，破坏细胞功能，抑制整个代谢活动，使叶片失绿。表现症状是在叶脉间发生许多退色斑点，受害严重时，使叶脉变成黄褐色或白色。

对 SO_2 抗性强的植物有：广玉兰、桂花、碧桃、夹竹桃、海桐、冬青、山茶花、金鱼草、蜀葵、美人蕉、金盏菊、晚香玉、鸡冠花、大丽花、凤仙花、菊花、野牛草等；抗性中等的植物有：迎春、杜鹃花、柳、金钱松、紫茉莉、万寿菊、鸢尾、四季秋海棠等；

抗性弱的植物有：矮牵牛、波斯菊、百日草、蛇目菊、玫瑰、石竹、唐菖蒲、天竺葵、月季等。

（2）HF　HF是氟化物中毒性最强、排放量最大的一种，对环境危害很大。主要来源于炼铝厂、磷肥厂以及搪瓷厂等厂矿地区。HF的毒性是SO_2的几十倍至几百倍，一般浓度在0.003mol/L时植物就会受到毒害。HF通过气孔进入叶片，很快溶解在叶肉组织溶液内，转化成有机氟化物，阻碍顺乌头酸酶合成。HF还可使叶肉组织发生酸性伤害。首先危害植株的幼芽和幼叶，先使叶尖和叶缘出现淡褐色至暗褐色病斑，然后向内扩展，严重时引起全株叶片枯黄脱落。HF还能导致植株矮化，早期落叶、落花及不结实。

对HF抗性强的植物有：海桐、山茶花、白兰花、金钱松、大叶黄杨、苏铁、夹竹桃、月季、鸡冠花、金银花、紫茉莉、玫瑰等；抗性中等的植物有：凌霄、牡丹、长春花、八仙花、米兰、晚香玉、柳、杨等；抗性弱的植物有：天竺葵、珠兰、四季秋海棠、茉莉花；特别敏感的植物有：唐菖蒲、郁金香、玉簪、杜鹃花、梅花等。

（3）O_3　在太阳辐射的作用下，汽车尾气排放物质所形成光化学烟雾的主要成分是O_3。O_3是强氧化剂，它通过破坏植物叶片栅栏组织细胞壁和表皮细胞、促使气孔关闭、降低叶绿素含量等抑制光合作用；同时，O_3能够将细胞膜上的氨基酸、蛋白质的活性基团和不饱和脂肪酸的双键氧化，增加细胞膜的透性，大大提高植物呼吸速率，使细胞内含物外渗。植物外在表现为叶片表面形成红棕色或白色斑点，最终导致植物枯死。

（4）Cl_2　Cl_2毒性比SO_2大，能很快破坏叶绿素，初期的伤害病斑主要分布在叶脉间，呈不规则点状或块状，与SO_2危害症状不同的是受害组织与健康组织之间没有明显的界线。

Cl_2通过气孔进入叶肉组织，使园林植物原生质和细胞壁解体，叶绿体受到破坏，使叶片退色漂白脱落。木本植物受到Cl_2危害之后，主要症状为出现水渍斑。Cl_2浓度低时，叶脉间水渍斑变为褐色斑或退绿斑；浓度较高时，叶脉间失绿变黄，叶缘处出现褐色坏死斑。

针叶树受害后叶的典型症状为叶色退绿变浅，针叶顶端产生黄色或棕褐色伤斑。然后症状逐渐向叶基扩展，最终针叶枯萎脱落。阔叶树受Cl_2危害后，树冠下部叶片和生理活动旺盛的叶片受害最重，树冠顶部尚未展开的叶片受害较轻或基本不受害。

对Cl_2抗性强的植物有：大叶黄杨、海桐、广玉兰、夹竹桃、珊瑚树、丁香、一品红、唐菖蒲、桂花、白兰花等；抗性中等的植物有：栀子花、美人蕉、丝兰、木槿、蜀葵、五角枫、悬铃木、米兰、醉蝶花、夜来香等；抗性弱的植物有：碧桃、杜鹃花、茉莉花、郁金香、珠兰、白皮松、杨、臭椿等。

（5）NH_3　在化工、制药、食品、制冷等工业生产中，氨水的运输以及有机物的发酵等过程中，常有NH_3排放，在设施栽培中大量施用有机肥或无机肥常会产生NH_3。空气中NH_3含量过多，对植物生长很不利。NH_3达到0.1%～0.6%时，就可能发生植物叶缘烧伤的现象；达到0.7%时，导致质壁分离现象；达到4%，经过24h，大部分植株受害，发生整株死亡。温室或高温季节施用铵态氮后，最好及时盖土或浇水，以避免发生氨害。

对NH_3抗性强的植物有：香樟、蜡梅、柳杉、银杏、紫荆、石榴、朴树、无花果、皂荚、木槿、紫薇、白玉兰等；抗性中等的植物有：臭椿、梧桐、早熟禾等；抗性弱的植物有：紫藤、小叶女贞、杨、悬铃木、枫杨、木芙蓉、向日葵、刺槐等。

（6）其他有害气体　危害植物生长发育的其他有害气体还有乙烯、乙炔、丙烯、一氧化碳、氰化氢、硫化氢等，这些气体即使在空气中的含量极少，如硫化氢含量仅有0.004%～0.04%时，也可以使植物遭受损害。

(7) 大气飘尘和降尘等颗粒物　大气飘尘和降尘等颗粒物落到植物叶片上会堵塞气孔，减弱植物的光合作用、呼吸作用和蒸腾速率。同时，大气颗粒物含有较多的重金属等污染物质，对植物产生毒害作用。

植物对有毒气体的敏感程度因植物种类、年龄而异。由于各种植物叶面有无蜡质、表面凹凸状况、气孔大小、内含物种类等不同，抗性也不同。一般来说，木本植物比草本植物抗性强，壮龄树比幼龄树抗性强，叶片具蜡质、叶肉厚、气孔小的抗性强。另外，多浆植物乳汁具缓冲能力，抗性也强，如桑科、大戟科、夹竹桃科植物。

(二) 土壤污染

当城市土壤中积累有毒、有害物质过多，超过土壤的自净能力时，就造成土壤污染。土壤污染主要是由水污染、大气污染和固体废弃物污染造成的。土壤中有害物质沉淀堆积，以及病原微生物等造成的污染物过多，会引起土壤系统成分、结构和功能的变化，土壤微生物活力受抑制或破坏，肥力渐降或盐碱化，导致土壤正常功能失调、土壤质量下降，影响植物的正常生长发育。同时土壤污染物又向环境输出转化，使大气、水体等进一步污染，对生态系统影响非常严重。

土壤污染物主要包括：①有机物质，主要是农药、除草剂等，其次是一般有机物如酚、苯并芘、油类等；②氮、磷化肥；③重金属，如砷、镉、汞、铬、铜、铅、镍等；④放射性元素，如铯-137、锶-90等；⑤污泥、矿渣、粉煤灰；⑥有害微生物，如有害肠道细菌、结核杆菌等。

土壤中的有毒物质（如砷、镉、过量的铜和锌）直接影响植物的生长和发育，或在植物体内积累。砷含量过高能使桃树提早落叶落花，果变小而萎缩。镉在土壤中以水溶性或难溶性状态存在，能被植物吸收而富集，并进入食物链造成对人类健康的威胁。铜是植物生长所必需的元素之一，但铜含量过多时植物生长发育受到影响，铜危害主要表现在根部，根部铜积累过多新根生长受到抑制，常长到2～4cm就停止生长，根尖开始硬化，营养吸收能力减弱，严重时枯死。此外，铜可促进Fe^{2+}转化为Fe^{3+}，从而妨碍植物对Fe^{2+}的吸收和在植物体内的迁移和转变，并造成缺铁症状。土壤中高浓度的铅（800mg/L）在短时间内足以引起树木叶片的急性生理伤害，其表现是植物细胞内的活性氧反应加剧，活性氧含量增加，类囊体膜和质膜破坏，叶绿素含量下降，质膜透性增加。

酸雨使土壤酸化，使氮不能转化为供树体吸收的硝酸盐或铵盐，使磷酸盐变成难溶性的沉淀，使铁转化为不溶性的铁盐，从而影响植株生长。碱性粉尘（如水泥粉尘）能使土壤碱化，使植物水分和养分吸收变得困难，并引起缺素症。

土壤一旦污染极难短期恢复，土壤重金属污染不可逆，许多有机化学物质如某些农药在土中自然分解需几十年，而且污染物往往随着食物链被逐级浓缩放大，最后威胁到人类。因此，土壤污染对生态环境危害较大，不容忽视。

(三) 水体污染

水体污染是直接将污染物排入水体使该物质含量超过了水体的本底含量和水体的自净能力，从而破坏了水体原有的性质。水体污染物种类主要有：固体污染物（指固体悬浮物）、有机污染物（如糖类、蛋白质、脂肪、氨基酸等）、油类污染物、有毒污染物（主要指无机化学毒物、有机化学毒物和放射性物质)、生物污染物(如病原菌、病毒及寄生性虫卵等)和营养物质污染物(如氮、磷、钾等营养物质)。城市水污染主要来自工业废水、生活污水的排放以及水体富营养化。

植物从水体环境吸收了污染物质,一般出现以下几种变化:

1. 植物通过体内新陈代谢利用污染物 在低浓度条件下,植物吸收利用有些污染物质,超过一定浓度植物可能受到伤害。如少量的铬有利于植物生长,但过量的铬对植物有害。植物对富营养化(主要是氮和磷)水体进行净化,亦是利用植物的吸收作用原理。如香根草、茭白可净化富营养化水体,菹草和水花生对氮的净化效果显著,满江红净化磷效果较好,但浓度太高也会在植物体内富集。

2. 植物的富集作用 富集作用(enrichment)是指植物将吸收的物质积累在体内。通常,植物对某种特定的元素或化合物具有较强的富集作用,亦即对某种元素或化合物选择性吸收,如梾木具有富集钙的能力,其富集量可达到叶重的2%~4%。

越来越多的水生植物被用来净化水体,效果较为显著,显示出植物净化水体的广阔前景。如利用凤眼莲净化炼油废水、利用荇菜净化水体的镉污染。

植物对污染物的吸收富集随其器官不同而有一定差异。一些重金属元素如铅、砷、铬等在植物体内的移动较慢,因此根部含量较多,茎叶次之,其他部位较少;而硒由于比较活跃,在植物体内各个部分均有分布,但以叶片较多。因此,在利用各种植物净化水体时要注意植物不同器官积累的差异,以免造成二次污染。

3. 植物将其吸收的物质进行转化或转移 有些污染物进入植物体后,可被植物分解或转化为毒性较小的成分,这种植物对净化水体的作用将越来越重要。如有些有毒的金属元素进入植物体后与硫蛋白结合,形成金属硫蛋白,毒性显著降低;有些植物吸收苯酚等有机污染物后,将其完全分解,最后释放出CO_2。

尽管植物对水体污染具有不同程度的净化作用,但也应看到,植物在净化污染的过程中,特别是污染物浓度较高时,植物也表现受害症状,继续增加到一定限度时,植物将死亡。用污染水灌溉园林植物造成对土壤的污染,并直接影响植物生长,许多污染物能够抑制甚至破坏植物的生理生化活动,如镍、钴等元素能严重妨碍根系对铁的吸收,铅妨碍根系对磷的吸收,许多重金属能破坏酶的活性。因此,如何协调植物与环境中污染物浓度之间的关系,尚需深入研究。

五、城市其他环境因子

1. 城市交通、管网的影响 随着城市建设的发展,架空线路和地下管网等各种管线不断增多,城市交通立交桥、人行天桥和地下通道纵横分布,影响着城市植物根系和地上部枝叶的生长。因此,在城市栽植植物时,植物应与建筑物、道路和管网等保持合理的距离,为树木生长创造有利条件。

2. 人为和机械损伤 城市是人类的活动中心。在城市园林中,游人的践踏易使各种绿地的土壤板结而伤害植物。人为的建筑工程、不渗漏的街道地面铺装以及在植物附近铺设各种管道等,有时为了建筑管线的维修还需要大幅度地截干或断根,都会给植物带来极大的伤害。众多交通车辆也会伤及植物,主要是因为货车超高、超宽而碰伤碰断大枝干,常造成城市植物的损伤和变形,不仅影响生长,甚至造成死亡。

复习思考题

1. 简要说明影响园林植物生长发育的直接因子有哪些?

2. 温度对园林植物生长发育的影响主要表现在哪几个方面?

3. 根据植物在发育上要求的日照长度，可将园林植物分为哪几类？每类各列举 2 种植物。

4. 北方树种向南方移植时，哪些环境因子是主要影响因子?

5. 根据植物生长对水分需求量的不同，可将园林植物分为哪几类？每类各列举 2 种植物。

6. 影响植物生长发育的土壤因子主要有哪些?

7. 栀子花、杜鹃花等植物在向北方移植时，为保证成活，应当主要注意哪些环境因子的影响?

8. 南北向不同方位山坡的气候因子差异对园林植物的影响表现在哪些方面?

9. 城市土壤有什么特点?

第三章　园林植物的选择与生态配置

【本章提要】园林植物的选择和生态配置关系到园林绿化的质量及效应的发挥。本章介绍了园林植物选择的基本原则，植物特性与园林植物选择，适地适树的途径及方法，主要园林植物的选择；园林植物引种驯化的意义，引种驯化的原理、步骤、方法及注意问题；园林植物的种间关系，园林植物配置的原则、方式和基本手法，园林植物的景观应用。

园林植物的选择和生态配置是园林植物栽培养护课程的重要内容。选择合适的园林植物直接关系到园林绿化的质量及各种效应的发挥。选择得当，不仅可以大大提高绿化、美化效果，更可以节约建设投入与以后的管理养护费用。但如果选择不当，或引种不当，植物栽植成活率低，后期生长不良，不仅影响观赏特性的正常发挥，同时也难以发挥其保护环境和维持城市生态平衡的作用。正确选择或引种与立地条件相适应的园林植物后，必须对园林植物材料进行艺术的、科学的生态配置，才能创造出理想的园林效果。

第一节　园林植物的选择

植物在系统发育过程中，经过长期的自然选择，逐步适应了自己生存的环境条件，并把这种适应性遗传给后代，形成了它对环境条件有一定要求的特性——生态学特性。园林植物的选择，就是在考虑植物生态学特性的前提下，注重植物的观赏特性，最大限度地使栽培植物满足生态与观赏效应的需要，达到生态、经济和社会效益的统一。

一、园林植物选择的基本原则

园林植物的选择应满足栽培目的，应能够适应栽植地的立地条件，所选择的植物应来源广、成本低，繁殖和移栽较容易。在选择时应遵循功能性、适应性、经济性三条基本原则。

1. 功能性原则　园林植物的选择，首先要从园林绿地的性质和主要功能出发，所选择的植物应具备充分满足栽培目的的性状要求，不仅要给人以美的享受，更要符合提供最大生态功能的要求。要遵循多样统一性的园林美学原理，从充分发挥植物的生态价值、环境保护价值、保健休养价值、游览价值、文化娱乐价值、美学价值、社会公益价值、经济价值等方面综合考虑。在树形、色彩、线条、质地及比例上既要有一定的差异和变化，又要使它们之间保持一定的相似性、统一性，有重点、有秩序地对不同植物材料进行空间组织，在改善生态环境、提高居住质量的前提下，满足其多功能、多效益的目的。

2. 适应性原则 园林植物的选择，要遵循因地制宜、因时制宜、因树制宜的适应性原则。

(1) 因地制宜 因地制宜就是适地适树，使栽植植物种类（或品种）的生态学特性与栽植地的立地条件相适应。"地"是指植物所生存的环境因子的综合，它包括气候、地形、土壤、水文、生物因子等。"地"和"树"是矛盾统一的两个方面，它们之间的平衡是相对的、动态的，并且贯穿于植物生长的整个过程。达到适地适树要求，就是要使"地"和"树"之间的矛盾在植物生长的主要过程中达到平衡。不同绿地、景点，建筑物性质不同，其功能也不同，在植物配置时应与之相配。

(2) 因时制宜 因时制宜，就是指园林植物本身形态随时间推移不断发生的变化基本与环境中生态因子周期性变化相适应。因此，在选择园林植物时，既要考虑随时间不断变化的环境能影响植物的外部形态和内部结构，还要考虑植物生长发育的不同阶段对环境的改造和对环境的要求，坚持事物是变化发展和普遍联系的哲学观。

(3) 因树制宜 因树制宜是指园林植物的观赏特性千差万别，因此需要根据园林绿地的功能要求，利用植物的姿态、色彩、芳香、声响等观赏特性，构成观形、赏色、闻香、听声的景观效果。

3. 经济性原则 经济性原则体现在开源节流。在选择植物时，可以在满足美观、防护的前提下，尽可能地结合生产，如景观农业配置植物时，兼顾经济生产功能。在城镇绿化中，在重要的景观节点，可配置一些名贵树种，其余应尽可能大量使用乡土树种。同时，要考虑尽可能减少施工与养护成本，选择来源广、繁殖较容易、苗木价格低、移栽成活率高、养护费用较低的种类或品种。

二、植物特性与园林植物选择

在城市园林绿化建设中，按植物特性和园林布局要求，合理选择园林中各种植物，以发挥其功能。合理选择园林植物，除了掌握功能性、适应性和经济性原则外，还应注意植株尺度、根系特性、观赏特性及植物功能等植物特性。

1. 植株尺度 植株尺度一般是指植物达到壮龄时的植株大小。不同树种达到壮龄时树体的尺度有很大差别，因此植物选择必须在设计初期就考虑到其达到壮龄时植株的大小，否则若干年后植物就会超出设计时预留的空间，必须采取措施控制才能维持原来的景观效果。例如，过度生长的灌木，常因阻挡了窗户和景色而违背了设计初衷；植株过大可能会影响围栏、排水沟、人行道和铺路石，同时也会过度遮蔽其下层植物。

目前园林设计中一般趋向于初期密植，目的是很快达到绿化和美化效果，但过于密植的后果是植物之间极易发生竞争，需不断修剪以维持景观效果。因此密植时需要考虑植物现实的设计规格在空间尺度上与生长速度、树体大小随时间尺度动态消长的内在关系。

2. 根系特性 植物根系分为直根系和须根系，大部分双子叶植物都为直根系，而大部分单子叶植物都为须根系。不同植物根系的分布习性不同，例如白蜡、榆暴露在地表的根比栎类要多；浅根的大树易风倒，还会抬高表层土壤，造成对地表铺装与建筑物的破坏；柳、白杨、银槭等植物根系因扩展迅速而容易损害城市的地下设施，能穿过下水管道内的裂缝，并很快形成纤维状的大块根堵塞管道。在对屋顶花园、具有地下停车场的居住小区绿化、护坡绿化时，尤其应充分考虑所选植物根系的特性。

3. 观赏特性　观赏特性主要指园林植物的株形、叶、花、果实以及枝、干、树皮、根等的观赏特性。

株形是构景的基本因素之一。不同植物的株形主要由植物的遗传性决定，同时也受外界环境因素的影响，在园林植物养护中整形修剪起着决定性的作用。在绿化配置时，为了突出小地形的高耸感，可在小土丘上方种植长尖形树冠的树种，在山基栽植矮小扁圆形的树种，借助植物形体的对比来烘托土山的高耸之势。为了突出广场中心喷泉的高耸效果，可在其四周种植浑圆形的乔、灌木。为了与远景联系并取得呼应，可在广场后方的通道两旁种植树形高大的乔木，由此在强调主景的同时又引出新的层次。

对园林植物叶的观赏特性，一般着重于叶的大小、形状、质地、色彩等方面。一般而言，原产于热带湿润气候的植物，叶片较宽大，如芭蕉、椰子等；而产于寒冷干燥地区的植物，叶片较窄且多，如榆、槭等。不同形状和大小的叶片，具有不同的观赏特性。例如蒲葵、椰子等极富热带情调；大型掌状叶给人以素朴之感，大型羽状叶给人以轻快、洒脱之感。叶的质地不同，观赏效果也不同。革质叶片具有光影闪烁的效果；纸质、膜质叶片常给人以恬静之感；粗糙多毛的叶片，则富于自然情趣。叶片颜色也具有极大的观赏价值，包括绿色叶类、春色叶类、秋色叶类、常色叶类、双色叶类等。

园林植物的花朵有各种各样的形状和大小，在色彩上也是千变万化，这就形成了不同的观赏效果。如早春开放的白玉兰硕大洁白，有如白鸽群集枝头；初夏开放的珙桐、四照花，其苞片洁白轻柔，恰似鸽、蝶在风中轻轻飞舞；秋天盛开的小小桂花则带来了令人迷醉的甜香；冬天盛开的蜡梅和梅花，凌霜傲雪，不畏严寒，这使得人们更加坚定了等待春天温暖的信念。植物的花以其色、香、形的多样性，为植物的配置与造景提供了广阔的空间，如同一花期的几种树木配置在一起，可构成繁花似锦的景观。用多种不同花期的观花树种或同一树种不同花期的观花品种配置成丛，能获得从春到冬开花不断的景色。

许多园林植物的果实既具有很高的经济价值，又有突出的美化效果。园林中为了观赏目的而选择观果树种时，比较注重形与色两个方面。一般果实的形状以奇、巨、丰为准。“奇”指形状奇特有趣，如葫芦瓜、佛手等；“巨”指形较大，如柚子，或单果虽小而果穗较大，如接骨木；“丰”是就全树而言，均需有一定的数量才能发挥较好的观赏效果。果实的颜色有着更大的观赏意义，尤其是在秋季。果实呈红色者，如桃叶珊瑚、小檗类；果实呈黄色者，如银杏、梅、杏；果实呈蓝色者，如紫珠；果实呈黑色者，如小叶女贞、小蜡；果实呈白色者，如红瑞木、雪果等。

园林植物的主干、枝条的形状、树皮的结构、根的裸露，也是千姿百态，各具特色。在园林植物选择时，利用枝干的特点，可创造出许多不同的优美景观。另外，园林植物的露根也是国人自古以来的喜爱之一。在露根植物中，效果较为突出的树种有松、榆、楸树、榕树、蜡梅、山茶花、银杏、鼠李、广玉兰、落叶松等。

4. 植物功能　园林植物功能主要从环境美化与保护价值方面来考虑，绿色植物可以调节和改善区域小气候、净化空气、防止粉尘扩散和迁移、净化土壤和水体、减弱噪声、吸收放射性物质、杀死细菌、美化环境，以及对有害物质可起指示监测等作用。据研究，1hm^2桧柏林24h能够分泌60kg杀菌素，12m宽的二球悬铃木树冠可减少噪声3～5dB（A），1棵中等大的杨1d能蒸腾半吨水。不同植物的生态功能有很大差异，主要取决于树冠的大小、叶量的多少以及植物的生长与生产特点。厚实、有软毛、蜡质的叶能提高植物抗旱能力；大而稠密的叶能够提供良好的遮阴条件，并具有显著的降尘作用；常绿植物因冬季有叶片而具有更好的防风效果。

特别应注意的是，个别植物会释放污染大气的物质，如释放的一些易挥发的有机物容易导致臭氧和一氧化碳的生成。因此，在植物选择时应考虑其所释放的挥发物种类及其导致臭氧生成的潜力。据报道，木麻黄属、桉树属、枫香属、蓝果树属、悬铃木属、杨属、栎属、刺槐属和柳属植物的异戊二烯释放速率较高，是选择植物时必须考虑的一个方面。

三、适地适树的途径和方法

适地适树，就是指立地条件与树种特性相互适应，是园林植树的一项基本原则，是因地制宜的原则在选用树种时的具体化。

要做到适地适树，就必须充分了解“地”与“树”的特性，深入分析植物特性与立地因子的关系，尤其是要找出立地条件与植物生态要求的差异，选择最适宜的园林植物。一般包括了解栽植地区的气候条件、土壤条件等因素。适地适树可以通过下列途径实现：选树适地或选地适树，改地适树或改树适地，直接选取乡土树种。

1. 选树适地 选树适地就是根据园林的立地条件，选择适于生长的树种。基本点是必须充分了解“地”和“树”的特性，全面分析栽植地的立地条件，包括各种环境因子，尤其是极端限制因子；同时了解候选植物的生物学、生理学、生态学特性，以判断植物对特定环境的适应性及抗逆性。在选择给定绿化规划区的园林植物时，乡土植物应该是首选对象。同时，应注意选择当地的地带性植被组成种类以便于形成稳定的植物群落。

2. 选地适树 选地适树就是在充分调查了解植物生态学习性及立地条件的基础上，充分利用栽植地存在的生态梯度，选择适宜所选植物生长的特定小生境，即要求植物的生态位与立地环境相符。如对忌水的植物，可选择在地势相对较高、地下水位较低的地段栽植；对于南树北移、极低气温是限制因子的植物，可选择背风向阳的南坡或冬季主风向有天然屏障的地形处栽植。

3. 改地适树 改地适树就是遇到立地条件不能或不完全满足树种的要求时，需要采取技术措施，改善立地的不协调部分，使之达到“树”与“地”的统一。根据植物的要求改造立地环境，一般可通过施肥改变土壤 pH，客引土壤改变原土壤的持水通透性，改造地形降低或提高地下水位，增设灌排水设施调节水分，或与其他植物混交改变光照条件等措施。

应该指出的是，改地适树适用于小规模的绿地建设，除非是特别重要的景观，一般园林绿化项目不宜动用大量的投入来改地适树。因为可供选择的植物很多，必然能发现替代的植物从而减少不必要的投资。

4. 改树适地 改树适地是选树适地的延伸，属于育种改良的范畴，就是通过育种、选种、引种驯化等方法，改变树种的原有特性，增强某一方面的抗性，使之能够在原来不适于它生长的地方生长；或者引进外来植物，替代其他植物。如通过育种增强植物的耐寒性、耐旱性或抗盐性，以适应在寒冷、干旱或盐渍化的栽植地上生长。改树适地是一个漫长的过程，不是某一项园林工程可以实现的。

5. 应用乡土植物 乡土植物是起源于当地的植物。这类植物最适应当地的生境条件，其生理、遗传、形态特征与当地的自然条件相适应，具有较强的适应能力。更重要的是乡土植物能很好地显示地方特色，从而具有特殊的栽培价值。应用乡土植物更有利于在城市中创造自然或半自然的绿化景观。

四、主要园林植物的选择

1. 园林树木的选择 园林树木是园林绿地的主体植物，其配置方式有孤植、对植、丛植、聚植、群植、林植、散点植等各种形式。孤植主要表现树木的形体美，可以独立成景。适宜孤植的树种，一般需树体高大雄伟，树形优美，且寿命较长，或具有美丽的花、果、树皮或叶色。园林树木在构图轴线两侧栽植，互相呼应，称为对植。对称对植一般要求树种相同、大小相近的乔、灌木配置于中轴线两侧，如建筑大门两侧与大门中轴线等距栽植两株大小相同的雪松或桂花。非对称对植常用于自然式园林入口、桥头、假山登道、园中园入口两侧。丛植和聚植主要是发挥群体作用，在艺术上强调整体美，在景观上极具表现力。群植是由二三十株乃至数百株乔、灌木成群配置，可由单一树种组成，树下可用耐阴花卉如玉簪、萱草、金银花等作地被植物。也可由数个树种组成，形成乔木层、亚乔木层、灌木层、草本层等丰富的植物群落层次。林植是较大面积成片林状种植。工矿区的防护带、城市外围的绿化带及自然风景区的风景林等，常采用此种配置方式。在植物选择时，应注意林冠线的变化、疏林与密林的变化、林中树木的选择与搭配、群体内及群体与环境之间的关系，以及按照园林休憩游览的要求留有一定大小的林间空地等。散点植是以单株在一定面积上进行有节奏的散点种植，着重点与点之间有呼应的动态联系。

2. 园林花卉的选择 在园林绿地中，除了乔木、灌木的栽植和建筑、道路及必需的构筑物以外，还需种植一定量的花卉，使整个景观丰富多彩。花卉常被布置成花坛、花境、花丛、花台等，一些蔓性花卉还可装饰柱、廊、篱及棚架。花坛植物以生长缓慢的多年生植物为主，如五色苋、尖叶红叶苋等。观叶植物以耐修剪、枝叶细小、株丛紧密、萌蘖性强的为主。岩石园种植的材料以植株低矮、生长缓慢、生活期长以及耐瘠薄土质、抗性强的岩生植物为主。在植物配置时，将喜阳的矮小植物栽在阳面，喜阴及耐水湿的植物配置在水池近旁，在裸露的岩石缝隙间，配置多肉及垫状开花植物。适合篱、垣、棚架的植物包括各种木本和草本观花、观叶植物，其中部分种类是具有药用价值或滋补功能的果蔬类，常选用生长迅速的攀缘及蔓性植物，如爬山虎、紫藤等。

3. 地被植物的选择 地被植物是指覆盖在地表面的低矮植物，不仅包括多年生低矮草本植物，还有一些适应性较强的低矮、匍匐型灌木和藤本植物。在光照条件较好的绿地，宜选择阳性地被植物，如常夏石竹、半支莲、鸢尾、百里香、紫茉莉等。在建筑物密集的阴影处或郁闭度高的树丛下，一般选择阴性地被植物，如虎耳草、车前草、玉簪、金毛蕨、蛇莓、蝴蝶花、白及、桃叶珊瑚、砂仁等。在稀疏的林下、林缘处或其他阳光不足之处，一般选择半阴性地被植物，如诸葛菜、蔓长春花、石蒜、细叶麦冬、八角金盘、常春藤等。

此外，按照绿地的不同性质，地被植物的选择也有所区别。如各类公园中，在规则式布局中，选择的地被植物应是株形整齐一致、花序顶生或耐修剪的种类；在自然式环境中，可以选择一些植株高低错落、花色多样的品种。在街心绿地中为考虑交通安全，一般要求选用矮生植物，以不遮挡视线为宜。在医院、疗养院等绿地中，应考虑种植较大面积的地被，尤其对减少尘土、减少病菌传播、净化空气有特殊作用的植物。在自来水厂、精密仪器厂等的绿地中，应尽量考虑多种地被植物，覆盖裸露的地面。在工矿企业区，如噪声强烈的车间，地被宜适当高些，组成较密的树墙；在有污染的工厂内，要注意植物对有害气体的抵抗能力，如紫茉莉能抗二氧化硫、氯化氢，葱兰能抗氟化氢、氯化氢，狗牙根、野牛草、结缕草、鸢尾、地肤、石竹、凤仙、万寿菊等多种草本植物能抗二氧化硫等。在郊区公路旁的林荫道边，宜采用营养丰富而又耐踩踏的草类，如黑麦草、紫羊茅、白花三叶草等。

4. 攀缘植物的选择 我国攀缘植物种在世界攀缘植物种中占有较高的比例。在城市绿化中，攀缘植物用作垂直绿化材料，或室内布置，具有独特的作用。公共绿地或专用庭院，如果用观花、观果、观叶攀缘植物来装饰花架、花亭、花廊等，既丰富了园景，又为夏季遮阴纳凉提供场所。适于作墙面绿化的攀缘植物种类很多，常用的植物有扶芳藤、薜荔、凌霄、爬山虎、常春藤、美国地锦、青龙藤、络石等。阳台常用的木本攀缘植物有常春藤、七姊妹、葡萄、金银花、藤本月季、地锦、凌霄等；常用的草本攀缘植物有牵牛花、茑萝、扁豆、香豌豆等。常用的观赏性棚架攀缘植物有紫藤、猕猴桃、木香、凌霄、藤本蔷薇、葡萄、油麻藤、金银花、叶子花、茑萝、瓜类、牵牛花、扁豆等，同一棚架也可木本和草本攀缘植物混种，做到近期和远期结合，一年四季有季相变化。竹篱笆或金属网眼篱笆都可用攀缘植物来装饰美化。其中藤本月季、藤本蔷薇、云实、木香、金银花、常春藤等都是常用的木本攀缘植物，茑萝、牵牛花以及豆类、瓜类等是常见的一、二年生植物。围栏边可选用常绿开花多年生攀缘植物，如藤本蔷薇、金银花、常春藤、藤本三七等，同时也可选用一年生攀缘植物如牵牛花、茑萝等。攀缘植物是护坡绿化的好材料，在城市道路旁的陡坡上栽植藤本三七、爬山虎等覆盖表土或岩石，能起到良好的水土保持和美化作用。用攀缘植物装饰屋顶的花架、亭、廊等，最常用的是蔓性果木类如葡萄、猕猴桃等。覆盖屋顶的女儿墙，除可选用木香、藤本蔷薇、凌霄、紫藤等木本藤本植物外，还可选择种植扁豆、葫芦、红花菜豆、丝瓜、瓠瓜、牵牛花等草质藤本植物。

5. 观赏竹类的选择 竹类植物在古典园林和现代园林中都是造园的主要材料之一，经济实惠，见效迅速，具有经济、社会、生态三大效益，符合造园要求自然、纯朴的潮流。形态奇特、色彩鲜艳的竹种，如秆形、色泽互相匹配的竹种，能形成一种清静、幽雅的气氛。广阔的庭园，若创造竹径通幽、幽篁夹道、绿竹成荫、万秆参天的竹林景观，身置竹径，会产生一种深邃、雅静、优美的意境。在亭、台、轩、榭之旁用翠竹衬托，可使建筑物掩映在翠竹之中。在粉墙、漏窗之旁，可以翠竹衬托。竹类还常与假山、岩石相配，或在墙边、池畔、窗前、院中栽培，衬托全景。竹子作配景植物应用也相当广泛，如在两个景区之间用一小片竹林过渡，青翠掩映，别具韵味。

第二节 园林植物的引种驯化

一、引种驯化的意义

植物的引种驯化是通过人工栽培，使野生植物成为栽培植物、外地植物品种成为本地植物品种的技术经济活动。引种是从无到有的过程，驯化则是改造引进植物的习性并确保引种成功的过程。在植物引种过程中，由于植物异地而栽、异境而生，因此植物对新环境的适应程度是引种成败的关键。根据引种驯化的难易程度，可将引种分为简单引种和驯化引种两类。简单引种指引种栽培的植物，在新的栽培区能够正常生长发育，并能较好地发挥其效益；驯化引种则指植物异境栽培后，由于引入地的生态条件与原产地的差异太大，植物生长不正常甚至死亡，需要采取某些特殊的选育技术和栽培措施，逐步改变遗传性以适应新的环境，才能使其正常生长。

引种驯化是栽培植物起源与演化的基础，不仅可以丰富园林植物种类资源，改善现有植物组成及比例，使园林植物得以更好地发展，还可以提高园林景观的艺术性，并为当地创造更大的经济效益。从国外引种栽培的常见园林植物，如来自日本的五针松、日本樱花、北海道黄杨，来自印度的雪松，来自北美的刺槐、池杉、广玉兰、湿地松、火炬松，来自地中海地区的月桂、油橄榄等。此外，从全国各地的野生植物中发掘栽培了水杉、擎天树、桤木、金花茶等绿化观赏植物。虽然说，园林植物的发展史事实上是园林植物的引种史，但目前我国园林建设中的一个倾向却值得注意，就是人们热衷于从国外、外地引进新的植物种类和品种，却忽略了发掘与开发我国或本地的植物资源。我国的一些优良珍稀植物，如珙桐、连香树、领春木、香果树等在我国的园林中很少见到，但在欧洲却十分普遍，这值得园林工作者深思。

二、引种驯化的原理及注意问题

（一）引种驯化基本原理

引种驯化是建立在植物遗传变异性和生态环境矛盾统一的基础上，而被引种植物其原产地与引种地区生态条件的差异性以及引种材料的遗传适应范围决定了引种的可能性与成功性。引种驯化遵循遗传学原理和生态学原理。

1. 引种驯化的遗传学原理　引种驯化的遗传学原理在于植物对环境条件的适应性的大小及其遗传。如果引种植物的适应性较宽，环境条件的变化在植物适应性反应范围之内，就是简单引种。反之，就是驯化引种。引种驯化是建立在植物遗传变异与气候、土壤等自然生态因素矛盾统一的基础上，用公式可表示为：

$$P = G + E$$

式中，P——被引种植物的表现，既可指简单引种也可指驯化引种；

G——主要是指植物基因型差异导致的植物个体之间的表型差异；

E——原产地与引种地的生态环境差异导致的植物表型差异。

2. 引种驯化的生态学原理　引种地与原产地影响园林植物生长的主要因素应尽可能相似，以保证引种成功。首先要保证气候相似，要特别强调气候中的温度条件。植物引种成功的最大可能性在于原产地和新栽培区气候条件有相似的地方。其次要考虑生态相似性。以植物群落为代表的气候相似论，实质上是要求综合生态条件的相似性，是对现有植物分布区的补充和完善。园林植物大多露地栽培，其引种很大程度上受生态条件制约，尤其是主导因子、有害因子和限制因子的制约。因此在实践操作中，应尽量采取顺应自然的方式来引种和驯化。

（二）引种驯化应注意的问题

1. 避免盲目引种　盲目引种的结果必然导致引种失败，引种应有明确的目标，应坚持积极、慎重的原则，先少量试引，多点试验，再全面鉴定，逐步推广。引种选用的植物具有的优点应当是当地植物不可替代的，比本地园林植物种类或品种有更好的园林美化和绿化效果，或具有某些特殊的优良性状。

2. 注意园林植物的分布型 引种前必须综合考虑植物各方面的因素，考虑引种对象对新生境的适应性，避免仅从某个角度确定引种对象。各种植物都有其地理环境分布规律，有些种类拥有广阔的生态幅度，能适应各种不同的自然气候及土壤环境条件，在世界各地普遍分布，称为广布种或世界种，这些植物适应性强，容易引种成功，例如柿、槭、柽柳、绣线菊、忍冬等。有些植物仅局限于特殊环境，要求较为严格的生态条件，称为窄域种，如荷叶铁线蕨、珙桐、羊角槭等。在引种中，搞清植物种类或品种的原产地十分重要，同时了解其适应能力，是引种成功的前提，只有适地适种才能不带盲目性。

3. 注意园林植物的生长习性 园林植物引种中，有必要了解引种的园林植物对温度、湿度、光照、风力、土壤等环境因子的要求和适应性，对病虫、污染的抗性，休眠以及生长周期等习性。如了解植物的生存温度范围至关重要，如香樟在南方是良好的常绿树种，不适当北扩会造成死亡，是生存温度范围问题，北扩以后出现黄化病，则是土壤的原因。如紫薇、槭、绣线菊等在各类土壤中均能良好生长，柽柳、重阳木、黄栌、连翘、天人菊、金叶莸等能适应碱性土壤，而樟科、杜鹃花科植物及竹柏等比较适应在酸性土壤中生长。

4. 严格执行检疫制度 从区域外或境外引进种子、苗木和其他繁殖材料，必须防止危险性病、虫、杂草以及其他有害生物传入，必须根据国务院《植物检疫条例》的规定，严格执行检疫制度，事前办理引种检疫审批。

5. 选育要有可比性 引种可同时结合选育，这项工作要在大量群体中进行，而且要在相对一致的土壤及栽培条件下比较，选出观赏价值高、适应性强的种类或品种推广应用。

6. 加强栽培管理 对于引种驯化区的植物要加强栽培管理，为引种植物提供良好环境。在目前的技术及栽培条件下，可采用人工基质育苗，在人工控制条件下培植幼苗，逐渐过渡到露地栽培，提高引种的成功率。

三、引种驯化的步骤和方法

植物引种驯化主要是利用植物的适应性和变异性，人为扩大其分布区及栽植区的范围。要获得植物引种和驯化的成功，必须详细调查原产地与引种地区生态条件的相似性和差异性，充分了解被引入植物的栽培历史。通过选种育种，改变引种对象的遗传特性，使其适应新的生态条件，采取合理的措施使环境因子相对适合植物的要求。

（一）引种驯化的步骤

1. 准备阶段，调查引种的种类 园林植物种类繁多，广泛分布在世界各地。由于各个地区植物名称不统一，常有同名异物、同物异名的情况出现。因此，在引种前必须进行详细的调查研究，并加以准确的鉴定。同时，对野生植物应进行种内划分及考察它们的特征和特性，对栽培植物则要注意考察各品种及无性系的特征和特性，这样才能使引种工作获得事半功倍的效果。

2. 掌握引种所必需的资料 首先要掌握和了解园林植物生长地区的自然条件，如对原产地和引种地区的气候、土壤、地形等条件进行比较，以便采取措施，其中特别要注意气候条件。其次，要了解和熟悉园林植物生物学和生态学特性。每种植物都有其生长发育规律，并且不同的生长发育阶段对生态条件要求不同。因此，了解植物的特性和所需的环境条件，是保证引种成功的一个重要因素。最后，要了解园林植物的分布情况。自然分布区较广的植物适应性较强，在相互引种或野生变家栽时都比较容易成功；自然分布范围较窄的植物特别是热带性强的植物，要求温度条件比较严格，引种较难成功。

3. 制定引种计划　根据调查所掌握的材料和引种过程中存在的主要问题，如南树北移的越冬问题、北部高山植物的越夏问题、繁殖上的问题等，制定引种计划，提出解决上述问题的具体步骤和途径。

（二）引种驯化的方法

根据园林植物的特点，引种驯化的方法主要分为三种。

1. 顺应引种驯化　顺应引种驯化是指直接引进种子或无性系，在此基础上选择优良个体，进行栽培驯化。

（1）引进种子　由于植物有性繁殖所产生的种子变异性较大，同一植物种子所培育的苗木可能具有较大的个体差异，利用这种后代分离的特性可筛选优良的个体。在选优的基础上进一步通过集约栽培、定向培育以稳定植物的优良性状，强化其适应性，从而达到驯化的目的。

（2）引进无性系　无性繁殖可很好地保持母本的优良性状。引进无性系良种，通过扦插、嫁接、组培等无性繁殖方法获取大量的个体，并进一步驯化。

（3）种源选择　同种植物，由于长期生长在不同的环境条件下，其发育节律以及对生境的要求有一定的差异。植物引种驯化时，必须考虑和充分利用不同种源表现的差异性，通过种源试验确定最适宜的引种范围，从而提高引种效果。

2. 保护性引种驯化　保护性引种驯化又称小气候驯化法，是指选择小地形、小生境，使其更接近引进植物原产地生态条件的引种方法。人工改变栽培环境，主要是根据原产地与引种栽培区的环境差异，采取人为措施，如典型的南树北移，秋季可采取提早停止水肥等措施，强迫其休眠，提早进入硬化期，以适应北方低温，正常越冬。

3. 改造性引种驯化　改造性引种驯化是指通过人为的干扰，促使植物的生理生态习性在一定程度上发生变化，增加对某些条件的抗逆性和适应性，从而适应新的立地条件的技术措施。

（1）处理种苗　对种苗进行有目的的处理，如抗寒性、抗旱性、抗盐碱性锻炼，应用植物激素处理等，可提高植物抗逆性以适应新的立地环境。

（2）渐进引种　当引种区与原产地自然条件差异较大时，需要渐进引种，逐代迁移驯化。同时驯化与选择相结合，一方面不断地促使植物逐渐获得适于引进地生长发育的适应性，另一方面从分化的个体中选择优良的个体，促使引种成功。

（3）引种育种　当直接引种不成功或不能满足人们的需要时，需采取育种手段，改变植物的遗传性。引进原始材料，运用杂交育种、多倍体育种、突变育种、转基因育种等多种育种方法培育适于在引种地区生长的新类型和品种。

第三节　园林植物的生态配置及景观应用

园林植物配置就是将园林植物材料进行科学的、艺术的组合，以满足园林各种功能和审美的要求，创造出生机盎然的园林意境。园林植物的配置有其生物学、生态学和美学含义。在实际应用中不仅要根据生物学特性、美学原理来搭配植物，还应做到使群体中的个体处于适合其生长的环境，并使个体与个体之间、种群与种群之间相互协调、互益生存。只有根据植物的生理生态特点，在符合生态学原理的基础上合理配置，才能使不同植物在同一立地中良好生长，发挥应有功能，保持长期稳定的景观效果。

一、园林植物的种间关系

园林绿地的植物个体长时间处在相同的环境中，在它们的生长过程中不可避免地会产生相互影响，具体表现在不同植物的种间关系以及由此发生的种群间的相互调节，这是园林植物的生态配置主要考虑的问题。

（一）植物种间关系的实质及表现形式

植物种群之间发生的关系为种间关系，其实质是不同植物之间的一种生态关系。每个植物的个体与其周围的外界环境条件发生联系，同时它们又彼此以对方作为生态条件，以其自身的生长改变群落空间结构的同时，改变着周围的生态环境，通过对物质利用、分配和能量转换的形式对其他个体产生影响。

植物间的关系主要由不同种类的生态位决定，物种的生态位只有四种类型，即重叠、部分重叠、相切、分离。按照生态位原则，植物种间关系主要表现为竞争、共生和寄生三种形式。生态位接近的种很少能长期共存，而生态位重叠明显是引起资源利用竞争的一个条件。能长期生活在一起的物种，必然各自具有独立的生态位。如果两个种在同一个稳定群落中占据相同的生态位，其中一个种终究要被淘汰，如果各种群占据各自的生态位，则种群间可避免直接竞争。

（二）植物种间关系的作用方式

1. 生理生态作用方式 生理生态作用方式是指一种植物通过改变小气候和土壤等条件对另一种植物产生影响的作用方式。如生长迅速的植物可以较快地形成稠密的冠层，使群落内光量减少，对下层耐阴植物的生长有利，而对不适应低水平光照条件的阳性植物的生长产生不利影响。另外由于树冠迅速增长，可能在较短时间内占据更多的生长空间，造成对侧旁植物的遮挡，促使人工群落发生分化，结果影响原来的设计效果。生理生态作用方式是不同植物间相互作用的主要方式，也是当前选择搭配植物及混交比例的重要依据。

2. 生物化学作用方式 生物化学作用方式是指一种植物地上部分和地下部分在生命活动中向外界分泌或挥发某些化学物质，进而对相邻的其他植物产生影响的作用方式，称为生物的他感作用。

3. 机械作用方式 机械作用方式是指一种植物对另一种植物造成的物理性伤害，如根系的挤压、藤本或蔓生植物的缠绕和绞杀等。

4. 生物作用方式 生物作用方式是指不同植物通过授粉杂交、根系连生以及寄生等发生的一种种间关系。如某些植物根系连生后，强势植物夺走较弱植物的水分、养分，导致后者死亡。

二、园林植物的生态配置原则

1. 生态适应原则 生态适应是根本原则。每种植物都具有一定的生态学和生物学特性，其生长发育过程除受自身的遗传因素影响外，还与环境条件有着密切关系。同时，园林植物在长期的生长发育过程中，对环境条件的变化也产生各种不同的反应和适应性。植物的生态习性主要有耐寒（冷）性、耐旱性、耐热性、耐涝性、耐盐性、耐阴性、喜阳性、耐瘠薄性等。生长特性主要有速（慢）生性、生长节律、物候期、生长期等。因此，应根据生态习性和生长特性对园林植物进行合理考虑或搭配，创造理想的景观效果。

2. 种间相生原则 自然界中，生物的种间关系十分复杂，相生相克现象普遍存在。植物相生表现为种植在一起的植物相互促进，共同生长。如杨属与忍冬属，彼此间能友好共存；花楸与菩提树、槐与接骨木、白桦与松能彼此和平共处，共繁共荣。植物相克表现为一种植物的存在导致其他植物的生长受到限制甚至死亡，或者两者都受到抑制。如梨与桧柏，松与云杉，榆与栎、白桦，不能混植在一起。因此，在设计人工植物群落，种间组合进行植物配置与造景时，要区别哪些植物可“和平共处”，哪些植物“水火不容”，选择间作植物不仅要考虑它们之间通过小气候、土壤水分和养分等因子的相互影响，而且要注意它们之间可能存在的他感作用。

3. 空间分离原则 园林植物构成的空间包括平面空间和立面空间。空间构成主要反映在植物群落的垂直效果。根据植物的高低变化和地形的变化，产生空间层次上的变化，从而产生疏密相间、自由错落、步移景异的效果。就生物学特性而言，速生植物与慢生植物、高大乔木与低矮灌木、宽冠树与窄冠树、深根植物与浅根植物混交，从空间上可减少接触、降低竞争程度。在实际运用时，木本与草本、乔木与灌木及藤本、常绿树与落叶树都应按一定比例配置，从而形成一个种间协调、外貌优美、层次分明、季相丰富的植物群落。

4. 时间动态原则 绿地的植物配置应注重植物个体生长和时间的关系。首先，随着树龄增长，植物生长量增加、个体增大，需要的营养空间也增加，种间或不同的个体间的关系发生变化，主要表现在因受环境资源的限制而发生竞争。其次，种间关系因立地条件不同而表现不同的发展方向，如油松与元宝枫混植，在海拔较高处，油松生长速度超过元宝枫，它们可形成较稳定的群体；而在低海拔处，油松生长不及元宝枫，油松生长受抑制，油松因元宝枫树冠的遮蔽而不能获得足够的光照最终死亡。同时，园林植物群落并不一定是恒久稳定的，随着时间的推移，其本身可能发生波动或演替。在建造绿地时，要充分考虑植物间的配置关系的稳定性，否则，在人为经营管理不力或外力扰动的情况下，经过较长的时间后，可能会发生植物种间替代和群落类型的更迭。此外，植物种间关系也随采用的混交方式、混交比例、栽植及管护措施不同而不同，如有的植物行间和株间混交，其中一种植物会因处于被压状态而枯梢，失去观赏价值，但采用带状或块状混交，两种植物都能生长良好并构成比较稳定的群落。

三、园林植物的配置方式

园林植物的配置主要是指按植物生态习性和园林布局要求，合理配置园林中各种植物（乔木、灌木、花卉、草坪草和地被植物等），以发挥它们的功能作用和观赏特性。园林植物配置主要包括自然式配置和规则式配置两种方式。

（一）自然式配置

自然式配置是运用不同的植物，以自然方式进行配置，无轴线，强调变化，具有自然灵活、参差有序的特点和活泼、愉快、幽雅的自然情调。自然式配置的类型有孤植、丛植、群植、片植等。

1. 孤植 孤植是指单株树孤立种植，在整个园林植物配置中有时起到画龙点睛的效果。

孤植要根据空间选择树种，要求树种姿态优美，或具有美丽的花朵或果实。如雪松、金钱松、香樟、七叶树、白皮松、油松、南洋杉、玉兰、广玉兰、榕树等。

2. 丛植 丛植也叫树丛，是指3株以上同种或几种乔、灌木自然组合栽植在一起，这是园林中普遍应用的方式。构成树丛的植物株数由数株到十几株不等，以遮阳为主要目的的丛植全部由乔木组成，且植物单一；以观赏为主的丛植应以乔、灌木混交，并配置一定的宿根花卉，使它们在形态和色调上形成对比，构成群体美。丛植在公园及庭院中应用较多，可用作主景或配景。

3. 群植 群植通常是由十几至几十株植物按一定的构图方式混植，组成较大面积的人工林群体结构，其单元面积比丛植大，在园林绿地中可作主景、背景之用。

4. 片植 片植也称林植或纯林、混交林，是由单一树种或两个以上树种大量成片栽植（上百棵）。如中国传统园林中的竹林、梅林、松林等。

（二）规则式配置

规则式配置是指有中轴线的前后、左右对称栽植。规则式配置要求按一定株行距栽植，以强调整齐、对称或构成多种几何图形，体现严肃整齐的效果，有对植、行列植等种植类型。

1. 对植 对植一般指用两株或两丛树，按照一定的轴线关系，有所呼应地种植，强调一种均衡的协调关系。对植包括对称对植和非对称对植两种类型。对植主要用于公园、道路、广场、建筑的出入口，左右对称、相互呼应，在构图上形成配景或夹景，以增强透视的纵深感。对植的植物要求外形整齐美观，严格选择规格一致的植物，可用两种以上的植物对植，但相对应的植物应为同种、同规格。

2. 行列植 行列植指将乔、灌木按一定株行距成行成排种植，在景观上形成整齐、单纯、统一的效果，突出植物的整齐之美。行列植可以是一种植物，也可以是多种植物搭配。行列植是园林绿地中应用最多的基本栽植形式，如行道树、防护林带、风景林带、树篱等。

四、园林植物配置的基本手法

在园林空间中，无论是以植物为主景，或植物与其他园林要素共同构成主景，在植物种类的选择、数量的确定、位置的安排和方式的采取上都应强调主体，做到主次分明，以表现园林空间景观的特色和风格。

1. 主次分明 一个空间、一个群落由多种植物组成，它们在数量和体量上不能完全一致，如紫竹院的柳—圆柏、黄杨球—砂地柏群落。

2. 四季景色有季相变化，突出一季，兼顾三季 植物的干、叶、花、果色彩十分丰富。在同一个植物空间内，一般以体现一季或两季的季相效果为主。需要采用不同花期的花木分层配置，以延长花期；或将不同花期的花木和显示一季季相的花木混栽；或用草本花卉（特别是宿根花卉）弥补木本花卉花期较短的缺陷。

3. 合理应用植物材料围合空间 根据地形、地貌条件，利用植物进行空间划分，创造出某一景观或特殊的环境气氛。植物配置在平面构图上的林缘线和在立面构图上的林冠线的设计，是实现园林空间围合的必要手段。相同面积的地块经过林缘线设计，可以划分成或大或小的植物形成的空间。通过林冠线设计，可以组织丰富多彩的立体轮廓线，也可根据人体的高度，创造开敞或封闭的植物空间。

4. 起伏和韵律　道路两旁和狭长地带的植物配置，要注意纵向的立体轮廓线和空间变换，做到高低搭配，有起有伏，产生节奏感和韵律感，避免布局呆板。

5. 利用透视变形、几何学和视错觉原理进行植物配置　如果景深不够，可以利用透视变形来加深景深。利用植物改造地形或强化地形，减少土方工程费用。如一个比较平坦的大草坪，感觉上是凹下的，可以适当做凸地形，为克服景观的单调，宜以乔木、灌木、花卉、地被植物进行多层次配置。

五、园林植物的景观应用

植物是园林景观营造的主要素材，园林绿化能否达到实用、经济、美观的效果，在很大程度上取决于对园林植物的选择和配置。

1. 组织造景

(1) 构成景物　园林植物本身具有独特的姿态、色彩和风韵，不同的园林植物形态各异、变化万千，既可孤植以展示个体美，又能按照一定的构图方式配置，表现植物群体美，还可根据各自生态习性，合理安排，营造出乔、灌、草结合的群落景观。

(2) 配合景物　在园林绿地系统中，植物的作用是为主体景物服务，如运用植物形成背景、夹景、框景、漏景等，可以衬托主景，使园林的形态、色彩更醒目突出。

(3) 联系景物　为缓和景物与景物间或景物与环境间机械、生硬的对比，利用植物在形状、色彩、地位和功能上的差异，使不同景物之间产生联系、获得协调，在视觉上形成良好的过渡。如利用行道树将城市街道景观有机地串联、统一起来，构成和谐的整体。

2. 调节空间　植物本身是一个三维实体，是园林景观营造中组成空间结构的主要成分。利用植物的体态、高矮、色彩，配置疏密、多寡各异的组合形式，创造开敞与闭锁、幽深与宽阔、覆盖与通透等空间格局。造园中运用植物组合来划分空间，形成不同的景区和景点，往往是根据空间的大小，树木的种类、姿态、数量及配置方式来组织空间景观。

3. 表现时序景观　园林植物随着季节变化表现出不同的季相特征，春季繁花似锦，夏季绿树成荫，秋季硕果累累，冬季枝干遒劲。这种盛衰荣枯的生命节律，为创造园林四时演替的时序景观提供了条件。可以通过植物生长的季相变化，将不同花期的植物搭配种植，使得同一地点在不同时期产生季节演替与时间变化的效果。四季演替使植物呈现不同的季相，而将植物的不同季相应用到园林艺术中，就构成四时演替的时序景观。

4. 形成地域景观特色　根据环境气候条件选择适合的植物种类，营造具有地方特色的景观。各地在漫长的植物栽培和应用观赏中形成了具有地方特色的植物景观，并与当地的文化融为一体，甚至有些植物材料逐渐演化为一个国家或地区的象征。如日本把樱花作为国花，大量种植，樱花烂漫季节，场面十分壮观。又如北京的国槐和侧柏，云南大理的山茶花，都具有浓郁的地方特色。

5. 利用园林植物进行意境创作　利用园林植物进行意境创作是中国传统园林的典型造景风格和宝贵的文化遗产。在园林景观创造中可借助植物抒发情怀，寓情于景，情景交融。如“岁寒三友”的松、梅、竹，具有坚贞不屈、高风亮节的品格。又如“王者之香”的国兰，叶姿飘逸，清香淡雅，植于庭院一角，意境高雅。

复习思考题

1. 园林植物选择应遵循哪些原则和要求？你所在地区园林植物可以选择哪些种类？
2. 什么是适地适树？适地适树有哪些途径？如何做到适地适树？
3. 园林植物引种驯化有何意义？引种驯化应注意哪些问题？
4. 简述引种驯化的原理、步骤及方法。
5. 如何根据园林植物的种间关系确定混栽植物种类？
6. 园林植物生态配置应遵循哪些原则和要求？
7. 简述园林植物配置的方式和基本手法。

第二篇

园林植物栽培

第四章　园林树木的栽植

【本章提要】园林树木栽植是绿化建设的重要环节。本章主要介绍园林树木栽植的概念及原理，栽植季节，栽植技术，提高树木成活率的技术措施，成活期的养护管理，大树移栽技术。

园林树木是栽植工程和绿化工程的重要组成部分，是按照正式的园林设计及一定的计划，完成某一地区全部或局部的植树绿化任务。在苗圃管理中，由于苗木移植和引进苗木，栽植也是一项重要的工作。栽植工作看似简单，但是在不同地区、不同环境、不同季节以及针对不同树种、不同规格苗木，采取规范、科学的栽植方法和技术是保证树木成活和良好生长的基本条件。

树木栽植不能看作简单的挖坑种树过程，而是要充分认识苗木挖掘运输过程中的生理变化和基本需求，了解树木栽植后地下地上环境对树木成活的影响，了解不同树种的生根难易程度和对环境的要求，了解树木水分生理机制的变化，了解树木成活的基本条件，从而确立正确栽植方案，取得良好的栽植效果。

第一节　园林树木栽植的概念及原理

一、栽植的概念

栽植（planting）可以从狭义和广义两个角度来理解。狭义地讲，栽植往往仅理解为树木的种植，即把树木栽入树穴这样一道工序。广义地讲，园林树木的栽植，绝不可以简单地理解为种植，而是一个系统的、动态的操作过程。在园林绿化工程中，树木栽植更多地表现为移植。一般情况下，栽植包括起挖、装运和定植三个环节。将要移植的树木，从生长地连根（裸根或带土团）掘起的操作，叫起挖（俗称起树）；将起出的树木运到栽植地点的过程，叫装运；按规范要求将树体栽入目的地树穴内的操作，叫定植。如果树木起运到目的地后，因诸多原因不能及时定植，需做假植，即将树木根系用湿润土壤进行临时性的埋植。

栽植分为裸根栽植和带土栽植。裸根栽植为根部不带土的直接栽植，多用于落叶乔木和灌木，带土栽植多用于常绿树种和紫薇、水杉等落叶树种。

二、园林树木的栽植原理

（一）栽植苗木的状态变化

园林树木在栽植过程中可能发生一系列对树体的损伤：①根部在起挖过程中所受的损伤

严重，特别是根系先端具吸水和吸收养分功能的主要须根的大量丧失，使得根系不能再满足地上部枝叶蒸腾所需的大量水分供给；②根系被挖离原生长地后，原有供水机制不复存在，处于易干燥状态，树体内的水分由茎叶移向根部，当茎叶水分损失超越生理补偿点后，即干枯、脱落，芽亦干缩；③根的再生能力依赖消耗树干及树冠下部枝叶中的储存物质，造成树体物质与水分的消耗；④树木在挖掘、运输和定植过程中，为便于操作及日后的养护管理，提高栽植成活率，通常要对树冠进行程度不等的修剪。这些对树体的伤害直接影响了树木栽植的成活率和植后的生长发育。

（二）树木栽植的原理

要确保栽植树木成活并正常生长，应对树木栽植的原理有所了解，要遵循树体生长发育的规律，选择适宜的树木种类，掌握适宜的栽植时期，采取适宜的栽植方法，提供相应的栽植条件和管护措施，特别关注树体水分代谢的平衡，协调树体地上部和地下部的生长发育矛盾，促进根系的再生和树体生理代谢功能的恢复，使树体尽早尽好地表现出根壮树旺、枝繁叶茂、花果丰硕的蓬勃生机，圆满达到园林设计所要求的生态指标和景观效果。

树木栽植的原理就是提高树木成活率的原理，其核心内容就是促进树木尽快生根和生根前保持树木的鲜活状态。促进树木快速生根是树木栽植成活的关键因素，只有树木产生新根后，树体上下才能贯通，营养和水分才能得到有效补充，特别是水分的补充。否则由于水分平衡长时间得不到恢复，所栽树木会严重失水、抽干甚至死亡。树木的生根能力因种类不同而迥异，如国槐、杨、柳等树种的生根能力强，可在较短时期形成新根，水杉、银杏、杜仲等树种生根则需要较长时间。对于生根困难的树种，则需要较长时间保持树木的鲜活状态，不至于使树木在生根之前已经严重脱水或干死。因此减少蒸腾和防止脱水同样是树木栽植的关键环节。

树木生根需要适宜的环境因子，其中温度和土壤透气性是关键因子。多数树种生根的最适宜温度为15～25℃，然而很多树种都有其生根的最低温度，如杨在7℃左右开始生根。一般发芽早的树种要求温度低，发芽萌动晚的树种及常绿树种要求温度高。树木生根需要有氧环境，以保证其正常的呼吸。积水导致的厌氧环境常使根系腐烂，严重影响树木生根和树木成活。在实际生产中一些树木往往不是旱死的，而是浇水浇死的。因此栽植过程中，合适的土壤含水量和较高的地上湿度十分关键。

（三）树木栽植的基本原则

1. 适树适栽　适树适栽就是对不同的树种采取适宜的栽植方法，这是园林树木栽植的一个重要原则，因此，首先必须了解规划设计树种的生理生态习性，以便有针对性地调整栽植方法与技术。例如，同时运入场地的苗木，常绿树种由于多采用全冠栽植，相对于没有发芽的落叶树种其蒸腾量相对较大，可集中人力先行栽植常绿树种。常绿树种中，同样条件下常绿阔叶树种先于针叶树种栽植较好。裸根的落叶树种，根系的耐晒和抗风能力也截然不同。水杉等新根纤细的树种，根系在太阳下暴晒半小时以上就会影响成活率；而泡桐等肉质根树种，在太阳下暴晒1d都不致影响成活。因此，新根纤细脆弱的树种宜先行栽植。

调查结果表明，国槐、栾树、暴马丁香等树种的根系再生能力较强，雪松、玉兰等树种的根系再生能力一般，而银杏、小叶朴等树种的根系再生能力较弱（李芳、张宝鑫，2007）。雪松、玉兰、银杏、水杉等根系再生能力不强的树种栽植时应适当扩大栽植穴，增强土壤的透气性，做好较长时期保持苗木鲜活状态和防止脱水的准备，同时采取生根剂促根等措施，提早生根。

不同树种的耐水湿能力不同，雪松、广玉兰、桃等耐水湿能力差的树种栽植时不宜太深，同时要选择土质疏松的土壤。

2. 适时适栽　传统的树木栽植提倡在树木的休眠期进行，这一时期各项生理活动为微弱状态，营养物质消耗最少，对外界环境条件的变化不敏感，蒸腾强度低，对树木的损伤较小，而对不良环境的抵抗力强，也是环境条件最利于栽植成活且所花费的人力物力较少的时期。最适宜的植树季节为早春和晚秋，即树木落叶后开始进入休眠至土壤冻结前，以及树木萌芽前刚开始生命活动的时候。这两个时期内，树木对水分和养分的需要量不大，而且树木本身体内存有大量的营养物质，又有一定的生命活动能力，有利于伤口的愈合和新根的再生，所以这两个时期栽植成活率最高。至于春季还是秋季更合适，则要根据不同树种和不同地区条件而定。

园林树木栽植原则上应根据各种树木的不同生长特性和栽植地区的特定气候条件而决定。一般来说，落叶植物多在秋季落叶后或春季萌芽前栽植，因为此期树体处于休眠状态，生理代谢活动滞缓，水分蒸腾较少且体内储藏营养丰富，受伤根系易于恢复，移植成活率高。常绿植物栽植，在南方冬暖地区多行秋植，或于新梢停止生长期进行；冬季严寒地区，易因秋季干旱造成“抽条”而不能顺利越冬，故以芽萌发前春植为宜；春旱严重地区可行雨季栽植。

（1）春季栽植　从植物生理活动规律来讲，春季是树体结束休眠开始生长的发育时期，且多数地区土壤水分较充足，是我国大部分地区的主要植树季节。我国的植树节定为3月12日，虽缘于对孙中山先生的纪念，但其重要的依据仍出于对自然规律的尊重，照顾到全国的气候特点。树木根系的生理复苏在早春即率先开始，因此春植符合树木先长根、后发枝叶的物候顺序，有利于水分代谢的平衡。特别是在冬季严寒地区或对那些在当地不甚耐寒的植物，更以春植为妥，并可免去越冬防寒之劳。秋旱风大地区，常绿植物也宜春植，但在时间上可稍推迟。具肉质根的植物，如山茱萸、木兰、鹅掌楸等，根系易遭低温伤冻，也以春植为好。

春季各项工作繁忙，劳力紧张，要预先根据植物春季萌芽习性和不同栽植地域土壤化冻时期，利用冬闲做好计划，并可进行挖穴、施基肥、土壤改良等先期工作，既合理利用劳力又收到熟化土壤的良效。植物萌芽以落叶松、银芽柳等最早，柳、桃、梅等次之，榆、槐、栎、枣等较迟。土壤化冻时期与气候因素、立地条件和土壤质地有关。落叶植物春植宜早，土壤一化冻即可开始进行。

华北地区园林树木的春季栽植，多在3月上中旬至4月中下旬进行。华东地区落叶植物的春季栽植，以2月中旬至3月下旬为佳。

（2）秋季栽植　在气候比较温暖的南方地区，以秋季栽植更适宜。此期，树体落叶后进入生理性休眠，对水分的需求量减少，而外界的气温还未显著下降，地温也比较高，树体根部尚未完全休眠，移植时被切断的根系能够尽早愈合，并可有新根长出。翌春，这批新根即能迅速生长，有效增进树体的水分吸收功能，有利于树体地上部枝芽的生长恢复。

华东地区秋植，可延至11月上旬至12月中下旬；而早春开花的植物，则应在11月之前种植；常绿阔叶树和竹类植物，应提早至9～10月栽植；针叶树虽在春、秋两季都可以栽植，但以秋植为好。华北地区秋植适用于耐寒、耐旱的植物，目前多用大规格苗木进行栽植，以增强树体越冬能力。东北和西北北部等冬季严寒地区，秋植宜在树体落叶后至土地封冻前进行；另外，该地区尚有冬季带冻土球移植大树的做法，在加拿大、日本北部等冬季严寒地区，亦常用此法栽植，成活率亦较高。

（3）雨季（夏季）栽植　受印度洋干湿季风影响，有明显旱、雨季之分的西南地区，以雨季栽植为好。雨季如果处在高温月份，由于阴晴相间，短期高温、强光也易使新植树木水分代谢失调，故要掌握当地雨季的降雨规律和当年降雨情况，抓住连续阴雨时期的有利时机栽植。江南地区亦有利用6～7月梅雨期连续阴雨的气候特点进行夏季栽植的经验，只要注意防涝排水的措施，即可收到事半功倍的效果。

在科技发达的今天，树木的终年栽植已成为可能，只要遵循树木栽植的原理，采取妥善、恰当的保护措施，以消除不利因素的影响，提高栽植成活率是可以做到的。但现在许多地区常采用的反季节、全天候栽植做法却不应提倡，因为一方面会增加不必要的投入，另一方面如能科学合理地做好作业计划，可以完全避免这类反常规活动。

3. 适法适栽　园林树木的栽植方法，根据植物的生长特性、树体的生长发育状态、树木栽植时期以及栽植地点的环境条件等，可分别采用裸根栽植和带土球栽植。

（1）裸根栽植　裸根栽植多用于常绿树种小苗及大多数落叶树种。裸根栽植的关键是保护好根系的完整性，骨干根不可太长，侧根、须根尽量多带。从掘苗到栽植期间，务必保持根部湿润，防止根系失水干枯。根系打浆是常用的保护方式之一，可提高移栽成活率20%以上。浆水配比为：过磷酸钙1kg＋细黄土7.5kg＋水40kg，搅成糨糊状。为提高移栽成活率，运输过程中可采用湿草覆盖等措施，以防根系风干。

（2）带土球栽植　常绿树种及某些裸根栽植难以成活的落叶树种，如板栗、山核桃、七叶树、玉兰等，多带土球移植；大树移植和生长季栽植，亦要求带土球进行，以提高树木移植成活率。

如运输距离较近，可简化土球包扎方法，只要土球标准、大小适度，在搬运过程中不致散裂即可。如黄杨类等须根多而密的灌木植物，在土球较小时不行包扎也不易散裂。对直径在30cm以下的小土球，可采用束草或塑料布简易包扎，栽植时拆除即可。如土球较大，使用蒲包包扎时，只需稀疏捆扎蒲包，但栽植时需剪断草绳、撤出蒲包物料，以使根系与土壤接通，利于水分和无机养分的吸收，并促进新根萌发。如用草绳密缚，土球落穴后，也以剪断绳缚为宜，以利根系透气，恢复生长。

4. 适地适栽　适地适栽就是要根据不同的栽培场所环境和气温状况，采取合理的栽植方法。例如，盐碱化程度高的场地，就要在排盐洗盐工程的基础上，在栽植沟加入适量的有机肥；高寒地区秋季栽植后，要在树干周围壅土堆并加盖地膜，使根系在冬季处于冻土层以下，保证树木根系周围的水分不致结冰，有利于树木对水分的吸收，提高成活率和防止抽条。

第二节　园林树木的栽植季节

适宜的植树季节就是树木所处物候状况和环境条件最有利其成活而所花费的人力物力较少的时期。植树季节取决于树木的种类、生长状态和外界环境条件。确定植树时期的基本原则是尽量减少栽植对树木正常生长的影响。

根据栽植成活的原理，应选择外界环境最有利于水分供应和树木本身生命活动最弱、消耗养分最少、水分蒸腾最小的时期，这一时期为植树的最好季节。

一、不同季节栽植的特点

1. 春季栽植　春季栽植是指自春天土壤化冻后至树木发芽前进行栽植。此时树木仍处于休眠期，蒸发量小，消耗水分少，栽植后容易达到地上、地下部分的生理平衡。此时多数地区土壤处于化冻返浆期，水分充足，而且土壤已化冻，便于掘苗和刨坑。

2. 秋季栽植　秋季栽植是指树木落叶后至土壤封冻前进行栽植。此时树木已经进入休眠期，生理代谢转弱，消耗营养物质少，有利于维持生理平衡。

3. 夏季栽植　夏季栽植只适合于某些地区和某些常绿植物，主要用于山区小苗造林，特别是春旱、秋冬干旱、夏季为雨季且较长的西南地区。

4. 冬季栽植　在冬季土壤基本不冻结的华南、华中和华东等地区，可以冬季栽植。

掌握各个季节栽植的优缺点就能根据各地条件因地、因植物制宜，恰当地安排施工时间和施工进度。

二、不同地区的栽植季节

1. 华南地区　华南地区冬季虽然仍受西伯利亚冷空气南下的影响，但持续时间较短，南部（如广州市等）没有气候学的冬季，仅个别年份极端最低温度可达到0℃。年降水量丰富，主要集中在春夏季，秋冬季最少。春栽需相应提早，2月即全面开展植树工作。由于有秋旱，故秋栽应晚些。由于冬季土壤不冻结，也可冬栽，从1月就可开始栽植深根性的常绿树种。

2. 西南地区　西南地区主要受印度洋季风影响，有明显的干、湿季，冬春为旱季，夏季为雨季。由于冬春干旱，土壤水分不足，气候温暖且蒸发量大，春栽往往成活率不高。其中落叶树可以春栽，但宜尽早并有充分的灌水条件。夏秋为雨季且较长，由于本区域海拔较高，不炎热，栽植成活率较高。常绿树在雨季栽植为宜。

3. 华中、华东地区　华中、华东地区冬季不长，土壤基本不冻结，除夏季酷热干旱外，其他季雨量较多，有梅雨季，空气湿度大。除干热的夏季以外，其他季节均可栽植。春栽可于寒冬腊月过后，树木萌芽前进行，主要集中在2月上旬至3月中下旬。多数落叶树宜早春栽，至少应在萌芽前半个月栽。但对早春开花的梅花、玉兰等为不影响开花，则应于花后栽。对部分常绿阔叶树种，如香樟、柑橘、广玉兰、枇杷、桂花等宜晚春栽。

秋栽时间是10月中旬至11月中下旬，有时可延迟至12月上旬。此时气候凉爽，同时树木地上部分多停止生长，并逐渐进入休眠，水分蒸腾小，而地温尚高，有利于栽后恢复生长。

4. 华北大部与西北南部地区　华北大部与西北南部地区冬季时间较长，有2～3个月的土壤封冻期，且少雪多风，春季尤其多风，空气较干燥。虽雨水集中在夏秋，但土壤为壤土，且多深厚，储水较多，春季土壤水分状况仍较好。

本区域大部分地区和多数树种仍以春栽为主，有些树种也可雨季栽和秋栽。春栽从土壤化冻返浆至树木发芽前，时间在3月中旬至4月中下旬。

针对春季气温回暖较快的情况，多数树种以土壤化冻后早栽为好。若2月提前栽植，土壤还未化冻，栽后可在树盘覆地膜保暖，可使生根困难或生根慢的树种有较长的适宜生根时期。

本区域秋冬时节，雨季过后土壤水分状况较好，气温下降。原产本区域的耐寒落叶树种，如杨、柳、槐、香椿、臭椿以及须根少而翌年春季生长开花旺盛的牡丹等以秋栽为宜，即落叶至土壤封冻前，10月下旬至12月上旬栽植为宜。

5. 东北大部和西北北部、华北北部地区　东北大部和西北北部、华北北部地区因纬度较高，冬季严寒，故以春栽为好，成活率较高，可免防寒之劳。春栽时期以当地土壤刚化冻，尽早栽植为佳，于4月上旬至下旬（清明至谷雨）前后。陕西、甘肃等省份的中南部秋季栽植近几年也趋常态化，效果良好。寒冷区域秋季栽植需采取壅土堆、覆盖地膜和树干保暖等防寒措施。

三、反季节栽植

反季节栽植一般是指不在常规植树的季节内植树，反季节栽植多在6～9月进行。这一时期是树木旺盛生长的时期，存在气温高、蒸腾量大、水分平衡严重失调等问题，栽植成活十分困难。因此反季节栽植需要从挖掘、起运、修剪、栽植、养护管理等环节采取积极有效的措施和特殊处理，才能保证树木成活。所以反季节栽植要求系统的技术支撑和高昂的成本。

反季节植树多出现在重点或重大工程中，为了赶工期或提前竣工不得已而为之。在反季节栽植技术中，加大土球、重修剪、降温和增加空气湿度、促进生根等措施是其核心内容。这些技术也常应用在大树移植中，以提高大树移植成活率。

第三节　园林树木的栽植技术

一、栽植前的准备

园林树木栽植是一项时效性很强的系统工程，栽植前期的准备工作也是极其重要的环节，直接影响到栽植进度和质量，影响到树木的栽植成活率及其后的树体生长发育，必须认真做好准备工作。

（一）核实苗木，准备设施

拿到项目或接受栽植任务后，必须及时解读种植设计图，核对任务苗木，以便更好地制定栽植计划。核对任务苗木后要重点考虑以下问题：①对不适合当地环境的有争议的树种应及时与甲方和设计方沟通，尽早调整和完善；②调查当地苗源，当地没有苗源的树种，提前制定购苗预案；③提前预订和选定苗木，确保不延误工程进度；④根据发芽早晚和生根难易程度，确定栽植苗木的批次、进苗计划和人力安排，生根较难的可考虑秋末冬初栽植，发芽早的早栽，发芽晚的可晚栽，以便合理调度人力。

根据任务苗木的具体情况，完善施工组织设计，做好技术交底工作，并针对其中的技术难点和特殊的技术环节，进行必要的技术培训，为提高栽植质量做好技术准备。此外，根据任务苗木的规格和数量，初估工程规模，及时准备好与之相配套的栽植工具与材料，如整理挖掘树穴用的锹、镐，修剪根冠用的剪、锯，短途转运用的杠、绳，树穴换土用的筐、车，树木定植时加土夯实用的冲棍，埋设树桩用的桩、锤，浇水用的水管、水车，吊装树木用的车辆、设备装置，包裹树体以防蒸腾或防寒用的稻草、草绳等，以及栽植用土、树穴底肥、灌溉用水等材料的充分准备，保证迅速有效地完成树木栽植计划。

（二）地形和土壤准备

1. 地形准备　依据设计图纸进行种植现场的地形处理，为栽植工作做好准备，以免苗木进入场地后因地形处理未完成而贻误栽植时期。在地形准备的同时，要考察各区域给排水是否合理，特别是对排水不畅易出现渍涝的区域，结合地形准备及时修正和调整。对隐蔽的地下建筑垃圾应及时清理和客土回填。

2. 土壤准备 土壤是树木生长第一环境要素，良好的土壤结构和土壤肥力、合适的土壤酸碱度是树木生长所必需的。一些绿化用地由于建设后的建筑垃圾、堆灰场残迹等没有清理彻底或被表土覆盖隐蔽，其贫瘠的环境及石灰和盐分所造成的高碱度将严重影响树木成活，或者树木根本无法成活，必须彻底清理和及时换土。即使那些不十分严重而没有换土的垃圾环境，也要通过添加有机肥或化学处理使其酸碱度达到栽树的要求。如果施工场地属于盐碱化程度高的地区，不但要考虑排盐洗盐工程措施，栽植坑内的土壤改良也是必要的。总之，栽植前对土壤进行测试分析，明确栽植地点的土壤特性是否符合栽植植物的要求，是否需要采用适当的改良措施都是十分必要的。

（三）定点放线，树穴开挖

1. 定点放线 依据施工图进行定点测量放线，是确保栽植后景观效果的基础。放线要注意两个方面：①放线要定位准确，规则式栽植可通过皮尺在控制线上准确定点，自然式栽植则要参照网格线准确把握前后左右的距离；②放线不仅示意栽树的中心位置，最好同时标记栽植坑的大小，这样才能监督和把控挖坑的质量。一般以十字线标记栽植中心，以特定大小的圆圈标记栽植坑的规格。对设计图纸上无精确定植点的树木栽植，特别是树丛、树群，可先画出栽植范围，具体定植位置可根据设计思想、树体规格和场地现状等综合考虑确定。一般情况下，以树冠长大后株间发育互不干扰、能完美表达设计景观效果为原则。

乔、灌木栽植位置距各种市政管线及设施的距离应符合表 4-1 的规定。

表 4-1 树木距地下管线外缘最小水平距离（m）

名　称	新植乔木	现状乔木	灌木或绿篱
电力电缆	1.50	3.50	0.50
通信电缆	1.50	3.50	0.50
给水管	1.50	2.00	—
排水管	1.50	3.00	—
排水盲沟	1.00	3.00	—
消防龙头	1.20	2.00	1.20
煤气管道（低中压）	3.00	1.00	
热力管	2.00	5.00	2.00
测量水准点	2.00	2.00	1.00
地上杆柱	2.00	2.0	—
挡土墙	1.00	3.00	0.50
楼房	5.00	5.00	1.50
平房	2.00	5.00	—
围墙（高度小于 2m）	2.00	0.75	
排水明沟	1.00	1.00	0.50

注：乔木与地下管线的距离是指乔木树干基部的外缘与管线外缘的净距离，灌木或绿篱与地下管线的距离是指地表处分蘖枝干中最外的枝干基部的外缘与管线外缘的净距离。

2. 树穴开挖 乔木类栽植树穴的开挖，在可能的情况下，以预先进行为好。特别是春植计划，若能提前至秋冬季安排挖穴，有利于基肥的分解和栽植土的风化，可有效提高栽植成活率。树穴的平面形状没有硬性规定，多以圆形、方形为主，以便于操作为准，可根据具体情况灵活掌握。树穴的大小和深浅应根据树木规格和土层厚薄、坡度大小、地下水位高低及土壤墒情而定。实践证明，大坑有利于树体根系生长和发育。如种植胸径为5～6cm的乔木，土质又比较好，可挖直径约80cm、深约60cm的坑穴。但缺水沙土地区，大坑不利保墒，宜小坑栽植；黏重土壤的透水性较差，大坑易造成根部积水，除非有条件加挖引水暗沟，一般也以小坑栽植为宜。竹类栽植穴的大小，应比母竹根蔸略大，比竹鞭稍长，栽植穴一般为长方形，长边以竹鞭长为依据；如在坡地栽竹，应按等高线水平挖穴，以利于竹鞭伸展，栽植时一般比原根蔸深5～10cm。定植穴的挖掘，上口与下口应保持大小一致，切忌呈锅底状，以免根系扩展受阻。

对于胸径15cm以上大树，为了解决因灌水不当而积水的问题，坑穴可挖成四周低中间高的特殊坑形，保证多余的水在土球以下，避免土球周围积水，增加透气性。

挖穴时应将表土和心土分边堆放，如有妨碍根系生长的建筑垃圾，特别是大块的混凝土或石灰等，应予清除。情况严重的需更换种植土，如下层为白干土土层，必须换土改良，否则树体根系发育受抑制。地下水位较高的南方水网地区和多雨季节，应有排除坑内积水或降低地下水位的有效措施，如采用导流沟引水或深沟降渍等。

树穴挖好后，有条件时最好施足基肥，腐熟的植物枝叶、生活垃圾、人畜粪尿或经过风化的河泥、阴沟泥等均可利用，用量每穴10kg左右 。基肥施入穴底后，需覆盖深约20cm的泥土，以与新植树木根系隔离，不致因肥料发酵而产生烧根现象。

（四）树木准备

树木准备是决定绿化工程是否顺利完成和是否达到效果的关键因子。树木准备的首要任务是落实苗源，落实苗源要本着就近选苗和质量第一的原则。就近选苗既可以保证施工地和苗木生长地的环境相似，也可以缩短运输距离和时间，减少苗木的水分损失，有利于提高栽植成活率。

保证苗木质量要从以下几方面严格把关：①规格合乎设计要求，即胸径、高度、分枝点、冠幅等满足设计要求；②生长健壮，冠形完整匀称，光照充足、敦实健壮者优先，过于密植细高或偏冠的要慎重选择；③土壤偏沙，无法带土球或土球易松散的不能采购；④正规苗圃经过数次移栽的苗木优先，多年没有移栽、须根不发达的苗木最好不要采购。

树木准备的第二个方面就是要落实到位，选定所有苗木，切忌未加考察随意调苗。必须用油漆标记所选苗木，保证供苗方有秩序、无差错地挖掘苗木。标记苗木时，统一标在阳面或阴面，提示按照原有朝向栽植苗木，避免因不合理栽植导致的日灼和冻害问题。苗木选定后，要落实好每一个树种挖掘的土球规格或根系大小等技术要求，订立切实有效的采购合同，明确双方的职责、权利和义务。对从苗圃购入或从外地引种的树木，应要求供货方在树木上挂牌、列出种名，必要时提供树木原产地及主要栽培特点等相关资料，以便了解树木的生长特性。

对苗源地的病虫害状况进行调查和加强植物检疫是苗木准备过程中不容忽视的环节，杜绝重大病虫害的蔓延和扩散，特别是从外省、市或境外引进的树木，更应注意检疫、消毒。

重点加大对松突圆蚧、松褐天牛、松树线虫、栗枝疫病、榆枯病、柑橘黄龙病、柑橘溃疡病、泡桐丛枝病、枣疯病、毛竹枯梢病、松疱锈病、柑橘大实蝇、葡萄根瘤蚜、白杨透翅蛾、美国白蛾、日本松平蚧、紫穗槐豆象等病虫的检疫。加强苗源地和入境后的检疫工作，必须得到植物检疫部门检疫许可后方可通行。不要从疫区引种树木，如确有需要，引入后应由专业部门进行树木病虫的彻底消杀，以防病虫蔓延。

二、树木起挖

起挖是园林树木栽植过程中的重要技术环节，也是影响栽植成活率的重要因素，必须认真对待。挖掘前可先将蓬散的树冠捆扎收紧，既可保护树冠，也便于操作。

（一）裸根起挖

绝大部分落叶树种可行裸根起挖。挖掘沟应离主干稍远一些（不得小于树干胸径的6～8倍），挖掘深度应较根系主要分布区稍深一些，以尽可能多地保留根系，特别是具吸收功能的根系。对规格较大的树木，当挖掘到较粗的骨干根时，应用手锯锯断，并保持切口平整，严禁用铁锹硬铲。对有主根的树木，在最后切断时要做到操作干净利落，防止发生主根劈裂。根系的完整和受损程度是决定挖掘质量的关键，树木的有效根系是指在地表附近形成的由主根、侧根和须根构成的根系集体。一般情况下，经移植养根的树木挖掘过程中所能携带的有效根系，水平分布幅度通常为主干直径的6～8倍，垂直分布深度为主干直径的4～6倍，一般多在60～80cm，浅根系植物多在30～40cm。绿篱用扦插苗木的挖掘，有效根系的携带量，通常为水平幅度20～30cm、垂直深度15～20cm。起苗前如天气干燥，应提前2～3d对起苗地灌水，使土质变软、便于操作和减少根系损伤；根系充分吸水后，也便于储运，利于成活。野生和直播实生树的有效根系分布范围距主干较远，因此在计划挖掘前，应提前1～2年挖沟盘根，以培养可挖掘携带的有效根系，提高移栽成活率。树木起出后要注意保持根部湿润，避免因日晒风吹而失水干枯，并做到及时装运、及时种植。运距较远时，根系应打浆保护。

（二）带土球起挖

一般常绿树、名贵树和花灌木以及水杉、银杏、紫薇等少数落叶树种的起挖要带土球，土球直径不小于树干胸径的6～8倍，土球纵径通常为横径的2/3，灌木的土球直径为冠幅的1/2～1/3。为防止挖掘时土球松散，如遇干燥天气，可提前1～2d浇透水，以增加土壤的黏结力，便于操作。挖树时先将树木周围无根生长的表层土壤铲去，在应带土球直径的外侧挖一条操作沟，沟深与土球高度相等，沟壁应垂直，遇到细根用铁锹斩断，直径3cm以上的粗根，则需用手锯断根，不能用锹斩，以免震裂土球。挖至规定深度，用锹将土球表面及周边修平，使土球上大下小呈苹果形，主根较深的植物土球呈倒卵形。土球的上表面宜中部稍高、逐渐向外倾斜，其肩部应平滑、不留棱角，这样包扎时比较牢固，扎绳不易滑脱。土球的下部直径一般不应超过土球直径的2/3。自上而下修整土球至一半高时，应逐渐向内缩小至规定的标准。最后用利铲从土球底部斜着向内切断主根，使土球与地底分开。在土球下部主根切断前，不得扳动树干、硬推土球，以免土球破裂和根系撕裂。如土球底部已松散，必须及时堵塞泥土或干草，并包扎紧实。

（三）土球包扎

土球包扎的目的是确保土球不破损，对于雪松等许多常绿树种，土球破裂会严重影响树木成活。土球包扎分为软包扎和硬包扎。软包扎为用草绳等软质材料进行的包扎，生产中草绳包扎是最常用的方式。硬包扎是以用木板装订的箱式包扎，主要用于沙质土壤的大树移栽。

草绳软包扎包括横向（水平方向）和竖向两个方向的绕行包扎，横向绕行包扎称为扎腰箍（扎箍筋），竖向绕行包扎称为扎花箍，是在完成腰箍后进行的。

1. 扎腰箍 对于大土球，待土球修整完毕后，先用1～1.5cm粗的草绳（若草绳较细时可并成双股）在土球的中上部水平打上若干道，使土球不易松散，避免挖掘、扎缚时碎裂，称为扎腰箍。草绳最好事先浸湿以增加韧性，草绳干后收缩，使土球扎得更紧。扎腰箍应在土球挖至一半高度时进行，2人操作，1人将草绳在土球腰部缠绕并拉紧，另1人用木槌轻轻拍打，令草绳略嵌入土球内以防松散。待整个土球挖好后再行扎缚，每圈草绳应按顺序一道道地紧密排列，不留空隙，不使重叠。到最后一圈时可将绳头压在该圈的下面，收紧后切断。腰箍的圈数（即宽度）视土球高度而定，一般为土球高度的1/3～1/4。

腰箍扎好后，在腰箍以下由四周向泥球内侧铲土掏空，直至泥球底部中心尚有土球直径1/4左右的土连接时停止。然后扎花箍，花箍扎毕，最后切断主根。

2. 扎花箍 扎花箍的形式主要有井字包扎法、五星包扎法和橘子包扎法三种。运输距离较近、土壤较黏重情况下，常采用井字包扎法或五星包扎法；比较贵重的树木，运输距离较远或土壤的沙性较强时，则常用橘子包扎法。

（1）井字包扎法 草绳在土球顶部成井字形状的花箍扎法。先将草绳一端结在腰箍或主干上，然后按照图4-1-1a所示的箭头走向包扎，最后成图4-1-1b扎样。

（2）五星包扎法 草绳在土球顶部成五角星形状的花箍扎法。先将草绳一端结在腰箍或主干上，然后按照图4-1-2a所示的箭头走向包扎，最后成图4-1-2b扎样。

（3）橘子包扎法 草绳在土球立面成橘瓣形状的花箍扎法。先将草绳一端结在腰箍或主干上，再拉到土球边，然后按照图4-1-3a所示的箭头走向包扎，最后成图4-1-3b扎样。有时对名贵的或规格特大的树木进行包扎，为保险起见，可以用两层甚至三层包扎，里层可用强度较高的麻绳，以防止在起吊过程中扎绳松断、土球破碎。

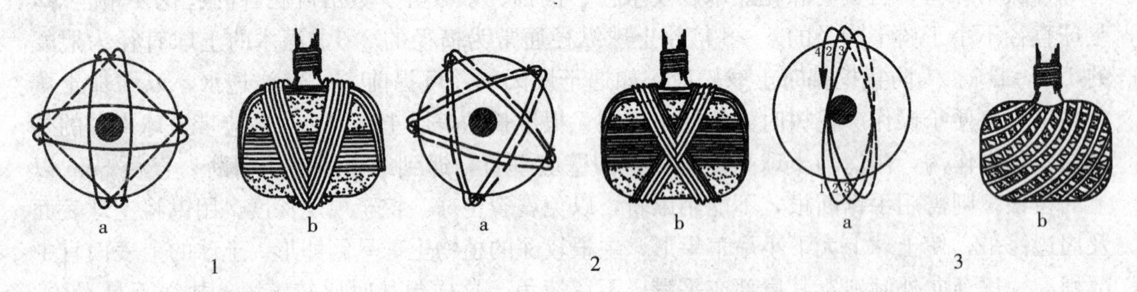

图4-1 土球包扎方法

1. 井字包扎法 2. 五星包扎法 3. 橘子包扎法

3. 简易包扎 对直径规格小于30cm的土球，可采用简易包扎法。如将一束稻草一端扎住，然后散开向四周摊平，把土球放上，再由底向上翻包，然后在树干基部扎牢，也可在泥球径向用草绳扎几道后，再在泥球中部横向扎一道，将径向草绳固定即可。简易包扎法也有用编织布和塑料薄膜为扎材的，但栽植时需将其解除，以免影响根系发育。

三、装　运

树木挖好后，应遵循随挖、随运、随栽的原则，即尽量在最短的时间内将其运至目的地栽植。

（一）树木装卸

树木装运过程中，最重要的是要注意在装车和卸车时保护好树体，避免因方法不当或贪图方便而带来的损伤，如造成土球破碎、根系失水、枝叶萎蔫、枝干断裂和树皮磨损等现象。装车前要对树冠进行必要的整理，如疏除部分过于展开妨碍运输的枝干，松散的树冠要收拢捆扎等。大树吊装应用较宽的软质专业吊装带，若用钢丝绳，必须在绕绳的树干部位缠裹麻袋片，并在外部竖向加木条保护，防止拉伤树皮。吊装带最好先搭在土球底部，提起后再缠绕树干。

装车时对带土球的树木要将土球稳定（可用松软的草包等物衬垫），以免在运输途中因颠簸而滚动。土质较松散、土球易破损的树木，则不要叠层堆放。树体枝干靠着挡板的，其间要用草包等软材作衬垫，防止车辆运行中因摇晃而磨损树皮。树木全部装车后，要用绳索最后绑扎固定，防止运输途中的相互摩擦碰撞和意外散落。开车时要注意平稳，避免剧烈震动。装卸时一定要做到依次进行，小心轻放，坚决杜绝装卸过程中乱堆乱扔的野蛮作业。

运距较远的露根苗，为了减少树体的水分蒸发，车装好后应用苫布覆盖。对根部特别要加以保护，保持根部湿润。必要时，可定时对根部喷水。

（二）树木包装运输

运距较远或有特殊要求的树木，运输时宜用包装，包装方法有卷包和装箱。

1. 卷包　卷包适宜规格较小的裸根树木远途运输时使用。将枝梢向外、根部向内，并互相错行重叠摆放，以蒲包片或草席等为包装材料，再用湿润的苔藓或锯末填充树木根部空隙。将树木卷起捆好后，再用冷水浸渍卷包，然后起运。使用此法时需注意，卷包内的树木数量不可过多，叠压不能过实，以免途中卷包内生热。打包时必须捆扎得法，以免在运输途中散包造成树木损失。卷包打好后，用标签注明植物、数量以及发运地点和收货单位地址等。

2. 装箱　若运距较远、运输条件较差，或规格较小、树体需特殊保护的珍贵树木，使用此法较为适宜。在定制好的木箱内，先铺一层湿润苔藓或湿锯末，再把待运送的树木分层放好，每层树木根部中间需放湿润苔藓（或湿锯末等）以做保护。为了提高包装箱内保持湿度的能力，可在箱底铺塑料薄膜。使用此法时需注意，不可为了多装树木而过分压紧挤实，苔藓不可过湿，以免腐烂发热。目前在远距离、大规格裸根苗的运送中，已采用集装箱运输，简便而安全。

四、假　植

树木运到栽种地点后，因受场地、人工、时间等主客观因素影响而不能及时定植者，则需先行假植。假植是树木在定植前的短期保护措施，其目的是保持树木根部活力，维持树体水分代谢平衡。假植应选择在靠近栽植地点的排水良好、阴凉背风处。假植的方法是：开一条横沟，其深度和宽度可根据树木的高度来决定，一般为40～60cm。将树木逐株单行挨紧斜排在沟内，倾斜角度可掌握在30°～45°，使树梢向南倾斜，然后逐层覆土，将根部埋实，掩土完毕后，浇水保湿。假植期间需经常检查，及时给树体补湿，发现积水要及时排除。假植的裸根树木在挖取种植前，如发现根部过干，应浸泡一次泥浆水后再植，以提高成活率。带土球树木的临时假植，亦应尽量集中，树体直立，将土球垫稳、码严，周围用土培好；如假植时间较长，同样应注意树冠适量喷水，以增加空气湿度，保持枝叶鲜挺。打捆运输的小苗及灌木在假植时，必须解开捆绑，散开假植，使根系与土壤紧密接触，不能成捆假植。假植时间不宜过长，一般不超过1个月。

五、定　植

定植是根据设计要求，对树木进行定位栽植的行为。定植后的树木，一般在较长时间内不再移植。定植前，应对树木进行核对分类，以避免出错，影响设计效果。此外，还应对树木进行质量分级，要求根系完整、树体健壮、芽体饱满、皮色有光泽、无检疫对象，对畸形、弱小、伤口过多等质量很差的树木，应及时剔出，另行处理。远地购入的裸根树木，若因途中失水较多，应解包浸根一昼夜，待根系充分吸水后再行栽植。

(一) 树木修剪

定植前必须对树木树冠进行不同程度的修剪，以减少树体水分的散发，维持树势平衡，以利树木成活。实际生产中，出于运输成本的考虑，对较大的乔木在挖掘前或装车前提前修剪。

1. 运输前的大树修剪　运输前对大树做修剪，根据修剪强度的差异，可分为全冠移栽、半冠移栽和截干移栽。

(1) 全冠移栽　当年生枝剪1/2，适当疏剪。

(2) 半冠移栽　保证整体骨架，3cm以上的枝全留或适当短截，3cm以下的枝剪除或短截。

(3) 截干移栽　只留主干或少数粗大主枝，其余枝剪除。

采取哪种修剪方式，取决于绿化工程的要求：重点工程、工程的重点区域或要求短期内形成较好绿化效果的种植项目，其苗木最好按全冠移栽修剪；绿化后要求马上形成一定效果的可按半冠移栽修剪；大规模、偏远地区的绿化项目，或只注重成活、对短期绿化效果没有太高要求及投资成本有限的项目，可选择截干移栽。如果经济条件允许、技术过关，全冠移栽是首选。

2. 定植前的乔木修剪　定植前修剪的目的是减少常绿树种的枝叶量或限制落叶树种萌发的新生枝叶量，减少树木的蒸腾，维持水分平衡。定植前修剪是对栽植坑边卧倒状态的树木进行修剪，此时修剪比较方便。栽植后需站在梯子上修剪，费工费时。尤其是栽植量大时，定植前修剪具有高效快速的特点，可在修剪促成活的前提下加快苗木定植工程进度，避免因栽植延误而影响树木成活。定植前修剪往往由于树木不是在直立、树冠自然散开状态下，存在修剪轻重把握不当或树冠修剪不匀称等问题，可在栽植后补充修剪，补充修剪的工作量已大大减少，而且在人力不足的情况下晚剪几天也不致对成活有太大影响。

定植前修剪的修剪量依不同植物及景观要求不同。对于较大的落叶乔木，尤其是生长势较强、容易抽出新枝的植物，如杨、柳、槐等，可进行强修剪，在保持基本树形的前提下，树冠可减少至1/2及以上，这样既可减轻根系负担、维持树体水分平衡，也可减弱树冠招风，防止树体摇动，增强树木定植后的稳定性。具有明显主干的高大落叶乔木，应保持原有树形，适当疏枝，主要修剪一年生枝条，可剪去枝条的1/5～1/3，剪口留在健壮芽上方。无明显主干、枝条密集的落叶乔木，干径10cm以上者，可疏枝保持原树形；干径为5～10cm的，可选留主干上的几个侧枝，保持适宜树形进行短截。枝条密集、具有圆头形树冠的常绿阔叶乔木可适量疏枝，对一年生枝条适当短截，减少1/5～1/3的叶量。枝叶集生树干顶部的树木可稍剪或不修剪。具轮生侧枝的常绿乔木，用作行道树时，可剪除基部2～3层轮生侧枝。常绿针叶树不宜多修剪，只剪除病虫枝、枯死枝、生长衰弱枝、过密的轮生枝和下垂枝。用作行道树的乔木，定干高度宜大于3m，第一分枝点以下枝条应全部剪除，分枝点以上枝条酌情疏剪或短截，并应保持树冠原形。珍贵树种的树冠宜尽量保留，以少剪为宜。

3. 花灌木及藤蔓植物的修剪　带土球的树木或湿润地区带宿土的裸根树木及上年花芽分化已完成的开花灌木，可不做修剪，仅对枯枝、病虫枝予以剪除。分枝明显、新枝着生花芽的小灌木，应顺其树势适当强剪，促生新枝，更新老枝。枝条茂密的大灌木，可适量疏枝。对嫁接灌木，应将接口以下砧木上萌生的萌蘖除去。用作绿篱的灌木，可在种植后按设计要求整形修剪。在苗圃内已培育成形的绿篱，种植后应加以整修。攀缘类和藤蔓性树木，可对过长枝蔓进行短截。攀缘上架的树木，可疏除交叉枝、横向生长枝。

4. 反季节栽植苗木的修剪　生长季栽植树木时，应根据不同情况分别采取提前疏枝、环状断根或在容器中假植育根等处理。树木栽植时应进行强修剪，疏除部分侧枝，保留的侧枝也应短截，仅保留原树冠的1/3，修剪时剪口应平滑，并及时涂抹防腐剂，以防水分蒸腾、剪口冻伤及病虫危害。同时必须加大土球体积，可摘叶的应摘除部分叶片，但不得伤害幼芽。裸根树木定植之前，还应对断裂根、病虫根和卷曲的过长根进行适当修剪。

值得指出的是，近年来为了方便运输、提高成活率，各地常采用大树截干或中小乔木重剪的栽植办法，但这不宜普遍运用，更不能提倡。

（二）树木定植

定植前要检查树穴的挖掘质量，并根据树体的实际情况，进行必要的修整。树穴深浅，以定植后树体根颈部略高于地表面为宜，切忌因栽植太深而导致根颈部埋入土中，影响树木栽植成活和其后的正常生长发育。雪松、广玉兰等忌水湿植物，常行露球种植，露球高度约为土球竖径的1/4。草绳或稻草之类易腐烂的土球包扎材料，如果用量较少，入穴后不一定要解除；如果用量较多，可在树木定位后剪除一部分，以免其腐烂发热，影响树木根系生长。

定植时将表土取其一半填入坑中，培成丘状。裸根树木放入坑内时，务必使根系均匀分布在坑底的土丘上，校正位置，使根颈部高于地面5～10cm。珍贵植物或根系欠完整树木应采取根系喷布生根激素等措施。其后将另一半表土分层填入坑内，每填20～30cm土踏实一次，并同时将树体稍稍向上提动，使根系与土壤密切接触。最后将心土填入植穴，直至填土略高于地表面。带土球树木必须踏实穴底土层，而后将树木置入种植穴，填土踏实。在假山或岩缝间种植，应在种植土中掺入苔藓、泥炭等保湿透气材料。绿篱成块状模纹群植时，应先轮廓后内部，由外向内栽植。坡地栽植时，应由上向下进行。大型块植或不同色彩丛植时，宜分区分块种植。

树木定植时，应注意将树冠丰满完好的一面朝向主要的观赏方向，如入口处或主行道。若树冠高低不匀，应将低冠面朝向主面，高冠面置于后面，使之有层次感。在行道树等规则式种植时，如树木高矮参差不齐、冠径大小不一，应预先排列种植顺序，形成一定的韵律或节奏，以提高观赏效果。如树木主干弯曲，应将弯曲面与行列方向一致，以作掩饰。对人员集散较多的广场、人行道，树木种植后，种植池应铺设透气护栅。

树木定植后应在略大于种植穴直径的周围，筑成高 10～15cm 的灌水土堰，堰应筑实，不得漏水。模纹种植或带状、片状的小灌木密植，可在其外沿筑一圈总围堰，采用漫灌方式。新植树木应在当日浇透第一遍水，并且浇得越早越好，以后应根据土壤墒情及时补水。黏性土壤宜适量浇水，根系不发达植物浇水量宜较多，肉质根系植物浇水量宜少。秋季种植的树木，浇足水后可封穴越冬。干旱地区或遇干旱天气时，应增加浇水次数，北方地区种植后浇水不少于三遍。干热风季节宜在 10:00 前或 15:00 后对新萌芽放叶的树冠喷雾补湿，浇水时应防止因水流过急冲刷而导致根系裸露或冲毁围堰。浇水后如出现土壤沉陷，致使树木倾斜时，应及时扶正、培土。对排水不良的种植穴，可在穴底铺 10～15cm 沙砾或铺设渗水管、盲沟，以利排水。竹类定植填土分层压实时，靠近鞭芽处应轻压；栽种时不能摇动竹秆；栽植穴应用土填满，以防根部积水引起竹鞭腐烂；最后覆一层细土或铺草以减少水分蒸发；母竹断梢口用薄膜包裹，防止积水腐烂。

（三）固定支撑

栽植胸径 5cm 以上的树木时，特别是在栽植季节有大风的地区，植后应立支架固定，以防冠动根摇，影响根系恢复生长。但要注意支架不能打在土球或骨干根系上。裸根树木栽植常采用标杆式支架，即在树干旁打一杆桩，用绳索将树干缚扎在杆桩上，缚扎位置宜在树高 1/3 或 2/3 处，支架与树干间应衬垫软物。带土球树木常采用扁担式支架，即在树木两侧各打入一杆桩，杆桩上端用一横担缚连，将树干缚扎在横担上完成固定。三角桩或井字桩的固定作用最好，且有良好的装饰效果，在人流量较大的市区绿地中多用（图 4-2）。

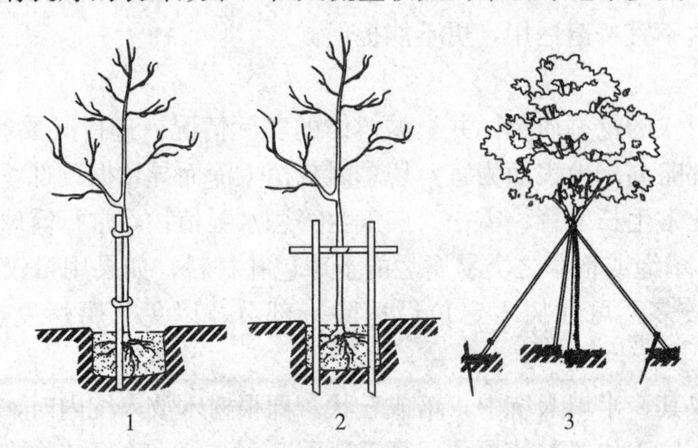

图 4-2　树木支架示意图

1. 标杆式支架　2. 扁担式支架　3. 三角桩支架

第四节　提高树木栽植成活率的措施

一、浅栽高培

树木适当深栽（以原栽植深度为参照），有利于保活，但成活后因根系呼吸受抑而活力不强，不利于生长；树木适当浅栽，不利于保活，但成活后因根系呼吸通畅而生长速度较快。

浅栽高培法弥补了以上栽植方法的缺陷。具体方法为：浅栽后实行高培土（高培土相当于深栽，有利于保活），树木成活后将高培之土除去（相当于浅栽，树木根系呼吸良好）。

二、促进生根

快速生根是树木栽植成活的关键因素，只有快速生根才能使树体上下贯通，才能达到真正的水分平衡和进行正常的营养供应。许多树木往往因为生根太慢，无法长时间补充持续升高的气温造成的水分亏缺和无法满足树木生长所需的矿物质营养而死亡。生产中可应用生根粉和生根液促进生根。

1. 生根粉　ABT生根粉及其继代产品绿色植物生长调节剂系列产品，包括1号至10号不同产品，其中1号至3号已在国内外园林及林业生产中得到广泛应用。1号ABT生根粉主要用于促进珍贵植物及难生根植物插条不定根的诱导，2号ABT生根粉用于一般苗木及花灌木扦插育苗，3号ABT生根粉主要用于苗木移栽，提高成活率，增加抗逆能力。大苗用200mg/kg溶液喷洒根部，带土苗用10mg/kg灌根，可提高成活率15%～30%，增加生长量20%～60%。

生根粉溶制方法：将1g生根粉放入非金属容器中，然后加100～150mL（100～150g）酒精或高度白酒（65°以上），边加入边搅拌。使生根粉充分溶解后，再加水稀释至所用的适宜浓度，加水量见表4-2。

表4-2　不同浓度生根粉配制参照表

浓度（mg/kg）	10	20	30	40	50	60	70	80	90	100	200	300	500
每克加水量（kg）	100	50	33	25	20	17	14	13	11	10	5	3	2

中国农业科学院郑州果树研究所研制的生根粉是广谱高效生根专用制剂，它能刺激果树、经济林树种及花卉扦插枝条生根，提高枝条扦插和苗木移栽成活率。为提高苗木移栽成活率，可用本品每包配制水溶液1～2kg，浸泡根部3～5s。

2. 生根液　生根液是近几年广泛应用的促进生根的生长调节剂，不同厂家推出的产品很多。如郑州市坪安园林植保技术研究所从英国引进的一种新型、广谱、超高效绿色植物生长调节生根液，适用于园林植物的苗木扦插、播种育苗、大树移栽等，促进植物生根。苗木移植时，带土球苗木用本品500mL加水100kg（难生根植物）至200kg（易生根植物）灌根，7～25d明显诱导生成大量新生根系。另外，还有专门为大树移植生产的输液用生根液。

三、降低蒸腾

1. 抗蒸腾剂的使用　常见的抗蒸腾剂有两种抗蒸腾原理。

（1）半透膜型　如几丁质，喷施在植物表面后，形成一层半透膜，氧气可以通过而二氧化碳和水不能通过。植物呼吸作用产生的二氧化碳在膜内聚集，使二氧化碳浓度升高，氧气浓度相对下降，这种高二氧化碳低氧的环境，抑制植物的呼吸作用，阻止可溶性糖等呼吸基质的降解，减缓植物的营养成分下降和水分的蒸发。

（2）闭气孔型　脱落酸（ABA）、聚乙二醇、长链脂肪醇、石蜡、动物脂、异亚丁基苯乙烯、1-甲基-4-（1-甲基乙基）环己烯二聚体、3，7，11-三甲基-2，6，10-十二碳三烯-1-醇、二十二醇和一个或两个环氧乙烷的缩合物（HE110R）等，在茎叶表面成膜或提高气孔对干旱的敏感性，增加气孔在干旱条件下的关闭率，从而降低水分的蒸腾率。

2. 树体裹干　常绿乔木和干径较大的落叶乔木，尤其是反季节栽植的树木，定植后需进行裹干，即用草绳、蒲包、苔藓等具有一定的保湿性和保温性的材料，严密包裹主干和比较粗壮的一、二级分枝。经裹干处理后，一是可避免强光直射和干风吹袭，减少干、枝的水分蒸腾；二是可保存一定量的水分，使枝干经常保持湿润；三是可调节枝干温度，减少夏季高温和冬季低温对枝干的伤害。秋末冬初栽植的树木，亦可附加塑料薄膜裹干，具有较好的保湿防寒效果，但在树体萌芽前应及时撤除。因为塑料薄膜透气性能差，不利于被包裹枝干的呼吸作用，尤其是高温季节，内部热量难以及时散发而引起的高温会灼伤枝干、嫩芽或隐芽，对树体造成伤害。即使在冬季，为了防止塑料薄膜内空气湿度过大滋生病害，可在塑料薄膜上用细竹签刺若干小洞，使其有一定的通透性。

3. 搭架遮阴　大规格树木特别是大规格常绿阔叶乔木，移植初期或高温干燥季节栽植，要搭建荫棚遮阴，以降低树冠温度，减少树体的水分蒸腾。对体量较大的乔、灌木植物，要求全冠遮阴，荫棚上方及四周与树冠保持30～50cm间距，以保证棚内有一定的空气流动空间，防止树冠日灼危害。遮阴度为70%左右，让树体接收一定的散射光，以保证树体光合作用的进行。成片栽植的低矮灌木，可打地桩拉网遮阴，网高距树木顶部20cm左右。树木成活后，视生长情况和季节变化，逐步去除遮阴物。

四、旱地保水

干旱地区及保水能力差的沙质土环境，失水过快，需要频繁浇水，不仅增加管理成本，而且忽干忽湿的土壤环境不利于树木生长，特别是长时间的干旱会影响树木成活。保水剂的应用不仅可以减少浇水次数，而且稳定的水分供应可提高树木成活率。

保水剂多是树脂类物质，自身不能生产水分，但其吸水强度极为惊人，如法国爱森絮凝剂（SNF）有限公司生产的Aquasorb™产品，是针对林业和农业种植的需要专门合成的粒径不同的系列产品，它们均由高纯度聚丙烯酸盐（钾盐）和聚丙烯酰胺通过多反应官能团的交联剂进行网状化反应精确制成，该产品吸水率最高的能达到数百倍甚至千倍以上。国内同类产品的吸水率多为200～400倍，已完全能够满足生产的需要。该类产品吸收水分后，急剧膨胀，所含水分在太阳下很难蒸发，也不会因物理挤压而失水，但能够被植物的根毛有效吸收。其水分释放期一般为40～60d。该物质在土壤中的降解期一般为1～2年，此期间可以反复利用。一般情况下，使用一次就能基本解决保水问题。保水剂的使用方法如下：

1. 苗木蘸根　用细粒保水剂、黏土、水的比例为1∶150∶200的泥浆蘸根。

2. 苗木移栽　种植裸根乔木、灌木和藤本植物幼苗时，在回填种植穴土壤时，将1～2杯（250～500g）保水剂水凝胶施于苗木根部，再填土即可。回填结束后24h内分两次灌足水。

3. 大树移植　用占回填土体积0.3%的保水剂水凝胶与土壤混匀填入坑内，或用占回填土体积0.3%的保水剂干颗粒与土壤混匀填入坑内。回填结束后24h内分两次灌足水。

第五节　园林树木成活期的养护管理

在传统的绿化工程中，成活期的养护管理多是指栽植后1年内的养护管理，也就是说1年以后工程验收，交由甲方管理。近年来，一些甲方单位由于缺乏技术及人力，或为了在绿化工程达较为稳定的安全状态后验收和接手管理工作，要求乙方的养护管理工期延长到2年，确保补栽树木的最终效果。因为规格较大的针叶树种是否真正成活，要看2年以后的表现。也有把乙方的养护工期延长到3年的。不论乙方栽植后的养护工期多长，定植后1年以内是关键的成活期，其中前半年的成活期管理尤为重要。

成活期养护管理的首要任务是确保树木成活并正常生长。由于新栽树木存在水分平衡被打破、根系受损等问题，对地上及地下环境的适应能力严重降低，防止地上失水和给地下创造适宜的生根环境将是整个管理关键环节和技术难点，俗话有“三分栽种、七分管养”的栽树之说，足以说明成活期养护管理的重要性和对养护技术的严格要求。成活期养护管理有别于一般园林绿地的养护管理，水分管理及环境控制是其最为关键的环节。

一、土壤监管

新栽树木成活的关键是保证树木正常生根或促使树木早日生根，而树木生根前是严禁施肥的，以免肥料对新根造成伤害，因此土壤肥力不是该时期监管的主要内容。只是在确认树木成活后，对确实存在肥力不足、生长势弱的树木适量施肥，而且施肥应本着少量多次的原则。

树木成活期土壤监管基本工作就是检查和修复树盘，对于灌水后树坑下陷、根系及土球裸露的要及时填平，防止雨季积水烂根。对于树盘堆土过厚的要及时清理，防止根系太深，影响发育。每次浇水过后，要及时疏松表土，防止表面板结，以保墒和增强土壤的通透性，改善根系环境，使有利于生根。对于气候严寒的北方地区，要根据当地冬季冻土层的厚度，在入冬前灌完封冻水后及时在树盘上覆土，堆成一定厚度的小土丘，土丘厚度以保证根系处在冻土层以下为宜，也就是使冻土层位置上移。

二、水分管理

（一）土壤水分管理

树木定植后，水分管理是保证栽植成活率的关键。新移植树木根系受损的创伤面在透气性差的土壤环境里易滋生腐败菌，导致烂根。树木产生新根时，需要一定的有氧呼吸环境。基于以上两个方面的原因，土壤的日常养护管理是要保持根际土壤合适的湿度，以土壤最大含水量的60%为宜，简易的判断标准为土壤用手握起来成团，掉在地上散开。因此不能长时间积水和过于频繁地浇水。积水或土壤含水量过大，反而会影响土壤的透气性能，抑制根系的呼吸，对发根不利，严重的会导致烂根死亡。在实际生产中部分树木往往是因为浇水过勤或雨季排水不力而死亡的，并非因为缺水而死。为此，土壤水分管理应注意以下几方面：①要严格控制土壤浇水量，移植时第一次浇透水，以后应视天气情况、土壤水分状况适时浇水；②要防止树池积水和及时排水，在地势低洼易积水处要开排水沟，保证雨天能及时排水；③要保持适宜的地下水位高度（一般要求－1.5m以下），地下水位较高处要做网沟排水，汛期水位上涨时，可在根系外围挖深井，用水泵将地下水排至场外，严防淹根。

对于车库等地下构筑物顶部覆土栽植的区域，水分过多无法下渗，排水措施及排水工作应放在管理工作的首位。首先要在土层基部铺排水层和排水管，其次覆土层一定要高出周围的绿地或道路，保证雨季排水畅通，另外要严格控制浇水次数和浇水量。

（二）树冠喷水增湿

新植树木为解决根系吸水功能尚未恢复而地上部枝叶水分蒸腾量大的矛盾，在适量补给根系水分的同时，还应进行地上湿度的控制，即增加空气湿度。遮阴和裹干是增加空气湿度的有效举措。然而，在实际生产中，裹干和遮阴仅限于名贵的大规格苗木和大树移植，数量众多的一般树木一般不采取这种措施。为了切实提高成活率，需要在关键时候采取叶面补湿的措施。对于枝叶浓密的常绿阔叶树和竹类，即使在气温不高的春季栽植，栽植初期的半个月内需要每天进行树冠喷水，防止前期因根系供水能力弱而迅速失水。待根系能力逐渐恢复、树木逐渐适应环境后减少或停止喷水。7、8 月天气炎热干燥，根系吸收的水分通过叶面的气孔、树皮的皮孔不断向空气中蒸腾，必须及时对干、冠喷水保湿，为树体提供湿润的小气候环境。去冠移植的树体，在发叶抽枝后，需喷水保湿，束草枝干亦应注意喷水保湿。喷水时可采用高大水枪喷雾，喷雾要细、次数要多、水量要小，以免滞留土壤，造成根际积水。对于个别大规格的名贵树木，可在树的顶部架透明的塑料软管，在树冠上方安装微型雾化喷头，进行不间断喷雾，这种设施喷雾效果好，但使用成本较高。

三、除萌修剪

1. 护芽除萌 新植树木在恢复生长过程中，特别是在进行过强度较高的修剪后，树体干、枝上萌发出许多幼嫩新枝。新芽萌发是栽植树木生理活动趋于正常的标志，是树木成活的希望。更重要的是，树体地上部分的萌发能促进根系的生长发育。因此，对新植树特别是对移植时进行过重度修剪的树体所萌发的芽要加以保护，使其抽枝发叶，待树体恢复生长后再行修剪整形。同时，树体萌芽后，要特别加强喷水、遮阴、防治病虫等养护工作，保证嫩芽与嫩梢的正常生长。但过多的萌发枝不但消耗大量养分，而且会干扰树形，应随时疏除多余的萌蘖，着重培养骨干枝架。

2. 合理修剪 合理修剪以使主、侧枝分布均匀，枝干着生位置和伸展角度合适，主从关系合理，骨架坚固，外形美观。合理修剪还可抑制生长过旺的枝条，以纠正偏冠现象，均衡树形。树木栽植过程中，经过挖掘、搬运，树体常会受到损伤，以致有部分枝芽不能正常萌发生长，对枯死部分也应及时剪除，以减少病虫滋生场所。树体在生长期形成的过密枝或徒长枝也应及时去除，以避免竞争养分，影响树冠发育。徒长枝组织发育不充实，内膛枝细弱老化，发育不良，抗病虫能力差。合理修剪可改善树体通风透光条件，使树体生长健壮，减少病虫危害。

3. 伤口处理 新栽树木因修剪整形或病虫危害常留下较大的伤口，为避免伤口染病和腐烂，需用锋利的剪刀将伤口周围的皮层和木质部削平，再用 5～10 波美度的石硫合剂、1%～2%的硫酸铜或 40%的福美胂可湿性粉剂进行消毒，然后涂抹保护剂。

四、松土除草

因浇水、降雨以及行人走动或其他原因，常导致树木根际土壤硬结，影响树体生长。根部土壤经常保持疏松，有利于土壤空气流通，可促进树木根系的生长发育。要经常检查根部土壤通气设施（通气管或竹笼），发现有堵塞或积水的，要及时清除，以保持其良好的通气性能。

夏季杂草生长很快，同时土壤干燥、坚硬，浇水不易渗入土中，这时进行松土除草更有必要。树盘附近的杂草，特别是藤蔓植物，严重影响树木生长，更要及时铲除。松土除草从4月开始，一直到9、10月为止。

若采用化学除草，一年进行2次，第一次是4月下旬至5月上旬，第二次是6月底至7月初。春季主要除禾本科宿根杂草，每公顷可用10%草甘膦7.5～22.5kg，加水600～900kg喷雾。防除夏草，每公顷用10%草甘膦7.5kg或50%扑草净7.5kg或25%敌草隆7.5～11.2kg，加水600～750kg喷雾，一般在杂草高15cm以下时喷药或进行土壤处理，可取得较好效果。茅草较多的绿地，可用10%草甘膦22.5kg/hm^2，加40%调节膦3.75kg，在茅草割除后的新生草株高50～80cm时喷洒。化学除草具有高效、省工的优点，尤适于大面积使用。但操作过程中，喷洒要均匀，不要触及树木新展开的嫩叶和萌动的幼芽。使用新型除草剂应先小面积试验后再扩大施用。

五、防治病虫

病虫危害是造成树体衰亡、景观丧失的重要因素，养护管理中，必须根据其发生发展规律和危害程度，及时、有效地加以防治。特别是对于病虫危害严重的单株，更应高度引起重视，采取果断措施，以免蔓延。修剪下来的病虫残枝应集中处置，不要随意丢弃，以免造成再度传播污染。

六、防汛防台

南方沿海地区夏季常遭台风侵袭，有时潮汛、暴雨、洪水、台风同时危害，应及时注意泄洪排涝。新植树木（特别是行道树）要加固支撑或用绳索扎缚拉固，单株树木的支柱应放置在树体的迎风面，以增强抗风力。树冠过密的枝叶可行疏剪，以减轻风害。对已经被风吹动、倒伏的树木，要及时采取措施固正。

七、查活补缺

园林树木栽植后，因树木质量、栽植技术、养护措施及各种外界条件的影响，难免发生死树缺株的现象，对此应适时进行补植。补植的树木在规格和形态上应与已成活树木相协调，以免干扰景观设计效果。对已经死亡的植株，应认真调查研究，如土壤质地、树木习性、种植深浅、地下水位高低、病虫危害、有害气体、人为损伤或其他情况，分析原因，采取改进措施，再行补植。

第六节　大树移植

一、大树移植的概念与意义

（一）大树移植的概念

大树移植一般指树体胸径在15～20cm以上，或树高在4～6m以上，或树龄在20年左右的树木的移植。

大树移植是园林绿地养护过程中的一项基本作业，主要用于对现有树木保护性的移植及密度过高的树木的间隔移出栽植。近几年许多城市为了尽快凸显绿化效果，大量使用大规格树木，大树移栽成风。然而由于施工队伍良莠不齐，大树移植技术不过关，大树大量死亡和生长不良的情况屡见不鲜，造成了严重的经济损失。

（二）大树移植的意义

1. 质量高、见效快、立即成荫　大树由于其树体高大并能够快速形成较大的树冠，在绿化建设中能快速在较大的空间范围内形成一定绿量，具有立即成荫、快速获得生态效益的优点。

2. 植物造景的效果突出　大树以其雄浑的骨架、如盖的树冠展示着与众不同的景观效果，展示着成龄树的风姿与魅力，能够迅速提升绿地的景观效果。有些大树本身就是优美的园景树，其景观效果是小规格苗木无法比拟的。

3. 绿化成果保存中作用突出　在道路及人们活动频繁的园林环境中，小规格树苗常常由于人为的触摸、摇晃、折损而长势微弱，甚至死亡。栽植大树可有效避免人为破坏，保护绿化成果。

（三）大树进城的负面影响

目前我国一些城市热衷于大树进城工程，虽然其初衷是为了能在短期内形成景观效果，满足人们对新建景观的即时欣赏要求，但这种做法容易造成盲目理解甚至过度依赖大树移植的即时效果，一味集中种植特大树木。对此风气应该辩证地看待。如果是苗圃培育的大树，应该积极提倡；如果是来自乡村或林地环境中的大树，不应大力提倡，应该限制在一定的数量与规模。大树进城存在的负面影响表现在以下几方面：

1. 破坏原生地生态环境和自然资源　乡村环境中的大树搬进城市是以牺牲原生地的生态环境为代价，是对当地自然资源的严重破坏。一些工程项目中，由于养护管理跟不上，大量大树死亡，这是让人痛心的资源浪费。

2. 经济投入大　大树进城在购树成本、挖掘运输成本、养护成本等方面的支出是极其昂贵的，需要较高的技术水平及雄厚的经济基础。

3. 一定时期内生态效益锐减　大树在进城的过程中往往经过高强度修剪，栽植后其树冠在相当一段时期内难以恢复到原来的程度。另外，由于根系受损严重和养护技术不到位，进城的大树多数长势缓慢。因此相对于原生地，其生态效益急转直下。

二、大树移植的特点

1. 移植成活困难　首先，树龄大、阶段发育程度深，细胞的再生能力下降，在移植过程中被损伤的根系恢复慢。其次，由于成年大树根系的自疏现象，须根和毛细根不断向外扩展，树干附近的骨干主根上的吸收根很少，挖掘后的树体根系在一般带土范围内的吸收根稀少，近干的粗大骨干根木栓化程度高，萌生新根能力差，移植后新根形成缓慢。其三，根系严重受损，根冠比大大缩小，水分平衡极其困难。

2. 移栽周期长　为有效保证大树移植的成活率，一般要求在移植前的一段时间就做必要的处理，从断根缩坨到起苗、运输、栽植以及后期的养护管理，移栽周期少则几个月，多则几年，每一个步骤都不容忽视。

3. 栽植养护技术要求高　大树移植不仅需要机械吊装，而且养护管理需要较高的技术支撑和细致的管护方案，需要大量的人力、物力、财力和资金投入。

三、大树移植的选树原则与选树方法

对于那些因建设原因或绿地结构优化调整必须移走的大树，是需无条件完成的任务。对于重点工程建设需要从乡村和林地调入大树时，则需要遵循一定的选树原则和采用一定的选树方法。

（一）选树原则

1. 树体规格适中　大树移植并非树体规格越大越好，更不能不惜重金从千百里外的深山老林寻古挖宝。作为特大树木或古树，由于生长年代久远，已依赖于某一特定生境，环境一旦改变，就可能导致树体死亡。研究表明，如不采用特殊的管护措施，离地面 30cm 处直径为 10cm 的树木，在移植后 5 年，其根系才能恢复到移植前的水平；而一株直径为 25cm 的树木，移植后需 15 年才能使根系恢复。同时，移植及养护成本也随树体规格增大而迅速攀升。

2. 树体年龄轻壮　处于壮年期的树木，无论从形态、生态效益以及移植成活率上都是最佳时期。大多树木胸径 10～15cm 时，正处于树体生长发育的旺盛时期，因其环境适应性和树体再生能力都强，移植过程中树体恢复生长需时短，移植成活率高，易成景观。从生态学角度而言，为达到城市绿地生态环境的快速形成和长效稳定，也应选择能发挥最佳生态效果的壮龄树木。故一般慢生树种应选 20～30 年生的，速生树种应选 10～20 年生的，中生树种应选 15 年生的，以树高 4m 以上、胸径 15～25cm 的树木最为合适。

3. 就近选择　树木移植后的环境条件应尽量和树木的生物学特性及原生地的环境条件相似，如柳、乌桕等适应在近水地生长，云杉适应在背阴地生长，而油松等则适应在向阳处栽植。城市绿地中需要栽植大树的环境条件一般与自然条件相差甚远，选择植物时应格外注意。应根据栽植地的气候条件、土壤类型，以选择乡土树种为主、外来树种为辅，坚持就近选择为先的原则，尽量避免远距离调运大树。

（二）选树的具体方法

1. 广泛调查　主要调查大树的分布与资源，包括大树的种类、数量、树龄、树高、胸径、冠幅、树形等以及树木的生长立地类型。登记、分类、编号，建立调查档案，作为优选的基础资料。

2. 树种及类型选择　大树移植时，树种之间存在成活难易的差别，如杨、柳、国槐、梧桐、悬铃木、榆等就较容易成活，香樟、女贞、桂花、厚朴、厚皮香、广玉兰、七叶树、槭、榉树较难成活，云杉、冷杉、金钱松、胡桃、桦木等则最难成活。因此树种选择应根据栽培目的进行。另外，树木在相同条件下成活率也基本遵从以下规律：矮＞高，小叶＞大叶，软阔叶＞硬阔叶。在基本满足景观要求的情况下要选择成活率高的类型及个体。

3. 培育状态选择　首先选择生长健壮、树体匀称、无病虫害的个体。其次，在条件相同的情况下，首选有过移植经历的大树，长期没有移栽的树木由于挖掘时可带的吸收根少，会增加栽植和养护难度。再次，栽植稀疏、光照充足、矮壮敦实的优先选择，栽植过密、光照不充分、细高的要慎重。

4. 树相选择 根据所选树木在绿地中的位置、功能选择树相合乎要求的类型及个体。如行道树应选择干直、冠大、分枝点高、有良好庇荫效果的树体；而庭院中的孤植树，应选择树姿优美、树形端正的健壮个体。

5. 立地选择 对大树周围的立地环境做详细考察，根据土壤质地、土层厚薄、可携带土球的大小、调运机械进出的通道、周边障碍物的有无等，作出详尽分析和慎重选择。移植地的地势应平坦或坡度不大。过陡的山坡，树木根系分布不正，不仅操作困难且易伤根，土球不易完整，且调运装车也不方便，因而应选择便于施工环境的树木，最好能使起运机械直接开到树边。此外，还必须考虑栽植地点的立地状况和施工条件，以尽可能和树木原生地的立地环境条件相似，并便于施工养护。

6. 标记登记 选定的大树，用油漆在树干胸径处做出明显的标记，以利识别选定的单株和生长朝向。同时，要建立登记卡，记录大树的分布、高度、干径、分枝点高度、树冠形状和主要观赏面，以便有计划地挖掘调运。

四、大树移植前的准备与处理

（一）移植时间的选择

大树移植责任大，代价高，选择最适宜的移植时间，不仅可以提高移植成活率，而且可以有效降低移植成本，方便日后的正常养护管理。

1. 春季移植 早春土壤解冻后到树木发芽前是大树移植的最佳时期，此期树液开始流动，枝叶开始萌芽生长，挖掘时损伤的根系容易愈合、再生。移植后，经过早春到晚秋的正常生长，树体移植时受伤的根冠已基本恢复，给树体安全越冬创造了有利条件。如果栽植坑提前挖好，可提早到2月移栽，给树木根系恢复提供较长的时段。北方地区可在早栽后及时增加覆土厚度，并覆盖塑料薄膜，尽早提高土温。

2. 夏季移植 夏季由于树体蒸腾量较大，一般来说不利于大树移植。在必要时，采取加大土球、加强修剪、树体遮阴等移植措施，也能获得较好的效果。由于所需技术复杂、成本较高，故一般尽可能避免夏季移植。但在北方的雨季和南方的梅雨期，由于连阴雨日较长，光照度较低，空气湿度较高，如把握得当，也不失为移植适期。

3. 秋冬移植 秋冬季节，从树木开始落叶到土壤结冻这一时期，树体虽处于休眠状态，但地下部分尚未完全停止生理活动，移植时被切断的根系能够愈合恢复，给翌年春季萌芽生长创造良好的条件。但在严寒的北方，必须加强对移植大树的根际保护和地上防寒，才能达到预期目的。

大树移植的最佳适期还因树种而异，故需区别对待，灵活掌握，分期分批有计划地进行。具体移植时，还要注意天气状况，避免在极端的天气情况下进行，最好选择阴而无雨或晴而无风的天气进行。欧洲提倡在夜间移植大树，可避免日间高温与强光照对树体蒸腾的影响。

（二）提前挖坑，改良土壤

大树移植最好提前挖坑，一方面土壤经过一段时期的冻融交替或暴晒得以改良，另一方面可以及时发现隐蔽的建筑垃圾和不良的土壤环境，提前做好清理和换土工作。

在新西兰等国家，大树移植的栽植穴有别于常规树坑，坑的纵剖面为W形，即中间高、四周低。栽植时土球处在中间高凸处，若有积水会首先聚集在四周低处，树木的根系不会处在积水中，有利于提高根系周围通气性（图4-3)。

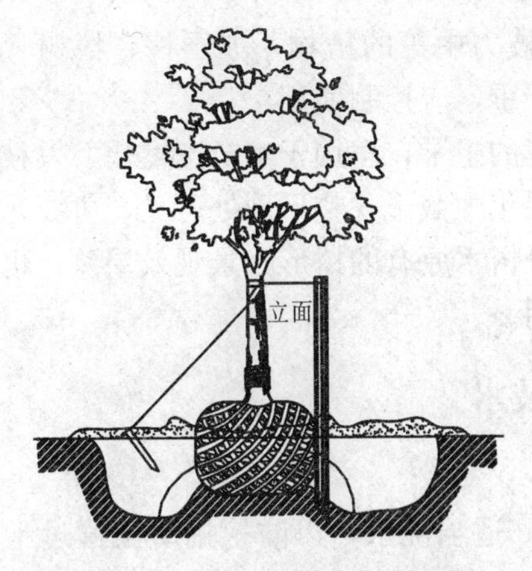

图 4-3　W形大树移植坑示意图

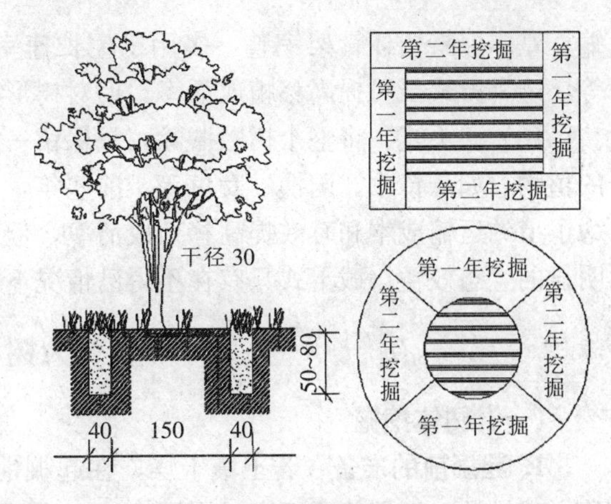

图 4-4　断根缩坨（单位：cm）

（三）大树移植前的技术处理

为提高大树移植的成活率，可在移植前采取适当的技术措施，以促进树木吸收根系的扩增，同时也可为其后的移植施工提供方便。

1. 断根缩坨（盘根法、回根法）　对移植较难成活或规格较大的树木在移植前 1～3 年，在树木周围挖沟断根，并填土养根，产生大量的须根、毛细根，使主要的吸收根系回缩到主干根基附近，大大提高移栽的成活率（图 4-4）。

具体做法为：在移植前 1～3 年的春季或秋季，以树干为中心，以 3～4 倍胸径尺寸为半径画圆或成方形，在相对的两或三段方向外挖 30～40cm 宽的沟，深度视植物根系特点而定，一般为 60～80cm。挖掘时，如遇较粗的根，应用锋利的修枝剪或手锯切断，使之与沟的内壁齐平，如遇直径 5cm 以上的粗根，为防大树倒伏一般不予切断，而于所开沟内壁处行环状剥皮（宽约 10cm）后保留，并在切口涂抹 0.1%的生长素（如 NAA 等），以有利于促发新根。其后，土壤回填并夯实，定期浇水。到翌年春季或秋季，再分批挖掘其余的沟段，仍照上述操作进行。正常情况下，经 2～3 年，环沟中长满须根后即可起挖移植。

在气温较高的南方，有时为突击移植，在第一次断根数月后，即起挖移植。通常以距地面 20～40cm 处树干周长为半径，挖环行沟，沟深 60～80cm，沟内填稻草、园土至满后浇水，相应修剪树冠。但保留两段约占 1/4 的沟段不挖，以便能有足够的根系不受损伤，能够继续吸收养分、水分，供给树体正常生长。40～50d 后，新根长出，即可掘树移植。

2. 平衡修剪　大树移植时树木根系损伤严重，因此一般需对树冠进行修剪，减少枝叶蒸腾，以获得树体水分的平衡。修剪强度则根据树种、栽植季节、树体规格、生长立地条件及移植后采取的养护措施与提供的技术保证来决定，原则上尽量保持树木的冠形、姿态。目前国内大树移植主要采用的树冠修剪方式有全冠式、半冠式和截干式三种。

（1）全冠式　原则上只将徒长枝、交叉枝、病虫枝、枯弱枝及过密枝剪除，尽量保持树木的原有树冠、树形，景观效果好，这是目前高水平绿地建设中提倡使用的，尤其适用于萌芽力弱的常绿树种，如雪松、广玉兰即为典型的代表树种。

落叶树种的全冠式修剪除疏除交叉枝、重叠枝、病虫枝外，可对所有一、二年生枝进行短截，剪掉 1/3～1/2。

（2）半冠式　只保留树冠的一级分枝及 3cm 以上的其他分枝，3cm 以下的分枝全部回缩。基本保持树体骨架完整，多用于生长速率和发枝力中等的植物，如国槐、榉树、银杏等，这种方式虽可提高移植成活率，但对树形破坏严重，应控制使用。

(3) 截干式　将整个树冠截除，只保留一定高度的主干，多用于生长速度快、发枝力强的植物，如悬铃木、国槐、女贞等。前些年，城市绿化中截干式整形到处可见，主要是乙方为了节约运输成本和有效提高移植成活率，但破坏了树木原有的树形，景观效果差，也没有明显的生态效益。截干式只有在不得已情况下才使用。

五、大树移植技术

(一) 树体挖掘

1. 起掘前的准备　若土壤干燥，在起掘前1～2d适当浇水，以防挖掘时土壤过干而导致土球松散；挖掘前清理大树周围2～3m范围内的碎石、瓦砾、灌木、地被等障碍物，大致整平地面，并合理安排运输路线；用草绳拢冠以缩小树冠伸展面积，便于挖掘。

2. 起掘和包装

(1) 带土球软材包装　带土球软材包装适于移植胸径15～20cm的大树。对于未断根大树，以胸径7～8倍为所带土球直径画圈，沿圈的外缘挖60～80cm宽的沟，沟深与土球厚度相符，一般60～80cm（约为土球直径的2/3）。铲去表层土，挖到要求的土球厚度时，用预先湿润过的草绳、蒲包片或麻袋片包扎。实施过断根缩坨处理的大树，填埋沟内的新根较多，尤以坨外为盛，起掘时应沿断根沟外侧再放宽20～30cm开挖。

(2) 带土球方箱包装　带土球方箱包装适于移植胸径20～30cm、土球直径超过1.4m的大树。以树干为中心，以树木胸径的7～10倍为标准画正方形，沿画线的外缘开沟，沟宽60～80cm，沟深与留土台高度相等，土台规格可达2.2m×2.2m×0.8m。修平的土台尺寸稍大于边板规格，以保证边板与土台紧密靠实。每一侧面都应修成上大下小的倒梯形，一般上下两端相差10～20cm。随后用4块专制的箱板夹附土台四侧，用钢丝绳或螺栓将箱板紧紧扣住土块，而后将土块底部掏空，附上底板并捆扎牢固。

(3) 裸根软材包扎　裸根软材包扎只适用于落叶乔木和萌芽力强的常绿植物，如悬铃木、柳、银杏、香樟、女贞等。大树裸根移植，所带根系的挖掘直径范围一般是树木胸径的8～12倍，然后顺着根系将土挖散敲脱，注意保护细根。然后在裸露的根系空隙中填入湿苔藓，再用湿草袋、蒲包等软材将根部包缚。软材包扎法简便易行，运输和装卸也容易，但对树冠需进行半冠式重度修剪，移植要在枝条萌芽前进行。

(4) 裸根移植　一般情况下，裸根栽植只适用于胸径小于5cm的落叶植物，但是对生长在气候适宜、湿度较大、沙性较重的土壤中的大树，在短距离运输的情况下，也可采用。具体做法是，在用起重机吊住树干的同时挖根掘树，逐渐暴露全部根系（图4-5）。挖掘结束后，需随即覆盖暴露的根系，并不断往根系上喷洒水分，以避免根系干燥。有条件时，可使用生根粉或保水剂，以提高移植成活率。

图4-5　大树裸根移植

（二）装运

大树装运前，应先计算土球重量，计算公式为

$$W = D^2 h\beta^*$$

式中，W ——土球重量；

D ——土球直径；

h ——土球厚度；

β ——土壤容重。

Thompson（美国）列出大树土球重量与树干直径的关系曲线，以计算大树移植时的重量，安排相应的起重工具和运输车辆。

大树移植时，其土球的吊装、运输，应掌握正确的方法以免损伤树皮和松散土球。吊绳应直接套住土球底部，亦可一端吊住树木茎干（图 4－6）。准备一根长度大于土球周长 4 倍以上的粗麻绳（现多用阔幅尼龙带，对土球的勒伤较小），对折后交叉穿过土球底部，从土球底部上来交叉、拉紧，将两个绳头系在对折处，用吊车挂钩钩住拉紧的两股绳，起吊上车。在运输车厢底部装土，将土球垫成倾斜状，将土球靠近车头厢板，树冠搁置在后车厢板上。上车后最好不要将套在土球上的绳套解开，防止拆系绳套时损坏土球，也以便移植时再用。

国外已有各种类型的机械用于大树移植，而专用的大树移植机是高效、方便的一种机械，国内也已有少数园林公司开始使用类似的机械（图 4－7）。

图 4－6　土球吊装

图 4－7　大树移植机工作图

树木移植机是用于树木带土球移植的机械，可以完成挖穴、起树、运输、栽植、浇水等全部（或部分）作业。在近距离大树移植时，一般采用两台机械同时作业，一台带土球挖掘大树并搬运到移植地点，另一台挖坑并把挖起的土壤填回大树挖掘后的空穴。虽说一次性投入高，但移植成活率高、工作效率高，并可减轻工人劳动强度、提高作业安全性，在城市绿地建设特别是在大树移植中是值得推广的发展方向。

* 土球上、下表面近似正方形，取边长为 D。

（三）栽植

大树移植要掌握随挖、随包、随运、随栽的原则，移植前应根据设计要求定点、定树、定位，提前挖坑。

栽植大树的坑穴，应比土球（台）直径大40～50cm，比方箱尺寸大50～60cm，比土球或方箱高度深20～30cm，并更换适于树木根系生长的腐殖土或培养土。吊装入穴时，与一般树木的栽植要求相同，应将树冠最丰满面朝向主观赏方向，并考虑树木在原生长地的朝向。栽植深度以土球（台）或木箱表层高于地表20～30cm为标准；特别是不耐水湿的植物（如雪松）和规格过大的树木，宜采用浅穴堆土栽植，即土球高度的3/5～4/5入穴，然后围球堆土成丘状，此法根际土壤透气性好，有利于根系伤口的愈合和新根的萌发。树木栽植入穴后，尽量拆除草绳、蒲包等包扎材料，填土时每填20～30cm即夯实一次，但应注意不得损伤土球。栽植完毕后，在树穴外沿筑一个高30cm的围堰，浇透定植水。

（四）假植

如有特殊原因不能及时定植，需行假植。建设过程中必须移位的大树，一时找不到合适的移植地点，也可集中假植。目前，我国有些大苗木商通常采用大树集中假植囤积的方法，以提高大树移植成活率，获得更大的经济效益。大树假植多采用露球围囤的方法，内填疏松、肥沃的基质，既便于操作，又利于发根。围囤材料可以是砖、木或塑料板材，根据假植时间和材料来源而定。

（五）植后养护

1. 支撑 大树栽植后应立即支撑固定，预防歪斜。正三角撑最有利于树体固定，支撑点以树体高度2/3处为好，支柱根部应入土50cm以上，方能固着稳定。井字四角撑具有较好的景观效果，也是经常使用的支撑方法。

2. 裹干 为防止树体水分蒸腾过大，可用草绳等软材将树干及一级分枝全部包裹。裹干的作用如下：①可避免强光直射和干风吹袭，减少树体枝干的水分蒸腾；②可存储一定量的水分，使枝干保持湿润；③可调节枝干温度，减少高、低温对树干的损伤。每天早晚各对树冠喷水一次，喷水时只要叶片和草绳湿润即可，水滴要细，喷水时间不可过长，以免造成根际土壤过湿，而影响根系呼吸和新根再生。

3. 水肥管理 新移植大树根系吸水功能减弱，对土壤水分需求量较小，因此，只要保持土壤适当湿润即可。土壤含水量过大，反而会影响土壤的透气性能，抑制根系的呼吸，对发根不利，严重的会导致烂根死亡，因此要严格控制土壤浇水量和防止树池积水。定植水采取小水慢浇方法，第一次定植水浇透水后，间隔2～3d后浇第二次水，隔1周后浇第三次水，再后应视天气情况和土壤质地，检查分析，谨慎浇水。但夏季必须保证每10～15d浇一次水。种植时留下的围堰，在第三次浇水后即应撤除并保持略高于周围地面，防止雨时积水。在地势低洼易积水处，要开排水沟，保证雨天能及时排水。此外，要保持适宜的地下水位高度（一般要求－1.5m以下），在地下水位较高处，要做网沟排水，汛期水位上涨时，可在根系外围挖深井，用水泵将地下水排至场外，严防淹根。结合树冠水分管理，每隔20～30d用100mg/L的尿素＋150mg/L的磷酸二氢钾喷洒叶面，有利于维持树体养分平衡。

4. 搭棚遮阴 生长季移植应搭建荫棚，防止树冠经受过于强烈的日晒，减少树体蒸腾强度。特别是在成行、成片移植，密度较大时，宜搭建大棚，省材而方便。全冠搭建时，要求荫棚上方及四周与树冠保持50cm的间距，以利棚内空气流通，防止树冠日灼危害。遮阴度为70%左右，让树体接收一定的散射光，以保证树体光合作用的进行。

5. 树盘处理　浇完第三次水后，即可撤除浇水围堰，并将土壤堆积到树下成小丘状，以免根际积水，并经常疏松树盘土壤，改善土壤的通透性。也可在根际周围种植地被植物，如马蹄金、白三叶、红花酢浆草等，或铺上一层白石子，既美观又可减少土面蒸发。

6. 树体防护　新植大树的枝梢、根系萌发迟，年生长周期短，养分积累少，组织发育不充实，易受低温危害，应做好防冻保温工作。首先，入秋后要控制氮肥、增施磷钾肥，并逐步撤除荫棚，延长光照时间，提高光照度，以提高枝干的木质化程度，增强自身抗寒能力。第二，在入冬寒潮来临之前，做好树体保温工作，可采取覆土、裹干、设立风障等方法加以保护。

此外，在人流比较集中或其他易受人为、禽畜破坏的区域，要做好宣传、教育工作，并设置围栏等加以保护。

六、提高大树移植成活率的措施

大树移植是树木栽植中的重点工程，需要系统的技术支撑和细致的管理，尤其要在提高大树成活率方面给予技术、人力、物力方面的大力支持和投入。技术措施上要在促进生根、降低蒸腾、旱地保水等方面制定科学、详细的措施计划。

移植大树时尽管可带土球，但仍然会失去许多吸收根系，而留下的老根再生能力差，新根发生慢，吸收能力难以满足树体生长需要。为了维持大树移植后的水分平衡，通常采用外部补水（土壤浇水和树体喷水）的措施，但有时效果并不理想，灌溉方法不当时还易造成渍水烂根。采用向树体内输液给水的方法，即用特定的器械把水分直接输入树干木质部，可确保树体获得及时、必要的水分，从而有效提高大树移植成活率。

（一）液体配制

输入的液体以水分为主，并可配入微量的植物生长调节剂和磷、钾矿质元素。为了增强水的活性，可以使用磁化水或冷开水，同时每千克水中可溶入ABT 5号生根粉0.1g、磷酸二氢钾0.5g。生根粉可以激发细胞原生质体的活力，以促进生根，磷、钾元素能促进树体生活力的恢复。

目前市场上有多种品牌的成品大树营养注入液，并有配套的输液设备。如菏泽天玲农化有限公司研制成的大树移植营养液，该营养液也能迅速增加和补充植物生长、复壮所需的养分和水分，可促进细胞原生质流动，加快输导组织运输速度，缩短树木养分运输周期，加强树木根系吸水吸肥功能。同类产品还有树干注入液、活力素等，这些商业化的产品使用特别方便。

（二）注孔输液

大树输液时，先用电钻斜向下呈45°在树体上钻深3～5cm的孔至木质部。一般新植大树在根颈部钻孔，而老弱病残树可在树干高度1/2处或树干分枝处钻孔，可加快效果。之后将药瓶在树体上适当高度处固定，把输管一端插入瓶中，一端插入钻好的孔洞中即可（图4-8）。洞孔数

图4-8　大树输液

量的多少和孔径的大小应和树体大小和输液插头的直径相匹配。输液洞孔的水平分布要均匀，纵向错开，不宜处于同一垂直线方向。商业化的大树输液产品配有专门的操作说明，按步骤操作即可。

（三）不同类型的输液方法

1. 注射器输液 将树干注射器针头拧入输液孔中，把储液瓶倒挂于高处，拉直输液管，打开开关，液体即可输入，输液结束，拔出针头，用胶布封住孔口。

2. 喷雾注射器输液 用喷雾器装好配液，喷管头安装锥形空心插头，并把它紧插于输液孔中，拉动手柄打气加压，打开开关即可输液，当手柄打气费力时即可停止输液，并封好孔口。

3. 挂瓶输液 将装好配液的储液瓶钉挂在孔洞上方，棉芯线的两头分别伸入储液瓶底和输液洞孔底，外露棉芯线应套上塑管，防止污染，配液可通过棉芯线输入树体。

使用树干注射器和喷雾注射器输液时，其次数和时间应根据树体需水情况而定，挂瓶输液时，可根据需要增加储液瓶内的配液。树体抽出 30cm 以上新梢后即可停止输液。抽生新梢长至 30cm 以下停滞不前时，可能存在假活现象，此时只是树体自身的水分和养分发挥作用。

复习思考题

1. 简述园林树木栽植的成活原理。
2. 园林树木栽植包括哪些环节和过程？
3. 园林树木栽植前现场应调查哪些内容？
4. 怎样根据地区的不同选择最适的栽植季节和时间？
5. 非适宜季节栽树应注意哪些问题？
6. 如何提高栽植树木的成活率？
7. 裸根苗与土球苗分别是如何挖掘的？如何栽植？
8. 草绳包扎土球的方式有哪几种？
9. 大树移植前期准备工作包括哪些内容？如何对大树进行移栽前的断根和修剪处理？
10. 怎样才能保证大树移植成活？

第五章　园林植物的露地栽培

【本章提要】露地栽培是园林绿地的主要栽培形式。本章介绍了草本植物露地栽培的方式、技术与管理；草坪建植与管理；地被植物的分类、栽植方法；水生植物的特点、栽培方法；仙人掌类及多浆植物的生物学特性、繁殖与栽培管理；立体绿化植物的种类、特性及应用原则、栽植，城市立体绿化的主要类型，株形及架式的整剪。

露地栽培是指完全在自然气候条件下，不加任何保护的栽培形式。一般露地栽培植物的生长周期与露地自然条件的变化周期基本一致。露地栽培具有投入少、设备简单、生产程序简便等优点，是园林植物生产、栽培中常用的形式。露地栽培的缺点是产量较低，产品质量不稳定，抵御自然灾害的能力较弱。因此，在露地栽培中，往往有在植物生长发育的某一阶段增加保护措施的做法，以期获得优质高产的园林植物产品或保持良好的观赏效果。如露地栽培的园林植物采用设施育苗，有提早开花的效果；盛夏进行遮阳，可防止日灼，提高产品质量；晚秋至初冬进行覆盖，有延后栽培的作用等。农谚常说的“三分种，七分管”，就说明了管理的重要意义。

第一节　草本植物的露地栽培

露地草本植物包括一二年生花卉、宿根花卉、球根花卉及水生花卉等。一般都是直接栽种在地里，其整个生长发育过程都在露地完成。

(一) 草本植物露地栽培方式

露地草本植物根据应用目的有两种栽培方式，即直播栽培方式和育苗移栽方式。

1. 直播栽培方式　将种子直接播种于露地而完成生长发育至开花的栽培方式称直播栽培。一、二年生草花，特别是主根明显、须根少、生长快、不适移植的花卉，大面积粗放栽培的花卉，常用直播。运用直播方式将种子播种于花坛或花池内，使其萌芽，生长发育，达到开花观赏的目的，如虞美人、花菱草、香豌豆、牵牛花、茑萝、凤仙花、飞燕草、紫茉莉、霞草等。

2. 育苗移栽方式　先在育苗圃地播种培育花卉幼苗，长至成苗后，按要求定植到花坛、花池或各种园林绿地中的栽培方式称育苗移栽。育苗移栽方式要选择主根、须根全面且耐移栽的花卉种类。如三色堇、金盏菊、桂竹香、紫罗兰、半支莲、一串红、万寿菊、孔雀草等。这种栽培方法见效较快，近年在园林绿化中广泛应用。此外，一些宿根花卉和其他多年生草本花卉也多采用先在圃地集中育苗，再移栽至绿地中的栽培方式。

(二) 草本植物露地栽培技术

1. 整地做畦 在露地草本花卉栽培中，整地做畦是首先要做的一项土壤准备工作，包括翻耕、整平、去杂等。通过整地，可使前茬作物根系分泌物得以分解，减少其对新栽花卉的影响；改良土壤的物理性状，提高土壤的保水保肥能力，促进土壤熟化，减少越冬病虫害等。

整地深度应根据草本植物种类及土壤状况而定。一、二年生花卉生长期短，根系较浅，为了充分利用表土的优越性，一般翻耕 20cm 左右。宿根花卉、球根花卉需要疏松的土壤，一般翻耕 30～40cm。土壤质地不同，整地深度也有差异，沙土宜浅，熟土宜深。整地可用机耕或人力翻耕。整地翻耕的同时清除杂草、残根、碎砖、烂瓦、石块等。翻耕后若过于松软，可适度镇压，以利植株固定和根系吸水。总之，整地的最终要求要做到表土细、平、匀、实。

做畦的目的主要是有利于排水和浇水。做畦方式依气候情况、地势高低、土壤状况、草本花卉种类及栽培目的的不同而异。畦栽有高畦和低畦两种方式。高畦多用于南方多雨地区及低湿之处，其畦面高出地面，便于排水，畦面两侧为排水沟，有扩大与空气的接触面积及促进风化的效果。畦面的高度依排水需要而定，通常为 20～30cm。低畦用于北方干旱地区及栽植喜湿草本植物，畦面两侧有畦埂，以保留雨水及便于灌溉。

畦面宽一般为 100～120cm，除种子撒播外，通常栽植 2～4 行，与畦的长边平行。植株较大的如大丽花、菊花等一般栽植 2 行，植株较小的如金盏菊、紫罗兰等栽植 3 行，三色堇与福禄考可栽 4 行。植物再大的如芍药等畦面宽度为 70～80cm，栽 1 行。

2. 繁殖育苗 一、二年生花卉多采用播种繁殖；宿根花卉除播种外，还常用分株、扦插、压条、嫁接等方法繁殖；球根花卉主要采用分球法繁殖。

3. 间苗 在育苗过程中，将过密、瘦弱或有病的幼苗拔去称间苗，也称疏苗。当幼苗出芽、子叶展开后，根据苗的大小和生长速度进行间苗。间苗的原则是去密留稀、去弱留壮，使幼苗之间有一定距离，分布均匀。间苗常在土壤干湿适度时进行，并注意不要牵动留下的根系。间苗应分 2～3 次进行，每次间苗量不宜过大，最后一次间苗称定苗。间苗的同时应拔除杂草，每次间苗后需对畦面进行一次浇水，使幼苗根系与土壤密接。

4. 移植与定植 一、二年生草花和宿根花卉进行露地栽培时，大部分均需先育苗，经几次移植，最后定植于花坛或绿地。

(1) 移植 移植包括起苗和移栽两个过程。从苗床挖苗称起苗，幼苗或生长期苗起苗时需带土团。移植时可在幼苗长出 4～5 枚真叶或苗高 5cm 时进行，土壤应不干不湿，避开烈日天气，选择阴天或下雨前进行最好，若晴天宜在傍晚进行。移植后需遮阳管理，减少蒸发，缩短缓苗期，提高成活率。

(2) 定植 将移植过的幼苗、盆栽苗、宿根花卉或经过储藏的球根，按绿化设计要求栽植于花坛、花境或其他绿地等不再移动的地方称定植。定植前要根据植物的要求施入肥料。一、二年生草花生长期短，根系分布浅，用含有肥料的壤土即可；宿根花卉和球根花卉要施入有机肥。栽植前需对幼苗进行分级，以期栽植后整齐一致。栽植顺序一般是从地势较高一侧向较低一侧栽植，或从中心向四周栽植。若绿地中有图案，则应先栽植图案边线，再栽植图案内部。定植时要注意掌握株行距。不能过密，也不能过稀，一般按植株冠幅配置，使成龄植株能相接又不挤压。定植后，应立即浇定根水，使土壤与根系密接。

（三）草本植物露地栽培管理

1. 灌溉及排水　灌溉用水以清洁的河水、塘水、湖水为好。井水和自来水可以储存1～2 d后再用。新打的井水使用之前应经过水样化验，水质呈碱性或含盐质或已被污染的水不宜应用。

灌溉时间因季节而异。夏季为防止因灌溉引起土壤温度骤降，伤害植株根系，常在早晚进行，此时水温与土温接近。冬季宜在中午前后进行灌溉。春、秋季视天气和气温的高低，中午和早晚进行灌溉。如遇阴天则全天都可进行灌溉。

灌溉方法因植株大小而异。播种出土的幼苗一般采用漫灌法，使耕作层吸足水分，也可用细孔喷水壶浇灌，要避免水的冲击力过大，冲倒苗株或溅起泥浆玷污叶片。也可用胶管、塑料管引水灌溉。大面积的圃地与园地灌溉，需用灌溉机械进行沟灌、漫灌、喷灌或滴灌。

灌溉次数由季节、天气、土质及植物本身生长状况来决定。夏季因温度高蒸发快，灌溉次数多于春、秋季，冬季则少浇水或停止浇水。同种植物的不同生长发育阶段，对水分的需求量也不同，枝叶生长旺盛期需较多水分，开花期只要保持园地湿润，结实期可少浇水。宿根和球根花卉在种植初期一般不需浇水或较少浇水。

植物根系在生长期不断与外界进行物质交换，也在进行呼吸作用。如果圃地、园地积水，则土壤不通气、缺氧，根系的呼吸作用受阻，久而久之因窒息引起根系死亡，植株也就枯黄。所以圃地、园地排水要通畅、及时，尤其在雨季，力求做到雨停即干。对于较怕积水的花卉植物，宜布置在地势高、排水好的园地。

2. 修剪与整形　通过修剪与整形可使花卉植株枝叶生长均衡，协调丰满，花繁果硕，有良好的观赏效果。整形修剪包括摘心与抹芽、折枝捻梢、曲枝、剥蕾、整枝、绑扎与支架等。

（1）摘心与抹芽　摘心是指摘除正在生长中的嫩枝顶端，可促使侧枝萌发，增加开花枝数；使植株矮化，株形圆整，开花整齐；也有抑制生长，推迟开花的作用。需要进行摘心的花卉有一串红、百日草、翠菊、金鱼草、福禄考、矮牵牛等。但对于以下几种情况不需摘心：如植株矮小、分枝多的三色堇、雏菊、石竹等；一株一花或一个花序，以及摘心后花朵变小的种类，如球头鸡冠花、凤仙花等；球根花卉、攀缘植物及兰科花卉等。

抹芽也称除芽，即剥去过多的腋芽或挖掉脚芽，限制枝数的增加或过多花朵的发生。使营养相对集中，花朵大且充实，如菊花、大丽花、芍药等。

（2）折枝捻梢　折枝是将新梢折曲，但仍连而不断。捻梢是将梢捻转。折枝和捻梢均可抑制新梢徒长，促进花芽分化。牵牛花、茑萝等均可用此法。

（3）曲枝　为使枝条生长均衡，将生长势过旺的枝条向侧方压曲，将长势弱的枝条顺直，可以达到抑强扶弱的效果，如大丽花等。

（4）剥蕾　剥去侧蕾和副蕾，使营养集中供给主蕾开花，保证花朵的质量，如芍药、大丽花、菊花等。

（5）整枝　对于草本植物而言，一般是保持植物的自然生长姿态，仅对一些交叉枝、重叠枝、丛生枝、徒长枝稍加控制。人们经常根据个人的喜爱和情趣，利用植物的生长习性，经修剪整形做成各种形姿，达到源于自然、高于自然的艺术境界，可将植物整成镜面形、牌坊形、圆盘形、下垂形或S形等，如常春藤、藤本天竺葵、文竹、大立菊、悬崖菊等。整形的植物应随时进行修剪，以保持其优美的姿态。

（6）绑扎与支架　部分草本植物有的茎枝纤细柔长，有的为攀缘植物，有的为了整齐美观，有的为了做成扎景，常设立支架或支柱，同时进行绑扎。如小苍兰、香石竹等花枝细长，常设支柱或支撑网；香豌豆、茑萝、球兰等攀缘植物，常扎成屏风形或圆球形支架；菊花在盆栽中常设支架或制成扎景等。

3. 防寒越冬　我国北方冬季寒冷，冰冻期又长，露地生长的花卉一般要采取防寒措施才能安全越冬。

（1）覆盖法　在霜冻来临之前，在畦面上覆盖干草、落叶、马粪、草帘、薄膜等，直到翌年春晚霜过后去除覆盖物。常用于二年生花卉、宿根花卉、可露地越冬的球根花卉等。

（2）培土法　冬季地下部分全部休眠的宿根花卉，如芍药、鸢尾、玉簪等，在封冻前将地上枯萎的部分剪掉，浇透封冻水，培土 20～30cm，壅土压埋进行防寒，待春暖后将土扒开，使其继续生长。

（3）灌水法　冬灌水能减少或防止冻害，在严冬来临前灌冬水，能提高土壤的导热量，使深土层的热量容易传导到土面，从而提高近地表空气温度。

（四）球根的采收和储藏

1. 球根的采收　球根花卉停止生长进入休眠后，大部分种类需要采收并进行储藏，待度过休眠期后再进行栽植。有些种类的球根虽然可留在地中生长多年，但如果作为专业栽培，仍然需要每年采收，其原因如下：

①冬季休眠的球根在寒冷地区易受冻害，需要在秋季采收储藏越冬；秋植球根在夏季休眠时，如果留在土中，会因多雨湿热而腐烂，也需要采收储藏。

②采收后，可将种球分出大小、优劣，便于合理繁殖和培养。

③新球和子球增殖过多时，如不采收、分离，常因拥挤而生长不良，而且因为养分分散，植株不易开花。

④发育不够充实的球根，采收后放在干燥通风处可促其后熟，而留在土壤中容易腐烂。

⑤采收种球后可将土地翻耕，加施基肥，有利于下一季节的栽培。也可在球根休眠期栽培其他作物，以充分利用土壤。

采收种球应在植株生长已停止，茎叶枯黄未脱落，土壤略湿润时为最佳。采收过早，养分尚未充分积聚于球根中，球根不够充实；采收过晚，茎叶枯萎脱落，不易确定土中球根的位置，导致球根受损或子球散失。采收时可掘起球根，除去过多的附土，并适当剪去地上部分。春植球根中的唐菖蒲、晚香玉可翻晒数天，使其充分干燥；大丽花、美人蕉等可阴干至外皮干燥，勿过干，勿使球根表面皱缩。大多数秋植球根，采收后不可置于太阳下暴晒，待外皮干燥即可。

2. 球根的储藏　经晾晒或阴干的球根就可进行储藏。储藏前要除去种球上的附土和杂物，剔除病残球根。数量少而名贵的球根，病斑不大时，可用刀将病部刻去，并涂上防腐剂或半溶的石蜡及草木灰等。易受病害感染者，储藏时最好混入药剂或先用硫酸铜溶液浸洗，消毒后再储藏。

球根的储藏方法因球根种类而不同。对于通风要求不高、需保持一定湿度的球根种类如大丽花、美人蕉、百合等的储藏，可用微湿的锯末、细沙、谷糠等，将球根堆藏或埋藏起来。如果量少可用盆、箱储藏，量大可堆于室内地上或挖窖储藏。对要求通风良好、充分干燥的球根，如唐菖蒲、风信子、球根鸢尾、郁金香等，可在室内设架，铺上席箔、苇帘等，上面摊放球根，晚香玉、唐菖蒲等可编辫悬挂室内。如设多层架子，层间距为 30cm 以上，以利通风。少量球根可放在浅箱或木盘上，也可放在竹篮或网袋中，置于背阴通风处储藏。

球根储藏所要求的环境条件也因球根种类而不同。春植球根冬季储藏，室温应保持在 4～5℃，不可低于 0℃或高于 10℃。在冬季室温较低时储藏，对通风要求不严格，但室内也不能闷湿。秋植球根于夏季储藏时，应使环境干燥和凉爽，室温在 20～25℃，切忌闷热潮湿。在储藏过程中，必须防止鼠害及球根病虫害的传播，应经常检查。多数球根花卉在休眠期进行花芽分化，所以，其储藏条件的好坏与以后开花有很大关系，不可忽视。

第二节　草坪建植与管理

草坪是指以低矮、丛生或匍匐蔓生、再生能力强的禾本科和莎草科多年生植物为主体，经人工建植和管理，具有绿化美化、护坡和观赏功能，可供人们游憩、活动或运动的坪状草地。

一、草坪草的特性与分类

（一）草坪草的特性

草坪草是指用来建植草坪的草本植物，以禾本科和莎草科多年生草本植物为主。根据草坪的功能和养护管理需要，和其他园林植物相比，草坪草应具备以下特性：

①地上部生长点位低，并有坚韧叶鞘的多重保护，因此在修剪时所受的机械损伤较小，并有利于生长。同时又由于生长点有叶鞘的保护，还能减轻因踏压而引起的物理伤害。

②叶片多数，一般小型、细长、直立。细而密生的叶对建立地毯状草坪是必要的，直立细长的叶则有利于光照进入草坪下层，草坪下层叶很少发生黄化和枯死现象，因而成坪修剪后不显色斑。

③多为低矮的丛生型或匍匐茎型，覆盖力强，易形成草坪状的覆盖层。

④对不良环境的适应性强。对高温或寒冷、干旱具有较强的耐性，能在贫瘠地、多盐分的土壤上生长，或较耐阴，对病虫害抗性较强，与杂草竞争力强，生长旺盛。

⑤繁殖力强。通常草坪草结实量大，容易收获。此外，还可利用匍匐茎、草皮、植株进行营养繁殖，因此易于建成大面积草坪。

⑥分布广泛，再生力强。草坪即使进行多次修剪也易得到恢复，反而能促进密生，裸地能被迅速覆盖，对环境适应性强。

⑦对人畜无害。草坪草通常无刺及其他刺人的器官，一般无毒，没有不良气味，不分泌弄脏衣服的乳汁等不良物质。

（二）草坪草的分类

草坪草的种类资源极其丰富，现已利用的草坪草品种有 1 500 多个，随着草坪业的发展和草坪草育种工作的深入，还会不断发现新的草坪草。为了使用上的方便，根据草坪与人类生活广泛而密切的联系及草坪草极其丰富的表现形式和特性，可以从不同角度对草坪草进行分类。

1. 按气候与地域分布分类

（1）暖季型草坪草　暖季型草坪草主要分布于热带和亚热带地区，即长江流域及以南较低海拔的地区。在黄河流域冬季不出现极端低温的地区，也可种植暖季型草坪草中的个别品种，像狗牙根、结缕草等。暖季型草坪草生长的最适宜温度范围是26～32℃。温度10℃以下时则进入休眠状态，适宜于温暖湿润或温暖半干旱气候条件，年生长期为240d左右，耐低修剪，有较深的根系，抗旱、耐热、耐践踏。

暖季型草坪草中仅有少数品种可以获得种子，因此主要以营养繁殖方式进行草坪的建植。此外，暖季型草坪草均有相当强的长势和竞争力，当群落一旦形成，其他草种很难侵入。因此，暖季型草坪草多为单一品种的草坪，混合型草坪较为少见。常见的暖季型草坪草有狗牙根、结缕草、地毯草、野牛草、假俭草等。

(2) 冷季型草坪草　冷季型草坪草主要分布于亚热带和温带地区，即长江流域以北地区。在长江以南，由于夏季气温较高，而且高温和高湿同期，冷季型草坪草容易感染病害。因此必须采取特别的管理措施，否则易衰老和死亡。冷季型草坪草最适宜生长温度范围是15～25℃，耐高温能力差，但某些冷季型草坪草如高羊茅、匍匐翦股颖和草地早熟禾可在过渡带或热带与亚热带地区的高海拔地区生长。早熟禾和翦股颖能耐受较低的温度，高羊茅和多年生黑麦草能较好地适应非极端低温。

2. 按植物种类分类

(1) 禾本科草坪草　禾本科草坪草分属于羊茅亚科、黍亚科和画眉草亚科，是草坪草的主体。约600属，10 000余种，能用于草坪，即耐践踏、耐修剪，能形成密生草群的达千种之多。

(2) 非禾本科草坪草　禾本科以外具有发达匍匐茎、耐践踏、易形成草坪的草类。如莎草科薹草属的异穗薹草和卵穗薹草，豆科的白三叶，旋花科的马蹄金，百合科的沿阶草，酢浆草科的酢浆草等。

此外，也可根据草坪草的用途、绿期等进行分类。依绿期可分为夏绿型草坪草、冬绿型草坪草和常绿型草坪草等。

二、草坪的建植

草坪建植简称建坪、铺坪、铺草坪等，是指采用有性繁殖和无性繁殖方法人工建植草坪的过程。有性繁殖方法包括播种法、植生带铺植法、喷播法，无性繁殖方法包括播茎法、(草皮、草块) 铺植法。草坪建植主要包括草种的选择、场地的准备、种植和植后管理四个部分。

(一) 草种的选择

草种的选择至关重要，它是草坪建植、养护，尤其是获得优质长寿草坪的关键。

1. 根据建坪地环境和条件选择　不同草种具有不同的生态适应性和抗逆性，所选择的草种必须适应建坪地的生物区系、气候、土壤、水分、光照等环境和条件，还应能够抵抗该地一定的不利条件和因素，具有正常生长并形成优质草坪的能力。

选择草种最好的方法是优选乡土草种。我国草坪草种质资源丰富，种类和品种繁多，各地都有较优良的乡土草种。如长江以南的普通狗牙根、结缕草、假俭草等，华北地区的中华结缕草等，西北、东北地区的早熟禾、紫羊茅等。这些草种在该地区适应性强并具有一定的抗逆性，只要栽培得当、加强管理，都能建植优质草坪。

2. 根据草坪功能需要选择　不同功能要求的草坪对草坪草种的要求也不同。如建植观赏草坪，可选择观赏效果好的细叶结缕草、沟叶结缕草、细弱翦股颖、马蹄金等；建植运动场草坪，可选择耐践踏的狗牙根、中华结缕草、高羊茅、草地早熟禾、黑麦草等；建植护坡护岸草坪，可选择根系发达、匍匐生长、适应性强的结缕草、狗牙根等。

3. 根据经济实力和养护管理能力选择　建坪应考虑造价和养护管理费用，要以经济适用为原则，如果没有较强的经济实力和管护能力，应选择普通草种和耐粗放管理的草种，否则不但增加负担，而且不能达到应有的效果。另外，可根据草坪草的生长特点，通过草种选择降低管护强度，如翦股颖、狗牙根具低矮的生长特性，可以适当减少修剪次数，从而降低管护强度。

4. 根据景观需求选择　在建立草坪时，还应考虑草坪草与周围环境及其他园林要素间的协调、对比。如在浅色建筑周围布置草坪时，用深绿色草坪草来突出建筑的色彩美；而在以深色为主的环境下，则可选择浅绿或嫩绿色的草坪草种。

（二）单播及混播

1. 单播　单播指只用一种草坪草种或品种建植草坪的方法。暖季型草坪草中狗牙根、假俭草、结缕草等常单播，冷季型草坪草中高羊茅、翦股颖也常单播。这些草坪草单播可以获得一致性很好的草坪。但单播草坪其遗传背景简单，往往在抗病性和抗虫性等方面较差。因此用播种法建坪时若有可能一般采用两种以上草坪草种混播。

2. 混播　混播指根据草坪的使用目的、环境条件、草坪养护水平，选择两种或两种以上草坪草种或品种混合播种的建坪方法，常用于冷季型草坪的建植。混播可使草坪适应差异较大的环境条件，加速草坪形成，延长草坪寿命，从而更好地发挥草坪的功能和作用。

在混播组合中，根据各草种数量及作用，可分为三个部分，即建群种、伴生种和保护种。建群种是体现草坪功能和适应能力的草种，在群落中的比例最大；伴生种是草坪群体中第二重要的草种，当建群种生长受到障碍时，由它来维持和体现草坪的功能；保护种一般发芽迅速，对生长缓慢或柔弱的草种起庇荫和抑制杂草的作用。如上海等地足球场草坪一般选用80％高羊茅＋20％早熟禾或70％高羊茅＋20％早熟禾＋10％多年生黑麦草进行混播建植，效果较好。

下面为几种常见混播草坪的草种组合比例：

①90％草地早熟禾（3个或3个以上品种混合），10％多年生黑麦草。适于冷凉气候带高尔夫球场的球道、发球台和庭院等应用。

②30％半矮生高羊茅，60％高羊茅改良品种，10％草地早熟禾改良品种。适于冷凉气候带小区绿化等应用。

③50％草地早熟禾（3个或3个以上品种），50％多年生黑麦草。适于冷暖转换地带的庭院和冷凉沿海地区的高尔夫球道、发球台等应用。

④55％草地早熟禾，25％丛生型紫羊茅，10％高羊茅，10％多年生黑麦草。适于冷凉气候带各类运动场应用。

⑤混合高羊茅（3个或3个以上品种混合）。适于过渡地带及亚热带运动场、庭院应用。

⑥护坡型配方为50％高羊茅，25％多年生黑麦草，20％狗牙根，5％结缕草。

（三）场地准备

建坪的成败在很大程度上取决于欲建坪地的场地准备。场地准备是任何种植方式都要经历的一个重要环节。坪地土壤是草坪草根系、根茎、匍匐茎生长的环境，土壤结构和质地的好坏直接关系到草坪草生长和草坪的使用。场地准备包括场地清理、土壤耕作、换土或客土、灌排水系统建立等。

1. 场地清理 场地清理是指清理或减少建坪场地内影响草坪建植和草坪草生长的障碍物的过程。大体包括以下内容：

（1）木本植物的清理 木本植物包括乔木和灌木以及倒木、腐木、树桩、树根等。倒木、腐木、树桩、树根要连根清除，以免残体腐烂后形成洼地破坏草坪的一致性，也可防止伞菌等滋生。生长的木本植物根据设计要求决定去留及移植方案，能起景观作用的树木或古树尽量保留，有些树种尽管不是古树名木，但在当地比较稀有，也应尽量保留，此外一律铲除。

（2）岩石、巨砾、建筑垃圾的清理 根据设计要求，对有观赏价值的岩石、巨砾等可留作布景，其余一律清除或深埋 60cm 以下，并用土填平，否则易形成养分供应不均匀的现象。

建筑垃圾指块石、石子、砖瓦及其碎片、水泥、石灰、薄膜、塑料制品、建筑机械留下的油污等，这些垃圾都要彻底清除或深埋 60cm 以下。

2. 建坪前杂草的防除 杂草清除是草坪栽培管理工作中一项艰巨而长期的任务。在建坪前清理现有的杂草，能起到事半功倍的效果。

（1）物理防除 用人工或土壤耕翻机具清除杂草的方法。若在秋冬季节，杂草种子已经成熟，可采用收割储藏的方法用作牧草，或用火烧消灭杂草；若在杂草生长季节且尚未结籽，可采用人工、机械翻挖用作绿肥；若是休闲空地，通常采用休闲诱导法防除杂草，即定期进行耕、耙、浇水作业等，促使杂草种子萌发，以杀死杂草可能生出的营养繁殖器官及种子，反复几次可达到清除杂草的目的。

（2）化学防除 用化学除草剂杀灭杂草的方法。通常应用高效、低毒、残效期短的灭生性内吸型或触杀型除草剂。

对于休闲期较短的欲建坪地，应先整地，然后浇水诱导杂草生长，待杂草长到 5～8cm 高，在播种前或铺植前 15～20d 施用内吸型除草剂草甘膦，可使一、二年生杂草在 7～8d 死亡，多年生杂草将除草剂吸收，一段时间后逐渐死亡。实践证明对播种法或铺植法建植的草坪都没有影响。

3. 土壤耕作

（1）耕地 耕地是利用畜力或机械动力牵引，用犁将土壤翻转的过程。耕地的作用如下：一是将欲建坪地上的绿肥、杂草、植物残体或基肥翻耕到土表以下，以提高整地质量和土壤肥力；二是疏松表层土壤，促进土壤风化和心土表土化，增加土壤孔隙度和通气性。耕作时间以秋、冬季为好，深度和次数取决于土壤质地。新耕地耕作层浅，有利于草坪根系的生长，应耕深20～30cm，一次耕不到位可分 2～3 次逐渐加深。老坪地或老耕地耕作层较深，土壤结构较好，可适当浅耕，一般 15～20cm。

（2）旋耕 旋耕多用机械完成，分深旋和浅旋。

①深旋：土壤经翻耕后，土表起伏不平，耕层内空隙大而多，土壤松紧不一。因此晒垡和冻垡后要旋耕。常用机械是旋耕机，动力是手扶拖拉机或大型拖拉机。旋耕的作用是破垡和肥土拌和，清除表土杂物，疏松土层。旋耕的深度、次数与耕作深度和破垡质量成正比。

②浅旋：土壤旋耕后土壤颗粒仍较大，平整度不够，需进一步浅旋。常用的机械是免耕机，其特点是刀片短、转速快，能将表土进一步细化，肥土拌和均匀。

（3）平整 平整是整地的最后一道工序。平整的标准是平、细、实，即地面平整、土块细碎、上松下实。平整往往结合挖方与填方、坡度整理同时进行。

①挖方与填方：绿化工程是建设工程的最后工序，欲建坪地经常是坑坑洼洼，有的地方缺土，有的地方土方过剩，应按设计要求进行挖方和填方。对工程量大的场地要用推土机、装载车、挖掘机等进行挖方和填方，一般只要人工作业即可。填方应考虑填土的沉降问题，细土通常下沉15%（每米下沉12～15cm），要逐层镇压。

②整理坡度：草坪草不能积水，表面排水适宜坡度为0.5%～0.7%。在建筑物附近，坡向应是远离房屋的方向，开放式的广场应以广场为中心向四周排水。坡度的整理应和挖方填方同时进行。

坪地经挖方和填方、坡度整理、土壤耕旋后土表留有机械轮槽、旋刀沟和小起伏，需人工耙平或机械刮平。平整前后要捡去石块、硬块、杂草等。小面积常人工平整，常用平整工具为单耧耙（短钉齿耙）、多钉齿耙等；大面积需用刮平机械、板条大耙等进行平整。平整的原则是"小平大不平"，即除了草坪地设计中的起伏和应有的坡度外，尽量做到平整一致。

4. 土壤改良　理想的草坪地应是土层深厚、无异型物体、土壤肥沃、排水良好、pH为6～8、结构适中的土壤。然而建坪地土壤并非都是这样，必须进行改良。土壤改良的主要内容有：

（1）改良土壤质地　过黏、过沙的土壤，使用泥炭、锯屑、砻糠（稻壳、麦壳）、碎秸秆、煤渣灰、人畜粪肥等进行改良。泥炭的施用量约覆盖草坪地5cm厚，或5kg/m^{2}左右，或锯屑、砻糠、秸秆、煤渣灰等覆盖3～5cm，经旋耕拌和。使土壤质地改良的深度达到25～35cm，最少也要达到15～20cm，以使土坡疏松，肥力提高。

（2）调节土壤酸碱度　过酸的土壤常用碳酸钙粉来调节，使用时越细越好，以增加土壤的离子交换强度，达到调节土壤pH的目的。过碱的土壤常用石膏、硫黄或明矾调节。硫黄经土壤中硫细菌的作用氧化生成硫酸，明矾（硫酸铝钾）在土中水解也产生硫酸，都能起到中和碱性土壤的效果。此外种植绿肥、临时增施有机肥等对调节土壤酸碱度都有明显效果。

（3）施基肥　基肥以有机肥为主，化肥为辅。有机肥主要包括农家肥（如厩肥、堆肥、沤肥等）、植物性肥料（油饼、绿肥、泥炭等）。有机肥因肥效慢、稳、长，属长效肥，故宜作基肥，一般结合旋耕深施20～30cm。具体用量视土壤肥力定，一般农家肥40～50 t/hm^2，饼肥一般0.2～0.5kg/m^2。由于有机肥是迟效肥，基肥还应配合速效肥，以N、P、K三元素复合肥为主，用量视肥料有效含量一般50～150 g/m^2。

（4）换土或客土　换土是将耕作层的原土用新土全部更换。换土厚度不得少于20～30cm，应以肥沃的壤土和沙壤土为主，否则要进行土壤质地改良。回填土因质地不同，重1.4～2.1 t/m^3。为保证回填土的有效厚度，通常应增加20%的沉降余量，并逐层镇压。

（5）土壤消毒　将农药施入土壤中，杀灭土壤病菌、害虫、杂草种子、营养繁殖体、致病有机体、线虫等的过程。常用硫酰氟、溴甲烷、棉隆、氯化苦等熏蒸剂熏杀或用棉隆、克百威等进行喷雾消毒。使用时应注意人畜安全及药物残留对草坪草的危害。

（四）草坪建植方法

1. 播种法　播种法建植草坪即用种子直接播种建立草坪的方法。大多数冷季型草坪草均用种子直播法建坪，暖季型草坪草中的假俭草、雀稗、地毯草、野牛草、普通狗牙根和结缕草亦可用种子建坪。用播种法建植草坪节时省工。草坪根系发达，长势旺盛，耐旱力强。草坪表面平整，有利于机械修剪和提高修剪质量。

（1）播种时期　草坪最适宜的播种期因草种和地区而异。冷季型草坪草的发芽温度为10～30℃，最适宜的发芽温度为20～25℃。因此，冷季型草种除了严冬和酷夏外均可播种，但以早春和初秋两季播种最为适宜。春播幼苗在炎热的季节来临之前已健壮生长，增强了对不良环境的抵抗能力。初秋播种，此时杂草已停止生长，并可在冬季到来之前形成初期草坪，有利于安全越冬。暖季型草坪草的发芽温度一般为25～35℃，最适宜的发芽温度为25～30℃。因此，暖季型草坪草一般在6～8月播种较为适宜。但一般情况下，为了确保建坪成功，冬季和夏季建植冷季型草坪以单皮直铺较好。

（2）播种量　草坪种子的播种量取决于种子质量、土壤状况以及工程的性质。一般从理论上讲，播种后在单位面积上有足够的幼苗，即1m² 有10 000～20 000株幼苗。实际播种量还应加20%左右的损耗量。表5-1所列为生产上常用播种量。特殊情况下，为了加快成坪速度可加大播种量。

表5-1　常见草坪草参考播种量

草　　种	正常播种量（g/m²）	加大播种量（g/m²）
普通狗牙根（不去壳）	4～6	8～10
普通狗牙根（去壳）	3～5	7～8
中华结缕草	5～7	8～10
草地早熟禾	6～8	10～13
普通早熟禾	6～8	10～13
紫羊茅	15～20	25～30
多年生黑麦草	30～35	40～45
高羊茅	30～35	40～45
翦股颖	4～6	8
一年生黑麦草	25～30	30～40

（3）种子处理　为了提高发芽率，达到全苗、壮苗的目的，在播种前可对种子加以处理，种子处理的方法主要有三种：一是用流水冲洗，如细叶薹草的种子可用流水冲洗数十小时；二是用化学药物处理，如结缕草种子用0.5%NaOH浸泡48h，用清水冲洗后再播种；三是机械揉搓，如野牛草种子可用机械方法揉搓掉硬壳。

（4）播种方法

①人工撒播：播种方法以人工撒播为多，要求工人播种技术较高，否则很难达到均匀一致的要求。其优点是灵活，尤其在有乔、灌木等障碍物的位置、坡地及狭长和小面积建植地上适用。缺点是播种不均匀，用种量不易控制，有时造成种子浪费。

人工撒播大致分5步：a. 把建坪地划分成若干块或条；b. 把种子相应分成若干份；c. 把种子均匀地撒播在块或条中，种子细小可掺细沙、细土撒播。播2～3个来回以确保均匀；d. 用竹丝扫帚轻捣、轻拍，若盖土，所盖土也要分成若干份撒盖；e. 轻压，压力视土壤硬度而定，最大不超过2t，忌土壤含水量高时镇压。

②机械播种：草坪建植面积较大时，尤其是运动场草坪的建植，适宜用机械播种。常用

播种机有手摇式播种机、手推式播种机和自行式播种机。其最大特点是容易控制播种量，播种均匀。不足之处是不够灵活，小面积播种不适用。

2. 移栽铺植法　除了用种子播种外，还可用草坪草的营养体，如草皮卷、草块、植株茎段等建植草坪。

草皮卷由专门的生产基地提供。为提高工作效率，从铲草坪卷、运输到铺植都有相应的操作机械。草皮卷的大小常以一定面积为单位，如每卷长2～3m，宽30～50cm，厚2cm。机械化施工的草皮卷可比人工施工的大一些。

草块是一小块从草皮卷中抽取的条形或圆形草皮块，大小为直径2～4cm，厚度2cm。草块铺植常在暖季型草坪草如假俭草、钝叶草和结缕草中运用。

植株茎段是指包括几个节的株体部分。播茎法即利用草坪的茎作繁殖体均匀撒布于坪床上，经浇水、施肥等管理形成草坪，是一种营养繁殖法。凡易发生匍匐茎或根状茎的草坪草，如狗牙根、地毯草、马尼拉结缕草、匍匐翦股颖等均可采用播茎法建植草坪。

移栽铺植草坪常用的方法有以下几种：

（1）满铺（密铺）法　满铺法是用草皮将地面完全覆盖。满铺法要求草皮宽30cm左右，长1.5m，厚2～3cm。草皮块不宜过长，太长重量增加，运输和铺植操作都困难。起草皮前提前1d修剪并喷水、镇压，保持湿润，以利于操作。干燥时起草皮操作难，且容易松散。

满铺时，草皮之间应留1～2cm距离，然后用重0.5～1t的磙子镇压，或用人工踩踏，使草皮与土壤紧密，无空隙，易于生根、成活。镇压后浇透水，以后每隔3～4d浇一次水。直到草皮生根后转入正常管理。狗牙根及结缕草由于匍匐枝发达，草皮密度大，铺时可将草皮拉成网状，然后铺设、覆土、镇压，短期内也可成活。

（2）间铺法　间铺法可节约草皮材料。间铺形式有两种：一是均用长方形的草皮块，规格大小不等，宽20～30cm，长30～40cm，草块间留有明显间距，间距约为草块宽度的1/3，间铺法可节约1/3～1/2草皮（图5-1a、c）；另一种是用近似正方形的草块相间排列，形似梅花，铺植面积约占全面积的1/2（图5-1b、d）。为保证草坪平整，间铺时更应注意使草块土面与裸地土面相平，铺植后的镇压、浇水同满铺法。间铺法适于匍匐性强的草种，如狗牙根、结缕草和翦股颖等。

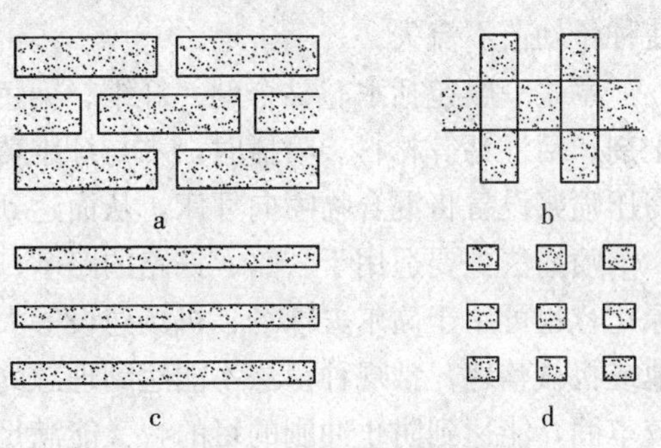

图5-1　草坪铺设方式

（3）匍匐枝撒播铺植法　将草皮铲起，抖落或用水冲去根部附土，然后撕开匍匐茎或把匍匐茎切成3～4cm长、含2～3个节的茎段，均匀撒播在准备好的坪床上，然后覆盖细土1～1.5cm厚，稍加镇压，立即喷水。以后每日早晚各喷水一次，草茎生根后逐渐减少喷水次数。一般护理半个月至1个月，就会先长幼根，接着萌发新芽。此法以春末夏初进行为好。

移栽铺植草坪时，草皮、匍匐枝要即取即铺（播），尽可能缩短中间的时间。不带土的匍匐枝更容易脱水，运输过程中应注意保湿。

3. 植生带铺植法　植生带是在专用设备上按照特定的生产工艺，将草坪种子和其他成分按照一定的密度和排列方式定植在可以自行降解的无纺布上形成的工业化产品。植生带铺植法是建植草坪的一种重要手段，适宜中小面积草坪建植，尤其是坡地不大的护坡、护堤草坪的建植。

植生带铺植法具有运输、储存、施工方便快捷的特点，对施工的专业水平要求不高，草坪出苗率高，出苗整齐，可节约种子 1/3～1/2。种子带基对种子有黏滞定位作用，可有效防止种子流失，适宜在坡地上铺植。种子带基是天然纤维材料，可在植入地中 40d 左右全部分解，不会造成环境污染。

植生带铺植建坪技术包括：

①坪床准备：与其他草坪建植方法一样，需对土地进行精细耕作。

②铺植：把草坪植生带打开平铺在坪床上，边缘交接处重叠 3～4cm，然后在植生带上均匀覆土，覆土厚度以不露出种子带为宜，一般为 0.5～1cm。喷灌条件好时可减少覆土量，覆土后滚压。

③苗期养护：植生带铺植完毕即可喷水，喷水水滴宜细，避免水柱直冲。每天喷水 2～3 次，保持地表湿润。多数品种 1 周之后开始出苗，2 周左右基本出齐。此后逐渐减少喷水次数，加大浇水量，一次浇透为宜。待苗出齐后，可以适当进行叶面喷肥，以促进形成壮苗，40 d 左右就可形成郁闭的草坪。

4. 喷植法 喷植法是一种播种建植草坪的新方法，是将草种与土壤团粒结构促进剂、绿色染料、肥料、泥土等混合在一起，再加适量水调匀。用喷射播种器将拌和草种的混合泥浆喷到护坡等坡地上。喷植法可以根据绿色深浅程度调节喷射的量和范围等。

草坪喷浆要求无毒、无害、无污染、黏着性强、保水性好、养分丰富；喷到地表能形成耐水膜，反复吸水不失黏性；能显著提高土壤的团粒结构，有效防止坡面浅层滑坡及径流，使种子幼苗不流失。

草浆一般包括水、黏合剂、纤维、染色剂、草坪种子、复合肥等，有的还加保水剂、松土剂、活性钙等材料。喷播时，水与纤维覆盖物的重量比一般为 30∶1。充分混合搅拌，用高压喷浆设备将混合物喷向坪床，从而达到建植的目的。

喷播法主要适用于公路、铁路的路基、斜坡、大坝护坡及高速公路两侧的隔离带和护坡绿化，也可用于高尔夫球场、机场建设等大型草坪的建植。这些地方地表粗糙，不便人工整地或机械整地，常规种植法不能达到理想的效果。喷播材料喷播到坪床后不会流动，干后比较牢固，能达到防止冲刷的目的，又能满足植物种子萌发所需要的水分和养分。播前有条件的要进行场地清理、耕作、施肥，并要浇足土壤水。喷植后用稻草、薄膜等加以覆盖，以保湿和防止混合泥表层被雨水冲刷流失，并可防止阳光直射灼伤种子和幼芽，有些覆盖物腐烂后还可作肥料。喷播后幼苗期一般不需要浇水施肥，养护 30～50d 即可显现绿色。有人认为喷播法是坡地强制绿化唯一有效的方法，但播后遇干旱、大雨，都会遭受很大损失，且播种方法比较粗放。

5. 分栽法 一般在春季草坪返青后，将草皮铲起，抖落或洗去根部附土，然后将草块根部拉开，将撕拉开的匍匐茎及根茎等营养枝分栽到已整理过的坪床上。栽植时，按30～40cm 行距开沟，沟深 4～6cm，在沟内每 10cm 分栽一段营养枝，栽好后覆土压实，及时浇透水，干旱时要经常浇水，经 3 个月左右养护管理，新生的匍匐茎又会蔓延覆盖地面，形成新的草坪。

三、草坪的养护管理

草坪养护是草坪可持续利用的重要保证。一块草坪建植完成后，为了保证效果，延长使用寿命，还需要花较多的人力、物力、技术来管理养护。草坪养护比建植更难、更重要，一般包括草坪的修剪、滚压、灌溉、施肥、培土与铺沙、通气、除草、切边等。

1. 修剪　草坪的修剪次数和修剪强度因草坪种类不同而不同。修剪会失去一部分叶面积，对于草坪来说是一个损伤，但由于草坪草的生长点低，再生能力强，因此，修剪后会很快恢复生长。合理的修剪可使草坪整齐、美观，促进草坪草的新陈代谢，改善群体通风透光条件，减少病虫害发生；促进草坪草分蘖，促使根系下扎；有效抑制生长点较高的阔叶杂草，使杂草不能开花结果。但修剪过度会造成草坪退化。

(1) 修剪时间和频率　草坪的修剪时间和频率不仅与草坪功能有关，还与草种的生长发育特性、肥料供给状况特别是与氮肥的供给有关。冷季型草坪有春、秋两个生长高峰，因此，两个高峰期间要加强修剪。冷季型草坪在夏季有休眠现象，应根据情况减少修剪次数。为了使草坪有足够的营养物质越冬，晚秋修剪也应逐渐减少次数和降低修剪强度。暖季型草坪草夏季为生长高峰期，应多加修剪。在生长正常的草坪中，供给的肥料多，就会促进草坪草的生长，从而增加草坪的修剪次数。草坪修剪应选择晴天草坪表土不陷脚时进行。

草坪的修剪频率是指一定时间内草坪的修剪次数。修剪次数越多，则频率越高。冷季型草坪夏季休眠，一般2～3周修剪一次，但在春、秋两季每周要修剪一次。暖季型草坪冬季休眠，春、秋季生长缓慢，可减少修剪次数，夏季生长旺盛，应进行多次修剪。

(2) 修剪高度　修剪高度是指草坪修剪后留在地面上的高度，也叫留茬高度。留茬的高度与草坪类型、用途及草种有关。草坪修剪一般应遵守1/3原则，即每次修剪时剪掉的部分不能超过植株自然高度的1/3。在草坪能忍受的范围内留茬越低，修剪的次数越多，则草坪景观效果越好。

2. 滚压　滚压也称镇压，即用压辊在草坪地上边滚边压。滚压能帮助草坪成形，抑制地上部顶端生长，促进侧芽活动，发生分枝、分蘖，抑制与消灭相当数量的杂草。虽然这种调控作用较修剪要温和得多，但能明显调节草坪草地上部营养器官与地下部营养器官的生长。另外，滚压对草坪地表面因建植、使用、冻害、动物扰乱等原因引起的地表不平整都有一定的修饰作用。但是过度滚压（如滚压重力过大、频度过高等）也会引起草坪衰退。

滚压用压辊、石磙、水泥辊均可，以空心铁辊为好，因为其能通过灌水、灌沙来调节重量。滚压的动力既可用人力，也可用机械。根据滚压的重力不同，可分为3类：

①轻压：主要作用于草坪，通常用50～200kg的压辊。

②重压：作用于草坪，同时兼及土面修饰效应，压辊重量一般为200～2 000kg。

③超重压：主要作用于修饰土面，压辊重量在2 000kg以上。

重压、超重压对草坪草均有一定的损伤，且损伤程度与压辊重量呈正比。因此，除非特殊需要，草坪及坪体土壤允许时才能考虑超重滚压。

滚压时土壤应保持一定的硬度，若土壤过硬，易于损伤草坪，对坪面也起不到修饰的效果；如土壤过软，滚压易引起土壤板结。具体实施时，以土色由灰转白、不黏辊为度。另外，与修剪相同的是，每次滚压应起点、路线、方向不同。

3. 灌溉 草坪灌溉频率虽有一定的规律，但并无严格的规定。一般认为，在生长季节内，普通干旱情况下，每周浇水一次；干旱季节，每周浇水 2 次或 2 次以上；在天气凉爽时，可减至 10d 左右浇水一次。

草坪灌溉可遵循草坪干至一定程度后再灌水的方法，浇水应浇透，频繁使用浅层浇水的方式会导致草坪草根系向浅层分布，从而降低草坪草对干旱的抵抗能力。

4. 施肥 草坪施肥应以氮肥为主，配合钾、磷肥。养护管理水平较低的草坪，每 $100m^2$ 每年至少补给氮素 0.5kg，相当于尿素 1.2kg；管理水平较高的，每 $100m^2$ 补给氮素 5～7.5kg，相当于尿素 11.1～16.7kg。草坪对钾、磷的需要量分别为氮的 1/2、1/5～1/10。考虑营养元素间的淋溶、固定等差异，一般氮、磷、钾的比例为 2～1∶1～1.6∶1。实践中，应根据草坪的长势和季节，适当加以调整，返青时应加大氮肥施用量。为了提高草坪越冬、越夏能力，越夏、越冬前，应加大磷、钾的施用量。

每年至少应施一次有机肥，结合培土平整草坪地面，施肥量一般为每 $100m^2$ 每年施堆肥1～$1.2m^3$。所施的有机肥以自制的草渣堆肥最为经济、简便、易行。每次剪草后，将草渣运至堆肥场，铺平，厚度 20～30cm，上覆混合土（泥、沙为 2～1∶1，若条件许可，可以混入 5%～7%的钙镁磷肥或磷矿粉，拌匀），约为草渣体积的 1/2，经过发酵、腐熟消毒，作为堆肥。施用时，将堆肥过筛，没有腐熟的草渣继续堆放腐熟。施用时可以使用机械，也可以人工撒施，但必须注意均匀。若草坪地面出现凹凸不平，则应削高补低后施堆肥。堆肥施用结束后，必须拖平。具体施用的时间，通常是在草坪进入休眠之后至返青前，但以进入休眠后不久为好。不仅方便操作，而且有利草坪草越冬或越夏。常绿草坪可以在换蘖期内进行。若有特殊需要，如贫瘠土壤上新建的草坪、易损坏运动场草坪、高水平养护的草坪等，可以增加至每年 2～3 次。

没有堆肥时，可以施用草渣粉，将每次剪草的草渣轧成细粉（越细越好）。草渣中的杂草种子、虫卵、蛹等均能被粉碎，易于分解。与制作堆肥相比较，成本较低，但病原生物较堆肥多。也可施用饼肥加改良壤土，每 $100m^2$ 草坪施饼肥 5～10kg，然后施改良壤土或沙 0.5～$1m^3$。

施有机肥结合培土平整场面，是草坪培育管理中的重要措施。按质保量实施后，至少一年内可以少施或不施化肥，而且草坪的长势、长相等均能维持在相当水平上。

在施用堆肥等有机肥的基础上，一般绿化草坪每年追肥 2～3 次即可。具体追肥的时间，第 1 次可在返青之后，第 2、3 次应根据草坪的长相、长势适当追肥。追肥宜选用速效化肥，以氮肥为主，磷、钾肥配合使用。

在选用肥料种类时，除应分析和了解各种肥料的养分含量外，还要注意兼顾植物养分指数和生理酸碱性，进一步了解各种化肥施用量，以避免烧伤草坪草叶片以及对土壤 pH 影响的可能性。追肥方法应因地制宜。可以将化肥先溶于少量水中，稀释后喷施或渗施于草坪中；或按 15cm×15cm 或 20cm× 20cm 的间距打洞，将化肥均匀穴施，也可撒施。一般先施肥，再浇水，但浇水量不宜过大，以防止肥料流失。

5. 培土与铺沙 培土是形成良好草坪的一项重要措施，它能修复草坪凹凸不平的表面，保持草坪平整，同时能补充全价肥料，保持草坪草生长所需要的各种养分，以利草坪延长寿命和形成优雅景观。

在草坪萌芽期前及生长旺季进行培土与铺沙，效果最好。通常一年一次，需要高水平养护的场地一年可进行2～3次。在培土或铺沙前应先行修剪，如果草坪生长较弱或有病虫害发生时则不宜进行。

培土是将沙、土壤和有机肥按一定比例混合均匀撒在草坪表面。培土原料（沙、土壤、有机肥料）需要过筛，不能含有杂草种子、病菌、害虫等有害物质。各类原料过筛后按土、沙、有机肥料1∶1∶1或2∶1∶1的比例混合均匀。小面积草坪可用人力进行，用铁铲撒开后扫平；对于大面积草坪，最好使用机械操作较为理想。培土或铺沙的厚度为0.5～1.0cm，或掌握在不大于草坪厚度的1/3。切记培土或铺沙后应拖平。

6. 通气　草坪使用一段时间后，常由于镇压、浇水、践踏等原因使坪床板结，加上草坪草本身的新老交替，易形成草垫层。这种情况下，草坪坪床土壤通透性不良，肥力下降，生活力低下，危及草坪草根系的生长发育，严重影响草坪的寿命和景观效果。生产中通常采用中耕松土、打洞等措施改良坪床结构，以增加草坪表面的通透性，加快草坪草垫层的分解，促进草坪草的生长发育。

（1）中耕松土　中耕松土是开放草坪尤其是运动场草坪必须进行的一项常规管理，但目前我国尚未普及。松土是将已板实的土壤恢复疏松状态，提高土壤肥力，恢复草坪草地下器官尤其是根系的生长。

中耕一般为土表松土。土表松土目的在于恢复一般践踏、大雨、灌溉过量等导致的土壤板结，以及梳除枯枝败叶，通常人工进行。小面积的可用耙子按纵、横、斜向来回耙松土壤表面，面积大的可用梳草机等机械进行。土表松土可穿插于修剪、滚压、灌溉之间或施肥之前进行。

（2）打孔　草坪打孔用打孔机进行。打孔机有两种：一种是实心锥，通过锥挤刺土壤造成小孔；另一种是空心锥，可以从土壤中挖出土心。打孔在操作中对草坪表面造成的破坏很小，中耕深度大，但工作速度较慢。

打孔的主要作用是改善土壤的通透性。打孔后，孔洞周围的土壤通气性能没有得到改善，但草坪的表面积大大增加，因而提高了草坪土壤与空气和水分的接触面积，通透性能增加。生产实践中选择打孔时间十分重要。有些草种（如匍匐翦股颖）在干旱炎热的夏季打孔后，常会产生脱水现象，因此打孔应在草坪草生长旺盛、生长条件良好的情况下进行。另外应避开杂草种子的成熟和萌发生长期。

打孔后会在草坪上留下一系列小洞。由于践踏、浇水以及土壤的横向移动，会迅速充填小洞而失去打洞的作用，因此打孔应与其他措施相结合，打孔后应立即施肥和浇水、拖平。打洞挖出的土芯应尽可能直接运走，如无条件运走，则应进行拖平或垂直修剪使其粉碎，并均匀地撒播在草坪表面。

7. 除草　草坪内的非建植草种均属杂草，如不及时清除，轻者影响观赏，重者影响草坪草正常生长，甚至致使草坪成片死亡。除草应遵循“除早、除小、除了”的原则，遵循建坪草种的生长发育规律，做好草坪培育管理，科学地封场、修剪、滚压、灌溉、排水、施肥、培土铺沙、中耕松土等。把草坪养好是防除杂草的一个重要前提。实际上，如果把建坪草种管理好了，即使有一些杂草侵入，也不会发生危害。

杂草少时，用人工剔除较为方便，但费工，还会破坏草坪的平整度。大面积除草以化学方法为主，效果好，且节省用工，但除草剂费用较高，且易污染土壤，使地下水水质变差。目前除草剂种类繁多，且有新品不断出现，我国常用于草坪杂草防除的除草剂主要有：茅草枯、二甲四氯、2,4-D丁酯、灭草畏、敌草索、禾草克、盖草能、西玛津、阿特拉津、敌草隆、环草隆、拿草特、氟草胺、草乃敌、地散磷、恶草灵、使它隆、草克星、百草枯、草甘膦、绿荫5号、草坪宁1号、丁草胺、敌稗、阔叶散、苯达松等。

8. 切边 观赏草坪、高级养护的草坪，尤其是纪念性场地的草坪，切边有着重要的意义。切边是用切边工具切齐草坪的边，使之线条清晰，增加景观效果。

切边通常在草坪生长旺盛时进行，同时消除草坪周边的杂草。可以人工操作，也可以使用切边机。如果切边与修剪相结合，可以在草坪上绘制各种图案。

第三节 地被植物的露地栽培

地被植物是指能覆盖地面并有一定观赏价值的低矮植物群体，其范围包括蔓生植物、丛生植物、草甸植物、低矮匍匐型灌木及蕨类植物。草坪植物依其性质也属地被植物，但草坪在长期的栽培过程中已形成一个独立的体系，而且其生产与养护管理与其他地被植物不同，因而将其单独列为一类。

地被植物大多具有防风护土、控制水土流失、绿化及美化环境、提高环境质量等作用。种植后能很快覆盖地面，形成一层茂密的枝叶，将土层稳定，同时还有美丽的色彩供人们欣赏。

一、地被植物的分类

（一）按生态习性分类

1. 喜阳地被植物 喜阳地被植物是在全日照空旷地上生长的地被植物，如常夏石竹、半支莲、鸢尾、百里香、紫茉莉等。喜阳地被植物一般在阳光充足的条件下才能正常生长，其花叶茂盛，在半阴处则生长不良，在荫蔽处种植往往会自然死亡。

2. 喜阴地被植物 喜阴地被植物是在建筑物密集的阴影处或郁闭度较高的树丛下生长的地被植物，如虎耳草、玉簪、蛇莓、蝴蝶花、桃叶珊瑚等。喜阴地被植物在日照不足的遮阴处仍能正常生长，在全日照条件下反而会叶色发黄，甚至叶片先端出现焦枯等不良现象。

3. 耐阴地被植物 耐阴地被植物是在稀疏的林下或林缘处，以及其他阳光不足之处生长的地被植物，如诸葛菜、蔓长春花、石蒜、细叶麦冬、八角金盘、常春藤、蕨类等。耐阴地被植物在半阴处生长良好，但在全日照条件下及浓阴处均生长欠佳。

（二）按观赏特点分类

1. 常绿地被植物 四季常青的地被植物，可达到终年覆盖地面的效果，如砂地柏、石菖蒲、麦冬、葱兰、常春藤等。这类植物没有明显的休眠期，一般在春季交替换叶。

2. 观叶地被植物 一些地被植物有特殊的叶色和叶姿，单株或群体均可供观赏，如八角金盘、菲白竹等。

3. 观花地被植物 花期长、花色艳丽的低矮植物，其开花期以花取胜，如金鸡菊、诸葛菜、红花酢浆草、毛地黄、矮生美人蕉、花毛茛、石蒜等。有些观花地被植物可在成片的观叶植物中播种，如在麦冬类或石菖蒲观叶地被中播种一些萱草、石蒜等观花地被植物，则更能发挥地被植物的绿化效果。

二、地被植物的栽植方法

（一）场地准备

1. 整地　地被植物一般为多年生植物，大多没有粗大的主根，根系主要分布在30cm以内的表层土壤里，主根和须根都不太深，仅有少数木本低矮灌木的根系分布稍深。在种植地被植物前，要尽可能使种植场地的表层土壤疏松、透气、肥沃，地面平整，排水良好，为其生长发育创造良好的立地条件。

平整土地时，土壤的翻耕深度一般为30～40cm，翻耕过浅，地被根系往往不能扎入土中；过深则会使表层肥土翻到深处，影响土壤肥力。平整土地时要打碎土块，清除大石块、树桩、树根、瓦砾、碎玻璃、混凝土残渣等障碍物，并去除土壤中的杂草根，以减少杂草与地被植物的竞争，从而减少以后的养护工作量。然后将表土整平，以免在种植后造成绿地内积水。

对土质差的地段或者栽植对土壤有特殊要求的植物，还需要进行局部换土。换土时通常需要将土壤深翻60cm左右，同时要注意表层肥土及生土要分别放置，表土暂时放在一边，然后移去生土，表土置于原地段的最上层，然后整平床面并稍加镇压。

平整场地时还要考虑建成后的地形排水。一般要求场地中心比较高，四周则逐步向外倾斜，通常形成2°～3°的排水坡度，最大不宜超过5°。对排水条件要求较高的植物可在种植区土壤下层添加石砾。对于一些根蘖性过强、易侵扰其他植物的种类，应在种植区边挖沟，埋入石头、瓦砾等进行隔离。

2. 改良土壤　绿化地段的土壤条件较差，土壤结构过于密实，会严重影响地被植物正常生长。栽植前要对种植位置的植物根区土壤进行改良，有机物质和土壤改良剂、腐熟的人畜粪尿和粪肥、堆肥、碎树皮、树叶覆盖层和泥炭、煤渣、锯木屑都可以作为土壤改良物。

地被植物对酸碱度要求不严格，在弱酸、弱碱至中性土壤上均能生长，多数地被植物在弱酸至中性土壤上生长良好。不同植物对土壤酸碱度要求不同。种植前首先要测定土壤的酸碱度，如果土壤呈酸性，可结合深翻并适量施用石灰来进行调节；如果土壤呈碱性，可用石膏、硫黄、硫酸亚铁等进行改良。

3. 增施肥料　在栽植地被植物之前，结合整地翻土并适当加入基肥以增加土壤肥力。可适当施有机肥作基肥，例如人粪尿、饼肥、绿肥等，增施有机肥对于地被植物的抗性有利。在平整的地区还可以多施堆肥和厩肥，或者利用风化后的河泥混入表土层内。施肥时也可在土壤中拌入颗粒复合肥，整洁而简便。在一些比较贫瘠的土地上栽植地被植物，还要根据不同土壤及其养分含量的不同，以及不同植物的不同生育期，进行平衡施肥。

（二）地被植物的栽植

1. 地被植物的选择　园林绿地的类型、功能和性质不同，所选地被植物也略有差异。同时因为地被植物种类繁多、形态各异，对环境的适应能力也不同，所以栽植前应依据绿地类型、立地条件，并结合地被植物的生态习性，合理选择地被植物。

2. 地被植物的栽植方法　地被植物的种植要根据景观设计要求、苗木实际情况和工程进度要求选择使用不同的方法。常见的栽植方法主要有种子直播法、种苗移植法和营养体无性繁殖法等。

（1）种子直播法　种子直播法是地被植物栽植中比较常用的一种方法，特别是一、二年生草本地被植物。播法简单、方便、省工、省事，还易于扩大栽培面积。撒播时将地被植物的种子均匀地撒到绿地中，出苗整齐迅速，覆盖效果明显。利用地被植物所具有的较强的自播繁衍能力，在一般情况下可以粗放管理。由于地被植物是利用植物的群体效果来营造景观，所以要求植物生长速度要快，外观要整齐。为此，种植时要适当增加播种量，争取在2～3个月内基本实现植物枝叶茂盛。

(2) 种苗移植法　种苗移植法是在苗圃播种先培育成幼苗或用植物营养体扦插培育成幼株，然后将大批量的幼苗（幼株）附带营养基质或裸根进行大面积移栽。目前，为达到快速成景效果，绿化所用的地被植物通常采用育苗移植方法，幼苗长至3～4片真叶时即可进行移植。

(3) 营养体无性繁殖法　营养体无性繁殖是指利用多年生地被植物营养体分生能力强或扩展性强的特性，采用分株、分球、扦插、压条等繁殖方法，直接在现场定位栽植或苗床繁殖，使之迅速扩展，形成优势植物群落，覆盖地面或斜坡。

3. 地被植物的种植间距　地被植物单株较小，多以整体观赏效果为主，必须成片种植方能显示其效果，所以要求种植的植物生长速度快、整齐。因此，在种植时要根据植物的生长特性、生长速度、生境条件、种苗大小和养护管理水平等适当调整种植间距，使其在种植后能基本达到覆盖效果。

一般而言，草本地被由于植株矮小，植株间距以20～25cm为宜；矮生灌木以35～40cm为宜。过稀则郁闭较慢，除草工作量大，从而达不到短期覆盖的效果，过密则浪费种苗。玉簪、萱草、鸢尾、马蔺等可按20cm×25cm栽植；甘野菊、大花秋葵等冠幅大的地被植物，可适当将株行距加大到40cm×40cm；对于自播繁殖能力强的诸葛菜、紫花地丁、美女樱等地被植物，可先行播种，翌年自播繁衍。种子受风力影响可能造成分布不均匀，对于过密处的幼苗要及时疏苗，补植于地被稀疏的地方，以免植物过密而瘦弱，导致开花不好，或者过稀裸露地面，可人工辅助使其达到合理的株行距；对于较大的灌木植株如迎春、连翘，可根据景观布置要求进行群体栽植、片植或3～5株丛植；对于较小的灌木苗，也可几株合并栽植以扩大灌群；如果是较快覆盖地面的大面积景观地被，可以先密植，以后视生长势逐渐疏苗，移去部分植株，以平衡生长势。

（三）提高地被植物观赏效果的措施

1. 修剪平整　低矮匍匐的地被植物一般无需修剪，以粗放管理为主。对于一些观花类地被植物，开花后期残花、花茎参差不齐，花后应及时修剪整形。大金鸡菊5～6月集中开花后零星开花，观赏价值较低。若花后将大金鸡菊地上部分2/3剪除，加强栽培管理，10月可再次集中开花，从而延长其观赏价值。玉带草6～7月花后观赏价值降低，花后将地上部分及时剪去2/3，加强栽培管理，不久发出新芽，9月中旬有较好的观赏效果，冬季可保持常绿。火星花7月开花，花后观赏价值较差，冬季地上部分全部枯死，翌年3月中旬萌发新芽，若花后将火星花地上部分剪去3/4，施入有机肥或复合肥，加强栽培管理，按时浇水，1个多月可发新芽，9月中旬有较好的观赏效果，冬季保持常绿，大大提高了火星花的观赏价值。

2. 更新复壮　当成片地被植物出现过早衰老时，应视情况对表土进行刺孔，使植株根部疏松透气，同时加强肥水管理，使之更有利于植株更新复壮，对观花类地被，每4～5年要进行更新翻种，否则会引发自然衰退。

3. 防止空秃　地被植物多为大面积栽植，由于成片栽植中的小环境的差异（如光照、排水等）和病虫害，会出现生长不良或死亡形成空秃，有碍景观。应及时检查原因，翻松空秃处土壤或换土补栽。

4. 拓宽地被植物的生态适应性　拓宽地被植物的生态适应性以提高其观赏价值，美人蕉、水鬼蕉、吉祥草等地被植物可稍做修剪，清洗根部后种在浅水内，采用一般水生植物的管理方法进行栽培，能在浅水中良好生长。

第四节　水生植物的露地栽培

一、水生植物的概念及特点

（一）水生植物的分类

水生植物是指长年生长在水中或沼泽地中的多年生草本植物。按其生态习性可分为挺水植物、浮水植物、沉水植物和漂浮植物。

1. 挺水植物　挺水植物根生于泥土中，茎叶挺出水面，如荷花、千屈菜、香蒲、菖蒲、水生鸢尾等。

2. 浮水植物　浮水植物根生于泥土中，叶面浮于水面或略高出水面，如睡莲、王莲、萍蓬草、莼菜等。

3. 沉水植物　沉水植物根生于泥土中，茎叶全部沉于水中，仅在水浅时偶有露出水面，如玻璃藻、黑藻、眼子菜等。

4. 漂浮植物　漂浮植物根伸展于水中，叶浮于水面，随水漂浮流动，在水浅处可生根于泥中，如浮萍、凤眼莲、满江红等。

（二）水生植物的特点

水生植物赖水而生，与陆生植物相比，其在形态特征、生长习性及生理机能等方面都有明显的差异。

1. 具有发达的通气组织　水生植物（除少数湿生植物外）体内具有发达的通气系统。通气系统由气腔、气囊和气道所组成，可使进入体内的空气顺利地到达植株的各个部分，尤其是处于生长阶段的荷花、睡莲等。从叶脉、叶柄到膨大的地下茎，都有大小不一的气腔相通，保证进入植株体内的空气贯通到各个器官和组织，以满足位于水下器官各部分呼吸和生理活动的需要。

2. 植株的机械组织退化　水生植物的个体（除少数湿生植物外）不如陆生植物坚挺。通常有些水生植物的叶及叶柄一部分在水中生长，不需要坚硬的机械组织来支撑个体，因其器官和组织的含水量较高，故叶柄的木质化程度较低，植株体比较柔软，而水上部分的抗风力也差。

3. 根系不发达　一般来说，水生植物的根系不如陆生植物发达。这是因为水生植物的根系在生长发育过程中直接与水接触或在湿地中生活，吸收矿质营养及水分比较省力，导致其根系缺乏根毛，并逐渐退化。

4. 具有发达的排水系统　若水生植物体内水分过多，同样也不利于植株的正常生长发育。但在夏季多雨季节，或气压低时，或植株的蒸腾作用较微弱时，水生植物依靠其体内的管道细胞、空腔及叶缘水孔所组成的分泌系统将多余水分排出，以维持正常的生理活动。

5. 营养器官表现明显差异 有些水生植物的根系、叶柄和叶片等营养器官，为了适应不同的生态环境，在其形态结构上表现出不同的差异。如荷花的浮叶和立叶，菱的水中根和泥中根等，它们的形态结构均产生了明显的差异。

6. 花粉传授存在变异 由于水体环境的特殊性，某些水生植物种类（如沉水植物）为了满足传授花粉的需要，产生了特有的适应性变异，如苦草为雌雄异株，雄花的佛焰苞长6mm，而雌花的佛焰苞长12mm，再如金鱼藻等沉水植物，具有特殊的有性生殖器官，能适应以水为传粉媒介的环境。

7. 营养繁殖能力强 营养繁殖能力强是水生植物的共同特点。如荷花、睡莲、鸢尾、水葱、芦苇等利用地下茎、根茎、球茎等进行繁殖；金鱼藻等可进行分枝繁殖，当分枝断开后，每个断开的小分枝又可长出新的个体；黄花蔺、荇菜、泽薹草等除根茎繁殖外，还能利用茎节长出的新根进行繁殖；苦草、菹草等在沉入水底越冬时就形成了冬芽，翌年春季，冬芽萌发成新的植株；红树林植物的胎生繁殖现象更是惊人，种子在果实里还没有离开母体时，就开始萌芽，长成绿色棒状胚轴挂在母树上，发育到一定程度就脱离母体，并借助本身的重量坠落而插入泥中，数小时后可迅速扎根长出新的植株。水生植物这种繁殖快的特点，对保持其种质特性、防止品种退化以及杂种分离都是有利的。

8. 种子幼苗始终保持湿润 水生植物长期生活在水环境中，与陆地植物种子相比，其繁殖材料如种子（除莲子）及幼苗，无论是处于休眠阶段（特别是睡莲、王莲），还是进入萌芽生长期，都不耐干燥，必须始终保持湿润，若干燥则会失去发芽力。

二、水生植物的栽培方法

（一）容器栽培

1. 容器选择 栽培水生植物（如荷花、睡莲等）的容器有缸、盆、碗等。容器选择应视植株大小而定。植株大的，如荷花、纸莎草、水竹芋、香蒲等，可用缸或大盆之类（规格：高60～65cm，口径60～70cm）；植株较小的，如睡莲、埃及莎草、千屈菜、荷花中型品种等，宜用中盆（规格：高25～30cm，口径30～50cm）；一些较小或微型的植株，如碗莲、小睡莲等，则用碗或小盆（规格：高15 ～18cm，口径25～28cm）。

2. 栽培方法 栽培水生植物之前，将容器内的泥土捣烂，有些种类如美人蕉等，要求土质疏松，可在泥中掺一些泥炭土。无论缸、盆，还是碗，盛泥土时，只占容器的3/5即可。然后，将水生植物的秧苗植入盆（缸、碗）中，再掩土灌水。有些种类的水生植物（如荷藕等）栽种时，将其顶芽朝下成20°～25°的斜角，放入靠容器的内壁，埋入泥中，并让藕秧的尾部露出泥土。

（二）湖塘栽培

在一些有水面的公园、风景区及居住区，常种植水生植物布置园林水景。首先要考虑湖、塘、池内的水位。面积较小的水池，可先将水位降至15cm左右，然后用铲在种植处挖小穴，再种上水生植物秧苗，随之盖土即可。若湖塘水位很高，则采用围堰填土的方法种植。有条件的地方，在冬末春初期间，大多数水生植物尚处于休眠状态，雨水也少，这时可放干池水，事先按种植水生植物的种类及面积大小进行设计，再用砖砌抬高种植穴，如王莲、荷花、纸莎草、美人蕉等畏水深的水生植物种类及品种。但在不具备围堰条件的地方，则可用编织袋将数株秧苗装在一起，扎好后，加上镇压物（如石、砖等），抛入湖中。此种方法只适用于荷花，其他水生植物种类不适用。王莲、纸莎草、美人蕉等可用大缸、塑料筐填土种植。

（三）无土栽培

水生植物的无土栽培具有轻巧、卫生、携带方便等特点。因此，很适合家庭、小区、机关、学校等种养。无土栽培基质可选用硅石、矾石、珍珠岩、沙、石砾、河沙、泥炭土、卵石等，选择几种混合后进行栽培。如以硅石、河沙、矾石按1∶1∶0.5的比例混合，或者用卵石加50%泥炭土作为基质，栽培荷花，都能取得较好效果。

（四）反季节栽培

一般来说，水生植物性喜温暖水湿的气候环境，适合生长于仲春至仲秋期间，秋末停止生长，初冬处于休眠状态。随着科学的发展，人们可运用促成栽培技术打破水生植物的休眠，使其在冬天展叶开花。

1. 生产条件和设备　水生植物的反季节栽培需要有一定的条件及加温设备。栽培要有塑料棚和水池，塑料棚以高2～2.5m、宽4～5m、长10～12m为宜，塑料薄膜要加厚，若没有加厚薄膜，可用双层薄膜，这样保暖性强。水池规格以长8m、宽1.5m、深0.6m为宜，也可根据具体情况而定。加温设备有绝缘加热管、控温仪以及碘钨灯等。栽培时所用的基肥有花生骨粉、复合肥等。所用的农药有敌敌畏、速灭杀丁、代森锌、甲基托布津等。

2. 栽培种类和栽培方法　常用来反季节栽培的水生植物种类有荷花、睡莲、千屈菜、纸莎草、香蒲等。通常在9月下旬至10月上旬将反季节栽培的水生植物进行翻盆，培育种苗，然后把处理好的种苗植于盆内，盖好泥土，放进水池内。随后在池内放好水。一般池水与盆持平，再将绝缘加热棒固定在池内，装好控温仪。白天池中水温控制在30℃左右，夜间24～25℃。待幼苗长出3～4片叶时，将水温逐步升到33～35℃。中午棚内气温高达40℃时，需喷水降温。

第五节　仙人掌类及多浆植物的栽培

仙人掌类及多浆植物原产热带、亚热带干旱地区或森林中，植物的茎、叶具有发达的储水组织，是肥厚多浆的变态状植物。

一、仙人掌类及多浆植物的原产地及生物学特性

（一）原产地

仙人掌类原产南、北美洲热带、亚热带大陆及附近岛屿，部分生长在森林中。其他多浆植物多数种类原产南非，仅少数种类分布在其他热带和亚热带地区。根据原产地及生态环境，可将其分为三类。

1. 原产热带、亚热带干旱地区或沙漠地区　在土壤及空气极为干燥的条件下，借助茎叶储水生存。如原产于智利北部干旱地区的龙爪球和原产于墨西哥中部沙漠地区的金琥等。

2. 原产热带、亚热带高山干旱地区　由于这些地区水分不足、日照强烈、大风及低温等环境条件而形成矮小的多浆植物。这些植物叶片呈莲座状，或密被蜡层及绒毛，以减弱高山强光及大风的危害，减少水分过分蒸腾。

3. 原产热带森林 这些种类不生长在土壤中，而是附生在树干及阴谷的岩石上。如昙花、蟹爪兰及量天尺等。

习惯上将上述第一、二类合称为陆（地）生类，将第三类称为附生类。

（二）生物学特性

仙人掌类及多浆植物具有明显区别于其他园林植物的生物学特性，主要体现在以下方面。

1. 明显的生长期和休眠期 大部分陆生仙人掌类植物原产美洲地区。原产地气候有明显的雨季（通常 5～9 月）和旱季（10 月至翌年 4 月）之分。长期生长在该地区的仙人掌类植物形成了生长期和休眠期交替的习性。在雨季中吸收大量的水分，并迅速生长、开花、结果；旱季为休眠期，借助储藏在体内的水分维持生命。

2. 非凡的耐旱能力 对于各种植物来说，在体积相同的情况下，以球形的表面积最小。多浆植物类在体态上趋于球形及柱形，并具有棱褶，雨季可以迅速膨胀，将水分储存在体内，干旱时体内失水后又便于皱缩。

二、仙人掌类及多浆植物的繁殖

仙人掌类及多浆植物的繁殖方式除扦插、嫁接外，还可采用播种繁殖。仙人掌及多浆植物在原产地极易结实。室内盆栽仙人掌及多浆植物常因光照不充足或授粉不良造成花后不实，采取人工辅助授粉的方法可促进结实。此外，某些种类还可用分割根茎或分割吸芽（如芦荟）的方法进行繁殖。

三、仙人掌类及多浆植物的栽培管理

1. 浇水 多浆植物中的多数种类原产地干旱少雨，因此，人工栽培中应特别注意土壤的透水性能，防止排水不良而导致烂根。

对于多绵毛及有细刺的种类、顶端凹陷的种类等，不能从上部浇水，可采用浸盆给水或从盆边浇水的方法，否则易造成植株溃烂而有碍观赏，甚至造成植株死亡。

多浆植物多数在冬季低温时休眠，此时生理活动缓慢，耗水量极小，应控制浇水。在设施内越冬，且室内温度在 12℃以上时，可适当浇水。

由于地生类和附生类仙人掌的生态环境不同，在栽培中应区别对待。地生类仙人掌在生长季中可以充分浇水，高温高湿可促进生长，休眠期间要控制浇水。附生类仙人掌则不耐干旱，冬季也无明显休眠，四季均要求温暖、空气湿度较高的环境，因而可经常浇水。

2. 温度与湿度 地生类冬季通常在 5℃以上就能安全越冬，也可放在高温环境下继续生长。因附生类四季均需温暖，通常在 12℃以上为宜，对空气湿度要求也较高。但温度在 30～35℃时，生长趋于缓慢。

3. 光照 地生类耐强光，室内栽培若光线不足，则易引起落刺或植株变细，夏季在露地放置的小苗应有适当遮阳设施。附生类除冬天需要阳光充足外，其他季节以半阴条件为好，室内栽培多置于北侧。

4. 土壤及肥料 多数种类要求排水通畅、透气良好的石灰质沙土或沙壤土，有时也可加入少量的木炭、石砾等，幼苗期可施入少量的骨粉或过磷酸盐，大苗在生长季可少量追肥。

第六节　立体绿化植物的栽培

立体绿化是利用藤本植物装饰建筑物的屋顶、墙面、篱笆、围墙、园门、亭廊、棚架、灯柱、树干、桥涵、驳岸等立面的一种绿化形式，可有效增加城市绿地率和绿化覆盖率，减少炎热夏季的太阳辐射影响，有效改善城市生态环境，提高城市人居环境质量。立体绿化中的藤本植物绝大多数具有很高的观赏价值，或姿态优美，或花果艳丽，或叶形奇特、叶色秀丽。通过人工配置，在立面上形成很好的景观，在美化环境中具有重要的作用。

一、立体绿化植物的种类

我国藤本植物的种类极其丰富，大多为种子植物，少数为蕨类植物。按其攀缘方式分为缠绕类、吸附类、卷须类和蔓生类。

1. 缠绕类　缠绕类是指依靠自己的主茎或叶轴缠绕他物向上生长的一类藤本，如紫藤、金银花、木通、南蛇藤、铁线莲等。

2. 吸附类　吸附类是指依靠茎上的不定根或吸盘吸附他物攀缘生长的一类藤本，如爬山虎、凌霄、薜荔、常春藤等。

3. 卷须类　卷须类是指由枝、叶、托叶的先端变态特化而成的卷须攀缘生长的一类藤本，如葡萄等。

4. 蔓生类　蔓生类是指不具有缠绕特性，也无卷须、吸盘、吸附根等特化器官，茎长而细软，披散下垂的一类藤本，如迎春、迎夏、枸杞、藤本月季、木香等。

选择立体绿化植物时应注意以下条件：①枝繁叶茂，病虫害少，花繁色艳者尤佳；②果实累累、形色奇佳，可食用或有其他经济价值者尤佳；③有卷须、吸盘、吸附根，可攀壁生长，对建筑物无副作用，叶色艳丽、常绿不凋者尤佳；④耐寒旱、抗性强、易栽培、管理方便，景观作用显著者尤佳。

二、立体绿化植物的特性及应用原则

（一）立体绿化植物的生态特点

立体绿化植物对生态条件的要求类似于其他一般植物，但也有一些特点在栽培利用时要充分考虑。

1. 温度　根据立体绿化植物对温度的适应范围，可分为不耐寒、半耐寒和耐寒三种类型。

（1）不耐寒类型　不耐寒类型原产热带和亚热带地区，不能忍受0℃以下低温，有的甚至不能忍受10℃以下低温。特别是一些常绿种类，多产于温暖高湿地区。以我国长江流域以南地区的种类较为丰富，以华南及西南最为集中，以紫茉莉科、夹竹桃科、萝藦科、旋花科等为主，可供该地区选用的种类也很丰富。不耐寒立体绿化植物又分为两类：①喜热类型，主要产于热带地区，生存温度为15～40℃，18℃以上开始生长，生长最适温度为24℃左右，10℃以下会引起寒害，如野木瓜、叶子花、炮仗花等；②喜温暖类型，大多数原产亚热带和暖温带平原地区，也包括原产热带雨林或高海拔山地，生存温度为10～30℃，15℃

以上开始生长，生长最适温度为20～25℃，如扶芳藤、络石、常春藤、薜荔、南五味子、铁线莲、大血藤、云南黄素馨、木通等。

(2) 半耐寒类型　半耐寒类型以原产暖温带的落叶藤本为主。植物入冬落叶，是适应冬季寒冷条件、免受冻害的一种生理生态适应，因而落叶藤本较常绿藤本更耐寒，落叶越早及发芽越迟的种类（或品种）耐寒力更强，应用范围也更广。半耐寒立体绿化植物能耐－10～－15℃的低温，在我国长江流域地区可露地越冬，还可引种到华北、西北等地，但需采取包草、埋土、架风障等防寒越冬措施，或植楼前向阳处，如藤本月季、木香、凌霄、美国凌霄、猕猴桃等。

(3) 耐寒类型　耐寒类型原产或能分布到温带和寒温带地区，越冬时能耐－15℃以下低温，如野蔷薇、爬山虎、金银花、紫藤、五味子、葡萄、枸杞、铁线莲等。

耐寒落叶木本立体绿化植物冬季落叶后地上主茎不死，但一年生枝梢特别是秋梢常出现枯亡，需修剪整形，以保持美观。

2. 光照　根据立体绿化植物对光照度的适应性，可将其分为阳性、半阴性和阴性三种类型。

(1) 阳性类型　阳性类型喜欢生长在直射光照充足的环境下，如藤本月季、野蔷薇、木香、云南黄素馨、紫藤等，在生长中期以后，较强的光照有利于开花和结实，多应用于阳面的立体绿化。

(2) 阴性类型　阴性类型喜生长在散射光环境下，忌全光照。立体绿化植物自身不能直立生长，幼时常处于植被下层光照较弱的环境中，光补偿点较低，具有耐阴特性，尤以幼苗期和营养生长期的耐阴力为强，不耐强光照。栽培时幼苗期宜进行适当遮光或避免强光直射，如爬山虎、络石、薜荔、大血藤、扶芳藤、野木瓜等，较适于阴面的立体绿化，但爬山虎在阳光充足的环境中也能较好地生长，也适宜阳面的立体绿化。

(3) 半阴性类型　半阴性类型介于阳性类型和阴性类型之间，适应性较广，如猕猴桃、金银花、美国凌霄、凌霄、常春藤、洋常春藤、薜荔等，喜光，但也比较耐阴，既适于阳面也适于阴面的立体绿化。

3. 土壤　土壤有机质含量高、疏松、通气透水性良好是栽培立体绿化植物常需具备的基本条件。大多数立体绿化植物种类既喜湿润，又忌积水的土壤环境。墙脚、坡地、崖边等立地条件，常表现为土层浅薄而量少、建筑垃圾多、土壤肥力低，保水或排水性差，除选用生长力及抗性强的种类外，应注意客土改良，排涝防渍。

(1) 土壤肥力　根据立体绿化植物对土壤肥力的反应，喜肥的种类有野木瓜、大血藤、铁线莲、凌霄、茉莉花、使君子、炮仗花、藤本月季等；耐瘠薄的种类有猕猴桃、五爪金龙、爬山虎等；绝大多数立体绿化植物在肥沃的土壤上生长良好，但在较瘠薄的土壤上也能生长，如云南黄素馨、扶芳藤、络石、常春藤、薜荔、野蔷薇、威灵仙、五味子、南五味子等。

(2) 土壤酸碱度　根据立体绿化植物对土壤酸碱度的反应，喜酸性土的种类有木通、鹰爪枫、钻地枫、葛藤等；喜中性土的种类较多，有金银花、葡萄、紫藤、络石等；喜碱性土的种类很少，耐内陆性石灰碱土的有枸杞、美国凌霄等。

4. 水分　水分与立体绿化植物生长发育有关的主要是土壤湿度与空气湿度。根据立体绿化植物对水分的适应性，可以分为湿生、旱生和中生三大生态类型。

（1）湿生类型　湿生类型喜生长在潮湿环境中，耐旱力最弱。喜偏湿土壤环境的有紫藤、扶芳藤、爬山虎等，耐水浸土壤环境的有美国凌霄等。

（2）旱生类型　旱生类型喜生长在干旱环境中，能生于偏干土壤中或能经受2个月以上干旱的考验，如木防己、云南黄素馨、金银花、常春藤、络石、连翘、葡萄、野蔷薇、爬山虎等。

（3）中生类型　中生类型介于湿生类型与旱生类型之间。绝大多数立体绿化植物属于中生类型，如凌霄、洋常春藤、薜荔、野蔷薇、藤本月季、葡萄、木香、猕猴桃、木通、南五味子、五味子等。

除土壤水分外，空气湿度也很重要。大多数原产南方湿润气候条件下的种类，在空气过分干燥的环境中，常生长缓慢或有枝叶变枯现象，尤以阴生类型对空气湿度的要求超过一般类型。

（二）立体绿化植物的繁殖特性

立体绿化植物的繁殖多以无性繁殖为主，可以扦插、嫁接、分株、压条等。因其茎蔓与地面或其他物体接触广泛，极易产生不定根，故大多采用扦插繁殖。常绿种类采用带叶嫩枝扦插，可在生长季进行，南方冬暖地区几乎全年均可操作；落叶种类多在春季发芽前采用硬枝扦插法。

具有吸附根的立体绿化植物类型，可直接截取带根的茎段进行分株繁殖，方便快捷。对扦插生根较难的种类，可采用压条繁殖，茎长而柔软的种类进行地面压条，一次可获得多数新株。

（三）立体绿化植物的应用原则

1. 适宜种类选择　不同的立体绿化植物对生态环境有不同的要求和适应能力，环境适宜则生长良好，否则便生长不良甚至死亡。栽培时首先要选择适应当地条件的种类，即选用生态要求与当地条件吻合的种类。从外地引种时，最好先做引种试验或少量栽培，成功后再推广。将当地野生的乡土植物引入庭园栽培，生态条件虽基本一致，但常由于小环境的不同，某些重要生态条件类型如光照、空气湿度等差异可能较大，引种栽培也不能确保成功，必须引起注意。如原生于林下的立体绿化植物种类不耐直射全光照，而生于山谷间的种类则需很高的空气湿度才能正常生长等。

2. 生态功能选择　立体绿化植物在形态、生态习性、应用形式上具有差异，其保护和改善生态环境的功能也不尽相同。例如，以降低室内气温为目的的立体绿化，应在屋顶、东墙和西墙的墙面绿化中选择叶片密度大、日晒不易萎蔫、隔热性好的攀缘植物，如爬山虎、薜荔等；以增加滞尘和隔音功能为主的立体绿化，应选择叶片大、表面粗糙、绒毛多或藤蔓纠结、叶片虽小但密度大的种类较为理想，如葛藤、络石等；在市区、工厂等空气污染较重的区域则应栽种能抗污染和能吸收一定量有毒气体的种类，降低空气中的有毒成分，改善空气质量；地面覆盖、保持水土，则应选择根系发达、枝繁叶茂、覆盖密度高的种类，如常春藤、爬行卫矛、络石、爬山虎等。

3. 景观功能选择　立体绿化植物的景观价值在城市园林景观建设中具有十分重要的意义。应用时，要同时关注科学性与艺术性两个方面。在满足植物生长、充分发挥立体绿化植物对环境的生态功能的同时，通过植物的形态美、色彩美、风韵美以及与环境之间的协调之美等要素来展现植物对环境的美化装饰作用，是立体绿化植物应用于园林的重要目的之一。

立体绿化植物种类繁多，其中很多具有较高的观赏价值，是城市园林观赏植物中十分重要的类群。立体绿化植物除具有一般直立植物形、色的美学特征外，它们纤弱的体态更显风韵。立体绿化植物形、色、韵的完美结合可以形成良好的视觉美，又以叶、花、果的季相变化形式向人们展现动态美，还可以通过叶、花、果甚至整个植株释放出的清香产生嗅觉美。例如，紫藤老茎虬曲多姿，犹如盘龙，早春紫花串串十分美丽；花叶常春藤自然下垂，给人以轻柔飘逸感。

三、立体绿化植物的栽植

（一）栽植季节

1. 华南地区 华南地区1月平均气温较高，多在10℃以上，年降水量丰富，主要集中在春夏季，秋冬季较少。秋季高温干旱，但时有雷阵雨。由于春季来得早，且又逢雨季，栽植成活率很高。秋季为旱季，此时植株地上部分已停止生长，而土温适宜根系生长，且时间较长，栽植后有利于成活和恢复，晚秋栽植比春栽好。由于冬季土壤不冻结，也可露地冬栽。

2. 华中、华东长江流域地区 华中、华东长江流域地区四季分明，冬季不长，土壤基本不冻或最冷时仅表层有冻结；夏秋酷热干旱，春季多阴雨，初夏为梅雨季节。多数落叶种类可春栽（2月上旬至4月初）；早春开花的，如迎春、连翘等，为了不影响观花，可于花后栽植；萌芽晚的应于晚春萌芽时栽植。但此时气温已高，起挖前应先灌足水，待土壤处于湿润状态而又不过分黏重时进行，随挖、随运、随栽。栽后灌足定根水。常绿种类最好选择在晚春栽植，甚至可延迟到6月上旬至7月上旬，但需带土球移栽。部分落叶种类如藤本月季，还可于晚秋（10月上旬至12月初）栽植，效果比春季栽植好，有利于根系恢复。但常绿种类不宜在晚秋栽植。

3. 华北大部、西北南部地区 华北大部、西北南部地区冬季较长，有70～90d的冻土期，且少雪、多西北风。春季干旱多风，气温回升快，但持续时间很短。7月上旬至8月下旬雨量集中，且气温较高。绝大多数落叶种类宜在3月上旬至4月下旬栽植。对原产北方的种类，应在土壤化冻后尽早栽植，以有利于栽植成活；对原产南方的喜温种类，如紫藤等，宜晚春栽植；常绿种类则宜晚春栽植于背风向阳处。

4. 东北大部、西北北部和华北北部地区 东北大部、西北北部和华北北部地区冬季严寒，且持续时间长。落叶种类以4月土壤化冻后栽植，成活率较高；极耐寒的乡土种可于9月下旬至10月底栽植，但根部仍需注意防寒。

5. 西南地区 西南地区气候主要受印度季风影响，5月下旬至9月底为雨季，10月至翌年5月中旬为旱季，且蒸发量大，昼夜温差大。由于春旱严重，有灌溉条件时落叶种类可于2月上旬至3月上旬尽早栽植，常绿种类则应选择在6～9月的雨季栽植。

（二）栽植步骤与方法

1. 选苗 在绿化设计中应根据立体立面性质和成景速度，科学合理地选择一定规格的苗木。由于立体绿化植物大多都生长较快，因此用苗规格不一定要很大。如爬山虎一年生扦插苗即可用于定植。用于棚架绿化的苗木宜选大苗，以便于牵引。

2. 挖穴 立体绿化植物绝大多数为深根性，因此所挖栽植穴应略深。穴径一般应比根幅或土球大20～30cm，穴深与穴径相等或略深。蔓生类型的穴深为45～60cm，一般类型的穴深为 50～70cm。其中植株高大且结合果实生产的可以达到 80～100cm，如在建筑区遇有灰渣多的地段，还应适当加大穴径和深度，并客土栽植。如果穴的下层为黏实土，应添加枯枝落叶或腐叶土，有利于透气；地下水位高的，穴内应添加沙层滤水。

3. 栽植苗修剪　立体绿化植物的特点是根系发达，枝蔓覆盖面积大而茎蔓较细，起苗时容易损伤较多根系。为了避免栽植后植株水分代谢不易平衡而造成死亡，对栽植苗要适当重剪。苗龄不大的落叶类型，留 3～5 个芽，对主蔓重剪；苗龄较大的植株，主、侧蔓均留数芽重剪，并视情况疏剪。常绿类型以疏剪为主，适当短截，栽植时视根系损伤情况复剪。

4. 起苗与包装　落叶种类多采用裸根起苗。苗龄不大的植株，直接用花铲起苗即可；植株较大的蔓性种类或呈灌木状苗体，应先找好树冠，在冠幅的 1/3 处挖掘。其他立体绿化植物由于自然冠幅大小难以确定，树冠在干蔓正上方的，可以树冠较密处为准的 1/3 处或凭经验起苗。具直根性和肉质根的落叶植物及常绿植物苗木，应带土球移植。沙壤质地的土球，小于 50cm 的以浸湿蒲包包装为好；如果是江南的黏土球，用稻草包扎即可。

5. 假植与运输　起出待运的苗木植株应就地假植。裸根苗在半天内近距离运输，只需盖上帆布即可；运程半天至 1d 的，装车后应先盖湿草帘再盖帆布；运程为 1～7d 的，根系应先蘸泥浆，用草袋包装装运，有条件时可加入适量湿苔等，途中最好能经常给苗株喷水，运抵后若发现根系较干，应先浸水，浸水以不超过 24h 为宜；不能及时种植的，应用湿润的土壤假植。

6. 定植　除吸附类作立面或作地被的立体绿化植物外，其他类型的栽植方法和一般园林树木一样，即要做到“三埋、二踩、一提苗”。栽后第一次定根水一定要尽早浇透，若在干旱季节栽植，应每隔 3～4d 浇 1 次水，连续 3 次；在多雨地区，栽后浇 1 次水即可，等土壤稍干后将堰土培于根际，呈内高四周稍低状以防积水；在干旱地区，可于雨季前铲除土堰，将土培于穴内。秋季栽植的，入冬后将堰土呈月牙形培于根部的主风方向，以利越冬防寒。

（三）养护管理

1. 施肥

（1）施肥特点　立体绿化植物生长发育的一个最显著特点是生长快，表现在年生长期长、年生长量大或年内有多次生长，根系发达而深广或块根、茎储藏养分多，因此施肥量要求较大。秋季施肥应以钾肥为主，相应少施氮肥，防止枝梢徒长影响抗寒能力。此外，立体绿化植物种类、品种多样，功能要求不同，各地区又因气候、土壤条件多样，施肥要求亦不同。

（2）施肥时期　应根据栽培植物最需和最佳吸收期、不同物候期、肥料性质以及气象等条件确定施肥时期。

①早春或晚秋施有机肥作基肥：多年生立体绿化植物和木本立体绿化植物宜用有机肥作基肥，除育苗和移栽时穴施外，还需每年或隔数年结合扩穴施入基肥。北方尤宜秋季施用，此时气温开始下降、地上部分生长多趋停滞，而土温适于根生长，正值根系生长小高峰，当年吸收的养分有利于有机养分积累，可以提高营养储存，为翌年生长发育打下基础；而且基肥分解期长，秋施后晚分解的可在翌春被植株吸收利用。具体时间因地区、植物种类而异。北方宜早，南方宜迟。对生长停止晚的宜迟施，冬季土壤不冻结地区也可冬施。

②按植物物候追肥：施追肥主要配合植物的物候期，特别注意花前、花后、果实膨大期

和采果后的追肥。

(3) 叶面追肥　叶面追肥简单易行，用肥量少，见效快，可满足植株对养分的急需，并可避免某些肥料所含元素在土壤中发生化学反应或生物固定作用，尤其适宜缺水季节和山地风景区采用。但叶面施肥局限性大，特效短，不能代替根系施肥。

叶面追肥一般应在10:00前和16:00后进行，干旱季节最好在傍晚或清晨喷施，以免溶液浓缩过快叶片难以吸收或溶液浓度变高而引起植株伤害。为能使溶液附着和展布均匀，应加施展布剂，也可加用中性洗衣粉等洗涤剂。此外，宜喷螯合的铁、锰、锌、铜剂。其优点是不易中毒，并可适当提高喷施浓度而加强效果。

2. 水分管理

(1) 灌水　掌握需水时期是立体绿化植物水分管理中的重要环节。苗期应适当控水，有利于根系发育，培育壮苗。抽蔓展叶旺盛期需水最多，为需水临界期，对植株生长量有很大影响。此期一般在夏初，有些立体绿化植物一年内有多次枝蔓生长高峰，应注意充分供水。花期需水较多且比较严格，水分过少影响花朵的舒展和授粉受精，水分过多会引发落花。观果立体绿化植物在果实快速膨大期需水较多，后期水分充足可增加果实产量，但会降低品质。多年生藤本植物在越冬前应浇足水，使其在整个冬季保有良好的水分状况。在冬季土壤冻结之地，冬前灌防冻水可保护根系免受冻害，有利于防寒越冬。

立体绿化植物的灌水方法有地面灌溉、喷灌、滴灌、地下灌溉等，由于立体绿化植物根系较深，灌水量比其他植物多，尤其在干旱的早春和冬季要灌足，待稍干后覆土或中耕保墒。滴灌和喷灌有较大推广前途。

(2) 排水　水淹比干旱对立体绿化植物的危害更大。水涝3～5d即能使植株发生死亡。植物的耐水性与根系的需氧量关系密切，需氧多的类型最怕涝，水涝会使其因缺氧而死亡；尤其在闷热多雨季节，大雨之后存积的涝水遇烈日一晒，水温剧升，植株更易因根系缺氧死亡，故雨停后要尽快排水。地下水位过高的地方，也会因根系缺氧给植株生长带来危害，因此应在定植时即采取降低水位等防范措施。

四、城市立体绿化的主要类型

立体绿化植物的选择与立体立面的性质有关。城市园林立体绿化的主要类型包括以下几种形式。

1. 棚架绿化　棚架绿化是园林中应用最早也是最为广泛的一种立体绿化形式。一类是以经济效益为主、以美化和生态效益为辅的棚架绿化。在城市居民庭院之中应用广泛，深受居民喜爱。主要是选用经济价值高的藤本植物攀附在棚架上，如葡萄、猕猴桃、五味子、金银花等。既可遮阴纳凉、美化环境，同时也兼顾经济利益。另一类是以美化环境为主，以园林构筑物形式出现的廊架绿化。形式极为丰富，有花架、花廊、亭架、墙架、门廊、廊架组合体等，其中以廊架形式为主。利用观赏价值较高的立体绿化植物在廊架上形成的绿色空间，或枝繁叶茂，或花果艳丽，或芳香宜人，既为游人提供了遮阴纳凉的场所，又可成为城市园林中独特的景点。常用于廊架绿化的藤本植物主要有紫藤、木香、金银花、藤本月季、凌霄、铁线莲、叶子花等。具体应用时，应根据实际空间环境以及廊架体量、造型选择适宜的藤本植物配置，并注意二者之间在体量、质地和色彩上取得对比和谐的景观效果。如杆、绳结构的小型花架，宜配置茎蔓较细、体量较轻的种类；对于砖、木、钢筋混凝土结构的大、中型花架，则宜选用寿命长、体量大的藤本种类；对只需夏季遮阴或临时性的花架，则宜选用生长快的一年生草本或冬季落叶的类型，应用卷须类、吸附类立体绿化植物。棚架上要多设间隔，便于攀缘；对于缠绕类、悬垂类立体绿化植物，则应考虑适宜的缠绕支撑结构，并可在初期对植物加以人工辅助和牵引。

2. 篱垣绿化　藤本植物在栅栏、铁丝网、花格围墙上缠绕攀附，或繁花满篱，或枝繁叶茂、叶色秀丽，可使篱垣因植物覆盖而显得亲切、和谐。栅栏、花格围墙上多应用带刺的藤本植物攀附其上，既美化了环境，又具有很好的防护功能。常用的有藤本月季、金银花、扶芳藤、凌霄、油麻藤等，让其缠绕、吸附或人工辅助攀缘在篱垣上。

3. 园门造景　城市园林和庭院中各式各样的园门，如果利用藤本植物攀缘绿化，则别具情趣，可明显增加园门的观赏效果。适于园门造景的藤本植物有叶子花、木香、紫藤、木通、凌霄、金银花、金樱子、藤本月季等，利用其缠绕性、吸附性或人工辅助攀附在门廊上，也可进行人工造型，或让其枝条自然悬垂。观花藤本植物盛花期繁花似锦，园门自然情趣更为浓厚，爬山虎、络石等观叶藤本植物攀附门廊，炎炎夏日，浓荫匝地。

4. 驳岸绿化　在驳岸旁种植藤本植物，利用其枝条、叶蔓绿化驳岸。驳岸的绿化可选择两种形式。既可在岸脚种植带吸盘或气生根的爬山虎、常春藤、络石等，亦可在岸顶种植垂悬类的紫藤、蔷薇类、迎春、迎夏、花叶蔓长春等。

5. 陡坡防护　常见的陡坡有台壁、土坡等，陡坡采用藤本植物覆盖，一方面既遮盖裸露地表，美化坡地，起到绿化、美化作用，另一方面可防止水土流失。一般选用爬山虎、葛藤、常春藤、藤本月季、薜荔、扶芳藤、迎春、迎夏、络石等。在花坛的台壁、台阶两侧可吸附爬山虎、常春藤等，其叶幕浓密，使台壁绿意盎然，自然生动；在花台上种植迎春、枸杞等蔓生类藤本，其绿枝婆娑潇洒，犹如美妙的挂帘。于黄土坡上植以藤本，既遮盖裸露地表，美化坡地，又具有固土的功效。

6. 覆盖山石　山石是园林中最富野趣的景观。若在山石上覆盖藤本植物，则使山石与周围环境很好地协调过渡，但在种植时要注意避免山石过分暴露而显得生硬，同时又不能覆盖过多，以若隐若现为佳。常用于覆盖山石的藤本有爬山虎、常春藤、扶芳藤、络石、薜荔等。

7. 柱干绿化　树干、电杆、灯柱等柱干可攀缘具有吸附根、吸盘或缠绕茎的藤本，形成绿柱、花柱。金银花缠绕柱干，扶摇而上；爬山虎、络石、常春藤、薜荔等攀附干体，颇富野趣。但在电杆、灯柱上应用时要注意控制植株长势，适时修剪，避免影响供电、通信等设施的功能。

8. 室内立体绿化　宾馆、公寓、商用楼、购物中心和住宅等室内的立体绿化可使人们工作、休息、娱乐的室内空间环境更加赏心悦目，达到调节紧张、消除疲劳的目的，有利于增进人体健康。立体绿化植物经叶片蒸腾作用，向室内空气中散发水分，可保持室内空气湿度；可以增加室内负离子，使人感到空气清新愉悦。有些立体绿化植物可以分泌杀菌素，使室内有害细菌死亡。可通过绿色植物吸收二氧化碳、放出氧气的光合功能，清新空气。绿色植物还可净化空气中的一氧化碳等有毒气体。立体绿化可有效分隔空间，美化建筑物内部的庭柱等构件，使室内空间由于绿化而充满生气和活力。室内的植物生长环境与室外相比有较大的差异，如光照度明显低于室外、昼夜温差较室外小、空气湿度较小等，因此在室内立体绿化时必须首先了解室内环境条件及特点，掌握其变化规律，根据立体绿化植物的特性加以选择，以求在室内保持其正常的生长和达到满意的观赏效果。室内立体绿化的基本形式有攀缘和吊挂，可应用推广的种类有常春藤、络石、花叶蔓长春、绿萝、红宝石等。

9. 城市桥梁、高架、立交绿化 一些具吸盘或吸附根的攀缘植物如爬山虎、络石、常春藤、凌霄等可用于拱桥、石墩桥的桥墩和桥侧面的绿化，覆盖于桥洞上方，绿叶相掩，倒影成景，也可用于高架、立交桥立柱的绿化。

10. 墙面绿化 各类建筑物墙体表面的立体绿化可极大地丰富墙面景观，增加墙面的自然气息，对建筑外表具有良好的装饰作用。在炎热的夏季，墙体立体绿化更可有效阻止太阳辐射、降低居室内的空气温度，具有良好的生态效益。

用吸附类攀缘植物直接攀附墙面，是常见、经济、实用的墙面绿化方式，在城市立体绿化中占有很大的比例。由于不同植物的吸附能力有很大差异，选择时要根据各种墙面的质地来确定，越粗糙的墙面对植物攀附越有利。在水泥砂浆、清水墙、马赛克、水刷石、块石、条石等墙面，多数吸附类攀缘植物均能攀附，如凌霄、美国凌霄、爬山虎、美国地锦、扶芳藤、络石、薜荔、常春藤、洋常春藤等。但对于石灰粉墙墙面的立体绿化，由于石灰的附着力弱，在超出承载能力范围后，常会造成整个墙面立体绿化植物的坍塌，故只宜选择爬山虎、络石等自重轻的植物种类，或在石灰墙的墙面上安装网状或条状支架。

墙面绿化除了采用直接吸附的形式外，也可在墙面安装条状或网状支架，使卷须类、悬垂类、缠绕类立体绿化植物借支架绿化墙面。支架安装可在墙面钻孔后用膨胀螺栓固定，或者预埋于墙内，或者凿砖打木楔，钉钉、拉铅丝等。支架形式要考虑有利于植物的攀缘、人工缚扎牵引和养护管理。用钩钉、骑马钉等人工辅助方式也可使无吸附能力的植物茎蔓甚至乔、灌木枝条直接附壁，但此方式只适用于小面积或局部墙面的植物装饰。

墙面绿化还可在墙体顶部设花槽、花斗，栽植枝蔓细长的悬垂类植物或攀缘植物（但并不利用其攀缘性）悬垂而下，如常春藤、洋常春藤、金银花、红花忍冬、木香、迎夏、云南黄素馨、叶子花等，尤其是开花、彩叶类植物装饰效果更好。

女儿墙、檐口和雨篷边缘墙外管道还可选用适宜攀缘的常春藤、凌霄、爬山虎等进行立体绿化。也可以选择一些悬垂类植物如云南黄素馨、七姊妹等进行盆栽，置于屋顶，长长的藤蔓形成绿色锦面。

11. 屋顶绿化 攀缘植物在屋顶绿化中的主要应用形式有地被覆盖、棚架、垂挂等形式。铺设人工合成种植土的平顶屋面，可选择匍匐、攀缘类植物作地被式栽培，形成绿色地毯。屋面不能铺设土层者，可在屋顶设种植池或用盆器栽植，蔓延覆盖屋面。对楼层不高的建筑或平房可采用地面种植，牵引至屋顶覆盖。屋顶平台建棚架时，宜选用质地轻、易施工的材料，如不锈钢管等，植物种类有凌霄、藤本月季、木香等，若选用葡萄、猕猴桃、五味子等经济植物则倍增生活情趣。

五、立体绿化的株形及架式的整剪

1. 匍匐覆地式 匍匐覆地式的整剪要点是疏去过密枝、交叉重叠枝，可调整枝蔓使其分布均匀。短截较稀处枝蔓，促发新蔓。当地雨季前按一定距离（0.5～1m）于节处培土压蔓（土硬处最好先把土挖松），可促蔓节处生根。

2. 灌丛式 对呈灌丛拱枝形的立体绿化植物可采用此式修剪。整剪要求圆整，内高外低。观花类应按开花习性进行修剪，先花后叶类在江南地区可花后剪，在北方大陆性气候地区宜花前冬剪，但应剪得自然些。由于此类单枝离心生长快，衰老也快，虽在弯拱高位及以下的潜伏芽易剪枝更新，为维持其拱枝形态，不宜在弯拱高位处采用回缩更新，因易促枝直立而破坏株形，而应采用去老留新法，即将衰老枝从基部疏除。对成片栽植的，一般不单株修剪和更新，而是待整体显衰老时，分批自地面摘除，约2年后又可更新复壮。对先灌后藤的某些缠绕藤本从其幼时呈灌状之骨架，植于草地、低矮假山石、水边较高处，但不给予攀缠条件，使之长成灌丛形。此类剪法新植时结合整形按一般修剪，枝条渐多和生出缠绕枝后，只做疏剪清理即可。

3. 圈架式　圈架栽培设圈形支架，蔓植圈架之中。植时重剪，选4～8个方位分布均匀的主蔓枝靠在圈梁上，蔓自圈中出，如大花瓶一般。衰老枝按去老留新法疏剪更新。云实等较粗野的大型蔓性立体绿化植物宜用圈形高架。

4. 缠柱式　缠柱式主要用于缠绕类、藤本月季等。包括缠绕攀缘枯树、栅栏、灯柱等各种缠绕类立体绿化植物，要求一定的适缠粗细之柱形物，并保护和培养主蔓，使其自行缠绕攀缘；对不能自缠过粗的柱状物的，应人为用绳索将藤牵引绕于树上，直至适缠粗度的分枝处，令其自行缠绕。于两柱中间植双株缠绕类立体绿化植物，应在根际钉桩，结绳链分别呈环垂挂于两柱适合的等高处，诱引主蔓缠绕于绳链，形成连续花环般之景观。对藤本月季类需经重剪后促生侧蔓，防基部光秃，以后对主蔓长留，人工牵引绕柱逐年延伸，同时需均匀缚扎侧蔓或弯下引缚补缺。

5. 棚架式　棚架式适用于卷须类、缠绕类、藤本月季等，于近地面处重剪促发数条强壮主蔓，人工牵引至棚面，使其均匀分布形成阴凉，隔年疏剪病枝、老枝和过密枝即可。需藤蔓下架埋土防寒的地区，经修剪清理后，缚捆主蔓埋于土中。对结合花果生产的，应充分利用向阳立体面，采用多种短截修剪，以增加开花结果面积。

6. 格架式　格架式适用于卷须类和悬垂类，如铁线莲、藤本月季等。格架栽培除有较粗的框架外，多在框架间隔内，用较细的钢筋、粗铅丝、尼龙绳等线条材料组成方格，有利于卷络。修剪手法以重截培养侧蔓为主，缚扎使其均匀布满架面。

7. 凉廊式　凉廊式多用于卷须类、缠绕类，也用于吸附类。凉廊与棚架不同之处在于两侧设有格子架，应先采用连续重剪抑主蔓促侧蔓等措施，勿使主蔓过早攀至廊顶，以防两侧下方空虚并均缚侧蔓于立体格架。如用吸附类木本立体绿化植物，需用砖等砌花墙，提供吸附所需的平面，并隔一定距离开设漏窗，以防过于郁暗，为防基部光秃，栽植时及栽后初期宜重剪发蔓。

8. 篱垣式　篱垣式多用于卷须类、缠绕类以及蔓生性立体绿化植物。前两类干蔓经短截促发主蔓，将主蔓呈水平诱引，形成距离长而较低的篱垣，分2层或3层培养成水平篱垣式，每年对侧蔓行短截。如欲形成短距离的高篱，可行短截使水平主蔓上立体萌生较长的侧蔓。对蔓生性种类，如藤本月季、叶子花等，可植于篱笆、栅栏边，经短截萌枝后由人工编附于篱栅上。

利用某些立体绿化植物枝蔓柔软、生长快、枝叶茂密的特点，进行人工造型，如动物、亭台、门坊等形体或墙面图案，以满足特殊景观的需要。立体造型栽培需先用细钢筋或粗铅丝构制外形，适用于卷须或缠绕类植物。成坯后还需经适当修剪与整理，使枝蔓分布均匀、茂密不透。

9. 附壁式　附壁式主要适用于吸附类，如爬山虎、常春藤、凌霄、扶芳藤等，包括吸附墙壁、巨岩、假山以及裹覆光秃之树干或灯柱等。为防基部过早光秃，应先重截促发侧蔓。对能自行吸附的立体绿化植物，只需对过于光滑的吸附面做变糙处理即可。

10. 悬垂式 对于自身不能缠绕又无特化攀缘器官的蔓生性立体绿化植物，在立体绿化中主要利用其悬垂性，常栽植于屋顶、墙顶或盆栽置于阳台等处，使其藤蔓悬垂而下。只做一般整形修剪，顺其自然生长。用于室内吊挂的盆栽立体悬垂类植物，应通过整形修剪使蔓条均匀分布于盆四周，下垂之蔓有长有短，错落有致。对衰老枝应选适合的带头枝行回缩修剪。

11. 造型式 利用某些立体绿化植物枝蔓柔软、生长快、枝叶茂密的特点，进行人工造型，如形成某些动物、亭台、门坊等形体或墙面图案，以满足特殊景观的需要。立体造型需先用细钢筋和粗铅丝构制外形，适用于卷须或缠绕类立体绿化植物攀缘。如用吸附类需经缚蔓，初成后还需经适当修剪与整理，使枝蔓分布均好和茂密。

复习思考题

1. 露地草本植物的栽培要点有哪些？园林中应用有何特点？
2. 草坪草有哪些特性？其建植方法有哪些？
3. 如何种植地被植物？提高其观赏效果有哪些措施？
4. 水生花卉繁殖栽培要点有哪些？园林中应用有何特点？
5. 仙人掌类及多浆植物主要原产地在哪里？繁殖栽培要点有哪些？
6. 立体绿化类型有哪些？如何选择立体绿化植物？

第六章 园林植物的设施栽培

【本章提要】设施栽培使园林植物的生长发育不受或少受自然季节的影响。本章主要介绍了园林植物设施栽培的主要类型，栽培设施的规划与布局，设施环境调控技术；容器栽培的特点及植物选择，容器的类型及选择，盆栽基质及其配制，容器栽培技术；无土栽培的概念及特点，无土栽培的形式与方法，营养液配制及调节。

园林植物的设施栽培是在不适宜露地栽植园林植物的季节或地区，利用特定的设施创造良好的小气候条件，并对小气候进行调节，使园林植物的生长发育不受或少受自然季节的影响，从而达到优质高产栽培，实现园林植物的周年均衡供应和催延花期调控。

用于园林植物栽培的设施主要有温床和冷床、荫棚、地窖、风障、塑料大棚、温室等。

园林植物设施栽培的意义如下：

（1）有利于园林植物在不适宜地区、不适宜季节栽培　原产于热带和亚热带地区的园林植物，在北方地区不能露地越冬，必须在温室内对温度、湿度、光照、土壤、营养、通风等环境因子进行有效调控，创造适合于各种花卉生长发育所要求的环境，才能保证花卉的正常生长发育。如北京冬季严寒干燥，春季干旱多风，利用温室可以栽培终年要求温暖潮湿的热带兰、鸟巢蕨、变叶木等热带花卉。

（2）有利于提高产量和质量　设施栽培的产量比露地栽培高出几倍，且品质上乘，其经济效益比一般露地栽培高出2～3倍，甚至更多。

（3）有利于提高劳动生产率　设施栽培由于自动化程度高，一般肥水管理、病虫害防治等多用机械或其他自动化装置，极大地降低了劳动强度。

（4）有利于新品种的引进和开发　不同园林植物种类有其不同的生态习性和生长条件，利用设施栽培，能集世界各气候区、要求不同生态环境的奇花异卉于一地，从而满足消费者的需求。

第一节 栽培设施的主要类型

一、温床和冷床

温床和冷床是花卉栽培常用的简易、低矮的设施。温床利用太阳辐射热，需辅以人工加温；冷床只利用太阳辐射热，不用人工加温（图6-1）。温床和冷床在形式和结构上基本相同，均为具有保温设备的苗床。

1. 温床和冷床的功能

（1）提早播种、提早开花　温床和冷床主要用于春播草花的播种，春季露地播种需在晚霜后进行，而利用冷床或温床可提前 30～40d 播种，以提早花期。

(2) 保护半耐寒性花卉越冬　在我国北方，温床和冷床主要用于保护不能露地越冬的二年生花卉，如三色堇、雏菊等；在长江流域地区，可保护部分盆花越冬，如天竺葵、小苍兰等。

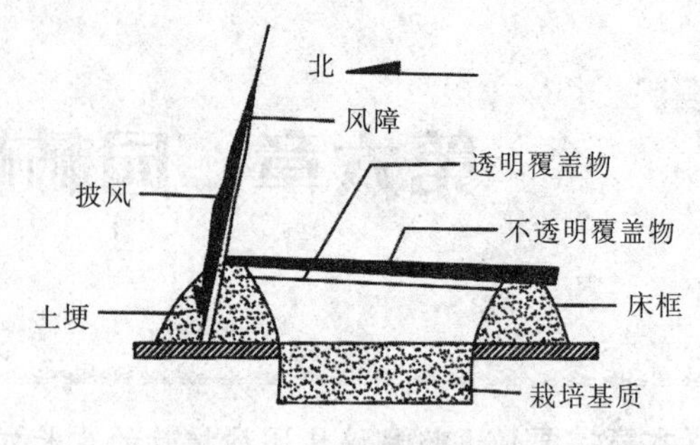

图 6-1　冷床和风障断面
(朱加平，2001)

(3) 硬化处理　在温室或温床育成的小苗，在移植露地之前，可先移入冷床中进行锻炼，使其逐渐适应露地气候条件，再栽于露地。

(4) 促成栽培　秋季在露地播种育苗，冬季移入冷床或温床，使之在冬季开花；或在温暖地区冬季播种，使之在春季开花。如球根花卉水仙、百合、风信子、郁金香等常在冬季利用冷床进行促成栽培。在炎热的夏季可利用冷床进行扦插，通常在 6～7 月进行。

温床和冷床在使用上均可实现提前播种、保护花卉越冬，但在提前的时间上有所不同，保护花卉越冬的效果，适宜的花卉种类亦有所区别。

2. 温床和冷床的结构和性能　温床和冷床的形式相同，一般均为南低北高的框式结构，床框常用砖或水泥砌成，或直接用土墙筑成。床框北面高 50～60cm，南面高 20～30cm，宽约 1.2m，长度不等。为了提高保温性能，可建成半地下式，床框上面覆盖玻璃窗或塑料薄膜等透光材料，要注意便于开启操作。

温床加温通常有电、热加温和发酵加温。电、热加温是将电热丝或金属管道铺在床底，再接通电源或将热水、蒸汽通到床底，以提高苗床的温度。这种加温方式的特点是发热迅速，温度均匀，根据需要可随时应用，便于控制，不加热时可作为冷床使用。发酵加温是利用微生物分解有机质所放出的热能，提高苗床温度。酿热物的种类很多，一般下层用发酵迟缓的碎草、落叶，以防止热量散失，上层用快速发热的牛、马粪，等温度稳定后，铺上培养土即可使用，发酵加温的特点是操作麻烦，温度不易控制，但造价低。

温床和冷床的设置地点，宜选择背风、向阳、排水良好之处。温床和冷床都要注意管理，中午前后适当通风、夜晚覆盖草帘等保暖防寒，为抵御冬季寒冷的北风，提高苗床的保温效果，可在苗床的北面加设风障。

二、荫　棚

荫棚是设置于露地、供遮阴用的棚架，是花卉栽培必不可少的设施。

1. 荫棚的功能　荫棚可以减弱其下光照度，降低温度，增加湿度，减少蒸腾。温室花卉大部分种类属于半阴性植物，不耐夏季温室内的高温，一般均于夏季移出温室，置于荫棚下培养；夏季嫩枝扦插及播种繁殖等均需在荫棚下进行；一部分露地栽培的切花花卉如设荫棚保护，可获得比露地栽培更好的效果；荫棚还有利于刚上盆、换盆花卉的缓苗，可为夏季花卉栽培管理创造适宜的环境。

2. 荫棚的种类　荫棚的种类和形式很多，可以按使用时间、棚架材料、棚架高矮进行分类。按使用时间分为临时性荫棚和永久性荫棚。临时性荫棚除放置越夏的温室花卉外，还可用于露地繁殖床和紫苑、菊花等切花的栽培。永久性荫棚较常使用，主要用于温室花卉栽培，在江南地区还常用于杜鹃花等阴性植物的栽培，形状与临时性荫棚相同，但骨架用铁管或水泥柱构成。现代化的温室外一般不搭设荫棚，而是在室内装有遮阳网、风扇、水帘等，供夏季花卉栽培时遮阴、通风和降温之用。

三、地窖（冷窖）

地窖是冬季防寒越冬最简易的一种设施，常用来弥补冷室及冷床的不足。

1. 地窖的功能　地窖在北方地区应用较多，常用于不能露地越冬的宿根花卉、球根花卉、水生花卉及花木类的保护越冬，既不占用温室面积，又能保护花卉安全越冬。

2. 地窖的设置　地窖由四周的墙及窖顶构成。四周的墙可以是土墙，也可以是砖墙，窖顶有人字式、平顶式和单坡式。

根据地窖在地面设置的位置可将其分为地下式与半地下式。地下式地窖全部深入地面下，仅窖顶在地面以上；半地下式地窖一部分在地面以下，一部分高出地面。

地窖可根据需要设置成临时性的或永久性的。临时性的地窖挖窖时间一般在每年的霜降前后，春季用后填平，其四周的墙是在地下挖成；半地下式高出部分，由挖出的泥土筑成土墙，如果培养的植物较多，每年都使用地窖，可设置永久性地窖，永久性地窖四周的墙可用砖砌成。

根据地窖是否有出入口，可将其分为活窖和死窖。活窖应在窖的一端或南侧设出入口，以便出入；死窖不设出入口，以保持窖内温度。

地窖通常深约1m，或是当地冻土层深度的2～3倍，宽约2m，长度视越冬植物的数量而定。

地窖内植物通常带土球叠放，盆栽的将盆叠放，较大的花木裸根时应假植于窖内，入窖植物不需浇水，也不需其他管理，窖顶积雪时应及时扫去。

四、风　障

风障是花卉生产中的一种辅助设备，利用各种高秆植物的草秆插成篱笆形式，以阻挡寒风，提高局部环境温度与湿度，保证植物安全越冬，是比较简单的设施类型，可实现园林植物提早育苗、提前开花，在我国北方常用于露地花卉的越冬，多与温床、冷床结合使用，以提高保温能力。

1. 风障的作用　风障的防风效果极为显著，一般能减弱风速10％～50％。风障能充分利用太阳的辐射热，提高风障保护区的地温和气温。据测定，一般风障前气温夜间较露地高2～3℃，白天高5～6℃，距风障越近，温度越高，此外，风障还有减少水分蒸发和降低相对湿度的作用，形成良好的小气候环境，如在风障保护下的耐寒花卉芍药、鸢尾等可提早花期10～15d。

2. 风障的结构　风障按照篱笆高度不同，可分为小风障和大风障，大风障又有完全风障和简易风障。依结构不同，分为披风风障和无披风风障，披风风障防寒作用大，其主要结构包括篱笆、披风和土背（图6-2）。

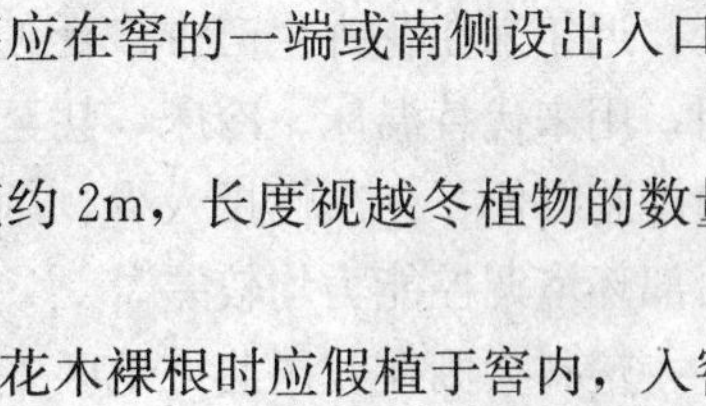

图6-2　风障畦示意图

1. 栽培畦　2. 篱笆　3. 土背　4. 横腰　5. 披风

（张彦萍，2002）

（1）篱笆　篱笆是风障的主要部分，可用高粱秆、玉米秸、芦苇、细竹子、蒲席等扎成，一般高 2.5～3.5m，东西延长设置，向南倾斜 10°～15°，若设置数排风障，风障之间的距离为风障高度的 2 倍为宜。

（2）披风　披风是附在篱笆北面基部的柴草，常用荻草和稻草制成，高 1.3～1.7m，其下部与篱笆基部一并埋入深约 30cm 的沟中，中部用横杆扎于篱笆上。

（3）土背　土背为风障北侧基部培起来的土埂，起固定风障及增强保温效果的作用，高 17～20cm。

风障的设置时间，在京津地区一般为 10 月底至 11 月初，翌年 3 月下旬去掉披风，4 月上旬至 4 月下旬陆续拆除，只留最北面一排风障，至 5 月上旬可全部拆除。

五、塑料大棚

塑料棚是塑料薄膜覆盖的拱形棚的简称，是一种利用塑料薄膜覆盖的不加温的简易设施。生产上使用的塑料棚，依据管理人员在棚内操作是否受到影响分为大棚、中棚和小棚。管理人员能在棚内自由操作的为大棚，勉强能操作的为中棚，不能在棚内操作而需在棚外管理的为小棚。一般大棚高 2.0m 以上，棚宽 5m 以上，面积 130m^2 以上；中棚高 1.8m 左右，宽 2～5m，面积 65～130m^2；小棚高 0.5～1.0m，宽 1～2m，面积 65m^2 以下。

塑料大棚主要由支架和覆盖物（塑料薄膜）构成。由于其建造容易，使用方便，投资较少，近年来在花卉生产中广泛使用，特别是在长江中下游及以南地区得到越来越普遍的应用，用来代替温床、冷床，甚至代替低温温室。塑料大棚与温室相比，具有结构简单、建造和拆装方便、一次性投入少、运行费用低等优点。但塑料棚的保温性能、抗自然灾害能力、内部环境调控能力均较差。

塑料大棚在我国北方地区主要作用是延长花卉的生长期，即起到春提早、秋延后的保温栽培作用，塑料大棚一般春季可提早 30～50d，秋季能延后 20～25d，但其不能进行冬季栽培。我国南方地区，除了冬、春季节用于花卉的保温和越冬栽培外，还可更换成遮阳棚用于夏秋季节的遮阴降温和防雨、防风、防雹等抵御自然灾害的栽培设施。塑料大棚一般室内不加温，靠温室效应积聚热量，其最低温度一般比室外温度高 1～2℃，平均温度高 3～10℃以上，棚内的光照、湿度等比露地更易于调节和控制，更适于花卉生长需要。

塑料大棚按使用建筑材料可分为竹木结构、钢筋焊接结构、钢筋混凝土结构和镀锌钢管结构。

1. 竹木结构塑料大棚　竹木结构大棚是在中小拱棚的基础上发展而来的，以竹木结构为主，室内立柱常用直杂木，拱杆和纵向拉杆常用细竹竿或毛竹片，跨度 8～10m，长度 50～70m，脊高 1.8～2.5m。这种大棚投资低，建造简单，农村可就地取材，但由于室内多柱，空间低矮，操作不便，机械化作业困难，骨架遮阳面积大，结构抗风雪能力差，近年在经济较为发达地区已基本淘汰。

2. 钢筋焊接结构大棚　钢筋焊接结构大棚是用钢筋或钢筋与钢管焊接成平面或空间桁架作大棚的骨架，其跨度 8～20m，长度 50～80m，脊高 2.6～3.0m，拱距 1.0～1.2m。这种大棚骨架强度高，室内无柱，空间大，透光性能好，但由于室内高湿对钢材的腐蚀作用强，因此每年都需要刷漆保养。

3. 钢筋混凝土结构大棚　钢筋混凝土结构大棚根据使用材料不同，分为玻璃纤维增强水泥大棚和钢纤维增强水泥大棚两种。钢筋混凝土骨架一般在工厂生产，现场安装，构件的质量比较稳定。缺点是细长杆件容易破损，在运输和安装过程中骨架的损坏率较高，在距离混凝土构件厂较远的地区可采用现场预制。

4. 镀锌钢管结构大棚　镀锌钢管大棚骨架其拱杆、纵向拉杆、端头立柱均为薄壁钢管，并用专用卡具连接形成整体。塑料薄膜用卡膜槽和弹簧卡丝固定，所有杆件和卡具均采用热镀锌防腐处理。跨度6～12m，肩高1.0～1.8m，脊高2.5～3.2m，拱距0.5～1.2m，长度60～80m。这种大棚为组装式结构，建造方便；可拆卸迁移，棚内空间大，作业方便；骨架截面小，遮阳率低；构件热浸镀锌，抗腐蚀能力强；材料强度高，承载能力强，整体稳定性好。其使用寿命可达15年以上，是目前国内推广较多的一种温室型塑料大棚，能充分利用太阳能，有一定的保温作用，并能通过卷膜在一定范围内调节棚内的温度和湿度。

六、温　　室

温室是栽培设施中性能最为完善的一种类型，是花卉栽培中最重要的也是应用最广泛的栽培设施。比其他栽培设施（如风障、冷床、温床、冷窖、荫棚等）对环境因子的调节和控制能力更强、更全面。我国目前温室设施发展较快，尤其是日光温室，节能性能好，成本低，备受欢迎，近年来现代化大型温室也已被大型生产单位、科研院所广泛使用。

（一）温室的分类

1. 按照应用目的分类

（1）观赏温室　供展览观赏之用，常收集色、香、姿俱佳的奇花异卉供观赏。

（2）栽培温室　以观赏植物生产为主，建筑形式以符合栽培植物的需要和经济实用为原则，不追求外形美观，而最大限度地利用室内场地栽培花卉，根据栽培花卉种类的不同可分为切花温室、盆花温室等。

（3）繁殖温室　供大规模进行播种、扦插、嫁接繁殖用，温室建筑多采用较低矮的半地下式，便于维持较高的湿度和稳定的温度环境。

（4）促成温室　专供冬春促成栽培。

（5）人工气候室　应用自动调温、调湿的装置和人工光源等，不受地区和季节的影响，供栽培花卉或从事科学研究之用。

2. 按照温室温度分类

（1）高温温室　室温保持在18～30℃，较高的温度能使热带花卉正常生长发育，也可用于花卉的促成栽培。

（2）中温温室　室温控制在12～20℃，适宜养护亚热带植物，温室内有时设置苗床，供花卉播种、扦插繁殖用。

（3）低温温室　室温为5～15℃，供原产于暖温带的常绿花卉越冬及不耐寒宿根花卉和球根花卉的种球越冬用，也可用作耐寒性草花的促成栽培。

（4）冷室　冷室是没有加温设施仅有保温性能的建筑物，室温常随着外界气温的升降而发生相应的变化，一般为0～10℃，用来储藏稍耐寒的盆花、盆景，以及水生花卉、宿根花卉和球根花卉的种球，有时也设置简易苗床，用于早春播种一、二年生花卉等。

3. 按照栽培植物种类分类　栽培植物种类不同，对温室环境条件的要求不同，常根据一些专类花卉的特殊环境要求，分别设置专类温室，如兰科植物温室、蕨类植物温室、仙人掌类及多浆植物温室等。

4. 按照温室设置的位置分类 按温室设置位置分类，可分为地上式、半地下式和地下式（图6-3）。

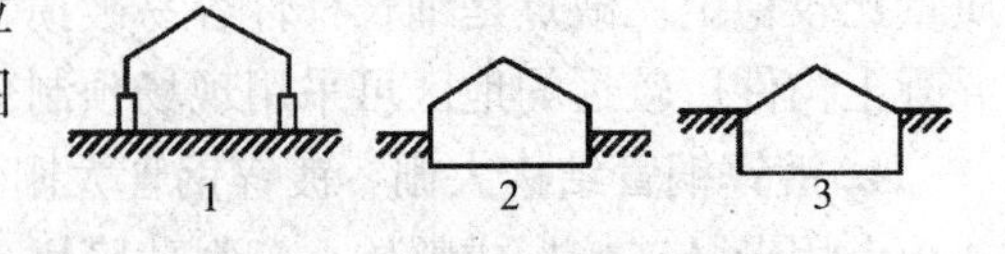

图6-3 温室设置位置
1. 地上式 2. 半地下式 3. 地下式

（1）地上式温室 室内与室外地面近于水平。

（2）半地下式温室 四周短墙深入地下，仅侧窗在地面以上。

（3）地下式温室 仅屋顶露于地面之上，无侧窗部分。

5. 按照有无加温设备分类

（1）加温温室 除利用太阳能外，还采用热水、蒸汽、烟道、电热等人工加温的方法提高温室温度。

（2）不加温温室 也称日光温室，利用太阳能维持室内温度。

6. 按照屋面覆盖材料分类

（1）玻璃温室 以玻璃为屋面覆盖材料，以防冰雹，可选用钢化玻璃。

（2）塑料温室 设置容易，造价低，应用极为普遍，有半圆形或拱形，也可采用双屋面形式，以塑料薄膜或塑料板材覆盖。

7. 按照建筑形式分类 温室建筑形式较为简单，基本有单屋面、双屋面、不等屋面和连栋式四类（图6-4）。

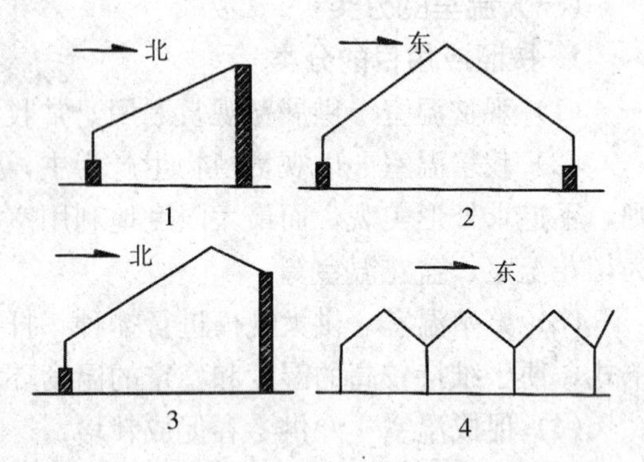

图6-4 温室建筑形式
1. 单屋面温室 2. 双屋面温室
3. 不等屋面温室 4. 连栋温室

（1）单屋面温室 温室顶部仅1个向南倾斜的玻璃屋面，其北面为墙。

（2）双屋面温室 温室顶部有2个相等的玻璃屋面，通常为南北向。

（3）不等屋面温室 温室顶部具有2个宽度不等的屋面，南北面宽度比为4∶3或3∶2。

（4）连栋式温室 由相等的双屋面或不等屋面温室借纵向侧柱或柱网连接起来，相互连通，可以连续搭接，形成室内串通的大型温室。

8. 按照建筑材料分类 除屋顶多用玻璃外，温室墙壁、骨架材料有很多种。

（1）土温室 墙壁用泥土筑成，其他各部分构造为木材，这类温室仅限于北方冬季无雨季节使用。

（2）木结构温室 屋架及门窗均为坚韧耐久、不易弯曲的木材，造价低，但使用多年后密闭性逐渐变差。

（3）钢结构温室 柱、架、门窗框均用钢材，坚固耐久，可建大型温室，用料细，透光面积大，但造价较高，且易生锈，因其具热胀冷缩的特性，常导致玻璃面破碎。

（4）钢木结构温室 中柱、桁条及屋架用钢材，其他与木结构温室相同。

（5）铝合金结构温室 结构轻，强度大，密闭度高，使用年限长，造价高。

（6）钢铝混合结构温室 柱、屋架等采用钢制异型管材结构，门窗框等与外界接触部分用钢合金构件，混合结构造价较铝合金结构低，是大型现代化温室较为理想的结构。

（二）温室内装置及设备

温室内常需要一些装置及设备调控其环境条件。

1. 通风换气装置 利用气窗通风换气是最常见的，在顶部的气窗称天窗，屋脊式的在脊顶两侧设成连开的窗或间断开的窗，拱圆式则在顶部设外推式气窗，在侧面或檐下的气窗称地窗或侧窗，一般侧窗要占侧面的 1/2 以上。强行换气装置是由排风扇或通风机排出气体，配以百叶箱式和筒式进气口进气。

2. 双层保温幕开闭装置 双层保温幕是以塑料薄膜等材料在设施内再次覆盖，在冬季低温或夜间低温时使用，可以覆盖整个温室，把热能尽量保存在保温幕之下，使屋面和保温幕之间形成一个空气隔热层，起到增强保温的作用。夏季也可形成一个隔热层，使保温层下面的空间保持较凉爽的小气候，减少阳光灼晒的程度。

设施内很多都设有保温的构架，有单层和双层的。双层上层用人造纤维毯，下层用透气微孔塑料膜，两层可以分别卷起或拉开，手动开闭装置有 3 种，即双向开闭式、单向开闭式和侧部开闭式。电动开闭装置亦有应用。

3. 遮光和保温设施 在大棚骨架下，高于棚面半米左右设置遮阳网架，或直接把遮阳网覆盖在棚面上，并用压膜线压紧，也可在温室内设置遮阳网开闭装置。保温帘常直接压在棚面上，现多采用自动卷帘装置，设置于棚顶部。

4. 加温设备 温室加温方法有烟道加温、热水加温、蒸汽加温、热风加温、电热加温、发酵加温等，其中前三种应用最多。

（1）烟道加温 直接用火力加热，加温设备由炉膛、烟道和烟囱等几部分组成，烟道通往室内以增加室温，这种加温方法温度易于上升，设备费用低、节能、清洁，但室内空气易干燥，温度变化幅度大。

（2）热水加温 热水加温最适于花卉的生长和发育，温度、湿度均易保持稳定，而室内空气均匀，湿度较高，但不易迅速升温，热力不及蒸汽热力大，一般适用于 300m^2 以内的温室。热水加温多采用重力循环法，根据冷水与热水的比重不同维持循环，如果温室较大，可增加电力水泵以促进水流循环，效果更好，热水加温设备采用锅炉加热，输水管送水，排管成圆翼形散热到温室中，回水管使水流回锅炉。

（3）蒸汽加温 蒸汽加温可用于大面积温室，加温容易，温度容易调节，室内湿度则较热水加温低，近蒸汽管处由于温度较高，易使附近植物受到损害，蒸汽加温装置费用高，且蒸汽压力较强，必须有熟练的加温技术。

5. 其他设备 灌水系统、自动喷药系统、补光和遮光系统、无土栽培设施等在温室中都很重要。

第二节 栽培设施规划布局与环境调控

一、栽培设施规划布局

（一）基本要求

1. 良好的结构 栽培设施对结构的要求有两方面：一是坚固，要求结构简单、轻质、坚固、抗性强、遮阳面小、空间大；二是性能良好，要求白天能充分透过太阳光，能通风换气，夜间又能保温防寒，操作方便。

2. 良好的生产条件 栽培设施内部环境不仅要适于园林植物生长发育，也应适应劳动作业（包括使用部分小型机具）和保护劳动者的身体健康，要求立柱少，便于操作，室内通风条件好，有利于降温降湿和有害气体的排除。

3. 投资小，功能匹配 为降低设施栽培的生产成本，应尽量减少建设投资、选用材料的牢固程度应基本一致，以免在设施淘汰时造成浪费，在设施功能方面，应根据实际需要，切忌贪大求全。

（二）场地选择

场地选择对结构性能、环境调控、经营管理等影响很大。

1. 选择南面开阔、无遮阴的平坦矩形地块 为保证采光良好，要选择南面开阔、无遮阴的平坦矩形地块，利用坡地平整时既费工又增加费用，在整地时挖方处的土层遭到破坏，填方处土层容易被雨水冲刷下沉。因此，建造大型温室和大棚，最少应有150m长度的缓坡地。

2. 选择避风地带 为减少炎热和风压对结构的影响，要选择避风地带，冬季有季风的地方，最好选在迎风面有山、防风林或高大建筑物等挡风的地方。此外，夏季还需要有一定的风，风能促进通风换气和作物的光合作用，因此选址时要调查风向和风速的季节变化，结合布局选择地势。

3. 选择水源丰富、水质良好和灌排方便的地带 灌溉和排水是园林植物栽培的基本条件，水质不仅影响到作物的生长，影响锅炉和管道的使用寿命，还会影响劳动者的身体健康。

4. 选择土质好、地下水位低，排水良好的地带 地下水位高不仅影响作物的生育，而且易造成高温条件，使作物发病，不利于建造锅炉房。

5. 选择地基土质坚实的地带 栽培设施如修建在地基土质软，即新填土或沙丘地带，基础容易动摇下沉，需要加大基础或加固地带，从而增加造价。

6. 选择交通便利的地带 为了便于运输建造材料，应选离居民点、道路较近的地方。

7. 选择电源方便、供电正常的地带 现代化程度较高的设施对电力供应的要求更高，设施内的许多设备如通风、加温、加光等都依赖于电力，因此，在选址时应考虑供电线路架设的工程量、电网正常与否等情况。有条件的地方，可以准备两条线路供电或自备发电设备，以备急用。

为节约能源，减少建设投资，降低生产成本，有条件时应尽量选择有工厂余热或地热的地区建造温室、大棚，以便充分利用热能。

（三）布局

1. 连片配置，集中管理 在集约经营中，栽培设施多是连片配置，以便集中管理，提高设施的利用效益。新建一个设施栽培基地时，栽培室、育苗室、管理室、仓库、锅炉房、配电间、水泵房等设施的平面配置要合理。

2. 因时因地，选择方向 建造温室或大棚等设施时，必须考虑设施的采光和通风，因此涉及设施建造的方向，温室、大棚的屋脊延长方向（或称走向）大体分为南北和东西两种，温室、大棚的走向与采光和通风密切相关。

在我国北方高纬度地区，太阳高度角较小，从10月上旬到次年3月中旬，东西走向的大棚透光率较高；从3～10月，南北走向的大棚透光率较高。北方地区利用温室栽培多安排在冬季。因此，以节能日光温室为主的单屋面温室以东西向延长为好，即坐北朝南，以便温室得到充足的光照，蓄热、保温性能好。

在我国中南部纬度较低地区，栽培设施以塑料大棚为主。一般而言，南北走向的大棚，上午东部受光好，下午西部受光好，但日平均受光基本相同，且棚内不产生死阴影；东西走向的大棚，南北受光不均，南部受光强，北部受光弱，在骨架粗大时，还会产生死阴影，导致棚内作物长势不匀。考虑大棚的使用季节多集中在3～11月，因此生产上多采用南北走向的形式。

对于连栋的双屋面现代温室，南北延长和东西延长的光照度没有明显差异，但实际生产中采用南北延长的较多。

3. 邻栋间隔，宽窄适当　温室与温室之间的间隔称邻栋间隔。如果从土地利用率考虑，其间隔越窄越好，但从通风透光考虑，间隔不宜过于狭窄。

一般来说，塑料大棚前后排之间的距离应在5m左右，即棚高的1.5～2倍，纬度不同，适宜的距离也不同，高纬度地区距离大些，低纬度地区距离小些。大棚左右的距离最好等于大棚的宽度，前后排位置错开，以保证通风良好。对于温室来说，东西延长的前后排距离为温室高度的2～3倍以上，南北延长的前后排距离为温室高度的0.8～1.3倍以上。

4. 温室的出入口及畦的配置　温室的出入口及内部道路的设置应有利于作业机器、生产资料及产品的出入和运输，温室出入口常有两种类型，即腰部出产和端部出入。

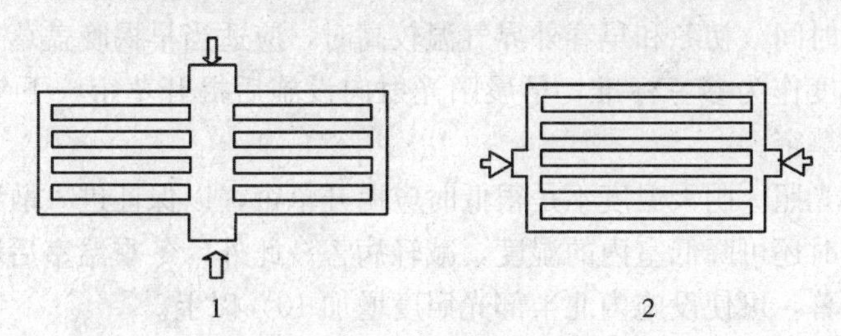

图6-5　温室入口和畦的配置
1. 腰部入口　2. 端部入口

(四) 日常维护

维护和保养栽培设施是提高设施使用寿命及设备安全的重要工作，设施维护应注意以下事项。

1. 设施专人管理　锅炉、电器专项设施管理人员应具备专项管理上岗证书，严格按照操作规程进行操作。

2. 温室和大棚使用覆盖材料　温室和大棚使用覆盖材料如玻璃、薄膜等，应根据其使用寿命和采光情况实行定期更换，以提高棚室的采光条件，促进植物生长。

3. 定期维护和不定期维护相结合　根据不同设施和使用情况确定定期维护的时限，在生产过程中发现设施损坏或不良运行状况应及时检修和维护。

4. 编制管理使用档案　包括设施的使用操作规格，注意事项，每年的使用和维护情况等。

二、设施环境特点及调控

设施是一种受人为因素影响的半封闭状态的小环境，其环境条件主要包括温度、光照、水分、气候、土壤及肥料等因素，受覆盖材料和人为行为的影响，与自然环境条件相比有其明显的特点。观赏植物生长的好坏，产品产量和质量的高低，关键在于环境条件对观赏植物生长发育的适宜程度，温室、大棚除采用结构的优化设计创造良好环境条件，在生产过程中还必须进行综合环境调节，才能获得良好的效果。

（一）光环境特点及调控

1. 光环境的特点

（1）可见光透过率低　温室和大棚的覆盖材料多为玻璃、塑料薄膜，当太阳光照射时，一部分被反射，另一部分被吸收，加上覆盖材料老化，尘埃、水滴附着，造成透光率下降至50%～80%，尤其是冬季光照不足时，影响植物的生长。

（2）光照分布不均匀　由于结构、材料、屋面角度、设置方位等不同，温室内光照状况有很大的差别，如日光温室北侧、西侧光照较南侧和中部弱，形成弱光区，影响植物生长。

（3）寒冷季节光照时数少　冬季覆盖草帘等保温材料，这就减少了设施内的光照时数。

2. 光照条件的调控

（1）提高透光率　选用透光好、耐老化、防污染的塑料薄膜作覆盖材料，薄膜或玻璃表面的碎草、灰尘等杂物要及时清除、擦洗，以保持采光面干净、光洁，经常排除薄膜或玻璃内表面的水滴，有条件的使用无滴膜，采用多层覆盖的温室、大棚，内层膜要及时揭开。

（2）延长受光时间　初冬和早春外界气温较高时，应适当早揭晚盖草帘。寒冷季节，揭盖草帘的时间以温度作为参考标准，早晨阳光射向设施后揭开草帘，下午设施内温度降到18～20℃开始覆盖草帘。

（3）充分利用光照　阴天温度不是很低时应揭开草帘，以保证进入散射光，维持作物一定的光合强度，同时还可降低室内的湿度，减轻病害。此外，冬季温室后墙和后坡内侧涂白或张挂镀铝膜反光幕，可使设施内北半部光照度增加10%以上。

（4）园林植物合理布局　为改善因植物遮阴而造成的设施内光照前后分布不均的状况，可在设施南半部栽培较矮的植物，北半部栽培较高的植物，或者采用南北行高矮架栽培方式，使植株都能得到较强的光照。冬季进行园林植物栽培，因阳光斜射，遮光面大，株行距应加大。

（5）人工补光　人工补光是冬季改善温室内光照条件（主要是光照度和光照时数）最有效的办法，但成本较高，在阴天和雨天适当补充光照，可以抑制植物发生病害，补光的光源可采取农用高压汞灯和日光灯配合使用，灯管应距植株及棚膜各50～60cm，避免烤伤植株、烤化薄膜。

（6）人工遮光　在高纬度地区，初夏以后，设施内会出现光照过强和温度过高的小气候，日照时数增加，需要采取人工遮光措施。

（7）缩短光照时数　为满足某些短日照植物对光照时数的要求，中午前后可以在设施外部覆盖黑色塑料薄膜或外黑里红的布帐，使设施内每天保持预定时间的光照环境。

（8）减弱光照度　生产上常采用以下三种方式减弱光照度：①在塑料薄膜或玻璃外表面涂白灰或泥土，能遮光20%～30%，但易被冲洗掉；②覆盖各种遮阴物，如草帘、竹帘和黑色纱网布、遮阳网等；③在设施的顶部喷水，流水可带走大量热能，同时也可吸收和反射部分光能，相应减弱室内光照。此外，花卉倒盆、移植和扦插后，为了促进缓苗，中午温度过高时也需遮光。

（二）温度环境特点及调控

温度是园林植物生长发育最敏感的环境因素，园林植物的各种生理活动都需要在适宜的温度条件下才能顺利进行，温度过高过低都会引起植物生长不良，超过界限温度生育停止，严重时死亡。一天内由于植物生理活动特点不同，对温度的要求也不同，上午光合作用旺盛，需要较高的温度，以提高作物的光合速率；下午光合作用减弱，为了减少呼吸消耗，可适当降低温度；夜间主要进行呼吸作用，要降低温度，适当增大昼夜温差，减少呼吸消耗。

1. 温度环境的特点

（1）气温的季节变化　夏季设施内温度比室外高，除少数高温植物可以在温室中继续养护外，其他植物必须移至室外荫棚养护，冬季设施内温度比室外高。

（2）气温的日变化　晴天时设施内气温昼高夜低，昼夜温差大，阴天白天温度低，昼夜温差小。

（3）温度的分布　设施内温度分布不均匀，晴天时一般白天温室上部温度高于下部，中部高于四周，日光温室夜间北侧温度高于南侧，设施面积越小，低温区比例越大，分布也越不均匀。

（4）地温的变化　与气温相比，地温不论季节和日变化均较小。

2. 温度条件的调控

（1）保温措施

①增加后墙及后屋面的厚度和保温性能，加强设施前屋面保温覆盖，加盖草苫或双苫、纸被、内设保温幕等。

②在前屋面外底角处挖一条深50cm、宽40～50cm的防寒沟，沟内填充马粪、干草等。

③减少设施内的缝隙。

④设施内采取多层覆盖，增施有机肥，增加土壤含水量，以提高储热量。

⑤严寒冬季，仅靠太阳能不能使温室、大棚保持植物生长所需要的温度时，必须采用人为加温措施，如燃烧增温、电热增温等。

（2）降温措施　设施冬、春两季要求保温和加温，而夏季设施降温则成为重要的问题，降温最简单的措施是进行通风。通风包括自然通风和强制通风两种方法。

①自然通风：一般温室、大中棚单栋面积在667m^2以下，以采用简单的自然通风换气为主，温室在靠顶部和前屋面的前沿1m高处设2道通风口，塑料大棚一般设顶缝1道，侧缝（长向）2道、不通风时将缝口密闭，通风时扒开缝口。

②强制通风：在棚室一端开设动力排风扇排气，另一端安装送风扇，进行通风换气，一般大型温室采用较多，通风能降低温度，因此在建筑设施时应留有足够的通风面积。遮光也是一种降温措施，可以减少阳光透射率，目前遮光主要采用覆盖遮阳网、草垫等。此外，采用喷雾或在地面喷水的措施也可达到降温的目的。

（三）湿度环境特点及调控

1. 湿度环境的特点　设施内湿度状况受棚内土壤蒸发、植物蒸腾、浇水量和通风等因素的影响。一般情况下大棚内相对湿度高于外界，尤其是冬、春季节多层覆盖，通风不良，一直处于高湿状态，容易导致病害发生。

2. 湿度条件的调控

（1）通风降低空气湿度　一般采用通风的方法排出高湿的空气，使用排风扇强制通风效果更好。

（2）膜覆盖　地膜覆盖除能提高地温外，还有减少土壤水分蒸发和降低设施内空气湿度的作用。

（3）合理浇水　采用软管滴灌浇水是设施内冬、春季浇水的最好方法。软管滴灌浇水需要有一定压力的清洁水源，最好用自来水，若灌溉面积小，可架高塑料桶或缸，利用自然压差浇水，软管滴灌要和地膜覆盖相结合。

（4）采用无滴薄膜覆盖　无滴薄膜又称防雾薄膜，是在聚氯乙烯或聚乙烯薄膜配方中加入防雾剂制成。防雾剂有表面活性作用，使薄膜表面变为亲水性，生成的微细水珠在薄膜表面逐渐凝结成大的水滴，沿着薄膜向下流入地面，因而透光性好，升温快。

（四）气体环境特点及调控

1. CO_2 变化规律　设施内易出现植物的 CO_2 饥饿，影响光合作用的进行。夜间植物呼吸释放出大量 CO_2 导致早晨 CO_2 浓度较高，日出后因光合作用的进行而迅速下降，发生 CO_2 亏缺现象。冬春季节为提高室温采用密闭覆盖，由于通风不足，容易造成 CO_2 浓度降低。由于设施的类型、面积、空间大小、通风换气窗开关状况以及所栽培的植物种类、生长发育阶段和栽培床等条件不同，设施内 CO_2 含量日变化有很大的差异，而且温室内的 CO_2 分布不均匀，如晴天将温室天窗和一侧侧窗打开，植物生长发育层内部 CO_2 降低到 135～150μL/L，比生育层上层低 50～65μL/L，仅为大气 CO_2 标准含量的 50%左右，傍晚阴雨天则相反，生育层内 CO_2 含量高，上层含量低。

2. CO_2 浓度的调控

（1）施用 CO_2　CO_2 的施用必须在一定的光强和温度下进行，其他条件适宜，只有因 CO_2 不足影响光合作用时，施用才能发挥良好的作用。一般温室在上午随着光照的加强，CO_2 含量因植物的吸收而迅速下降，这时应及时进行 CO_2 施肥。CO_2 施肥主要方法有以下几种：

①施用有机肥或在室内堆积（或挖储存坑）储放人粪尿或猪、牛粪尿等，利用发酵产生 CO_2。

②晴天应在 9:30～10:00 开始通风，补充 CO_2。

③目前最有效、简便、经济的方法是利用化学反应产生 CO_2，即用工业硫酸和农用碳酸氢铵反应产生 CO_2。

（2）预防有害气体中毒　温室、大棚封闭严，空气不对流，极易储存有害气体，常见的有未腐熟有机肥在高温发酵后产生的氨气、施用过量氮肥产生的亚硝酸气体、加温用燃料未充分燃烧产生的 CO 和亚硫酸气体、氯乙烯塑料薄膜中添加的有毒增型剂散发的邻苯二甲酸二异丁酯等有害气体。预防措施主要有合理施肥、覆盖地膜等：

①有机肥要充分腐熟后施用，并且要深施，不用或少用挥发性强的氮素化肥，不要地面追肥，施肥后及时浇水等。

②用地膜覆盖垄沟或施肥沟，阻止土壤中有害气体的挥发。

③选用无毒的农用塑料薄膜和塑料制品。

④应选用含硫低的燃料加温，加温时炉膛和排烟道要密封严实，严禁漏烟，有风天加温时，还要预防倒烟。

⑤发现设施内有特殊气味时，要立即通风换气。

实践证明，在密闭的温室内补充 CO_2，对提高植物的产量与品质有一定的效果，温室内 CO_2 含量并不是越高越好，超过一定范围，不但不能提高植物的光合效率，反而对植物产生危害。

第三节　园林植物的容器栽培

园林植物的设施栽培有多种栽培方式，容器栽培（盆栽）和地栽是两种最主要的栽培方式。地栽主要用于切花生产，如非洲菊、香石竹等；容器栽培一般用于温室花木的栽培、需要催延花期的露地花卉的栽培，如一串红、万寿菊、美人蕉、大丽花等。其中容器栽培植物一方面可以满足冬春缺花季节用花的需要；另一方面可以通过花期调控技术满足大型节日对反季节盆栽草花的需求。目前设施内规模化容器栽培在国际上已形成一个重要的产业。

一、容器栽培的特点及植物选择

（一）容器栽培的特点

1. 栽培种类繁多　大部分观赏植物可采用容器栽培，包括一、二年生草本花卉，多年生宿根花卉、球根花卉，木本花卉等。

2. 应用范围广　容器栽培植物枝叶紧凑，使用灵活，有利于搬移，方便养护管理，可随时进行室内外装饰；既可放在露天广场、街道、庭院、阳台，也可布置大型会场、宾馆、饭店、居室空间。在自然环境不适合植物栽植、空间狭小无法栽植或需要临时性栽植等情况下，均可采用容器栽植进行环境绿化布置，采用摆放各式容器栽植树木的方法，进行生态环境补缺，增加绿色面积。

3. 容器效益明显　露地生长的树木，尤其是直根系树种的根系级次十分明显，主根发达，较各级侧根粗壮而长，能清楚地区分主根、一级侧根、二级侧根和须根；而容器栽培的树木，由于上盆前对根部的重剪和容器定容的限制，断根效益（根系纤细化）十分明显，其根系主要由不定根组成，几乎找不到真正的主根，根系级次难以区分，受其效益影响必然导致地上部分叶片变小、枝条细密、树体结构紧凑、植株矮化、生长率减小、始花期提前等现象。

4. 栽培依赖性强　容器栽培园林植物所需要的环境条件大都需要人工控制，其生长好坏决定于日常养护管理水平，稍有疏忽，就会导致植株生长不良，甚至死亡。

此外，容器栽培利于园林植物市场的调节，使不同地区都能观赏到各种类型不同的观赏植物。

（二）容器栽培植物的选择

容器栽培的植物应选长势适中，节间较短，叶、花、果观赏价值高，病虫害少的种类或品种。容器栽植特别适合于生长缓慢、浅根性、耐旱性强的植物，乔木类常用的有桧柏、五针松、柳杉、银杏等；灌木的选择范围较大，常用的有罗汉松、刺柏、杜鹃花、桂花、月季、山茶花、八仙花、红瑞木、珍珠梅、榆叶梅等；地被植物在土层浅薄的容器中也可以生长，如铺地柏、平枝栒子、八角金盘等。一般情况下，垂蔓性种类或品种更适合盆栽，如迎春、迎夏、连翘、枸杞、花叶蔓长春等；分枝性差、单轴延长的蔓性灌木不宜用作盆栽；缠绕类观花、观果者苗期呈灌木状者（如紫藤等）和卷须类者（如金银花、葡萄等）也适合盆栽；吸附类中常绿耐阴的常春藤等，常供室内盆栽，作垂吊观赏；枝蔓虬曲多姿者适合制作树桩盆景，如金银花、紫藤等。

二、容器的类型及选择

容器是植物的“住房”，既要为植物提供优良的生长环境，又要经久耐用、搬运轻便、色彩悦目、造型美观、价格便宜，应根据植物生长、观赏和陈设的不同要求选择容器。

（一）容器的类型

栽培观赏植物的容器种类较多，材质各异，常用的有陶、瓷、木、塑料等，包括育苗容器和栽培容器等，此外，还可在铺装地面上砌制各种栽植槽，如砖砌、混凝土浇筑、钢制等。

1. 育苗容器 常见的育苗容器有育苗盘（穴盘）、育苗钵、育苗筒等。

（1）育苗盘 育苗盘多用塑料注塑而成，长 60cm、宽 45cm、厚 10cm。穴盘育苗多采用机械化播种，也可手工播种，便于运输和管理，缺点是培育大龄苗时营养面积偏小。

（2）育苗钵 育苗钵是指培育幼苗用的钵状容器，目前有塑料育苗钵和有机质育苗钵两类。塑料育苗钵采用使用方便的小型软塑料盆；有机质育苗钵是由牛粪、锯末、泥土、草浆混合搅拌或由泥炭压制而成，疏松透气，装满水后在盆底无孔的情况下，40～60min 可全部渗出，与苗同时栽入土中，不伤根，没有缓苗期。

（3）育苗筒 育苗筒是圆形无底的容器，规格多样，有塑料质和纸质两种。纸盆仅供培养幼苗用，特别适合于不耐移栽的花卉如香豌豆、矢车菊等。栽培时先在温室内用纸盆育苗，然后露地栽植，与育苗钵相比，育苗筒底部与床土相连，通气透水性好，缺点是根系容易扎入土壤中，大龄苗定植前起苗时伤根较多，播种或移苗也可用深 8～10cm 的浅素烧盆，最小的盆口直径为 6cm，最大不超过 50cm。

2. 栽培容器

（1）瓦盆 瓦盆又称素烧盆、泥盆，是使用最广泛的栽培容器。土壤种花，一般首推使用瓦盆，它用黏土烧制而成，颜色有灰色和红色两种，质地粗糙，且具多孔性，有良好的通气、排水性能，符合根部呼吸生理要求，适合花卉的生长，价格低廉，应用广泛，但不适合栽植大型花木。

瓦盆通常为圆形，其大小规格不一，不同的植物种类对盆深的要求不同，一般最常用的是直径与盆高相等的标准盆，盆口直径 6～30cm，底部有排水孔。杜鹃花和球根花卉适合用比较浅的盆，这种盆的高度是上部内径的 3/4，蔷薇和牡丹则用盆较深。

瓦盆可以重复使用，旧盆必须消毒后再用，使用新瓦盆应注意以下两点：一是冬季瓦盆不宜露天储藏，因为它们具有多孔性而易吸收外界水分，致使在低温下结冰、融化交替进行，造成瓦盆破碎；二是新的瓦盆在使用前必须先经水浸泡，否则，新的栽植盆可能从栽培基质中吸收很多水分，导致植物缺水。

（2）釉盆 釉盆又称陶瓷盆，其形状有圆形、方形、菱形等，外形美观，或素净典雅，或朴素大方，常刻有彩色图案，适于室内装饰。釉盆水分、空气流通不畅，对植物栽培不适宜，完全以美观为目的，适宜于配合花卉作套盆用，作为一种室内装饰。

（3）塑料盆　塑料盆是新兴的盆器，其特点是盆器轻巧，不易打碎，规格多，盆壁内体光滑，便于洗涤、消毒和脱盆，轻便耐用，方便运输，可长期并多次使用。但塑料盆因制作材料结构较紧密，盆壁孔隙少，壁面不容易吸收或蒸发水分，排水、通气性能比瓦盆差，因此要细心浇水，或通过改变培养土的物理性状使之疏松通气，例如肉质根系的植物对氧气要求较高，可在栽植前先填入通气性、排水性良好的多孔隙的栽培基质。

（4）木盆和木桶　木盆和木桶多用于栽植高大、浅根性观赏花木。一般选用材质坚硬、不易腐烂、厚度 0.5～1.5cm 的木板制作而成，其形状有圆形、方形，盆的两侧有铁制把手，搬动方便。木盆或木桶多做成上大下小的形状，以便于换盆。木质应经久耐用，不怕水湿，不易腐烂，以杉木或柏木较为适宜，木盆外部刷上有色油漆，既防腐又美观。盆底设排水孔，以便排水。木盆和木桶可以用于栽植大型的观叶植物如橡皮树、棕榈，放置于会场、厅堂，古朴自然。

（5）紫砂盆　紫砂盆外观华丽高贵，以江苏宜兴产的为上品，既精致美观，又有微弱的通气性。盆壁上常刻有各种图案，材质有粗砂、细砂、紫砂、红砂、乌砂、清砂等，多用于养护名贵的室内中小型盆花或栽植树桩盆景，由于通气性能稍差，适宜作套盆用。

（6）兰盆　兰盆是栽培附生兰及附生蕨类植物的专用盆，盆壁有各种形状的孔、洞，利于通气。栽培中常用藤条、竹篾编织成各种篮筐，满足附生类植物根系生长及通气要求，代替兰盆，栽培效果较佳。

（7）水养盆　水养盆专用于水生花卉的盆栽，盆底无排水孔，盆面阔大而浅，如莲花盆，栽培室内装饰的沉水植物则采用较大的玻璃槽，以便于观赏，球根花卉水养盆多为陶制或瓷制的浅盆，如水仙盆。山水盆景用盆为特制的浅盆，水盆深浅不一，形式多样，常为瓷盆或陶盆。

（8）吊盆　吊盆是利用麻绳、尼龙绳、金属链等将花盆或容器悬挂起来，作为室内装饰，具有空中花园的特殊美感，可清楚观察植物的生长，适于作吊盆的容器有质地轻、不易破碎的彩色塑料花盆，颇有风情的竹筒，古色古香的器皿等。藤制的吊篮等既美观，又安全，可以悬挂于室内任何角落，常春藤、鸭跖草、吊兰、天门冬、蕨类等蔓性植物适宜栽种于吊盆中布置、观赏。

（9）纸盆　纸盆供培养幼苗专用，特别用于不耐移植的种类，如香豌豆、矢车菊等先在温室内用纸盆育苗，然后露地栽植。

3. 其他栽培容器

（1）盆套　盆套是指栽培容器外附加的器具，用以遮蔽花卉栽培容器的不雅部分，达到最佳的观赏效果，使花卉与容器相得益彰，情趣盎然。盆套的形状、色彩、大小各异，风格不同，材料有金属、竹木、藤条、塑料、陶瓷或大理石等，形状可为咖啡杯形、圆形、方形、半边花篮形、罐形等。

（2）玻璃器皿　玻璃器皿可以栽植小型花卉和水培花卉。器皿的形状、大小多种多样，常用的有玻璃鱼缸、大型玻璃瓶、碗形玻璃皿。栽植时，先在容器底部放入栽培材料，然后将耐阴花卉如花叶竹芋、鸭跖草的小苗疏密有致地布置于容器中，放置于窗台或几架上，别具一格。

（3）壁挂容器　壁挂容器是将容器设置于墙壁上，设计成各种几何形状。如可将经过精细加工、涂饰的木板装上简单竖格，安装于墙壁上，格间摆设各种观赏植物，如绿萝、鸭跖草、吊兰、常春藤、蕨类等。在墙壁上设计不同形状的洞穴，将适当的栽培容器嵌入其中，墙壁装修时留出位置，然后再以观叶植物或其他花卉点缀于容器之中，别有一番情趣。

（4）花架　花架是用以摆放或悬挂植物的支架。花架可以任意变换位置，使室内更富新奇感，其式样和制作材料多种多样。

（二）容器的选择

选择容器包括选择容器的大小、深浅、款式、色彩和质地，要求大小适中、深浅适宜、款式相配、色彩谐调、质地相宜。

1. 种类选择　一、二年生草花宜选用瓦盆、塑料营养钵；用于播种扦插的，宜选用瓦盆、塑料育苗钵、塑料育苗盘；栽种水仙、睡莲、荷花等喜水耐水的植物，可选用无底孔的玻璃制品、陶瓷制品、塑料制品容器；树桩盆景多用紫砂盆、釉盆等。

2. 大小选择　栽植容器的大小不定，主要以容纳满足植物生长所需的土壤为度，并有足够的深度固定植株。容器的大小一定要适中。容器过大，容器内显得空旷，植株显得体量过小，而且因为盛土多、蓄水多，常会造成烂根；容器过小，内置植株就会显得头重脚轻，缺乏稳定感，而且因为盛土少、蓄水少，常造成养分、水分供应不足，影响植物生长。一般掌握容器上口的直径或周径与植株冠幅的直径或周径接近。

3. 色泽选择　容器的色彩与植株的色彩要既有对比又相协调。一般来说，枝叶、花朵色彩淡的植物，宜配深色的容器；反之，则宜配浅色的容器。以便深浅相映，更能增强观赏性，配容器时还应考虑到植株茎（蔓）的色彩。

4. 形状选择　容器的款式要与所栽植物的形态相匹配，在格调上一致、谐调，同时还要考虑到有利于植株生长以及与摆设环境的协调。

三、盆栽基质及其配制

容器栽培的园林植物生长在有限的容器里，与地栽的植物相比，有许多不利因素。如盆壁和花盆底会阻碍排水，影响气体交换，通气性差，根系呼吸受到影响。容器栽培的园林植物对基质水、肥、气、热的要求比地栽植物更高一些，一般农田或园田土壤不适宜直接用作盆栽，生产上通常几种材料混合用来改良盆栽基质的性质。盆栽基质种类繁多，既包含各种有土基质，也有无土基质，可以单独使用，也可根据花卉种类不同及生产过程不同阶段的要求进行配制。盆栽基质应具备以下条件：营养成分完整且丰富，通气排水好，保水保肥能力强，酸碱度适宜或易于调节，无异味、有毒物质和病虫滋生。

（一）配制盆栽基质的材料

1. 园土　园土一般指菜园、花园中的地表土，是土壤表层熟化又含有一定数量养分的土壤，因地区不同，酸碱度有差异，肥力也各不相同。园土是各地配制各种栽培基质的主要材料，经过堆积、暴晒、粉碎、过筛等工序后备用。

2. 腐叶土　腐叶土由落叶堆积腐熟而成，含有大量的有机质，质轻、疏松、透气、保水保肥力强，适合各种花卉使用，是配制盆栽基质的常用组分。常绿阔叶树和针叶树的叶子大多为革质，不易腐烂，草本植物叶子太嫩软，都不宜使用，腐叶以落叶阔叶树的叶子为好，一般堆制发酵 2～3 年即可使用，用前要过筛并消毒。应用时可以直接到山林里采集，去掉表层未腐烂的落叶，取已呈褐色的软松层使用，针叶林下的腐叶土 pH 为 4.0～5.2，针阔混交林下的腐叶土 pH 为 5.0～6.0。

3. 堆肥土　堆肥土是堆肥混合一定数量的土壤形成的，堆肥以秸秆、杂草、落叶、垃圾等有机废物为主要原料，加入一定数量的粪肥，经过好气发酵堆制而成，腐熟的堆肥杀死病菌、虫卵和杂草种子，含有机质达 15%～25%，可作为花卉生长最丰富的养料来源，使用时根据情况混以 1/2 或 1/3 园田土和其他成分即可，如栽培宿根草本花卉或木本盆栽植物时，用 5 份园土、2 份堆肥、2.5 份腐叶土或草炭及 0.5 份骨粉配制成基质。

4. 草皮土　草皮土是取自草地或牧场上层 5～8cm 厚的草及草根土，腐熟一年即可使用。堆积年代越长，养分含量越高，pH6.0～8.0，依产地而异，草皮土常和其他基质混合使用。

5. 泥炭　泥炭是指在过度潮湿和通气不良的沼泽地里堆积下来的植物残体，经过不同程度的分解（或腐烂）形成的褐色、棕色或黑色的沉积物的统称，又称泥煤、草炭等。泥炭的组成多以草本植物、木本植物或苔藓植物为主，植物残体与泥沙等矿物混合堆积在一起，构成各种不同类型的泥炭。泥炭土中含有大量有机质，营养充足，质地松软，持水能力强。泥炭除了做栽培基质外，还可以用做土壤改良剂和大田肥料。

栽培球根花卉及肉质类花卉时用 4 份泥炭、1 份园土、0.5 份河沙、0.5 份骨粉及 1 份有机肥配成基质。泥炭也可用作组培和扦插育苗基质材料，如室外扦插用沙与泥炭等比例配制。室内扦插用珍珠岩与泥炭等比例配制。泥炭土在应用时可以与腐叶土互换，但因其颗粒细密，通透性不及腐叶土，要适当增加粗粒物质。

6. 塘泥　塘泥是养鱼及种藕池塘的沉积土，来源丰富，特别肥沃，挖取后经过冬季晾晒粉碎，一年后可配制盆栽基质。塘泥富含有机质，营养丰富，肥沃，排水良好，与过筛的垃圾及草木灰混合使用，主要用于大丽花、菊花、兰花、茉莉花等生长期较长的种类。

7. 山泥　山泥是山林地带表层疏松腐殖土，呈黑褐色，富含有机质，通气性良好，是喜酸性花木盆栽基质的基本材料。山泥主要用于栽培杜鹃花、山茶花等喜酸性的园林植物，用时混合充分腐熟的有机肥，可以用 70%的赤土和 30%的厩肥或有机垃圾混合堆积，隔 2 个月翻动 1 次，约翻动 3 次后用筛除去大块杂物即可使用。

8. 河沙　河沙主要作为配制盆栽基质的透水材料，以改善土壤的排水性。河沙质地纯净，排水通畅，透气性能好，主要用作扦插基质和盆栽基质中的粗粒成分，如扦插黄杨、女贞、紫叶小檗，直接用河沙即可，选择河沙的颗粒大小随栽培植物的种类而异。一般情况下不用太细的粉沙。

9. 蛭石　蛭石是由云母类硅酸盐经 1 000℃左右高温加热膨胀而成的轻质团聚体，易被挤压变形，栽培中使用 1～2 次后需要重新更换，有大小不同颗粒，其本身不会吸水，但水分可吸附于团聚体表面，具有很好的蓄水功能，此外，它有保持基质温度的功能，可帮助某些热带花卉安全越冬。因其易破碎，产生粉尘污染，影响工作环境，使用时最好将其淋湿。蛭石本身含有少量的 N、K、Mg，可以被植物吸收；质地轻，保湿排水好，再湿性强；保肥保水力强；没有黏着性，移栽方便；无菌；pH 按其来源不同为 7.0～9.5。蛭石可以单独用于盆栽球根花卉，如栽培郁金香种球时可以用蛭石进行发根处理直至开花。

10. 珍珠岩　珍珠岩是火山岩的铝硅化合物加热到 870～2 000℃形成的膨胀颗粒，不会被挤压变形，没有养分，无菌，pH6.5～8.0，保水性不如蛭石，通气性好，主要用于配制栽培基质，一般不单独作栽培基质。

11. 煤渣 煤渣的功能近似于陶粒，但含有一定量的速效 N、P、K 和相当丰富的微量元素。使用前应过筛，除去微粒、块粒和粉尘，置于盆底部，以增强通透性和持续供应养分的能力。

12. 陶粒 陶粒是黏土经煅烧而成的大小均匀的颗粒，具有适宜的持水量和阳离子代换量，在容器栽培中能改善通气性，无病菌，无虫害，不分解，无杂草种子，可以长期使用。生产应用中一般将其置于容器底层或接近底部位置，用于增强盆栽基质的通气透水性能。

13. 其他材料 由于花卉的原产地不同，生境是其生长的决定因素，在栽培时为适应其特殊生境特点，常需选用一些特殊的盆栽基质。实际生产中可使用水苔、椰子纤维、炭化稻壳、龙眼树皮等。

（二）基质的组成

栽培基质应具备团粒结构、疏松肥沃、排水保水性能良好、含有丰富的腐殖质、酸碱适中等特点，同时还应质地均匀，质量轻，便于搬运，能就地取材或价格便宜，不含草籽、虫卵，不易传染病虫害。

盆栽基质通常由三类物质构成：肥源物质如堆肥土、腐叶土等，粗粒物质如沙粒、陶粒、珍珠岩等，基本物质园土。有机基质必须充分腐熟后再进行配制和使用。基质配制的基本成分是园土，一般先确定肥源物质和粗粒物质的比例后，其他部分由园土补足，基质的肥沃程度由肥源物质决定，但也与粗粒物质的比例密切相关，例如基质中含腐叶土越多，基质通透性越好，因此喜肥沃土壤的花木增加其基质中的肥源物质能起到供应养分和调节物理性状的双重作用。一般肥源物质占栽培基质的一至四成，根据肥源物质的特点适当加入粗粒物质，增强通透性，以促进肥源物质分解释放无机养分。

（三）常见盆栽基质的配制

一般园林植物盆栽基质的配制，应考虑栽培植物的生活型及不同生长阶段对基质的特殊需求。

1. 常规盆栽基质类型 常规盆栽基质类型如表 6－1 所示。

表 6－1 常见盆栽基质配方

盆栽基质类型	园土	腐叶土	沙
疏松基质	2	6	2
中性基质	4	4	2
黏性基质	6	2	2

以上各类盆栽基质可供不同花卉种类选用或做适当调整后使用。一般播种用的基质配制比例为园土 3 份、腐叶土 5 份、河沙 2 份。幼苗移植应选用疏松基质，宿根、球根花卉宜选用中性基质，视不同种类增减其中腐叶土的含量；木本类、桩景类宜选用黏性基质，个别种类要求土质肥沃和排水良好，适当加入腐熟的有机肥和河沙。同种花卉不同生长阶段采用不同的盆栽基质，如仙客来生产中，播种基质为草炭、牛粪、蛭石 2∶1∶1，上盆基质为醋糠、草炭、牛粪 1∶1∶1，使用时醋糠和牛粪按 1∶1 混合沤制，用前再与草炭混合。

在配制基质时，还应考虑施入一定数量的有机肥作基肥，基肥的用量应根据花卉种类、植株大小和基质肥力情况而定。

2. 基质 pH 调节　基质和基肥配好后，根据不同植物对土壤 pH 的要求，进行调节。

表 6-2　常见花卉适宜的土壤酸碱度

花卉种类	pH	花卉种类	pH	花卉种类	pH
牵牛花	6.0～7.4	菊花	5.4～6.4	香豌豆	6.0～7.5
万寿菊	5.6～6.4	兰花	5.0～6.5	倒挂金钟	5.4～7.0
三色堇	6.0～7.4	君子兰	6.5～7.5	唐菖蒲	6.0～7.5
百日草	6.0～7.6	朱顶红	6.0～7.0	蕨类	4.0～6.0
彩叶草	4.4～5.5	银杏	6.0～7.5	橡皮树	5.5～7.0
美人蕉	6.0～7.5	扶桑	6.5～7.0	文竹	6.0～7.0
仙人掌	6.0～7.5	茉莉花	6.0～6.5	蜡梅	5.5～7.0
石榴	5.5～7.5	天竺葵	5.0～7.2	火棘	6.0～7.5
月季	5.5～7.0	秋海棠	6.2～7.0	丝兰	6.5～7.5
郁金香	6.2～7.5	仙客来	5.5～6.5	桂花	5.5～6.5
瓜叶菊	6.0～7.6	水仙	6.0～7.5	一品红	6.0～7.0

土壤 pH 高，需要施入硫黄粉或硫酸亚铁；土壤 pH 低，则需要加施石灰粉，增加土壤碱性。一般来说，pH 每上升 1，每立方米基质需要施用石灰 0.67kg，施用时注意随时测定 pH，防止使用过量的石灰而引起黄叶病及其他病害。

3. 基质消毒　园土、泥炭土、腐叶土等栽培基质均含有不同程度的杂菌和虫卵，使用前应对基质进行消毒处理，特别是播种和扦插基质尤为重要。基质的消毒主要有日晒、蒸汽、烧土、化学消毒等几种方法。

（1）日晒消毒　日晒消毒是最简单实用的方法。将基质置于强日光下，翻晒十余天，利用紫外线杀菌，利用高温杀虫，可以杀灭基质中的一部分杂菌和虫卵。

（2）蒸汽消毒　向基质通 100～120℃的蒸汽，用厚油布覆盖保持 1h 即可达到消毒的目的，该方法易导致锰从基质中释放出来产生毒害，并使某些肥料成分分解，从而使基质中可溶性盐产生毒害。

（3）烧土消毒　将基质放在一块铁板上，置于炉火上蒸烧约 60min，在蒸烧过程中，要不断淋水搅拌，蒸烧时间不可过长，以免杀死有益微生物。

（4）化学消毒　对基质浇灌 50 倍甲醛液并用塑料薄膜覆盖 48～72h 时，揭膜后充分翻晒盆土，使甲醛挥发后即可使用。还可用 5%甲胺磷颗粒剂 30g/m^3 或 70%敌克松 70g/m^3，搅拌均匀后即可使用。

四、容器栽培技术

园林植物苗床育苗后移入容器中栽培或在容器中生长一段时间后，由于植物本身的不断生长，根系不断增多，原容器大小不适合花苗的生长，或原盆土营养缺乏，土质变劣，根部患病；或盆栽植物在室内摆放时间过长，植株因趋光性而树冠生长偏移等，都需要采取移植、换盆、转盆等栽培措施。

(一) 上盆

播种苗长到一定大小或扦插苗生根成活后，需移栽到适宜的花盆中继续栽培，露地栽培的花卉需移入花盆中栽植的都称为上盆。花卉上盆首先要选择与花苗大小相称的花盆，过大过小皆不相宜，一般栽培花卉以瓦盆为好，若盆土物理性能好的，也可选用塑料盆等其他类型的盆。上盆一般包括填盆孔、装盆、上盆后的管理三个主要步骤。

1. 填盆孔 新瓦盆含碱，需经水充分浸泡，使其吸足水，也利于除碱。旧盆浸后有青苔的则应刷净，甚至进行消毒灭菌，浸后待盆稍干再用。上盆时，若用瓦盆，需将花盆底部的排水孔用碎盆片或瓦片盖住，以免基质从排水孔流出，但也不能盖得过严，否则排水不畅，容易积水烂根。若瓦片是凹形的，可以使凹面向下扣在排水孔上；若瓦片是平的，可先用一片瓦片盖住排水孔的一半，再用另一片瓦片斜搭在前片瓦片上，形成盖而不堵、挡而不死的状态，盖住盆孔后，若花盆较大可以先在盆底铺垫粗粒基质以及煤渣、粗沙等，如小盆可以直接填基质，以利于排水。

2. 装盆 栽苗时，先在花盆的底部填一些栽培基质，然后将花苗放入盆的中央，扶正，加入基质，当基质加到一半时，将花苗轻轻向上提一下，使花苗的根系自然向下，充分舒展。然后再继续填入基质，直到基质填满花盆后，轻轻地震动花盆，使基质下沉，再用手轻压植株四周和盆边的基质，使根系与基质紧密相接，用手压基质时，用力不可过猛以免损伤根系。在加基质时，要注意基质加得不可过满，要视盆的大小而定，一般栽培基质加到离盆沿 2～3cm 即可，留出的距离作为灌溉时蓄水之用。上盆时，花苗的栽植深度切忌过深或过浅，一般以维持原来花苗种植的深度为宜。

3. 上盆后的管理 上盆后立即或过 4～48h 浇定根水（对伤根多、耐干旱或水多易烂根的植株不宜过早浇水），使盆土吸足水，将容器置于避风、荫蔽处 5～15d，必要时可罩上塑料袋，以利减少枝叶的水分蒸腾，如天气干燥，可酌情喷水，以便顺利度过缓苗期，然后逐步给予光照，待枝叶挺立恢复生机后，再进行正常的养护管理。如上盆时花苗原来的基质没有动过（带根土坨未散），上盆后可以直接放置在阳光下养护。

(二) 换盆、翻盆

随着花卉的生长，需要将已经盆栽的花卉，由小盆移换到另一个大的花盆中的操作过程，称为换盆，换盆要添加一部分新的培养土。盆栽多年的花卉，为改善其营养状况，或者要进行分株、换土等，需将盆栽的植株从花盆中取出，经分株或换土后，再栽入盆中的过程，称为翻盆。

1. 换盆和翻盆的次数 换盆和翻盆次数根据植物生长速度、根系充塞程度、盆土理化情况而定，切不可将植株一下换入过大的盆内，这样不仅会使盆花栽培的成本提高，而且还会因水分调节不易，使盆苗根系生长不良，花蕾形成较少，着花质量较差。一、二年生草本花卉因其生长发育迅速，故从生长到开花一般要换盆 2～3 次，以使植株生长充实、强健，使植株紧凑，同时使花期推迟，多年生宿根花卉一般每年换盆或翻盆 1 次，木本、大株、大盆、观叶植物、老龄植物可减少换盆次数。

换盆后需保持土壤湿润，第一次应充分灌水，使根与土壤密接，此后灌水不宜过多，保持湿润为度，因换盆后根系受伤，吸水减少，特别是修剪过的植株灌水过多时，易使根部伤处腐烂，待新根生出后，再逐渐增加灌水量，初换盆时盆土亦不可干燥，否则植株易在换盆后枯死，因此换盆后最初数日宜置阴处缓苗。

2. 换盆或翻盆的时间　多年生宿根花卉和木本花卉的换盆或翻盆一般在休眠期即停止生长之后至开始生长之前进行；常绿花卉可在初夏、雨季或花期过后换盆或翻盆；生长迅速、冠幅变化较大的花卉，可以根据生长状况以及需要随时进行换盆或翻盆；花卉正值形成花蕾或开花之际，不能换盆。

3. 换盆步骤　将盆提起倒置，轻扣盆边和盆底，植株的根与基质所形成的球团即可取出，如植株很大，应由 2 个人配合进行操作，其中 1 人用双手将植株的根颈部握住，另 1 人用双手抱住花盆，在木凳上轻磕盆沿，将植株倒出，取出植株后，把植株根系周围以及底部的基质大约去除 1/4，同时剪去衰老及受伤的根系，并对植株地上部分的枝叶进行适当的修剪或摘除，最后将植株重新栽植到盆内，填入新的培养土，供给水分和养分，保证植株的正常生长。

（三）转盆

在温室中日光一般偏向一侧，因此盆花放置时间过长后，由于植株的趋光性，会使植株向光线一侧偏转，造成盆花倾斜。为防止植株偏向一侧生长，破坏匀称圆整的株形，应在间隔一段时间后，转换花盆的方向，使植株均匀地生长，一般每隔 10d 转向一次，植株出现向光征兆时即需转盆或勤于转盆。有些植物种类如蟹爪兰，转盆可能会影响生长开花，应谨慎进行，尽量摆放在四面见光或三面见光的位置；仙人球尽管不表现向光性，当阳光过强或过弱时，隔一段时间转盆一次，以免阳面被灼烧而阴面色泽暗淡。露地摆放的盆花，及时转盆可防止根系自排水孔穿入土中。

（四）倒盆

倒盆就是调整盆栽植物在生长环境中的位置和盆栽植物之间的距离。在以下两种情况下需要倒盆：①盆栽植物经过一段时间生长，植株的冠幅增大，造成植株相互拥挤，通风透光不良，为了改善植株的通风透光，使植株生长发育良好，同时有效防治病虫害，必须及时加大盆花之间的距离；②在温室中，盆花摆放位置不同，光照、通风、温度等环境因子的影响也不同，盆花生长出现差异，为使盆花生长均匀一致，要经常倒盆，将生长旺盛的植株移到环境条件较差的地方，而将生长发育较差的盆花移到环境条件较好的地方，调整其生长。除以上原因外，还要根据盆花在不同生长发育阶段对温度、光照、水分的不同要求进行倒盆。

（五）松盆土

松盆土也称扦盆。松盆土可以使因不断浇水而板结的土壤疏松，空气流通，植株生长良好，同时可以除去土面的青苔和杂草。青苔的形成影响盆土空气流通，不利于植物生长，而土面为青苔覆盖，难于确定盆土的湿润程度，不便浇水。松盆土后对浇水和施肥有利，松盆土通常用竹片或小铁耙进行。

第四节　园林植物的无土栽培

一、无土栽培的概念

无土栽培是近几十年发展起来的作物栽培新技术，国际无土栽培学会对无土栽培的定义是不采用天然土壤，而利用基质或营养液进行灌溉栽培的方法，包括基质育苗，统称无土栽培。

德国科学家在 1900 年前后成功地在营养液中种植植物，并对营养液培养的技术、营养液的配方进行了研究，他们先后为无土栽培的理论与技术奠定了基础。到20世纪40年代，无土栽培作为一种新的栽培方法陆续用于农业生产，随后不少国家都相继建立无土栽培基地。1955年，在荷兰举行的第十四届国际园艺学会年会期间，无土栽培研究者发起成立了国际无土栽培工作组（IWOSC），1980年改称为国际无土栽培学会（ISOSC）。科学技术的进步促进了无土栽培技术的发展，如计算机的应用使人们可控制营养液的浓度、酸碱度和用量，控制栽培过程中的温度、湿度、光照等，使栽培管理简单化、自动化、科学化，一些新工业产品如岩棉、泡沫塑料等的出现，为无土栽培提供了优良基质，在一些发达国家，园林植物无土栽培已在生产上占相当比例，有的国家规定限制带土植物进口，也促进了园林植物出口国家无土栽培的发展。

二、无土栽培的特点

1. 无土栽培的优点

（1）提供优良的栽培条件　无土栽培可以更有效地控制植物生长发育过程对水分、养分、空气、光照、湿度等的要求，使植物生长良好。

（2）扩大园林植物的种植范围　无土栽培不用土壤，在沙漠、盐碱地、海岛、荒山、砾石地等都可以进行，无土栽培还可在窗台、阳台、走廊、房顶、后院等场所进行，因此扩大了园林植物的种植范围。

（3）提高产量和品质　无土栽培能加速植物的生长，提高产量和品质。如无土栽培的香石竹香味浓、花朵大、花期长、产量高，盛花期比土壤栽培的提早2个月；又如仙客来，水培的花丛可达50cm，一株仙客来平均可开20朵花，一年可开130朵花，同时还易度过夏季高温。

（4）节省肥水　土壤栽培水分消耗量比无土栽培多7倍左右，无土栽培施肥的种类和数量根据植物生长需要确定，其营养直接供给植物根部，完全避免土壤的吸收、固定和地下渗透。

（5）无杂草、无病虫，清洁卫生　无土栽培由于不使用人粪尿、禽畜粪和堆肥等有机肥料，故无臭味，清洁卫生，可减少对环境的污染和病虫害的传播。

（6）节省劳动力　无土栽培由于不用土壤，在人工培养液中进行，因此省略了土壤耕作、灌溉、施肥等操作，可节约劳动力，减小劳动强度。

（7）有利于实现生产现代化　无土栽培使植物生产摆脱了自然环境的制约，可以按照人的意志进行生产，较大程度地按数量化指标进行耕作，有利于实现机械化、自动化，从而逐步走向工业化，目前在奥地利、荷兰、俄罗斯、美国、日本等国家成立了水培工厂。

2. 无土栽培的缺点

（1）投资大　无土栽培是人为控制园林植物生长的条件，需要大量设备，如水培槽、培养液池、循环系统等，一次性投资较大。

（2）易污染，造成经济损失　无土栽培中，营养液大都循环使用，若消毒不严格容易被病菌污染，并随营养液的流动而传播蔓延，造成较大的经济损失。

（3）对营养液的配制要求严格　无土栽培过程中，营养液的配制比较复杂、费工，在无土栽培中，养分直接供给根部，缺乏在土壤中的缓冲作用，植物对营养液非常敏感，营养液中各种元素的数量、配合比例、酸碱度等稍有不妥，都会影响植物的正常生长发育，因此对营养液的配制要求很严格。

三、无土栽培的形式与方法

无土栽培的类型很多，各国的分类方法不一。1990 年联合国粮食及农业组织将用于园艺作物生产的无土栽培方法分为两类，即基质栽培和无基质栽培。

（一）基质栽培

基质栽培是指在容器或栽培床内装填一定数量的基质，通过浇灌营养液栽培作物的方法。基质在无土栽培中起支持和固定作物的作用，同时具有保持水分、吸附营养液、改善根际透气性等功能。因此，要求基质具有良好的物理性质、稳定的化学性质、取材方便、价格低廉。基质有多种分类法，按来源不同，可分为天然基质和人工合成基质；按性质不同，可分为惰性基质和活性基质。

1. 基质的要求　用于无土栽培的基质种类很多，可根据当地的基质来源，因地制宜加以选择，一般选用原料丰富易得、价格低廉、理化性状好的材料作为无土栽培的基质。无土栽培对基质的要求有以下几点：

（1）具有一定大小的粒径　粒径大小会影响容重、孔隙度、空气和水的含量。基质按粒径大小可分为 0.5～1mm、1～5mm、10～20mm 和 20～25mm，可根据栽培植物种类、根系生长特点、当地资源状况加以选择。

（2）具有良好的物理性状　基质必须疏松，保水、保肥又透气。

（3）具有稳定的化学性质　基质本身不含有害成分，不使营养液发生变化。基质的化学性质主要指以下几个方面：

①pH：反映基质的酸碱度，影响营养液的 pH 及成分变化，pH6～7 最好。

②缓冲能力：反映基质对肥料迅速改变 pH 的缓冲能力，要求缓冲能力越强越好。

③盐基代换量：pH 为 7 时测定的可替换的阳离子含量。一般有机基质如树皮、锯末、草炭等可代换的物质多；无机基质中蛭石可代换的物质较多，而其他惰性基质可代换的物质较少。

在无土栽培中，单一基质的理化性质并不能完全符合上述要求，因此可将几种基质混合使用，如搭配得当，理化性质可以互补，有利于满足植物生育要求，在生产中被广泛采用。

2. 基质的种类　除配制盆栽基质的沙、蛭石、珍珠岩、泥炭以外，下列物质也是无土栽培基质的良好材料。

（1）岩棉　目前，在发达国家无土栽培中岩棉被广泛应用，岩棉栽培面积在无土栽培中居第一位，应用面积最大的是荷兰。岩棉在我国 20 世纪 80 年代开始应用，由于成本高，发展速度缓慢。岩棉是由辉绿岩、石灰岩和焦炭三种物质按一定比例，在 1 600℃高炉里熔化、冷却、黏合压制而成。其优点是经过高热完全消毒，有一定形状，栽培过程中是微碱性；缺点是具有较高的持水量和较低的水分张力，栽培初期缓冲性能低，对灌溉水要求较高，如果灌溉水中含有毒物质或过量元素，都会对作物造成伤害，在自然界中不能降解，易造成环境污染。

（2）石砾　一般选用的石砾以非石灰性的为好，如花岗岩，如选用石灰质石砾，应用磷酸钙溶液处理。石砾的粒径应选用 1.6～20mm 的为好，石砾应坚硬，不易破碎，棱角不锋利。

(3) 稻壳　无土栽培使用的稻壳是进行炭化处理的，称为炭化稻壳，容重为0.15 kg/m^3，总孔隙度为82.5%，pH6.5左右，如果炭化稻壳在使用前没有经水冲洗，炭化形成的碳酸钾会使其pH升至9，使用前应用水冲洗。炭化稻壳不带病菌，营养元素丰富，通透性强，持水能力差。

(4) 锯木屑　锯末在加拿大无土栽培中广泛应用，使用效果良好，锯末为木材加工的副产品，其特点是碳氮比高，保水通透性较好，可连续使用2～6茬，每茬使用前应进行消毒。对于红木锯末使用中不得超过30%，松树锯末要水洗或发酵3个月，以减少松节油的含量。pH4.2～6.0。用作无土栽培基质的锯木屑不应太细，直径小于3mm锯木屑所占比例不应超过10%，一般应有80%直径为3～7mm，生产中锯木屑多与其他基质混合使用。

(5) 刨花　刨花与锯末在组成成分上类似，体积较锯末大，通气性良好，碳氮比高，但持水量和阳离子交换量较低，可与其他基质混合使用，一般比例为50%。

(6) 秸秆　农作物的秸秆均是较好的基质材料，如玉米秸秆、葵花秆、小麦秆等粉碎腐熟后与其他基质混合使用，特点是取材广泛，价格低廉，可对大量废弃秸秆进行再利用。

(7) 炉渣　北方冬季取暖烧煤产生大量煤渣，其pH一般为6.8，孔隙度高，应用前首先要粉碎、过筛、清洗，直径2～3mm的颗粒方可使用。

(8) 椰糠　椰糠是椰子壳纤维间的粉末状物质，优点是富含植物生长所必需的微量元素、质量轻、保温保湿、通风透气，可促进植物根系良好发育、材料干净、无病菌、能减少病虫害的发生。

3. 基质混合　基质可以单独使用，也可以按不同配比混合使用。基质混合要求降低基质的容重，增加孔隙度，增加水分和空气的含量，基质的混合使用，以2～3种混合为宜，如国内常用的有1∶1的草炭、蛭石，1∶1的草炭、锯末，1∶1∶1的草炭、蛭石、锯末，1∶1∶1的草炭、蛭石、珍珠岩，6∶4的炉渣、草炭等，均在我国无土栽培生产上获得了较好的应用效果。国外常用的混合基质有5∶2∶3的葵花秆、炉渣、锯末，1∶1的草炭、沙等。

混合基质量小时，可在水泥地面上用铲子搅拌；量大时，应用混凝土搅拌器搅拌。基质混合时，不同基质应加入一定量的营养元素，并均匀搅拌，由于干草炭不易弄湿，应加入非离子湿润剂，每立方米混合基质应加入40L水和50g次氯酸钠。

4. 基质栽培方法及设施系统

(1) 钵培法　在花盆、塑料桶等栽培容器中填充基质，栽培植物，从容器的上部供应营养液，下部设排液管，将排出的营养液收于储液器中供再利用，适用于小面积分散栽培园林植物。

(2) 槽培法　将基质装入一定容积的栽培槽中以种植作物，称槽培法。由栽培槽（床）、储液池、供液管、泵和时间控制器等组成，在槽内填装沙等基质，由底部用泵强制供液，回流由时间控制器控制，栽培槽深度以15cm为宜，长度与宽度因栽培作物、灌溉能力、设施结构等而异，一般槽的坡度至少应为0.4%。

(3) 袋培法　用塑料薄膜袋填装基质栽培植物，用滴灌供液，营养液不循环使用，一般有枕式袋栽和立式袋栽两种方法。

①枕式袋栽：枕式袋栽用于非洲菊切花等多年生植物生产栽培，按株行距在基质袋上设

置直径为 8～10cm 的种植孔，按行距呈枕式摆放在地面上或泡沫薄板上，安装滴灌管以供应营养液，每个植孔栽一株植物，并由一根滴灌管供液，栽培袋内的基质一般按草炭 40%、蛭石 30%、珍珠岩 30%的比例配制，也有的按草炭 40%、珍珠岩 30%、沙子 30%的比例配制。

②立式袋栽：立式袋栽即将直径 15cm、长 2m 的柱状基质袋直立悬挂，从上端供应营养液，在下端设置排液口，在基质袋的四壁栽种植物。立式袋栽的基质与枕式袋栽的相似。

（4）岩棉培法　将岩棉制成边长为 7～10cm 的小块，或制成宽 7～10cm 的条状，在岩棉块的中央或在岩棉条上按株距扎一小孔，在小孔内栽植植物，用滴灌管供应营养液，岩棉栽培主要有循环式岩棉栽培和开放式岩棉栽培两种形式。

①循环式岩棉栽培：循环式岩棉栽培指营养液滴灌到岩棉上后，多余的营养液通过回流管收集到储液罐内，循环使用。栽培床结构是槽框高 10～20cm，框架用木条或聚苯乙烯板做成，槽中设直径 20mm 的聚氯乙烯硬质管供排液用，先在栽培槽架内铺一层塑料薄膜，在其上平排岩棉垫（宽 30cm、长 90cm、高 7～8cm），在岩棉垫上安放软滴灌管，然后全部用塑料薄膜包起来，整个槽体呈 1/200 的坡度，储液罐设在栽培床一端，高 1.8m，将供液管伸向栽培床，供液时采用喷滴灌供液，出液孔的距离为 20～40cm，每孔每分钟滴喷灌液 30mL，营养液除供作物吸收和消耗外，多余的返回储液罐，以供再利用。

②开放式岩棉栽培：制作长 90～120cm、宽 20～30cm、高 8～10cm 的岩棉板，外包一层黑白双色膜，上面按作物株距打孔，按行距摆好，岩棉块排放在岩棉板上，每行岩棉板设置一行滴灌管，将滴灌管插入岩棉块上。

（5）沙培法　沙培是完全使用沙子作为基质、适于沙漠地区的开放式无土栽培系统。从理论上来讲，沙培系统具有很大的潜在优势，沙漠地区的沙子资源极其丰富，不需从外部运入，价格低廉，也不需每隔一两年进行定期更换，是一种理想的基质。沙子可用于槽培，在沙漠地区，常用的方便操作、成本低的做法是在温室地面上铺设聚乙烯塑料膜，其上安装排水系统，然后在塑料薄膜上填大约 30cm 厚的沙子，如果沙子较浅，将导致基质中湿度分布不匀，植物根系可能会长入排水管中，用于沙培的温室地面要求水平或者稍有坡度，同时向植物提供营养液的各种管道也必须相应地安装好，对栽培床排出的溶液需要经常测试，若总盐浓度大于 3 000mg/L 时，则必须用清水洗盐。

如果用直径 0.5～1cm 的砾石代替沙，就变成了砾石培，砾层厚度为 15～20cm，如果用蛭石代替沙，就成为石培，蛭石的保水、透气性都较沙为好，吸热和保温能力也很强，植物根系的生长和发育比沙培的更好，可培植花木，更适合扦插育苗。

（二）无基质栽培

无基质栽培是植物的根连续或间断地浸在营养液中生长，不需要基质的栽培方法。无基质栽培主要有水培法和雾培法两种类型。

1. 水培法

（1）深液流栽培技术　植株悬挂于营养液面上，其重量由定植板承载，根系垂入营养液中，营养液定时淹没根系，为根系提供一个比较稳定的生长环境，生产安全性较高。深液流栽培设施由盛营养液的种植槽、悬挂植株的定植网框或定植板、地下储液池、营养液循环流动系统四大部分组成。

种植槽宽度为 60～90cm，槽内深度为 12～15cm，槽长 10～20cm，种植槽可用泡沫压制定型，也可用砖混结构，定植板的宽度与种植槽外缘宽度一致，长度一般为150cm，板厚2～3cm，板面按株行距打孔，孔径根据所种植物而定，一般为5～6cm。定植孔内嵌一只塑料定植杯，杯口直径比定植孔稍大，以便卡在定植孔上，塑料定植杯的底部与营养液面接触，以保证定植杯中的幼苗既能吸收到水分和养分，又有一个较大的通气环境，随着根系的伸长，应相应降低营养液面，以保证氧气的有效供给。储液池的体积根据种植槽的面积而定，一般1 000m^2的种植槽需建30m^3左右的储液池，种植槽稍向一端倾斜，在高的一端设进液管，在低的一端设排液管，排液管连接储液池，形成循环。

（2）营养液膜栽培技术　营养液以浅层流动的形式在种植槽中从较高的一端流向较低的另一端，营养液膜栽培设施主要由种植槽、储液池、循环供液系统三部分组成。这种技术的特点是一次性投资少，施工简单，因液层浅，可较好地解决根系需氧问题，缺点是对营养液控制技术和环境条件要求较严格。

①种植槽：一般用玻璃钢制成波纹瓦，波纹瓦谷深2.5～5.0cm，宽100～120cm，可种6～8行小型植物。通常种植槽全长20m左右，坡降1∶75，将槽架设在木架或金属架上，高度以便于操作为宜，定植时将苗按株距摆在种植槽中间，呈一行，将两侧薄膜兜起并夹紧，呈三角形，植株的地上部分露出。种植槽稍高的一端接供液管，缓慢将营养液注入种植槽内，使种植槽底部形成一薄层缓慢流动的营养液膜，种植槽稍低的一端设排液管，接通种植槽与储液池。

②储液池：设在地平面以下，容量以能够满足整个种植面积循环供液为宜。

③循环供液系统：主要由水泵、管道及流量调节阀门等组成。水泵要选用耐腐蚀的自吸泵或潜水泵，水泵功率大小应与整个种植面积营养液循环流量相匹配，为防止腐蚀，管道均采用塑料管道，安装时要严格密封，最好采用牙接而不用套接。

2. 雾（气）培法　根系在容器内部空间悬浮，固定在聚丙烯泡沫塑料板上，每隔一定距离钻一孔，将植物根系插入孔内，根系下方安装自动定时喷雾装置，喷雾管设在封闭系统内靠地面的一边，在喷雾管上按一定距离安装喷头，喷头的工作由定时器控制，将营养液由空气压缩机雾化成细雾状喷到植物根系，根系各部位都能接触到水分和养分，生长良好，地上部也健壮高产，这种方法可以很好地解决水、养分、氧气供应问题。目前观赏花卉、观叶植物的生产多采用喷雾立体栽培，已在国内外推广应用。

四、营养液配制及调节

营养液的配制是无土栽培的重要环节，操作时必须认真仔细，否则会对植物的生长造成不同程度的伤害，无土栽培采用的是矿物质营养元素配制的营养液，配制营养液时首先要考虑营养液具备植物正常生长所需要的元素，又易于被植物利用。

（一）营养液的配制

1. 营养液的配制原则　在一定体积的营养液中，各种必需营养元素的盐类含量称为营养液配方。营养液配方的确定，是通过对植株进行营养分析，了解各种大量元素和微量元素的吸收量，并根据不同植物对各种营养元素的需要，确定总离子浓度及离子间的不同比率，使用后再对栽培结果进行分析，对配方进行修正和完善。

（1）需含有植物生长发育所必需的全部营养元素　无土栽培常用的矿物质肥料有钾、磷、钙、镁、硫、微量元素等几大类，包括植物生长所需的12种元素，即大量元素氮、磷、钾、钙、镁、硫，微量元素铁、锰、铜、锌、硼、钼。

不同植物种类和品种、同一植物不同生育阶段，对各种营养元素的需要也有很大的差异，在选配营养液时，要先了解各种植物及不同品种各个生育阶段对各种必需元素的需要量，据此确定营养液的组成和比例。

（2）原料纯净　营养液的主要原料为水、营养盐。要求材料必须纯净，不含影响植物正常生长的有害物质。如果所配制的营养液用于科学研究，则必须使用纯水，用试剂级的营养盐进行配制；如果用于商业化生产可以使用井水、自来水等水源，营养盐可用一般的工业品、农用品代替。

（3）各种营养元素要均衡　植物根系对矿质元素的吸收有选择性，根系吸收的离子数量同溶液中的离子浓度不成比例关系，植物在单一盐类溶液中不能生长，因此，营养液中各种营养元素的数量比例应符合植物生长发育的需要，并做到均衡供应。

（4）各种元素需处于根系可吸收的状态　根据多数植物的吸肥特性，矿质元素只有溶解到水中，呈离子状态，才能被吸收，因此，无土栽培所用肥料多选用无机盐，也有一部分有机螯合物。

（5）浓度和酸碱度要适宜　营养液中各种营养元素的总盐浓度及酸碱度应适合植物生长发育的要求，特别是对于一些对酸碱度要求较高的花卉，在栽培过程中要求营养液能在较长时间内保持其有效状态。

2. 营养液的配制方法　植物对营养液中大量元素和微量元素的浓度适应范围和适宜的营养液浓度范围见表 6-3，确定了营养液中大量元素浓度（表 6-4），就可以根据所用肥料种类配制营养液。

表 6-3　无土栽培植物营养液成分与浓度范围（mg/L）

项目	营养液	NO_3^-—N	NH_4^+—N	P	K	Ca	Mg	S
最低	1 000	56	—	20	78	60	12	16
最适	2 000	224	—	40	312	160	64	64
最高	3 000	350	56	120	585	720	96	1 440

表 6-4　营养液大量元素配方（Arnon-Hoagland 配方）

化合物	分子式	盐浓度（g/L）	离子浓度（mol/L）	
硝酸钙	$Ca(NO_3)_2 \cdot 4H_2O$	0.708	Ca^{2+} 3×10^{-3}	NO_3^- 6×10^{-3}
硝酸钾	KNO_3	1.011	K^+ 10×10^{-3}	NO_3^- 6×10^{-3}
磷酸二氢铵	$NH_4H_2PO_4$	0.230	NH_4^+ 2×10^{-3}	$H_2PO_4^-$ 2×10^{-3}
硫酸镁	$MgSO_4 \cdot 7H_2O$	0.493	Mg^{2+} 2×10^{-3}	SO_4^{2-} 2×10^{-3}
硫酸铁	$FeSO_4 \cdot 7H_2O$	0.014	Fe^{2+} 5×10^{-5}	SO_4^{2-} 5×10^{-3}

配制营养液时，首先要看清各种肥料、药品的化学名称和分子式、纯度，然后根据所选定的配方，逐一进行称量，小规模生产所用的营养液，可将称量好的营养盐放在搪瓷或玻璃容器中，先用少量 50℃的温水将其分别融化，然后用容量的 75%的水溶解，边倒边搅拌，最后用水定容。在大规模生产时，可以用地磅秤取营养盐，然后放在专门的水槽中溶解，最

后定容，定容后调节营养液的 pH，用加水稀释的强酸或强碱逐滴加入，并不断用 pH 试纸或酸度计进行测定，调节至所需的 pH 为止。在配制营养液时，要添加微量元素，对微量元素要严格控制，因为使用不当易引起毒性，添加微量元素时，也要注意对营养液 pH 的调节，需添加的微量元素种类和数量见表 6－5。

表 6－5　营养液中微量元素添加量及浓度计算

成分	分子式	相对分子质量	元素	a 适合浓度（mg/L）	b 含量（%）	化合物浓度 a/b（mg/L）
螯合铁	FeEDTA	421	Fe	3	12.5	24.0
硫酸亚铁	$FeSO_4 \cdot 7H_2O$	278	Fe	3	20.0	15.0
三氯化铁	$FeCl_3 \cdot 6H_2O$	270	Fe	3	20.66	14.5
硼酸	N_3BO_3	62	B	0.5	18.0	2.8
硼砂	$Na_2B_4O_7 \cdot 10H_2O$	381	B	0.5	11.6	4.31
氯化锰	$MnCl_2 \cdot 4H_2O$	198	Mn	0.5	28.0	1.8
硫酸锰	$MnSO_4 \cdot H_2O$	223	Mn	0.5	23.5	2.1
硫酸锌	$ZnSO_4 \cdot 7H_2O$	288	Zn	0.05	23.0	0.22
硫酸铜	$CuSO_4 \cdot 5H_2O$	250	Cu	0.02	25.5	0.09

营养液的制备中，许多盐类物质易发生化学反应，产生沉淀。以硝酸盐最易发生化学沉淀，如硝酸钙和硫酸盐混合在一起易产生硫酸钙沉淀，硝酸钙的浓溶液与磷酸盐混在一起易产生磷酸钙沉淀，因此，在大面积生产中，为配制方便，以及在营养液膜法中自动调整营养液，一般都是先配制母液，然后再进行稀释。母液应分别配制，需要两个溶液罐，一个装硝酸钙溶液，一个装其他盐类溶液。此外，为了调控营养液的氢离子浓度（pH）的范围，还需一个专门盛酸的溶液罐，酸液罐一般是稀释到 10%的浓度。在自动循环营养液栽培中，这 3 个罐均用 pH 仪和 EC 仪自动控制，当栽培槽中的营养液浓度下降到标准浓度以下时，浓液罐会自动将营养液注入营养液槽，此外，当营养液中的氢离子浓度（pH）超过标准时，酸液罐也会自动向营养液槽中注入酸。在非循环系统中，也需要这 3 个罐，从中取出一定数量的母液，按比例进行稀释后灌溉植物，浓液罐里的母液浓度，一般比植物能直接吸收的稀释营养液浓度高出 100 倍。

3. 几种常见营养液的配方　由于植物对微量元素的需求量很少，通常情况下，微量元素的配方基本相同。具体的配方见表 6－6、表 6－7、表 6－8。

（1）香石竹营养液

表 6－6　香石竹营养液

成　分	化学式	用量（g/L）
硝酸钠	$NaNO_3$	0.88
氯化钾	KCl	0.08
过磷酸钙	$Ca(H_2PO_4)_2 \cdot 2CaSO_4$	0.47
硫酸铵	$(NH_4)_2SO_4$	0.06
硫酸镁	$MgSO_4$	0.27

(2) 观叶植物营养液

表 6-7　观叶植物营养液

成　分	化学式	用量 (g/L)	成　分	化学式	用量 (g/L)
硝酸钙	$Ca(NO_3)_2$	0.492	硝酸铵	NH_4NO_3	0.04
硝酸钾	KNO_3	0.202	硫酸钾	K_2SO_4	0.176
磷酸二氢钾	KH_2PO_4	0.136	硫酸镁	$MgSO_4$	0.12

(3) 格里克基本营养液

表 6-8　格里克基本营养液

成　分	化学式	用量 (mg/L)	成　分	化学式	用量 (mg/L)
硝酸钾	KNO_3	542	硫酸铁	$Fe_2(SO_4)_3 \cdot nH_2O$	14
硝酸钙	$Na(NO_3)_2$	96	硫酸锰	$MnSO_4$	2
过磷酸钙	$Ca(H_2PO_4)_2 \cdot 2CaSO_4$	135	硼砂	$Na_2B_4O_7 \cdot 10H_2O$	1.7
硫酸镁	$MgSO_4$	135	硫酸锌	$ZnSO_4$	0.8
硫酸	H_2SO_4	73	硫酸铜	$CuSO_4$	0.6

(二) 营养液的调节与管理

营养液管理是无土栽培与土壤栽培的根本不同，技术性强，是无土栽培尤其是水培成败的技术关键。

在无土栽培中使用营养液时，一方面因植物吸收会使一部分元素的含量降低，另一方面又会因溶液本身的水分蒸发而使浓度增加，因此，在植物生长表现正常的情况下，当营养液减少时，只需添加新水而不必补充营养液。在向水培槽或大面积无土栽培基质中添加补充营养液时，应从不同部位分别倒入，各注液点之间的距离不要超过 3m，生长迅速的一、二年生草花、宿根花卉、球根花卉，在生长高峰阶段都可以使用原液，以后由于生长量逐渐减少，可酌情使用 1∶1 或其他比例的稀释液。营养液的管理需注意以下几个方面：

1. 营养液配方管理　植物种类不同，营养液配方也不同。即使同一种植物，不同生育期、不同栽培季节，营养液配方也应略有不同，应根据植物种类和品种、生育阶段、栽培季节进行管理。

2. 营养液浓度管理　营养液浓度直接影响植物的产量和品质，不同植物营养液浓度不同，同种植物不同生育期营养液浓度也不相同。不同季节营养液浓度管理略有不同，一般夏季用的营养液浓度比冬季略低，要经常用电导率仪测量营养液浓度的变化，但是电导率仪仅能测量出营养液各种离子总和，无法测出各种元素的各自含量。因此，有条件的地方，每隔一定时间要进行一次营养液的全面分析；没有条件的地方，也要经常细心观察植物生长情况及有无生理病害的迹象发生，若出现缺素或过剩的生理病害，要立即采取补救措施。

3. 营养液酸碱度 (pH) 管理　因为各种肥料成分均以离子状态溶解于营养液中，pH 高低会直接影响各种肥料的溶解度，从而影响植物的吸收，酸碱度也可使营养液中的营养元素有效性降低甚至失效，从而对植物产生间接影响。因此营养液的 pH 一般要维持在最适

pH范围，尤其水培对pH的要求更为严格，pH过高会导致铁、锰、铜和锌等微量元素沉淀，使植物不能吸收，尤其对铁的影响最为突出。此外，当pH小于5时，由于氢离子浓度过高而对钙离子产生拮抗作用，使植物对钙的吸收受阻，引起缺钙症，同时还会使植株过量吸收某些元素而导致中毒，并使循环系统中的金属元件受到腐蚀。当pH不适宜时，植株会表现出根端发黄或坏死、叶子失绿等异常现象。

在pH为5的营养液中，生长较好的花卉有凤梨类、藻类、马蹄莲、秋海棠、报春花和仙客来；pH为6～7的营养液中生长较好的有菊花、文竹、香豌豆、蔷薇和香石竹。营养液的pH每周测定一次为好。

4. 营养液与光照和温度 阳光直射对无土栽培是不利的，因为阳光直射会使溶液中的铁产生沉淀，此外，阳光下营养液表面会产生藻类，与植物竞争养分和氧气，营养液的温度过高，对无土栽培也不利，温度的波动会引起病原菌的滋生和生理障碍的发生，同时会降低营养液中氧的溶解度，通常液温高于气温的栽培环境对植物生长是有利的，通常液温控制在8～30℃范围内。

5. 供液方法与供液次数管理 无土栽培的供液方法有连续供液和间歇供液两种。基质栽培或岩棉培通常采用间歇供液方式，每天供液1～3次，每次5～10min，视一定时间供液量而定，供液次数要根据季节、天气、苗龄大小、生育期来决定。水培有间歇供液，也有连续供液。间歇供液一般每隔2h一次，每次15～30min；连续供液一般是白天连续供液，夜晚停止。

6. 营养液补充与更新 经过长时间种植植物的营养液，由于各种原因造成营养液中积累过多有碍植物生长的物质，严重时可能会影响营养液中养分的平衡、根系的生长，甚至因病菌的繁衍和累积造成植株的死亡，并且这些物质在营养液中的累积也会影响到用电导率仪测定营养液浓度的准确性。因此，营养液在种植一定时间之后需更换，一般连续使用2个月以后，进行一次全量或半量更新。

7. 营养液消毒 虽然无土栽培病害比土壤栽培要轻得多，但是一些病菌会通过种子、空气、水以及使用的装置、器具等传染，尤其是在营养液循环使用的情况下，如果栽培床上有带病植株，就会通过营养液传染整个栽培床，因此需要对使用过的营养液进行消毒。在国外，营养液消毒最常用的方法是高温热处理，处理温度为90℃，但需要消毒设备；也有用紫外线照射消毒的，用臭氧、超声波处理的方法也有报道。

8. 营养液增氧措施 植物根系发育需要有足够的氧气供给，尤其在营养液栽培时，如处理不当，容易缺氧，影响根系和地上部分的正常生长发育。在营养液循环栽培系统中，根系呼吸作用所需的氧气主要来自营养液中溶解的氧，主要用机械和物理方法来增加营养液与空气的接触机会，增加氧气在营养液中的扩散能力，从而提高营养液中氧气的含量。常用的加氧方法有喷雾、搅拌、压缩空气等。

复习思考题

1. 园林植物栽培设施主要包括哪些形式？
2. 温床和冷床的结构有哪些异同点？主要的功能是什么？
3. 园林植物容器栽培有何特点？如何进行植物的选择？

4. 无土栽培的基质有哪些?
5. 无土栽培营养液如何配制及管理?
6. 举例说明温室花卉养护的关键技术环节。
7. 试述园林植物塑料大棚栽培管理的环境调控技术。
8. 简述园林植物设施栽培技术目前发展的状况及前景。

第七章　特殊立地环境的园林植物栽植

【本章提要】在特殊立地条件下栽植植物，必须采取一些特殊的措施。本章介绍了铺装地面、干旱地与盐碱地、无土岩石地等特殊立地条件的环境特点及园林植物的栽植技术，对屋顶绿化的功能及类型、植物选择、设计及施工进行了较为详细的介绍。

在城市绿地建设中经常需要在一些特殊、极端的立地条件下栽植植物。所谓特殊立地环境，是指铺装地面、屋顶、盐碱地、干旱地、无土岩石地、环境污染地等，还包括容器栽植。在特殊立地环境条件下，影响植物生长的主要环境因子如水分、养分、土壤、温度、光照等，常表现为其中一个或多个环境因子处于极端状态下，如干旱地水分极端缺少，无土岩石地基本无土或土壤极少，必须采取一些特殊措施才能成功栽植植物。

第一节　铺装地面的植物栽植

城市绿化中常在铺装地面种植树木，如人行道、广场、停车场等。这些硬质地面铺装施工时一般很少考虑其后的树木种植问题，因此在树木栽植和养护时常发生有关土壤排灌、通气、施肥等方面的矛盾，需做特殊处理。

（一）铺装地面的环境特点

1. 树盘土壤面积小　铺装地面栽植树木，大多情况下种植穴的表面积都比较小，土壤与外界的交流受制约较大。如城市行道树栽植时预留的树盘土壤表面积一般仅1～2m^2，有时铺装材料甚至一直铺到树干基部，树盘范围内的土壤表面积极小。

2. 生长环境条件恶劣　栽植在铺装地面上的树木，除根际土壤被压实、透气性差，导致土壤水分、营养物质与外界的交换受阻外，还受强烈的地面热量辐射和水分蒸发的影响，其生境比一般立地条件恶劣得多。研究表明，夏季中午铺装地表温度可高达50℃以上，不但土壤微生物致死，树干基部也可能受到高温伤害。近年来我国许多城市建设的大型城市广场，流行采用大理石进行大面积铺装，更加重了地表高温对树木生长的危害。

3. 易受机械伤害　由于铺装地面大多为人群活动密集的区域，树木生长容易受到人为的干扰，如刻伤树皮，在树干基部堆放有害物质，以及市政施工时对树体造成的各类机械伤害等。

（二）铺装地面的植物栽植技术

1. 植物选择　由于铺装地面的环境特殊，所选植物应耐干旱、耐贫瘠，根系发达，树体能耐高温与阳光暴晒，不易发生灼伤。

2. 土壤处理　适当更换栽植穴的土壤，改善土壤通透性，提高土壤肥力，更换土壤的深度为 50～100cm，栽植后加强水肥管理。

3. 树盘处理　应保证栽植在铺装地面的树木有一定的根系土壤体积。据美国波士顿的调查资料，铺装地面栽植树木，根系至少应有 3m³ 的土壤，且增加树木基部的土壤表面积比增加栽植深度更为有利。铺装地面切忌一直伸展到树干基部，否则随着树木的加粗生长，不仅地面铺装材料会嵌入树干体内，树木根系生长也会抬升地面，造成地面破裂不平。

树盘地面可栽植花草，覆盖树皮、木片、碎石等，一方面提升景观效果，另一方面起到保墒、减少扬尘的作用，也可采用两半的铁盖、水泥板覆盖，但其表面必须有通气孔，盖板最好不直接接触土表。如在荷兰和美国，一般采用图 7-1 的处理方法，以减少铺装地面对树体的伤害，也可减少树木对铺装面的破坏。

对于没有缝隙的水泥、沥青等整体铺装地面，应在树盘内设置通气管道以改善土壤的通气性。通气管道一般采用 PVC 管，直径 10～12cm，管长 60～100cm，管壁钻孔，通常安置在种植穴的四角（图 7-2）。

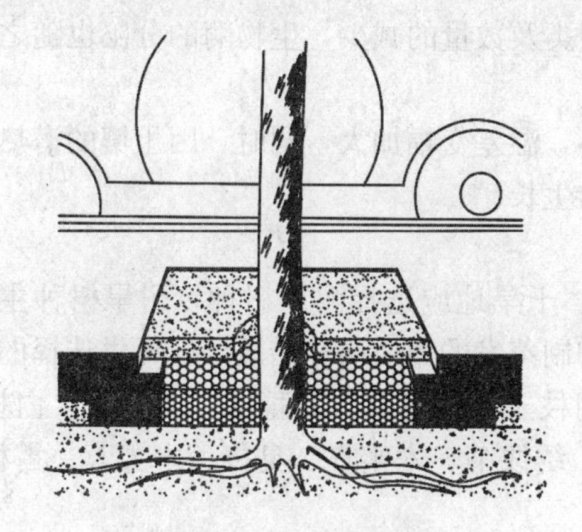

图 7-1　树盘表面的铺盖处理

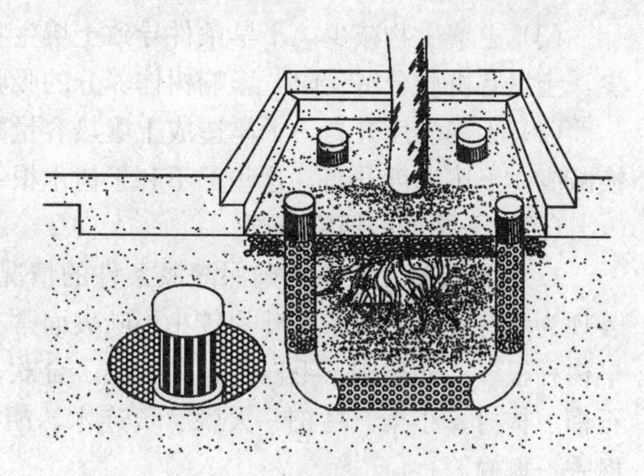

图 7-2　铺装地面的管道通气处理

保证树木有充足的水分供应，是铺装地面栽植树木的关键之一。人行道的树木往往缺乏水分，因此，栽植时要注意种植穴、树木的规格与人行道坡度之间的关系，使树木的树冠滴水落入种植穴的土壤中，或从铺装断开的接头处渗入，在持续降水时，多余的水分可以通过土壤表面流走。

第二节　干旱地与盐碱地的植物栽植

一、干旱地的植物栽植

（一）干旱地的环境特点

干旱地不仅因水分缺少构成对植物生长的胁迫，同时干旱还使土壤环境发生变化。

1. 干旱地的气候特点　干旱的形成是温度、降水和蒸发状况相互影响的结果，即因为降水量、土壤含水量和地面的水量同径流、蒸发和植物蒸腾消耗的水量之间不能平衡所致。我国西部一些城市位于干旱气候地区，而其他城市中的一些干旱地，可能不是由于大气候条件所致，而是因城市下垫面结构的特殊性使降水不能渗入土壤，大多以地表径流的形式流失，即使位于湿润区域也同样出现干旱情况。

(1) 干旱带来高温　干旱对植物的影响主要是高温和太阳辐射所带来的热逆境与高蒸发蒸腾带来的水分逆境造成不适应树木的死亡。

(2) 干旱地带降水少而且没有规律　干旱地区年降水量一般很少超过500mm，且常集中在一年中某段时间，乡土植物对这种极不稳定的水分条件有较强的适应性，但多数园林树木则需要全年灌溉。

(3) 干旱地区常有大风与强风　大风增强蒸腾与蒸发作用，并破坏土壤结构。

2. 干旱地的土壤特点　由于蒸发量大大超过降水量，地面水很少能通过土壤渗透，其表现的特点主要有：

(1) 土壤次生盐渍化　土壤水分蒸发量大于降水量时，不断丧失的水分使表层土壤干燥，地下水通过毛细管上升运动到达土表，在不断补充因蒸发而损失的水分的同时，盐碱伴随着毛管水上升并在地表积聚，盐分含量在地表或土层某一特定部位的增高，导致土壤次生盐渍化的发生。

(2) 土壤贫瘠　由于迅速的氧化作用使土壤有机质含量很低。

(3) 土壤生物减少　干旱条件导致土壤生物种类及数量的减少，生物酶的分泌也随之减少，土壤有机质分解受阻，影响树体养分的吸收。

(4) 土壤温度升高　干旱造成土壤热容量减小，温差变幅加大，同时，因土壤的潜热交换减少，土壤温度升高，这些都不利于树木根系的生长。

(二) 干旱地的植物栽植

1. 树种选择　在不能确保灌溉条件的情况下，干旱地应选择耐旱树种，耐旱树种主要表现为具有发达的根系，叶片较小，叶表面常有抑制蒸发的角质层和蜡质层。可供选择的耐旱树种很多，如旱柳、毛白杨、夹竹桃、合欢、胡枝子、锦鸡儿、紫穗槐、胡颓子、白栎、石榴、构树、小檗、乌桕、火棘、黄连木、胡杨、绣线菊、木半夏、臭椿、木芙蓉、雪松、枫香、榔榆等。

2. 栽植时间　干旱地的树木栽植应以春季为主，一般在3月中旬至4月下旬进行，此期土壤比较湿润，土壤的水分蒸发和树体的蒸腾作用比较低，树木根系再生能力强，愈合发根快，种植后有利于树木的成活生长。但在春旱严重的地区，宜在雨季栽植。

3. 栽植技术

(1) 泥浆堆土　将表土回填树穴后，浇水搅拌成泥浆，再挖坑种植，并使根系舒展；然后用泥浆培稳树木，以树干为中心培出半径50cm、高50cm的土堆。因泥浆能增强水和土壤的亲和力，减少重力水的损失，可较长时间保持根系的土壤水分。堆土还能减少树穴土壤水分的蒸发，减小树干在空气中的暴露面积，降低树干的水分蒸腾。

(2) 埋设聚合物　聚合物是颗粒状的聚丙烯酰胺和聚丙烯醇物质，能吸收自重100倍以上的水分，具极好的保水作用。干旱地栽植时，将其埋于树木根部，能较持久地释放所吸收的水分供树木生长。高吸收性树脂聚合物为淡黄色粉末，不溶于水，吸水膨胀后成无色透明凝胶，可将其与土壤按一定比例混合拌匀使用，也可将其与水配成凝胶后，灌入土壤使用，有助于提高土壤保水能力。

(3) 开集水沟　干旱地栽植树木，可在地面挖集水沟蓄积雨水，有助于缓解旱情。

(4) 容器隔离　采用塑料袋容器（10～300 L）将树体与干旱地进行隔离，创造适合树木生长的小环境。袋中填入腐殖土、肥料、珍珠岩，再加上能大量吸收和保存水分的聚合物，与水搅拌后成凝胶状，可供根系吸收 3～5 个月。若能使用可降解塑料制品，则对树木生长更为有利。

二、盐碱地的植物栽植

（一）盐碱地的环境特点

盐碱土是地球表面分布广泛的一种土壤类型，约占陆地总面积的 25%。我国从滨海到内陆，从低地到高原都有分布。盐碱土是盐土与碱土的合称。盐土分为滨海盐土、草甸盐土、沼泽盐土等，主要含氧化物、硫酸盐。碱土分为草甸碱土、草原碱土、龟裂碱土，主要含碳酸钠、碳酸氢钠。

土壤中的盐分主要为 Na^+ 和 Cl^-。在微酸性至中性条件下，Cl^- 被土壤吸附，当土壤 pH>7 时，吸附可以忽略，因为 Cl^- 在盐碱土中的移动性较大。Cl^- 和 Na^+ 具强淋溶性，在土壤中的主要移动方式是扩散与淋失，二者都与水分有密切关系。在雨季，降水大于蒸发，土壤呈现淋溶脱盐特征，盐分顺着雨水由地表向土壤深层转移，也有部分盐分被地表径流带走；在旱季，降水小于蒸发，底层土壤的盐分循毛细管移至地表，表现为积盐过程。在荒裸的土地上，土壤表面水分蒸发量大，土壤盐分剖面变化幅度大，土壤积盐速度快，因此要尽量防止土壤裸露，尤其在干旱季节，土壤覆盖有助于防止盐化发生。

我国沿海城市中的盐碱土主要是滨海盐土，成土母质为沙黏不定的滨海沉积物，不仅土壤表层积盐高达 1%～3%，在 1 m 深土层中平均含盐量也可达到 0.5%～2%，盐分组成与海水一致，以氯化物占绝对优势。其盐分来源主要为地下水、大气水分沉降、人类活动、海水倒灌。

1. 地下水　滨海地区地下水的矿化度在 10～30g/L，距海越近矿化度越高，且以氯化物为主。地下水对土壤盐渍化发生和发展的影响，主要是通过地下水位和地下水质实现，当地下水位超过临界水位时，极易通过毛细管上升造成地表积盐，尤其在多风的旱季。如我国华南滨海地区存在明显的旱季，许多城市又往往缺水，土壤水分的强烈蒸发容易导致土壤次生盐渍化；另外，部分地区由于超采地下水造成地面沉降和海岸地下水层中淡水水位下降，也是造成土壤次生盐渍化的原因之一。

2. 大气水分沉降　滨海地区受海风的影响，大量小粒径含盐水珠由海面上空向陆地飘移，成为滨海盐渍土地表盐分的来源之一。盐分沉降速率与风速、离海距离、海拔高度及微地形有关。在离海不太远的陆地，一年内海风可以给土壤输送氯盐 $10kg/hm^2$；离海较远的地区，每年也可从海水中得到氯盐 $1kg/hm^2$。

3. 人类活动　人类在生产或生活中排放的含氯废水或废气，通过水流或降水进入土壤，也会导致盐渍化的发生。农业生产中施用的含氯化肥，在农田土壤中残留或通过农业污水进入水系，进而污染其他立地的土壤。北方城市冬季使用融雪盐，也会造成土壤含氯量增加，严重危害园林树木的生长。另外，一些经营海产品的餐馆及集贸市场附近，土壤盐渍化程度更高，园林树木受盐害的情况经常可见。一些滨海城市用滩涂淤泥改造地形，也会造成局部土壤含盐量的增高。

4. 海水倒灌　潮汐后海水浸淹过的地方留下大量盐分，是滨海低洼处土壤次生盐渍化的主要原因之一。另外，夏秋季节，我国东南沿海常有台风登陆，此时若遇天文大潮，在台风和海潮双重因子的作用下，海水入侵的幅度和强度加大；海浪冲击堤岸时激起的水沫在强劲的海风吹刮下，可影响至距海岸带很远的范围。此外，在缺乏挡潮闸的内河入海口，也因海水涨潮入侵，发生土壤盐渍化现象。

（二）盐碱地对树木生长的影响

1. 引发生理干旱 由于盐碱土中积盐过多，土壤溶液的渗透压远高于正常值，导致树木根系吸收养分、水分非常困难，甚至出现水分从根细胞外渗的情况，破坏了树体内正常的水分代谢，造成生理干旱，出现树体萎蔫、生长停止甚至全株死亡现象。一般情况下，土壤表层含盐量超过0.6%时，大多数植物已不能正常生长；土壤中可溶性盐含量超过1.0%时，只有一些特殊耐盐植物才能生长。

2. 危害树体组织 在土壤pH居高的情况下，OH^-对树体产生直接毒害。这是因为树体内积聚的过多盐分使蛋白质合成受到严重阻碍，从而导致含氮中间代谢产物积累，造成树体组织细胞中毒；另外，盐碱的腐蚀作用使树木组织直接受到破坏。

3. 滞缓营养吸收 过多的盐分使土壤物理性状恶化、肥力降低，树体需要的营养元素摄入减慢，利用转化率也减弱。Na^+的竞争，使树体对钾、磷和其他营养元素（主要是微量元素）的吸收减少，磷的转移受抑，严重影响树体的营养状况。

4. 影响气孔开闭 在高浓度盐分作用下，叶片气孔保卫细胞内的淀粉形成受阻，气孔不能关闭，树木容易因水分过度蒸腾而干枯死亡。

（三）适于盐碱地的主要树木种类

1. 植物的耐盐性 耐盐植物具有适应盐碱生态环境的形态和生理特性，能在其他植物不能生长的盐渍土中正常生长。这类植物一般体小质硬，叶片小而少，蒸腾面积小；叶面气孔下陷，表皮细胞外壁厚，常附生绒毛，可减少水分蒸腾；叶肉中栅栏组织发达，细胞间隙小，有利于提高光合作用的效率。有些耐盐植物，其细胞渗透压可达4×10^6Pa以上，能建立阻止盐分进入的屏障；或能通过茎、叶的分泌腺把进入树体内的盐分排出，如柽柳、红树等；或能阻止进入体内的盐分进一步扩散和运输，从而避免或减轻盐分的伤害作用，保证其正常的生理活动。也有的植物体内含有较多的可溶性有机酸和糖类，细胞渗透压增大，提高了从土壤中吸收水分的能力，如胡颓子等。

植物耐盐性是相对的，它以树体生长的气候和栽培条件为基础，植物、土壤和环境因子的相互关系都影响树木的抗盐性，因此反映树木内在生物学特性的绝对耐盐力是难以确定的。不同的树木种类或品种，其耐盐性有很大差别，而同一种植物处于不同的发育阶段，或生长在不同的土壤与气候环境条件下，其耐盐性也不相同。一般而言，种子萌发期及幼苗期的耐盐性最差，其次是生殖生长期，而其他发育阶段对盐胁迫的相对敏感性较低。

另外，温度、相对湿度及降水等气候因子对树木耐盐性也产生较大影响。一般来说，在恶劣的气候条件下（炎热、干燥、大风），树体盐害症状加重。由于土壤湿度影响土壤中的盐分转移、吸收，影响树木体内生化过程及水分蒸腾，生长在炎热干燥气候条件下的树体，大多较湿冷条件下对盐分更为敏感。而较高的空气湿度使蒸腾降低，能缓解盐害引起的水分失调。故提高土壤湿度和空气湿度均有助于提高树体的耐盐性，对于一些对盐分敏感的植物作用更明显。

2. 常见的主要耐盐植物 一般树木的耐盐力为0.1%～0.2%，耐盐力较强的植物为0.4%～0.5%，强耐盐力的植物可达0.6%～1.0%。可用于滨海盐碱地栽植的植物主要有：

黑松：能抗含盐海风和海雾，是唯一能在盐碱地用作园林绿化的松类植物，尤适于在海拔600m以上的山地栽植。

北美圆柏：能在含盐0.3%～0.5%的土壤中生长。

胡杨：能在含盐1%的盐碱地生长，是荒漠盐土上的主要绿化植物。

火炬树：原产北美，林缘生长的灌木或小乔木，浅根且萌根力强，是盐碱地栽植的主要园林植物。

白蜡：深根系乔木，根系发达，萌蘖性强，在含盐0.2%～0.3%的盐土中生长良好，木质优良，秋叶黄色，且耐水湿能力强，是极好的滩涂盐碱地栽植植物。

沙枣：适宜在含盐0.6%的盐碱土中栽植，在含盐量不超过1.5%的盐碱土中亦能生长。

合欢：根系发达的灌木或小乔木，对硫酸盐抗性强，耐盐量可达1.5%以上，适宜在含盐0.5%以下的轻盐碱土中栽植。花有浓香，被誉为耐盐碱的宝树。

苦楝：一年生苗可在含盐0.6%的盐渍土中生长，是盐渍土地区不可多得的耐盐、耐湿植物。

紫穗槐：根部有固氮根瘤菌，落叶中含有大量的酸性物质，能中和土壤碱性，改善土壤理化性质，增加土壤腐殖质。适应性广，能抗严寒、耐干旱，在含盐1%的盐碱地也能生长，且生长迅速，为盐碱地绿化的先锋植物。

此外，国槐、柽柳、绦柳、刺槐、侧柏、龙柏等都具有一定的耐盐能力，单叶蔓荆、枸杞、小叶女贞、石榴、月季、木槿等均是耐盐碱土的优良植物。

（四）盐碱地的植物栽植技术

1. 施用土壤改良剂　施用土壤改良剂可达到直接在盐碱土栽植树木的目的，如施用石膏可中和土壤中的碱，适用于小面积盐碱地改良，施用量为3～4t/hm^2。

2. 设置防盐碱隔离层　对盐碱度高的土壤，可采用防盐碱隔离层控制地下水位上升，阻止地表土壤返盐，在栽植区形成相对的局部少盐或无盐环境。具体方法为：在地表挖1.2m左右的坑，将坑四周用塑料薄膜封闭，底部铺20cm碎石或炉渣，在其上铺10cm草肥，形成隔离盐碱、适合树木生长的小环境。天津市园林绿化研究所的试验表明，采用此法第一年的平均土壤脱盐率为26.2%，第二年为6.6%，树木成活率达到85%以上。

3. 埋设渗水管　埋设渗水管可控制高矿化度的地下水水位上升，防止土壤急剧返盐。天津市园林绿化研究所采用碎石、水泥制成内径20cm、长100cm的渗水管，埋设在距树体30～100cm处，设有一定坡降并高于排水沟；距树体5～10m处建一集水井，集中收水外排，第一年可使土壤脱盐48.5%。采用此法栽植白蜡、绦柳、国槐、合欢等，树体生长良好。

4. 设暗管排水　暗管排水的深度和间距不受土地利用率的制约，有效排水深度稳定，适用于重盐碱地区。单层暗管埋深2m，间距50cm；双层暗管第一层埋深0.6m，第二层埋深1.5m，上下两层在空间上交错布置，在上层与下层交会处垂直插入管道，使上层的积水由下层排出，下层管排水流入集水管。

5. 抬高地面　天津市园林绿化研究所在含盐量为0.62%的地段，采用换土并抬高地面20cm的措施栽种油松、侧柏、龙爪槐、合欢、碧桃、紫叶李等植物，成活率达到72%～88%。

6. 躲避盐碱栽植　土壤中的盐碱成分因季节而有变化，春季干旱、风大，土壤返盐重；秋季土壤经夏季雨淋盐分下移，部分盐分被排出土体。秋季栽培树木，树木经秋、冬缓苗易成活，故为盐碱地树木栽植的最适季节。

7. 生物技术改土 生物技术改土主要指通过合理的换茬种植，减少土壤含盐量。如上海石化总厂对新成陆的滨海盐渍土，采用种稻洗盐、种耐盐绿肥翻压改土的措施，1～2 年可降低土壤含盐量 40%～50%。

8. 施用盐碱改良肥 盐碱改良肥内含钠离子吸附剂、多种酸化物及有机酸，是一种有机-无机型特种园艺肥料，pH 为 5.0。利用酸碱中和、盐类转化、置换吸附原理，既能降低土壤 pH，又能改良土壤结构，提高土壤肥力，可有效用于各类盐碱土改良。

第三节 无土岩石地的植物栽植

（一）无土岩石地的环境特点

常见的无土岩石地主要有在山地上建宅、筑路、架桥后对原地改造形成的人工坡面，采矿后破坏表层土壤裸露出的未风化岩石，因各种自然或人为因素导致滑坡形成的无土岩地，以及人造的岩石园、园林叠石假山等，大多缺乏树木生存所需的土壤或土层十分浅薄，缺少自然植被，是环境绿化中的特殊立地。无土岩石地的主要生境特点为难以固定树木的根系，缺少树木正常生长需要的水分和养分，树木生存环境恶劣。

因为岩石具发育节理，长年风化造成的裂缝或龟裂，可积聚少许土壤并蓄存一定量的水分；风化程度高的岩石，表面形成的风化层或龟裂部分，使树木有可能扎根生长。若岩石表面风化为保水性差的岩屑，在岩屑上铺上少量客土后，也能使某些树木维持生长。

（二）无土岩石地的植物特征

无土岩石地缺土少水，能在此环境中生长的树木，在形态与生理上都发生了一系列与此环境相适应的特征。

1. 矮生 树体生长缓慢，株型矮小，呈团丛状或垫状，生命周期长，耐贫瘠土质、抗性强，多见于高山峭壁上生长的岩生类型。如黄山松、杜鹃花、紫穗槐、胡颓子、忍冬等。

2. 硬叶 植株含水量少，而且在丧失 1/2 含水量时仍不会死亡。叶面变小，多退化成鳞片状、针状，或叶边缘向背面卷曲，叶表面蜡质层厚、有角质，气孔主要分布的叶背面有绒毛覆盖，水分蒸腾小。

3. 深根 根系发达，有时延伸达数十米，可穿透岩石的裂缝伸入下层土壤吸收营养和水分。有的根系能分泌有机酸风化岩石，或能吸收空气中的水分。

自然界中有一类树木称为岩生树木，适合在无土岩石地生长，而高山树木占岩生树木中的很大一部分。它们植株低矮、生长缓慢、生活期长，具耐贫瘠土质、抗性强等特点，如黄山松、马尾松、杜鹃花、锦带花、胡枝子、胡颓子、忍冬等。

（三）无土岩石地的改造

1. 客土改良 客土改良是在无土岩石地栽植树木的最基本做法。岩石缝隙多的，可在缝隙中填入客土；整体坚硬的岩石，可局部打碎后再填入客土。

2. 斯特比拉纸浆喷布 斯特比拉是一种专用纸浆，将种子、泥土、肥料、黏合剂、水放在纸浆内搅拌，通过高压泵喷洒在岩石地上。由于纸浆中的纤维相互交错，形成密布孔隙，这种形如布格状的覆盖物有较强的保温、保水、固定种子的作用，尤其适于无土岩石荒山绿化。

3. 水泥基质喷射　在铁路、公路、堤坝等工程建设中，经常要开挖大量边坡，从而破坏了原有植被覆盖层，形成大量的次生裸地，可采用水泥基质喷射技术辅助绿化。水泥基质是由固体、液体和气体三相物质组成的，具有一定强度的多孔人工材料。固体物质包括粗细不等的土壤矿质颗粒、胶结材料（低碱性水泥和河沙）、肥料和有机质以及其他混合物。基质中加入稻草秸秆等成孔材料，使固体物质之间形成形状和大小不等的孔隙，孔隙中充满水分和空气。基质铺设的厚度为3～10cm，基质与岩石间的结合，可借助抗拉强度高的尼龙高分子材料等编织而成的网布。施工前首先开挖、清理并平整岩石边坡的坡面，钻孔、清理并打入锚杆，挂网后喷射拌和种子的水泥基质，萌发后转入正常养护。此法不仅可大大减弱岩石的风化及雨水冲蚀，降低岩石边坡的不稳定性，而且在很大程度上改善了因工程施工破坏的生态环境，景观效果也很显著，但一般只适用于小灌木或地被植物栽植。

第四节　屋顶绿化

城市的绿化水平是衡量现代城市的重要标志之一，在城市中建立良好的生态环境，是关系到城市发展和人类生存的大事。城市中高楼林立，硬化面积增大，众多的道路和铺装取代了自然土地，有限的城市绿地空间往往被挤占，城市居民所拥有的绿地面积越来越少，可供绿化用地往往位于建筑角隅，见缝插针式的绿化远远不能满足城市居民的需要。由于建筑之外地面绿化空间越来越小，必须把更多的绿化空间引入到建筑空间，以立体绿化来弥补城市绿地面积的不足，因此对建筑进行屋顶绿化来增加城市绿化面积，是建筑和园林发展的趋势。对建筑屋面空间进行多方位、多层次、多功能的绿化，以联想自然、表现自然为基调，建设绿色生态建筑，符合人们的心理追求，成为未来城市建设及房屋建筑的发展方向。

屋顶绿化是指将植物栽植于建筑物的平屋顶上的一种绿化形式，在广义上可理解为在各类古今建筑物、构筑物、城墙、桥梁、立交桥等的屋顶、露台、天台、阳台或者大型人工假山山体上造园，种植树木花草。

屋顶绿化是在建筑物、构筑物上进行绿化布置，必须了解建筑物与构筑物的建筑结构、基本构造的做法和建筑物的屋顶、阳台、平台的结构与承载能力，以及屋顶种植和露地种植的差异与特殊要求。由于屋顶的下垫面大都是水泥结构，不通透，热容量小，易吸热也易散热，再加上种植土层薄，容易干燥失水，在这样的条件下绿化，必须按照一定的要求栽种植物，并采取相应的养护措施，才能达到绿化设计要求。

一、屋顶绿化的功能

屋顶绿化在改善生态环境、保护建筑物、美化环境及促进人们身心健康等方面具有重要的作用。

1. 改善生态环境　城市屋顶进行绿化后，增加了绿化面积，由于绿地面与水泥面的物理性质截然不同，改变了这些地方原有的气象场，从而改善了城市气候。

（1）增加绿化面积　屋顶绿化主要表现在提高绿化覆盖率，改善城市环境。国际生态和环境组织调查指出，一个理想的现代城市，必须达到一定的绿地面积指标以确保城市生态环境质量，要使城市获得最佳环境，人均占有绿地面积需达到 60m² 以上。目前我国大多数城市没有达到这个要求，如北京人均绿地只有 15m²，与发达国家人均绿地 30～40m² 相差甚远。

城市建筑高速发展，必然发生建筑与绿化争地的矛盾，解决建筑与绿化争地的最好办法，就是使绿化向空中发展。屋顶绿化几乎以等面积绿化了建筑物所占面积，改变了城市绿化的立体层次，增加城市绿地覆盖率。如果将城市中大多数建筑物屋顶进行绿化或建成屋顶花园，将大量增加城市绿地面积，如成都对 110 处建筑屋顶进行绿化，增加绿地面积超过 2 万 m²。

（2）降低“热岛”效应　城市建筑密度大、硬质表面多、通风不良，导致城市气温普遍高于郊区，形成城市“热岛”。城市绿地有降低气温、分割城市“热岛”的作用，降温率与绿地覆盖率呈正比，对改善城市生态环境具有重要意义。在城市下垫面中，建筑表面占了很大比例，在太阳辐射下，建筑表面向空气中散热，特别是屋顶表面，白天基本上都受太阳照射，对城市气温的影响不可忽视。由于屋面比地面空气流通好，易与周围大气进行热量交换，所以夏季屋面的最高温度明显高于地面，冬季最低温度明显低于地面。在城市中，由于绿色屋面对阳光的反射率比深色水泥屋面大，加上绿色植物的遮阳作用以及同化作用，使绿色屋面净辐射热量远小于未绿化的屋面；同时，绿色屋顶因为植物的蒸腾作用和潮湿下垫面的蒸发作用所消耗的潜热明显比未绿化的屋面大，使绿色屋顶的储热量以及与大气的热交换量大为减少，从而使得绿化屋顶空气获得的热量少，热效应降低，减弱了城市的“热岛”效应。

屋顶绿化可以显著改善局部小气候，降低楼房顶层室内温度。在我国南方一些地区如广东、广西、四川、湖南等地，夏季时间长，气温较高，而有屋顶绿化的室内夏季可降低 3～5℃。夏季绿化屋顶和未绿化屋顶的温度相差 6～8℃；冬季绿化屋顶最高温与最低温差值仅为 1℃，而未绿化屋顶温差达 5～12℃（张宝疆，2004）。

（3）增加空气湿度　由于绿色植物的蒸腾作用和潮湿土壤的蒸发，屋顶绿化后蒸散量大大增加，从而使储存于管道和建筑物中的水量减少，储存于空气中的水分增加，即屋面绿化后空气的绝对湿度增加；又由于绿化后温度有所降低，所以相对湿度明显增加。

（4）蓄水作用　建筑物屋顶分为平屋顶和坡屋顶两种。坡屋顶的雨水几乎都流入地下排水管道，未绿化屋顶 80%的雨水排入地下管网，绿化后屋顶雨水排放量大大减少，一般只有 30%的雨水进入地下管网。屋顶绿化使屋顶雨水的排放量减少到 1/3，其余 2/3 的雨水蓄存在屋顶，然后逐步蒸发到空气中，具有雨水缓冲作用，因此在下大暴雨时可以降低排水系统的瞬时排水量峰值。屋顶绿化对雨水的截流作用可以产生两方面的效果：首先随着屋顶绿化的增多，排入城市下水道的水量大大减少，可以减少城市市政设施的投资；其次屋顶绿化截流的大部分雨水，将在雨后的一段时间内储存在屋顶上，并逐渐通过蒸发和植物蒸腾作用扩散到大气中，从而改善城市气候。

（5）降低噪声　噪声是影响城市居民生活环境质量的重要因子之一，对人体危害较大。大面积覆盖植被的屋顶，具有明显的减噪效果。绿化屋顶与沙砾屋顶相比，可降低噪声 2～3dB。屋顶土层 12cm 厚时降噪效果约为 40dB，20cm 厚时降噪效果约为 46dB。

2. 保护建筑物　屋顶绿化可延长建筑物使用寿命。由于冬夏气温的冷热变化和干燥收缩使屋面板体积发生变化，夏季高温易引起沥青流淌和卷材层下滑，使屋面丧失防水和使用功能；另外，屋面在紫外线照射下，随着时间的延长，引起沥青材料及其他密封材料老化，使屋面寿命缩短。屋面绿化使屋面不再暴露于大气中，屋面内、外表面温度波动小，降低了因温度剧变产生裂缝的可能性；绿化使屋顶避免了阳光直射，延缓各种密封材料的老化，增加了屋面的使用寿命。

3. 美化环境 屋顶绿化同露地绿化一样，反映了一个城市的文化内涵，浓缩了地域文化中的精神内容，屋顶绿化与城市建筑融为一体，升华为一种意境美。意境美是屋顶园林景观从自然美到艺术美的升华，按照形式美法则进行设计，形成独特的城市景观，体现城市的风格和个性。植物组成的自然环境有着极其丰富的形态美、色彩美、芳香美、风韵美。

4. 促进人们身心健康 现代城市高楼大厦林立，更多人工作和生活在城市高空，越来越多的高层建筑隔断了人们的交往，人们俯视到的多是黑色沥青、灰色混凝土地面及各类墙面，从而影响到人们的工作效率和生活质量。研究表明，在人的视野中，只有当绿色达到25%时，人才会心情舒畅，精神愉快。屋顶绿化能给高层楼群上工作和生活的人们提供绿色的园林美景，使人们的身心得到休息和调整，因而屋顶绿色能促进人们的身心健康。屋顶绿化给人们的生活环境增添了绿色情趣，对人们的心理作用更为重要。绿色植物能调节人的神经系统，使紧张疲劳得到缓和消除，人们都希望在居住、工作、休息、娱乐等各种场所欣赏到植物景观，而屋顶绿化可满足身居闹市中的人们的这种需求。

二、屋顶绿化的类型

（一）屋顶覆盖式绿化

屋顶覆盖式绿化主要是采用藤本植物，在坡屋顶上进行绿化布置。由于藤本植物的种植基础在屋面上不能固定，因此在坡屋顶上进行绿化难度很大，具体方法可以在房屋墙基设种植槽，利用藤本植物的攀缘特性，沿墙壁生长，直至覆盖屋顶，如爬山虎、美国地锦、凌霄、薜荔等可直接覆盖在屋顶，形成绿色的地毯。屋顶覆盖式绿化的主要特点是方法简单，管理比较粗放，屋顶不用承受很大荷载；但对植物材料的要求较严格，绿化效果单调。这种形式对于平屋顶不适合，应用范围较小，属于屋顶绿化中最简单的一种形式。

（二）屋顶种植式绿化

1. 屋顶种植 屋顶种植是指采取屋面种植或者铺设草坪的方法进行屋顶绿化。屋顶草坪不但能使城市草坪式绿化从单一的地表形式上升到空间形式，而且对室内的温度和湿度可起到一定的调节作用。对植物来讲，屋顶的生存环境比较恶劣，其中受风的影响较大，影响植物的固定。在屋顶上种植草坪受风的影响较小，可以减小屋顶种植层的厚度，从而减轻屋顶绿化的荷载；草坪绿化屋顶，设计、施工技术简单。屋顶植草的缺点是景观单一，草坪需水量大，对灌溉要求较高。这种形式适用于面积不大、楼层不太高的屋顶，以及一些改建的屋顶和承载力有限的平屋顶。平屋顶上还可种植地被植物或其他矮型花灌木，形成封闭型屋顶绿化，一般不上人。植物配置由于受屋顶承载力的限制，土层的厚度需严格控制在10cm左右，种植种类简单，排列整齐，屋面就像铺了一层绿色地毯。

2. 屋顶棚架 屋顶棚架是指在屋顶上设置种植池，用钢筋混凝土浇筑的薄壁种植池沿平屋顶的女儿墙布置，在种植池及建筑构造柱上预埋钢筋环以固定棚架立柱，沿女儿墙及种植池设立柱，在立柱上搭设棚架。立柱与种植池及构造柱上的预埋钢筋环固定，然后用竹竿、绳索等纵横交织形成网状棚架，供植物生长攀缘。屋顶设置的棚架高度不宜太高，为居民在荫棚下休闲提供方便。种植植物选择叶面较大且枝叶稠密的攀缘类植物，使之沿棚架攀缘生长，形成绿色荫棚。棚架绿化屋顶的方法适合面积较小的平屋顶，且屋顶的风力不能很大。

3. 屋顶苗圃 屋顶苗圃是指屋顶绿化种植区采用农业生产通用的排行式，结合屋顶生产，种植果树、中草药、蔬菜和花木。这种绿化形式可以在发挥绿化效果的同时获得一定的经济效益。在屋面防水层上用砖砌筑床埂以形成较规整的苗床，床埂下隔一定间距设排水孔，苗床内铺设一定厚度的种植基质。这种形式适宜于大面积屋顶，以绿化种植为主，屋顶上供人们休闲活动的场地则较少。

（三）屋顶花园

屋顶花园是屋顶绿化的最高层次，不仅要绿化，而且从美化、游憩的功能要求出发，在屋顶上设置花坛以及水池、假山、花架、雕塑、凉亭等园林小品，采用艺术手法布局，构成优美景观，以供欣赏和开展休闲、娱乐活动。

屋顶花园的规划设计，综合了使用功能、绿化效益、园林艺术和经济安全等多方面的要求，充分运用植物、微地形、水体和园林小品等造园要素，组织屋顶花园的空间，采取借景、组景、点景、障景等园林布置手法，创造出不同使用功能和性质的屋顶花园。

1. 公共游憩性屋顶花园 公共游憩性屋顶花园除具有绿化效益外，还是集休闲、游乐活动为一体的公共场所，在设计上应考虑其公共性。在出入口选址、园路布局、植物配置、小品设置等方面要符合人们在屋顶上活动、休息等的需要，植物布置应以草坪、花灌木为主，设置少量坐椅及小型园林小品点缀，园路宜宽，便于人们活动。

2. 家庭式屋顶小花园 随着社会经济的发展，人们的居住条件越来越好，多层式、阶梯式住宅公寓的出现，使屋顶小花园走入了家庭。这类小花园面积较小，主要以植物配置，一般不设置小品，可以充分利用空间进行垂直绿化，还可以进行一些趣味性种植，领略都市中早已失去的农家情怀；另一类家庭式屋顶小花园可设在写字楼的楼顶，作为接待客人、洽谈业务、员工休息的场所，应种植名贵花草，布设精美的小品，如小水景、小藤架、小凉亭等，还可以根据实力设置反映公司精神的微型雕塑、小型壁画等。

3. 科研、生产用屋顶花园 科研、生产用屋顶花园是指在屋顶设置小型温室，用于花卉品种培育和引种以及盆栽瓜果的培育，既有绿化效益，又有较好的经济收入。这类屋顶花园的设置，一般应有必要的设施、种植池和人行道规则布局，形成闭合的、整体地毯式种植区。

屋顶花园按高度分为低层建筑屋顶花园和高层建筑屋顶花园。低层建筑屋顶花园使用管理方便，服务面积大，改善城市环境效益明显，是应用较多的一种绿化形式。高层建筑每层的建筑面积小，顶层面积更小，花木生长条件更加恶劣，因此建造难度较大。

屋顶花园按空间组织可分为开敞式、封闭式和半开敞式三种。开敞式屋顶花园一般是在单体建筑上建造，屋顶不与四周建筑相接，成为独立的空中花园，视野开阔，通风良好，日照充足，有利于植物的生长发育。半开敞式屋顶花园的一侧或者两侧或三面被建筑物包围，光照、通风不利，一般是为周围的主体建筑服务。封闭式屋顶花园四周都为高于它的建筑包围，成为天井式空间，采光和通风不如前两种。

屋顶花园的建设应因地制宜，对于条件较好的屋顶，可以设计成开敞式花园，布置成自然式、规则式或混合式，总的原则是以植物配置为主，适当设置假山、棚架、花坛等，形成现代屋顶花园。

三、屋顶绿化植物的选择

屋顶绿化要根据使用要求，选择植物类型和种类。无论采取哪种方式绿化，都要根据屋顶绿化环境特点，综合考虑植物生长的各种有利和不利条件，选择适宜屋顶绿化的植物，或者采取措施创造良好的植物生长环境，形成良好的屋顶绿化效果。

（一）屋顶绿化环境特点

屋顶绿化是在完全人工化的环境中栽植植物，采用客土、人工灌溉系统为植物提供必要的生长条件。在屋顶营造花园由于受载荷限制，不可能有很厚的土层，因此屋顶绿化的环境特点主要表现在土层薄、营养物质少、缺少水分，同时屋顶风大，阳光直射强烈，夏季温度较高，冬季寒冷，昼夜温差变化大。

屋顶绿化植物种植环境与露地相比，其特点为：面积狭小，形状规则，竖向地形变化小；种植土由人工合成，土层薄，不与自然土壤相连，水分来源受限制；植物选择、土层厚度和园林小品设置均受建筑物屋顶承载力的限制；植物生长环境比较恶劣，主要是风力、光照、温度都与地面显著不同；屋顶花园处在空中楼顶，视野开阔，环境较为清静。

屋顶绿化的有利因素有：光照强，光照时间长，能促进植物的光合作用；昼夜温差大，有利于植物营养积累；气流通畅清新，污染明显减少，受外界影响小，有利于植物的生长和维护。

屋顶绿化的不利因素有：土温、气温变化较大，对植物生长不利；屋顶风力一般比地面大，土层薄，植物易受干旱、冻害和日灼，生态环境比地面差。

（二）屋顶绿化植物选择的原则

屋顶的特殊生境对植物的选择有严格的限制，距离地面越高的屋顶，植物选择受限制越多。屋顶绿化植物的选择必须从屋顶环境出发，首先考虑满足植物生长的基本要求，然后才能考虑植物配置艺术。植物选择原则如下：

1. 耐旱性、抗寒性强的矮灌木和草本植物　由于屋顶绿化夏季气温高，风大，上层保湿性能差，应选择耐旱性、抗寒性强的植物。同时，考虑到屋顶的特殊环境和承重要求，多选择矮小灌木和草本植物，以利于植物的运输、栽种和管理。

2. 喜光、耐瘠薄的浅根性植物　屋顶绿化大部分地方为全日照直射，光照度大，植物应尽量选用喜光植物，但在某些特定的小环境中，如花架下或靠墙脚，日照时间较短，可适当选用一些耐半阴的植物种类，以丰富屋顶花园的植物种类。屋顶的种植层较薄，为了防止根系对屋顶建筑结构的侵蚀，应选择浅根系植物。居民住宅楼屋顶绿化，施用肥料影响居民的卫生状况，应尽量种植耐瘠薄的植物。

3. 抗风、不易倒伏、耐短时潮湿积水的植物　屋顶自然环境与地面、室内差异很大，高层楼顶风大，特别是台风来临时，风雨交加对植物的生存危险最大，加上屋顶种植层较薄，土壤的蓄水性能差，一旦下暴雨，易造成短时积水；夏季炎热而冬季寒冷，阳光充足，易造成干旱。应多用一些抗风、耐移植、不易倒伏，同时又能忍耐短时积水的植物。

4. 以常绿为主，冬季能露地越冬的植物　屋顶绿化的目的是增加城市的绿化面积，美化城市立体景观。屋顶绿化所采用的植物以常绿为主，选用树形和株形秀丽的种类与品种，为了使屋顶绿化更加绚丽多彩，体现花园的季相变化，适当配置彩叶树种；在管理条件许可的情况下，可放置盆栽花卉，做到屋顶绿化四季有花。

5. 尽量选用乡土植物，适当增加当地精品 乡土植物对当地气候有较强的适应性，对环境相对恶劣的屋顶进行绿化，选用乡土植物易于成功。屋顶绿化面积一般在几百至几千平方米以内，在这样一个特殊的小环境中，为增加屋顶绿化的新奇感，提高屋顶绿化的档次，可适量引种一些当地植物精品，体现屋顶绿化的精巧、雅致。

（三）屋顶绿化植物的类型

屋顶绿化选配各种植物时，首先应了解各种植物的生态习性，其次考虑植物的类型与观赏特性，另外还要充分考虑植物的生长速度，估计植物生长后的绿化效果。掌握了植物的特点，就能在屋顶绿化中利用各种植物的特性，按照植物造景的要求，形成不同的观赏特点。屋顶绿化常见植物类型有：

1. 花灌木及观叶植物 花灌木通常指具有美丽芳香的花朵或有艳丽的叶色和果实的灌木或者小乔木，主要用于屋顶花园中。常用的有月季、梅花、桃花、山茶花、牡丹、榆叶梅、火棘、连翘、海棠等。观叶植物常用的有苏铁、福建茶、黄金榕、变叶木、鹅掌柴、龙舌兰、假连翘等。另外也采用一些常绿植物，如侧柏、大叶黄杨、铺地柏、女贞及小蜡等。

2. 草坪草与地被植物 草坪草与地被植物指能够覆盖地面的低矮植物，其中草坪是应用较多的种类，宿根地被植物具有低矮开展或者匍匐的特性，繁殖容易，生长迅速，能够适应各种不同的环境。常用的草坪草与地被植物：南方有沟叶结缕草、细叶结缕草、假俭草、地毯草、海金沙、白刺花等；北方有美女樱、半支莲、马缨丹、吊竹梅、结缕草、野牛草、狗牙根、麦冬、高羊茅、诸葛菜、凤尾兰等。一些开花地被植物如红甜菜及景天科植物中的耐热、耐寒种类都可作为屋顶绿化植物。

3. 藤本植物 藤本植物攀缘或悬垂在各种支架上，是屋顶绿化中各种棚架、栅栏、女儿墙、拱门、山石和垂直绿化的材料，可提高屋顶绿化质量、丰富屋顶景观、美化建筑立面等。常用的有葡萄、炮仗花、叶子花、爬山虎、紫藤、凌霄、络石、常春藤、扶芳藤、金银花、木香、牵牛花、油麻藤、胶东卫矛、蔷薇、美国地锦、花叶蔓长春等。

4. 绿篱植物 绿篱植物在屋顶绿化中可以分隔空间和屏障视线，或作喷泉、雕塑等的背景。用作绿篱的树种一般都是耐修剪、多分枝、生长较慢的常绿植物。常用的有黄杨、冬青、女贞、叶子花等。

5. 饰边植物 饰边植物主要用作装饰，在屋顶绿化中可以用作花坛、花境、花台的配料。常用的有葱兰、韭兰、美人蕉、一串红、半支莲、菊花、鸡冠花、凤仙花等。

6. 竹类 竹类主要是用来丰富屋顶绿化的植物景观，适量配置可以达到特殊的效果。常用的有鹅毛竹、菲白竹、菲黄竹、方竹、箬竹、罗汉竹、井冈寒竹等。

四、屋顶绿化设计与施工

由于面积、承重、屋顶形状、方位等因子的制约，屋顶绿化比地面困难得多，其中最重要的问题是屋顶荷载。为了使建筑物不致负担太重，不能采用一般的造园方式，需要在园林或绿化结构上下工夫，提出切实可行、经济合理的方案。

（一）屋顶绿化的设计

1. 审定屋顶荷载 屋顶荷载包括活荷载和静荷载，活荷载指施工和检修以及人们在屋顶活动及少量家具物件等的重量，主要是人及检修工具设备的重量；静荷载包括植物、种植土、附属各结构层以及设置的各项园林小品和设施的重量。设计施工前应先了解房屋建筑材料每平方米的承重量、房屋的使用年限、屋顶的结构形式以及屋顶的坡度、排水、渗漏等情况，然后决定屋顶绿化的形式。无论哪种屋顶结构，都要根据建筑物设计时所选用的屋顶上人和不上人两种屋顶使用要求，以及屋面活荷载取值大小确定其承载能力。

屋顶有平屋顶和坡屋顶，平屋顶分为上人屋顶和不上人屋顶两种。坡屋顶一般均设计成不上人屋顶。不上人屋顶屋面均布活荷载，采用钢筋混凝土梁板结构时，其活荷载为 50kg/m^2；采用坡屋顶瓦屋面和波形瓦等轻屋面，则其活荷载为 30kg/m^2。无特殊要求的上人平屋顶其均布活荷载为 150kg/m^2。这里所指的活荷载，不包括屋顶各种构件及构造做法等的自重，仅指施工和检修以及人们在屋顶活动及少量家具物件等的重量。一般情况下，原建筑物屋顶若按不上人屋顶设计，则屋顶上不允许建造屋顶花园，除非重新更换屋顶承重构件，并逐项验算房屋有关承重构件的结构强度。即使屋顶原设计是按照上人屋顶设计，在建造屋顶花园时仍需严格控制所加荷载不超过 50kg/m^2。若屋顶建筑结构已按照屋顶花园所需附加的各项荷载设计，则不存在屋顶承重能力的问题。只要按原设计建造，即可保证屋顶结构的安全。

屋顶绿化的活荷载与屋顶结构自重、防水层、找平层、保温隔热层和屋面铺装等静荷载相加，即是屋顶的全部荷载。屋顶活荷载是一项基本值，房屋结构梁板构件的计算荷载值要根据屋顶绿化各项园林工程的荷载大小最后确定。

2. 进行全面重量分析　屋顶绿化使用的排水层材料、轻质人造土、栽植的植物材料和当地最大降雪量及降尘量的重量应进行统计分析，一定要将重量控制在平屋顶或平台的允许静荷载重量之内。

（1）掌握配制人造土的各种材料的干重和湿重，确定配比和铺设厚度　不同植物生存与生育所需土层的最小厚度是不同的，植物本身又有深根性和浅根性之分，对种植土深度也有不同要求，再加之屋顶上风较大，植物防风处理也对种植土提出了要求。综合以上因素，地被、花卉、灌木和乔木等不同类型植物生存与生育的最适合种植土深度见表 7-1。

表 7-1　屋顶花园种植区土层厚度与荷载

类　别	地被	花卉、小灌木	大灌木	浅根乔木	深根乔木
植物生存种植土最小厚度（cm）	15	30	45	60	90～120
植物生育种植土最小厚度（cm）	30	45	60	90	120～150
排水层厚度（cm）		10	15	20	30
生存平均荷载（kg/m^2）	150	300	450	600	600～1 200
生育平均荷载（kg/m^2）	300	450	600	900	1 200～1 500

屋顶绿化的种植土关系到植物能否健壮生长发育和房屋结构承重等问题。为了使植物旺盛生长并尽量减轻屋顶的附加荷载，应选用经过人工配制的新型基质，既含有植物生长发育所必需的各类元素，又比露地耕土密度小。因此种植土应满足重量轻、持水量大、通气排水性好、营养适中、清洁无毒、材料来源广且价格便宜等要求。

国内外用于屋顶绿化的人工配制种植土种类很多。日本采用人工轻质土壤，其土壤与轻质骨料（蛭石、珍珠岩、煤渣和泥炭等）的体积比为 3∶1，其密度约为 1 400kg/m^3；美国和英国的人工种植土成分为沙土、腐殖土、人工轻质材料等，其密度为 1 000～

1 500kg/m³；德国采用腐殖质、泥炭、泡沫质屑和有机肥料合成人工种植土，其密度按不同的配比为 700～1 500kg/m³。

我国在 20 世纪 80 年代后，屋顶绿化采用的人工种植土密度为 780～1 600kg/m³。如北京长城饭店采用的是东北林区腐殖草炭土、蛭石和沙土，其比例为 7∶2∶1，密度为 780kg/m³；广州中国大酒店屋顶花园合成腐殖土密度达 1 600kg/m³。上述人工种植土的密度一般均指其干密度，种植土经雨水或浇灌后的湿密度增大 20%～50%。对于密度小于 1 000kg/m³ 的人工种植土，当达到饱和时，其种植土湿密度接近 3 000kg/m³。

无论采用哪种材料和配比组成的人工种植土，均应根据其实际密度和种植土层的厚度折算成每平方米的荷载施加在屋顶结构板上。常用的轻质人造土壤材料和一般沙壤土的物理性质见表 7-2。

表 7-2　轻质人造土壤材料和一般沙壤土的物理性质

材料名称	密度（t/m³）		持水量（%）	孔隙度（%）
	干	湿		
沙壤土	1.58	1.95	35.7	1.8
木屑	0.18	0.68	49.3	27.9
蛭石	0.11	0.65	53.0	27.5
珍珠岩	0.10	0.29	19.5	53.9
稻壳	0.10	0.23	12.3	68.7

（2）了解栽植材料的重量，以确定栽植植株的大小和数量　植物本身自重和大型乔、灌木的根系重与建筑屋顶结构构造等自重相比，虽不属控制数值，但也是不可忽视的荷载。特别是屋顶上种植大型乔木时，除植物和根系重外，还有较大的种植池重，是一项附加于结构上的需专门验算的集中荷载。

（3）掌握排水层的厚度与重量　屋顶绿化的排水层设在防水层之上，过滤层之下。通常的做法是，在过滤层下采用 10～20cm 厚的轻质骨料材料铺成排水层，骨料可用砾石、焦砟和陶粒等。北京长城饭店屋顶花园采用 20m 厚的砾石为排水层；在我国南方有些屋顶种植池采用 5cm 厚的焦砟作排水层。排水层的厚度需根据排水层使用的材料计算每平方米的荷载。卵石、砾石和粗沙的容重为 2 000～2 500kg/m³，是排水层材料中最重的；若采用陶土烧制的陶粒，则仅有 600kg/m³；采用塑料空心制品时其重量更轻。

另外，种植区内除种植土、排水层外，还有过滤层、防水层和找平层等（图 7-3）。在计算屋顶绿化荷载时，可统一计入种植土重量，以省略繁杂的小项荷载计算工作。

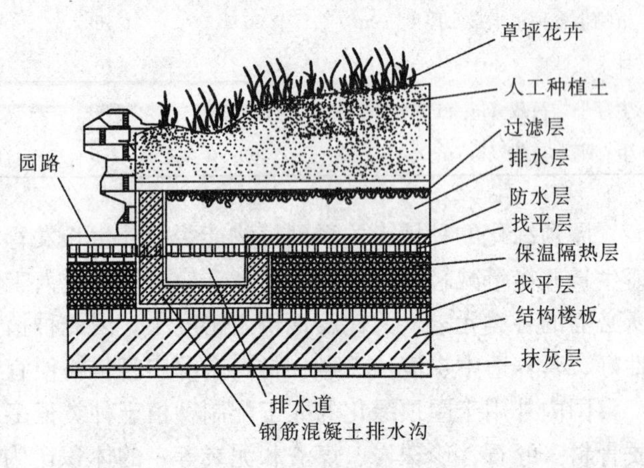

图 7-3　屋顶绿化种植层的结构剖面分层

（4）了解当地历年冬季最大降雪量和降尘量　根据以上各项数字的重量分析，最后将总重量控制在平屋顶的允许荷载重量之内，才能确保安全。例如某平屋顶，允许静荷载为 $400kg/m^2$，轻质人造土的湿密度为 $1.0t/m^3$，如需铺设 20cm 厚种植层，种植层的质量为 $1.0t/m^3 \times 0.2m = 200kg/m^2$，每平方米承重为：排水层重 50kg、人造轻质土壤重 200kg、栽植植物材料重 10kg、最大降雪量和降尘量 20kg、活荷载（参考数字）80kg，总计 360kg，小于 400kg，表明上述方案是可行的。

（二）屋顶绿化形式的选择

根据平屋顶的承重能力和设置屋顶绿化的主要目的与要求，选择不同功能的屋顶绿化形式（表 7－3）。选定屋顶绿化形式后，可根据平面图进行总体设计。屋顶绿化设计和地面绿化设计基本相同，只是应特别注意排水系统的完整和通畅无阻。各个花坛、园路的出水孔必须与女儿墙排水口或屋顶天沟连接成一整体，使雨水和灌溉的水分能及时顺利排出，减轻屋顶荷载并防止渗漏。

表 7－3　不同屋顶绿化形式的主要指标

名　称	要求承重（kg/m^2）	种植层厚度（cm）	主要功能
花园式	500	30～50	提供休息游览场所
种植园式	200～300	20～30	种植花木，防暑降温
地毯式	100～200	5～20	美化环境

（三）屋顶绿化的施工

屋顶绿化施工前，首先要对屋顶进行清理，平整顶面，有龟裂或凹凸不平处应修补平整；然后进行灌水试验，将屋顶全部下水口堵严，在屋顶放满 10cm 深的水，24h 后，检查屋顶是否漏水，经检查确定屋顶无渗漏后，才能进行施工。对没有女儿墙和外沿太矮的屋顶，为了安全应架设栏杆。

1. 建造种植池及基质选择　施工前，要先了解屋顶承重能力，合理建造种植池。种植土层的厚度要根据种植的植物种类及大小来确定。

种植池的土壤要选用肥沃、排水良好的土壤，也可用腐熟的锯末或蛭石等。种植基质应尽量选用轻质材料，一般多由人工配制，如采用沙壤土和腐殖土各一份配制成混合土，也可用锯末、稻壳、蛭石、珍珠岩等材料人工配成轻质土。轻质人工土的自重轻，多采用土壤改良剂以促进形成团粒结构，使其保水性及通气性良好，且易排水。

2. 排水层与排水系统　在做种植土层时，紧贴屋面应垫一层厚度 3～7cm 的排水层，排水层一般用透水粗颗粒材料（如炭渣、蛭石、粗沙等）平铺而成，在平铺的排水层上还要铺一层塑料纱网或玻璃纤维网作为滤水层，滤水层上再铺上种植基质。

（1）架空式种植　在离屋面 10cm 处设混凝土板承载种植土层。混凝土板需有排水孔，排水可充分利用原来的排水层，顺着屋面坡度排出，绿化效果欠佳。

（2）直铺式种植　在屋面板上直接铺设排水层和种植土层，排水层可由碎石、粗沙组成，其厚度应能形成足够的水位差，使土层中过多的水能流向屋面排水口。花坛设有独立的排水孔，并与整个排水系统相连。日常养护时，注意及时清除杂物、落叶，特别要防止总落水管被堵塞。

3. 防水处理

（1）刚性防水层　刚性防水层是在钢筋混凝土结构层上用普通硅酸盐水泥砂浆掺 5%防水剂抹面，造价低，但怕震动；耐水、耐热性差，暴晒后易开裂。

（2）柔性防水层　柔性防水层用油毡等防水材料分层粘贴而成，通常为三油二毡或二油一毡，使用寿命短、耐热性差。

（3）涂膜防水层　涂膜防水层是用聚氨酯等油性化工涂料涂刷成一定厚度的防水膜，高温下易老化。

4. 防腐处理　为防止灌溉水、肥对防水层可能产生的腐蚀作用，屋面需做技术处理，提高防水性能，主要方法有：①先铺一层防水层，由两层玻璃布和五层氯丁防水胶（二布五胶）组成，然后在上面铺设 4cm 厚的细石混凝土，内配钢筋；②在原防水层上加抹一层厚 2cm 的火山灰质硅酸盐水泥砂浆；③用水泥砂浆平整修补屋面，再敷设硅橡胶防水涂膜，适用于大面积屋顶防水处理。

5. 灌溉系统设置　屋顶花园灌溉系统的设置必不可少，如采用水管灌溉，一般 $100m^2$ 设 1 个。最好采用喷灌或滴灌形式补充水分，安全而便捷。

给水方式有土下给水和土上给水两种。一般只建植草坪和只种植较矮花草的屋顶绿化，可采用土下管道给水方式供水，其原理是通过水位调节装置将水面控制在一定位置，利用毛细管原理保证花草对水分的需要。土上给水有人工喷浇和自动喷浇两种。人工喷浇是指通过人工操作，用水管或其他喷洒容器进行喷浇。自动喷浇是指在种植场地上设置一定数量的自动喷水器，通过控制自动喷水器进行喷浇。土上给水要注意喷头设置的合理性，以保证既能满足给水需要，又不影响整体绿化景观效果。

6. 施肥　种植土层应施用足够的有机肥作为基肥，必要时也可追肥。追肥以复合肥为主，氮、磷、钾的比例为 2∶1∶1。草坪不必经常施肥，每年只需覆 1～2 次肥土即可。

7. 植物种植施工　准备好屋顶种植基质及相应的排水、上水系统后（庭院式屋顶绿化还应先布置相应的园路、园林小品等），即可进行园林植物种植，和在地面上施工一样，要严格按照植物种植的施工工序和技术要领进行。屋顶植物种植受土层厚度、风力风向、气温等的影响，种植后要加强防旱、防倒伏、防冻等方面的养护管理。

复习思考题

1. 针对铺装地面的环境特点，栽植植物应采用哪些技术措施？
2. 干旱地的环境有何特点？在植物栽植时如何加以考虑？
3. 盐碱地对植物生长有何影响？如何根据盐碱地的特点栽植植物？
4. 无土岩石地的环境有何特点？如何对其进行改造？
5. 屋顶绿化的功能包括哪些？
6. 屋顶绿化施工应注意哪些问题？
7. 列举当地适宜屋顶绿化的主要植物种类。

第三篇

园林植物养护

第八章　园林植物养护管理总论

【本章提要】园林植物栽植后的养护管理是保证成活、实现绿化美化效果的重要措施。本章主要介绍园林植物养护管理的特点、标准、内容、养护管理工作阶段与月历，园林植物的调查，园林植物养护管理信息系统，园林植物的功能评价与价值评估。

园林植物养护管理的任务就是要通过一系列措施，为园林植物的生长发育创造适宜的环境，避免或减轻各种不利因素对园林植物生长发育的伤害，确保园林植物各种功能的有效稳定发挥。园林植物养护管理是指根据不同园林植物类型及其生长发育规律，对园林植物采取各项技术措施，如整地、施肥、灌水、中耕除草、整形修剪、病虫害防治，以及看管围护、绿地清扫保洁等日常工作。此外，园林植物遭受各种自然灾害情况下所采取的防灾减灾措施，以及树体受损后的治疗和修补也属于养护管理范围。

第一节　园林植物养护管理概述

目前在我国许多城市的园林绿化中，普遍存在“重栽轻护”现象，对于一项园林绿化工程来说，园林植物景观的营造在短时间内就可以完成，而养护管理却是一项长期的任务。应该说，养护管理工作更艰巨，任务更持久，俗话说“三分种，七分养”就是这个道理。过去，在城市总绿化量少的情况下，在营造上多花工夫是可以理解的，随着城市绿化覆盖率的不断提高，养护管理的任务将越来越繁重。

一、园林植物养护管理特点

1. 培育目标的多样性　园林植物的功能是多种多样的，从生态功能上讲可以保护环境，净化空气，维持生态平衡；从景观功能上讲可以美化环境。此外，许多园林植物还具有丰富的文化内涵。园林植物与人的距离很近，与人的关系密切，人们对植物多种有益功能的需求是全天候的、持久的，并随季节的变换而变化。因此，养护管理的首要任务是保证园林植物正常生长，这是植物发挥多种功能的前提；其次要采取人为措施调节植物的生长状况，使其符合人们的观赏要求。例如，随着年龄的增大和季节的变换，树木个体或群体的外貌不断发生改变，为了使树木保持最佳的观赏效果，必须对树木进行必要的整形修剪。

2. 生长周期的长期性　园林植物特别是树木的生长周期非常长，短的几十年，长的数百年，甚至上千年。在漫长的生命历程中，树木一方面要与本身的衰老做斗争，另一方面要面临各种天灾人祸的考验。只有通过细致的养护管理，才能培育健壮的树势，克服衰老，延长寿命，提高对各种自然灾害的抵抗力，达到防灾减灾的目的。

3. 生长环境的特殊性 城市园林植物的生长环境远不及其他地方。从植物地上部分的生长环境看，园林植物经常处在不利的环境中，经常遭受人为践踏和机械磨损，城市特有的各种有毒气体、粉尘、热辐射、酸雨、生活垃圾和工业废弃物等严重影响植物生长。从植株根系生长的条件来看，由于城市建设已把原生土壤破坏，园林植物生长的土壤大多为客土，多数建筑地面已达心土层，有的甚至达到母质层，植物的根系被限制在狭小的范围内，根系的生长还经常受到城市地下管道的阻碍，大量的水泥地面使植物得不到正常的水分供应。因此，城市园林植物养护管理的任务非常艰巨，需要长期精细的管护，其养护成本比其他地方的高得多。

4. 景观配置的特有性 与大规模的植树造林相比，城市园林植物栽植具有以下特点：①为了满足景观的需求，大量使用外来植物种类，而外来植物对环境的适应能力一般不如乡土植物；②为了保证城市建设工程，经常在非适宜季节栽植园林植物，增加了管理的难度；③为了达到某种观赏效果或为了配置的要求，限制了对植物的选择，以至在不太适宜植物生长的地方栽植，因此必须加强管理才能保证这些植物的正常生长；④由于城市土地空间的限制，许多园林植物只能采用孤植或团块状栽植，其结构较为简单，而处于孤立状态的植物其抵御不良环境侵害的能力远不如结构复杂的森林中的林木。

二、园林植物养护管理标准

园林植物能否生长良好，尽快达到理想的景观效果，在很大程度上取决于植物的物候期、生命周期的变化规律和科学的养护管理。为此，应制定养护管理的技术标准和操作规范，使养护管理工作目标明确、措施有力，做到科学化、规范化。

目前，国内的一些城市在城市园林植物的养护管理方面已采用招标方式吸收社会力量参与，因此城市园林主管部门应制订相应的办法来加强管理。采用分级管理是较好的管理方法，例如北京市园林绿化局根据绿地类型的区域和财政状况，对绿地植物制订分级管理与养护的标准，这不失为现阶段行之有效的措施之一。

国家住房和城乡建设部现已组织北京、上海、重庆、沈阳、深圳等城市的园林科研院所及管理部门起草了《城镇园林养护规范》。该标准规定了城镇规划区内绿地的植物养护、绿地管理、养护管理质量要求，将城镇绿地按分级管理要求分为3个等级，对树木、花卉、草坪、地被植物、水生植物、竹类的分级养护管理等级进行了规范。下面以树木养护管理等级介绍该标准的主要内容。

（一）一级管理

1. 整体效果 整体效果应达到：①树林、树丛群体结构合理，植株疏密得当，层次分明，林冠线和林缘线饱满；②孤植树树形完美，树冠饱满；③行道树树冠完整，规格整齐一致，缺株≤3%，树干挺直；④绿篱无缺株，修剪面平整饱满，直线处正直，曲线处弧度圆润。

2. 生长势好 枝叶生长旺盛，观花、观果树种正常开花结果，色叶树种季相变化明显，无枯枝。

3. 排灌 排灌要求：①暴雨后2h无积水；②植株无失水萎蔫现象。

4. 有害生物防治 有害生物防治要求：①基本无有害生物危害状；②枝叶受害率≤8%，枝干受害率≤5%。

5. 补植 补植应在3d内完成。

6. 清洁　垃圾及杂物随产随清。

（二）二级管理

1. 整体效果　整体效果应达到：①树林、树丛群体结构基本合理，植株疏密得当，层次分明，林冠线和林缘线基本整齐；②孤植树树形基本完美，树冠基本饱满；③行道树面貌基本统一，规格基本整齐，缺株≤5%，树冠基本完整统一，树干基本挺直；④绿篱基本无缺株，修剪面平整饱满，直线处正直，曲线处弧度圆润。

2. 生长势好　枝叶生长正常，观花、观果树种正常开花结果，无大型枯枝。

3. 排灌　排灌要求：①暴雨后10h无积水；②植株基本不出现失水萎蔫现象。

4. 有害生物防治　有害生物防治要求：①无明显有害生物危害状；②枝叶受害率≤10%，枝干受害率≤8%。

5. 补植　补植应在7d内完成。

6. 清洁　垃圾及杂物日产日清。

（三）三级管理

1. 整体效果　整体效果应达到：①树林、树丛基本具有完整外貌，有一定的群落结构；②孤植树树形基本完美，树冠基本饱满；③行道树无死树，缺株≤8%，树冠基本统一，树干基本挺直；④绿篱基本无缺株，修剪面平整饱满，直线处正直，曲线处弧度圆润。

2. 生长势好　植株生长量和色泽基本正常，观花、观果树种基本正常开花结果，无大型枯枝。

3. 排灌　排灌要求：①暴雨后24h无积水；②植株失水萎蔫现象1～2d内消除。

4. 有害生物防治　有害生物防治要求：①无严重有害生物危害状；②枝叶受害率≤15%，枝干受害率≤10%。

5. 补植　补植应在20d内完成。

6. 清洁　垃圾及杂物日产日清。

三、园林植物养护管理内容

城市园林绿地的养护管理包括园林植物养护和绿地管理两项主要内容。

（一）园林植物养护

园林植物的养护包括土、肥、水的管理，整形修剪，绿地植物的调整，树体养护，自然灾害防治，有害生物的防治等。这些措施的采用是相辅相成的，其综合结果对园林植物的生长发育产生影响。

（二）绿地管理

绿地管理主要包括植物防护、绿地清洁与保洁、附属设施管理、安全作业及技术档案管理等内容。

1. 植物防护　植物防护工作内容包括：①汛期及台风来临前对浅根性、树冠庞大、枝叶过密的乔木进行加固，重要路段树木可适当修剪。②对有害寄生生物及时清除，对树洞应及时处理。③易被鱼等水生生物破坏的水生植物，应在栽植区设置围网。④降雪和台风频繁地区，过密竹林宜适当钩梢。⑤易受低温侵害的植物应加强养护管理，适时足量浇灌冻水和返青水，合理修剪和施肥，提高抗寒能力。因地制宜地选择根际覆土、主干包扎与涂白、搭设风障等措施进行防寒。⑥降雪地区主要道路两侧的植物可结合防寒设置围栏，防止融雪剂危害。

2. 绿地清洁与保洁 绿地清洁与保洁工作内容包括：①绿地景观水面应保持清洁，无垃圾、杂物、无干枯枝叶。②应注意保洁，垃圾杂物和枯枝落叶及时清运，不得焚烧。③绿地附属设施应经常清洁、保洁。

3. 附属设施管理 附属设施管理包括园林建筑及构筑物管理、道路和铺装广场管理、景观水体管理。

4. 安全作业 安全作业内容包括：①使用各种园林机械应进行岗前培训并按相应规程操作。②城市道路作业时应设警示标志，作业人员应穿戴警示服饰。

5. 技术档案管理 技术档案管理工作包括：①绿地管理单位应及时收集绿地养护管理资料，并整理、分析与总结，建立完整的技术档案，档案应每年整理装订成册，编好目录，分类归档。②档案内容应包括绿地建设历史，绿地面积，园林植物种类及品种、规格、数量，绿地土壤主要理化性状，病虫害现状，植物生长状况评价，设施种类及现状，各项养护管理技术措施，养护管理过程中的重大事件及处理结果，新技术、新工艺和新成果应用情况。

四、园林植物养护管理工作阶段划分

园林植物养护管理工作应遵循植物的生物学特性、生长发育规律以及当地的环境气候条件等。在季节性比较明显的地区，养护管理工作可依四季而行。

1. 冬季（12月至翌年2月） 亚热带、暖温带及温带地区冬季有降雪和冰冻现象，露地栽植的植物进入或基本进入休眠期。此期主要进行植物的冬季整形修剪、深施基肥、涂白防寒和防治病虫害等工作。在春季干旱的华北地带，冬季在植株根部堆叠积雪，既可防寒，融解的雪水又可补充土壤内的水分，缓解春旱。

2. 春季（3～5月） 春季气温逐渐回升，植物开始陆续解除休眠，进入萌芽生长阶段，春花植物次第开花。此期养护管理工作应逐步解除防寒措施，适时进行灌溉与施肥，常绿树篱和春花植物及时进行花后修剪。春季是防治病虫害的关键时期，可采取多种形式消灭越冬成虫，为全年的病虫害防治工作打下基础。

3. 夏季（6～8月） 夏季气温高，光照时间长且光量大，南北雨水都较充沛。植物光合作用强、光合效率高，植株体内各项生理活动处于活跃时期。这是园林植物生长发育的最旺盛时期，也是需肥需水最多的时期，花果木应增施以磷、钾为主的肥料。夏季植物蒸腾量大，要及时进行灌水，但雨水过多时，对低洼地带应加强排水防涝工作。晴天进行中耕除草，有利于土壤保墒。行道树要加强修剪，注意树木枝干不能影响架空电线或建筑物。夏季还要注意防风和防暴雨。花灌木开花后，要及时剪除残存花枝，促使新梢萌发。未春剪的绿篱，补充整形修剪。南方亚热带地区抓紧雨季进行常绿树及竹类带土球补植。

4. 秋季（9～11月） 秋季气温开始下降，雨量减少，园林植物的生长已趋缓慢，生理活动减弱，逐渐向休眠期过渡，这时要及时停止肥水供应，防止晚秋梢徒长。10月份开始对新植植株进行全面的成活率调查。秋季应注意整理绿地景观环境，及时清除枯枝落叶。秋季是花灌木修剪的关键时期，绿篱也要进行整形修剪。植株落叶后至封冻前，应对抗寒性弱或引进的新品种进行防寒保护，灌封冻水。大多数园林植物可进入秋施基肥和冬剪等工作，南方竹林进行深翻。

五、园林植物养护管理工作月历

园林植物养护管理工作要顺应其生长规律和生物学特性以及当地的气候条件进行。因全国季节变化比较明显，各地气候相差悬殊，养护工作应根据本地情况而定。为了增强养护工作的计划性、针对性，不误时机，各地应根据实际情况建立养护工作月历。表8-1和表8-2为华北地区的代表性城市北京和华东地区的代表性城市南京的养护管理工作月历。

表8-1 华北地区（北京）养护管理工作月历

月份	平均气温 平均降水	养护管理工作
1月	-4.7℃ 2.6mm	①冬季修剪，剪去枯枝、病虫枝、伤残枝及与架空线有矛盾的枝条，但对有伤流和易枯梢的树种，暂时不剪，推迟到发芽前；②检查巡视防寒设施的完好程度，发现破损立即处理；③在树木根部堆积不含杂质的雪；④积肥；⑤防治病虫害，在树根下挖越冬虫蛹、虫茧，剪除树上虫包
2月	-1.9℃ 7.7mm	①月底前继续进行冬季修剪；②根部堆雪；③检查巡视防寒设施情况；④积肥和沤制堆肥；⑤防治病虫害；⑥春季绿化准备工作
3月	4.8℃ 9.1mm	①春季植树，随挖、随运、随栽、随养护；②春季灌水，缓解春旱；③对树木进行施肥；④根据树木耐寒能力，分批撤除防寒设施、扒开埋土；⑤防治病虫害
4月	13.7℃ 22.4mm	①在春季发芽前完成植树工程任务；②春季灌水施肥，特别是春花植物；③对冬季和早春易干梢的树木进行修剪；④防治病虫害
5月	20.1℃ 36.1mm	①适时灌水，满足树木抽枝长叶；②春花植物进行花后修剪；③新植树木进行抹芽和除蘖；④进行中耕除草和及时追肥；⑤防治病虫害
6月	24.8℃ 70.4mm	①给树木灌水和施肥，保证水肥供应；②雨季即将来临，疏剪树冠，剪除与架空线有矛盾的枝条，特别是行道树；③中耕除草；④防治病虫害；⑤做好雨季排水的准备工作
7月	26.1℃ 196.6mm	①排除积水，防涝；②中耕除草及追肥；③移植常绿树种，最好入伏后降过一次透雨后进行；④修剪树木，适当稀疏树冠；⑤防治病虫害；⑥及时扶正吹倒、吹斜的树木；⑦高温时喷水防日灼
8月	24.8℃ 243.5mm	①继续移植常绿树；②树木修剪，对绿篱整形修剪；③中耕除草；④排除积水，做好防涝工作；⑤防治病虫害；⑥挖掘枯死树木；⑦加强行道树管理，及时剪除与架空线有矛盾的枝条
9月	19.9℃ 63.9mm	①迎国庆，全面整理各种绿地，挖掘死树，剪除干枯枝、病虫枝；②绿篱的整形修剪工作结束；③中耕除草，停止施氮肥，对生长较弱、枝条不够充实的树，施适量磷、钾肥；④防治病虫害
10月	12.8℃ 21.1mm	①树木开始相继休眠，一些耐寒力强的乡土树种可在此时进行秋季植树；②收集落叶积肥；③本月下旬开始灌冻水；④防治病虫害
11月	3.8℃ 7.9mm	①秋季植树；②继续灌冻水，上冻之前灌完；③对不耐寒的树木做好防寒工作，时间不宜过早；④给树木深翻施基肥；⑤调查新植树木的成活率、进行秋季补植
12月	2.8℃ 1.6mm	①防寒；②冬季树木整形修剪；③消灭越冬害虫；④冬季积肥；⑤加强机具维修与养护；⑥进行全年工作总结

表 8-2　华东地区（南京）养护管理工作月历

月份	平均气温 平均降水	养护管理工作
1月	1.9℃ 31.8mm	①抗寒性强的树种冬季栽植，但如遇冰冻天要立即停止；②深施基肥，大量积肥和沤制堆肥；③冬季修剪整形，剪除病虫枝、伤残枝及不需要的枝条，挖掘死树，进行冬耕；④做好防寒工作，遇有大雪，对常绿树、古树名木、竹类要组织打雪；⑤防治越冬害虫；⑥经常检查巡视抗寒设备的完好程度
2月	3.8℃ 53mm	①继续进行一般树木的栽培，本月上旬开始竹类的栽植；②继续进行冬季整形修剪；③继续进行冬施基肥和冬耕，对春花树木施花前肥；④积肥和沤制堆肥；⑤防治病虫害；⑥继续做好防寒工作
3月	8.3℃ 73.6mm	①春季植树，随挖、随运、随栽、随养护；②对原有树木进行浇水和施肥；③清除树下杂物、废土；④撤除防寒设施，扒开埋土；⑤防治病虫害
4月	14.7℃ 98.3mm	①本月上旬完成落叶树栽植，香樟、石楠、法国冬青等在本月发芽时栽植最好；②对各类树木进行松土除草、灌水抗旱；③修剪常绿绿篱，做好树木的剥芽、除蘖工作；④防治病虫害，对易感染病害的雪松、月季、海棠等每隔 10d 喷 1 次波尔多液
5月	20.0℃ 97.3mm	①对春季开花的灌木（紫荆、丁香、连翘、金钟花等）进行花后修剪及更新，追施氮肥，中耕除草；②新植树木夯实、填土、剥芽除蘖；③灌水抗旱；④及时采收成熟的枇杷、十大功劳、结香、接骨木的种子；⑤防治病虫害，做好预防预报工作
6月	24.5℃ 145.2mm	①加强行道树的修剪，解决树木与架空线及建筑物之间的矛盾；②预防暴风雨危害，及时处理危险树木；③做好抗旱排涝工作，确保新植树木的成活率和保存率；④晴天中耕除草和追肥；⑤花灌木花后修剪、整形，剪除残花；⑥雨季对部分树木进行补植和移栽；⑦采收杨梅、蜡梅、郁李、梅等种子；⑧防治病虫害（如袋蛾、刺蛾幼虫、介壳虫的幼虫）
7月	28.1℃ 181.7mm	①排水防涝，暴风雨后及时处理倒伏树木；②行道树修剪、剥芽，葡萄修剪伏梢；③新栽树木抗旱；④果树松土除草、施肥、抗旱；⑤防治病虫害，清晨捕捉天牛，杀灭袋蛾、刺蛾等害虫；⑥高温时喷水防日灼
8月	27.9℃ 121.7mm	①继续做好抗旱排涝工作；②继续做好防台风和防汛工作，及时解决树木与架空线、建筑物的矛盾，扶正被风吹倒吹歪的树木；③进行夏季修剪，对徒长枝、过密枝及时修剪，增加通风透光度，4 月份未修剪过的绿篱和树球，在本月中下旬修剪；④排除积水，做好防涝工作；⑤中耕除草施肥；⑥继续做好病虫害防治工作
9月	22.9℃ 101.3mm	①迎国庆，加强中耕除草和整形修剪工作；②绿篱的整形修剪工作结束；③中耕除草，停止施氮肥，对一些生长较弱、枝条不够充实的树木，追施一些磷、钾肥；④防治病虫害，特别是蛀干害虫；⑤继续做好防台风、防暴雨工作，及时扶正被风吹倒吹歪的树木
10月	16.9℃ 44mm	①对新植树木全面检查，确定全年植树成活率；②香樟、松柏类等常绿树木带土球出圃，供秋季植树；③采收林木种子；④防治病虫害
11月	10.7℃ 53.1mm	①秋季植树或补植，适合多数常绿树和少数落叶树，掌握好挖、运、栽三环节；②进行冬季修剪，修去病虫枝、徒长枝、过密枝，结合修剪储备插条；③冬翻土壤、施肥、改良土壤；④做好防寒工作，对抗寒性差或引进的树种要进行抗寒处理（如涂白、包扎、搭暖棚、设防风障等）；⑤柑橘类施冬肥；⑥大量收集落叶、杂草积肥和沤制堆肥；⑦防治病虫害，消灭越冬虫包、虫茧及幼虫
12月	4.6℃ 30.2mm	①除雨、雪、冰冻天气外，落叶树可在此时栽植；②冬季树木整形修剪；③对树木进行冬季施肥；④消灭越冬害虫；⑤冬季积肥和沤制堆肥；⑥深翻、平整土地，熟化土壤；⑦加强机具维修与养护；⑧进行全年工作总结

第二节 园林植物调查

随着城市园林绿化的快速发展，园林植物的数量和类型越来越多，分布情况、立地条件和生长状况也多种多样，对园林植物的栽培和养护管理也提出了越来越高的要求，无论是一个城市还是一个绿化小区或公共绿地，都必须对园林植物进行调查。园林植物的调查就是通过具体的现状调查分析，对当地过去和现有园林植物的种类、生长状况、与生境的关系、绿化效果功能的表现等各方面作综合考察。园林植物调查可以掌握园林植物的现状，分析园林植物的变化，发现园林植物栽培、养护管理和保护等方面存在的问题，并据此提出解决问题的途径和方法，从而建立园林植物资源和管理技术档案，为管理信息系统提供依据。

一、园林植物调查的意义

园林植物调查可以掌握园林植物资源的现状及发展变化趋势，其意义概括起来有以下几方面：

①了解园林植物的现状，包括园林植物的种类、数量、栽植方式、生长发育等状况，为园林植物的养护和管理提供依据。

②在了解园林植物应用现状及环境特点的基础上，对这一区域现有植物的栽培管护工作进行综合分析，制订更为科学的养护工作计划。

③为测算园林植物的价值、功能、效益提供基础材料。

④通过调查，进一步了解园林树木生长发育同周围环境的紧密关系，选出适合于特定环境生长的园林树种，为适地适树提供帮助。

⑤分析城市园林植物资源现状、预测其未来发展趋势，为制定和调整城市园林绿化方针、政策，修订和编制城市园林绿化发展规划提供依据。

⑥分析城市园林绿化建设工作的成效，评价城市园林绿化工作的实绩，为考核园林绿化工作目标的完成情况提供依据。

⑦检查城市园林绿化方针、政策和计划、方案及有关规定、措施的执行和落实情况。

⑧为编制城市发展规划和经济计划提供基础数据及依据。

二、园林植物调查的内容及方法

根据不同的调查内容，采用不同的园林植物调查方法，主要包括园林植物的分布位置、立地条件、密度（和郁闭度）、高度、粗度、生长情况等。

（一）园林植物群体特征的调查

园林植物群体特征调查指对某一单位、住宅小区、道路绿地、公园甚至某一城区或城市的现有园林植物进行调查，主要调查植物的群体特征，如植物的占地面积、植物的郁闭度等。

1. 片林的调查 片林的调查包括面积调查、密度和郁闭度调查。

（1）片林面积调查 对片林面积调查时一般不直接测量林地的面积，而是先将片林的边界勾绘在一定比例尺的图纸上，再在图纸上用求积仪测量其面积。如果能建立园林植物管理地理信息系统，可以将园林植物分布图输入地理信息系统中，从中直接读出面积。

（2）片林密度和郁闭度调查　植物密度调查可采用样地或标准地法，即在调查的林地中选择有代表性的地段设置调查地块作为标准地，在标准地内进行调查，以标准地调查结果作为林地调查因子的调查结果。园林植物的郁闭度是指园林植物树冠覆盖地面的程度，用树冠覆盖面积占林地面积的百分比或成数表示。调查时可以用样线法或样点法。

对于树冠比较低矮的片林可以采用样线法，在林地内有代表性的地段或者在样地内，用皮尺、测绳等工具拉样线，可以用十字交叉法拉样线。样线的长度30～50m，累计样线上有树冠的长度，合计后计算有树冠的样线长度占样线总长度的比例，以百分比或换算成十成制表示郁闭度。

对于树冠较高的片林，既可采用样线法，也可采用样点法。在样地或标准地内，确定两条十字交叉的直线，用相同的步幅沿直线每走1步或2步抬头看1次，作为1个观测样点，看正对观测者的上方是否被树冠覆盖，分别记下有树冠覆盖和没有树冠覆盖的点数，计算有树冠覆盖的点数占总样点数的比例，以百分比或换算成十成制表示郁闭度。

在实际调查中，密度的调查要与郁闭度、高度和粗度等因子的调查结合起来在样地内进行。

2. 公园植物的调查　对大型公园如森林公园树种的调查应先向公园管理部门进行咨询，了解大概情况后再制定调查方案，采取抽样（样地）调查和单个树种调查相结合的方法。公园植物不同于单纯的片林，植物的分布构成比较复杂。根据美国McBride的建议，一般的城市公园采用样带调查，即从公园的一侧开始，每隔一段距离设一样带，调查样带内的所有植物，样带的宽度可根据具体情况设计，一般要求调查的面积为公园总面积的15%～20%。

3. 行道树的调查　对道路树种的调查可以先对整条道路进行整体了解，如果整条道路树种使用情况一致，可以选择道路的一段进行详细调查；如果道路树种使用状况不一致，则选择有代表性的路段进行调查。行道树比较规则，因此一般调查其总量的10%。具体方法是，沿道路每隔1 km调查100m范围内道路两侧的所有植物，记载株数、株距、缺株，以及每株植物的个体特征。

4. 其他园林植物的调查　园林植物的调查在调查范围较小时可以用每株调查的方法，对所有植物逐一进行调查，并调查每个树种的数量，做好记录。

样地调查可以参考生态学的调查方法。对使用量较多的树种展开调查；对使用量较少的树种，应找到树种生长具体地点，每株或选几株代表性植物进行调查。

5. 园林植物栽植方式的调查　栽植方式指同一种植物在地面上分布的方式或多种植物组合应用时分布的方式。园林植物的栽植方式有孤植、对植、列植、丛植、群植、林植等。调查时针对植物栽植的现状，调查植物的栽植方式，并量出植物之间的距离，做好记录。

6. 园林植物生长状况的调查　植物生长状况的调查主要是对各个树种的树体进行测量，测量时选择树体较大、有代表性的单株或几株植物进行测量。同时，新梢的长度和粗度及二次枝、三次枝的生长状况准确反映植物当年的生长状况，在植物生长状况调查时可每株树选择测量一定数量新梢的长度，然后取平均值，以了解植物当年的生长速度。如果在植物落叶后到第二年萌芽前进行调查，也可选择一年生枝作为调查对象来调查植物生长速度。

植物生长状况调查时，还要观察树形、枝叶密度、绿化作用即景观作用。如果树体有病虫害，也要对植物病虫害的情况进行调查。植物应用现状调查时也可对植物的栽植管护工作进行调查，最好找相关管理部门查询植物周年的养护措施，如施肥、灌水、修剪等工作安排或工作记录，对所做的管护工作进行全面分析，以提高管护水平。

最后，对调查结果进行整理，制作现有树种名录，登记项目包括树种中名、科名、属名、学名。对使用的树种按乔、灌、藤木进行分类，也可按常绿树种、落叶树种分类，或者按树种的来源分为乡土树种和外来树种，也可根据植物生长状况分为适生树种、较适生树种和不适生树种。在调查总结的基础上，对树种应用现状进行分析，如对树种使用量、栽植方式、植物生长状况、植物的栽植管护工作等进行分析。找出树种使用的优点和不足之处，为将来做树种规划和植物栽植管护工作提供借鉴。

（二）园林植物个体特征的调查

对园林植物的个体特征进行调查，目的是明确认识不同树种的成年树体大小、树体形状等情况，既了解树种在园林绿地中所能发挥的作用，也为园林树种规划、栽植管理提供依据。在调查的基础上进一步了解树种的特性，为将来从事园林工作打好基础。

1. 乔木树体调查 乔木树种一般树冠大而枝叶密，有较强的生态作用，乔木是园林绿化中应用较多的树种，也是有很强造景功能的树种。乔木树种树体调查的主要内容有树高、胸径、干高、冠高、冠幅、干形、枝叶密度、冠形、枝形等。

（1）树木高度的调查 树高指乔木树种从地面开始到树冠最高处的垂直高度。对于树高的调查，除幼树或低矮树木可以用测竿或特制的伸缩式测高竿直接测定外，一般都使用布鲁莱斯测高器测定树高。林分速测镜也可以测定树高，还可以测定水平距离和树木上部直径等，一般是先测水平距离，再测树高或上部直径。

（2）树木粗度的调查 树木粗度用直径来表示，是指与树干中心轴垂直断面的带皮和去皮直径。实际工作中一般是测定立木胸高部位的直径，简称胸径。有时也需要测定树木上部某一特定高度处的直径，可利用上部直径测树仪进行测定。

①胸径的测定：胸高是常用的测定立木时树干直径的位置，各国对此位置的规定略有差异，欧洲大陆为1.3m，日本为1.2m，英国为1.31m，美国和加拿大为1.37m等。在我国，胸高位置在平地为距地面1.3m处，在坡地为坡上方距地面1.3m处。采用胸高作为测径点的原因是直接测量和读取数值都方便，同时树干一般在此高度处受根部扩张的影响已很小。

胸径调查一般用轮尺和围尺进行。围尺比轮尺携带方便，也不必经常调整。用轮尺测径时，由于树干横断面不是正圆，前后两次的测定方向不一致就会产生偏差，测定间隔期前后的直径用以推算直径生长量时，用围尺比用轮尺测定结果更准确。但在用围尺测径时往往容易歪斜，不易与干轴保持垂直，也会造成测定误差。而且用围尺测定速度比用轮尺慢。

②上部直径的测定：通常把胸高以上任意部位的直径称为上部直径。上部直径可用高架轮尺或弯轮尺借助梯子进行测定，但均受许多限制。所以，主要是用光学仪器测定，其中常用的为林分速测镜。

（3）主干高度的测定 干高指乔木树种主干的高度，即乔木树种在地面以上、第一分枝以下树干的高度。测量时从树冠最低的分枝基部开始量到地面，即为干高。

（4）冠高的测定 冠高即树冠高度，一般用树体高度减去树干高度就是树冠高度。垂枝形乔木的冠高大于树高减干高的数值。

（5）冠幅的调查 冠幅指树冠的水平大小，测量树木冠幅一般在南北和东西方向各测1次，取平均值或南北、东西方向的冠幅分别记录。一般用皮尺测量。

（6）干形的调查 干形指主干的形状，一般可将干形分为3种：直立、稍弯和弯曲。干形的调查主要是通过肉眼观察做出评价并进行记录。

(7) 枝叶密度的调查　枝叶密度即乔木树冠中枝叶的密集程度，此指标主要反映树木的遮阴能力。一般在调查时将多个树种的枝叶密度互相比较做出判断，分为密、较密、较稀、稀等。

(8) 冠形的调查　冠形一般指乔木树种树冠整体形状。不同乔木树种的冠形差别较大，如松柏的圆柱形或圆锥形、国槐的近圆球形、合欢的伞形等，根据树体实际情况进行描述，有的树种树冠呈不规则形，可描述为不规则。调查树冠形状时最好拍摄影像资料。

(9) 枝形的调查　枝形指树木枝条的形状。乔木树种的枝条有很多形状，如新疆杨的直立形、龙爪柳的弯曲形、垂柳的下垂形等。调查时可用文字描述，也可用影像进行准确反映。

2. 灌木树体调查　灌木树体调查的主要内容有树高、冠幅、树形、枝形等。

(1) 树高的调查　灌木的树高就是树冠高，用尺子从地面垂直拉到树冠最高处，测出树高。

(2) 冠幅的调查　灌木冠幅测量方法同乔木，在南北、东西方向各测量1个数值，然后取平均值或分别记录。

(3) 分枝数的调查　分枝数是指灌木树体从地面处发出的分枝数量，分枝数较少的灌木可以准确计数，分枝数量较多、不能准确计数的可以进行估计。

(4) 地径的调查　地径是指灌木分枝在地表处的直径即分枝的粗度，测量时在灌木分枝离地表5～15cm内测出分枝的粗度，可以选择灌木最粗和最细的分枝进行测量，然后记录为地径的范围，或者测一个中等粗度的分枝，测完后记录为分枝地径的平均值。

(5) 枝叶密度的调查　枝叶密度指灌木树冠枝条和叶子的密度，调查时可以将几个灌木树种的树冠进行比较，视树冠透过光线的情况将枝叶密度定为密、较密、较稀、稀等。

(6) 树冠形状的调查　树冠形状指灌木树种树冠的整体外形。对树冠外形做调查有助于树种规划时不同外形的树种选用和搭配。灌木树种的冠形一般为圆球形、椭圆形，也有不规则形，调查时用文字加以描述，或者画图、拍摄影像，准确记录，反映树形。

(7) 枝形的调查　枝形指灌木树种枝条的形态，一般可分为直立形、平生形、斜生形、下垂形等。调查时用文字描述或画图、拍摄影像等。

3. 藤木树体调查　藤木树体调查的内容主要有蔓数、蔓长、地径、枝叶密度、枝形等。

(1) 蔓数的调查　藤木的蔓数等同于灌木的分枝数，即调查藤木从地面开始的分枝数，计数并进行记录。

(2) 蔓长的调查　蔓长指藤木的树体总长，因为藤木不能直立生长，其树体高度也不能代表树体的长度，因此调查藤木的时候要测量其树体的长度，即从地面到树体最前端的总长度。

(3) 地径的调查　地径即近地面处分枝的粗度，其测量方法与灌木相同。

(4) 枝叶密度的调查　不同藤木枝叶密度不同，有的藤木枝叶密度很大，有的则较小。调查时不同的藤木枝叶密度分为密、较密、较稀、稀等。

(5) 枝形的调查　枝形指藤木的枝条形状，藤木的枝条较为柔软，不能直立，但不同藤木的枝形有区别，有的粗而长、有的细而密。调查时可根据实际情况进行文字描述，也可拍摄影像记录。

4. 树木年龄的调查　一般园林树木年龄的调查方法主要有以下几种，可以根据调查对象的不同情况选择应用。

（1）直接数年轮法　伐倒树木，截取根颈处树干圆盘，将圆盘工作面刨光，由髓心向外取2个或2个以上方向数年轮数。如果截取树干圆盘断面位置高于根颈，则树木年龄等于总年轮数加上树干长到此断面高所需年数。当圆盘年轮识别困难时，可用化学染色剂着色，利用春秋材着色的浓度差异辨认年轮。当髓心有心腐现象时，应对心腐部分量其直径并剔除它的年轮，则树木年龄等于总年轮数加上心腐生长所需年数。本方法要伐倒个别树木，而且费工费时，调查时要控制使用。

（2）生长锥木芯数年轮法　用生长锥在树干上钻取木芯，然后数木芯的年轮数，如果木芯是由树皮直通髓心，则树木年龄等于总年轮数加上树干长到钻取木芯高度处所需的年数。用此法确定树木年龄一定要保证钻取木芯的质量，保证木芯通过髓心，并要防止木芯碎裂，数年轮时要注意区别有些树木的伪年轮。

（3）数轮生枝法　有些树种，如松树、云杉等，每年自梢端生长出轮生顶芽，逐渐发育成轮生侧枝。有些树种虽然没有严格的轮生枝，但每年所发生的枝条中基部的较粗大，而上部的较细小或没有枝条，如杨树、银杏等。当树木年龄不太大、枝条脱落不严重时，可根据树木枝条发生的上述特性，通过数轮生枝和轮生枝痕迹的方法确定树木年龄。

（4）查阅档案法　查阅园林植物栽植技术档案或访问有关人员，根据栽植年度和所用苗木情况确定树木年龄。

（5）目测法　根据树木直径大小、树皮颜色、树皮粗糙程度和树冠形状等特征目测估计其年龄。

（6）古树名木年龄的测定方法　对于古树名木年龄的调查，既要求有一定的准确性，还不能伤害树木本身，影响其生长，不能采用上述5种方法测定，而要用特殊的方法。最常用的方法有两种：

①如果有历史记载，通过历史考证来确定，如果没有历史记载，也可通过相关历史事件或其他历史资料进行考证推断。

②既没有历史记录也没有可靠的历史考证依据时，可通过对本地区已经伐倒或死亡的同类树木的年轮进行测定，确定其一定年代期间的直径生长量，再根据树木的直径推断其年龄。

5. 其他方面的调查　在园林树木树体调查过程中，可针对植物其他情况进行调查，例如调查时植物正开花，可以对植物的花期、花朵的形状、大小、花色、花香等进行观察记录；植物的叶色比较特别，也可进行观察记录；植物有病虫害，也可展开对病虫害的调查；植物生长不良，也可对其原因进行分析。对其他项目的调查在树体调查的过程中附带进行，但不能影响树体正常调查工作的进行。对其他项目的调查可以加深对植物的进一步了解，为做好园林工作积累相关知识。

6. 园林植物个体特征调查的注意事项　尽量选择各树种中生长良好、成年的大树进行调查。调查时以组为单位进行，组内成员分工合作，操作要准确、快速。要求实地调查，实事求是，不能捏造数据。尽可能详细地观察记录现场情况，便于写出详细的调查报告。

7. 园林植物调查表　对园林植物的个体特征进行综合调查后，要将调查结果进行汇总，填写园林植物调查表（表8-3）。

表 8-3　园林植物调查表

（李承水，2007）

编号	树种名称	科名	属名
学名		类别	
栽植地点			
树龄（年）	栽植方式	数量（株）	树高（m）
干高（m）	冠高（m）	胸径（cm）	地径（cm）
分枝数（个）	冠幅（m）	树形	干形
株距（m）	枝叶密度	生长势	园林用途
越冬情况		来源	
病虫害情况			
年周期情况			
管护情况			
综合评价			
调查人		调查时间	

（三）园林植物生长环境的调查

调查了解园林植物的生长环境，对园林植物的规划设计、栽植养护管理工作有重要的意义。园林植物生境调查的目的是了解植物生长环境，了解适合于当地生长的植物种类及其生长状况等，为园林植物的选择、栽植养护工作、引种驯化提供依据，为建设和谐的人居环境提供科学依据。

园林植物生境调查的具体内容主要包括：园林植物栽植地的行政区划、地理位置、地形地貌、海拔高度、土壤、气候、水分、污染状况、生物、人为活动、城市车辆等因子。

1. 行政区划调查　行政区划指一个地方行政管辖的区域划分。在一个地方进行园林植物的栽植养护管理等工作，首先要知道该地方由哪个政府部门管辖，如所属省（自治区、直辖市）、市、县、乡等，有些问题需要地方政府相关部门协调解决。

2. 地理位置调查　地理位置指一个地方在地球上的具体位置。较大区域的地理位置一般用经度和纬度来表示，经纬度可以查阅地方志或相关资料获取，也可用全球定位系统（GPS）测得。如果调查区域较小，一般不用经纬度来表示地理位置，而用地名来表示，如××市××区××街道等表示所调查区域的具体位置。

3. 地形地貌调查　地形、地貌指一个地方较大范围内高低起伏的地表状况，如平地、丘陵、山地、河流、湖泊等自然构造及其尺度，可以查阅相关资料，结合实地调查，尽可能详细了解地形、地貌情况。平地要了解地块的形状、大小、坡度等，丘陵、山体则要了解位置、高度、坡度、坡向、坡位等情况，河流、湖泊要了解确切的地理位置、宽度、水分、季节变化等情况。

4. 海拔高度调查 海拔高度指一个地方高出海平面的垂直高度。海拔高度可查阅相关资料获得，也可利用海拔仪或全球定位系统测得。

5. 土壤调查 土壤调查的具体内容包括：土壤类型、土层厚度、土壤 pH、土壤含水量、土壤矿物质含量、土壤层次、土壤有机质含量、土壤地下水位、土壤通气状况、土壤覆盖物、土壤侵入体、土壤温度、土壤质地等。土壤调查的方法主要通过挖土壤剖面、取土样、土壤检测等。

6. 气候调查 对园林植物的栽培管理进行的气候调查主要包括：气温、光照、空气湿度、降水等。具体的调查内容有年平均气温、极端最高气温、极端最低气温、最热月平均气温、最冷月平均气温、有效积温、年降水量、年降水分布状况、年日照时数、年太阳辐射、无霜期、典型灾害天气等。气象调查可以通过查阅相关资料和咨询气象部门获得。

7. 水分调查 水分调查的具体内容有：土壤含水量、地下水位、水质、年降水量及分布状况等。水分调查的方法也是查阅相关资料和咨询相关部门。

8. 污染状况调查 污染状况的调查指对植物生长环境中与园林植物生长密切相关的污染物的调查，包括固态、液态和气态污染物，主要调查空气中有毒气体的种类、含量，空气中悬浮颗粒物的种类和含量，土壤中有害物质的种类和含量及水体中有毒有害化学物质的含量和种类。环境污染状况的调查主要针对一个地域长期存在的对植物生长产生较大影响的污染物或污染源进行，不可能全面详细地展开调查。环境污染调查技术比较复杂，可到环保部门或环境监测部门查阅相关资料。

9. 生物因子调查 生物因子指植物生长环境中存在的植物、动物、微生物等对植物生长产生影响的生物。生物因子调查主要包括伴生植物（花、草、树木）的调查，危害植物的病菌、害虫的调查。伴生植物主要调查园林植物周围生长的植物种类和出现频率、生长状况。病虫害的调查是对植物受病虫危害的情况进行调查，一般调查病虫害的种类和危害程度。

10. 人为活动调查 人为活动也会对生长于人居环境中的园林植物产生影响，因此对园林植物生境的调查也要对与植物有关的人为活动进行调查，例如人对地被植物或绿篱的踩踏，人在树体上挂东西，锻炼身体时对植物的踩踏、击打，在树体上刻字、攀折树枝、采摘果实等。在调查过程中，对人为损伤植物的行为进行登记，并制订相应的保护措施。

11. 城市车辆调查 现代城市中，汽车增多，对园林植物的生长也产生越来越大的影响。主要是汽车尾气的排放污染城市空气，有毒气体对植物的生长产生极为不利的影响，使有些植物的生长极度衰弱。另外，道路两边的植物有时受到车辆的机械损伤，如公共汽车的车顶碰到树枝，有时汽车偏离道路撞伤护路植物。因此，城市交通和植物的应用也有很密切的关系。对城市车辆同植物的相关研究可指导合理使用树种和确定道路植物栽植方式。对车辆的调查可以从车流量、车型、车速、尾气排放及空气污染等方面进行。

12. 生长环境调查表 对园林植物的生长环境调查后，要对调查结果进行汇总，填写园林植物生长环境调查表（表 8-4）。

表 8-4 园林植物生长环境调查表

（李承水，2007）

编号	树种名称	科名	属名
学名		类别	
栽植地行政区划			
地理位置			
地形	坡度	坡向	海拔高度（m）
土壤类型	土层厚度（m）	土壤酸碱度	
土壤含水量（%）	土壤有机质	土壤覆盖物	
年平均气温（℃）	极端最低气温（℃）	极端最高气温（℃）	
年日照时数（h）	光照度（lx）	年平均降水量（mm）	
气候类型	无霜期（d）	气象灾害	
环境污染状况			
伴生植物			
人为活动			
其他			
综合评价			
调查人		调查时间	

三、园林植物调查的工作程序

园林植物调查一般分为 3 个阶段，即准备阶段、外业调查阶段和内业总结阶段。

（一）准备阶段

准备阶段的主要工作内容可以分为组织准备和技术准备两部分。

1. 组织准备 在组织准备工作中要重点完成下列任务：

①接受园林植物调查任务，明确园林植物调查的对象和要求，确定园林植物调查的地域范围、树种范围，确定园林植物调查的具体项目。

②根据调查任务和调查地区的实际情况，制定园林植物调查外业工作计划。要明确调查内容、技术指标、定额、进度、劳动组织和人员配备等。

③编制调查工作定额指标、物质和装备供应计划、调查经费预算。

④组织调查队伍，介绍调查任务、要求和方法，制订分区分项调查进度计划，对园林植物调查工作人员进行培训。

2. 技术准备

（1）收集资料 要尽可能地收集调查对象现有的测绘资料、图面资料以及当地自然、经济和社会等有关资料，有关园林绿化和园林植物栽培管理的数据与文字资料，特别是现有的反映园林绿化情况的图面资料，以提高调查效率和调查质量，在实际调查前做到心中有数。

（2）制定技术方案 要根据调查对象的特点制定切实可行的调查技术方案，包括境界勾绘和测量、园林植物调查方法、调查内容和项目、调查精度和要求等，并编制实施细则和工作步骤。

（3）准备航片和地形图　尽量准备好调查对象最新的航片，购置相应的地形图。

（4）室内判读勾绘　利用航片、城市测绘资料和地形图，结合现有的园林绿化图面材料，进行室内判读，勾绘出各类园林植物分布位置和境界。

（5）外业调查训练　选择有代表性的地段进行外业调查训练，统一调查方法，熟悉调查仪器和调查方法，掌握各种调查资料的使用方法，提高调查速度。

（二）外业调查阶段

1. 区划测量　在原有的城市和园林基本图的基础上，结合航片勾绘和境界测量方法，核实各类境界线，区划和测定园林植物分布具体地段的位置与边界。

2. 细部调查　在分划出的园林植物分布地段内，根据不同园林植物栽培类型的要求，进行园林植物各项内容的调查和测量，完成各项调查内容。

3. 调查质量检查　在调查一定面积或区段后，要及时对调查质量进行检查，发现问题及时纠正，必要时调整调查方法，修改有关方案。

（三）内业总结阶段

1. 编制园林植物调查簿　调查簿是进行园林植物统计分析和编制经营管理措施的基础，调查簿的记载内容是否完整、真实、可靠，关系到以后各项工作的质量，在内业开始时要认真检查和整理调查簿。以园林植物片段为单位分别编号，详细转载和计算各项调查内容，如填卡片或表格，并要对发现的问题及时纠正和补充。如果建立电子档案，在检查无误后，及时录入数据库。

2. 绘制园林植物分布图　园林植物分布图是编制其他图面材料和计算园林植物分布面积的基础。在整理好园林植物调查簿后，将外业调绘和测定的境界线转绘到图上并进行着墨，各种地物和园林植物类型也要标注到图上。经清绘、整饰、加注图例，标注调查时间、调查单位、制图人等内容后制成完整的园林植物分布图。

3. 进行园林植物统计　以园林植物调查簿或卡片为基础，分别按要求的类别进行统计，编制各种统计表。采用计算机档案管理的，可以通过数据库进行统计汇总。

4. 分析园林植物现状　根据园林植物调查统计结果，对调查对象的园林植物资源现状进行分析，计算各种分析指标，指出园林绿化现状及问题，提出调整和改进的意见。

5. 撰写园林植物调查报告　根据统计分析结果，撰写园林植物调查报告。内容包括调查任务来源、调查时间、调查技术标准和要求、调查方法、主要调查成果、主要调查统计结果和分析结论、对今后园林绿化和园林植物经营管理的意见，以及本次调查中存在的问题等。

四、园林植物调查的成果

园林植物调查结束后，要对调查结果进行整理、统计和总结，形成完整的调查成果。园林植物调查的主要成果应包括 3 个方面，即园林植物调查登记表或登记卡片、园林植物分布图和园林植物调查报告。

（一）园林植物调查登记表

1. 园林植物调查表　园林植物调查表是反映不同类型园林植物各调查项目的表格，可按城市行政分区和小区，按不同栽培类型归并装订成册，称为簿册式园林植物调查表。园林植物调查表也可以是卡片的形式和计算机数据库档案的形式，目前在计算机已十分普及的情况下，应采用数据库管理的形式（表8-5）。

表8-5　园林植物调查表

（吴泽民，2003）

城区小区	斑块编号	栽培类型	数量			立地条件	种类	年龄（栽植年度）	平均高度（m）	胸高直径（cm）	生长情况	特殊意义	栽培措施意见
			面积（hm^2）	长/宽（m）	株数	地貌、地形、土壤、水文、地质或基质	科属、学名、品种、类型						

2. 园林植物统计表　园林植物统计表是在园林植物调查登记表的基础上，进一步统计整理得到的反映一定统计单位和地区园林植物总体状况的表格。可以根据需要分别按不同的项目进行统计汇总，填入相应的统计表中。常见的统计表有各类土地面积统计表、片林面积按植物统计表、植物带按植物统计表、散生植物统计表等。

（1）各类土地面积统计表　各类土地面积统计表用来反映一定的城市园林地区各类土地面积组成情况，计算区域绿地覆盖率。

（2）植物统计表　即不同绿地类型植物的统计表，用来反映城市园林绿地中不同植物的面积组成情况、数量以及植物的个体特征（表8-6）。

表8-6　园林绿地植物统计表

（吴泽民，2003）

绿地类型：　　　　　　　　　位置：　　　　　　　　斑块编号：

植物	学名	株数	平均径阶（cm）	平均树高（cm）	平均冠幅（cm）	树木生长状况（株数）						胸径等级（株数）				
						Ⅰ	Ⅱ	Ⅲ	Ⅳ	Ⅴ	Ⅵ	<10cm	10～20cm	20～30cm	30～40cm	>40cm

（二）园林植物分布图

园林植物分布图是园林植物调查结果的图面表现形式。它是将园林植物的类型、种类、数量和其他一些属性标注在城市或园林基本图上制成的专题图件。它与园林规划设计图不同，要求反映园林植物现状的真实情况，以便于掌握实际情况为原则。

（三）园林植物调查报告

园林植物实地调查工作结束以后，要对调查资料进行整理分析，编写调查报告。调查报告的主要内容包括：

1. 调查概述　调查概述说明调查任务来源、调查地域范围、调查具体内容、调查工作安排、调查精度要求、调查人员组成、调查工具、调查方法、调查时间及过程、主要调查成果、调查中存在的问题等。

2. 调查地自然环境概况　调查地自然环境概况包括调查地的自然地理位置、地形地貌、海拔高度、气象、水文、土壤、环境污染、植被情况等。

3. 调查地社会经济状况 调查地社会经济状况包括行政管辖、人口组成、经济发展状况、园林绿化事业的发展状况、有关园林绿化的风俗习惯等社会经济情况、生态环境状况以及人文特点。

4. 园林植物调查结果统计 将调查过的园林植物按不同标准进行分类，并列表统计。如园林植物树种总表；落叶树种表，常绿树种表；乔木树种表，灌木树种表，藤木树种表；优良绿化树种表，一般绿化树种表，较差绿化树种表；湿生树种表，旱生树种表，中生树种表；喜光树种表，耐阴树种表；观花树种表，观叶树种表，观果树种表，观枝树种表，观树形树种表；行道树树种表，庭荫树树种表，花灌木树种表，孤赏树树种表；乡土树种表，引进树种表；古树名木树种表等。

5. 园林植物利用现状分析 在调查的基础上，对所调查区域的园林植物利用现状进行分析，分析使用树种的数量、栽植方式、植物养护管理的措施及植物的生长状况等，找出园林植物应用较好的方面，同时找出园林植物应用中存在的问题。

6. 建议 找出园林植物应用中存在的问题，并提出改进的意见和建议，包括新建绿地的建议和对原有绿地系统的改造与调整等方面。

7. 附件 调查资料，如图表、标本、图片、影像等。

8. 参考文献 列出调查参考文献目录。

第三节 园林植物养护管理信息系统

随着城市园林绿化事业的发展及生态城市建设的需要，园林植物管理对象越来越复杂多样，对管理的要求也越来越高，建立园林植物管理信息系统已成为提高管理水平和管理效率的必要技术手段。目前城市园林绿化管理信息系统的建立和应用还很少，水平也比较低，需要尽快提高园林植物信息管理水平。

一、园林植物管理信息系统

（一）管理信息系统的概念

1. 管理信息 管理信息（management information）是指反映实体管理对象特征或属性与管理活动有关的信息，管理信息是通过信号、声音、图形、图像、数字、文字、符号等多种形式表现出来的数据。

2. 信息系统 信息系统（information system）是由若干相互独立而又相互联系，并为某一共同目标服务，以信息作为纽带的要素所组成的整体。从计算机的角度，信息系统由信息、软件、硬件和操作人员组成。一般来讲，信息系统具有对信息进行收集和录入、存储、更新、评价、检索、查询和传输等功能。信息系统的目的是产生它的使用者所需要的信息。

3. 管理信息系统 管理信息系统（management information system，MIS）是对管理信息进行处理加工，为管理工作提供技术支撑和服务的信息系统。随着数据库技术和各类通用数据库软件的开发与普及，增强了数据库的管理、维护、数据、通信等功能，能够进行数据自动更新、定义数据库功能，能不同程度地进行数据分析，能输出较为完整的信息。管理信息系统的主要目的并不局限于提高信息处理效率，而是为提高管理水平服务，与管理中的决策活动结合起来，提高决策的科学性。

（二）园林植物管理信息

园林植物管理信息是与园林植物管理活动有关，经过加工的，能反映园林植物资源现状、动态及管理指令、效果、效益等管理活动的一切数据。它们是管理的基础，并意味着知识、情报、科学技术及其新的发展方向，它们是管理部门计划、核算、调度、统计、定额和经济活动分析等工作的依据，是构成园林植物信息管理系统的最主要因素和管理对象。

1. 园林植物管理信息的特点 园林植物管理信息具有所有信息的基本特征，同时具有类型多样、来源广泛、数量庞大和动态变化等特点。

（1）类型多样 园林植物管理信息的数据类型多种多样，既包括园林植物本身的属性，也包括园林植物所处的社会经济环境、生态环境，以及园林植物的管理活动及其影响。这些方面的属性可以表现为多种类型的数据，主要有几何属性和非几何属性的数据，几何属性的数据又有图像数据和图形数据，而非几何属性信息也有定性描述和定量数据，以及社会、经济、自然等多方面的文字或其他形式的数据和知识，如经验总结、规程规范、技术标准和规划方案等。

（2）来源广泛 多种类型的园林植物管理信息决定了其信息来源的广泛性，可以通过多种形式、多种方法和多个途径收集。如可以通过测绘部门收集航空航天遥感图像、地形图和其他图面资料，可以通过气象和水利部门收集气象、水文方面的信息，可以通过林业专业调查部门进行一、二、三类调查，采集各级森林区划单位的森林资源信息，可以通过生产经营活动及其检查验收，采集经营活动的相关数据。

（3）数量庞大 由于园林植物管理信息类型多样、来源广泛，而且涉及园林植物管理有关的多方面情况。如前所述，每一个园林植物经营管理基本单位，其资源调查项目可多达几十项，一个较大的调查管理对象的园林植物斑块可达几千个，加上城市和园林地区社会、经济、环境等方面的数据，其数量非常大，而反映园林植物空间特征和关系的图像、图形数据，其数量更加庞大。

（4）动态变化 园林植物本身及其所处的社会经济和生态环境随时都在发生变化，园林植物管理者及其管理活动也在不断变化，都对园林植物产生深刻影响，使园林植物管理信息处于快速变化的动态过程中。这就要求园林植物管理信息系统能及时反映其动态变化过程和趋势。

2. 园林植物管理信息的作用 园林植物管理信息是园林植物管理单位的重要资源，是园林植物管理者对园林绿化建设活动和工作过程进行调节和控制的有效工具，是保证园林植物管理单位内部各部门有秩序活动和密切联系的纽带，是园林植物管理者制定计划、规划、措施等决策活动的依据。

决策是确定经营活动目标和为实现目标采取措施的过程。要使经营管理单位决策的目标和措施符合实际，就需要大量可靠和及时的信息，并且在工作过程中也要有及时的信息反馈，反映管理效果、影响和问题，及时调整措施，才能保证总体目标的实现。

管理就是要通过信息流，对园林植物的种植、养护等一切日常工作的数量、质量、方向、目标和速度进行规划和调节，使之按一定的目标和规则运动，管理实施过程中的各工作环节，也是根据处理不同类型管理信息的需要而有机地联系起来，以保证管理工作的连续性和完整性。

总之，管理工作的成败取决于管理者的决策是否科学合理，而决策质量的优劣又依赖于管理信息的准确性和完备性。因此，作为园林植物管理者，要学习和掌握园林植物信息管理的理论与技术，研究有关管理组织中存在的各种信息的特点及其运行规律，重视开发利用与园林植物管理活动有关的各种信息资源，以提高决策的有效性和科学性。

（三）园林植物管理信息系统的结构和功能

1. 园林植物管理信息系统的结构　管理信息系统由管理者、信息源、信息处理器和信息用户四部分组成。其中信息处理器主要是由计算机硬件和软件及其外部设备构成。

2. 园林植物管理信息系统的功能　园林植物管理信息系统是在多个层次上建立的，可以是城市园林主管部门，也可以是基层单位。其具体要求和目的不同，管理信息系统的作用也有很大差别。一般来说，各个层次上的管理者都要求信息系统能够提供园林植物管理事务处理和满足日常工作所需要的信息，并能及时与有关部门和有关单位进行信息交流，对外提供信息服务和支持。基层建立的管理信息系统应提供满足制定短期计划（年度计划）、项目施工设计（作业设计）以及计划和设计执行过程检查、监督、控制和评价所需要的信息。在中层（如地级市）建立的信息系统，应为制定园林建设目标和发展指标、发展方向和总体布局，编制中期规划方案，对方案执行情况进行监督和反馈控制和修订等管理工作提供所需要的信息。而在上层建立的管理信息系统（如省、直辖市、自治区乃至国家城市建设主管部门），要为制定城市绿化和园林建设发展计划及长远发展规划、确定发展战略方针、政策、目标提供充分的信息，为宏观决策和控制提供保障。

概括地说，各级园林植物管理信息系统都应该具有以下几方面的功能：①针对园林植物管理和城市园林绿化建设事业的特点，进行数据采集、信息提取和数据快速输入；②对数据进行规范化处理、初步整理、统计和结果输出；③根据数据和统计结果进行初步分析、整理输出统计报表、提出初步经营管理意见；④对现有数据进行修改、查询、编辑、批量更新。

随着地理信息系统和专家系统与管理信息系统的集成，管理信息系统的功能会得到进一步扩展和完善，信息处理和分析能力会进一步加强，在园林植物管理中发挥的作用也会越来越大。

3. 园林植物管理信息系统的作用

①掌握城市园林植物及园林绿化的现状，预测城市绿地和园林植物资源发展变化趋势。通过信息管理系统可以准确而及时地进行园林植物资源统计，掌握园林植物资源现状及其消长情况，为制定园林绿化建设规划、计划、方针、政策、措施、途径等提供依据。可根据提供的数据，合理制定城市绿化和城市园林建设规划及年度计划。还可为国民经济其他部门制定规划和计划提供重要依据。

②分析评价园林植物管理及城市绿化工作的成果和效益。总结园林植物经营管理工作经验和规律，检查城市绿化和建设计划、规划和目标的落实完成情况。通过对园林植物资源变化和经营管理活动的不断调查记载，确实掌握生产情况，为指导生产、总结经验、改进技术提供依据。

③记载园林植物经营管理活动，完善计划和规划管理体制，分析经营管理活动和其他因素对园林植物资源及园林绿化工作的影响。对计划落实情况进行详细和完整的记录，对设计项目的施工过程进行记录，是检查项目设计执行情况的重要依据。通过年度档案材料的汇

总，为下年度编制计划提供依据。

④完善劳动和财务管理制度，提高管理水平。通过对项目施工过程记录的分析，了解在不同自然条件下，采取不同经营措施的劳动力安排、资金耗费以及经济效果等，作为正确制定劳动、财务计划和定额的依据。

⑤为园林植物科研和教学提供大量丰富的原始数据与资料，促进园林植物科学研究和教学水平的提高。

(四) 园林植物管理信息系统的建立

管理信息系统包括硬件、软件、数据、应用、用户、系统管理与维护等诸多要素，而单为解决某个问题而临时应用某一项信息系统技术，实际上可能体现不出管理信息系统在园林植物管理中的优越性，必须建立起稳定的信息系统，把硬件、软件、数据、人员有系统地组织起来，经常地、协调地发挥其作用，并与规划、管理、决策部门密切结合，使信息资源得到频繁利用，才能充分发挥管理信息系统的功能和优势。目前园林植物管理工作的规范化和制度化工作还很不够，园林植物管理信息系统的开发和建设还刚刚开始，主要采用一般管理信息系统的建立方法。

1. 园林植物管理信息系统的类型 园林植物管理信息系统大体上可以分为两类，即以基层经营管理单位为主建立的园林植物经营管理系统、各级城市园林和绿化管理部门建立的园林植物资源管理信息系统。

基层经营管理单位的主要任务是开展园林植物的栽培、管理、保护等经营管理活动。因此，其建立的信息系统与园林植物经营管理活动有密切联系，不仅记录园林植物资源的现状及其变化，还要记录与园林植物经营管理有关的技术经济活动情况，这类记录和资料经过归档称为园林植物经营管理系统。

城市园林和绿化主管部门的职能主要是制定计划、下达任务、检查和监督基层单位的园林绿化与园林植物经营管理情况，不直接组织经营管理活动。因此，这些部门建立的档案主要是关于园林植物资源状况及其动态变化情况，这类档案一般称为园林植物资源管理信息系统。

2. 园林植物管理信息系统的建立

(1) 园林植物管理信息系统的建立单位　可按管理级别建立园林植物管理信息系统，根据经营管理水平和实际需要确定。

①省级园林主管部门为第一级建立单位：一般要建到县（市、区）级，也可建到具体园林绿地经营管理单位，如森林公园、城市公园和小区，并以市（地、州）为二级统计汇总单位。

②市（地、州）城建和园林主管部门为第二级建立单位：一般建到具体园林绿地经营管理单位，如森林公园、城市公园和小区、公共绿地，并以县（市、区）为统计汇总单位。

③县（市、区）城建和园林主管部门为第三级建立单位：一般要建到森林公园、城市公园、小区、公共绿地、专用绿地等。

④森林公园、城市公园、小区、城镇为第四级建立单位：一般建到林地斑块或绿化地块，以及单株植物（主要指古树名木）。

各级园林主管部门都要建立相应的业务部门，设置专人，负责园林植物信息的管理工作。

（2）园林植物管理信息系统的主要内容　根据园林植物经营管理实际和提高管理水平的需要，应包括以下主要内容：①园林植物资源信息，以园林植物调查登记表为基础建立，或者与园林植物调查卡片或登记表相统一；②园林植物资源统计表、资源消长变化统计分析表和资源变化分析说明，是园林植物资源统计分析成果；③与园林植物有关的图面材料，包括基本图、园林植物分布图、经营管理规划图及资源变化图等各类专题图；④园林植物调查的样地和标准地调查资料及其分析成果；⑤园林植物权属和各类涉及园林植物的纠纷及案件处理结论、结果的有关文件与资料；⑥园林植物经营管理科研、试验和经验总结等资料以及其他与园林植物档案管理有关的文件；⑦森林资源数据处理系统等软件。

（3）园林植物管理信息系统的建立依据　建立园林植物管理信息系统的依据如下：①近期的园林植物调查成果（包括各种图、表及文字说明资料），没有完整的园林植物调查资料时也可用其他类型的城市绿化调查资料；②园林植物栽培、更新、造林专项调查资料；③近期与城市园林绿化和绿地建设有关的其他专业调查资料；④近期城市区划、园林绿地规划设计方面的资料；⑤各种园林绿地和园林植物栽培、保护、管理项目施工设计资料；⑥园林植物资源逐年变化数据和分析资料；⑦各种经验总结、试验结果或专题调查研究资料；⑧有关处理园林植物栽培、管护责任和权属问题的文件与资料；⑨其他与园林植物有关的图面资料、文字材料和数据。

（4）园林植物管理信息系统的建立步骤　建立园林植物管理信息系统一般包括外业调查、内业整理分析和归档输入3个基本步骤。在确定信息管理系统主要内容的基础上，根据收集资料的情况，确定是否进行补充调查。

①外业调查或补充调查：对于初次建立系统的单位来说，外业调查或补充调查是第一步。通过专门的园林植物调查掌握翔实的资料和数据，作为系统核心内容的基础。

②内业整理分析：在对调查资料数据进行初步整理的基础上，编制园林植物资源统计表，编绘各种图面材料，并对资料进行分析、归类和整理。

③归档输入：将上述有关资料进行整理、归类、装订和编目，按不同项目和要求分类分项输入计算机。

（五）园林植物管理信息系统的更新

1. 园林植物管理信息系统更新的依据　园林植物管理信息系统建立后必须不间断地、及时地将资源变动情况反映出来，随着园林植物资源的变化及时更新是建立和运用管理信息系统的一个重要环节。对各类变化情况，应及时准确地输入、更改，并将变动情况标注在相应的图面材料上，到年终时要进行统计汇总和绘制变化图。园林植物的变化主要有以下几方面：①园林植物的栽培、营造和更新引起的地类变化和园林植物数量变化；②病虫害、火灾、兽害、其他自然灾害以及人为破坏引起的变化；③调整区划境界引起的变化；④植物经营管理活动及新造林地成长为林地引起的变化；⑤由林木自身生长引起的变化；⑥开垦、筑路、基本建设等建设项目占用绿地引起的变化；⑦其他原因引起的变化等。

2. 园林植物管理信息系统数据更新的要求　为了保证园林植物统计数据更新准确、及时、可靠，要注意做到以下几点：①对于各种经营管理活动或非经营性活动所引起的土地类别变化，必须深入现场，调查核实其位置和数量，随时修正管理系统的数据和图面材料；②对因病虫害、火灾、兽害、其他自然灾害以及人为破坏引起的变化，要经过样地、标准地调查和现场勾绘或测量确定其受害程度和面积等，及时更新系统数据；③基层经营管理单位的园林植物管理信息系统的数据应每年更新1次，除了用定期的园林植物调查成果进行数据更新外，也要根据园林植物经营管理活动记录和变更记录，每年及时更新数据；④园林管理技术力量强和经济条件较好的地区，应建立定期进行园林植物调查的技术体系，随时掌握资源状况，保证园林植物管理信息系统的质量。

二、地理信息系统在园林植物管理中的应用

（一）地理信息系统概述

1. 地理信息系统的概念 地理信息系统（geographic information system，GIS）是用于管理与地理空间分布有关的数据的管理信息系统。它由数据采集系统、数据库系统、数据转换与分析系统和成果生成与输出系统四部分组成。

地理信息系统是在计算机图形学和计算机制图、航空摄影测量与遥感技术、数字图像处理技术和数据库管理系统技术基础上，通过技术综合而发展起来的一类信息系统。对空间信息及其相关的属性信息进行处理是地理信息系统的基本功能，而对空间信息的查询和分析功能是地理信息系统与其他信息系统的主要区别。

地理信息系统是一种特殊的空间信息系统。它在计算机硬件和软件的支持下，运用系统工程和信息科学的理论，对地理数据进行采集、处理、管理和分析，编制内容丰富、信息量大的图件，为规划、管理、决策和研究提供信息支持。随着科学技术的发展、计算机应用的普及，地理信息系统技术在园林植物管理中的应用也会越来越普遍。

2. 地理信息系统对园林植物管理的意义 园林植物管理中有大量空间属性，不仅园林植物的数量和质量是园林植物栽培管理的依据，其空间属性也是全面分析、描述和评价园林植物现状，制定发展建设规划和设计的基本要素。在反映园林植物现状的调查成果中，图面资料是其重要组成部分。应用地理信息系统技术可以为园林植物管理的决策提供各种数据和辅助信息，可以建立园林植物管理的交互式查询系统，特别是对各种类型的园林植物在绿化区域的空间分布格局进行分析，确定其合理性，确定园林植物管理和调整的目标，并按需要生成各种专题图，形成图文并茂的信息处理结果，将规划设计成果反映在图面上。

管理信息系统的一个主要发展方向是，将数据处理系统、数据库管理系统、地理信息系统、专家系统与决策支持系统整合起来，将多种功能有机地结合起来，充分发挥管理信息系统的辅助决策作用，提高决策水平。

3. 地理信息系统在园林植物管理中的作用 地理信息系统在园林植物管理中的应用主要反映在5个方面。

（1）数据输入管理 地理信息系统软件都提供了空间数据和属性数据的输入、编辑和存储功能。

常用的空间数据输入方法一般包括数字化仪直接跟踪矢量化、扫描仪图像识别监督矢量化、遥感图像处理系统矢量化等。

属性数据的输入主要以键盘直接输入为主，有些类型的数据也可以借助图像处理系统的判别直接输入到属性数据库中。

（2）建立园林植物交互式查询系统 一些通用型地理信息系统软件具有图形和数据库交互式查询功能，如ARCVIEV、MAPINFO、TITAN等，也可以在通用地理信息系统软件平台上进行几次开发，建立具有交互查询功能的专用地理信息系统软件，但目前还没有专用

软件，是一个亟待开发的软件领域。

(3) 园林植物空间分析　园林植物管理信息或数据输入地理信息系统后，在其对应的数据库中就建立了包括位置、斑块面积、斑块周长、相邻关系等内容的基本数据项，并可以在这些数据项的基础上进一步分析整合出新的分析指标，如斑块形状、廊道或斑块的连接度或连通性、斑块的聚集度等，通过这些指标分析一定地区或范围内各类园林植物空间格局的合理性，提出园林绿化调整方案和措施。

(4) 园林植物管理辅助决策　利用地理信息系统建立园林植物管理效果分析模型，借助模型分析手段对各种不同管理方案的效果进行多情境研究，反复优化、改进和完善，为最后的决策提供依据。

(5) 园林植物管理及规划设计制图　以图纸的形式输出现状的、规划的或预测的景观图是地理信息系统的主要优势之一。利用地理信息系统可以很方便地将各种规划成果编辑成图，形象地提供给管理者和决策者，便于对规划成果进行评价和修改，也便于规划的执行。与传统的成图方法相比，出图的质量和效率都非常高，而且可以随时根据需要分解成不同的专题规划设计图输出，如把规划设计总图分解成分区分幅图、行道树绿化规划图、古树名木维护措施图等专题图，使用十分方便。也可以将调查规划地区现状的各种专题属性选择性地单独制图，还可以将空间格局分析结果以图的形式反映出来，如果需要还可将上述内容用三维动画形式在计算机上显示，或者制成多媒体，丰富规划成果的表现形式。

(二) 城市植物管理地理信息系统实例

目前我国许多城市已采用地理信息系统建立城市植物的管理系统，中国林业科学院热带林业研究所完成的广州市城市林业管理信息系统，是在CityStar地理信息系统平台上开发的城市植物管理系统。该系统具有采集、管理、分析和更新多种区域空间信息的能力。系统分6个子系统：公园管理子系统、行道树木管理子系统、绿地管理子系统、市郊森林管理子系统、管理机构管理子系统和法规管理子系统。

该系统的主要功能包括：

(1) 显示功能　显示各类图像信息，包括公园、道路、广场、单位绿地等的植物景观，图表等。并能分层显示图形要素，快速显示部分要素或全部要素，以及叠置显示。

(2) 查询功能　可从地理要素查询细节图、属性、图片、文本等。可查询各类绿地的植被状况，包括植物的种名、科属、年龄、株数、树高、胸径、病虫害、生长情况等。

(3) 编辑和更新功能　利用栅格图像编辑工具软件CityStar进行空间信息要素的增加、删减、剪切、复制、输入汉字等，通过属性数据库查询工具进行编辑与更新等。

(4) 输出功能　打印输出相应的图形、数据、表格、文字等。

第四节　园林植物的功能与价值评价

园林植物具有巨大的景观和生态环境功能及经济价值。主要包括：提供视觉景观美学效果；创造轻松、优雅、健康的意境，达到生理与心理上的治疗作用；创造个人企求的私人环境和隐秘场所，改善居住环境质量；获得动静结合及声、色、味变化的动态效果，使城市生活丰富多彩；减少街头眩光，缓和辐射效应；增加户外游憩活动场所，为儿童和老年人提供自然的课堂以及接触自然的机会；平衡城市的碳循环，节约能源消耗；创造动物栖息地，带来自然野趣；促使房地产增值等。所有这些价值都可以运用货币的形式加以表现。因此在经营管理和维护城市的植物时，为了对其表现的各类价值做出评价，必须建立评价方法。

一、园林植物的景观功能评价

植物的景观功能评价是一项十分复杂的工作，因为在不同的时代、不同的人群（年龄、性别、文化背景）、不同的地理位置，其景观都可能不同。对同一景观，每个人都可能发表不同的意见，但是若对许许多多人的意见进行归纳，会发现其中有一些相同的地方，因此统计的方法成为景观评价的重要手段。森林景观作用的评价技术是最近 20 年发展起来的，早期对森林美的评价是基于主观描述的基础，目前发展了美景度评判（scenic beauty estimation，SBE）模型。主要采用以下几种针对植物群体的景观评价方法。

（一）描述调查法

描述调查法认为景观特征是由各种成分组成，美国加州大学的 Burton Liton 首先提出景观特征的 4 个要素（成分），即线条、结构、对比、色彩。然后给这些成分打分、统计后评估其美学质量。

（二）问卷调查法

问卷调查法是 20 世纪 80 年代经常使用的方法，调查对象一般是应用这些景观的人群或专业人员、专家。可在现场进行采访，直接记录被调查人对某一景观的评价，也可通过邮寄问卷的方式进行普遍性调查。问题的设计一般是直接的、简单的，便于回答。根据回答方式分为两类，即开放式与封闭式，前者被调查人回答其所喜欢的景观特征，后者则为主观性的选择。当然在很多场合是这两者的结合。这种方法可使调查的范围扩大，统计结果表明，此种方法优于第一种方法。它的缺点主要是，问题的内容以及措辞有时会影响结果，有时回答的真实性可能存在问题，某些人群对这一方式可能会采取排斥的态度、使取样发生偏差失去应有的代表性，但这种方法目前一直被广泛应用。

（三）美景度评判模型

最早由 Shafer 于 1964 年提出，以后经 Boster 与 Daniel 发展并得到广泛应用，它是在上述两种方法的基础上发展起来的，其不同点是以特定的形式向被调查的人群展示景观的幻灯片，人们在相同的场合、相同的时间范围内观看欲评价的景观，最后根据给予的分数统计结果。

1. 拍摄景观的彩色幻灯片　为了避免拍摄人员的主观影响，幻灯片必须采用随机的方式拍摄，一般固定相机后随机旋转一定角度拍摄，然后重复这一过程，直至取得足够的幻灯片。

2. 播放幻灯　一般向 20～30 位被调查者播放幻灯片，所放的幻灯片是从所有拍摄的片子中随机取出的，不同景观的放映次序也是随机的，每张放映相同的时间，一般 5～8s。

3. 评分　每张幻灯片放映后给予一定时间让参加者按自己的喜欢程度打分，记分按 1～9 分等级。

4. 统计　Schoeder 曾用此法来评价芝加哥公园不同林分密度的景观美学价值，这里做简单的介绍。

选择不同林分密度的树林（经常用于散步、休憩、野餐的林分），于晴天 9:00～15:00拍摄彩色幻灯片。接受调查的人群均来自公园附近，分成 7 组，每组 13～28 人，其中 2 组为专业人员、2组为一般游客、3组为高校学生。采用随机顺序放映，先放10张，然后放映全部的40张，每张放映10s，由被调查者对每张幻灯片评分，从最坏到最好分6级。然后重放这些幻灯片，再回答每张幻灯片所展示的林分的植株密度，从太少到太多分成6级。对每张幻灯片所代表的林分做实地调查，确定拍摄中心点周围45m内的树木株数，并测量每株树木的胸高直径、距拍摄点的距离。

结果分析表明，不同人群对林分的评价不同，对7个调查组的记录作统计、分析得出组合对林分的密度、美景度的评分值，用此值与不同林分的密度、直径、距拍摄点的距离建立相关方程如下：

$$SB = 2.83 + (-0.017 - 0.000\,165S + 0.019D)\,N - (-0.006\,9 - 0.000\,89S + 0.001\,84D)\,N^2 \quad (R^2 = 0.456)$$

$$TD = 1.8 + (0.26 - 0.002\,25S + 0.009\,46D)\,N \qquad (R^2 = 0.763)$$

式中，SB——林分美景度评价值；

TD——林分的密度评价；

D——树木的平均胸高直径；

S——树木距摄影点的平均距离；

N——树木株数。

上述两个模型有较好的拟合性，Schoeder用此模型预测不同树木胸径等级、株数具有的理论评价值（表8-7）。

表8-7　根据模型估计林分美景度及密度评价值

（吴泽民，2003）

平均直径（cm）	平均距离（m）		
	24	30	36
	景观美景度评价值		
30	84.7	106.9	147.1
45	56.2	61.8	68
60	48.6	51.4	54
	林分密度评价值		
30	60.4	79.1	113.8
45	46.5	56.9	73.6
60	38.2	44.4	54.1

类似的方法可以用来评价不同结构的林分（植物组成、年龄结构、排列方式）、不同的经营方式（间伐方法、强度及边界的形状）对森林美景度的影响。评价的结果因调查的人群结构、地区、文化背景等的不同而产生很大的差异，这一方面的研究在我国很少涉及。上述对森林景观的评价方法可以借鉴用于城市园林植物与绿地群落。

二、园林植物的生态功能与价值

城市森林影响城市的小气候，其表现的气候效应是多方面的，如降温增湿、减轻污染、净化空气、平衡碳循环，这仅是其生态效益的一个方面，除此之外如影响野生动物的栖息，保护城市坡地，减少水土流失，降低温室效应等。

一个地区的气候可以从3个方面来描述，即大气候、中气候和微气候。城市植物对气候的影响一般认为是属于中气候和微气候的范围。

城市植物与森林其气候效应的最终价值，可以从对城市居民生活质量的影响以及对能源消耗的减少程度来评价。城市居民生活质量的一个方面是人群的舒适感，4个因素影响人们的舒适感，即太阳辐射、风、气温、湿度。太阳辐射对人体舒适度的影响包括正、反两个方面，主要依据其影响人体皮肤的温度，Biltner 认为人体的舒适感可用有效温度来确定：

$$Et = Ta - 0.4(Ta - 10)(1 - 5f/100)$$

式中，Et —— 有效温度；

Ta —— 空气温度；

f —— 相对湿度。

当 $Et < 24$℃时人感觉舒适，$Et > 24$℃时感觉闷热，$Et > 30$℃时觉得不舒适而无法忍受。植物通过改变太阳辐射、风、气温、湿度等影响有效温度。

（一）降低温度及热岛效应

1. 对辐射的影响 树冠明显削减太阳投向地面辐射，其削减程度取决于树冠枝叶的密度，以及植物的栽植方式。

2. 对热量平衡的影响 从热量平衡的角度来看，植物使蒸腾和蒸发的潜热交换量增大，乱流交换值较小，因此耗失的热量增大，降温效果明显。

（1）单株植物的效应 城市单株植物发挥的直接降温作用是很小的，单株植物对热平衡作用的影响主要是树冠阻隔太阳辐射。

（2）公园植物对城市气候的影响 公园植物降低城市热岛强度的效应在晴朗的夜间最为显著。公园的气温一般比周围的建筑区低1～3℃，而且其影响超出公园范围，气温从公园向外逐渐递增，热岛强度的等值线总是偏离公园、大片的绿地。

（3）城市森林 整个城市范围的植物总和为城市森林，它对城市气候的影响属于中气候的范畴，城市森林的蒸腾作用向城市环境提供可观的水分及潜热，由此构成温度的变化，城市植物遮阴对住宅的降温作用最明显。

（二）降低风速，改变风向

与太阳辐射一样，风也从正反两个方面直接影响人体的舒适性：在夏季流动的空气会加快皮肤表面的蒸发，使人感到凉爽；冬季寒冷的风迅速带走人体表面被体温增热的空气，使人感到寒冷。另外风也常带来人们不乐意接受的东西，如灰沙、烟尘、噪声等污染物。植物常被用来构成风障，阻挡和减缓风势，吸收或过滤尘埃，或被用来筑成风廊，人为制造狭管效应来增加风速，或把风引到某个地点达到降温的目的。

植物对风速衰减作用最强的是树冠，因此通常将乔木和灌木种植在一起构成密度较大的风障，极大地减少通过林带的气流量，但城市森林的防风效应不同于一般的农田防护林带，另外城市地区具有特殊的风系，因此如何充分利用城市森林的防风效应值得进一步研究。

（三）降低能源消耗

温室效应以及城市的热岛效应使城市气温逐渐增加。能源消耗与气温增加有直接的关系，例如美国10万人以上的城市，气温每增加1℃，能源消耗按价值计算增加1%～2%，

3%～8%的电力需求是因城市热岛影响而增加的消耗。

研究指出，浓密的植物遮阴能降低夏天空调费用7%～40%，这已成为美国城市森林功能研究的一个主要内容。但必须指出，植物的遮阴效应是十分复杂的。例如住宅附近植物在夏天有利于建筑的降温，但在冬天这种效应是居民不希望有的。同样植物在冬天能阻挡寒风，因而有助于建筑体保温，但在夏天植物降低风速的结果使建筑体的散热受阻。因此，植物对能源消耗的作用包括正反两个方面。这两方面的消长关系直接决定种植设计的优劣，例如植物选择、种植的位置、距离、方向、密度等。

（四）城市森林与水分平衡的关系

据美国登顿市（Denton）的研究，城市森林覆盖达到22%时，减少暴雨造成的地表径流7%，推迟径流6h，如果覆盖增加至50%，则可减少径流12%。MaCpheron等研究萨克拉曼多市（Sacramento）的城市森林，结果表明全市树冠的截留量为降水的11.1%，在夏季叶面积指数达6.1的地区（常绿阔叶大树为主）树冠截留高达36%，叶面积指数3.7的地区（中等大小的针叶树与阔叶树混合的地区）树冠截留约为18%。

（五）降低大气污染

城市植物对净化大气的作用是多方面的：①植物因遮阴、挡风、蒸腾作用等减少或增加城市的能源消耗，从而改变向大气排放污染物的量；②植物明显的降温作用影响臭氧的光化学反应、减低臭氧的释放速度；③植物直接吸收、固定、滞留大气中的污染物，这是植物最重要的净化空气的作用。

吴泽民等与美国加州大学伯克利分校合作，完成了合肥市中心区植物减少大气污染的研究，1998年在市区约20km^{2}研究范围内总数35万株左右的植物（乔木、小乔木），从大气中吸收约151.60t污染物，价值相当于70.4万美元，吸收值为29.1g/（m^2·年），全年中6月份植物吸收的污染物最多，达到20t（表8-8）。

表8-8　合肥市城市森林年空气污染物吸收量及经济价值

（吴泽民，2003）

污染物种类	吸收量（t）	经济价值（万美元）
TSP	85.03	38.3
O_3	28.14	19.0
SO_2	18.78	3.1
NO_2	14.03	9.5
CO	5.62	0.5
总计	151.60	70.4

注：按照Nowank的计算方法，美国的计价标准。

三、城市园林植物的价值

城市植物是城市的有价财产，它的价值不仅体现其木材的使用价值，也包括通过发挥各类功能得到体现。如上面叙述的，植物具有显著的生态功能、景观功能、影响居民的心理和生理的功能等，这些都是能够通过货币的形式来表达的，许多学者一直在企图寻找合理的、被社会所接受的方法计算出植物或森林的确实价值，当然这并非易事，而且计算出的理论价值也难以真正地得到体现。例如，我国自 2001 年开始实施天然林的生态补偿基金政策，国家规定对每公顷天然林给予 75 元的补偿，如果按理论计算其发挥的生态价值远大于这个补偿。

城市植物的价值也有类似的问题，一方面城市植物的价值理论上应包含其发挥的所有功能之和，但另一方面一直存在着如何计算以及结果的合理性等一系列复杂的问题。

我国目前对城市植物价值的评估没有统一的体系，多数计算是针对新栽植的植物，一般按照苗木的价格、栽植过程中发生的投入，以及栽植后的短期养护费用加上一定的利润来计算。对现有的植物没有统一的计价方法，或者说仍处于研究和起步阶段，对于一些比较复杂的情况，例如近几年我国大多数城市在新建绿地时采用大树移植，投入很高，如何评估这类植物的价值值得探讨。但不容置疑的是，社会正在要求建立一个科学、合理的植物价值评估体系。

美国的城市林业教科书将植物价值定义为：植物的价值以其具有的实际经济价值和法律价值两种形式来体现。

（一）城市园林植物的经济价值

将城市的单株植物以及植物群体看作城市政府或业主的财产，通过多种方法来评价。其经济价值不仅表现为植物本身的价值，还应体现由于植物的存在而使房地产增值的间接价值等其他方面。Peters 等的研究表明，植物的价值几乎为土地价值的 19%，而马萨诸塞州的土地如果拥有 2/3 植物覆盖时，则该土地的价值是裸地的 123%。在美国南加利福尼亚州，拥有良好植物景观的独家住宅与植物很少的房产相比，前者的价值可提高 12%～15%。我国最近也相继有许多报道反映城市绿化对房地产开发和商品住房销售的作用，具有良好绿化布局的住宅销售情况要明显优于其他楼盘。

应该注意的是，城市环境中一株植物的价值与其生长的立地环境有密切的关系，如果对同样年龄、大小、同一种植物的两个单株进行比较，一株生长在市中心的广场，另一株生长在居民的宅院中，其表现的价值会有极大的差别，但如果两株植物都被砍伐了，那么它们仅表现木材的使用价值。由此可以了解到，城市植物的木材应用价值用一般林业的计算方法即可，但其综合经济价值的计算比较复杂，许多国家一直在进行研究，企图找出一个能反映客观价值的公认的方法，目前出现了许多计算公式，尽管各有不同，但基本是在植物基价的基础上考虑植物生长情况、表现的景观价值、生长的位置等因素来建立公式。

（二）城市园林植物的法律价值

计算城市植物经济价值的目的有许多，但多数情况是由于法律的原因，因为通过上述介绍的方法计算而得的城市植物的价值，实际上是植物在城市环境中存活时体现的价值，例如据 Kielbaso 等调查，一株具有重要景观作用的大径阶的核桃，其价值可达上万美元，但是事实上是无法兑现的，因为它的价值是与这个特定环境相联系的，也只有在一些特定情况下才发生作用。一般情况是，市政府在估计拥有植物的固定资产时，业主在出卖房产估算周围植物价值的时候，或用于保险、诉讼时才会发生。而最常见的是当植物受到各类损伤需要获得法律的赔偿、保险索赔时得以体现，这时其价值的计算十分重要，否则无法律依据难以得到认赔方的认可。

有一个例子可以说明这个问题，20 世纪 80 年代末，在上海出现过一桩案件，位于市中心的城市标志性建筑上海展览馆院内的日本五针松，被人盗剪了枝条因而破坏了树形，据报道破坏者被法庭判罚 5 000 元。据我国法律，盗窃量刑的依据包括情节的严重程度和盗窃财物的价值。但在当时对被盗的五针松的价值计算是无依据的，可能是比较盆景的价值来折算，也可能仅凭法官的感觉，可见建立计算植物价值方法的重要意义。

这就是其法律价值的内容，当然法律价值的计算不是完全按照经济价值的计算方法，它具有特定的计算内容或规则，在美国城市植物的法律价值主要体现在以下几个方面：

（1）保险　美国的保险业是把植被作为保险内容的，例如住宅周围的植物可以连同房屋一起保险，当发生意外损失（不包括病虫害、风害）时可以索赔。一般的规定是，大多数情况理赔额度在每株 500 美元以下，而总额不超过整个财产的 5%。但如果诉讼案件涉及对原告植被的损坏需要保险公司理赔的时候，受损的价值一般采用 CTLA 公式计算。

（2）诉讼　当发生对植物的人为损坏提出诉讼时，对案件涉及的植物做出价值及损失的评估。

（3）税收　美国税收法规定，损失景观植物是一种财产损失的表现，可以扣除一定的所得税，其依据就是参照专家计算的植物价值。

应该说明的是，这些方面的内容在美国应用起来也十分复杂，对我国来讲还是全新的概念，但随着我国法制建设的逐渐健全，城市植物的法律价值必然会得到现实的运用，并越来越重要，当然这需要时间。

四、国外景观植物价值计算方法

（一）北美国家景观植物价值计算方法

1. 应用投入与植物的木材价值来计算　评估城市植物最简单的方法是通过对栽植植物的投入来计算，但它不同于城市其他基础设施，后者随时间而降值，但植物则不断增值。因此，在计算中考虑栽植当时的投入、以后周期性的管理和养护支出、最终植物必须伐去的费用，同时必须考虑所有投入的复利。

举例说明，如果一株直径为 5cm 的植物栽植时的费用为 100 美元，以后每 5 年采取 1 次管护措施，如施肥、修剪等，40 年后更新，加上每年 8%的利息，这株植物的管理价值为 324 美元，加上复利计算其价值可达 2 751 美元（表 8－9）。

表 8－9　美国对城市植物的计算方法（美元）

（吴泽民，2003）

年数	树木价值			树木价值的复利计算		
	栽植	管护	更新	栽植	管护	更新
0	100			2 173		
5		6			89	
10		8			80	
15		12			82	
20		15			70	
25		18			57	
30		21			45	
30		24			35	
40			120			120
总计						2 751

这种方法有两个问题：首先，对有些需要更多管护的植物，可能得出较高的价值；其次，植物寿命很长的情况下计算的结果也会过高。

另一种计算方法是采用植物生产的木材或剩余物来计算。该方法与林业计算的方法相同，通过测量植物的年生长量来计算每个社区或全市植物的总价值或每年增长的价值。事实上城市的植物是不可能按出售木材及其剩余物的形式来体现其价值的，即使植物到了必须砍伐的时候，大多数情况是木材本身已没有利用价值了，除非那些遭到突发因素如风倒、机械损伤、因建设需要必须伐倒的植物。因此这种方法实际意义不大。

2. 应用公式计算 采用相应公式来计算是最常用的一种方法，目前各国建立的计算公式有两种类型，即从一个基础价值向下调整和从一个基础价值向上调整。

从一个基础价值向下调整，即根据植物的基本价格，即植物可能表现的最高价值，再通过各个应考虑的系数加以调整，这些系数包括生长位置、植物健康状况、景观作用等，系数采用百分数，因此植物的价格是在最高价值的基础上逐渐降低的。

从一个基础价值向上调整，即所有考虑的系数采用分级制，各系数相加或相乘的结果与基础价值相乘，因此最终的价值是在基础价上逐渐增加的。

北美国家采用的计算公式称为 CTLA（council of tree and landscape appraiser）公式，是基于一个基础价值向下调整的方法，即：

植物价值＝胸高 1.4m 处树干断面积×植物基价×植物系数×
生长位置系数×生长情况系数

植物基价的确定有下面两种方法：

（1）更新该株植物需要的价值作为基本价值　即为购买植物的价值加上种植养护的代价，主要应用于灌木及直径小于 30cm 的植物。但各地根据自身的特点有所调整，例如美国密歇根州规定，直径小于 17cm 的植物应用该法。

（2）通过公式计算获得基本价值　主要用于树干直径在 30～100cm 的植物。

植物基价＝胸高 1.4m 处的树干断面积×单位价值

CTLA 公式表示植物价值从一个最高值，随着其生长情况、生长位置等因素而递减，甚至可到达 0，即当植物濒于死亡、生长情况系数为 0 时，表示植物已无价值。单位价值主要依据当地常见植物的最大植株的市场价来确定，因此各地不同。另外，公式中的各项系数指标是由专家组共同讨论而确定的，至今已修改了多次，目前采用的是 CTLA 2000 年发表的第九版植物计价指南（ Guide for Plant Appraisal），为了能在全美应用这种计算方法，各地都建立了类似的专家委员会，针对各地的特点修正公式中的各项系数或植物基价，使植物价值更能符合当地的情况。

（二）其他国家景观植物价值计算方法

1. 澳大利亚的 Burnley 方法 Burnley 方法是由 Burnley 大学农业园艺学院 1988 年首次发表的，基本原则是参照美国 CTLA 的方法。

植物价值＝植物体积×植物基价× 年龄系数 ×
树形和生长情况系数× 生长位置系数

植物基价为单位植物体积的价值，所有的系数定为 0.5～1.0。

此公式表示植物的价值同样从最高计算价值根据系数递减，与美国 CTLA 方法不同的是，该公式的系数不出现 0。

2. 英国的 AVTW 方法（amenity valuation of tree and woodland） AVTW 方法由 Helliwell 在 1967 年建立，主要依据植物的视觉价值来计算，考虑了 7 个因子，每个因子给 1～4 分，低于 1 的因子表明该因子对植物的价值不产生影响，7 个因子的乘积再乘以 1 个基价，2000 年确定为 14 英镑。该公式如下：

植物价值＝植株尺度×植株年龄×景观中的重要性×
与其他植株的关系（周围是否有其他植株）×
相对于背景的关系×树形×特殊因子×14 英镑

因此理论上价值最高的植物可以达到 229376 英镑。

3. 新西兰的 STEM 方法（standard tree evaluation method） STEM 方法是 1996 年建立的新方法，与英国的 AVTW 方法类似，该方法确定 3 个方面的 20 个评价因子，每个因子给予 3～27 分。指标如下：

（1）生长情况 包括树形、出现频率、生长势及活力、作用（应用性）、树龄 5 个因子。

（2）景观美学 包括树体大小（高度及树冠延伸的幅度）、可见度（指多大距离以外可见）、与其他植株的关系（周围是否有其他植株）、景观作用、气候 5 个因子。

（3）特殊性 仅用于 50 年树龄以上的树木，包括状态、特性（具有特别的观赏价值、意义等）、形状（树冠的完整性或特殊的形状等）、历史性、树龄、人文意义、纪念性、自然生态系统的残留、环境变化过程中的遗留、科学价值、种质资源情况、濒危性、珍稀性。

采用公式如下：

植物价值＝（总分×批发价＋该植物的种植价＋养护价）×零售转换因子（建议用 2）

上式中，总分——上述各因子评分的总和；

批发价——5 年生树苗的出圃价（不考虑植物因子的平均价）；

养护价——该植物种植以后的养护费用（一般采用复利计算）；

零售转换因子——从批发价转换成零售价，一般为 2。

4. 西班牙的 Norman Granda 方法 Norman Granda 方法出现在 1990 年，于 1999 年修订。公式为：

植物价值＝价值指数×批发价×生长情况指数×［1＋
树龄＋（美学观赏性指数＋植物稀有性指数＋
生长立地适应性指数 ＋ 特别指数）］

公式中，价值指数——植物、生长情况、寿命等分指数的和；

批发价 ——出圃的价格。

（三）各种植物价值计算方法的比较

美国的 Gary Wetson 组织 9 名专家，运用上述几种方法对生长在美国中北部的 6 株植物进行价值估算，以比较这些公式的实用性。结果表明，不同国家采用的方法其结果出现较大的差别，其中美国的 CTLA 和英国的 ATVW 公式计算的结果最小，澳大利亚及新西兰的方法计算的结果最高。可见计算公式的建立与各国的具体情况有关，因此在一定程度上说各国计算的植物价值可比性很小。

以上列举各国的一些典型方法，其目的是说明在开展城市植物价值估算时应该考虑的一些因子，并应建立适合国情、比较容易掌握、使用简单的计算公式。应该注意的是，目前各国采用的计算公式中均没有考虑生态功能的价值。我国对城市植物的价值研究至今没有系统进行，随着我国城市森林建设和管理得到进一步的重视，建立适合我国的评价体系已经十分必要。

复习思考题

1. 园林植物养护管理有何特点？

2. 根据绿地植物分级管理与养护标准，对当地园林绿地进行分级评价。

3. 不同季节园林树木养护管理包括哪些内容？根据当地实际情况建立养护工作月历。

4. 园林植物调查有什么意义？调查的主要内容有哪些？乔木调查时，怎样测定树高和胸径？

5. 园林植物调查报告主要包括哪几个部分？

6. 什么是园林植物管理信息？园林植物管理信息有何特点？

7. 园林植物管理信息系统有何功能和作用？

8. 地理信息系统在园林植物管理中有何意义和作用？

9. 简述园林植物群体的景观评价方法。

10. 如何理解城市园林植物的实际经济价值和法律价值？

第九章　园林植物的土、水、肥管理

【本章提要】土、水、肥管理的根本任务是创造优越的环境条件，满足园林植物生长发育的需求。本章主要介绍园林土壤的常见类型，肥沃土壤的基本特征，园林土壤的管理与改良，土壤污染防治；园林植物水分管理的意义，园林植物的需水特性，园林植物的灌水时期、灌水制度、灌水方法及灌水注意事项，园林植物的排水方法；园林植物营养诊断，科学施肥的依据，园林植物施肥的类型、种类、施肥量及方法。

园林植物栽植后的养护管理是保证成活、实现绿化美化效果的重要措施。为了使园林植物生长旺盛、枝叶繁茂、花香四溢，必须根据园林植物的年生长周期和整个生命周期的变化规律，连续、适时、适法、适量地进行养护管理，为不同种类、不同年龄时期的园林植物创造适宜的生长条件，同时使园林植物能够维持正常的生长势、预防早期转衰、延长绿化效果，以及发挥其多种功能效益。

园林植物的土、水、肥管理的根本任务是创造优越的环境条件，满足植物生长发育对水、肥、气、热的需求，充分发挥其功能效益。土、水、肥管理的关键是从土壤管理入手，通过松土、除草、施肥、灌溉和排水等措施，改良土壤的理化性质，创造水、肥、气、热协调共存的环境，提高土壤的肥力水平。

第一节　园林植物的土壤管理

土壤是园林植物生长发育的基础，是园林植物生命活动所需各种营养、水分的介质，也是许多微生物活动的场所。园林植物依靠其根系固定在土壤中，土壤质地、结构、酸碱度等理化性质，对园林植物根系生长发育的好坏起决定性作用，对园林植物个体的生长发育也起到至关重要的作用。土壤的好坏直接关系到植物能否正常生长发育，其各种功能效益能否正常发挥，能否抵抗各种不良环境的干扰等。

园林植物土壤管理的目的是通过翻耕、改良等各种措施改善土壤结构和理化性能，提高土壤肥力，保证园林植物生长发育所需的水分与养分的供给，为其生长发育创造良好的条件。同时还可以结合其他措施，维持地形地貌整齐美观，防止土壤被冲刷，增强园林植物的功能，优化园林景观效果。

土壤是园林植物生长的基础，它不仅支持、固定植物体，而且还是园林植物生长发育所需生活条件的主要供给源。园林土壤管理的任务就在于，通过多种综合措施提高土壤肥力，改善土壤结构和理化性质，保证园林植物健康生长所需水分、养分、空气和热量的有效供给。因此，土壤的质量直接关系到园林植物生长的好坏。同时，结合园林工程的地形地貌改造利用，土壤管理也有利于增强园林景观艺术效果，并能防止和减少水土流失与尘土飞扬的发生。

总之，土壤管理的任务就是要为园林植物的生长创造良好的土壤条件，同时有利于涵养水源和保持水土。

一、园林土壤的常见类型

不同园林植物对土壤的要求不同，园林植物栽植地的土壤类型及其条件十分复杂，栽植前分析栽植地的土壤类型，对于园林植物的选择和栽植具有十分重要的意义。园林植物生长地的土壤基本可分为以下几种类型：

1. 工程土壤 在城市中，市政工程施工后的场地如地铁、人防工程等处，由于施工将未熟化的心土翻到表层，使土壤肥力降低。因机械施工碾压土地，行人的践踏，会造成土壤坚硬、土壤密度增加、孔隙度降低、通透性不良，形成紧实土壤的园林绿地，对园林植物生长发育相当不利。施工后各类建筑垃圾不清理或清理不彻底，形成建筑后留下的灰渣、沙石、砖瓦块、碎木等建筑垃圾堆积混杂而成的土壤。

2. 人工培育的土壤 人工培育的土壤是指以人工修造的代替天然地基的构筑物为基础进行的客土栽植，主要是针对城市建筑过密、人工扩大土地利用面积的一种方法。常见的形式如建筑上的屋顶花园，地面的花台、花坛，地下停车场、地下铁道、地下储水槽等处的园林植物栽植，都可以将建筑物、构筑物视为人工培育的场地载体。人工培育的土壤如果没有雨水或人工浇水，则土壤易干燥，致使植物生长不良。

天然土壤团粒结构良好，热容量大，土壤温度的变化受气温变化的影响相对较小。土层越深，变化幅度越小，在一定深度后，地温基本是恒定的，园林植物的根系能够向下生长到一定深度，而不直接受气温变化的影响。与天然土壤相比，人工培育的土壤有所不同，一般多为客土栽培，土层较薄，受外界气温的变化和下部构筑物传来的热量变化的影响较大，土壤温度的变化较快、幅度较大，园林植物的根系生长发育受气温变化的影响较大，甚至成为决定性因子。所以，人工培育土壤的栽植环境不一定是园林植物栽植的理想条件，在栽植时应根据立地条件选择适宜的园林植物种类。

3. 其他类型土壤 园林植物栽植中常见的土壤类型还有：城市扩建占用的耕作用地，即田园土，这类土壤的理化性质良好，最适合园林植物生长发育，在栽培中只需要合理栽植，适当补充施肥即可。荒田荒地土壤，这类土壤尚未深翻熟化，结构差，肥力低，需要改良后才能使用。城市中低洼地带的水边低湿地，包括人工湖畔、河流四周的土壤，一般表现为土壤结构紧实，水分多，通气不良，北方土质则多呈盐碱性。因此，栽植时要选择适宜的园林植物类型。

在我国长江以南地区的土壤多为红壤，红壤呈酸性反应，土壤颗粒细，团粒结构差，水分容易蒸发散失，含水量过低时，土壤变得紧实坚硬，土壤含水量过高则易吸水成糊状。土壤常缺乏氮、磷、钾等营养元素，大多数园林植物不能直接栽植于这种土壤，需要在土壤改良后，选择与其相适应的园林植物进行栽植。在沿海地区的土壤一般是滨海填筑地，受填筑土的来源及海潮影响，土壤沙质，盐分积累并长期残留，透水性差，土壤熟重，在栽植前要采取排洗盐分、增施有机肥等措施。

在矿山和工厂等附近，由于工矿排出的废水、废气里含有较多的有害成分，对土地造成较严重的污染，形成工矿污染地，在园林植物栽植中，除了选择抗污染的园林植物外，还可以根据土壤的污染程度，进行土壤改良或土壤替换。

在生活居住区，由于日常生活产生的废物，如垃圾、煤灰、瓦砾、动植物残骸等，形成特殊的生活垃圾堆积土。另外，园林植物的土壤还有可能是盐碱土、重黏土、沙砾土等各种不宜直接进行栽植的土壤类型。

总之，在园林植物栽植前，做好土壤类型的鉴别，必要时还要进行土壤分析鉴定，做到合理选择园林植物种类，改良土壤，完成园林植物的栽培与养护工作。

二、肥沃土壤的基本特征

园林植物生长的土壤条件十分复杂，既有平原肥土，又有大量的荒山荒地、建筑废弃地、水边低湿地、人工土层、工矿污染地、盐碱地等，这些土壤大多需要经过适当调整改造，才能适合园林植物生长。不同的园林植物对土壤的要求是不同的，良好的土壤要能协调土壤的水、肥、气、热四大肥力因子。一般说来，肥沃土壤应具备以下几个基本特征：

1. 土壤养分均衡　肥沃土壤的养分状况应该是缓效养分、速效养分比例适宜，大量、中量和微量元素养分配比相对均衡。一般而言，比例适宜的肥沃土壤，植物根系所在的土层应养分储量丰富，肥效长，有机质含量较高，应在2%以上，同时心土层、底土层也应有较高的养分含量。

2. 土体构造适宜　与其他土壤类型比较，园林植物生长的土壤大多经过人工改造，因而没有明显完好的垂直结构。有利于园林植物生长的土体构造应该是：土层深度1～1.5m，土体为上松下实结构；在植物大多数吸收根分布区即40～60cm土层内，土层要疏松，质地较轻；心土层较坚实，质地较重。既有利于通气、透水、增温，又有利于保水保肥。

3. 物理性质良好　土壤物理性质主要指土壤的固、液、气三相物质的组成及其比例，是土壤通气性、保水性、热性状、养分含量高低等各种性质发生和变化的物质基础。通常情况下，大多数园林植物要求土壤质地适中，耕性好，有较多的水稳性及临时性团聚体。适宜的三相比例为：固相物质40%～57%，液相物质20%～40%，气相物质15%～37%，土壤容重1～1.3g/cm^3。

三、园林土壤的管理与改良

（一）园林土壤的管理

1. 土壤翻耕

（1）翻耕的作用　在城市里，人流量大，游人践踏严重。大多数城市园林绿地的土壤物理性能较差，水、气矛盾十分突出，土壤性质恶化。主要表现为土壤板结，黏重，土壤耕性极差，通气透水不良。在城市园林中，许多绿地因人踩踏，压实的表土厚度达3～10cm，土壤硬度达（1.4～7.0）$\times10^6$Pa，而机车压实土壤厚度为20～30cm，在经过多层压实后其厚度可达80cm以上，土壤硬度（1.2～11.0）$\times10^6$Pa。通常当土壤硬度在1.4$\times10^6$Pa以上、通气孔隙度在10%以下时，会严重妨碍土壤微生物活动与植物根系伸展，影响园林植物生长。

通过合理的土壤翻耕，可以改良土壤物理状况，提高土壤孔隙度，加强土壤氧化作用，促进土壤潜在肥力作用的发挥，调节土壤中水、肥、热、气的相互关系和作用，并消灭杂草、病虫害等，给移植苗创造良好的生长条件。

苗圃地通过合理耕翻，能够发挥如下作用：

①土壤疏松，孔隙度提高，土壤持水性良好，地表径流减少。

②提高土壤的通气性，利于土壤的气体交换，使土壤中的二氧化碳和其他有害气体（如硫化物和氢氧化物）排出，利于苗木根系的呼吸和生长。同时也给土壤中的好气性微生物创造良好的生活条件，加速有机质的分解，使土壤养分及时供应给苗木。疏松的土壤适于固氮菌的活动，能够提高固氮量。

③使土壤水分和空气有所增加，水的热容量大，空气的导热性不良，所以能改善土壤的温热条件。

④使土壤垡片经过冬冻或曝晒，能促进土壤风化和释放养分。对于质地较黏重的、潜在养分较多的土壤效果更显著。

⑤使肥料在耕作层中均匀分布并翻土覆盖肥料，可以提高肥效。

⑥结合施用有机肥，促进团粒结构的土壤形成，能不断地给植物提供养分、水分和空气。

总之，合理翻耕能改善土壤的水分和通气条件，促进微生物的活动，加快土壤的熟化进程，使难溶性营养物质转化为可溶性养分，从而提高土壤肥力。

(2) 翻耕的过程　园林绿地的土壤条件十分复杂，规划设计的要求也不尽一致，因此园林植物的整地工作应结合园林设计要求进行，既要做到严格细致，又要因地制宜，除满足园林植物生长发育对土壤的要求外，还应注意园林地形地貌的美观。一般园林整地工作包括地形整理、去除杂物、耕地、碎土、耙平、镇压土壤等内容。

翻耕即耕地，又叫犁地。耕作效果在很大程度上取决于耕地深度和耕地季节。耕地深度对土壤耕作的效果影响最大。农谚有“深耕细耙，旱涝不怕”，说明深耕对保蓄土壤水分有很好的效果，同时深耕对于调节土壤的温热情况、通气条件、释放养分、消灭杂草和病虫害等各种效果都起着主要作用。深耕对促进根系生长有明显的效果，移植区耕地深度以 30cm 为宜。如在气候干旱的条件下宜深，沙土宜浅；盐碱地为改良土壤，抑制盐碱上升，利于洗碱，耕地深度 40～50cm 效果较好；土层厚的圃地宜深，土层薄的圃地宜浅；秋耕宜深，春耕宜浅。总之，要因地、因时制宜，才能达到预期的效果。为了防止形成犁底层，每年耕地深度不尽相同。耕地季节，在北方一般秋季起苗或在苗木挖掘后进行秋耕效果最好，对于改善土壤的水、肥、气、热的作用大，消灭病虫害、杂草的效果也好。秋耕的晒垡、冻垡时间长，能促进土壤的风化作用，并利用冬季积雪。在无灌溉条件的山地和干旱地区的苗圃，雨季前耕地蓄水效果好，这类地区不宜在春季耕地。但在秋季或早春风蚀较严重的地区及沙地不宜秋耕。春耕要早，最好是土壤解冻即耕。耕地后要及时耙地。在南方因土壤不冻结，一般可于冬季耕地。对土壤较黏的苗圃地，为了改良土壤，实行夏耕，耕后不要立即耙地，进行晒白，对促进土壤风化、改良土壤有较好的效果。

耙地有的地方叫耙耢、耙糖，是在耕地后进行的表土耕作措施。耙地的目的是耙碎垡块，覆盖肥料，平整地面，清除杂草，破坏地表结皮，保蓄土壤水分，防止返盐碱等。耙地时间是否合适，对耙地的效果影响很大，如对土壤的保水状况和以后做床或做垄的质量都有直接影响。农谚说："随耕随耙，贪耕不耙，满地坷垃。"如果土壤太湿，耕后立即耙地效果也不好，能耙碎垡块时再耙，耙地的具体季节要根据苗圃地的气候和土壤条件而定。在北方有些地区春季干旱，而冬季有降雪，为了积雪以保蓄土壤水分，秋耕后不耙地，待翌年春"顶凌耙地"。在冬季不能积雪的地区，应在秋季随耕随耙，以利保蓄土壤水分。在春旱地区，春季土壤刚解冻时，要及时耙地保墒。在盐碱地为防止返盐碱，耙地尤其必要。春季耕地要随耕随耙。

镇压的目的是破碎土块，压实松土层，促进耕作层的毛细管作用。镇压的应用是在土壤疏松而较干的情况下，为促进毛细管作用，做床或做垄后应进行镇压，或在播种前镇压播种沟底，或播种后镇压覆土。在干旱无灌溉条件的地区，春季耕作层土壤疏松，通过春季镇压能减少气态水的损失，对于保墒有较好的效果。用机械进行土壤耕作，镇压工作与耙地同时进行。在黏重的土壤上如果镇压会导致土壤板结，妨碍幼苗出土，给育苗带来损失。此外，在土壤含水量大的情况下，镇压也会使土壤板结。要等表土稍干后才可镇压。镇压的机具有环形镇压器、齿形镇压器、木磙子、铁磙子、石磙子等。

2. 中耕除草　中耕是在园林植物苗木生长期进行松土耕作。中耕不但可以切断表层土壤与下层土壤之间的毛细管，减少土壤水分蒸发，防止土壤返碱，改良土壤通气状况，使土壤透水通气，促进土壤微生物活动，有利于难溶性养分的分解，提高土壤肥力，提高土壤保水能力，降雨时水分能渗入土壤，减轻水土流失；而且，通过中耕能尽快恢复土壤的疏松度，改进通气和水分状态，使土壤水、气关系趋于协调，因而生产上有"地湿锄干，地干锄湿"之说；此外，早春季进行中耕，还能明显提高土壤温度，使植物根系尽快开始生长，并及早进入吸收功能状态，以满足地上部分对水分、营养的需求。当然，中耕也是清除杂草的有效办法，减少杂草对水分、养分的竞争，避免杂草对植物生长的干扰。使植物生长的地面环境更清洁美观，同时还阻止病虫害的滋生蔓延。

中耕除草一般同时进行，也可根据实际情况单独进行，是一项经常性工作。中耕次数应根据当地的气候条件、植物特性以及杂草生长状况而定。通常各地城市园林主管部门对当地各类绿地中的园林植物土壤中耕次数都有明确的要求，有条件的地方或单位，一般每年土壤的中耕次数要达到2～3次。土壤中耕大多在生长季节进行，如以消除杂草为主要目的的中耕，中耕时间在杂草出苗期和结实期效果较好，这样能消灭大量杂草，减少除草次数。具体应选择在土壤不过干，又不过湿时，如天气晴朗或初晴之后进行，可以获得最大的保墒效果。雨后或灌溉后，即使没有杂草，也要进行中耕。只有在表土保持疏松状态而无杂草生长时，可不必进行中耕。

中耕深度要根据具体情况而定，根系分布较浅的应浅耕，反之则深耕；幼苗期中耕应浅，以后随植物生长逐渐加深；距植物远处可深一些，靠近植物处要浅些，靠干基宜浅、远离干基宜深；沙土宜浅，黏土宜深；竹类松土宜深。一般为6～10cm，大苗6～9cm，小苗2～3cm，过深伤根，过浅起不到中耕的作用。中耕时，尽量不要碰伤树皮、树梢，少伤根系，对生长在土壤表层的植物须根，则可适当截断。

除草的目的是抑制杂草对水、肥、气、热、光的竞争，避免杂草对植物生长的干扰，保存土壤中养分和水分，减少病虫害的发生。除草在园林植物养护中是较为繁重的工作，应掌握除早、除小、除了的原则。除草有人工除草、机械除草和化学除草等方法，现阶段我国主要采用人工除草。采用化学除草剂代替人工或机械除草，是一种经济有效的方法，能降低园林养护管理的成本。目前较常用的除草剂有扑草净（Prometryn）、西玛津（Simazine）、阿特拉津（Atrazine）、茅草枯（Dalapan）和除草醚（Nitrofen）等。施用除草剂要严格根据园林植物和杂草的种类进行选择，控制施药量，确保植物安全和除草效果。喷前土壤要先湿润，施用应在晴天进行，施后 12～48 h 内需无雨，否则要重施。喷药时要顺风向喷，喷洒均匀。在药物有效期内，不中耕除草，以免影响药效。操作人员要戴口罩，穿长袖衣服，注意安全。化学除草剂都不同程度地存在污染环境和毒化土壤的问题，在园林植物除草中不宜过多使用。

（二）园林土壤的改良

园林土壤情况复杂，具有不良性质的土壤，不利于园林植物的生长，或是经过多年利用，园林土壤出现不良特性，因此需要进行改良。土壤改良是采用物理、化学和生物措施，改善土壤理化性质，提高土壤肥力的方法。

1. 深翻熟化 深翻就是对园林植物根区范围内的土壤进行深度翻耕，比一般翻耕要深一些，一般在 50cm 以上。深翻的主要目的是加快土壤熟化，使死土变活土，活土变细土，细土变肥土。通过深翻增加了土壤孔隙度，改善理化性状，促进微生物的活动，加速土壤熟化，使难溶性营养物质转化为可溶性养分。深翻一般结合施有机肥进行，可改善土壤团粒结构和理化性能，提高土壤肥力。深翻为植物根系向纵深伸展创造了有利条件，增强了植物抵抗力，使树体健壮、新梢长、叶色浓、花色艳。另外，深翻能将表层的杂草种子、虫卵和病菌孢子一起翻入土壤深层，使其得不到繁殖，对适宜在土壤深层越冬的害虫，经翻耕可到土壤表面，被鸟类啄食或冻死。因此，深翻不仅具有翻耕的一系列作用，还有独特的改良功能。

（1）深翻时期 总体上讲，深翻按时间分为园林植物栽植前的深翻与栽植后的深翻。前者是在栽植植物前，配合园林地形改造、杂物清除等工作，对栽植场地进行全面或局部深翻，并暴晒土壤，打碎土块，填施有机肥，为植物后期生长奠定基础；后者是在植物生长过程中的土壤深翻。

实践证明，园林土壤一年四季均可深翻，但应根据各地的气候、土壤条件以及园林植物的类型适时深翻，才会收到良好效果。就一般情况而言，深翻主要在秋末和早春进行。

①秋末深翻：秋末植物地上部分基本停止生长，养分开始回流，转入积累，同化产物的消耗减少，如结合施基肥，更有利于损伤根系的恢复生长，甚至还有可能刺激长出部分新根，对植物翌年的生长十分有益；同时，秋耕可松土保墒，改良土壤，因为秋耕有利于雪水下渗，一般秋耕比未秋耕的土壤含水量高 3%～7%；此外，秋耕后，经过大量灌水，使土壤下沉，根系与土壤进一步密接，有助于根系生长。

②早春深翻：早春深翻应在土壤解冻后及时进行。此时，植物地上部分尚处于休眠状态，根系刚开始活动，生长较缓慢，伤根后容易愈合和再生。从土壤养分季节变化规律看，春季土壤解冻后，土壤水分开始向上移动，土质疏松，操作省工，但土壤蒸发量大，易导致植物干旱缺水，因此，在多春旱、多风地区，春季翻耕后需及时灌水，或采取措施覆盖根系，耕后耙平、镇压，春翻深度也较秋耕浅。

（2）深翻次数与深度

①深翻次数：土壤深翻的效果能保持多年，因此，没有必要每年都进行深翻。但深翻作用持续时间长短与土壤特性有关。一般情况下，黏土、涝洼地深翻后容易恢复紧实，因而保

持年限较短，可每1～2年深翻1次；地下水位低、排水良好、疏松透气的沙壤土，保持时间较长，可每3～4年深翻1次。

②深翻深度：深翻深度因植物而异，一般可达50～100cm，最好达到根系的主要分布区以下，范围超过主要根幅。同时，与土壤质地、地下水位及园林植物类型等有关，黏重土壤深翻应较深，沙质土壤可适当浅，地下水位高时宜浅，地下水位低、土层厚、栽植深根性园林植物时则宜深。理论上讲，深翻深度以稍深于园林植物主要根系垂直分布层为宜，这样有利于引导根系向下生长，但具体的深翻深度与土壤结构、土质状况以及植物特性等有关。如山地土层薄，下部为半风化岩石，或土质黏重，浅层有砾石层和黏土夹层，地下水位较低的土壤以及深根性植物，深翻深度较深，相反，则可适当浅些。

(3) 深翻方式　园林土壤深翻方式主要有树盘深翻与行间深翻两种。树盘深翻是在植物树冠边缘于地面的垂直投影线附近挖环状深翻沟，有利于植物根系向外扩展，适用于园林草坪中的孤植树和株间距大的植物；行间深翻是在两行植物中间，沿列方向挖长条形深翻沟，用一条深翻沟达到了对两行植物同时深翻的目的，这种方式适用于呈行列式布置的植物，如风景林、防护林带、园林苗圃等。

此外，还有全面深翻、隔行深翻等形式，应根据具体情况灵活运用。各种深翻均应结合进行施肥和灌溉。深翻后，最好将上层肥沃土壤与腐熟有机肥拌匀，填入深翻沟的底部，以改良根层附近的土壤结构，为根系生长创造有利条件，而将心土放在上面，促使心土迅速熟化。

2. 客土与培土

(1) 客土　客土就是在栽植园林植物时，对栽植地实行局部换土。过黏的土壤可在施用有机肥的同时掺入粗沙，沙性太重的土壤可结合有机肥施入适量黏土或淤泥。通常是在土壤完全不适宜园林植物生长的情况下进行客土。

在岩石裸露的人工爆破坑栽植，或土壤十分黏重、土壤过酸过碱以及土壤已被工业废水、废弃物严重污染等情况下，应在栽植地一定范围内全部或部分换入肥沃土壤。如在我国北方种植杜鹃花、茶花等酸性土植物时，就常将栽植坑附近的土壤全部换成山泥、泥炭土、腐叶土等酸性土壤，以符合酸性土植物生长要求。客土栽植后要注意周围不良环境条件对客土栽植地的影响，一般经过一定年限的栽植养护后，客土改良的适宜栽植条件会逐渐消失，可能造成园林植物的损伤，甚至导致死亡。

(2) 培土　培土就是在园林植物生长过程中，根据需要，在植物生长地添加部分土壤基质，以增加土层厚度，保护根系，补充营养，改良土壤结构，促进园林植物健壮生长等。

在我国南方高温多雨的山地区域，常采取培土措施。在这些地方，降雨量大，强度高，土壤淋洗流失严重，土层变得十分浅薄，植物的根系大量裸露，植物既缺水又缺肥，生长势差，甚至可能导致植物整株倒伏或死亡，这时就需要及时培土。北方寒冷地区一般在晚秋初冬培土掺沙，可起保温防冻、积雪保墒的作用。此外，在土层薄的地区也可采用培土措施。

培土工作要经常进行，并根据土质确定培土基质类型。土质黏重的应培含沙较多的疏松肥土，甚至河沙，含沙较多的可培塘泥、河泥等较黏重的肥土以及腐殖土。培土量视植株的大小、土源、成本等条件而定。但一次培土不宜太厚，以免影响植物根系生长。培土掺沙的厚度要适宜，过薄起不到压土作用，过厚对园林植物生长不利。沙压黏或黏压沙时要薄一些，一般厚度为5～10cm。连续多年培土、土层过厚会抑制园林植物根系呼吸，影响其生长和发育，可适当扒土露出根颈部。

3. 土壤化学改良

（1）施肥改良　土壤施肥改良以有机肥为主。一方面，有机肥所含营养元素全面，除含有各种大量元素外，还含有微量元素和多种生理活性物质，包括激素、维生素、氨基酸、葡萄糖、DNA、RNA、酶等，能有效地供给植物生长需要的营养；另一方面，有机肥还能增加土壤的腐殖质，其有机胶体又可改良沙土，增加土壤孔隙度，改良黏土结构，提高土壤保水保肥能力，缓冲土壤酸碱度，改善土壤的水、肥、气、热状况。

施肥改良常与土壤的深翻工作结合进行。一般在土壤深翻时，将有机肥和土壤以分层的方式填入深翻沟。生产上常用的有机肥料有粗泥炭、厩肥、堆肥、禽肥、鱼肥、饼肥、人粪尿、土杂肥、绿肥以及城市中的垃圾等，这些有机肥均需经过腐熟发酵才可使用，因为新鲜有机质在腐熟过程中放出大量的氨，容易损伤树根。

（2）土壤酸碱度调节　土壤酸碱度主要影响土壤养分物质的转化与有效性、土壤微生物的活动和土壤的理化性质。因此，它与园林植物的生长发育密切相关。通常情况下，当土壤pH过低时，土壤中活性铁、铝增多，磷酸根易与它们结合形成不溶性的沉淀物质，造成磷素养分的无效化。同时，由于土壤吸附性氢离子多，黏土矿物易被分解，盐基离子大部分遭受淋失，不利于良好土壤结构的形成；相反，当土壤pH过高时，则发生明显的钙对磷酸根的固定，使土粒分散，土壤结构被破坏。

大多数园林植物适宜中性至微酸性的土壤。然而，我国许多城市的园林绿地酸性和碱性土面积较大。例如，据重庆市园林科学研究所调查，重庆市主要公园、苗圃、风景区土壤pH＜6.5的酸性土壤占40％，pH6.5～7.5的中性土占20％，pH＞7.5的碱性土占40％。一般说来，我国南方城市的土壤pH偏低，北方偏高，所以，土壤酸碱度的调节是一项十分重要的土壤管理工作。

①土壤酸化：土壤酸化是指对偏碱性土壤进行必要的处理，使土壤pH降低，符合酸性植物生长需要。目前，土壤酸化主要通过施用释酸物质进行调节，如施用有机肥料、生理酸性肥料、硫黄等，通过这些物质在土壤中的转化，产生酸性物质，降低土壤的pH。据试验，每公顷施用450kg硫黄粉，可使土壤pH从8.0降到6.5左右。硫黄粉的酸化效果较持久，但见效缓慢。对盆栽园林植物也可用1∶50的硫酸铝钾，或1∶180的硫酸亚铁水溶液浇灌植株降低pH。

②土壤碱化：土壤碱化是指对偏酸土壤进行必要的处理，使土壤pH升高，符合一些碱性土植物生长的需要。土壤碱化的常用方法是向土壤中施加石灰、草木灰等碱性物质，但以石灰应用较普遍。调节土壤酸度通常使用石灰石粉（碳酸钙粉）。石灰石粉越细越好，这样可增加土壤内的离子交换强度，以达到调节土壤pH的目的。市面上石灰石粉有几十到几千目的细粉，目数越大，见效越快，价格也越贵，生产上一般用300～450目的较适宜。

石灰石粉的施用量（将酸性土壤调节到要求的pH范围所需要的石灰石粉用量）应根据土壤中交换性酸的数量确定，其理论值可按如下公式计算：

石灰施用量理论值＝土壤体积×土壤容重×阳离子交换量×（1－盐基饱和度）

在实际应用过程中，施用量还应根据石灰的化学形态不同乘以一个相应的经验系数，石灰石粉的经验系数一般取1.3～1.5。

4. 疏松剂改良　近年来，有不少国家已开始大量使用疏松剂来改良土壤结构和生物学活性，调节土壤酸碱度，提高土壤肥力，并有专门的疏松剂商品销售。如国外生产上广泛使用的聚丙烯酰胺，为人工合成的高分子化合物，使用时，先把干粉溶于80℃以上的热水中，制成2%的母液，再稀释10倍浇灌至5cm深土层中，通过其离子键、氢键的吸引，使土壤连接形成团粒结构，从而优化土壤水、肥、气、热条件，其效果可达3年以上。

土壤疏松剂可分为有机、无机和高分子3种类型，其功能分别表现为膨松土壤，提高置换容量，促进微生物活动；增多孔穴，协调保水与通气、透水性；使土壤粒子团粒化。3种土壤疏松剂的具体种类、性质及用途等见表9-1、表9-2和表9-3。

表9-1　高分子型土壤疏松剂材料表

（吴泽民，2003）

物质名称	原　料	效　果	用　途
树脂（聚阴离子）	聚乙烯醇（聚乙酸乙烯酯）	以离子结合力为主体，作为团粒化剂，能够使土壤团粒化，增加保水性能	适用于壤土和沙壤土
	三聚氰酸铵（三聚氰酸铵系统）		
	聚乙烯	改善通气性和透气性	
	尿素系统（尿素树脂）		
聚阳离子	丙烯酰胺 乙烯系统（乙烯氧化物）	比聚阴离子效果还要好的强力土壤团粒化剂	适用于重黏土

表9-2　无机型土壤疏松剂材料表

（吴泽民，2003）

物质名称	原　料	制作方法	效　果	用　途
沸石	沸石	磨成粉末（日本北海道、我国东北产）	盐基置换容量增大，硅酸、铁、微量元素增多	膨润性小，适宜改良重黏土，混入的体积为土量的5%～10%
	凝灰岩	磨成粉末		
膨土岩	黏土	日本北海道、群马县产	良质的黏土，内含钙、镁、钾等，改良土壤酸性，提高保肥力	具有膨润性，适宜沙壤土的改良
蛭石	蛭石	高温煅烧	多孔质的小块状物质，透水性、通气性、保水性都好	适用于重黏土和沙质土。在干燥条件下全面混合，能提高保水性能。低湿条件下，土壤下层使用，有利于排水
珠光体	珍珠岩	高温焙烧		
石灰质材料	石灰石		综合酸性土壤，有效利用磷酸，促进微生物分解繁殖	根据pH决定使用量。如果pH在5.5以上，植物类不得使用

表 9-3　有机型土壤疏松剂材料表

（吴泽民，2003）

物质名称	原　料	制作方法	效　果	用　途
泥炭系统	泥炭	泥炭内加入消石灰后，加热、加压	增强对 pH 的缓冲能力；增加保肥力；增加腐殖质；提高土壤的保水能力和膨软性	泥炭等适用于红壤、重黏土，施用量为土壤体积的10%～20%以下，过量会造成土壤干燥。改良材料原是强酸性，所以，每升添加3g左右石灰调节 pH
	草炭	草炭内加入石灰中和		
	苔藓	干燥粉碎		
褐煤系统	褐煤	用硝酸分解褐煤后，加石灰、氨或蛇纹岩粉末中和		
树皮树叶系统	树皮、树叶	把阔叶树的树皮、树叶与鸡粪等堆积在一起，长时间腐熟	土壤膨软；微生物活动旺盛；改善土壤物理性能；增加保肥力；供给养分；增加腐殖质	适用于多种土壤，特别适合于红土、沙壤土，施用量为土量的 10%～20%，要充分注意制品的腐熟度
纸浆残渣系统	稻草、麦秆造纸残渣	处理稻草、麦秆造纸残渣，用造纸残渣的处理物促进腐熟，使造纸残渣的处理物发酵，增加保肥力	提高土壤的膨软性和保肥力；使微生物活动旺盛	适用于重黏土，其体积为土量的 2%～5%
堆肥系统	城市垃圾、粪尿、废水、污泥	将废水处理物干燥处理，或通过堆肥装置发酵	作为堆肥的代用品	
动植物糟粕系统	海草粉末、鱼粉、酵素糟粕	提高微生物的活动，增加氮量		适用于贫瘠土

目前，我国大量使用的疏松剂以有机类型为主，如泥炭、锯末粉、谷糠、腐叶土、腐殖土、家畜厩肥等，这些材料来源广泛，价格便宜，效果较好，但在运用过程中要注意腐熟，并在土壤中混合均匀。

5. 土壤的生物改良

（1）植物改良　在城市园林中，植物改良是指通过有计划地种植地被植物来达到改良土壤的目的。所谓地被植物是指那些低矮的，通常高度在 50cm 以内，铺展能力强，能生长在城市园林绿地植物群落底层的一类植物。地被植物在园林绿地中的应用，一方面能增加土壤可给态养分与有机质含量，改善土壤结构，降低蒸发，控制杂草丛生，减少水、土、肥流失与土温的日变幅，有利于园林植物根系生长；另一方面，地面覆盖地被植物，可以增加绿化量值，避免地表裸露，防止尘土飞扬，丰富园林景观。因此，地被植物覆盖地面是一项行之有效的生物改良土壤措施，该项措施已在农业果园土壤管理中得到了广泛运用，效果显著。

地被植物种类繁多，按植物学分类，可分为豆科植物和非豆科植物，按栽培年限长短，可分为一、二年生和多年生植物。在城市园林中，对以改良土壤为主要目的，结合增加园林景观效果需要的地被植物的要求是：适应性强，有一定的耐阴、耐践踏能力，根系有一定的固氮力，枯枝落叶易于腐熟分解，覆盖面大，繁殖容易，有一定的观赏价值。常见种类有五加、地瓜藤、胡枝子、金银花、常春藤、金丝桃、金丝梅、地锦、络石、扶芳藤、荆条、三叶草、马蹄金、萱草、麦冬、沿阶草、玉簪、百合、鸢尾、酢浆草、诸葛菜、虞美人、羽扇豆、草木樨、香豌豆等，各地可根据实际情况灵活选用。

在实践中，要正确处理好种间关系，应根据习性互补的原则选用物种，否则可能对园林植物的生长造成负面影响。一些多年生深根性地被植物，如紫花苜蓿等，不但消耗的水分、养分较多，对园林植物影响较大，除注意肥、水管理外，不宜长期选种，当植株和根系生长量大时，可及时翻耕，达到培肥的目的，而且根系分泌物皂角苷对蔷薇科植物根系生长不利，需特别注意。此外，国外有人认为，在土壤结构差的粉沙、黏重土壤中种植禾本科地被植物改土效果尤其明显。

（2）动物改良　在自然土壤中，常有大量的昆虫、原生动物、线虫、环虫、软体动物、节肢动物、细菌、真菌、放线菌等生存，它们对土壤改良具有积极意义。例如，土壤中的蚯蚓，对土壤混合、团粒结构的形成及土壤通气状况的改善都有很大益处；又如，一些微生物，它们数量大，繁殖快，活动性强，能促进岩石风化和养分释放，加快动植物残体的分解，有助于土壤的形成和营养物质转化。所以，利用有益动物种类也不失为一种改良土壤的好办法。

利用动物改良土壤，可以从以下两方面入手。一方面是加强土壤中现有有益动物种类的保护，对土壤施肥、农药使用、土壤与水体污染等进行严格控制，为动物创造一个良好的生存环境；另一方面，推广使用根瘤菌、固氮菌、磷细菌、钾细菌等生物肥料，这些生物肥料含有多种微生物，它们生命活动的分泌物与代谢产物，既能直接给园林植物提供某些营养元素、激素类物质、各种酶等，刺激植物根系生长，又能改善土壤的理化性能。

四、土壤污染防治

1. 土壤污染的概念及危害　土壤污染是指土壤中积累的有毒或有害物质超过了土壤自净能力，对园林植物正常生长发育造成伤害。土壤污染一方面直接影响园林植物的生长，如通常当土壤中砷、汞等重金属元素含量达到 2.2～2.8mg/kg 时，就有可能使许多园林植物的根系中毒，丧失吸收功能；另一方面，土壤污染还导致土壤结构破坏，肥力衰竭，引发地下水、地表水及大气等连锁污染。因此，土壤污染是一个不容忽视的环境问题。

2. 土壤污染的途径　城市园林土壤污染主要来自工业和生活两方面，根据土壤污染的途径不同，可分为以下几种：

（1）水质污染　水质污染是由工业污水与生活污水排放、灌溉引起的土壤污染。污水中含有大量的汞、镉、铜、铬、铅、镍、砷等有毒重金属元素，对植物根系造成直接毒害。

（2）固体废弃物污染　固体废弃物污染包括工业废弃物、城市生活垃圾及污泥等。固体废弃物不仅占用大片土地，并随运输迁移，不断扩大污染面，而且含有重金属及有毒化学物质。

（3）大气污染　大气污染即工业废气、家庭燃气以及汽车尾气对土壤造成的污染。大气污染中最常见的是二氧化硫或氟化氢，它们分别以硫酸和氢氟酸随降水进入土壤，前者可形成酸雨，导致土壤不同程度的酸化，破坏土壤理化性质，后者使土壤中可溶性氟含量增高，对植物造成毒害。

(4) 其他污染　其他污染包括石油污染、放射性物质污染、化肥、农药等。

3. 防治土壤污染的措施

(1) 管理措施　严格控制污染源，禁止工业、生活污染物向城市园林绿地排放，加强污水灌溉区的监测与管理，各类污水必须净化后方可用于园林植物的灌溉；加大园林绿地中各类固体废弃物的清理力度，及时清除、运走有毒垃圾及污泥等。

(2) 生产措施　合理施用化肥和农药，执行科学的施肥制度，大力发展复合肥、可控释放型等新型肥料，增施有机肥，提高土壤环境容量；在某些重金属污染的土壤中，加入石灰、膨润土、沸石等土壤改良剂，控制重金属元素的迁移与转化，降低土壤污染物的水溶性、扩散性和生物有效性；采用低量或超低量喷洒农药方法，使用药量少、药效高的农药，严格控制剧毒及有机磷、有机氯农药的使用范围；广泛选用吸毒、抗毒能力强的园林植物。

(3) 工程措施　常见的有客土、换土、去表土、翻土等。客土法就是向污染土壤中加入大量的干净土壤，在表层混合，使污染物浓度降到临界浓度以下；换土就是把污染土壤取走，换入干净的土壤。除此之外，工程措施还有隔离法、清洗法、热处理法以及近年来国外采用的电化法等。工程措施治理土壤污染效果较彻底，是一种治本措施，但投资较大。

第二节　园林植物的水分管理

植物体在整个生命过程中都不能离开水分。水分是植物的基本组成部分。植物体内的一切生命活动都是在水的参与下进行的，如光合作用、呼吸作用、蒸腾作用，矿质营养的吸收、运转和合成等。水能维持细胞膨压，使植物能够直立生长，枝条伸直，叶片展开，充分发挥其观赏效果和绿化功能。水也是植物体平衡正常温度的主要因子。

园林植物只有在水分供应充足的情况下，才能维持正常的生命活动，发挥各种功能效益。植物缺水时，个体的生长发育会受到影响。如水分不足时，萌芽不整齐，新梢生长弱，花芽分化减少，开花不良。当土壤含水量下降到10%～15%时，地上部分停止生长，低于7%时则根系停止生长。但土壤中水分过多，则土壤中氧气含量减少，根系生理活动减弱，也会影响园林植物营养的运转与合成，严重缺氧时，可引起根系死亡。俗话说“水多是命，水少是病”就是这个道理。水分管理的任务就是创造良好的水气条件，维持植物的水分代谢平衡，保证植物的正常生长发育。

一、水分管理的意义

园林植物的水分管理，实际上就是根据各类园林植物自身习性差异，通过多种技术措施和管理手段，满足植物对水分的需求，保障水分的有效供给，达到园林植物健康生长和节约水资源的目的，它包括园林植物的灌溉与排水两方面内容。园林植物水分科学管理的意义体现在以下三方面：

1. 确保园林植物的健康生长及功能的正常发挥　水分是园林植物生存不可缺少的基本因子，对园林植物的生长、发育、繁殖、休眠、观赏品质等有很大影响，园林植物的光合作用、蒸腾作用、物质运输、养分代谢等均必须在适宜的水环境中进行。水分过多会造成植株徒长，引起倒伏，抑制花芽分化，延迟开花，易出现烂花、落蕾、落果现象，特别是当土壤水分过多、土壤缺氧时，可引起厌氧细菌大肆活动，有毒物质大量积累，导致根系发霉腐烂，窒息死亡；水分缺乏则会使植物处于萎蔫状态，受旱植株轻者叶色暗浅，叶缘干而无光泽，叶面出现枯焦斑点，新芽、幼蕾、幼花干尖、干瓣，早期脱落，重者新梢停止生长，往往自下而上发黄变枯、落叶，甚至整株干枯死亡。

2. 改善园林植物的生长环境 水分不但对城市园林绿地的土壤和气候环境有良好的调节作用，而且还与园林植物病虫害的发生密切相关。例如，由于水的比热较大，在高温季节进行喷灌，除降低土温外，植物还可借助蒸腾作用来调节温度，提高空气湿度，使叶片和花果不致因强光的照射引起日烧，避免了强光、高温对植物的伤害；在干旱的土壤上灌水，可以改善微生物的生活状况，促进土壤有机质的分解；水分过多则会造成植物枝叶徒长，使植物的通风透光性变差，为病菌的滋生蔓延创造了条件；在生产中，不合理的灌溉，还有可能给园林绿地带来地面侵蚀，土壤结构破坏，营养物质淋失，土壤盐渍化加剧等一系列生态恶果，不利于园林植物的生长。

3. 节约水资源，降低养护成本 我国是个缺水国家，水资源十分有限，节约并合理利用每一滴水是全社会的共同职责。目前，我国城市园林绿地中植物的灌溉用水大多来自于生产、居民生活水源，水的供需矛盾更加突出。因此，制定科学合理的园林植物水分管理方案，实施先进的灌排技术，满足园林植物的水分需求，减少水资源的损失浪费，降低园林的养护管理费用，是我国城市园林现阶段的客观需要和必然选择。

二、园林植物的需水特性

正确全面认识园林植物的需水特性，是制定科学的水分管理方案，合理安排灌排工作，适时适量满足植物水分需求，确保园林植物健康生长，充分有效利用水资源的重要依据。

1. 园林植物种类与需水特性 植物种类、品种不同，自身的形态构造、生长特点、生物学与生态学习性不同，在水分需求上有较大差异。一般说来，生长速度快，生长期长，花、果、叶量大的种类需水量较大，相反需水量较小。因此，通常乔木比灌木，常绿植物比落叶植物，阳性植物比阴性植物，浅根性植物比深根性植物，中生、湿生植物比旱生植物需要较多的水分。但值得注意的是，需水量大的种类不一定需常湿，需水量小的也不一定要常干，而且园林植物的耐旱力与耐湿力不完全呈负相关。

一般情况下，能耐干旱的树种，如油松、樟子松、刺槐、火炬树、马尾松、黑松、锦鸡儿等，灌溉次数可少，只有在非常干旱时才灌溉；而对于不耐干旱的树种，如水曲柳、水杉、杨、柳等，只要出现干旱症状就要灌溉。俗语说："兰干菊湿"，"旱不死的蜡梅，淹不死的柑橘"，这说明不同植物对水分需求的不一致。通常观花、观果植物的灌水次数要多一些，特别是在花期和坐果期对水分敏感。

2. 生长发育阶段与需水特性 就生命周期而言，种子萌发时，必须吸足水分，以使种皮膨胀软化，需水量较大，在幼苗状态时，因根系弱小，在土层中分布较浅，抗旱力差，虽然植株个体较小，总需水量不大，但也必须经常保持表土适度湿润，以后随着植株体量的增大，根系的发达，总需水量应有所增加，个体对水分的适应能力也有所增强。

在年生长周期内，总体上是生长季需水量大于休眠期。一般在每年生长期的前半段要求充足的水分供应，春季开始，气温上升，随着植物大量的抽枝展叶，需水量逐渐增大，早春由于气温回升快于土温，根系尚处于休眠状态，吸收功能弱，植物地上部分已开始蒸腾耗水，因此，对于一些常绿植物应进行适当的叶面喷雾。在生长期的后半期，水分太多反而会造成徒长，影响植物越冬，故在后半期要适当控制水分，秋冬季气温降低，大多数园林植物处于休眠或半休眠状态，即使常绿植物的生长也极为缓慢，这时应少浇或不浇水，使土壤处于半湿润状态，以利植物木质化，提高抗寒能力。

在生长过程中，许多植物都有一个对水分需求特别敏感的时期，即需水临界期，此时如果缺水，将严重影响植物枝梢生长和花的发育，以后即使再多的水分供给也难以补偿。需水临界期因各地气候及植物种类的不同而不同，但就目前研究的结果来看，呼吸、蒸腾作用最旺盛时期以及观果类植物果实迅速生长期都要求充足的水分。由于相对干旱有助于植物枝条停止加长生长，使营养物质向花芽转移，因而在栽培上常采用减水、断水等措施促进花芽分化。如对梅花、桃花、榆叶梅、紫薇、紫荆等，在营养生长期即将结束时适当扣水、少浇或停浇几次水，能提早并促进花芽的形成和发育，达到开花繁茂的效果。

3. 园林植物栽植年限与需水特性 植物栽植年限越短，需水量越大。刚栽植的植物，由于根系损伤大，吸收功能弱，根系在短期内难与土壤密切接触，在整个成活期都应保持土壤湿润，特别是在干旱季节要及时灌溉，需要连续多次反复灌水，保证深层土壤湿润，方能保证成活。对于枝叶修剪量少的移植大树和常绿植物，在高温干旱季节，因为根系还未恢复正常吸水或新根还未长出，即使保持土壤湿润，也容易发生水分亏缺，有必要通过树冠喷水增加冠内空气湿度，降低温度，减少蒸发，促进树体水分平衡。喷水时，树冠低矮的可用喷雾器，树干高大的可用喷枪，直接将水喷到枝叶上。喷水时间一般在10:00～16:00，每隔2h喷1次，遇阴雨天可不喷，对于珍贵的移植大树，可架设遮阳网，在树冠上方安装喷雾装置。一般情况下，幼年树和新植植物在成活后的3～5年内仍对水分很敏感，不能耐旱，在这段时间内要增加灌溉次数；植物定植一定年限后，进入正常生长阶段，根系深广，抗旱力强，地上部分与地下部分间建立起了新的平衡，需水的迫切性会逐渐下降，无需经常灌水。

4. 园林植物用途与需水特性 生产上，因受水源、灌溉设施、人力、财力等因子限制，常难以对全部植物进行同等的灌溉，而要根据园林植物的用途来确定灌溉的重点。一般需水的优先对象是观花灌木、珍贵植物、孤植树、古树等观赏价值高的植物以及新栽植物。

5. 植物立地条件与需水特性 生长在不同地区的园林植物，受当地气候、地形、土壤等影响，其需水状况有差异。在气温高、日照强、空气干燥、风大的地区，叶面蒸腾和株间蒸发均会加强，植物的需水量就大，反之，则小些。由于上述因子直接影响水面蒸发量的大小，因此在许多灌溉试验中，大多以水面蒸发量作为反映各气候因子的综合指标，而以植物需水量和同期水面蒸发量比值反映需水量与气候间的关系。土壤的质地、结构与灌水密切相关。如沙土，保水性较差，一次灌水太多会造成水分流失，浪费水，应小水勤浇，较黏重土壤保水力强，灌溉次数和灌水量均应适当减少。若种植地面经过了铺装，或被游人践踏严重，透气性差，还应给予经常性的地上喷雾，以补充土壤水分的不足。此外，地下水位的高低也可作为水分管理的重要依据，如果地下水位在植物根系可吸收的范围内，可不灌溉，如果地下水位太高，则要注意排水。

我国南北降雨量差异很大，因此要根据具体情况进行水分管理。例如，北京4～6月正是植物发芽、长叶、开花的旺盛生长时期，需水多，而此时降雨偏少，因此要注意灌溉。而同期的南方正处在梅雨季节，往往因降雨太多造成土壤积水，此时排水比灌溉更重要。7～8月是北京地区的雨季，降雨多、空气湿度大，一般不需太多灌水，遇雨水过多还应注意排水，但在大旱之年或连续晴热时间过长，也应及时灌溉。在南方地区，7～8月正值高温时节，植物的蒸腾量非常大，有时出现连续高温天气，有时又突下暴雨，因此要做好灌溉和排水两项工作。进入秋季以后，不管北方还是南方，植物的需水量减少。

6. 其他栽培管理技术措施与需水特性 在园林植物的年度管理中，灌溉应与其他措施结合起来，以便在相互影响中更好地发挥每种措施的作用。例如，灌溉应与松土、除草、施肥、培土、覆盖等管理手段有机结合，一般先除草，再松土，再进行施肥和灌溉，无机肥可溶于水中进行液施，或埋于土中再灌水，水肥结合是十分重要的，可提高肥料的有效性，水将肥带到根系，有利于根系吸收，水降低了肥料的浓度，避免造成肥害。有的地方栽植茉莉花等采取三道水的方法，即施肥前先浇 1 次，施肥后次日上午 10:00 浇 1 次，第三日又浇水 1 次，这样不仅可以使肥效充分发挥，也满足了植物对水分的正常需求。松土灌溉后最好能进行适当的培土和覆盖，因为灌溉和保墒是一个问题的两个方面，保墒做得好可减少土壤水分的消耗。培土和覆盖具有很好的保墒作用。

管理技术措施对园林植物的需水情况有较多影响。一般说来，经过合理的深翻、中耕、客土，施用丰富有机肥料的土壤，其结构性能好，可以减少土壤水分的消耗，土壤水分的有效性高，能及时满足植物对水分的需求，因而灌水量较小。

三、园林植物的灌水

（一）灌水质量

灌溉水的好坏直接影响园林植物的生长。用于园林绿地植物灌溉的水源有雨水、河水、地表径流水、自来水、井水及泉水等，由于这些水中的可溶性物质、悬浮物质以及水温等的差异，对园林植物生长及水的使用有不同的影响。如雨水含有较多的二氧化碳、氨和硝酸；自来水中含有氯，不利于植物生长，且费用高；地表径流水则含有较多的植物可利用的有机质及矿质元素；而河水中常含有泥沙和藻类植物，若用于喷、滴灌水时，容易堵塞喷头和滴头；井水和泉水温度较低，伤害植物根系，需储于蓄水池中，经过一段时间增温充气后方可利用。总之，园林植物灌溉用水以软水为宜，不能含有过多的对植物生长有害的有机、无机盐类和有毒元素及其化合物，一般有毒可溶性盐类含量不超过 1.8g/L［具体可参照国标《农田灌溉水质标准》(GB 5084—2005)，执行中根据实际情况可适当放宽］。

（二）灌水时期

灌水时期主要根据园林植物在一年中各个物候期对水分的要求、当地气候特点和土壤水分的变化规律等决定。灌水的具体时期，除了对新栽植的园林植物要浇足定植水，在天气干旱土壤缺水时及时补充水分外，一般按照不同园林植物的物候期进行浇水，可以分为休眠期灌水和生长期灌水两种。休眠期灌水一般称为灌冻水，在秋冬土壤冻融交替时及时进行。我国东北、西北、华北等地区降水量较小，冬春严寒干旱，因此休眠期灌水可补充水分。在北方地区，冬季水冻结，放出潜热可保护园林植物安全越冬，尤其对于幼年植物、新栽植的植物及越冬困难的植物，这次灌水是不可缺少的。

不同园林植物的生长发育规律不同。园林观赏栽培应用也不相同，生长期灌水时间、次数也就不一致。一般生长期灌水可分为萌芽水、花前水、新梢旺盛生长水、果实膨大水和休眠前期水等，不同园林植物可根据各自的栽培特点，选择不同的灌水时期。例如灌萌芽水，早春萌芽前进行，有利于园林植物萌芽、新梢和叶片的生长。灌花前水在萌芽后结合花前追肥进行，有利于开花与坐果，具体时间因地、因植物种类而异。新梢旺盛生长水在花谢后半个月左右，新梢旺盛生长前进行，促进新梢健壮生长，此时是园林植物的需水临界期，如果水分不足，新梢生长会受到抑制。

正确的灌水时期对灌溉效果以及水资源的合理利用都有很大影响。理论上讲，科学的灌水是适时灌溉，也就是说在植物最需要水时及时灌溉。根据园林生产管理的实际情况，将植物灌水时期分为以下两种类型：

1. 干旱性灌溉 干旱性灌溉是指在发生土壤、大气严重干旱，土壤水分难以满足植物需要时进行的灌水。在我国，这种灌溉大多在久旱无雨、高温的夏季和早春等缺水时节，此时若不及时供水有可能导致植物死亡。

根据土壤含水量和植物的萎蔫系数确定具体的灌水时间是较可靠的方法。一般认为，当土壤含水量为最大持水量的60%～80%时，土壤中的空气与水分状况符合大多数植物的生长需要。因此，当土壤含水量低于最大持水量的60%，就应根据具体情况，决定是否需要灌水。随着科学技术和工业生产的发展，用仪器测定土壤中的水分状况，来指导灌水时间和灌水量已成为可能。国外在果园水分管理中早已使用土壤水分张力计，可以简便、快速、准确反映土壤水分状况，从而确定科学的灌水时间，此法值得推广。所谓萎蔫系数就是因干旱而导致园林植物外观出现明显伤害症状时的体内含水量。萎蔫系数因植物和生长环境不同而异。可以通过栽培观察试验，很简单地测定各种植物的萎蔫系数，为确定灌水时间提供依据。

2. 管理性灌溉 管理性灌溉是根据园林植物生长发育需要，在某个特殊时段进行的灌水，实际上就是在植物需水临界期的灌水。例如，在栽植植物时，要浇大量的定根水；在我国北方地区，植物休眠前要灌冻水或封冻水；许多植物在生长期间，要浇展叶水、抽梢水、花芽分化水、花蕾水、花前水、花后水等。管理性灌溉的时间主要根据植物自身的生长发育规律而定。

总之，灌水时期应根据植物以及气候、土壤等条件而定，具体灌溉时间则因季节而异。灌水时应尽量让水温与土温相近，以防因灌水引起土温变化剧烈而影响根系的吸收。春秋季在上午或下午浇水；夏季灌溉应在清晨和傍晚，此时水温与地温接近，对根系生长影响小；冬季因晨夕气温较低，灌溉宜在中午前后。此外，值得注意的是，不能等到植物已从形态上显露出缺水受害症状时才灌溉，而要在植物从生理上受到缺水影响时就开始灌水。

（三）灌水制度

1. 植物需水量 需水量是制定灌溉制度的核心问题，因为灌溉与节水都必须有基本标准，这个标准的基本依据就是需水量，它决定了在一定的气候、水文、土壤等条件下，植物生长所需要的水量和灌溉需水量等。虽然对植物需水量，国内外还没有一个较权威的定义，但对需水量的估算和测定，多数学者有着较为一致的方法，其一般的计算公式为：

$$Etc = Kc \cdot Eto$$

式中，Etc——植物需水量；

Kc——作物系数，是计算植物需水量的重要参数，它反映了植物本身的生物学特性、土壤条件等对植物需水量的影响；

Eto——参考作物腾发量，代表气象条件对植物需水量的影响。

2. 灌水定额 灌水定额是指一次灌水的水层深度（单位为mm），或一次灌水单位面积的用水量（单位为m^3/hm^2）。目前，大多根据土壤田间持水量来计算灌水定额。其计算公式为：

$$m = 0.1 \times rh(P_1 - P_2)/\eta$$

式中，m ——设计灌水定额（mm）；

r ——土壤容重（g/cm^3）；

h ——植物主要根系活动层深度，一般取 40～100cm；

P_1——适宜的土壤含水率上限（重量百分数），可取田间持水量的 80%～100%；

P_2——适宜的土壤含水率下限（重量百分数），可取田间持水量的 60%～70%；

η ——喷灌水的利用系数，一般为 0.7～0.9。

应用此公式计算出的灌水定额，还需根据植物种类与品种、生命周期、物候期以及气候、土壤等因子，进行调整，酌情增减，以符合实际需要。一般而言，不耐旱的树种灌水量要多，如水杉、鹅掌楸、柏类。耐旱树种灌水量要少，如松类。在盐碱地区，灌水量每次不宜过多，灌水浸润土壤深度不要和地下水位相接，以防返碱和返盐。土壤质地轻、保水保肥力差的，也不宜大水灌溉，否则会造成土壤中的营养物质随重力水流失。园林植物的灌水量，以能使水分浸润根系分布层为宜，土壤含水量一般达到田间持水量的 60%～80%为标准。坚持小水灌透的原则，谨防只灌湿浅层土壤，引起植物根系只分布于土壤浅层，造成泛根。

3. 灌水周期　灌水周期又叫轮灌期，在喷灌中，可按以下公式估算：

$$T = m\eta/W$$

式中，T ——灌溉周期（d）；

m ——灌水定额（mm）；

η ——喷灌水的利用系数，为 0.7～0.9；

W——（mm/d）。

以上公式计算的结果，只能为设计提供粗略的估算依据，最好能对土壤水分的经常性变动进行测定，以掌握适宜的灌水时间。目前，我国农业灌溉中大田作物喷灌周期为 5～10d，蔬菜 1～3d，绿地的灌溉周期可参照以上数据。

(四) 灌水方法

灌溉不仅讲究适时，而且讲究方法。灌水方法正确与否，不但关系到灌水效果好坏，还影响土壤的结构，减少土壤冲刷。正确的灌水方法，要有利于水分在土壤中均匀分布，充分发挥水效，节约用水量，降低灌水成本，减少冲刷，保持土壤的良好结构。在园林植物灌溉中，传统上采用的人工灌溉，费工多，耗水大，有时达不到灌溉的效果。随着科学技术的发展，灌水方法也在不断改进，正朝机械化、自动化方向发展，减轻了劳动强度，提高了灌溉的效率和灌水效果，节约了宝贵的水资源，所以实现机械化和自动化灌溉是园林植物管理现代化的重要组成部分。根据供水方式的不同，将园林植物的灌水方法分为地上灌水、地面灌水和地下灌水 3 种。

1. 地上灌水　地上灌水包括机械喷灌、汽车喷灌和人工浇灌。

(1) 机械喷灌　机械喷灌是一种比较先进的灌水技术，已广泛用于园林苗圃、园林草坪、果园等的灌溉。机械喷灌的优点是，由于灌溉水首先是以雾化状洒落在树体上，然后再通过植物枝叶逐渐下渗至地表，避免了对土壤的直接打击、冲刷。因此，基本上不产生深层渗漏和地表径流，既节约用水量，又减少了对土壤结构的破坏，可保持原有土壤的疏松状态。而且，机械喷灌还能迅速提高植物周围的空气湿度，控制局部环境温度的急剧变化，为植物生长创造良好条件。此外，机械喷灌对土地的平整度要求不高，可以节约劳力，提高工作效率。机械喷灌的缺点是：有可能加重某些园林植物感染真菌病害；灌水的均匀性受风力影响很大，风力过大，会增加水量损失；喷灌的设备价格和管理维护费用较高，使其应用范围受到一定限制。但总体上讲，机械喷灌还是一种发展潜力巨大的灌溉技术，值得大力推广应用。机械喷灌系统一般由水源、动力、水泵、输水管道及喷头等部分组成。

(2) 汽车喷灌　汽车喷灌是一座小型的移动式机械喷灌系统，目前，它多由城市洒水车改建而成，在汽车上安装储水箱、水泵、水管及喷头组成一个完整的喷灌系统，灌溉的效果与机械喷灌相似。由于汽车喷灌具有移动灵活的优点，因而常用于城市街道行道树的灌水。

(3) 人工浇灌　虽然人工浇灌费工多，效率低，但在交通不便、水源较远、设施条件较差的情况下，仍不失为一种有效的灌水方法。人工浇灌有人工挑水浇灌与人工水管浇灌两种，并大多采用树盘灌水形式。灌溉时，以树干为圆心，在树冠边缘投影处，用土壤围成圆形树堰，灌水在树堰中缓慢渗入地下。人工浇灌属于局部灌溉，灌水前应疏松树堰内土壤，使水容易渗透，灌溉后耙松表土，以减少水分蒸发。

2. 地面灌水　地面灌水可分为畦灌、沟灌、漫灌与滴灌等几种形式。

(1) 畦灌　畦灌是指事先做好畦埂，在畦内灌水，防止水面漫过畦埂，待水下渗能进行农事操作时，及时中耕松土保墒，此方式能保持土壤的良好结构，操作方便，被普遍运用。

(2) 沟灌　沟灌是采用高畦低沟的形式，在沟内灌水，使水分充分浸润土壤并渗入周围高畦内，此法不破坏畦内土壤结构，便于实行机械化，但灌水时间较长。

(3) 漫灌　漫灌是直接将水引入进行表面灌水的方式，适合于株行距小而地势平坦的园林种植，如群植或片植的树丛和草地。在成片栽植的缓坡林地，可以在上坡放水，让水漫过整个坡面。漫灌方法简便，但费水多，灌水不均匀，往往上坡多，下坡少，水难以渗透到下层土壤，不是理想的灌水方法。因此，漫灌是一种大面积的表面灌水方式，用水极不经济，生产上最好少采用。

(4) 滴灌　滴灌是近年来发展起来的机械化与自动化的先进灌溉技术，它是将灌溉用水以水滴或细小水流形式，缓慢地施于植物根域的灌水方法。滴灌是利用滴头将压力水以水滴状或连续细流状湿润土壤进行灌溉的方法，是自动化灌溉中效果最好的灌溉方法之一。从节约用水和提高劳动生产率来讲，是最有前途的灌溉方法。它的优点是滴灌仅湿润根区和表层土壤，而且是缓慢渗透，因而不会破坏土壤结构，有利于根系充分吸水；且滴灌是最节水的灌溉方法之一，不会造成水的浪费。缺点是需要较多的管材和设备，成本较高；且管道和滴头容易堵塞。

滴灌的效果与机械喷灌相似，但比机械喷灌更节约用水。不过滴灌对小气候的调节作用较差，而且耗管材多，对用水要求严格，容易堵塞管道和滴头。目前国内外已发展到自动化滴灌装置，其自动控制方法可分时间控制法、电力控制法和土壤水分张力计自动控制法等，广泛用于蔬菜、花卉的设施栽培生产中。滴灌系统的主要组成部分包括水泵、化肥罐、过滤器、输水管、灌水管和滴水管等。

(5) 穴灌　除以上方法以外，地面灌水还有一种穴灌。穴灌与穴状施肥类似，可单独进行，也可与施肥相结合。方法是在树冠投影的外围挖穴，穴径 30cm 左右，深以不伤粗根为度，一般 8～10 个，四周分布均匀，将水灌满穴，让水慢慢渗透到整个根区。在干旱半干旱地区，在保证游人安全的情况下，灌水穴可长期保留。近年来，一种更为先进的穴灌技术被推广使用，方法是在离干基的一定距离，垂直埋设数个直径 10～15cm、长 80～100cm 的永久性灌水（也可施肥）管，可以在栽树时埋入，对已栽植物也可以挖穴埋入，灌水管可用瓦管、羊毛芯管或 PVC 管，管壁上布满透水的小孔，最好再埋设环管与竖管相连。灌水管理好后，内装卵石或炭末等沥水性好的填充物，灌溉时从竖管上口灌水，灌足后将顶盖关上。这种方法节约用水，适合在平地给大树灌溉，特别是在有硬质铺装的街道和广场等地，此法最为实用。

3. 地下灌水　地下灌水是借助于地下管道系统，使灌溉水在土壤毛细管作用下，向周围扩散浸润植物根区土壤的灌溉方法。地下灌水具有地表蒸发小，节省灌溉用水，不破坏土壤结构，地下管道系统在雨季还可用于排水等优点。地下灌水分为沟灌与渗灌两种。

（1）沟灌　沟灌是用高畦低沟方法，引水沿沟底流动来浸润周围土壤。灌溉沟有明沟与暗沟，土沟与石沟之分。对石沟，沟壁应设有小型渗漏孔。

（2）渗灌　渗灌是目前应用较普遍的一种地下灌水方式，其主要组成部分是地下管道系统。地下管道系统包括输水管道和渗水管道两部分。输水管道两端分别与水源和渗水管道连接，将灌溉水输送至灌溉地的渗水管道，它做成暗渠和明渠均可，但应有一定比降。渗水管道的作用在于通过管道上的小孔，使管道中的水渗入土壤中，管道的种类众多，制作材料也多种多样，例如有专门烧制的多孔瓦管、多孔水泥管、竹管以及波纹塑料管等，生产上应用较多的是多孔瓦管。

近年来，节水灌溉技术飞速发展，出现了雾灌、渗灌、微喷灌等许多先进的方法，这些方法是在喷灌和滴灌的基础上进行改进发展而来的，其共同特点是更加节水，效率更高，代表了现代灌溉技术发展的方向。

（五）灌水时的注意事项

1. 灌水量要适宜　一次将植物密集根层的土壤灌饱灌透，如果仅湿润表土，植物的主要吸收根得不到水分，反而刺激杂草、灌木生长，但也不能长时间超量灌溉，以免根系窒息。

2. 生长后期要及时停止灌溉　植物在生长后期需水少，在生理上正为越冬做准备，如储藏营养物质，当年新长的部分开始木质化等。此时若水分过多，会刺激植物徒长，降低其抗寒性。一般在 9 月中旬以后停止灌溉，但在北方干旱寒冷地区，在秋末冬初还要灌冻水一次。

3. 灌溉宜在早晨或傍晚进行　早晨和傍晚气温低，植物蒸腾少，此时灌溉有利于植物吸收。中午气温高，地温也高，如果此时灌溉，地温骤然降低，打乱植物的水分代谢平衡，特别是在气温高的中午不能灌温度低的井水，因为井水使根际温度显著降低，根系吸水减少，而此时植物蒸腾强烈，导致水分代谢失常。

4. 确保灌溉用水清洁　植物灌溉一般使用自来水、井水、清洁的河水、湖水或池塘水，生活污水经处理达标后，也可作为植物的灌溉用水。切忌用工业废水和未经处理的生活污水进行浇灌。

5. 灌水的顺序　一般要掌握新栽植的园林植物、草本植物、小苗、灌木、阔叶树优先灌水。同时，园林植物在整形修剪后要及时灌水，否则易造成园林植物生长不良。

四、园林植物的排水

土壤中的水和气是一对矛盾的统一体，水多则气少，而植物生长需要水气相融的环境。因此，在地下水位过高、地势低洼积水或降水太多超过了土壤的渗透量时，要及时排水。南方降雨多，多数土壤都比较黏重，排水工作显得尤为重要，但通常在坡地上不需考虑排水的问题。

（一）排水的必要性

土壤中的水分与空气是互为消长的。排水的作用是减少土壤中多余的水分，增加土壤空气的含量，促进土壤空气与大气的交流，提高土壤温度，刺激好气性微生物活动，加快有机质的分解，改善植物营养状况，使土壤的理化性状得到改善。

（二）排水的条件

在有下列情况之一时，就需要进行排水：①植物生长在低洼地，当降雨强度大时，汇集大量地表径流，且不能及时排走，而形成季节性涝湿地；②土壤结构不良，渗水性差，特别是土壤下面有坚实的不透水层，阻止水分下渗，形成过高的假地下水位；③园林绿地临近江河湖海，地下水位高或雨季易遭淹没，形成周期性的土壤过湿；④平原与山地城市，在洪水季节有可能因排水不畅，形成大量积水，或造成山洪暴发；⑤在一些盐碱地区，土壤下层含盐量高，不及时排水洗盐，盐分会随水位的上升而到达表层，造成土壤次生盐渍化，对植物生长很不利。

（三）排水方法

园林绿地的排水是一项专业性基础工程，在园林规划及土建施工时应统筹安排，建好畅通的排水系统。园林植物的排水通常有明沟排水、暗沟排水、滤水层排水及地面排水 4 种方法。

1. 明沟排水 明沟排水是在地面上挖掘明沟，排除径流。通常由小排水沟、支排水沟以及主排水沟等组成一个完整的排水系统，在地势最低处设置总排水沟。这种排水系统的布局多与道路走向一致，各级排水沟的走向最好相互垂直，但在两沟相交处应成锐角（45°～60°）相交，以利水流畅通，防止相交处沟道淤塞，且各级排水沟的纵向比降应大小有别。明沟排水的优点是排水效果好，缺点是动土量大，成本较高，对景观可能有负面影响。

在南方多雨地区，如果在平坦的地方成片栽植植物，应事先在林地布置纵横交错的排灌明沟。该沟既可作灌水用也可作排水用，为了安全，沟上应盖上盖板。

2. 暗沟排水 暗沟排水是在地下埋设管道，形成地下排水系统，将地下水降到要求的深度。暗沟排水系统与明沟排水系统基本相同，也有干管、支管和排水管之别。暗沟排水的管道多由塑料管、混凝土管或瓦管做成。建设时，各级管道需按力学要求的指标组合施工，以确保水流畅通，防止淤塞。在积水严重的地方，也可以在造林前挖深沟，沟底要略倾斜，低的一头有出口，在沟中铺上卵石、煤渣等材料，厚 20～30cm，做成暗的沥水沟，将沟填平。暗沟排水的优点是对地面无影响，缺点是工作量较大。

3. 滤水层排水 滤水层排水实际就是一种地下排水方法。它是在低洼积水地以及透水性极差的地方栽种植物，或对一些极不耐水湿的植物，在栽植时，就在植物生长的土壤下面填埋一定厚度的煤渣、碎石等材料，形成滤水层，并在周围设置排水孔，当遇有积水时，能及时排除。这种排水方法只能小范围使用，起到局部排水的作用。

4. 地面排水 地面排水是目前使用较广泛、经济的一种排水方法。它是通过道路、广场等地面，汇聚雨水，然后集中到排水沟，从而避免绿地植物遭受水淹。不过，地面排水方法需要设计者经过精心设计安排，才能达到预期效果。

总之，不管采用哪种排水方法，都应尽可能地与城市的排水系统连接起来。在水资源紧缺的城市，在排水的出口处应设置蓄水池，将水积蓄起来，以便干旱时使用。

第三节 园林植物的营养管理与施肥

营养是园林植物生长的物质基础。植物的营养管理实际上就是进行园林植物的合理施肥。施肥是改善植物营养状况、提高土壤肥力的积极措施。俗话说“地凭肥养，苗凭肥长”，园林植物栽植后，在整个观赏期或生命周期内，主要靠根系从土壤中吸收水分和矿质营养，维持正常生命活动的需要。由于园林植物根系分布有一定的范围，土壤中所含的营养元素（如氮、磷、钾以及一些微量元素）是有限的，随着植物生长年限的增加，土壤的养分含量就会降低，不能满足园林植物继续生长的需要。若不能及时得到补充，势必造成园林植物营养不良，影响正常生长发育，甚至衰弱死亡。因此，园林植物栽植后要适时合理地施肥。通过施肥可以满足园林植物生长所必需的营养，改良土壤团粒结构，改善理化性能，使土壤疏松通透，保水保肥，有利于土壤微生物的活动，加快肥料分解，进而促进园林植物的根系生长。

一、园林植物营养管理的重要性及特殊性

长期以来，人们比较关注农作物和果树的施肥，而对园林植物的施肥没有引起足够的重视。其实，园林植物更需要施肥，因为园林植物生长的土壤更差，植物的凋落物很少返还土壤，而且地下建筑和管道也会影响根系对养分的吸收。

园林植物和所有的绿色植物一样，在生长过程中需要多种营养元素，并不断从周围环境特别是土壤中摄取各种营养成分。园林植物中的树木多为根深、体大的木本植物，生长期和寿命长，生长发育需要的养分数量很大；加之植物长期生长于一地，根系不断从土壤中选择性地吸收某些元素，常使土壤环境恶化，造成某些营养元素贫乏；此外，城市园林绿地土壤人流践踏严重，土壤密实度大，水气矛盾突出，使土壤养分的有效性大大降低；同时，城市园林绿地中的枯枝落叶常被彻底清除，营养物质被带离绿地，极易造成养分的枯竭。如据重庆市园林科学研究所调查，重庆园林绿地土壤养分含量普遍偏低，近一半土壤保肥供肥力较弱，尤其碱解氮和速效磷含量低，若碱解氮和速效磷分别以 60mg/kg 和 5mg/kg 作为缺素临界值，调查区土壤有 58%缺氮、45%缺磷。因此，只有正确地施肥，才能确保园林植物健壮生长，增强植物抗逆性，延缓衰老，达到花繁叶茂、提高土壤肥力的目的。

由于园林植物服务对象和栽植地点的特殊性，形成了有别于农作物和果树的施肥特点：①植物只有在生长健壮、枝叶繁茂的情况下，才能发挥最大的生态效益，因此，施肥要促进植物根、茎、叶的全面发展，使植物达到最大的绿量；②园林植物多为多年生植物，长期生长在同一地点，这一特点决定了施肥的种类应以有机肥为主，同时适量施用化学肥料，施肥方式以基肥为主，基肥与追肥相结合；③园林植物种类繁多，其生态习性和效益各不相同，因此，无论是肥料的种类与用量，还是施肥比例与方法上都有很大差别；④园林植物附近多

有建筑物，有的地面有硬质铺装，施肥难度大；⑤为了城市美观和卫生，不能施用污染环境、有恶臭、影响人们正常生活的肥料。

二、园林植物与营养

（一）园林植物生长所需要的营养元素及其作用

园林植物的正常生长发育需要从土壤和大气中吸收碳、氢、氧、氮、磷、钾、钙、镁、硫、铁、铜、锌、硼、钼、锰、氯等几十种化学元素作为养料，尽管园林植物对各种营养元素需求量差异很大，但对植物生长发育来说它们都是同等重要，不可缺少的。

碳、氢、氧是组成植物体的主要成分，它们基本上能从空气和土壤中获得以满足植物生长的需要，一般情况下不会缺乏。氮、磷、钾被称为植物的营养三要素，植物的实际需求量远超过土壤的供应量，其他营养元素由于受土壤条件、降雨、温度等影响也常不能满足植物需求。因此，必须根据实际情况对这些元素给予适当补充。

现将主要营养元素对园林植物生长的作用介绍如下：

1. 氮 氮能促进园林植物的营养生长和叶绿素的形成，但如果氮肥施用过多，尤其是在磷、钾供应不足时，会造成徒长、贪青、迟熟、易倒伏、感染病虫害等，特别是一次性用量过多时会引起烧苗，所以一定要注意合理施肥。不同种类的园林植物对氮的需求有差异，一般观叶树种、绿篱、行道树在整个生长期中都需要较多的氮肥，以便在较长的时期保持美观的叶丛、翠绿的叶色；对观花类园林植物来说，只是在营养生长阶段需要较多的氮肥，进入生殖生长阶段以后，应该控制使用氮肥，否则将延迟开花期。

2. 磷 磷肥能促进种子发芽，提早开花结实期，这一功能正好与氮肥相反。此外，磷肥还能使茎发育坚韧，不易倒伏，增强根系的发育，特别是在苗期能使根系早生快发，弥补氮肥施用过多产生的缺点，增强植株对不良环境及病虫害的抵抗力，因此园林植物不仅在幼年或前期营养生长阶段需要适量的磷肥，而且进入开花期后磷肥需求量也是很大的。

3. 钾 钾肥能使园林植物生长强健，增强茎的坚韧性，不易倒伏，并促进叶绿素的形成和光合作用的进行，同时钾还能促进根系的扩大，使花色鲜艳，提高园林植物的抗寒性和抗病性。但过量的钾肥使植株生长低矮，节间缩短，叶变黄，继而变成褐色而皱缩，甚至可能使植物在短时间内枯萎。

4. 钙 钙主要用于植物细胞壁、原生质及蛋白质的形成，促进根的发育。

5. 硫 硫为植物体内蛋白质成分之一，能促进根系的生长，并与叶绿素的形成有关，硫还可能促进土壤中微生物的活动。但硫在植物体内移动性较差，很少从衰老组织中向幼嫩组织运转，所以利用效率较低。

6. 铁 铁在叶绿素形成过程中起重要作用。缺铁时，叶绿素不能形成，因而植物的光合作用受到严重影响。铁在植物体内的流动性也很弱，老叶中的铁很难向新生组织中转移，因而它不能被再度利用。通常情况下，植物不会发生缺铁现象，但在石灰质土或碱性土中，由于铁易转变为不可给态，虽土壤中有大量铁元素，植物仍然会发生缺铁现象而造成缺绿症。

（二）园林植物营养诊断

园林植物营养诊断是指导植物施肥的理论基础，根据植物营养诊断进行施肥，是实现植物养护管理科学化的一个重要标志。营养诊断是将植物矿质营养原理运用到施肥措施中的一个关键环节，它能使植物施肥达到合理化、指标化和规范化。园林植物营养诊断的方法很多，包括土壤分析、叶样分析、外观诊断等，其中外观诊断是行之有效的方法，它是通过园林植物在生长发育过程中，当缺少某种元素时，在植株形态上呈现一定的症状来判断植物体缺素种类和程度，此法具有简单易行、快速的优点，在生产上有一定的实用价值。

现将 A. laurie 及 C. H. Poesch 概括的植物缺素时的表现列述如下：

1. 病症通常发生于全株或下部较老的叶片上
 2. 病症通常出现于全株，但常先是老叶黄化而死亡
  3. 叶淡绿色，生长受阻；茎细弱并有破裂，叶小，下部叶比上部叶的黄色淡，叶黄化而干枯，成淡褐色，少有脱落　　缺氮
  3. 叶暗绿色，生长延缓，下部叶的叶脉间黄化，常带紫色，特别是在叶柄，叶早落　　缺磷
 2. 病症通常发生于植株下部较老叶片上
  4. 下部叶有病斑，在叶尖及叶缘出现枯死部分，黄化部分从边缘向中部扩展，以后边缘部分变褐色而向下皱缩，最后下部和老叶脱落　　缺钾
  4. 下部叶黄化，在晚期常出现枯斑，黄化出现于叶脉间、叶脉仍为绿色，叶缘向上或向下反曲，形成皱缩　　缺镁
1. 病斑发生于新叶
 5. 顶芽存活
  6. 叶脉间黄化，叶脉保持绿色
   7. 病斑不常出现，严重时叶缘及叶尖干枯，有时向内扩展，形成较大面积，仅有较大叶脉保持绿色　　缺铁
   7. 病斑通常出现，且分布于全叶面，极细叶脉仍保持绿色，形成细网状；花小，花色不良　　缺锰
  6. 叶淡绿色，叶脉色泽浅于叶脉相邻部分，有时发生病斑，老叶少有干枯　　缺硫
 5. 顶芽通常死亡
  8. 嫩叶的顶端和边缘腐败，幼叶的叶尖常形成钩状，根系在上述病症出现以前已经死亡　　缺钙
  8. 嫩叶基部腐败，茎与叶柄极脆，根系死亡，特别是生长部分　　缺硼

（三）造成园林植物营养贫乏症的原因

引起园林植物营养贫乏的具体原因很多，常见的有以下几方面：

1. 土壤营养元素缺乏　土壤营养元素缺乏是引起贫乏症的主要原因。但某种营养元素缺乏到什么程度会发生贫乏症是个复杂的问题，因为植物种类不同，即使同种植物品种不同以及生育期、气候条件不同都会有差异，所以不能一概而论。理论上说，不同植物都有对某种营养元素要求的最低限值。

2. 土壤酸碱度不适　土壤 pH 影响营养元素的溶解度，即有效性。有些元素在酸性条件下易溶解，有效性高，当土壤 pH 趋于中性或碱性时，有效性降低；另外一些则相反，如铁、硼、锌、铜随着 pH 下降有效性迅速增加；钼则相反，其有效性随 pH 提高而增加。

3. 营养成分失衡　植物体内的正常代谢要求各营养元素含量保持相对的平衡，否则会导致代谢紊乱，出现生理障碍。一种元素的过量存在常抑制另一种元素的吸收与利用，这就是元素间的拮抗现象。这种拮抗现象相当普遍，当其作用比较强烈时就导致植物营养贫乏症发生。生产中，较常见的拮抗现象有磷一锌、磷一铁、钾一镁、氮一钾、氮一硼、铁一锰等。因此，在施肥时需注意肥料的选择搭配，避免一种元素过多而影响其他元素作用的发挥。

4. 土壤理化性质不良　这里所说的理化性质主要是指与养分吸收有关的因子。正常而旺盛的地上部生长有利于根系的良好发育，根系分布越广吸收的养分数量就越多，可能吸收

到的养分种类也越多。但如土壤坚实、底层有漂白层、地下水位高、盆栽容器小等都限制根系的伸展，从而加剧或引发营养贫乏症。在地下水位高的立地环境生长的植物极易发生缺钾症，而在钙质土壤中，高地下水位会引发或加剧缺铁症等。

5. 气候条件不良 不良气候条件主要是低温的影响。低温一方面减慢土壤养分的转化，另一方面削弱植物对养分的吸收能力，故低温容易引发缺素。试验证明，各种营养元素中磷是受低温抑制最大的元素。雨量多少对营养缺乏症发生有明显的影响，主要是通过土壤过旱或过湿来影响营养元素的释放、淋失及固定等，例如干旱促进缺硼、钾及磷，多雨容易引发缺镁。此外光照也影响元素吸收，光照不足对营养元素吸收的影响以磷最严重。因而在多雨少光照而寒冷的天气条件下，施磷肥的效果特别明显。

三、科学施肥的依据

1. 根据植物种类合理施肥 植物种类不同，习性各异，需肥特性有别。如泡桐、杨、重阳木、香樟、桂花、茉莉花、月季、山茶花等生长速度快、生长量大的种类，比柏木、马尾松、油松、小叶黄杨等慢生耐瘠植物需肥量大。又如在我国传统花木种植中，矾肥水就是栽培牡丹的最好用肥。

2. 根据生长发育阶段合理施肥 总体上讲，就物候期而言，随着植物生长旺盛期的到来，需肥量逐渐增加，生长旺盛期以前或以后需肥量相对较少，在休眠期甚至不需要施肥，在抽枝展叶的营养生长阶段，植物对氮素的需求量大，而生殖生长阶段则以磷、钾及其他微量元素为主，才能花多鲜艳、果实充分发育。早春和秋末是根系的生长旺盛期，需要吸收一定数量的磷素，根系才能发达。如果施肥不当，会引起负面作用，如园林植物在休眠期，如施入大量氮肥，水分充足时，会使枝梢秋末旺盛生长，越冬前不停止生长，落叶时营养不回流，造成植物体内组织不充实，越冬易受冻害。根据园林植物物候期差异，施肥方案上有萌芽肥、抽枝肥、花前肥、壮花稳果肥以及花后肥等。

就生命周期而言，一般处于幼年期的植物，尤其是幼年期的针叶植物生长需要大量的化肥，到成年阶段，对氮素的需求量减少，对古树供给更多的微量元素有助于增强对不良环境因子的抵抗能力。

3. 根据植物用途合理施肥 植物的观赏特性以及园林用途影响其施肥方案。一般说来，观叶、观形植物在整个生长期都需要较多的氮肥。而观花观果类植物对磷、钾肥的需求量大，这类植物在营养生长阶段要求较多氮肥，进入生殖生长阶段，应适当控制氮肥用量，否则将延迟开花，一般在开花前10～15d和果实发育期内追施磷、钾肥，可保花保果。

调查表明，城市里的行道树大多缺少钾、镁、磷、硼、锰、硝态氮等元素，而钙、钠等元素又常过量，这对制定施肥方案有参考价值。也有人认为，对行道树、庭荫树、绿篱植物施肥，应以饼肥、化肥为主，郊区绿化植物可更多地施用人粪尿和土杂肥。

4. 根据土壤条件合理施肥 土层厚度、土壤水分与有机质含量、酸碱度高低、土壤结构以及三相比等均对园林植物的施肥有很大影响。例如，土壤水分含量和酸碱度与肥效直接相关。土壤水分缺乏时，施肥后会造成肥分浓度过高，园林植物不能吸收利用反而有害。积水或多雨时又容易使养分被淋洗流失，降低肥料利用率。因此，施肥应根据当地水分变化规律并结合灌水施肥。土壤酸碱度直接影响营养元素的溶解度，有些元素，如铁、硼、锌、铜，在酸性条件下易溶解，有效性高，当土壤呈中性或碱性时，有效性降低；另一些元素，如钼则相反，其有效性随碱性提高而增强。

5. 根据气候条件合理施肥　气温和降雨量是影响施肥的主要气候因子。如低温，一方面减慢土壤养分的转化，另一方面削弱植物对养分的吸收功能。雨量多寡主要通过土壤过干过湿影响营养元素的释放、淋失及固定。干旱常导致发生缺硼、钾及磷，多雨则容易促发缺镁。

6. 根据营养诊断合理施肥　根据营养诊断结果进行施肥，是实现园林植物栽培科学化的一个重要标志，它能使施肥达到合理化、指标化和规范化，完全做到植物缺什么施什么，缺多少施多少。目前，园林植物施肥的营养诊断方法主要有叶样分析、土样分析、植株叶片颜色诊断以及植株外观综合诊断等，不过，叶样与土样分析均需要一定的仪器设备条件，使其在生产上的广泛应用受到一定限制，植株叶片颜色诊断和植株外观综合诊断则需有一定的实践经验。

7. 根据养分性质合理施肥　养分性质不同，不但影响施肥的时期、方法和施肥量，还影响土壤的理化性状。一些易流失挥发的速效性肥料，如碳酸氢铵、过磷酸钙等，宜在植物需肥期稍前施入，而迟效性肥料，如有机肥，因腐烂分解后才能被植物吸收利用，故应提前施入。氮肥在土壤中移动性强，即使浅施也能渗透到根系分布层内，供植物吸收利用，磷、钾肥移动性差，故宜深施，尤其磷肥需施在根系分布层内，才有利于根系吸收。对化肥类肥料，施肥用量应本着宜淡不宜浓的原则，否则，容易烧伤植物根系。事实上，任何一种肥料都不是十全十美的，因此，生产上应该将有机肥与无机肥、速效性肥与缓效性肥、酸性肥与碱性肥、大量元素与微量元素等结合施用，提倡复合配方施肥，以扬长避短，优势互补。

四、园林植物施肥的类型

根据肥料的性质以及施用时期，园林植物的施肥包括基肥和追肥。

1. 基肥　基肥以有机肥为主，是较长时期供给植物多种养分的基础性肥料，如腐殖酸类肥料、堆肥、厩肥、圈肥、粪肥、鱼肥、骨粉、血肥、复合肥、长效肥以及植物枯枝落叶等。基肥一般在植物生长期开始前施用，通常有栽植前基肥、春季基肥和秋季基肥。在此时施入基肥，不但有利于提高土壤孔隙度，疏松土壤，改善土壤中水、肥、气、热状况，有利于微生物活动，而且还能在相当长的一段时间内源源不断地供给植物所需的大量元素和微量元素。春季与秋季基肥大多结合土壤深翻进行。基肥施用的次数较少，但用量较大。

2. 追肥　追肥又叫补肥。基肥肥效发挥平稳缓慢，当植物需肥急迫时就必须及时补充肥料，才能满足植物生长发育需要。追肥一般多为速效性无机肥，并根据园林植物一年中各物候期特点施用。具体追肥时间与植物种类与品种习性以及气候、树龄、用途等有关。如对观花、观果植物而言，花芽分化期和花后追肥尤为重要，而对于大多数园林植物来说，一年中生长旺盛期的抽梢追肥是必不可少的。天气情况也影响追肥效果，晴天土壤干燥时追肥好于雨天追肥，而且重要风景点宜在傍晚游人稀少时追肥。与基肥相比，追肥施用的次数较多，但一次性用肥量较少，对于观花灌木、庭荫树、行道树以及重点观赏植物，每年在生长期进行2～3次追肥是十分必要的，土壤追肥与根外追肥均可。

五、园林植物施肥的种类

根据肥料的性质及使用效果，园林植物用肥包括化学肥料、有机肥料及微生物肥料3类。

1. 化学肥料　由物理或化学工业方法制成，其养分形态为无机盐或化合物，化学肥料又称为化肥、矿质肥料、无机肥料。有些农业上有肥料价值的无机物质，如草木灰，虽然不属于商品性化肥，习惯上也列为化学肥料，还有些有机化合物及其缔结产品，如硫氰酸化钙、尿素等，也常被称为化肥。化学肥料种类很多，按植物生长所需要的营养元素种类，可分为氮肥、磷肥、钾肥、钙肥、镁肥、硫肥、微量元素肥料、复合肥料、草木灰、农用盐等。化学肥料大多属于速效性肥料，供肥快，能及时满足植物生长需要。因此，化学肥料一般以追肥形式使用，同时，化学肥料还有养分含量高、施用量少的优点。但化学肥料只能供给植物矿质养分，一般无改土作用，养分种类也比较单一，肥效不能持久，而且容易挥发、淋失或发生强烈的固定，降低肥料的利用率。同时，长期单一使用化肥还会造成土壤板结。所以，生产上不宜长期单一施用化学肥料，必须贯彻化学肥料与有机肥料配合施用的方针，否则，对植物、土壤都是不利的。

2. 有机肥料 有机肥料是指含有丰富有机质，既能给植物提供多种无机养分和有机养分，又能培肥改良土壤的一类肥料，其中绝大部分为农家就地取材、自行积制。由于有机肥料来源极为广泛，所以种类相当繁多，常用的有粪尿肥、堆沤肥、饼肥、泥炭、绿肥、腐殖酸类肥料等。虽然不同种类有机肥的成分、性质及肥效各不相同，但大多数有机肥的有机质含量高，有显著的改土作用；含有多种养分，有完全肥料之称，既能促进植物生长，又能保水保肥；养分大多为有机态，供肥时间较长。不过，大多数有机肥养分含量有限，尤其是氮含量低，肥效慢，施用量大，因而需要较多的劳力和运输力量。此外，有机肥施用时对环境卫生也有一定的不利影响。针对以上特点，有机肥一般以基肥形式施用，并在施用前必须采取堆积方式使之腐熟，其目的是释放养分，提高肥效，避免肥料在土壤中腐熟时产生某些对植物不利的影响。

3. 微生物肥料 微生物肥料也称生物肥、菌肥、细菌肥及接种剂等。确切地说，微生物肥料是菌而不是肥，因为它本身并不含有植物需要的营养元素，而是含有大量的微生物，它通过这些微生物的生命活动，来改善植物的营养条件。依据生产菌株的种类和性能，生产上使用的微生物肥料有根瘤菌肥料、固氮菌肥料、磷细菌肥料及复合微生物肥料等。根据微生物肥料的特点，使用时需注意：①使用菌肥要具备一定的条件，才能确保菌种的生命活力和菌肥的功效，如强光照射、高温、接触农药等，都有可能杀死微生物，又如固氮菌肥，要在土壤通气条件好、水分充足、有机质含量较高的条件下，才能保证细菌的生长和繁殖；②微生物肥料一般不宜单施，要与化学肥料、有机肥料配合施用，才能充分发挥其应有的作用，而且微生物生长、繁殖也需要一定的营养物质。

六、园林植物的施肥量

施肥量过多或不足，对园林植物均有不利影响。施肥过多，植物不能吸收，既造成肥料的浪费，还有可能使植物遭受肥害。反之，肥料用量不足达不到施肥的目的。

对施肥量含义的全面理解应包括肥料中各种营养元素的比例、一次性施肥的用量和浓度以及全年施肥的次数等数量指标。施肥量受植物习性、物候期、树体大小、树龄、土壤与气候条件、肥料的种类、施肥时间与方法、管理技术等诸多因子影响，难以制定统一的施肥量标准。目前，关于施肥量指标有许多不同的观点。如 Ruge 建议，园林植物施肥时氮、磷、钾、镁的比例为 10∶15∶20∶2，再适当添加硼、锰等微量元素较为合理；而 Pirone 认为，氮、磷、钾为 2∶1∶2 更恰当。应该说，根据树干的直径来确定施肥量较为可行。德国学者

Bettes指出，树干直径的平方除以3得出的商，即为施肥量的磅*数，但他并未说明测定直径的部位以及直径的度量单位。在我国一些地方，也有以植物每厘米胸高直径0.5kg的标准作为计算施肥量的依据，如直径3cm左右的植物，可施入1.5kg完全肥料。就同一植物而言，一般化学肥料、追肥、根外施肥的浓度分别较有机肥料、基肥和土壤施肥低，而且要求更严格。化学肥料的施用浓度一般不宜超过1%～3%，而在进行叶面施肥时，多为0.1%～0.3%，对一些微量元素，浓度应更低。

近年来，国内外已开始应用计算机技术、营养诊断技术等先进手段，在对肥料成分、土壤及植株营养状况等综合分析判断的基础上进行数据处理，很快计算出最佳的施肥量，使科学施肥、经济用肥发展到了一个新阶段。

影响肥料用量的因子也很多，很难确定统一的施肥量，从理论上讲，肥料的施用量应按下列公式计算：

施肥量＝（植物吸收元素量－土壤可供应的元素量）/肥料元素的利用率

按此公式计算施肥量要在实验室进行叶片和土壤的养分测定，除科学试验外，生产上难以推广。经验的施肥量是按每厘米胸径180～1 400g化肥计算，这一范围幅度可能过大，大多取中值350～700g。但胸径小于15cm的施用量要减半，例如胸径20cm的植物应施7.0～14.0kg化肥，而胸径10m的则只施1.75～3.5kg（郭学望，2002）。按此计算的施肥量只是一个参考范围，具体的施肥量应在考虑各种因子后综合确定。

七、园林植物施肥的方法

依肥料元素被植物吸收的部位，园林植物施肥主要有土壤施肥与根外施肥。

（一）土壤施肥

将肥料直接施入土壤中，然后通过植物根系进行吸收而运往各个器官的施肥方法，是园林植物主要的施肥方法。

土壤施肥必须根据根系分布特点，将肥料施在吸收根的集中分布区附近，才能被根系吸收利用，充分发挥肥效，并引导根系向外扩展。理论上讲，在正常情况下，植物的多数根集中分布在地下40～80cm深的范围内，具吸收功能的根，则分布在20cm左右深的土层内。根系的水平分布范围，多数与植物的冠幅大小一致，即大多数吸收根分布在树冠投影轮廓线（滴水线）附近，如果把树冠投影看作一个圆盘，多数吸收根在圆盘半径的外2/3范围内，而内1/3部分几乎没有吸收根。所以，应在树冠外围于地面的水平投影处附近挖掘施肥沟或施肥坑，不应将肥料施入树干周围。由于许多园林植物都经过了造型修剪，树冠冠幅大大缩小，给确定施肥范围带来了困难。有人建议，在这种情况下，可以将离地面30cm高处的树干直径值扩大10倍，以此数据为半径，树干为圆心，在地面做出的圆周即为吸收根的分布区，也就是说该圆周附近处即为施肥范围。

具体的施肥深度和范围还与植物、树龄、土壤和肥料种类等有关。深根性植物、沙地、坡地、基肥以及移动性差的肥料等，施肥时宜深不宜浅，相反可适当浅施。随着树龄增加，施肥时要逐年加深，并扩大施肥范围，以满足园林植物根系不断扩大的需要。

现将生产上常见的土壤施肥方法介绍如下：

---

* 磅为非法定计量单位，1磅＝0.453 592kg。

1. 全面施肥 全面施肥分撒施与水施两种。撒施是将肥料均匀地撒布于园林植物生长的地面，然后再翻入土中。撒施的优点是方法简单，操作方便，肥效均匀，但因施入较浅，养分流失严重，用肥量大，并诱导根系上浮，降低根系抗性，此法若与其他方法交替使用，则可取长补短，发挥肥料的更大功效。后者主要是与喷灌、滴灌结合进行施肥，水施供肥及时，肥效分布均匀，既不伤根系，又保护耕作层土壤结构，节省劳力，肥料利用率高，是一种很有发展潜力的施肥方式。

2. 沟状施肥 沟状施肥包括环状沟施、放射状沟施和条状沟施，其中以环状沟施较为普遍。环状沟施是在树冠外围稍远处挖环状沟施肥，一般施肥沟宽 30～40cm，深 30～60cm，具有操作简便、用肥经济的优点，但易伤水平根，多适用于园林孤植树；放射状沟施较环状沟施伤根少，但施肥部位也有一定局限性；条状沟施是在植物行间或株间开沟施肥，多适合苗圃里的植物或呈行列式布置的植物。

3. 穴状施肥 穴状施肥与沟状施肥很相似，若将沟状施肥中的施肥沟变为施肥穴或坑就成了穴状施肥，栽植植物时施基肥实际上就是穴状施肥。生产上，以环状穴施居多。施肥时，施肥穴同样沿树冠在地面的垂直投影线附近分布，不过，施肥穴可为 2～4 圈，呈同心圆环状，内外圈中的施肥穴应交错排列，因此，该种方法伤根较少，而且肥效较均匀。目前，国外穴状施肥已实现了机械化操作。将配制好的肥料装入特制容器内，依靠空气压缩机，通过钢钻直接将肥料送入土壤中，供植物根系吸收利用。这种方法快速省工，对地面破坏小，特别适合城市铺装地面植物的施肥。

4. 打孔施肥 在施肥区内打孔施肥，可使肥料遍布整个根系分布区，这种方法尤其适合大树和草坪上的植物施肥。一般每隔 60～80cm 打 1 个 30～60cm 深的孔，填入配好的肥料，约达孔深的 2/3 时，用有机肥或表土堵塞洞孔并踩紧。打孔可用长钢钎或丁字形钢钻，用钢钎用力捅或手握木柄用力钻，打孔时要环绕孔摇动，以扩大孔径，孔洞最好呈倾斜状，以扩大肥料的面积。土壤紧实或地面有硬质铺装时要用电钻打孔。国外有一种自动施肥机，打孔、灌肥和埋土可一次完成，效率高。

5. 微孔释放袋施肥 将配好的肥料装入双层塑料薄膜内封紧，双层塑料薄膜上均有微孔，微孔的大小和密度是经过精心设计的。可以在栽植时将肥袋放在吸收根群附近，也可以在已栽植植物的施肥区内挖 25cm 深的穴植入肥袋。肥袋植入土壤后，土壤水汽经微孔进入袋中，肥料受潮溶解，渗出肥液供根系吸收。肥袋的活性受季节变化的控制，当气温降低时，袋中的水汽压变小，最终停止释放肥液，所以在植物休眠的寒冷季节，肥袋也处于休眠状态。春天到来时，天气变暖，肥袋中的水汽压增大，肥袋又开始释放肥液。据试验，一次植入这种肥袋，肥效期可达 8 年。

除上述土壤施肥方法外，还有营养钉、营养棒、营养球等方法，是将配好的肥料用专用黏合剂胶结成钉、棒、球等形状，将其打入或埋入植物的吸收根附近，让植物吸收利用。

（二）根外施肥

1. 叶面施肥 叶面施肥是利用机械，将按一定浓度要求配制好的肥料溶液，直接喷到植物体上，通过叶面气孔和角质层吸收后，转移运输到植物的各个器官。叶面施肥具有用肥量小，吸收见效快，避免了营养元素在土壤中的化学或生物固定等优点。根外追肥为解决某一元素缺乏而造成的营养缺素症，或为保花保果、挽救长势衰弱时常用。在早春植物根系恢复吸收功能前、在缺水季节或缺水地区以及不便土壤施肥的地方，均可采用叶面施肥。同时，该方法还特别适合于微量元素的施用，以及对树体高大、根系吸收能力衰竭的古树、大树的施肥。根外追肥常用的浓度为0.1%～3%，如硫酸铵0.5%～1%、硝酸钾0.1%～3%、过磷酸钙0.05%～0.1%、硝酸钙0.2%～0.5%、磷酸二氢钾0.1%～0.5%。根外追肥最好在傍晚喷施，以避免气温高，溶液很快浓缩，影响效果甚至导致药害。

叶面施肥的效果与叶龄、叶面结构、肥料性质、气温、湿度、风速等密切相关。幼叶生理机能旺盛，气孔所占比重较大，较老叶吸收速度快，效率高。叶背较叶面气孔多，且表皮层下具有较疏松的海绵组织，细胞间隙大而多，利于渗透和吸收，因此，应对树叶正反两面进行喷雾。肥料种类不同，进入叶内的速度也有差异。如硝态氮、氯化镁喷后15s进入叶内，而硫酸镁需30s、氯化镁15min、氯化钾30min、硝酸钾1h、铵态氮2h进入叶内。试验表明，叶面施肥最适温度为18～25℃，湿度大，效果好，因而夏季最好在10:00以前和16:00以后喷雾。

叶面施肥多作追肥施用，生产上常与病虫害防治结合进行，因而喷雾液的浓度至关重要。在没有足够把握的情况下，应宁淡勿浓。喷布前需做小型试验，确定不会引起药害，方可大面积喷布。

2. 枝干施肥　枝干施肥是通过植物枝、茎的韧皮部来吸收肥料营养，它吸肥的机理和效果与叶面施肥相似。枝干施肥有枝干涂抹和枝干注射两种方法，前者是先将植物枝干刻伤，然后在刻伤处加上固体药棉；后者是用专门的仪器注射枝干，目前国内已有专用的树干注射器。枝干施肥主要用于衰老古树、珍稀植物、树桩盆景以及观花植物和大树移栽时的营养供给。例如，分别用浓度2%的柠檬酸铁溶液注射和用浓度1%的硫酸亚铁加尿素药棉涂抹栀子花枝干，在短期内就扭转了栀子花的缺绿症，效果十分明显。

20世纪80年代，美国生产出可埋入树干的长效固体肥料，通过树液湿润药物缓慢地释放有效成分，有效期可保持3～5年，主要用于改善行道树的缺锌、缺铁、缺锰等营养缺素症。

复习思考题

1. 园林植物土壤的常见类型有哪些？它们各自有什么特点？
2. 肥沃土壤具有哪些基本特征？
3. 园林植物土壤管理措施有哪些？改良园林土壤有哪些方法？
4. 深翻改土、中耕除草的方法及其重要作用是什么？
5. 怎样判断园林植物是否需要灌水？如何掌握灌溉的时期？
6. 园林植物水分管理方法有哪些？如何做到水分管理与土壤管理、施肥相结合？
7. 科学施肥应掌握哪些原则？
8. 园林植物施肥管理方法有哪些？各有什么特点？
9. 怎样确定园林植物的施肥量？对园林树木怎样做到合理施肥？
10. 追肥的方法有哪些？如何掌握追肥的时间和选择肥料的种类？

第十章 园林植物的整形修剪

【本章提要】整形修剪是园林植物栽培养护最基本的管理环节。本章主要介绍园林植物整形修剪的目的意义、理论基础和原则，常用修剪工具及机械，整形修剪技术和方法，各类园林植物的整形修剪。

整形修剪是园林植物栽培及养护管理最基本的日常管理技术环节。在苗木培育阶段，就需要通过抹芽、除萌、定干、正冠等措施对树木进行适当的修剪整形，培育优美的树姿或培育特定功能的苗木；绿化栽植过程中也要通过修剪减少蒸腾，以提高栽植成活率，或通过修剪确定干高，或通过修剪维护树形；养护管理阶段，行道树需要通过修剪培养遮阴功能强的冠形结构和防止树体与交通工具或周边环境发生冲突；花木和果木需要通过修剪调整营养生长和生殖生长的平衡；普通意义上的绿化树种需要通过修剪保持持续的健壮生长；绿篱及模纹种植需要修剪出整齐美观的线形；衰老的树木需要通过修剪更新复壮；盆景及造型树木则在反反复复的修剪中不断提升树形的美感；花卉植物可通过修剪调整花期。

园林植物整形修剪是一项科学性和技术性很强的工作，需要熟悉园林植物的生长习性、枝芽特性、修剪反应，还需要掌握系统的修剪技法和特定树木的功能要求。另外，树木修剪技术从理论到实践需要一个长期探索和积累过程，不可一蹴而就，需要认真学习和逐步探索，必须予以高度重视。

第一节 园林植物整形修剪的目的与原则

一、整形修剪的目的与意义

整形是指通过一定的修剪措施引导或控制树木达到某种既定或设想的树体结构，或使树木改善通风透光从而能够健壮生长，或使树木能够规避环境中的障碍，或使树木的姿态符合造景的要求。整形的主要工作是在幼树期的几年内进行树木骨架的培育，其后漫长岁月里的主要任务则是通过修剪维持树形。另外，在行道树及大树栽植时，那些因截干而使树木已经失去了原有树形的树木，则需要重新完成整形过程。

修剪是指对树木的枝、芽、叶、花、果和根等器官进行剪截、疏除或摘除的具体操作。它是在整形基础上进一步调节树体结构、促进生长平衡、调节树势、恢复树木生机和更新造型的重要手段。修剪有的是为了改善树木整体的通风透光，有的是为了树木持续稳定的健壮生长，有的是为了花木保持持续稳定的开花结果，有的是为了使衰弱的树势得以恢复，有的则是为了特定的造型。

整形与修剪是紧密相关、不可截然分开的操作过程，整形需要通过修剪来完成，修剪则是在服从整形要求的前提下满足各种目的的修剪。园林树木的整形修剪不同于盆景艺术造型，也不同于果树生产栽培，而具备更有效、更广泛的景观艺术内涵和更积极、更重要的生态效益显现。

1. 调控树体结构

（1）强化树木的结构与姿态 整形修剪可使树体原有的结构特色更加鲜明，骨架发育更充实，结构更合理，生长更健壮。可以清除不合理的徒长枝、竞争枝对树体结构的干扰，还能使每一级主侧枝都能健壮发育，彰显树木特有的风姿，展示个性魅力。同时整形修剪使树木枝干均匀合理，层次清晰，冠形匀称美观。

（2）增强树木的艺术感染力 整形修剪使主侧枝的延长头不断改变方向，有利于各级主侧枝形成国画中一波三折的枝形特点，呈现出不同跨度的转折变换和优美的节奏韵律，创造出具有较高艺术效果的树木姿态。

（3）创造有利于树木生长的结构 通过修剪可使树冠通透，改善树木的光照条件，使树木各个部位的枝条都能健壮生长，同时增强树体的抗风能力。良好的通透性也能降低树冠内枝干病害的发病率。

2. 调整树木的生理平衡

（1）调节树木的水分平衡 树木在移栽时，打破了原有的根冠比，根系的吸收根严重损失，使树木的水分吸收和蒸腾的平衡失调，为了不造成树木水分的严重亏缺，必须对树木进行一定程度的修剪，降低树木水分的失衡程度。

（2）调节树木的生长平衡 相对直立的枝条生长比较旺盛，抽生强壮的长枝甚至徒长枝。相对水平的枝条生长比较弱，抽生中、短枝。导致这一现象的原因是倾斜角度不同的枝条的生长素分布不同。同一棵树，生长旺盛的枝干，应多留倾斜角度大的枝条或水平枝，以限制其过于旺盛的生长；生长较弱的枝干，应多留倾斜角度小的枝条或直立枝以促使其旺盛的生长，使树体的长势趋于均衡。通过修剪可以使树木保持合理的长、中、短枝的比例。

（3）调节树木的器官平衡 在观花观果树木中，需要保持营养器官和生殖器官平衡发展。营养器官生长过于旺盛，会影响生殖器官的生殖生长，开花结果减少；相反，生殖器官的生殖生长过于旺盛，由于营养竞争，营养生长就受影响，使树势日趋衰弱。因此需要通过修剪调整营养生长与生殖生长之间的平衡，使树木既有健壮的营养生长，同时保持较好的开花结果能力。通过拉枝和去除相对直立的旺盛枝，有利于促进花芽形成，有利于生殖器官的发育。通过疏花疏果或剪除过多的花枝和花芽，促使营养生长，使树木保持健壮的生长势头。也可避免花、果过多而造成的大小年现象。生产实践中也有限制生殖生长的情况，如悬铃木的果实种子飘落造成严重的污染问题，可采用合理的修剪方法促进悬铃木的营养生长，控制其生殖生长，从而减少结果量，有效缓解飞絮的问题。

3. 控制树木病虫害的发生 及时修剪树木的病虫枝，并及时烧毁，可以降低病虫害的发生。对于那些传播能力极强、具有毁灭性的病虫害来说，加强修剪是防止和杜绝病虫蔓延的有效手段，如苹果的腐烂病、松树的线虫病。及时剪除枯枝、干死枝干，可避免害虫产卵和病害寄生，有效降低病虫害的发生。

当自然生长的树冠过度郁闭时，树冠内部相对湿度较大，极易诱发病虫害。通过适当的疏剪，可使树冠通透性能改善、相对湿度降低、光合作用增强，从而提高树体的整体抗逆能力，减少病虫害的发生。

4. 缓解树木与环境的冲突 通过整形修剪可保持树体与周边高架线路、建筑及设施之间的安全距离，避免因枝干伸展而损坏设施。对城市行道树来说，修剪的另一个重要作用是解除树冠对交通视线的可能阻挡，减少行车事故。

5. 促进衰老树的更新复壮 树体进入衰老阶段后，树冠出现秃裸，生长势减弱，花果量明显减少，采用一定强度的修剪措施可刺激枝干皮层内的隐芽萌发，诱发形成健壮的新枝，达到恢复树势、更新复壮的目的。对老树进行强修剪，剪去树冠上全部侧枝，或把主枝也分次锯掉，皮层内的隐芽受到刺激而萌发新枝条，再从中选留粗壮的新枝代替原来的老枝，形成新的树冠，形成具有活力的复壮树木。

二、整形修剪的理论基础

树木的修剪必须以一定的理论为指导，主要有顶端优势学说和芽的异质性理论。

1. 顶端优势 顶端优势的原理在果树整枝修剪上应用极为普遍，人工切除顶芽，可以促进侧芽生长，增加分枝数。在生产实践中经常根据顶端优势的原理，进行果树整枝修剪，如茶树摘心、棉花打顶以增加分枝，提高产量。在园林树木中，针叶树顶端优势较强，阔叶树较弱，通过短截、疏枝、回缩等修剪手段，调节主侧枝关系，满足栽培目的。幼树的顶端优势比老树和弱树明显，修剪时幼树轻剪，利于快速成形，老、弱树修剪时，宜重剪促隐芽萌发，更新树冠。

2. 芽的异质性 同一枝条上不同部位的芽在形态和质量上都有差异。一般情况下枝条中部的芽发育充实、饱满，梢部和基部的芽发育较差，多为半饱满芽或秕芽，最基部多表现为发育极差的芽痕（图 10－1）。饱满芽来年易萌发或受刺激后优先萌发。

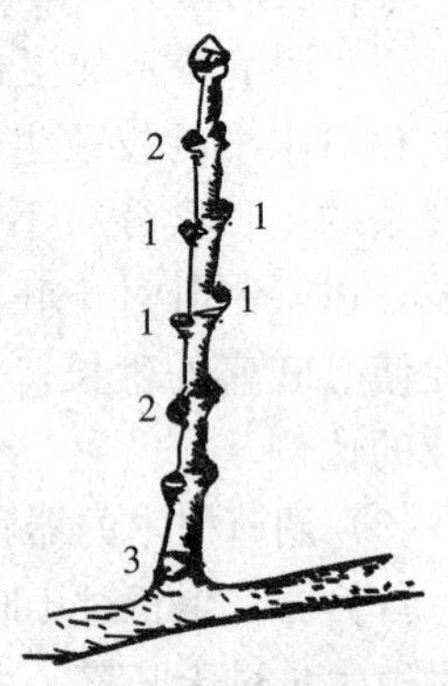

图 10－1 芽的异质性
1. 饱满芽 2. 半饱满芽
3. 基部芽痕

在修剪中，为提高芽的质量，可采取夏季摘心的办法，减缓顶芽对侧芽的抑制作用，延缓新梢的生长强度，促进侧芽发育充实饱满和花芽发育完善，有利于抽生新枝和开花坐果。作为更新修剪，常在枝条中部或中上部饱满芽处短截，剪口留饱满芽，促进树木生长。常用于骨干枝和拟扩大枝展范围的枝条的修剪，幼树整形时也常在饱满芽上定干。若是为了缓和生长，在上部弱芽处或盲节处剪截，多用于辅养枝或枝组的培养。

3. 干性与层性 了解树木的干性与层性有利于把握树木的树体结构特点，修剪时顺应树木的自然习性，合理调整树体结构。如干性弱的桃、碧桃、樱花，属于阳性树种，上部过于茂密时会导致内堂枝光秃，形成伞盖般树冠，花果集中到树冠上部。所以要修剪成杯状开心形，形成立体开花结果的良性结构。干性强的树种具有优美的层性结构，每次修剪需留好主干和各级主枝的延长头，引导树体保持良好的层性。

4. 修剪反应 修剪反应是树木对修剪的敏感程度。修剪反应强的树种短截后反应强烈，大量抽生强壮的长枝或徒长枝，有些树种对修剪反应不是很强烈。不同树种的修剪反应截然不同，对于修剪反应强烈的树种应该加大生长期修剪，也就是常说的夏剪，通过摘心等手段促进芽的发育，休眠期修剪时通常轻剪，或选择半饱满芽或秕芽处短截。

修剪反应不是一下子就能看出来的，不能等到植物开始生长以后才观察它对不当修剪的反应，一定要在修剪之前对被修剪的树木生物特性有充分了解，不可盲目。

三、整形修剪的原则

（一）根据树种习性整形修剪

园林树木种类繁多，具有不同的生长发育习性，要求采用相应的整形修剪方式。大多数针叶树中心主枝较强，整形修剪时要控制中心主枝上端竞争枝的发生，扶助中心主枝加速生长。阔叶树的顶端优势较弱，修剪时应短截中心主枝顶梢，选留剪口壮芽，以此重新形成优势，代替原来的中心主枝向上生长。桂花、榆叶梅、毛樱桃等顶端生长势不太强，但发枝力强、易形成丛状树冠的植物，可采用圆球形、半球形整冠；对于香樟、广玉兰、榉树等大型乔木，则主要采用自然式树冠整形。对于桃、梅、杏等喜光植物，通常需采用自然开心形的整形修剪方式，为避免内膛秃裸、花果外移，需要在结果枝下方靠内的位置留预备枝，作为现留结果枝在未来被淘汰疏除以后的结果枝，控制外移。在具体修剪中要从以下习性方面加以注意：

1. 生长势及发枝能力　整形修剪的强度与频度不仅与树木栽培的目的有关，还取决于树木生长势及萌芽发枝能力的强弱。生长旺盛的树木，修剪宜轻，如修剪过重，会造成枝条旺长、树冠密闭。衰老枝宜适当重剪，使其逐步恢复树势。悬铃木、大叶黄杨、女贞、圆柏等具有很强萌芽发枝能力的植物，耐重剪，可多次修剪；而梧桐、桂花、玉兰等萌芽发枝力较弱的植物，则应少修剪或只做轻度修剪。

2. 分枝特性　对于主轴分枝的植物，修剪时要注意控制侧枝、剪除竞争枝、促进主枝的发育，如钻天杨、毛白杨、银杏等树冠呈尖塔形或圆锥形的乔木，顶端生长势强，具有明显的主干，适合采用保留中央领导干的整形方式。而合轴分枝的植物，易形成几个势力相当的侧枝，呈现多叉树干，如果为培养主干可通过摘除其他侧枝的顶芽来削弱其顶端优势，或将顶枝短截剪口留壮芽，促其生长。假二叉分枝的植物，由于树干顶梢在生长后期不能形成顶芽，下面的对生侧芽优势均衡，影响主干的形成，可剥除其中一个芽，重点培养主干。

修剪中应充分了解各类分枝的特性，注意各类枝之间的平衡。如强壮主枝具有较多的新梢，叶面积大，具较强的光合能力，进而促使其生长更加粗壮；反之，弱主枝则因新梢少、营养条件差而生长愈渐衰弱。欲借修剪平衡枝间的生长势，应掌握抑强扶弱的原则。

3. 花芽特性　不同植物的花芽着生部位有所差异，有的着生于枝条中下部，有的着生于枝梢顶部。就花芽性质而言，有的是纯花芽，有的为混合芽。在开花习性方面，有的是先花后叶，有的为先叶后花。在花、果木的整形修剪时，需要充分考虑这些性状特点。

如春季开花的树木，花芽着生在一年生枝的顶端或叶腋，其分化过程通常在上一年的夏、秋进行，修剪应在秋季落叶后至早春萌芽前进行，但在冬季严寒的地区，修剪应推迟至早春。夏秋开花的种类，花芽在当年抽生的新梢上形成，在一年生枝基部保留 3～4 个（对）饱满芽短截，虽然花枝可能少些，但质量较高，而且剪后可萌发出茁壮的枝条，为次年开花打下基础，保证开花和生长均衡发展。对于当年开两次花的树木，可在第一次花后将残花剪除，同时加强肥水管理，促使二次开花。对玉兰、厚朴、木绣球等具顶生花芽的植物，除非为了更新枝势，否则不能在休眠期或者在花前进行短截；对榆叶梅、樱花等具腋生花芽的植物，可视具体情况在花前短截；而对连翘等具腋生纯花芽的植物，剪口芽不能是花芽，否则花后会留下一段枯枝，影响树体生长。

（二）根据栽培目的和功能整形修剪

不同栽培目的的树木要求有针对性的整形修剪方式，如以观花为主要目的的花木，修剪是为了增加花量，应从幼苗开始即进行整形，使树冠通风透光；对高大的风景树进行修剪，为使树冠体态丰满美观、高大挺拔，可适当重度修剪；以形成绿篱、树墙为目的的树木修剪时，只要保持一定高度和剪平立面即可。

不同的景观配置要求有区别的整形修剪方式。如槐作行道树栽植一般修剪成杯形，作庭荫树用则采用自然式整形；建筑物附近的绿化，其功能则是利用自然开展的树冠姿态，丰富建筑物的立面构图，因此，整形修剪只能顺应自然姿态，对不合要求、扰乱树形的枝条进行适度短截或疏枝。桧柏作为孤植树配置时，应尽量保持自然树冠，作绿篱栽植则一般行强度修剪和规则式整形。榆叶梅栽植在草坪上宜采用丛状扁球形，配置在路边则采用有主干圆头形。

（三）根据树龄整形修剪

不同生长年龄的树木应采取不同的整形修剪措施。幼树以整形为主，对各主枝要轻剪，以求扩大树冠，迅速成形。幼树修剪时，为了尽快形成良好的树体结构，应对各级骨干枝的延长枝进行重短截，促进营养生长。成年树以平衡树势为主，要掌握壮枝轻剪、缓和树势，弱枝重剪、增强树势的原则。衰老树要复壮更新，通常要加以重剪，以使保留芽得到更多的营养而萌发壮枝。

开花结果的树种，幼年期在整形的基础上，为提早开花，对于骨干枝以外的其他枝条应以轻短截为主，促进花芽分化。成年期树木正处于成熟生长阶段，整形修剪的目的在于平衡树势，调节生长与开花结果的矛盾，保持健壮完美的树形，稳定丰花硕果的状态，延长开花结实期。

（四）根据修剪反应整形修剪

不同树种其修剪反应不同，应根据修剪后的抽枝能力采取适当的修剪措施，保证树木稳定、均衡、健壮地生长，避免长势过旺和削弱生长的情况发生。同一树种由于枝条不同，枝条生长位置、姿态、长势各不相同，短截、疏剪程度不同，反应也不同。如萌芽前修剪时，对枝条进行适度短截，往往促发强枝，若轻剪，则不易发强枝；若萌芽后短截则促多萌芽。所以，修剪时必须顺应其规律，给予相适应的修剪措施，以达到预期的修剪目的。

第二节 常用修剪工具及机械

园林树木修剪常用的工具有各种剪和锯，现在还使用辅助机械提高工作效率（图 10 - 2）。

（一）剪

1. 圆口弹簧剪 圆口弹簧剪即普通修枝剪，适用于剪截直径 3cm 以下的枝条。操作时，用右手握剪，左手压枝向剪刀小片方向猛推，要求动作干净、利落，不产生劈裂。

2. 小型直口弹簧剪 小型直口弹簧剪适用于夏季摘心、折枝及树桩盆景小枝的修剪。

3. 高枝剪 高枝剪装有一根能够伸缩的铝合金长柄，可用于手不能及的高空小枝的修剪。

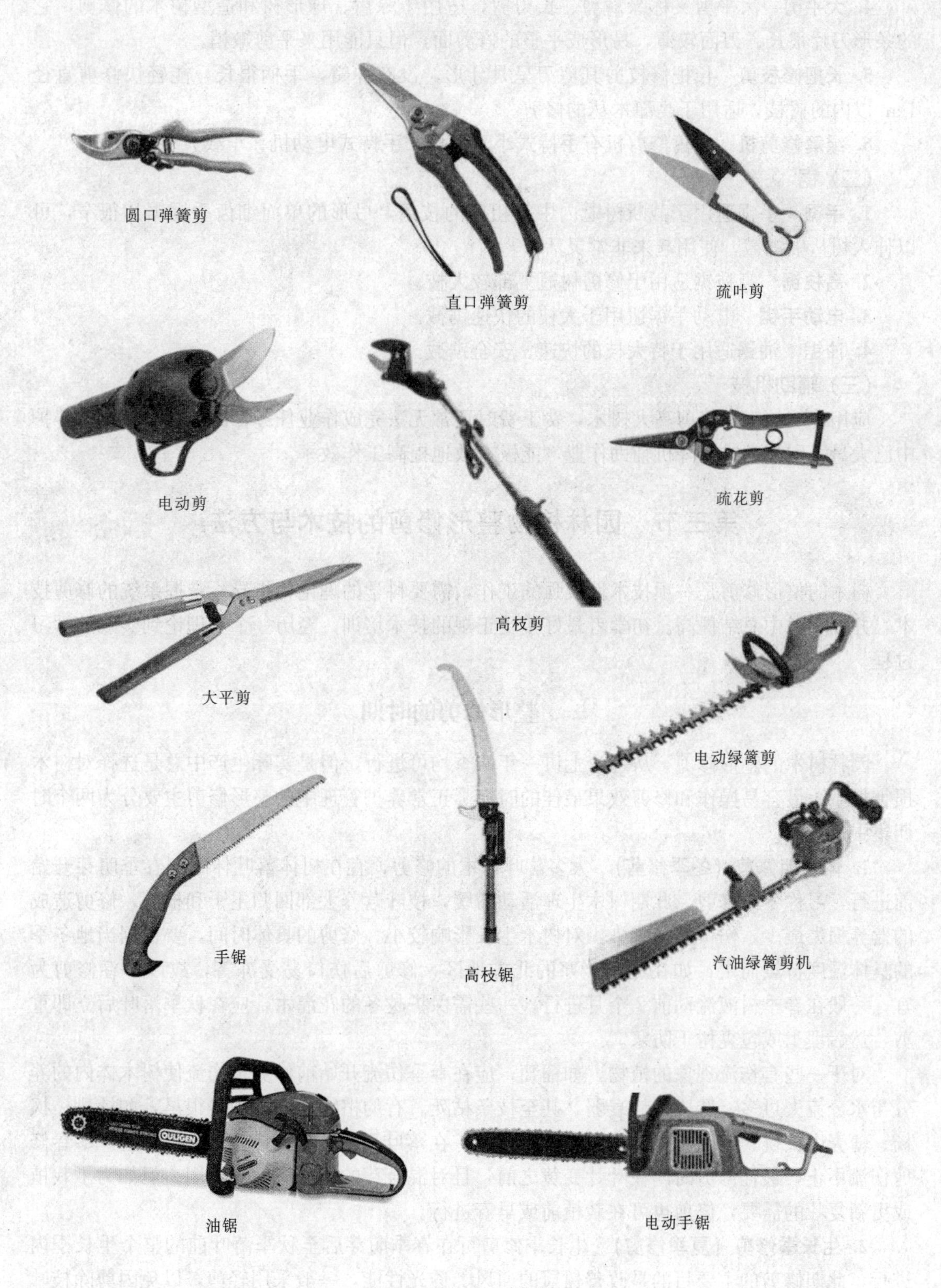

图 10-2 树木的修剪工具

4. 大平剪 大平剪又称绿篱剪、长刃剪，适用于绿篱、球形树和造型树木的修剪，它的条形刀片很长、刀面较薄，易形成平整的修剪面，但只能用来平剪嫩梢。

5. 长把修枝剪 长把修枝剪其剪刃呈月牙形，没有弹簧，手柄很长，能轻快修剪直径1cm以内的树枝，适用于高灌木丛的修剪。

6. 绿篱修剪机 绿篱修剪机有手持式小汽油机、手持式电动机、车载大型绿篱机。

（二）锯

1. 手锯 手锯适用于截断树冠内中等粗度的枝条，弓形的单面细齿手锯锯片很窄，可以伸入树丛中锯截，使用起来非常灵活。

2. 高枝锯 高枝锯适用于修剪树冠上部较大枝。

3. 电动手锯 电动手锯适用于大枝的快速锯截。

4. 油锯 油锯适用于特大枝的快速、安全锯截。

（三）辅助机械

应用传统的工具修剪高大树木，费工费时还常无法完成作业任务，国外在城市树木养护中已大量采用移动式升降机辅助作业，能极有效地提高工作效率。

第三节 园林植物整形修剪的技术与方法

树木的整形修剪是一项技术性极强的工作，需要科学的理论为指导，掌握系统的修剪技术，并在实践中总结提高。初学者最好接受正规的技术培训，经历一个从理论到实践的学习过程。

一、整形修剪的时期

园林树木的整形修剪，从理论上讲一年四季均可进行，但是实际生产中总是选择对树木损害最小、最容易操作和修剪效果最佳的时期。正常养护管理中的整形修剪主要分为两个时期集中进行。

1. 休眠期修剪（冬季修剪） 大多落叶树木的修剪，宜在树体落叶休眠到春季萌芽开始前进行，习称冬季修剪。此期树木生理活动滞缓，枝叶营养大部回归主干和根部，修剪造成的营养损失最少，伤口不易感染，对树木生长影响较小。修剪的具体时间，要根据当地冬季的具体温度特点而定，如在冬季严寒的北方地区，修剪后伤口易受冻害，故以早春修剪为宜，一般在春季树液流动前2个月进行。一些需保护越冬的花灌木，应在秋季落叶后立即重剪，然后埋土或包裹树干防寒。

对于一些有伤流现象的植物，如葡萄，应在春季伤流开始前修剪。伤流使树木体内的养分与水分流失过多，造成树势衰弱，甚至枝条枯死。有的植物伤流出现得很早，如核桃、枫杨、薄壳山核桃、复叶槭、悬铃木、四照花等，在落叶后的11月中旬就开始发生，冬春修剪伤流不止，最佳修剪时期在叶片变黄之前，且对混合芽的分化有促进作用。但如为了栽植或更新复壮的需要，修剪也可在栽植前或早春进行。

2. 生长季修剪（夏季修剪） 生长季修剪可在春季萌芽后至秋季落叶前的整个生长季内进行，此期修剪的主要目的是改善树冠的通风、透光性能，一般采用轻剪，以免因剪除枝叶量过大而对树体生长造成不良影响。对于发枝力强的植物，应疏除冬剪截口附近的过量新梢，以免干扰树形；嫁接后的树木，应加强抹芽、除蘖等修剪措施，保护接穗的健壮生长。对于夏季开花的植物，应在花后及时修剪，避免养分消耗，并促翌年开花；一年内多次抽梢开花的树木，如花后及时剪去花枝，可促使新梢的抽发，再现花期。观叶、赏形的树木，夏剪可随时去除扰乱树形的枝条；绿篱生长期修剪，可保持树形整齐美观。

常绿植物的修剪，因冬季修剪伤口易受冻害而不易愈合，故宜在春季气温开始上升、枝叶开始萌发后进行。常绿花果树，如桂花、山茶花、柑橘之类，不存在真正的休眠期，根与枝叶终年生长、代谢不止。其叶片制造的营养不完全用于储藏，当剪去枝叶时，其中所含营养也同时损失，且对日后树木发展发育及营养状况有一定影响。因而，修剪除了要限制强度，尽可能使树木多保留叶片外，还要选择好修剪时间，使修剪给树木带来的不良影响降至最低。在晚春，树木发芽萌动之前是常绿树修剪的适合期。

二、整形形式

整形主要是为了保持合理的树冠结构，维持各级枝条之间的从属关系，促进整体树势的平衡，达到良好的观赏效果和生态效益。整形的形式主要有自然式、人工式和混合式。

（一）自然式整形

自然式整形是尊重树木自然生长的树体结构特点的整形方式，仅对树冠的结构进行适当的梳理和完善，使树体结构脉络更清晰有序，形态更加优美自然。保持树木的自然形态，不仅能体现园林树木的自然美，同时也符合树木的生长发育习性，有利于树木的养护管理。

除规则式园林中的造型树木、绿篱和一些花果树木外，一般情况下，园林树木都采用自然式整形。修剪前要了解树木的习性和树体结构，顺应树木的自然结构特点。对有中央领导干的树木，应注意保护顶芽、防止偏顶而破坏冠形。如果修剪，一定要使延长头和原来的延伸方向一致。剪除扰乱树形的交叉枝和徒长枝，维护树冠的匀称完整。

（二）人工式整形

依据园林景观配置需要，将树冠修剪成各种特定的形状，适用于黄杨、小叶女贞、龙柏等枝密、叶小的植物。常见树形有规则的几何形体、盆景式造型，以及仿生、仿物等雕塑形体，规则式整形在西方园林中应用较多，但近年来在我国也有逐渐流行的趋势（图 10-3）。

图 10-3　人工式整形

（三）混合式整形

在自然树形的基础上，结合观赏目的和树木生长发育的要求进行整形的方式（图 10-4）。

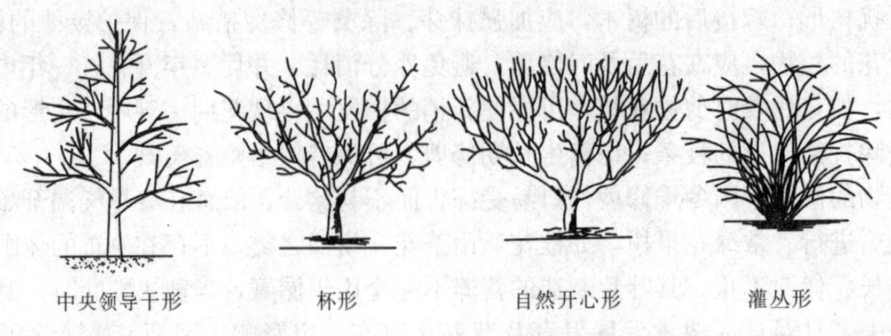

图 10-4　几种不同树木的整形方式

1. 杯形　树木仅留一段较低的主干，主干上部分生 3 个主枝，均匀向四周排开；每主枝各自分生侧枝 2 个，每侧枝再各自分生次侧枝 2 个，而成 12 枝，形成三股、六杈、十二枝的树形。也可根据树体空间对次侧枝酌情减少，选留 7～11 个末端侧枝。杯形树冠内不允许有直立枝、内向枝的存在，一经出现必须剪除。这种整形在城市行道树中较为常见。

2. 自然开心形　自然开心形是杯形的改进形式，不同处仅分枝点较低、内膛不空、三大主枝的分布有一定间隔，适用于枝条开展的观花观果树木，如碧桃、石榴等。

3. 中央领导干形　中央领导干形是在强大的中央领导干上配列疏散的主枝。适用于轴性强、能形成高大树冠的树木，如白玉兰、青桐、银杏及松柏类乔木等，在庭荫树、景观树栽植应用中常见。

4. 多主干形　多主干形有 2～4 个主干，各自分层配列侧生主枝，形成规整优美的树冠，能缩短开花年龄，延长小枝寿命，多适用于观花乔木和庭荫树，如紫薇、蜡梅、桂花等。

5. 灌丛形　灌丛形适用于迎春、连翘、云南黄素馨等小型灌木，每灌丛自基部留主枝 10 余个，每年疏除老主枝 3～4 个，新增主枝 3～4 个，促进灌丛的更新复壮。

6. 棚架形　棚架形属于垂直绿化栽植的一种形式，常用于葡萄、紫藤、凌霄、木通等藤本植物。整形修剪方式由架形而定，常见的有篱壁式、棚架式、廊架式等。

三、修剪手法

（一）休眠期修剪

1. 短截　短截又称短剪，是指对一年生枝条的剪截处理。枝条短截后，养分相对集中，可刺激剪口下侧芽的萌发，增加枝条数量，促进营养生长或开花结果。短截程度对修剪效果有显著影响（图 10-5）。

（1）轻短截　轻短截是指剪去枝条全长的 1/5～1/4，主要用于观花观果类树木的强壮枝修剪。枝条经短截后，多数半饱满芽受到刺激而萌发，形成大量中、短枝，易分化更多的花芽。

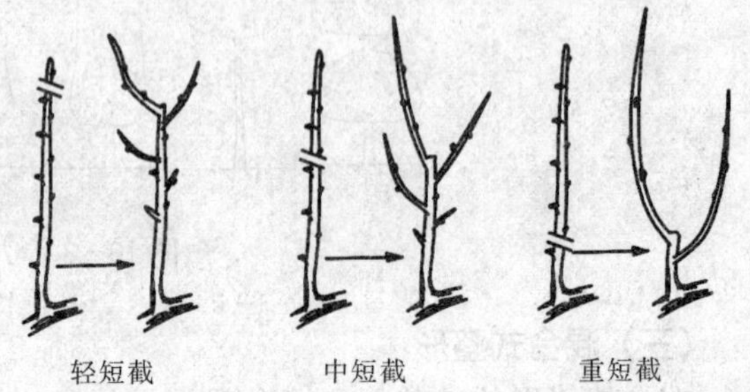

图 10-5　不同短截程度产生的修剪反应

（2）中短截　中短截是指自枝条长度 1/3～1/2 的饱满芽处短截，使养分较为集中，促使剪口下发生较壮的营养枝，主要用于骨干枝和延长枝的培养及某些弱枝的复壮。

（3）重短截　重短截是指在枝条中下部全长 2/3～3/4 处短截，刺激作用大，可促使基部隐芽萌发，适用于弱树、老树和老弱枝的复壮更新。

（4）极重短截　极重短截是指仅在春梢基部留 2～3 个芽，其余全部剪去，修剪后会萌生 1～3 个中、短枝，主要应用于竞争枝的处理。对于修剪后易抽生徒长枝或旺长长枝的树种，这种修剪法是为了缓和树势。

2. 回缩、截干

（1）回缩　回缩又称缩剪，是指对多年生枝条（枝组）进行短截的修剪方式。在树木生长势减弱、部分枝条开始下垂、树冠中下部出现光秃现象时采用此法，多用于衰老枝的复壮和结果枝的更新，促使剪口下方的枝条旺盛生长或刺激休眠芽萌发徒长枝，达到更新复壮的目的。

（2）截干　截干是指对主干或粗大的主枝、骨干枝等进行回缩的措施，可有效调节树体水分吸收和蒸腾平衡间的矛盾，提高移栽成活率，在大树移栽时多见。此外，尚可利用截干促发隐芽的效用，进行壮树的树冠结构改造和老树的更新复壮。

在截除粗壮的枝干时，应先用锯在粗枝基部的下方，由下向上锯入 1/3～2/5，然后再自上方基部略前方处从上向下锯下，这样能够避免劈裂。最后将伤口沿枝条基部切削平滑，利于愈伤组织的形成和伤口的愈合。之后涂上护伤剂，以免病虫侵染和水分流失。护伤剂有接蜡、白涂剂、桐油或油漆，以及专用伤口涂补剂等。

3. 疏剪　疏剪又称疏删或疏除，是将枝条从分枝基部剪除的修剪方法。即将枝条整个去掉，剪口处翌年不再发枝。因此疏剪时，一定要剪除干净，切忌留短桩。疏剪能减少树冠内部的分枝数量，使枝条分布趋向合理与均匀，改善树冠内膛的通风与透光，增强树体的同化功能，减少病虫害的发生，并促进树冠内膛枝条的营养生长或开花结果。疏剪的主要对象是弱枝、病虫枝、枯枝及影响树木造型的交叉枝、干扰枝、萌蘖枝等各类枝条。全冠移植树木时，为了既保持树形又减少枝叶，常采用疏除的手法。

疏剪对全树的总生长量有削弱作用，但能促进树体局部的生长。疏剪对局部的刺激作用与短截有所不同，它对同侧剪口以下的枝条有增强作用，而对同侧剪口以上的枝条则起削弱作用。应注意的是，疏枝在母枝上形成伤口，影响养分的输送，疏剪的枝条越多，伤口间距越接近，其削弱作用越明显，故一般宜分期进行。

疏剪强度是指被疏剪枝条占全树枝条的比例，剪去全树 10％的枝条为轻疏，强度达 10％～20％时称中疏，重疏则指疏剪 20％以上的枝条。实际应用时疏剪强度依植物、长势和树龄等具体情况而定，一般情况下，萌芽力强、成枝力弱或萌芽力、成枝力都弱的植物应少疏枝，如马尾松、油松、雪松等；而萌芽力强、成枝力强的植物，可多疏枝；进入生长与开花盛期的成年树应适当中疏，以调节营养生长与生殖生长的平衡，防止开花、结果的大小年现象发生；衰老期的树木发枝力弱，为保持足够的枝条组成树冠，应尽量少疏；花灌木类轻疏能促进花芽的形成，有利于提早开花。

（二）生长季修剪（夏季修剪）

1. 摘心　摘心是将新梢顶端摘除的做法。摘除部分长 2～5cm。摘心可抑制新梢生长，使营养转移至芽、果或枝条，有利于花芽的分化、开花结果或枝条的充实。但摘心后，新梢上部的芽易萌发成二次枝，从而增加了分枝，有利于树冠早日形成。如果为了限制萌发二次枝，可待其生出数片叶后再行摘心。秋季适时摘心，可使枝、芽器官发育充实，有利于提高抗寒力。

2. 抹芽 抹芽是抹除枝条上多余的芽体。可改善留存芽的养分状况，增强其生长势。如每年夏季对行道树主干上萌发的隐芽进行抹除，一方面可使行道树主干通直；另一方面可以减少不必要的营养消耗，保证树体健康生长发育。其中亦有将主芽除去而使副芽或隐芽萌发的，可抑制过强的生长势或延迟发芽期。例如，为了延迟蜡梅的嫁接时期，常将母本枝条上的主芽除去，使其再生新芽后，才采作接穗用。在日本，为了形成致密的枝片，松树修剪常抹除顶芽，限制抽长枝，均匀的分枝集中在同一个面层，使松树保持盆景一样的层性。

3. 摘叶（打叶） 摘叶是适当摘除过多的叶片。摘叶可改善通风透光。在果树生产上尚有使果实增强光照而着色浓艳的效果。在密植的群体中实施摘叶，可避免病虫滋生，同时起到催花的作用。如丁香、连翘、榆叶梅等花灌木，在8月中旬摘去一半叶片，9月初再将剩下的叶片全部摘除，在加强肥水管理的条件下，可促其在国庆节期间二次开花。而红枫夏季摘叶，可诱发红叶再生，增强景观效果。

4. 摘蕾 摘蕾实质上为早期进行的疏花措施。凡是为了取得肥硕的花朵，如牡丹、月季等，常可采用摘除侧蕾的方法使主蕾更加充沛发展。对一些花败后不美观的花木，在花谢后及时摘除枯花，既可避免不雅观赏效果，又可避免因结实而消耗过多营养。

5. 摘果 摘除幼果可减少营养消耗、调节激素水平，枝条生长充实，有利花芽分化。对月季、紫薇等为了延续花期，必须不时剪除果实。紫薇的花期可由25d延长至100d左右；丁香开花后，如不是为了采收种子也需摘除幼果，以利翌年依旧繁花。对于观果树种，摘除适量幼果可保持树木健壮的营养生长和花芽分化，避免出现“大小年”现象。

6. 扭梢和折梢（枝） 扭梢和折梢多用于生长期内生长过旺的半木质化枝条，特别是着生在枝背上的徒长枝，扭转弯曲而未折伤者称扭梢，折伤而未断离者则为折梢。扭梢和折梢均是部分损伤输导组织，其缺陷是弯折处不易愈合，往后尚需再行一次剪平工作。

7. 屈枝（弯枝、缚枝、盘扎） 屈枝是将枝条或新梢长时间固定弯曲的方法。平伸枝弯向竖立状态可增强生长势；水平或向下引诱屈枝则有缓和生长势的作用，在果树上有利于花芽形成，园景树则是为了艺术造型。

8. 环剥（环状剥皮） 环剥是用刀在枝干或枝条基部的适当部位环状剥去一定宽度的树皮，以在一段时期内阻止枝梢的光合养分向下输送，有利于枝条环剥上方营养物质的积累和花芽分化，适用于营养生长旺盛但开花结果量小的枝条。剥皮宽度要根据枝条的粗细和植物的愈伤能力而定，一般以1个月内环剥伤口能愈合为限，约为枝直径的1/10（2～10mm），过宽伤口不易愈合，过窄愈合过早而不能达到目的。环剥深度以达到木质部为宜，过深伤及木质部会造成环剥枝梢折断或死亡，过浅则韧皮部残留，环剥效果不明显。实施环剥的枝条上方需留有足够的枝叶量，以供正常光合作用之需。

环剥是在生长季应用的临时性修剪措施，多在花芽分化期初期、落花落果期和果实膨大期进行，在冬剪时要将环剥部位以上逐渐剪除。环剥也可用于主干、主枝，需根据树体的生长状况慎重决定，一般用于树势强旺、花果稀少的青壮树。伤流过旺、易流胶的植物不宜应用环剥。

9. 放 放是指对营养枝不加修剪，也称长放或甩放，适宜于长势强的长枝。长放的枝条留芽多，抽生的枝条也相对增多，可缓和树势，促进花芽分化。丛生灌木也常应用此措施，如连翘，在树冠的上方往往甩放 3～4 根长枝，形成潇洒飘逸的树形，长枝随风摇曳，观赏效果极佳。

（三）终年都可进行的修剪

1. 去蘖（除萌）　去蘖是除去植株基部附近的根蘖或砧木上萌蘖的方法。可使营养集中供给植株，促进生长发育。

2. 刻伤　刻伤是用刀在枝芽的上（或下）方横切（或纵切）而深及木质部的方法，常结合其他修剪方法施用。主要方法有目伤、纵伤和横伤。

（1）目伤　目伤是在枝芽的上方行刻伤，伤口形状似眼睛，伤及木质部以阻止水分和矿质养分继续向上输送，以在理想的部位萌芽抽生壮枝；反之，在枝芽的下方行刻伤时，可使该芽抽生枝生长势减弱，但因有机营养物质的积累，有利于花芽的形成。

（2）纵伤　纵伤是指在枝干上用刀纵切深达木质部的刻伤，目的是减小树皮的机械束缚力，促进枝条的加粗生长。纵伤宜在春季树木开始生长前进行，实施时应选树皮硬化部分，细枝可行一条纵伤，粗枝可纵伤数条。

（3）横伤　横伤是指对树干或粗大主枝横切数刀的刻伤方法，其作用是阻滞有机养分向下回流，促使枝干充实，有利于花芽分化，达到促进开花、结实的目的。作用机理同环剥，只是强度较低而已。

3. 断根　断根是将植株的根系在一定范围内全部或部分切断的方法。此法有抑制树冠发展过旺的效果。断根后可刺激根部暴发新的须根，所以有利于移植成活。因而，在珍贵苗木出圃前或移植前，常应用断根的方法。

四、修剪细节技术

（一）剪口和剪口芽的处理

短截修剪造成的伤口称为剪口，距离剪口最近的芽称为剪口芽。剪口方式和剪口芽的质量与枝条的抽生能力及长势有关。

1. 剪口方式　剪口的斜切面应与芽的方向相反，其上端略高于芽端上方 0.5cm，下端与芽腰部相齐，剪口面积小易愈合，有利于芽体的生长发育（图 10-6）。

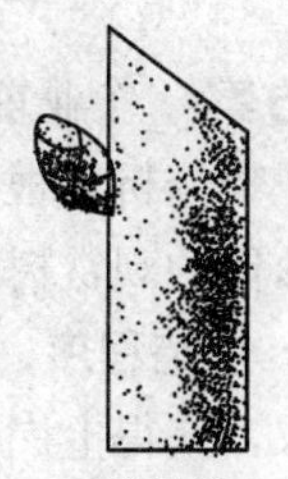
正确的剪口

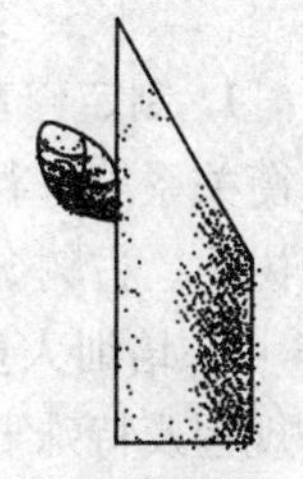
不正确的剪口

图 10-6　剪口示意图

2. 剪口芽的处理　剪口芽的方向、质量决定萌发新梢的生长方向和生长状况，剪口芽的选择，要考虑树冠内枝条的分布状况和对新枝长势的期望。背上芽易发强旺枝，背下芽发枝中庸；剪口芽留在枝条外侧可向外扩张树冠，而剪口芽方向朝内则可填补内膛空位。为抑制生长过旺的枝条，应选留弱芽为剪口芽；而欲弱枝转强，则需选留饱满的背上壮芽。

（二）大枝剪截

在移栽大树、恢复树势、防风雪危害以及病虫枝处理时，经常需对一些大型的骨干枝进行锯截，操作时应注意锯口的位置以及锯截的步骤。

1. 截口位置　选择准确的锯截位置及操作方法是大枝修剪作业中最重要的环节，因其不仅影响锯口的大小及愈合过程，还影响树木锯截后的生长状况。错误的修剪技术会造成创面过大，愈合缓慢，创口长期暴露、腐烂易导致病虫害寄生，进而影响树木的健康。20 世纪70年代以前，一般建议尽量贴近枝干的基部锯截。因其造成的创口过大、难于愈合，现在已不再推荐采用。目前的做法是截口既不能紧贴树干，也不应留有较长的树桩，正确的位置是贴近树干但不超过侧枝基部的树皮隆脊部分与枝条基部的环痕。该法的主要优点是保留了枝条基部环痕以内的保护带，如果发生病菌感染，可使其局限在被截枝的环痕组织而不会向纵深处进一步扩大。

2. 锯截步骤 对直径10cm以下的大枝进行剪截，首先在距截口10～15cm处锯掉枝干的大部分，然后再将留下的残桩在截口处自上而下稍倾斜削正。若疏除直径10cm以上的大枝时，应首先在距截口10cm处自下而上锯一浅伤口（深达枝干直径的1/3～1/2），然后在距此伤口5cm处自上而下将枝干的大部分锯掉，最后在靠近树干的截口处自上而下锯掉残桩，并用利刀将截口修整光滑，涂保护剂或用塑料布包扎。

3. 截口保护 短截与疏剪的截口面积不大时，可以任其自然愈合。若截口面积过大，易因雨淋及病菌侵入而导致剪口腐烂，需要采取保护措施。应先用锋利的刀具将创口修整平滑，然后用2%硫酸铜溶液消毒，最后涂保护剂。效果较好的保护剂有：

（1）保护蜡 用松香2 500g、黄蜡1 500g、动物油500g配制。先将动物油放入锅中加热熔化，再将松香粉与黄蜡放入，不断搅拌至全部熔化，熄火冷凝后即成，取出装入塑料袋密封备用。使用时只需稍微加热令其软化，即可用油灰刀蘸涂，一般适用于面积较大的创口。

（2）液体保护剂 用松香10份、动物油2份、酒精6份、松节油1份（按重量计）配制。先将松香和动物油一起放入锅内加温，待熔化后立即停火，稍冷却后再倒入酒精和松节油，搅拌均匀，然后倒入瓶内密封储藏。使用时用毛刷涂抹即可，适用于面积较小的创口。

（3）油铜素剂 用豆油1 000g、硫酸铜1 000g和熟石灰1 000g配制。硫酸铜、熟石灰需预先研成细粉末，先将豆油倒入锅内煮至沸热，再加入硫酸铜和熟石灰，搅拌均匀，冷却后即可使用。

五、整形修剪的程序及注意事项

1. 制定修剪方案 作业前应对计划修剪树木的树冠结构、树势、主侧枝的生长状况、平衡关系等进行观察分析，根据修剪目的及要求，制定具体修剪及保护方案。对重要景观中的树木、古树、珍贵的观赏树木，修剪前需咨询专家的意见，或在专家指导下进行。

2. 培训人员、规范程序 修剪人员必须接受岗前培训，掌握操作规程、技术规范、安全规程及特殊要求，获得上岗证书后方能独立工作。

根据修剪方案，对要修剪的枝条、部位及修剪方式进行标记。然后按先剪下部、后剪上部，先剪内膛枝、后剪外围枝，由粗剪到细剪的顺序进行。一般从疏剪入手，将枯枝、密生枝、重叠枝等先行剪除；再按大、中、小枝的次序，对多年生枝进行回缩修剪；最后，根据整形需要，对一年生枝进行短截修剪。修剪完成后尚需检查修剪的合理性，有无漏剪、错剪，以便更正。

3. 注意安全作业 安全作业包括两个方面：①对作业人员的安全防范，所有的作业人员都必须配备安全保护装备；②对作业树木下面或周围行人与设施的保护，在作业区边界应设置醒目的标记，避免落枝伤害行人。修剪作业所用的工具要坚固和锋利，不同的作业应配备相应的工具。几个人同剪一棵高大树体时，应由专人负责指挥，以便高空作业时协调配合。

4. 清理作业现场　及时清理、运走修剪下来的枝条十分重要，一方面保证环境整洁，另一方面也是为了确保安全。目前国内一般采用将残枝等运走的办法，国外则经常用移动式削片机在作业现场就地将树枝粉碎成木片，可节约运输量并可再利用。对于剪除的病虫枝要及时烧毁。

第四节　各类园林植物的整形修剪

一、行道树的修剪

（一）修剪应考虑的因子

行道树一般为具有通直主干、树体高大的乔木树种。由于城市道路情况复杂，行道树养护过程中必须考虑的因子较多，除了一般性的营养与水分管理外，还包括诸如对交通、行人的影响，与树冠上方各类线路及地下管道设施的关系等。因此在选择适合的行道树的基础上，通过各种修剪措施来控制行道树的生长量及伸展方向，以获得与立地环境的协调。行道树修剪中应考虑的因子一般包括：

1. 枝下高　枝下高为树冠最低分枝点以下的主干高度，以不妨碍车辆及行人通行为度，同时应充分估计到所保留的永久性侧枝在成年后，由于直径的增粗距地面的距离会降低，因此必须留有余量。枝下高的标准，我国一般掌握在城市主干道为2.5～4m，城郊公路以3.5～4m或更高为宜。枝下高的尺寸在同一条干道上要整齐一致。

2. 树冠开展性　行道树的树冠一般要求宽阔舒展、枝叶浓密，在有架空线路的人行道上，应根据电力部门制定的安全标准，采用各种修剪技术，使树冠枝叶与各类线路保持安全距离，一般电话线为0.5m、高压线为1m以上。一般采用以下几种措施：降低树冠高度，使线路在树冠的上方通过；修剪树冠的一侧，让线路能从其侧旁通过；修剪树冠内膛的枝干，使线路能从树冠中间通过（图10-7）。

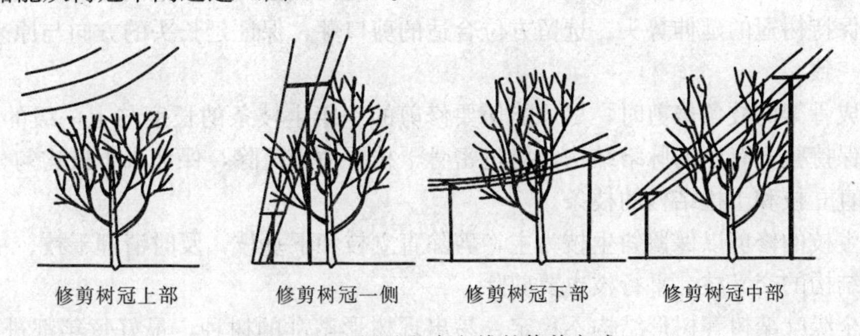

图10-7　回避空中电线的修剪方式

（二）行道树的主要造型

1. 杯形　枝下高2.5～4m，应在苗圃中完成基本造型，定植后5～6年内完成整形。离建筑物较近的行道树，为防止枝条扫瓦、堵门、堵窗，影响室内采光和安全，应随时对过长枝条进行短截或疏除。生长期内要经常进行除萌，冬季修剪时主要疏除交叉枝、并生枝、下垂枝、枯枝、伤残枝及背上直立枝等。

以二球悬铃木为例，在树干2.5～4m处截干，萌发后选3～5个方向不同、分布均匀、与主干成45°夹角的枝条作主枝，其余分期剪除。当年冬季或第二年早春修剪时，将主枝在80～100cm处短截，剪口芽留在侧面，并处于同一水平面上，使其匀称生长；第二年夏季再抹芽和疏枝。幼年时顶端优势较强，侧生或背下着生的枝条容易转成直立生长，为确保剪口芽侧向斜上生长，修剪时可暂时保留背生直立枝。第二年冬季或第三年早春，于主枝两侧发生的侧枝中选1～2个作延长枝，并在80～100cm处短截，剪口芽仍留在枝条侧面，疏除原来暂时保留的直立枝。如此反复修剪，经3～5年后即可形成杯形树冠。骨架构成后，树冠扩大很快，疏去密生枝、直立枝，促发侧生枝，增强遮阴效果。

2. 开心形　开心形适用于无中央主轴或顶芽自剪、呈自然开展冠形的植物。定植时，将主干留3m截干；春季发芽后，选留3～5个不同方位、分布均匀的侧枝并进行短截，促使其形成主枝，余枝疏除。在生长季，注意对主枝进行抹芽，培养3～5个方向合适、分布均匀的侧枝；翌年萌发后，每侧枝选留3～5枝短截，促发次级侧枝，形成丰满、匀称的冠形。

3. 自然式冠形　在不妨碍交通和其他市政工程设施且有较大生长空间的条件下，行道树多采用自然式整形方式，如塔形、伞形、卵球形等。

(1) 有中央领导干的树木修剪　如银杏、水杉、侧柏、雪松、枫杨、毛白杨等的整形修剪，主要是选留好树冠最下部的3～5个主枝，一般要求枝间上下错开、方向匀称、角度适宜，并剪掉主枝基部的侧枝。在养护管理过程中以疏剪为主，主要对象为枯死枝、病虫枝和过密枝等；注意保护主干顶梢，如果主干顶梢受损伤，应选直立向上生长的枝条或壮芽代替、培养主干，抹其下部侧芽，避免多头现象发生。

(2) 无中央领导干的树木修剪　如旱柳、榆等，在树冠最下部选留5～6个主枝，各层主枝间距要短，以利于自然长成卵球形的树冠。每年修剪的对象主要是枯死枝、病虫枝和伤残枝等。

（三）调整及整理修剪

调整及整理修剪是在行道树的树形基本确定以后的树形维护修剪和树冠结构改良性修剪。每年的修剪首先要进行各级骨架主侧枝延长头的更新修剪，在饱满芽处短截以保证抽生强壮枝，保持树冠的延伸势头。选留方位合适的剪口芽，保证延长头的方向与原来的方位及走势基本一致。

对构成骨架的枝条修剪时，尽可能使要修剪的一年生枝条的长度与上一级的长度接近，使骨干枝保持整齐有序的脉络结构。对过密骨干枝要适当疏除，保证骨干枝均匀分布。及时疏除背上直立枝和干扰结构的枝条。

一年生枝的修剪以保留斜生枝为主，剪除直立枝和下垂枝，及时清理干枝、枯枝和病虫枝，干扰结构的交叉枝、平行枝也要剪除。

对于全缘叶栾树等树形结构不稳定、易出现树形紊乱的树种，最好每年都进行重短截，做到枝枝动剪，以便形成良好的骨架结构和匀称的树冠。

二、庭荫树的修剪

庭荫树的枝下高虽无固定要求，若依人在树下活动自由为限，以2.0～3.0m较为适宜；若树势强旺、树冠庞大，以3.0～4.0m为好，能更好地发挥遮阴作用。一般认为，以遮阴为目的的庭荫树，冠高比以2/3以上为宜。整形方式多采用自然形，培养健康、挺拔的树木姿态，在条件许可的情况下，每1～2年将过密枝、伤残枝、病枯枝及扰乱树形的枝条疏除一次，并对老弱枝进行短截。需特殊整形的庭荫树可根据配置要求或环境条件进行修剪，以显现更佳的使用效果。

三、灌木和小乔木的修剪

（一）观花类

1. 因树势修剪　幼树生长旺盛宜轻剪，以整形为主，尽量轻短截，避免直立枝、徒长枝大量发生，造成树冠密闭，影响通风透光和花芽的形成；斜生枝的上位芽在冬剪时剥除，防止直立枝发生；病虫枝、干枯枝、伤残枝、徒长枝等通过疏剪除去；丛生花灌木的直立枝，选择生长健壮的加以摘心，促其早开花。壮年树木的修剪以充分利用立体空间、促使花枝形成为目的。休眠期修剪，疏除部分老枝，选留部分根蘖，以保证枝条不断更新，适当短截秋梢，保持树形丰满。老弱树以更新复壮为主，采用重短截的方法，齐地面留桩刈除，焕发新枝。

2. 因时修剪　落叶灌木的休眠期修剪，一般以早春为宜，一些抗寒性弱的植物可适当延迟修剪时间。生长季修剪在落花后进行，以早为宜，有利控制营养枝的生长，增加全株光照，促进花芽分化。对于直立徒长枝，可根据生长空间的大小，采用摘心法培养二次分枝，增加开花枝的数量。

3. 根据树木生长习性和开花习性进行修剪

（1）根据开花季节特性进行修剪

①春花植物：早春开花灌木的花芽是前一年夏秋时期进行分化的，所以花芽着生在二年生枝上，应在开花后轻剪，仅剪去枝条的1/5即可。对先开花后长叶的种类，可在春花后修剪老枝，并保持理想树姿。对毛樱桃、榆叶梅等枝条稠密的种类，可适当疏剪弱枝、病枯枝，通过重剪进行枝条更新，通过轻剪维持树形。对于拱枝形种类，如连翘、迎春等，可将老枝重剪，促发强壮的新条以发挥树姿优势。

②夏秋花植物：如紫薇、木槿、珍珠梅等，花芽在当年萌发枝上形成，修剪应在休眠期进行；在冬季寒冷、春季干旱的北方地区，宜推迟到早春气温回升即将萌芽时进行。在二年生枝基部留2～3个饱满芽重剪，可萌发出茁壮的枝条，虽然花枝少些，但由于营养集中会产生较大的花朵。对于一年开两次花的灌木，可在花后将残花及其下方的2～3芽剪除，刺激二次枝条的发生，适当增加肥水则可二次开花。

③一年多次抽梢、多次开花的植物：如月季，可于休眠期短截当年生枝条或回缩强枝，疏除交叉枝、病虫枝、纤弱枝及过密枝；寒冷地区可行重短截，必要时进行埋土防寒。生长季修剪，通常在花后于花梗下方第2～3芽处短截，剪口芽萌发抽梢开花，花谢后再剪，如此重复。

（2）根据花枝特性修剪

①花芽着生在二年生和多年生枝上的植物：如紫荆、贴梗海棠等，花芽大部分着生在二年生枝上，但当营养条件适合时，多年生老干亦可分化花芽。这类植物修剪量较小，一般在早春将枝条先端枯干部分剪除；生长季节进行摘心，抑制营养生长，促进花芽分化。

②花芽着生在开花短枝上的植物：如西府海棠等，早期生长势较强，每年自基部发生多数萌芽，主枝上亦有大量直立枝发生，进入开花树龄后，多数枝条形成开花短枝，连年开花。这类灌木修剪量很小，一般在花后剪除残花，夏季修剪对生长旺枝适当摘心、抑制生

长，并疏剪过多的直立枝、徒长枝。

（二）观果类

观果类树种修剪时间、方法与早春开花的种类基本相同。生长季中要注意疏除过密枝，以利通风透光、减少病虫害、增强果实着色、提高观赏效果；在夏季，多采用环剥、缚缢或疏花疏果等技术措施，以增加挂果数量和单果重量。

观果类树种的修剪一定要处理好营养生长与生殖生长的平衡，通过修剪促进花芽分化，控制开花结实数量和保持健壮的营养生长。保证持续长效的结果能力和较长的生长寿命。

（三）观枝类

红瑞木、棣棠等观枝类树种，为延长冬季观赏期，修剪多在早春萌芽前进行。对于嫩枝鲜艳、观赏价值高的种类，需每年重短截以促发新枝，适时疏除老干促进树冠更新。

（四）观形类

观形类树种修剪方式因种类不同而异。对垂枝桃、垂枝梅、龙爪槐短截时，剪口留拱枝背上芽，以诱发壮枝，弯穹有力。对合欢，成形后只进行常规疏剪，通常不再进行短截修剪。

（五）观叶类

观叶类树种修剪以自然整形为主，一般只进行常规修剪，部分植物可结合造型需要修剪。红枫夏季叶易枯焦，景观效果大为下降，可采取集中摘叶措施，促发新叶，再度红艳动人。

四、绿篱的修剪

绿篱又称植篱、生篱，由萌枝力强、耐修剪的植物呈密集带状栽植，起防范、界限、分隔和模纹观赏的作用，其修剪时期和方式，因植物特性和绿篱功用而异。

（一）高度修剪

绿篱的高度依其防范对象来决定，有绿墙（160cm 以上）、高篱（120～160cm）、中篱（50～120cm）和矮篱（50cm 以下）。对绿篱进行高度修剪，一是为了整齐美观，二是为使篱体生长茂盛，长久保持设计效果。

1. 自然式修剪 自然式修剪多用于绿墙或高篱，顶部修剪多放任自然，仅疏除病虫枝、干枯枝等。

2. 整形式修剪 整形式修剪多用于中篱和矮篱。草地、花坛的镶边或组织人流走向的矮篱，多采用几何图案式的整形修剪，一般剪掉苗高的 1/3～1/2；为尽量降低分枝高度、多发分枝、提早郁闭，可在生长季内对新梢进行 2～3 次修剪，如此修剪可使绿篱下部分枝匀称、稠密，上部枝冠密接成形。绿篱造型有几何形体、建筑图案等，从其修剪后的断面划分主要有半圆形、梯形和矩形等。

中篱大多为半圆形、梯形断面，整形时先剪其两侧，使其侧面成为一个弧面或斜面，再修剪顶部呈弧面或平面，整个断面呈半圆形或梯形。由于符合自然树冠上大下小的规律，篱体生长发育正常，枝叶茂盛，美观的外形容易维持。

矩形断面较适宜用于组字和图案式的矮篱，要求边缘棱角分明，界限清楚，篱带宽窄一致。由于每年修剪次数较多，枝条更新时间短，不易出现空秃，文字和图案的清晰效果容易保持。

绿篱修剪中为了保证高度一致和修剪平整，可打桩拉线，确保修剪效果。

（二）花果篱修剪

以栀子花、杜鹃花等花灌木栽植的花篱，冬剪时除去枯枝、病虫枝，夏剪在开花后进行，中等强度，稳定高度。对七姊妹等萌发力强的花篱，盛花后需重剪，以再度抽梢开花。以火棘、黄刺玫、刺梨等为材料栽植的刺果篱，一般采用自然整枝，仅在必要时进行老枝更新修剪。

（三）更新修剪

更新修剪是指通过强度修剪来更换绿篱大部分树冠的过程，一般需要3年。

1. 第一年　首先疏除过多的老干。因为绿篱经过多年的生长，在内部萌生了许多主枝，加之每年短截而促生许多小枝，造成绿篱内部整体通风、透光不良，主枝下部的叶片枯萎脱落。因此，必须根据合理的密度要求，疏除过多的老主枝，改善其内部的通风透光条件。然后，短截主枝上的枝条，并对保留下来的主枝逐一回缩修剪，保留高度一般为30cm；对主枝下部保留的侧枝，先行疏除过密枝，再回缩修剪，通常每枝留10～15cm即可。

常绿篱的更新修剪，以5月下旬至6月底进行为宜，落叶篱宜在休眠期进行，剪后要加强肥水管理和病虫害防治工作。

2. 第二年　对新生枝条进行多次轻短截，促发分枝。

3. 第三年　再将顶部剪至略低于所需要的高度，以后每年进行重复修剪。

对于萌芽能力较强的种类，可采用平茬的方法进行更新，仅保留一段很矮的主枝干。平茬后的植株，因根系强大、萌枝健壮，可在1～2年中形成绿篱的雏形，3年左右恢复成形。

五、特殊造型植物的修剪

植物的特殊造型也是整形的一种形式，常见的造型有动物形状和其他物体形状。

进行植物的特殊造型，需选择适宜的植物。这类植物必须枝繁叶茂、叶片细小、萌芽力和成枝力强，枝干易弯曲变形。符合这些条件的植物有罗汉松、圆柏、黄杨、福建茶、六月雪、水蜡、女贞、榆、珊瑚树等。

对植物进行特殊的造型，在技术上要求较高。首先需具有一定的雕塑知识，能较好地把握造型对象各部分的结构比例，其次花费的时间长，要从基部开始做起，循序渐进，忌急于求成。另外，对体量大的造型，还需在内膛架设金属骨架，以增加支撑力。最后对修剪方法要求灵活运用，常用的方法有截、放、变等。

1. 图案式绿篱的整形修剪　组字或图案式绿篱采用规整的整形方式，要求篱体边缘棱角分明，界线清楚，篱带宽窄一致，每年修剪的次数比一般镶边、防护绿篱多，枝条的替换、更新时间应短，不能出现空秃，以始终保持文字和图案的清晰可辨。

用于组字或图案的植物，应较矮小，萌枝力强，极耐修剪。常用的是瓜子黄杨或雀舌黄杨。可依字、图的大小，采用单行、双行或多行式定植。

2. 绿篱拱门制作与修剪　绿篱拱门设置在用绿篱围成的闭锁空间处，为了便于游人入内，常在绿篱的适当位置断开绿篱，制作一个绿色的拱门，与绿篱连为一体。制作的方法是：在断开的绿篱两侧各种一株枝条柔软的小乔木，两树之间保持较小间距（1.5～2.0m），然后将树梢向内弯曲并绑扎而成，也可用藤本植物制作。藤本植物作绿篱拱门时，必须用由钢木制作的骨架。藤本植物离心生长旺盛，很快两株植物就能绑扎在一起，由于枝条柔软，造型自然，又能把整个骨架遮挡起来。绿色拱门必须经常修剪，防止新枝横生下垂，影响游人通行，并通过反复修剪，始终保持较窄的厚度。使树木内膛通风透光好，不会产生空秃。

3. 造型植物的整形修剪 用各种侧枝茂密、枝条柔软、叶片细小且极耐修剪的植物，通过扭曲、盘扎、修剪等手段，将植物整成亭台、牌楼、鸟兽等各种主体造型，以点缀和丰富园景。造型要讲究艺术构图，运用美学原理，使用正确的比例和尺度，发挥丰富的联想和比拟等。同时，做到各种造型与周围环境及建筑充分协调。

造型植物的整形，首先要培养主枝和大侧枝，以形成骨架，然后将细小侧枝进行牵引、绑扎，使它们紧密抱合在一起。或者直接按照模板对物体进行多年细致的修剪，形成各种雕塑形象。为了保持造型的逼真，对扰乱形状的枝条要及时修剪，对植株表面要进行反复短截，以促发大量的密集小枝，最终使各种造型丰满逼真，栩栩如生。造型培育中，绝不允许发生缺棵和空秃现象，一旦空秃则难以挽回。

复习思考题

1. 什么是园林植物的整形修剪？它有哪些主要作用？
2. 园林植物的整形有哪几种方式？如何具体应用？
3. 园林树木整形修剪的基本原则是什么？
4. 园林树木修剪的时间如何确定？
5. 修剪工具主要包括哪些？如何选用？
6. 各种不同用途的园林植物如何进行整形修剪？
7. 当前园林植物整形修剪中存在的主要问题及解决方法是什么？
8. 举例说明枝芽生长特性与整形修剪的关系。
9. 举例说明整形修剪需考虑哪些因子。
10. 举例说明截、疏、伤、变、放等修剪方法在实际修剪中的应用。
11. 举例说明花灌木的修剪时期与修剪方法。对花灌木修剪整形要注意什么？
12. 行道树和庭荫树的修剪整形要注意哪些方面？
13. 对绿篱修剪整形要注意什么？
14. 在截除粗大的侧生枝干时，怎样才能避免劈裂？

第十一章　古树名木的养护与管理

【本章提要】古树名木具有极高的价值，必须科学有效地保护与管理。本章介绍了古树名木的概念及等级划分、古树名木的自然价值与人文价值，古树名木的保护管理，古树名木的常规养护，古树名木的衰弱与复壮。

我国是著名的文明古国，有着光辉灿烂和风格独特的古代文化，历史遗留在风景名胜、古典园林、寺庙寺院及居民院落中的古树、名木，就是最好的见证。这些世界罕见的古树，被誉为珍贵的活文物，它不但在我国园林中构成独特的瑰丽景观，也是中国传统文化的瑰宝。

在自然时间进程和人类历史进程中，树木年复一年地生长，年龄逐渐增长，也记录了自然环境（尤其是气候）的变迁，更融入了人类社会的发展历程，古树名木由此而来。因此，古树名木既有自然属性，又有人文属性，是不易再生的自然资源和自然景观，是不可再生的人文资源，是宝贵的自然遗产与人类历史文化遗产，是一个地方和民族的悠久历史和灿烂文明的佐证，具有极高的价值。随着人类文明的不断进步，古树名木的价值得到了广泛的认识，古树名木的保护与利用也越来越受到人们关注和重视。我国地域辽阔、环境多样、历史悠久，古树名木资源非常丰富，如蜚声中外的黄山“迎客松”、泰山“卧龙松”、北京市中山公园的“槐柏合抱”等，又如规模大、数量多的湖北大洪山的古银杏群。科学保护和合理利用这些古树名木，使之实现可持续发展，是一项极为重要的工作。

第一节　古树名木的概念与价值

一、古树名木的概念及等级划分

我国有多个部门负责各自管辖范围内古树名木的保护与管理，对于古树名木的概念界定基本一致，等级划分有一定的差异。

《中国农业百科全书》对古树名木的定义为“树龄在百年以上的大树，具有历史、文化、科学或社会意义的木本植物”。

国家建设部 2000 年 9 月针对城市规划区和风景名胜区颁布的《城市古树名木保护管理办法》规定：古树为树龄在一百年以上的树木；名木为国内外稀有的、具有历史价值和纪念意义以及重要科研价值的树木。该办法将古树名木分为两级：凡树龄在 300 年以上，或者特别珍贵稀有，具有重要历史价值和纪念意义、重要科研价值的古树名木，为一级古树名木；其余为二级古树名木。

全国绿化委员会和国家林业局 2001 年 9 月联合颁布的《全国古树名木普查建档技术规

定》中指出：古树名木范畴一般系指在人类历史过程中保存下来的年代久远或具有重要科研、历史、文化价值的树木。古树指树龄在100年以上的树木；名木指在历史上或社会上有重大影响的中外历代名人、领袖人物所植或者具有极其重要的历史、文化价值、纪念意义的树木。并将成片生长的大面积古树划定为古树群。将古树分为国家一、二、三级，国家一级古树树龄500年以上，国家二级古树300～499年，国家三级古树100～299年。国家级名木不受年龄限制，不分级。

二、古树名木的价值

古树名木在其生长过程中，记载了生态环境的变迁，见证了人类历史的进程，自然与人文交织融合，是珍贵的自然资源、自然景观和人文资源，是宝贵的自然遗产与人类历史文化遗产，具有极高的价值。

（一）古树名木的自然价值

1. 古树是研究古气候、地理的宝贵材料 树木的年轮生长除了与其遗传特性有关外，还与当地当时的气候相关，呈现出宽窄不等的变化，由此可以推算过去年代中湿热等气象因子的变化情况。因此，古树是研究古代气候及地理的绝好材料。在干旱和半干旱的少雨地区，古树年轮对研究气候的历史变迁更具有重要价值。树木年轮气候学就是在对古树年轮研究基础上发展起来的。例如，兰州大学生物系和兰州冰川冻土与沙漠研究所的科技工作者(1976)，在研究了祁连山圆柏从1059—1975年的917个年轮的基础上，推断出近千年气候的变迁情况，进一步证实了竺可桢《中国近五千年来气候变迁的初步研究》一文论断的正确性。北美的树木年轮学家通过对古树的研究，推断出3 000年来的气候变化。又如，美国树木年轮学创始人道格拉斯（E. Douglass），于1918—1928年通过对北科罗拉多州古树年轮的研究，弄清了穴居于南部山崖的印第安人的搬迁史。科学家根据只有在非洲和澳大利亚才能见到的波巴布树（又称猴面包树）的研究，推断大洋洲和非洲在过去地质年代曾经是同一个大陆，为大陆漂移学说提供了有力的旁证。

2. 古树对于研究树木生理具有特殊意义 树木的生命周期很长，要对其生长、发育、衰老、死亡的规律用跟踪的方法加以研究很难，而古树的存在为研究提供了非常好的材料。因为，树木生长发育在时间上的历程在古树上呈现为空间上的排列，使人们能以处于不同年龄阶段的树木为研究对象，从中发现该植物整个生命周期中的生长发育规律，认识该类植物的生长发育状况以及外界环境的适应能力。

3. 古树对于植物规划具有参考价值 古树能在特定地区生活千百年，因而大多为乡土植物，对当地气候和土壤条件有很强的适应性。因此，古树是制定当地植物规划，特别是指导园林绿化的可靠依据。园林工作者在植物规划时可以据此作出科学、合理的选择，避免损失。

4. 古树是珍贵的植物种质资源库 古树经历千百年的生长和适应环境，保存了该树种的种质资源，一株古树就是一个珍贵的基因库，可为良种选育和繁殖利用提供种质材料。例如，安徽砀山县良梨乡一株300年的老梨树，不仅年年果实满树，还是当地发展梨树产业的优良种质资源；又如银杏这一原产我国、被誉为活化石、银杏纲中现存的唯一物种，由于没有近缘种，其种质资源极为珍贵，我国许多地方（如湖北大洪山）现存规模不等的银杏古树，这些银杏古树为过去几十年银杏生产的迅速发展提供了大量的优良种质资源，人们从这些古树中选出了一大批优良品种。

同时，有些经济树种的古树本身就具有巨大的直接生产能力，可产生巨大的经济效益。例如，著名的银杏之乡湖北省随州市曾都区洛阳镇，该地的银杏古树数量及白果产量均名列全国前茅，早在20世纪80～90年代，该地许多村凭着丰富的银杏古树而富甲一方；又如，河南省新郑市孟庄乡的一株古枣树单株鲜果产量高达500kg，南召县皇后村乡一株250年的望春玉兰古树每年可采收辛夷药材200kg左右。

（二）古树名木的人文价值

1. 古树名木是历史的见证　古树名木跨历史朝代，经岁月沧桑，历世事变迁，见证了人类历史的发展。许多古树名木经历了上下几千年的生长和历史变迁，至今仍风姿绰然，已经不仅仅是一棵树，更是一本厚重的史书，它们不仅连接我国的悠久文明和灿烂文化，而且许多与重要的历史事件相联系。例如，传说中的周柏、秦松、汉槐、隋梅、唐杏（银杏）、宋柳都是树龄高达千年的树中寿星，它们都有一段流传千古的历史故事或传说；湖北省赤壁市赤壁之战遗址的一株古银杏，使人仿佛置身金戈铁马的古战场；北京颐和园东宫门内的两排古柏，在靠近建筑物的一面保留着火烧的痕迹，那是八国联军侵华罪行的真实记录。

2. 古树名木为文化艺术增彩　古树名木记载着自然与历史文化，为古老的文化艺术增添了更多光彩。我国现存的许多古树名木，多与历代帝王、名士、文人、学者紧密联系，留下许多脍炙人口、流传百世的精彩诗文和画作，成为我国文化艺术宝库中的珍品。例如，陕西黄陵轩辕庙内的两株古柏，一株是“皇帝手植柏”，是我国目前最大的古柏；另一株是“挂甲柏”，枝干“斑痕累累，纵横成行，柏液渗出，晶莹夺目”，相传汉武帝曾挂甲于此树。嵩阳书院的“将军柏”，有明、清文人赋诗三十余首。苏州拙政园文征明手植的明紫藤，胸径22cm，枝蔓盘曲蜿蜒逾50m，其旁立有清光绪年间江苏巡抚端方提写的“文衡山先生手植藤”的青石碑，名园、名木、名碑，被朱德的老师李根源先生誉为“苏州三绝”之一，具极高的人文旅游价值。

3. 古树名木是名胜古迹的佳景　古树名木是重要的风景旅游资源，具有较高的旅游观赏价值。它们苍劲挺拔、风姿卓然，或镶嵌在名山峻岭之中独成一景，或与山川主景融为一体，成为景观的重要组成部分。如以“迎客松”为首的黄山十大名松，泰山的“卧龙松”等，均是自然风景中的珍品；北京天坛公园的“九龙柏”、北海公园的“遮阴侯”（油松），以及苏州光福的“清、奇、古、怪”4株古圆柏，更是古树名木中的瑰宝，吸引着众多游客前往游览观光、流连忘返。再如湖北省随州洛阳镇大量的银杏古树成为闻名中外的一景，目前当地依托这些宝贵的银杏古树，建立“中国千年银杏谷”景区，每年吸引无数游人前往观光旅游。

第二节　古树名木的保护管理

古树名木的保护越来越受到世界各国的重视。我国人民历来就有爱护古树名木的传统，所以在几千年的文明进程中，全国各地留下了一大批古树名木。尤其是20世纪70年代以来，随着国家社会经济实力和科学文化技术的不断发展，古树名木的价值及其保护意义更加受到人们的广泛关注，古树名木的保护管理工作也日益提到各级政府部门的议事日程。目前，我国有住房和城乡建设部、环境保护部、国家林业局等部门负责各自管辖范围内古树名木的保护管理，其中，城市园林中的古树名木由住房和城乡建设部及其下属的园林部门负责保护管理。

一、古树名木的法规建设

1982年3月，国家城建总局印发了《关于加强城市与风景名胜区古树名木保护管理的意见》。1995年8月，国务院颁布实施了《城市绿化条例》，以法规的形式，对古树名木及其保护管理办法、责任以及造成的伤害、破坏等，作出了相关的规定、要求与奖惩措施，使古树名木的保护管理工作由政府行政管理行为上升到了依法保护的更高阶段，做到有法可依，依法办事。2000年9月，国家建设部印发了《城市古树名木保护管理办法》，对古树名木的范围、分级进行了重新界定，并就古树名木的调查、登记、建档、归属管理以及责任、奖惩制度等作出了具体的规定和要求。2001年9月，全国绿化委员会和国家林业局联合颁布《关于开展古树名木普查建档工作的通知》和《全国古树名木普查建档技术规定》。到目前为止，许多省市相继出台了地方性的古树名木管理与保护法规或条例。例如，湖北省政府于2010年5月颁布了《湖北省古树名木保护管理办法》，并自2010年8月1日起施行。这一系列法规的出台与完善，使古树名木保护管理走上了规范化的轨道。

二、古树名木的调查、登记、建档与分级管理

（一）古树名木的调查、登记、建档

古树名木是无价之宝。各级地方政府和相关职能部门应组织专人进行细致的系统调查，摸清当地的古树资源。

城市和风景名胜区范围内的古树名木，应由各地城建、园林部门和风景名胜区管理机构组织调查，对散生于各单位管界及个人住宅庭院范围内的古树名木，应由单位和个人所在地城建、园林部门组织调查鉴定。调查内容包括树种、树龄、树高、冠幅、胸径、生长势、生长地的环境（土地、气候等情况）以及对观赏及研究的作用、养护措施等。同时还应搜集有关古树的历史及其他资料，如有关古树的诗、画、图片及神话传说等。然后，根据调查鉴定结果，登记造册，建立档案，并根据古树名木的树龄、价值、作用和意义等，实行分级养护管理。一级古树名木的档案材料，要抄报国家和省、市、自治区城建部门备案；二级古树名木的档案材料，由所在地城建、园林部门和风景名胜区管理机构保存、管理，并抄报省、市、自治区城建部门备案。

全国绿化委员会和国家林业局2001年9月联合颁布的《全国古树名木普查建档技术规定》，也对古树名木的调查、鉴定、存档和分级管理作了详细的规定。主要内容如下：

①每木调查的指标包括：行政区域、位置、树种、树龄、树高、胸围（乔木测量胸径，灌木、藤本测量地径）、冠幅、生长势、树木特殊状况描述、立地条件、权属、管护责任单位或个人、传说记载、保护现状及建议。

对于上述指标，无把握识别的树种，要采集叶、花、果或小枝作标本，供专家鉴定。树龄分三种情况：有文献、史料及传说有据的可视作“真实年龄”；有传说、无据可依的视作“传说年龄”；“估测年龄”要通过认真走访，并根据各地制定的参照数据类推估计。冠幅分东西和南北两个方向测量，以树冠垂直投影确定冠幅宽度，计算平均数。生长势分五级，枝

繁叶茂，生长正常为“旺盛”；无自然枯损、枯梢，但生长渐趋停滞为“一般”；自然枯梢，树体残缺、腐损，长势低下为“较差”；主梢及整体大部枯死、空干、根腐、少量活枝为“濒死”；已死亡的不编号。树木特殊状况描述包括奇特、怪异性状描述，如树体连生、基部分杈、雷击断梢、根干腐等，如有严重病虫害，简要描述种类及发病状况。立地条件中，坡向分东、西、南、北、东南、东北、西南、西北，平地不填；坡位分坡顶、上、中、下部等；坡度应实测；土壤名称填至土类；土壤紧密度分“极紧密”、“紧密”、“中等”、“较疏松”、“疏松”五等。权属分国有、集体、个人和其他。传说记载简明记载群众中、历史上流传的该树的各种神奇故事，以及与其有关的名人轶事和奇特怪异性状的传说等。保护现状及建议主要针对该树保护中存在的主要问题，包括周围环境不利因子，简要提出今后保护对策建议。

②成片生长的大面积古树，划定古树群。

③古树名木要用全景彩照，一株一照。古树群的古树，从3个不同角度整体拍照和单株拍照。奇特怪异木要体现“奇”、“怪”特色。照片编号与古树名木编号要一致。

④各地普查结束，经审查定稿后，要形成完整的古树名木资源档案，实行动态监测管理。古树名木档案每5年更新一次。

（二）古树名木的保护管理

古树名木的保护管理工作可实行专业管理和群众管理相结合的办法。各地林业、城建、园林部门和风景名胜区管理机构负责对本辖区所有古树名木进行挂牌，标明编号、植物中文名、学名、科属、树龄、管护级别、管护单位或个人等；制定具体的养护管理办法和技术措施，如复壮、松土、施肥、病虫害防治、补洞、围栏以及大风和雨雪季节的安全措施等；对于有特殊历史价值和纪念意义的古树名木，还应专立说明牌进行介绍，采取特殊保护措施。遇有特殊维护问题，如大气或水体污染危及古树名木的安全时，职能部门应及时向上级汇报并与有关部门协作，采取有效保护措施。各种建设项目在规划设计和施工过程中，都要严格保护古树名木，不致对树体生长产生不良影响，更不允许任意砍伐和迁移。遇有可能使附近古树名木安全受到影响的情况时，有关单位要事先向林业或园林部门提出保护申请，共同研究采取避让保护措施。

第三节　古树名木的常规养护

一、古树名木长寿的生物学特点

据全国绿化委员会和国家林业局组织的全国古树名木调查结果，古树中裸子植物较多，尤其是银杏、松柏类裸子植物，阔叶树古树相对较少且多集中在少数科属。这些古树，一方面自身的寿命较长，对环境适应能力强，同时所处环境较好，因此，其大量存在是自身生物学特性及优良环境条件共同作用的结果。古树的主要相关生长特点如下：

1. 起源于种子繁殖　根据树木生命周期的发育特点，同种树木无性繁殖个体的寿命一般比其种子繁殖个体的寿命短。古树通常是由种子繁殖而来的实生树木，其根系发达，适应性与抗逆境能力强。因此，古树寿命长的一个重要因子就是起源于种子繁殖。

2. 根系发达　根深才能叶茂。古树均根系发达，且多为深根性植物，既能有效吸收树体生长发育所需的养分与水分，又能牢固地扎根土壤，稳固支撑庞大的树体，以保证树体能千百年长期生存。

3. 萌蘖力强 许多古树的根部或根颈部具有很强的萌蘖能力，根据树木的阶段发育特点，这些萌蘖的生理年龄较幼，生命力强，能起到更新树体的作用，当古树树体出现衰弱时，又能为树体提供营养与水分，恢复树势。例如，舒常庆在湖北各地考察银杏古树的过程中，经常发现绝大多数银杏古树基部都有大量的萌蘖，往往一株古银杏形成多代同堂的现象，尤其是湖北省巴东县清太坪镇有一株古银杏雌树，12 根胸径均在 40cm 以上的树干丛生，树高约 40m，成为当地一景，群众形象地称其为“十二寡妇”。另外，有的植物如香樟、槐树等，隐芽的潜伏力强、不定芽与不定根发生力强，因而更新复壮能力强，寿命长，如少林寺的“秦五品封槐”，枝干枯而复苏，生枝发叶，侧根又生出萌蘖苗，长成现在的第三代“秦槐”，生生不息。

4. 抗逆、抗病虫害能力强 古树多为本地乡土植物，或者是经过长时间驯化、能很好适应当地环境条件的外来植物。不少树种的树体中含有一些能抗害虫或抑制病菌的化学成分，如香樟树体含有樟脑，侧柏树体含有苦味素、侧柏苷及挥发油等，银杏树体中含有多种酚类及黄酮类物质，这些物质均有抑菌杀虫能力，使树体具有较强的抗病虫害能力，从而能延年益寿。

5. 生长慢，材质硬 古树一般为生长较慢，木质部密度大、强度高，抵御强风、暴雪等自然灾害的能力强，树体不易受损。如黄山的古松、泰山的古柏，木质坚硬，能经受山顶长年的大风，保持良好生长。

二、古树名木常规养护措施

1. 支撑与加固 由于年代久远，古树的主干常出现中空，主枝死亡，引起树体倾斜，加之重心外移，骨干大枝常衰老下垂，因而需用其他物体支撑。支撑物常用钢管，钢管下端可用混凝土基加固，对开裂的树干和大枝可用扁钢箍起，以加固并防止进一步受损。

2. 枝干伤口处理 因为生长衰弱，受伤害后古树的自我恢复能力下降，应及时处理。常用方法是：先用锋利的刀刮净削平四周，使皮层边缘呈弧形，然后用药剂（2%～5%硫酸铜溶液，或 0.1%升汞溶液，或石硫合剂原液等）消毒。修剪造成的伤口应削平，再涂保护剂保护伤口，保护剂要易涂抹，黏着性好，受热不熔化，不透水，不腐蚀树体，还要有消毒防腐作用。可选用铅油、接蜡、黏土等，可添加少量杀菌剂（如石硫合剂），加一些生长激素（如 0.01%～0.1% NAA）有利于促进伤口愈合。对于雷击引起枝干受伤的树木，宜将烧伤部位锯掉，再涂保护剂。

3. 修补树洞 古树名木因各种原因造成伤口，如伤及木质部，一般很难自然愈合，木质部长期外露，极易受雨水浸渍及病菌侵染而逐渐腐烂，形成树洞，严重时甚至造成树干内部中空，树皮破裂。

4. 设避雷针 古树雷击伤害时常发生，造成劈裂、烧伤，严重影响树势。古树受到雷击伤害后，如未及时采取补救措施，严重的甚至很快死亡。所以，高大的古树应安装避雷针。如果遭受雷击，应立即将伤口刮平，涂上保护剂，并堵好树洞。例如，湖北省巴东县林业局 2003 年对境内著名的野山关镇金象坪古银杏群的保护规划中，专门对避雷针设置进行了规划设计。

5. 松土、灌水、施肥 干旱季节应根据情况灌水防旱，灌水后应松土，一方面保墒，同时也增加通透性。因树冠较大，古树施肥一般宜在树冠投影范围土壤开沟（深 0.3～0.7m、长和宽可灵活），沟内施腐殖土、农家肥或复合肥，氮肥应慎施，防止旺长，尤其是原来树势衰弱的古树，如果在短时间内生长过盛会加重根系的负担，树冠与树干及根系的平衡失调，后果适得其反。

6. 整形修剪　古树一般宜保持固有树形，以少整枝、少短截，轻剪、疏剪为主。必要时可适当修剪，以利通风透光，促进更新、复壮，减少病虫害。

7. 防治病虫害　蛀干害虫（如天牛）蛀食枝干，引起叶片发黄脱落，枝梢枯死，树体机械强度下降，是古树的常见害虫之一。根部、叶部病虫害也往往造成树势衰弱，严重的引起树体死亡。古树因抵抗力和生活力较幼壮树下降，病虫害往往会加速其衰老，严重时导致整株死亡，因此更应及时进行病虫害防治。

8. 设围栏、堆土、筑台　对于处于易受人为活动干扰地方的古树，要设围栏进行保护。围栏一般距树干 3～4m，或在树冠的投影范围之外。在人为活动较多的地方，树木根系延伸较宽的古树，围栏外的地面要做透气铺装处理。在古树树干基部堆土或砌台既可保护树干及根系，又能防积水。砌台时应在台四周边上留孔排水，以防根系积水，影响生长。

9. 立标志、设宣传栏　对于古树名木，均应安装标志，标明树木种类、树龄、保护等级、编号，明确管护责任单位或个人。同时，最好设立宣传栏，就地介绍古树名木的重大意义与现况，发动群众保护古树名木。

第四节　古树名木的衰弱与复壮

一、引起古树衰弱的原因

为了对衰弱古树进行科学有效的复壮，首先必须通过仔细认真的调查研究，弄清引起古树衰弱的原因，然后根据具体情况，采取适当的措施促使其更新复壮，恢复生机。此处对引起古树衰弱的常见因子作一简要介绍。

1. 气象灾害

（1）大风　七级以上的大风可吹折枝干或撕裂大枝，严重者可将树干拦腰折断，或将整株树吹倒，是危害古树的主要因子。受蛀干害虫的危害，枝干中空、腐朽或有树洞的古树，更易受到风折的危害。大风一方面造成枝干与根系的直接机械损伤，同时，枝干的损伤又造成叶面积减少，此外，产生的伤口还易引发病虫害，加剧树体衰弱，严重的风害会导致古树死亡。

（2）雷电　雷电也是危害古树安全的重要因子。古树高耸突兀且带电荷量大，遇暴雨天气易遭雷电袭击，导致树头枯焦、大枝劈断或干皮开裂，树体生长明显受损，树势明显衰弱。因此，设置避雷针是古树名木养护管理的重要措施之一。

（3）暴雪　暴雪引起树冠枝叶受雪压，超过枝条的承受力时，就会造成大枝折断，受损枝条多了，就会引起树势衰弱，严重的导致树体逐渐衰弱死亡。暴雨往往伴随强风，同样会对古树名木造成危害，引起衰弱。

（4）干旱　持久的干旱使古树发芽迟，枝叶生长量小，新生枝节间变短，叶片因失水而发生卷曲，严重者可使古树落叶，小枝枯死，易遭病虫侵袭，从而导致古树的衰老。

2. 地质灾害　各种地质灾害，如地震、泥石流、滑坡等都是危害古树名木健康的重要因子，例如，造成枝干折断、树干劈裂、树体倾斜甚至倒伏，或连根拔起，或树体被埋，导致树体衰弱或死亡。

3. 病虫危害 古树能够千百年生存下来，一般来说对病虫害的抵抗力还是比较强，从现存古树来看，病虫害发生概率比一般树木小得多，而且致命的病虫更少。但是，古树在其漫长的生长过程中，难免会遭受一些破坏造成各种伤残，导致树势衰弱，使抗病虫害能力下降。高龄古树已进入衰老阶段，如果日常养护管理不善，会加快树势衰弱，病虫害更易发生。对已遭到病虫危害的古树，如得不到及时和有效的救治，其树势衰弱的速度将会进一步加快，衰弱的程度也会因此而进一步增强。例如，20 世纪 80 年代中期，北京市园林科学研究所在对北京地区的古树开展了系统的调查研究后发现，病虫害是造成古树衰弱甚至导致死亡的重要因子之一。因此，及时有效地控制主要病虫害的危害，是古树保护中的一项非常重要的措施。

4. 土壤条件恶化 处于游人较多之处的古树，频繁的人为活动使古树名木树盘地面受到严重的践踏，往往造成土壤条件的恶化，使本来就缺乏耕作的土壤紧实度越来越高，过于板结，土壤团粒结构遭到破坏，透气透水性能下降，树木根系呼吸困难，须根减少且无法伸展。遇板结土壤，水分渗透能力降低，大部分随地表流失，土壤自然含水量降低，树木得不到充足的水分、养分与良好的通气条件，致使树木根系生长受阻，树势日渐衰弱。

在公园、名胜古迹等地点，由于游人较多，树盘下往往做成较大面积的硬质铺装，仅留下较小的树池。这种铺装使土壤透水通气性能下降，土壤水、气交换受阻，根系无法从土壤中获得充足的水分和空气。

古树长期生长在固定地点，土壤中的各种必需营养元素被持续不断地消耗，如得不到补偿，常形成土壤中某些营养元素的缺乏。长期处于缺素条件下生长，会加速古树衰老。

此外，置于古树树盘下的废弃物，或排放到古树土壤中的污水造成土壤的理化性质发生改变，会造成土壤的含盐量增加，pH 过高或过低，导致树木缺少微量元素，营养失衡。

5. 生长空间受限 有些古树名木生长在建筑物周围，其生长空间往往受限。由于建筑物的阻挡，古树与建筑物相邻一侧，枝干正常的生长方向被迫改变，久而久之就会造成大树的偏冠，树龄越大，偏冠现象越严重。这不仅影响树体的美观，更为严重的是造成树体重心发生偏移，枝条分布不均衡，如遇冰雹、暴雪、强降雨、大风等气象灾害，常使大枝折损，导致极大破坏。

6. 环境污染 环境污染直接和间接地影响了植物的生长。古树尤其是高龄古树和本身树势不好的古树，更容易受到环境污染的伤害，加速衰老。

大气中的烟尘、二氧化硫等各种污染物进入树体后，在树体内累积，使组织、细胞的结构与酶活性等受破坏，影响其生理代谢功能，尤其是影响光合作用和呼吸作用的正常进行，从而使树木的生长发育受到抑制，表现出春季发叶迟，秋季落叶早，节间变短，叶片卷曲、变小，出现病斑，开花、结果少等现象。

工业及生活污水会将重金属、酸、碱、盐类等物质排入土壤，造成土壤污染。这些污染物会引起根系发黑、生长畸形、侧根萎缩、细短而稀疏、根尖坏死等，同时会抑制光合作用和蒸腾作用的正常进行，使树木生长量减少，物候期异常，长势衰弱等，易受病虫危害，加速其衰老。

7. 人为直接损害 在生长发育过程中，古树名木还常遭到人为的直接损害。例如，在树下摆设摊点，或在树干周围乱堆东西（如建筑材料水泥、沙子、石灰等）。舒常庆（2009）在对湖北省随州市曾都区府河镇现光山景区的一株衰弱古银杏的调查中发现，几年前景区建设中在该树下堆放和搅拌含石灰的建筑材料成为该树衰弱的主要因子。另外，游客对古树树干乱刻乱画，或在树干上乱钉钉子；在农村，古树被用来拴牲畜，树皮遭受啃食的现象时有发生；对妨碍建筑或车辆通行等原因的古树名木砍枝伤根，均会造成古树名木衰弱。对于高龄古树，本身生长势较弱，受伤后伤口的愈合十分缓慢，这些人为直接损伤对其影响更大，且这类影响往往不会马上表现出来，然而一旦表现长势变差的情况，再恢复就较困难了。

二、衰弱古树的复壮

树木和其他生物体一样，都要经历生长、发育、衰老、死亡的过程，这一自然界的客观规律不可逆转，但是弄清古树衰老原因后，可以采取适当措施延缓衰老阶段的到来，延长树木的生命，甚至促使其更新复壮，恢复生机。根据树木生长发育的生命周期特点，树木在总的衰老进程中可实现局部复壮，也就是说那些生长衰弱但尚未达到寿命极限的树木能够实现复壮。古树复壮就是运用科学合理的养护管理技术，使原本衰弱的古树恢复正常生长、延续其生命。

我国在古树复壮方面开展了许多卓有成效的研究与实践。例如，北京、泰山、黄山在20世纪80～90年代对古树复壮取得很好的效果，抢救与复壮了不少古树。尤其是北京市，作为历史文化古城，古树名木多而集中，北京市园林科学研究所对北京市公园、皇家园林中古松柏、古槐等的研究发现，它们生长衰弱的主要原因包括土壤紧实、通气性差、营养缺乏、病虫害严重等，针对性地采取了一系列复壮措施，取得了良好效果。

衰弱古树的常用复壮措施主要有以下几方面：深翻切根，重修剪，增施氮肥和有机肥，适当施用植物激素，加强土壤和水分管理，调节营养生长与生殖生长，病虫害防治。

1. 挖复壮沟、切根、埋条、施肥　该措施的作用是通过开挖适当规格的深沟（即复壮沟），适当切断一些衰老根，结合在沟内填埋枝叶、肥土，并增施肥料，添加适量生根剂等，以增加土壤养分，促进根系更新，提高吸收能力，进而改善古树的营养水平，促进树体复壮。

复壮沟深80～100cm，宽80～100cm，长度和形状随地形而定，因古树的树冠大，一般不采用环状沟，宜采用放射状沟，也可根据具体情况采用其他形状的沟。

复壮沟的位置不要靠近树干，以免挖沟时伤到骨干大根，一般宜在古树树冠投影外沿附近。

复壮沟可从地表往下分多层。表层10cm土，第二层20cm复壮基质，第三层10cm树枝，第四层20cm复壮基质，第五层10cm树枝，第六层20cm粗沙和陶粒。

复壮基质采用腐殖质土（也可就地取材，在森林内收集林下地表含枯枝落叶的表层肥土），再添加适量矿质元素和生根剂，以促进古树根系生长。有机物逐年分解，改善土壤物理性状，促进微生物活动，将土壤中的多种元素逐年释放出来。

复壮沟也可简单。沟内先垫松土，再填树枝叶，上撒少量松土，同时施入适量肥料，再覆土。

2. 换土　古树长期生长在一个地方，因土壤肥分有限，常会出现缺肥症状，如果采用上述办法仍无法满足，或者由于生长位置受到地形、生长空间等条件限制，而无法实施上述复壮措施，可考虑更换土壤的办法。例如，北京故宫皇极门内宁寿门外的一株衰弱古松，通过在树冠投影范围内对大的主根部分进行换土，挖土深 0.5m（随时将暴露出来的根用浸湿的草袋盖上），以原来的旧土与沙土、腐叶土、农家肥、锯末、少量化肥混合均匀后填埋其上，换土半年之后，这株古松重新长出新梢，地下部分长出 2～3cm 的须根，终于死而复生。

3. 地面覆盖，保护树盘土壤 为了使树盘土壤不受人为践踏，保持土壤与外界的正常水气交换，利于根系生长，可在树盘地面铺透气砖、卵石、树皮碎片、锯末或种植地被植物。覆盖之前，对土壤按上述复壮沟相同的方法处理，随后在表面铺透气砖，砖与砖之间不勾缝，以利通气，下面以沙衬垫；或在土壤上面铺设卵石、草坪、树皮碎片、锯末或其他地被植物，并设围栏禁止游人践踏。有条件的可铺有孔或有空花条纹的水泥砖或铺铁筛盖，保护树盘土壤的效果好，而且美观。

4. 病虫害防治 病虫害是造成古树衰弱、导致死亡的主要因子之一。古树病虫害防治可采用浇灌法、埋施法及注射法，可收到良好效果。

（1）浇灌法 浇灌法是利用内吸剂，通过根系吸收，经过输导组织传至全树，而达到杀虫、杀螨等目的，解决古树病虫害防治经常遇到的分散、高大、立地条件复杂等情况而造成喷药难、污染空气等问题。具体做法是，在树冠垂直投影边缘的根系分布区内挖 3～5 个深 20cm、宽 50cm、长 60cm 的弧形沟，然后将药剂浇入沟内，待药液完全渗入土壤后封土。

（2）埋施法 埋施法是将内吸型的固体杀虫剂、杀螨剂埋施根部，以达到杀虫、杀螨和长时间保持药效的目的。具体做法与浇灌法相似，将固体颗粒均匀撒在沟内，然后覆土，浇足水。

（3）注射法 注射法是通过向树体内注射内吸型杀虫剂、杀螨剂，经过树木输导组织运送至树木全身，达到较长时间的杀虫、杀螨目的。

5. 化学药剂疏花疏果 古树生长衰退时，开花结果会造成树体营养的进一步失调，加速古树衰弱。这时，可喷洒化学药剂疏花疏果，以降低古树的生殖生长，增强营养生长，恢复树势，达到复壮的目的。喷洒时间和药剂用量因树种而异。例如，国槐在开花期喷施 50mg/L NAA 加 3 000mg/L 的西维因或 200mg/L GA_3 效果均较好；侧柏和龙柏在秋季分别喷洒 400mg/L NAA 和 800mg/L NAA，效果均较好，春季喷施 800～1 000mg/L NAA、800mg/L 2,4－D、400～600mg/L IBA 为宜；油松春季喷施 400～1 000mg/L NAA。

复习思考题

1. 何谓古树名木？保护和研究古树名木有何意义？
2. 结合当地实际说明古树名木的园林作用和旅游价值。
3. 本地区古树名木生长衰弱的原因有哪些？
4. 古树名木复壮的理论基础是什么？养护管理技术措施有哪些？
5. 分析古树的生长特点及养护技术要点，如何处理好古树与周围其他植物之间的关系？

第十二章 园林植物的保护与管理

【本章提要】园林植物受到的各种自然灾害、病虫危害及人为损坏必须进行有效的防治。本章介绍了园林植物冻害、霜害、干梢、涝害、雪害和雨凇、高温危害、风害等自然灾害的防治，园林植物的病虫害及发生规律、病虫害的防治原则和措施，园林植物的树体保护与管理。

园林植物的生长受到各种环境和人为因子的制约，如园林植物经常受到各种自然灾害和病虫害的危害，在树干和大枝上，往往因各种原因造成伤口，园林植物还经常受到人为的有意无意的损坏。园林植物的保护与管理首先应贯彻“防重于治”的精神，做好各方面的预防工作，尽量防止各种灾害的发生，同时还要做好宣传教育工作。

第一节 园林植物自然灾害的防治

园林植物生长发育与自然气象因子的关系可表现为最适、最高和最低极限。当自然气象因子在最适区间变化时，园林植物生长发育最好。若接近或超过最高或最低极限，则受到抑制，甚至死亡。

园林植物自然灾害按其危害的方式可分为冻害、寒害、霜害、干梢、涝害、雪害和雨凇、高温危害及风害等。对于各种自然灾害的防治，都要贯彻“预防为主，综合防治”的方针，在规划设计中要考虑各种可能存在的自然灾害，合理选择树种并进行科学配置，在植物栽培养护过程中，要采取综合措施促进植物健康生长，增强抗灾能力。

一、冻　害

冻害是指园林植物因0℃以下低温，植物组织内部结冰而使细胞和组织受伤，甚至死亡的现象。冻害一般发生在植物的越冬休眠期，以北方温带地区常见，南方亚热带地区有些年份会出现冻害。

在我国热带和亚热带地区，常发生0℃以上的低温对植物的伤害，这种低温称为冷害或寒害。在这一地区的某些植物耐寒性很差，当气温降至0～5℃时，就会破坏细胞的生理代谢，产生伤害。

冻害和冷害是我国南北各地普遍存在的问题。近年来由于南树北引，各种园林植物的北缘地带更经常出现冻害而造成较大损失。即使是已经适应当地气候的植物种类，由于每年寒潮侵袭的范围和强度不同，有时也会出现冻害。根据各地资料分析，冻害的发生常呈现有规律的周期性，约10年出现一次大冻害。

（一）影响冻害发生的因子

1. 与植物种类、品种的关系 不同的树种或不同的品种，其抗冻能力不同。如樟子松比油松抗冻，油松比马尾松抗冻，同是梨属，秋子梨比白梨和砂梨抗冻，原产长江流域的梅比广东的黄梅抗寒。月月桂的抗寒性不及丹桂强，若月月桂树势强、养分积累多，则抗寒能力会增强。

2. 与组织器官的关系 同一树种不同器官，同一枝条不同组织，对低温的忍耐力不同。新梢、根颈、花芽抗寒力弱，叶芽形成层耐寒力强，髓部抗寒力最弱。抗寒力弱的器官和组织，对低温特别敏感。

3. 与枝条内部糖类变化动态的关系 在生长季节，体内的糖多以淀粉形式存在。生长季末淀粉积累达到高峰，到11月上旬末，淀粉开始分解。杏及山桃枝条中的淀粉在1月末已经分解完毕，而梅枝条仍然残留淀粉。就抗寒性的表现而言，梅不及杏、山桃。可见树体内糖类含量越高，则抗寒力越强。

4. 与苗龄、长势、种源的关系 同一植物种类，随着苗龄的增加，抗寒能力相应增强；长势强的良种壮苗，抗冻害能力也强；外地种源受冻害程度高于本地种源受冻害程度。

5. 与枝条成熟度的关系 枝条越成熟其抗冻力越强。枝条充分成熟的标志主要是木质化程度高，含水量降低，细胞液浓度增加，积累淀粉多。在低温来临之前，还不能停止生长而进行抗寒锻炼的植物易遭受冻害。

6. 与枝条休眠的关系 冻害的轻重和植物的休眠及抗寒锻炼有关，一般处于休眠状态的植株抗寒力强，植株休眠越深，抗寒力越强。植物抗寒性的获得是在秋天和初冬逐渐发展起来的，这个过程称为抗寒锻炼。凡是秋季降温以前不能及时停止生长的植株，越冬后冻害越重。如春旱秋涝、氮肥过多或施用过晚、生长旺盛的幼树，冻害都较严重。正常结束生长，对亚热带常绿植物也同样重要。南树北移的树种往往在秋季贪青徒长，枝条和叶部在成熟前未经过很好的抗寒锻炼，温度骤然下降时，易受低温伤害而使细胞和组织受伤，甚至死亡。

园林植物春季解除休眠的早晚与冻害发生有密切关系。解除休眠早的，受早春低温威胁较大；解除休眠较晚的，可以避开早春低温的威胁。因此，冻害的发生一般不在绝对温度最低的休眠期，而常在秋末或春初时发生。所以说，越冬性不仅表现在对于低温的抵抗能力，而且表现在休眠期和解除休眠后，对于综合环境条件的适应能力。

7. 与低温来临状况的关系 晚秋突降的早霜对生长期尚未结束的植物危害最重。低温到来的时期早且突然时，植物本身未经抗寒锻炼，人们也没有采取防寒措施时，很容易发生冻害。日极端最低温度越低，植物受冻害越严重；低温持续的时间越长，植物受害越重；温度缓缓下降则危害较轻，降温速度越快，植物受害越重。此外，植物受低温影响后，如果温度急剧回升，则比缓慢回升受害严重。

8. 与其他因子的关系

（1）地势、坡向与冻害 地势、坡向不同，小气候差异大。如在江苏、浙江一带种在山南面的柑橘比同样条件下种在山北面的柑橘受害重，因为山南面昼夜温度变化较大，山北面的昼夜温差小。在同一坡向，缓坡地较低洼地冻害轻。同时，在沙土地上，根系冻害比较严重。土层厚的植物，根扎得深，根系发达，植株健壮，较土层浅的植物抗冻害。

（2）水体与冻害　同一地区位于水源附近的橘园比离水远的橘园受害轻，因为水的热容量大，白天水体吸收大量热，到晚上周围空气温度比水温低时，水体又向外放出热量，因而使周围空气温度升高。

（3）栽培管理水平与冻害　同一品种的实生苗比嫁接苗耐寒，因为实生苗根系发达，根深抗寒力强，同时实生苗可塑性强，适应性强。不同砧木种类的耐寒性差异很大，桃在北方以山桃为砧木，在南方以毛桃为砧木，因为山桃比毛桃抗寒。同一个品种结果多的比结果少的容易发生冻害，因为结的果多，消耗的养分多，所以容易受冻。施肥不足的比肥料施得很足的抗寒差，因为施肥不足，植株长得不充实，营养积累少，抗寒力低。植物遭受病虫危害时容易发生冻害，而且病虫危害越严重，冻害越严重。

（二）冻害的防治

1. 坚持适地适树原则，选用抗寒树种、品种和砧木　因地制宜选择抗寒力强的植物种类、品种和砧木，是避免低温危害最有效的措施。通常乡土树种由于长期适应当地气候，具有较强的抗寒性。在有低温危害的地区引进外来树种，要经过引种试验，证明其具有适应低温的能力再推广种植。对于同一个树种，应选择抗寒性强的种源、家系和品种。对于嫁接起源的植物，应选择抗寒性强的砧木。

2. 加强栽培管理，提高抗寒性　加强栽培管理，尤其重视后期管理，有助于树体内营养物质的储备，植物生长健壮，病虫害越少，抗寒性越强。经验证明，春季加强肥水供应，合理运用排灌和施肥技术，可以促进新梢生长和叶片增大，提高光合效率，增加营养物质的积累，保证植株健壮。后期控制灌水，及时排涝，适量施用磷肥、钾肥。勤锄深耕，可促使枝条及早结束生长，有利于组织充实，延长营养物质的积累时间，从而能更好地进行高寒锻炼。

此外，夏季适期摘心，促进枝条成熟，冬季修剪减少蒸腾面积，人工落叶等均对预防冻害有良好的效果。同时在整个生长期必须加强病虫防治。

3. 加强树体保护，减轻冻害　对树体的保护措施，一般采用浇冻水和灌春水防冻。为了保护容易受冻的种类，可采用培土技术。一些低矮的植物可以全株培土，如月季、葡萄等；较高大的植株采用根颈培土（高 30cm）。如果培土后用稻草、草包、腐叶土、锯末等保温性好的材料覆盖根区，效果更好。此外，树干涂白、主干包草、北面培月牙形土埂的办法也可减轻冻害。

4. 地形和栽培位置的选择　不同地形造就了不同的小气候，可使气温相差 3～5℃。一般而言，背风处温度相对较高，低温危害较轻；当风口温度较低，植物受害较重；地势低的地方为寒流汇集地，受害重，反之受害轻。栽植植物时，应根据城市地形特点和各树种的耐寒程度，选择小气候条件较好的地方种植抗寒力低的边缘树种，可以大大减少越冬防寒措施。

5. 设置防风障　用草帘、彩条布或塑料薄膜等遮盖植物，改善小气候条件，预防和减轻冻害效果好，但费工费时，成本高，影响观赏效果，对于抗寒性弱的珍贵树种可用此法。给乔木树种设置防风障要先搭木架或钢架，绿篱、绿球等低矮植物一般不需搭架，直接遮盖，需要在四周落地处压紧。

（三）受害植株的养护

低温危害发生后，如果植物受害严重，继续培养无价值或已死亡的，应及时清除。多数情况下，低温危害只造成部分组织和器官受害，不至于毁掉整株植物，需要采取必要的养护措施，以帮助受害植物恢复生机。

1. 治愈伤口 由于受冻植物的输导组织受树脂状物质的淤塞，所以根的吸收、输导及叶的蒸腾、光合作用以及植株的生长等均遭到破坏。为此，应尽快恢复输导系统，治愈伤口，缓和缺水现象，促进休眠芽萌发和叶片迅速增大，促使受冻植物快速恢复生长。对受冻造成的伤口要及时喷涂白剂预防日灼，并结合病虫害防治和保叶工作，对根颈受冻的植物要及时桥接或根寄接，树皮受冻后木质部成块脱离的要用钉子钉住或进行桥接补救。对不能愈合的大伤口进行修补。

2. 适当修剪 低温危害过后，对受冻树体要晚剪和轻剪，给予枝条一定的恢复时期，对明显受冻枯死部分可及时剪除，以利伤口愈合。对于一时看不准受冻部位的，待春天发芽后再剪。如果只是枝条的先端受害，可将其剪至健康位置，不必整个枝条都剪掉，以免过分破坏树形，增加恢复难度。

3. 加强水肥管理 受冻后的树一般均表现为生长不良，因此首先要加强管理，保证前期的水肥供应，亦可以早期追肥和根外追肥，补给养分以尽量使树体恢复生长。如果植物遭受低温危害较轻，在灾害过后可增施肥料，促进新梢的萌发和伤口的愈合；如果植物受害较重，则灾后不宜立即施肥，因为施肥会刺激枝叶生长，增加蒸腾，而此时植物的输导系统还未恢复正常的运输功能，过多施肥可能会扰乱植物的水分和养分代谢平衡，不利于植物恢复。因此，对于受害较重的植物，一般要等到7月后再增施肥料。

4. 防治病虫害 植物遭受低温危害后，树势较弱，树体上有创伤，给病虫害以可乘之机。防治的办法是结合修剪，在伤口涂抹或喷洒化学药剂。药剂用杀菌剂加保湿胶黏剂或高膜脂制成，具有杀菌、保湿、增温等功效，有利于伤口的愈合。

二、霜　　害

（一）霜冻成因及危害

由于气温急剧下降至0℃或0℃以下，空气中的过饱和水汽与植物表面接触，凝结成霜，使幼嫩组织或器官受害的现象，叫霜害。霜害一般发生在生长期内。

由于冬春季寒潮的侵袭，我国除台湾与海南岛的部分地区外，均会出现0℃以下的低温。在早秋及晚春寒潮入侵时，常使气温骤然下降，形成霜害。一般说来，纬度越高，无霜期越短。在同一纬度上，我国西部大陆性气候明显，无霜期较东部短。小地形与无霜期有密切关系，一般坡地较洼地、南坡较北坡、近大水面的较无大水面的地区无霜期长，受霜冻威胁较轻。

霜冻严重影响植物的观赏效果和果品产量，特别是西北地区，由于温度变化剧烈，霜冻频繁，有的地区几乎每年都因此而受到影响。南方气候条件虽然比较优越，但冬天及早春寒潮入侵时，常使园林植物产生霜冻危害。

（二）霜冻危害的特点

霜冻可分为早霜和晚霜。秋末的霜冻叫早霜，春季的霜冻叫晚霜。早霜危害的发生常常是由于当年夏季较凉爽，而秋季又比较温暖，植物生长期推迟，当霜冻来临时，植物还未做好抗寒的准备，导致一些木质化程度不高的组织或器官受伤。在正常年份，如霜冻突然来临也容易造成早霜危害。南方树种引种到北方，容易遭受早霜危害，秋季水肥过量供应的植物，也易遭受早霜危害。晚霜危害一般是在树体萌动后，气温突然下降至0℃或更低，使刚长出的幼嫩部分受损，一般晚霜危害发生后，阔叶树的嫩枝、叶片萎蔫、变黑和死亡，针叶树的叶片变红和脱落。黄杨、火棘、朴树、棕榈等对晚霜比较敏感。

霜冻的发生与外界环境条件有密切关系，由于霜冻是冷空气积聚的结果，所以小地形对霜冻的发生有很大影响。在冷空气易于积聚的地方霜冻重，而在空气流通处则霜冻轻。在不透风林带之间易积聚冷空气，形成霜穴，使霜冻加重。由于霜害发生时的气温逆转现象，近地面气温低，所以植株下部受害较上部重。湿度对霜冻也有一定影响，湿度大可缓冲温度变化，故靠近水面的地方或霜前灌水的植株都可减轻霜害。

霜冻的程度还决定于温变大小、低温强度、持续时间及温度回升快慢等气象因子。温度变幅越大，温度越低，持续时间越长，则受害越重。温度回升慢，受害轻的还可以恢复，若温度骤然回升，则会加重受害。

（三）防霜措施

1. 推迟萌动期，避免霜害　利用药剂和激素或其他方法使植物萌动推迟（延长植株的休眠期），因为萌动和开花较晚，可以避开早春回寒的霜冻。如用比久、乙烯利、青鲜素、萘乙酸钾盐水（250～500mg/kg）或顺丁烯酰肼（MH，0.1%～0.2%）溶液在萌芽前或秋末喷洒树上，可以抑制萌动。或在早春多次灌返浆水，以降低地温，即在萌芽后至开花前灌水2～3次，一般可延迟开花2～3d。或树干刷白使早春树体减少对太阳热能的吸收，使温度升高较慢，据试验此法可延迟发芽开花2～3d，能防止树体遭受早春回寒的霜冻。

2. 加强栽培管理措施，提高植物抗性　加强土肥水管理，运用施肥、排灌技术，促进植株生长，增加营养物质积累，保证植株健壮，长势良好。其中要注重叶面追肥，增加细胞液浓度，从而增强对霜冻的抵御力。

3. 改善小气候条件以防霜护树　根据气象部门预报，掌握防治时机，采取相应措施改善植物小气候环境。具体方法如下：

（1）喷水法　利用人工降雨或喷雾设备，在将发生霜冻的夜晚或黎明对易受危害植物的树冠上进行喷水，若是苗木或盆栽，应把苗地或盆内土壤喷（浇）湿。水遇冷凝结时放出潜热，同时也能提高近地表层的空气湿度，减少地面辐射热的散失，因而起到了提高气温防止霜冻的效果。此法的缺点是对设备条件要求较高。

（2）熏烟法　我国早在1400年前发明的熏烟防霜法，因简单易行且有效，至今仍在国内外各地广为应用。事先在种植带内每隔一定距离设置发烟堆（用稻秆、草类或锯末等）。可根据当地气象预报，于凌晨点火发烟，形成烟幕。熏烟能减少土壤热量的辐射散发，同时烟粒吸收湿气，使水气凝结成液体放出热量而提高气温。但在多风或降温到－3℃以下时，则效果不好。

（3）加热法　加热防霜是现代防霜较先进而有效的方法，美国、俄罗斯等都利用加热器提高果园温度。在果园内每隔一定距离放置一台加热器，在霜冻来临时点火加温。下层空气变暖而上升，使原来温度较高的上层空气下降，在果园周围形成一个暖气层。

（4）吹风法　霜害是在空气静止情况下发生的，如利用大型吹风机增强空气流通，将冷气吹散，可以起到防霜效果。

（5）覆盖法　覆盖措施对园林植物防止霜害简易而有效。覆盖时对具有一定承受压力的植物可将覆盖物直接覆盖于其上；反之，应利用支撑物适当悬空覆盖。覆盖物一般选择塑料膜、草席或废旧麻袋等。

(6) 包缠法　在霜冻发生时节，可对植物干茎（主要对乔、灌花木）进行包缠，以保护植株干茎，防止其直接受冻而危及整个植株。包缠物可用草绳、麻袋片或废旧棉絮等。

此外，要做好霜后的管理工作。霜冻过后往往容易忽视善后，放弃了霜冻后的管理，这是错误的。特别是对花灌木和果树，为了克服灾害造成的损失，应积极采取措施，加强土肥水管理，尽快恢复植株长势，对受到霜害的枯死枝梢进行剪除，若有全株死亡应根据需要予以补植。

三、干　　梢

幼龄植物因越冬性不强而发生枝条脱水、皱缩、干枯的现象，称为干梢。有些地方称为抽条、灼条、烧条、抽条冻干等。这种现象在我国干寒地区，如宁夏、甘肃、西藏、新疆、河北、山西、陕西乃至东北的一些地区，普遍存在。干梢实际上是土壤冻结造成的生理干旱，严重时全部枝条枯死，轻者虽能发枝，但易造成树形紊乱，不能更好地扩大树冠。

（一）干梢的原因

干梢不是由于低温冻害或温差过大所引起，而是越冬准备不足的植株受冻旱影响造成的。所谓冻旱，就是冬春期间（主要是早春）由于土壤水分冻结或地温过低，根系不能或极少吸收水分，而地上部分枝条的蒸腾强烈，造成植株严重失水的现象。冻旱属生理干旱，是植株吸水和失水（蒸腾）极不平衡造成的后果。枝条失水达一定程度便表现皱皮，这时如果水分能得到及时补充，可恢复正常，如果继续脱水，最后就干枯而死。

发生干梢的多是1～5年生幼龄植株，干梢程度随树龄增大而减轻，但如管理不当，8～10年生植株也会整个树冠干枯死亡。

据研究表明，树势健壮、生长落叶正常、枝条充实的植株，干梢极轻；弱树生长不足，同化能力低，入冬前养分积累少，含糖量低，持水力弱，干梢就重；徒长树生长过旺，枝条不充实，不能形成良好的保护组织，越冬性最差，干梢最重。

（二）防止干梢的措施

从分析干梢发生的原因来看，防止措施应从提高幼树的越冬性和消除冬季冻旱的不良影响两个方面入手：

1. 综合应用养护措施，使枝条组织充实　主要是通过合理的水肥管理，促进枝条前期生长，防止后期徒长，促使枝条成熟，增强其抗性，就是常说的促前控后的措施，同时要注意防治病虫害：一是严格控制秋季水分，采取降低土壤含水量的措施；二是后期不施氮肥，增施磷肥、钾肥等；三是秋季连续多次摘心，控制枝条后期生长。

2. 加强秋冬养护管理，消除冻旱影响　秋季新定植的不耐寒树种尤其是幼龄植物，为了预防干梢，一般多采用埋土防寒，即把苗木地上部分卧倒培土防寒，既可保温减少蒸腾又可防止干梢，栽植时采用斜栽便于以后培土。

植株较大者不易卧倒，因此也可以在树干西北面培一个半月形土埂（60cm高），使南面充分接受阳光，改变微域小气候条件，提升地温，既可缩短土壤的冻结期，又可提早土壤解冻，有利于根系吸水，及时补充枝条失掉的水分，同时又能提高根颈周围的气温，免受冻害。实践证明，用培土埂的方法，可以防止或减轻幼树的干梢现象。如在树干周围撒布马粪，亦可增加土温，提前解冻，或于早春灌水，增加土壤温度和水分，均有利于防止或减轻干梢。

3. 枝干包裹　在秋季对幼树枝干缠纸、缠塑料薄膜或喷胶膜、涂白等，对防止害虫产卵所致干梢具有一定作用。但成本较高，应根据当地具体条件灵活运用。

四、涝　　害

在多雨季节由于大量的天然降水会导致园林绿地积水，过多的土壤水分会破坏植物体内的水分平衡，进而影响植物生长发育甚至死亡。

（一）涝害对植物的影响

土壤中水分过多按程度不同可分为两种状态。一种是土壤水分处于饱和状态，土壤的气相完全被液相取代时，即为渍水，又称渍害。另一种是水分不仅充满了土壤，而且地表积水，淹没植物的局部或整株，即通常所称的涝害。不论是渍害还是涝害，都是由于园林绿地土壤水分过多导致园林植物生长发育不良甚至死亡的一种灾害。

水分过多对植物的危害不在于水分本身，而是由于积水导致土壤中缺氧和二氧化碳累积。当土壤缺氧时，植物根系被迫进行无氧呼吸，同时一些需氧微生物的正常活动受阻，而另一些厌氧微生物特别活跃，降低了土壤正常的氧化—还原势，有机物降解缓慢，并产生一些如硫化氢、硫醇、烷类（甲烷、乙烷、丁烷）、醇类（甲醇、乙醇）、有机酸及各类醛、酚、脂肪酸等物质，导致植物中毒。此外，当土壤缺氧时，植物对土壤多数矿质营养元素的吸收急剧减少，进而削弱根和新梢的生长，抑制叶的生长，减少叶数，导致叶片失绿坏死，发生小叶和落叶现象，在植物的花果期影响开花结果或发生落花落果，严重时导致植物死亡。这种土壤积水缺氧与土壤板结缺氧对植物的致害机理极其相似，即胁迫—胁变—致弱—致死。

土壤水分过多还会加重许多植物病害的发生，原因是多数病原体在多湿条件下生长最佳。如丝核菌、镰刀霉菌、腐霉属菌、疫霉属菌等。同时也容易造成有害软体动物的大发生。

地理、土壤和排水状况，可影响涝害的程度。如积水面积大的江河水系下游、黏土和有不渗水层的土壤、排水困难的地势低洼地区等容易发生涝害。另外，不同植物种类和植物不同的生长发育时期对土壤过湿和积水的适应能力不同，受害情况也不一样。中国近500年来涝害频发时期和少发时期交替出现，有准周期特点。不同纬度涝害发生的频次不同，北纬20°～30°发生的频次较多。涝害最严重地区主要在黄淮平原和长江中下游，其次是东南沿海、松花江及辽河中下游。

（二）防止涝害的措施

1. 加强预报　掌握当地气象资料，了解本地降水规律，预知降水的时间、范围和强度，以便提前做好防涝准备工作。

2. 制定预案　对地势低洼和土壤涝害较重的园林绿地，应预先制定排涝方案。如规划好排水路线，准备好排水设备，快速动员人力等。

3. 抢排积水　一旦发生涝害，应迅速组织人力，调配排水设备，按照事先规划好的排水路线，将绿地中的积水以最快的速度排除，最大限度地减少绿地积水时间。

4. 扒土晾根　乔、灌木积水排除后，可扒开树盘下的土壤，使水分尽快蒸发。让部分根系接触空气，根据天气状况，1～3d后再重新覆土，以防根系暴晒受伤。

5. 松土透气 积水排除后适时松土，不使土壤板结，增加土壤的通透性，使空气尽量进入土壤空隙。

6. 施肥促根 涝害直接影响根系的生长，为促进新根的抽生，可施用腐熟的骨粉、厩肥、过磷酸钙、焦泥炭等有利于根系恢复生长的肥料。

7. 根外追肥 涝害使植物根系生长发育不良，吸收土壤养分的能力下降，可用3%左右的尿素以及0.1%～0.2%的各种矿质元素溶液喷施于树冠，通过叶面吸收补充营养，恢复树势。

8. 修剪树体 对受涝害影响严重、发生枯枝落叶、生长衰弱的植物可进行修剪，剪去枯枝、弱枝，促发新梢的抽生。

五、雪害和雨凇

1. 雪害 雪害是指树冠积雪太多，压断枝条或树干的现象。同时由于融雪期时融冻的交替变化，使冷热不均引起冻害。通常情况下，常绿树种比落叶树种更易遭受雪灾，落叶树如果在叶片未落完前突降大雪，也易遭雪害；下雪之前先下雨，雪花更易黏附在湿叶上，雪害更重；下雪后遭大风，将加剧雪害。

雪害的程度受树形和修剪方法的影响，一般情况下，当植物扎根深、侧枝分布均匀、树冠紧凑时，雪害轻。不合理的修剪会加剧雪害。例如许多城市的行道树从高2.5m左右砍头，然后再培养5～6个侧枝，由于侧枝拥挤在同一部位，树体的外力高度集中，积雪过多极易造成侧枝劈裂。

雪害可通过多种措施减轻危害。通过培育措施促进植物根系的生长，形成发达的根系网，根系牢，植株的承载力强，头重脚轻的植株易遭雪压；修剪要合理，植株枝条的分布要符合力学原理，侧枝的着力点较均匀地分布在树干上；枝条过密的还应进行适当修剪；栽植时注意乔木与灌木、高树与矮树、常绿树与落叶树之间的合理搭配，使植株之间相互依托，以增强群体的抗性；在降雪前，对易遭雪害的植株大枝设立支柱；下雪时要及时振落树冠过多的积雪，防止雪害，将损伤降低到最低限度；雪后对被雪压倒的植株枝条及时提起扶正，压断的枝条锯除。

2. 雨凇 雨凇，又称冻雨、冰挂，是过冷却雨滴在温度低于0℃的物体上冻结而成的坚硬冰层。由于冰层不断地冻结加厚，常压断树枝，对花木造成严重破坏。如1975年3月和1964年2月在杭州、武汉、长沙等地均发生过雨凇，在树上结冰，对早春开花的梅花、蜡梅、山茶花、迎春和初结果的枇杷、油茶等花果均有一定的伤害，还造成部分毛竹、香樟等常绿树折枝、裂干甚至死亡。发生雨凇时，用竹竿打击枝叶上的冰，并设立支柱支撑等方法可部分减轻雨凇危害。

六、高温危害

高温危害是指在异常高温的影响下，强烈的阳光灼伤树体表面，或干扰植物正常生长而造成伤害的现象。高温危害常发生在仲夏和初秋。

1. 高温危害及影响因子 日灼是最常见的高温危害。当气温高，土壤水分不足时，植物会关闭部分气孔以减少蒸腾，这是植物的一种自我保护措施。由于蒸腾减少，树体表面温度升高，灼伤部分组织和器官，一般情况是皮层组织或器官灼伤、干枯，严重时引起局部组织死亡，枝条表面被破坏，出现横裂，降低负载力，甚至枝条死亡。果实如遭日灼，表面出现水烫状斑块，之后扩大，导致裂果，甚至干枯。

苗木和幼树常发生根颈部灼伤，因为幼树尚未成林，林地裸露，当气温高、光照强烈时，地表温度很高，过高的温度灼伤根颈处的形成层，所以根颈灼伤常呈环状，阳面通常更严重。

对于成年树和大树，常在树干上发生日灼，使形成层和树皮组织坏死，通常树干光滑的耐阴树种易发生树皮灼伤。树皮灼伤一般不会造成植物死亡，但灼伤破坏了部分输导组织，影响植物生长，给病虫害入侵创造了机会。灼伤也可能发生在树叶上，使嫩叶、嫩梢烧焦变褐。如果持续高温，超过了植物忍耐的极限，可以导致新梢枯死或全株死亡。

不同树种抗高温的能力不同，二球悬铃木、樱花、棕树、泡桐、香樟、部分竹类等易遭皮灼；槭属、山茶属植物的叶片易遭灼害；同一树种的幼树、同一植株的当年新梢及幼嫩部分，易遭日灼危害。

日灼的发生也与地面状况有关，在裸露地、沙壤或有硬质铺装的地方，植物最易发生根颈部灼伤。

2. 高温危害的防治　预防高温危害，要采取综合措施。首先，选择抗性强、耐高温的树种和品种。其次，加强水分管理、促进根系生长。土壤干旱常加剧高温危害，因此，在高温季节要加强对植物的灌溉和土壤管理，促进根系生长，提高其吸水能力。另外树干涂白、地面覆盖等措施可减轻高温危害。对于易遭日灼的幼树或苗木，可用稻草、苔藓等材料覆盖根区，也可用稻草捆缚树干。

七、风　害

在多风地区，大风使植物出现偏冠、偏心或出现风折、风倒和树枝劈裂的现象，称风害。偏冠会给植物整形修剪工作带来困难，影响植物功能作用的发挥；偏心的植物易遭受冻害和日灼，影响植物正常发育。北方冬季和早春的大风，易使植物干梢干枯死亡，春夏季的旱风，常将新梢嫩叶吹焦，缩短花期，不利于授粉受精。沿海地区夏秋季的花木又常遭受台风危害，使枝叶折损，大枝折断，甚至是整株吹倒，尤以阵发性大风对高大植物破坏性更大。

（一）影响园林植物风害的因子

1. 树种的生物学特性与风害的关系

（1）树种特性　植物抗风性的强弱与其生物学特性有关。浅根、高干、冠大、叶密的树种如刺槐、加拿大杨等抗风力弱；相反，根深、矮干、枝叶稀疏坚韧的树种如垂柳、乌桕等抗风性较强。

（2）树枝结构　一般髓心大，机械组织不发达，生长迅速而枝叶茂密的树种，风害较重。特别是一些易受虫害的树种主干最易风折，健康的植物一般不易遭受风折。

2. 环境条件与风害的关系　环境条件和栽植技术也影响抗风性的强弱。在主风口和地势高的地方，风害严重。行道树的走向如果与风向一致，就会成为风力汇集的廊道，风压增加，加剧风害。局部绿地因地势低凹、排水不畅、雨后绿地积水，造成雨后土壤松软，风害会显著增加。风害也受绿地土壤质地的影响，如绿地偏沙，或为煤渣土、石砾土等，因结构差，土层薄，植物扎根浅，抗风性差；如为壤土或偏黏土等则抗风性强。新植的植物和移栽的大树，在根系未扎牢前，易遭受风害。

3. 人为经营措施与风害的关系

(1) 苗木质量　苗木移栽时，特别是移栽大树，如果根盘起得小，则因树身大，易遭风害，所以大树移栽时一定要立支柱。在风大地区，栽大苗也应立支柱，以免树身吹歪。故移栽时一定要按规定起苗，根盘不可小于规定尺寸。

(2) 栽植方式　凡是栽植株行距适度，根系能自由扩展的，抗风强。如植物株行距过密，根系发育不好，再加上养护跟不上，则风害显著增加。

(3) 栽植技术　整地质量好，水肥管理及时，配置合理的树木，风害轻。在多风地区栽植坑应适当加大，如果小坑栽植，树木会因根系不舒展，发育不好，重心不稳，易遭风害。

(二) 风害的防治

1. 选择抗风性强的树种　在种植设计时要注意在风口、风道等易遭风害的地方选抗风树种和品种，适当密植，采用低干矮冠整形。

2. 设置防风林带　要根据当地特点，设置防护林，防风林带可降低风速，既能防风，又能防冻，是保护林木免受风害的最有效措施。

3. 设立支柱或防风障　在苗木移栽时，一定要按规定起苗，根盘不可小于规定尺寸。大树移栽时一定要立支柱，在风大地区，栽大苗也应立支柱。对幼树和名贵树种可设置风障等。

4. 加强土壤管理　包括排除积水、改良栽植地点的土壤质地、培育壮根良苗、采取大穴换土、适当深植，促进根系发展。

5. 合理修剪　在暴风、台风来临之前，合理修枝控制树形，减少受风面。在大风之后，要对风倒树和被风刮斜的植物，及时顺势扶正，培土为馒头形，修去部分或大部分枝条，并立支柱。对裂枝要顶起或吊枝，捆紧基部伤口，或涂激素药膏促其愈合。对结果多的树木要及早吊枝或顶枝，对被风刮倒或连根拔起的树木应重截树冠更新栽种或送苗圃加强养护，来年再更新补栽。

第二节　园林植物的病虫害防治

园林中为了观赏目的，常栽培许多观赏植物种类及品种，乔、灌、草一应俱全，为害虫、病菌创造了更多的生存机会和多种寄主。调查表明，我国有园林植物病害 5 000 余种，害虫近 4 000 种，其他有害生物 162 种，其中有近 400 种病虫害发生普遍而严重。病虫害防治是园林植物栽培养护的一项重要内容。对病虫害的防治，“防重于治”是一个不可动摇的原则。如在园林管理工作上经常注意预防工作，可以避免不应有的损失。除了预防工作，也应懂得“治”的一般知识，有计划地扑灭已发生的病虫害。

一、园林植物病害及其发生规律

(一) 病害的种类及病原生物的类型

园林植物由于所处的环境不适，或受到生物的侵袭，使正常的生理机能受到干扰，细胞、组织、器官受到破坏，甚至引起植株死亡，降低生态和观赏价值或造成经济损失，这种现象叫园林植物病害。

导致园林植物病害的原因称病原。病原可分为非生物性病原和生物性病原两大类。

非生物性病原包括各种环境胁迫因子，如温度过高或过低、水分过多或过少、湿度过大或过小、营养缺乏或过剩、光照不足或过强，以及污染物的毒害等。非生物性病原不具传染性，故又称非侵染性病害、生理病害。如果同一地区有多种作物同时发生类似的症状，而没有扩大的情况，一般是冻害、霜害、烟害或空气污染所引起。同一栽培地的同一种植物，如果一部分植株全部发生类似的症状，又没有继续扩大的情形，可能是由于营养水平不平衡或缺少某种养分所引起，这些都是非传染性的生理病害。

生物性病原包括真菌、细菌、病毒、支原体、寄生性种子植物、藻类以及线虫和螨类等。其中，引起病害的真菌和细菌等统称为病原菌。凡是由生物性病原引起的病害都具有传染性，因此又称为传染性病害或侵染性病害，受侵染的植物称为寄主。引起侵染性病害的病原菌种类很多，主要有真菌、细菌、病毒、线虫，此外还有少数放线菌、藻类和菟丝子等。如果病害从栽培地的某地发生，且渐次扩展到其他地方，或者病害株掺杂在健康株中发生，并有增多的情形；或者在某地区，只有一种植物发生病害，并有增加情形，这些都可能是由病原菌引起的侵染性病害。

（二）病害症状及诊断

园林植物受侵染后，首先出现生理和代谢的紊乱，然后导致外部形态的变化，其外部所显示出来的各种各样的病态特征称为症状。症状包括病状和病征两方面。病状是植物本身所表现的病态模样，是受害植株生理解剖上的病变反映到外部形态上的结果。病征是病原物在寄主体表显现的特征。病状和病征包括多种类型。

1. 病状类型

（1）变色型　植物感病后，叶绿素不能正常形成，因而叶片上出现淡绿色、黄色甚至白色。缺氮、铁或光照不足常引起植物黄化。在侵染性病害中，黄化是病毒病害和支原体病害的常见特征。

（2）坏死型　坏死是细胞或组织死亡的现象，常见的有腐烂、溃疡、斑点等。生物侵染、自然灾害和机械损伤等可导致坏死型病状出现。

（3）萎蔫型　植物因病而出现失水状态称为萎蔫。病原菌的侵染引起输导组织损伤或干旱胁迫都可导致植物萎蔫。

（4）畸形　畸形是因细胞或组织过度生长或发育不足引起的病状，常见的有丛生、瘿瘤、变形、疮痂等。畸形多由生物性病原引起。

（5）流脂或流胶型　植物细胞分解为树脂或树胶流出，俗称流脂病或流胶病。流脂病多发于针叶树，流胶病多发于阔叶树。流脂病和流胶病的病原较为复杂，可以是生物性的，也可是非生物性的，或两者兼而有之。

2. 病征类型

（1）霉状物　病原真菌在植物体表产生的各种颜色的霉层，如青霉、灰霉、黑霉、霜霉、烟霉等。

（2）粉状物　由病原真菌引起，在植物表面形成各种颜色的粉状物，如白粉等。

（3）锈状物　病原真菌在植物体表所产生的黄褐色锈状物。

（4）点状物　病原真菌在植物体表产生的黑色、褐色小点，多为真菌的繁殖体。

3. 病害诊断　一种植物在相同的外界条件下，受到某种病原物侵染后，所表现的症状大致相同。对于已知的比较常见的病害，其症状也是比较明显的，专业人员较易作出判断。因此，症状是病害的标记，是诊断病害的主要根据之一。但由于不同的病原物可以引起相似的症状，相同的病原物在不同的植物、同一植物不同发育期或环境条件不同的情况下，都可表现出不同的症状，因此遇到不能准确判断的非典型病害时，常要借助显微镜观察病原物，鉴定出病原菌的种类，有时为了帮助判断，甚至要采用人工诱发病害的办法。非侵染性病害的症状常表现为变色、萎蔫、不正常脱落（落叶、落花、落果）等，有的与侵染性病害的症状相似，必须深入现场调查和观察。非侵染性病害往往是大面积同时发生，病株或病叶表现症状的部位有一定的规律性。对于缺乏营养引起的病害，可通过化学方法进行营养诊断，找出缺少的元素，可准确判断致病原因。

二、园林植物虫害及其发生规律

（一）害虫的种类及生活习性

1. 害虫的种类　危害园林植物的动物主要有昆虫、螨类和软体动物等，其中以昆虫为主。对植物有害的昆虫都称为害虫。

害虫按其口器结构的不同可分为咀嚼式口器害虫和刺吸式口器害虫。前者如蛾类幼虫、金龟子成虫等，后者如蚜虫、红蜘蛛、介壳虫、蓟马等。咀嚼式口器害虫往往造成植物产生许多缺刻、蛀孔、枯心、苗木折断、植物各器官损伤或死亡等症状。刺吸式口器害虫是刺吸植物体内的汁液，使植物受生理损害，受害部位常出现各种斑点或引起变色、皱缩、卷曲、畸形、虫瘿等症状。

2. 害虫的生活习性　不同的害虫有不同的生活习性，掌握害虫的生活习性，才能把握时机有效地加以防治。

（1）食性　食性是按害虫取食植物种类的多少，将害虫分为单食性、寡食性和多食性害虫3类。单食性害虫只危害一种植物，寡食性害虫可食取同科或亲缘关系较近的植物，多食性害虫可取食许多不同科的植物。寡食性害虫和多食性害虫的防治范围，不应仅限在可见的被害区域，还应广泛加以防治。

（2）趋性　趋性是指害虫趋向或逃避某种刺激因子的习性。前者为正趋势，后者为负趋势。防治上主要利用害虫的正趋势，如利用灯光诱杀具趋光性的害虫。

（3）假死性　假死性是指害虫受到刺激或惊吓时，立即从植株上掉落下来暂时不动的现象。对于这类害虫，可采取震落捕杀方式加以防治。

（4）群集性　群集性是指害虫群集生活共同危害植物的习性，一般在幼虫时期有该特性。该时期进行化学防治或人工防治能达到很好的效果。

（5）休眠　休眠是指在不良环境下，虫体暂时停止发育的现象。害虫的休眠有特定的场所，因此可集中力量在该时期加以消灭。

（6）社会性　社会性是指昆虫营群居生活，一个群体中个体有多型现象，有不同的分工。如蜜蜂、蚂蚁、白蚁等。

（7）本能　本能是一种复杂的神经生理活动，为种内个体所有，如筑巢、做茧、对后代的照顾等。本能表现为各个动作之间相互联系，相继出现，是物种在长期进化过程中对环境的适应。

（8）拟态和保护色 拟态和保护色都是昆虫在长期进化中适应性的表现。拟态是指昆虫模仿环境中其他动植物的形态或行为，以躲避敌害，如枯叶蝶的体色和形态很似枯叶。保护色是指某些昆虫具有与其生活环境中的背景相似的颜色，有利于躲避敌害，如蝗虫、枯叶蝶、尺蠖成虫。

（二）害虫的危害症状及其诊断

害虫危害园林植物后会出现各种症状，可以根据这些症状判断害虫的种类和危害程度，从而有针对性地采取防治措施，虫害的常见症状有如下几种。

1. 虫粪及排泄物 咀嚼式口器害虫啃食植物叶片或其他器官，经消化和吸收后形成粪便排出，在危害部位或地面能见到颗粒状虫粪；蛀干害虫在树干或枝条的木质部危害，也会向外排泄虫粪或木屑；刺吸式口器的害虫吸取植物汁液时排出蜜露，有时蜜露凝聚成球落在地面上，招引蚂蚁取食。

2. 叶片缺损或穿孔 食叶害虫危害后常造成叶片缺损或穿孔。刺蛾、叶蜂、天蛾等幼虫取食后，叶缘出现缺损；蓑蛾取食后，叶片常出现穿孔。

3. 叶片斑点 刺吸式口器害虫危害叶片后，常留下各种颜色的斑点。介壳虫危害后，一般形成黄色或红色的块状斑；网蝽、叶螨危害后，留下黄褐色的点状斑；叶蝉危害后，常形成黄白色的小方块状斑。

4. 卷叶 卷叶蛾、卷叶象等害虫危害叶片时，常将叶片卷起取食或产卵，有纵卷、反卷或包卷等各种形状。

5. 畸形或肿瘤 瘿螨、瘿蜂等害虫可使叶片形成膨大的虫瘿。

6. 枯梢 有些危害枝梢的害虫，如松梢螟、杉梢螟、茎蜂等将植物的嫩梢咬断，从而出现枯梢现象。

7. 落叶或枯死 植物被天牛、蝙蝠蛾等蛀干害虫危害后，植物的生理代谢被破坏，生长衰弱，出现落叶和枯枝现象，甚至全株死亡。如柏双条杉天牛大发生时，常造成柏类植物整枝或整株枯死；光肩星天牛危害严重时，常导致杨、柳类落叶而枯死。

三、病虫害的防治原则与措施

园林绿化以创造优美、自然、和谐的环境为目的，蜂飞蝶舞、鸟语虫鸣是园林景观的重要组成部分，因此一般情况下，可以允许一定数量昆虫的存在。防治任务主要是控制病虫害不成灾。当然，供出口的花卉苗木一般不能有病虫害，对幼虫上有毒刺、毒毛，可能对游人造成直接威胁的害虫，如刺蛾、毒蛾等，也应尽量消灭。

（一）园林植物病虫害特点

在病虫害发生和防治方面，普遍规律适用于所有植物，但由于园林植物在生长环境、群体结构和功能要求上存在特殊性，因而有其自身特点。

①园林植物生长在城市中，而城市环境中存在许多不利于植物生长发育的因子，如热岛效应、空气污染、热辐射、土壤紧实、根系伸展受阻等。因此，园林植物面临更多的环境胁迫，容易出现非侵染性病害。如果因环境胁迫导致植物生长发育不良，各种病原菌和害虫就会乘虚而入。

②由于城市土地空间的限制，植物种类比较单调，植物常用孤植或块团状种植，其群落结构比较简单，削弱了生物的多样性和食物链的完整性，给病虫害的大发生创造了条件。

③为了满足观赏的要求，常对园林植物进行修剪和造型，过度修剪干扰植物的正常生长，修剪留下的伤口给病虫的入侵以可乘之机。

（二）园林植物病虫害防治原则

病虫害防治的总方针是“预防为主，综合防治”。园林植物病虫害防治更应贯彻这一方针，“预防为主”就是要对病虫害的发生有预见性，以园林经营管理技术防治为基础，将防治贯彻到园林设计、树种选配和养护管理等环节中，最大限度地利用各种自然防治方案，营造一个适宜植物生长而不利于病虫发生的生态环境。“综合防治”就是采取综合措施防治病虫害。在综合防治中应以耕作防治法为基础，将各种经济有效、切实可行的办法协调起来，取长补短，组成一个比较完整的防治体系。

（三）园林植物病虫害防治方法

1. 园林技术措施防治 园林栽培技术措施可以改变或创造某些环境因子，使其有利于园林植物生长发育，而不利于病虫的侵袭和传播，从而避免或减轻病虫害的发生。

（1）选用抗病优良品种 不同的树种，病虫危害不一样，应选择那些病虫少的种类；同一树种，不同的种源、家系和品种的病虫危害也不一样，要注意选择病虫少或抗病虫能力强的种源、家系或品种；在种苗种植前，要进行病虫检验，确保种植的种苗无病虫或病虫少，如种苗上有少量病虫，应在种前进行处理。利用抗病虫害的种质资源，选择或培育适于当地栽培的抗病虫品种，是防治花卉病虫害最经济有效的途径。

（2）选用无病健康苗 在育苗上应注意选择无病状、强壮的苗，或用组织培养的方法大量繁殖无病毒苗。

（3）多树种种植 多树种种植有利于增强生物多样性和食物链的完整性，利用物种之间的相互制约来控制病虫害的种群数量，防止病虫害的大发生。实践证明，园林植物种类越单一，发生各种严重病虫害的可能性越大。在20世纪70年代的美国，由于荷兰榆树病的暴发和流行，曾使以美国榆为主的行道树遭到极大破坏。后来美国许多城市采用了多树种营建行道树，取得良好效果。试验发现，当某一树种的栽植数量低于树种栽植总量的10%～15%时，就不会出现大的病虫危害。我国许多城市也存在“多街一树”现象，不但景观单调，绿化效果差，而且容易发生大规模的病虫害，造成巨大损失。

（4）合理配置 合理配置主要是利于空间上的阻隔，以防止病虫害的发生和蔓延。病原菌或害虫往往有比较固定的寄主或取食对象，用不同的树种进行配置或混交，可起到隔离作用，防止病虫害的发生和蔓延。但要注意，能够相互传染病害的植物不宜配置在一起，如海棠与圆柏、龙柏等树种的近距离配置，常造成海棠锈病的大发生。

（5）轮作 林木花卉中不少害虫和病原菌在土壤或带病残株上越冬，如果连年在同一块地上种植同一树种或花卉，易发生严重的病虫害。实行轮作可使病原菌和害虫得不到合适的寄主，使病虫害显著减少。

（6）改变栽种时期 病虫害发生与环境条件如温度、湿度有密切关系，因此可把播种栽植期提早或推迟，避开病虫害发生的旺季，以减少病虫害的发生。

（7）水肥管理 适宜的水肥条件是植物健壮生长的基础，改善植株的营养条件，增施磷、钾肥，使植株生长健壮，提高抗病虫能力，可减少病虫害的发生。肥水过多过少都容易引起病虫害的发生。肥水过多，植物徒长，不仅降低抗病虫能力，而且也降低抗寒性，植物冻伤后容易遭受病虫侵袭；肥水不足，容易出现生理性病害，植物生长衰弱，增大了病虫入侵的可能性。

水分环境过分潮湿，不但对植物根系生长不利，而且容易使根部腐烂或发生一些根部病害。合理灌溉对地下害虫具有驱除和杀灭作用，排水对喜湿性根部病害具有显著的防治效果。

（8）保持清洁的环境卫生　保证园林植物生长环境的卫生是减少病虫侵染来源的重要措施。其主要工作有：及时清理被病虫危害致死或治疗无望的植株，将其掩埋或销毁；及时修剪病虫严重的枝叶；苗木、盆栽植物生病后，及时对病土进行消毒处理。

（9）中耕除草　杂草是病虫繁殖传播的温床，要及时清除杂草。中耕除草可以为植物创造良好的生长条件，增加抵抗能力，也可以消灭地下害虫。冬季中耕可以使潜伏土中的害虫病菌冻死，除草可以清除或破坏病菌害虫的潜伏场所。

2. 物理防治法　物理防治法是利用人工、器械或各种物理因子如光、电、色、温度、湿度等防治病虫的方法。它操作简便，节省投入，不污染环境，但在田间大面积实施受到限制，难以收到彻底的效果，一般可作为辅助性防治手段，主要有以下措施：

（1）人工或机械方法　利用人工或简单工具捕杀害虫和清除发病部分，如人工捕杀小地老虎幼虫，拔除或修剪病虫植株或受害器官，如人工摘除病叶、剪除病枝等。

（2）诱杀　很多夜间活动的昆虫具有趋光性，可以利用灯光诱杀，如黑光灯可诱杀夜蛾类、螟蛾类、毒蛾类等700种昆虫。有的昆虫对某种色彩有敏感性，可利用该昆虫喜欢的色彩胶带吊挂在栽培场所进行诱杀。

（3）热力处理法　不适宜的温度会影响病虫的代谢，从而抑制它们的活动和繁殖。因此可通过调节温度进行病虫害防治，如温水（40～60℃）浸种、浸苗、浸球根等可杀死附着在种苗、花卉球根外部及潜伏在内部的病原菌害虫。温室大棚内短期升温，可大大减少粉虱的数量。对染病的温室或盆栽土壤可用90～100℃的热蒸汽处理30min。盛夏时将土壤翻耙，让太阳暴晒，也能杀死病原菌。

（4）机械阻隔　常用地膜覆盖阻隔病原物。许多叶部病害的病原物是在病残体（根系或枯落物）上越冬，早春地膜覆盖后可阻止病原物向上侵染叶片，且由于覆膜后土壤温度、湿度提高，加速病残体腐烂，减少侵染源，如芍药地膜覆盖后可显著减少叶斑病的发生。

（5）其他措施　包括通过超声波、紫外线、红外线、晒种、熏土、高温或变温土壤消毒等物理方法防治病虫害。

3. 生物防治法　生物防治法是利用有益生物及其天然产物防治害虫和病原物的方法。生物防治是综合防治的重要内容，它的优点是不污染环境，对人畜和植物比较安全，效果持久等，是一种很有发展前途的防治方法。但也存在明显的局限性，如技术要求复杂，许多技术目前仍不完善，其效果受环境和寄主条件的限制较多，且生物防治制剂的开发周期长、成本高等。

（1）利用害虫天敌　自然界昆虫天敌的种类很多，可分捕食性天敌和寄生性天敌两类，前者如瓢虫、草蛉、食蚜蝇、食虫虻、蚂蚁、胡蜂、步甲等，后者有寄生蜂和寄生蝇等。另外，一些鸟类、爬行类、两栖类等动物以害虫为食，对控制害虫的种群数量起重要作用，如啄木鸟和灰喜鹊是森林和植物的卫士。保护和利用天敌有许多途径，其中重要的是合理使用农药，减少对天敌的伤害；其次要创造有利于天敌栖息繁衍的环境条件，如保持树种和群落的多样性，保护天敌安全越冬，必要时补充寄主以招引天敌等。

（2）以菌治病　以菌治病就是利用有益微生物和病原菌间的拮抗作用，或者某些微生物的代谢产物来达到抑制病原菌的生长发育甚至死亡的方法，如“五四〇六”菌肥（一种抗菌素）能防治某些真菌病、细菌病及花叶型病毒病。

（3）以菌治虫　以菌治虫是利用害虫的病原微生物使害虫感病致死的一种防治方法。害虫的病原微生物主要有细菌、真菌、病毒等，如青虫菌能有效防治柑橘凤蝶、尺蠖、刺蛾等，白僵菌可以寄生鳞翅目、鞘翅目等昆虫。病原微生物也可用于病害防治，如用野杆菌放射菌株 84 防治细菌性根癌病，在世界许多国家都已成功，用它防治月季细菌性根癌病，效果非常理想。

（4）以虫治虫和以鸟治虫　以虫治虫和以鸟治虫是指利用捕食性或寄生性天敌昆虫和益鸟防治害虫的方法。如利用草蛉捕食蚜虫，利用红点唇瓢虫捕食紫薇绒蚧、日本龟蜡蚧，利用伞裙追寄蝇寄生大蓑蛾、红蜡蚧，利用扁角跳小蜂寄生红蜡蚧等。

（5）利用昆虫激素　昆虫激素是由内分泌器官分泌的、能控制昆虫生长发育和繁殖的物质，通过人工合成这些激素，使其过量地作用于昆虫，能干扰昆虫正常的生长发育和繁殖，从而控制昆虫的种群数量。目前用得最多的是保幼激素和性激素，前者能使昆虫保持幼稚状态，后者能干扰昆虫的雌雄交配，也可引诱昆虫以便捕杀。

（6）利用农用抗生素　农用抗生素是细菌、真菌和放线菌的代谢产物，在较低浓度下能抑制或消灭病原微生物及一些害虫。杀虫剂主要有阿维菌素、绿宝素等，杀菌剂主要有井岗霉素、灭菌素、多抗霉素、春雷霉素等。

（7）生物工程　生物工程防治病虫害是防治领域一个新的研究方向，近年来已取得一定进展。如将一种能使夜盗蛾产生致命毒素的基因导入植物根系附近生长的一些细菌内，夜盗蛾吃根系的同时也将带有该基因的细菌吃下，从而产生毒素致死。

4. 化学防治法　化学防治法是利用化学药剂的毒性来防治病虫害的方法。其优点是具有较高的防治效力，收效快、急效性强、适用范围广，不受地区和季节的限制，使用方便。化学防治也存在许多显而易见的缺点，如污染环境，破坏生态平衡，杀伤天敌及其他有益生物，使害虫和病原菌产生抗药性，使用不当易对植物产生药害，引起人畜中毒等。化学防治虽然是综合防治中一项重要的组成部分，但只有与其他防治措施相互配合，才能收到理想的防治效果。生产上主要做好预防和综合防治工作，尽量减少化学农药的使用，特别是不能使用剧毒的、残效期长的农药，不得不使用少量农药时，也要选择高效、低毒、残效期短的种类，并科学施用，将副作用减少到最低水平。

（1）农药的种类及剂型　在化学防治中，使用的化学药剂种类很多，根据对防治对象的作用可分为杀虫剂和杀菌剂两类。杀虫剂根据其性质和作用方式分为胃毒剂、触杀剂、熏蒸剂和内吸剂等。常用的杀虫剂主要有敌百虫、敌敌畏、乐果、氧化乐果、三氯杀螨砜、杀虫脒等。杀菌剂一般分为保护剂和内吸剂，常用的杀菌剂有波尔多液、石硫合剂、多菌灵、粉锈灵、托布津、百菌清等。此外，农药还有杀螨剂、除草剂、杀线虫剂等。

工厂制造出来未经加工的产品称原药，加工后的农药叫制剂，制剂的形态叫剂型。常用的农药剂型有乳剂、粉剂、可湿性粉剂、颗粒剂、水剂、悬浮剂等。

在采用化学药剂进行病虫防治时，必须注意防治对象、用药种类、使用浓度、使用方法、用药时间和环境条件等，根据不同防治对象选择适宜的药剂。

（2）施药方式　农药施用方式很多，要根据植物的形态，病虫的习性、危害部位和特点，药剂的性质和剂型选择合适的施药方式，以充分发挥药效，减少副作用。常用的施药方式有：

①喷雾：用喷雾器将药液雾化后均匀喷在植物受害部位。所用剂型一般为乳剂、可湿性粉剂或悬浮剂等。

②撒施：将农药与细土按一定比例均匀混合制成毒土，撒施于植株根际周围土中，有时也将颗粒剂直接撒入土中。撒施主要是防治地下害虫、植物根部或茎基部病害。

③种子处理：种子处理的主要目的是消灭种子中的病虫害，常用方法是用农药拌种、浸种或闷种。

④土壤处理：在播种前，通过喷雾、喷粉、撒毒土等方法将药剂施于土壤表面，再翻耙到土中，目的是杀死地下病虫，减少苗期病虫害的发生。

⑤毒饵法：毒饵法是将药剂与一些饵料如糠饼、豆饼、青草等混合，诱杀地下害虫的方法。

⑥熏蒸法：熏蒸法是在封闭或半封闭的空间里，利用熏蒸剂释放出来的有毒气体杀灭病虫的方法。容器育苗土壤、盆栽土和温室土壤可用此法消毒和杀虫。

（3）农药的安全合理施用　农药的安全合理施用要注意以下几点：

①合理选择农药种类：要根据药剂的作用机理、防治对象的生物学特性、危害方式和危害部位，以及环境条件等合理选择药剂种类，尽量选择高效低毒、低残留的农药品种。为了延缓害虫和病原菌抗药性的产生，要注意药剂的轮换使用，或将作用机理不同的品种混合使用。

②选择合适的施药期和施药量：确定合适的施药期、施药量和间隔期是合理施药的基础。施药期因施药方式和病虫对象不同而异，熏蒸土壤或种子处理常在播种之前进行；田间喷药应在病虫害发生初期进行；对害虫，在幼虫或成虫期用药效果较好；对病原菌，应在侵染发生前或发生初期用药。用药量的确定是一个十分复杂的问题，一般可在规定的用药范围内，根据病虫害的严重程度、植物耐药能力、环境条件等因子确定。药剂使用浓度以最低的有效浓度获得最好的防治效果为原则，不可盲目增加浓度以免植物遭受药害。

③保证施药质量：施药的作业人员应掌握有关农药使用的知识，熟悉药剂配制和器械操作技术。喷药时，宜选择无风或风小的天气，在高温季节宜在早晨或傍晚进行，阴雨天气和中午前后一般不进行喷药，喷药后如遇雨必须在晴天再补喷一次。注意行走的路线、速度和喷幅以保证施药均匀、适量、不重施或漏施。

④避免产生药害：农药使用不当，可使植物受到损害，即产生药害。产生药害的原因很多，常见的是施药量过大、施药不均、在植物敏感期及高温期或光照强时施药等。另外，药剂选择不当、配制不合理或药剂过期变质等都有可能造成药害。

5. 植物检疫措施　植物检疫是按照国家颁布的植物检疫法规，由专门机构实施，目的在于禁止或限制危险性生物从国外传到国内，或由国内传到国外，或传入后限制其在国内传播的一种措施，以确保农林业的安全生产。

植物检疫可分为对外检疫和国内检疫。对外检疫可分为进口检疫和出口检疫，进口检疫的目的是防止检疫对象随植物或其产品输入国内，这些检疫对象一般是国内尚未发现或虽有发现但分布不广的危险性有害生物。出口检疫是按输入国的要求，禁止危险性的病、虫、杂草输出，以满足外贸的需要。对外检疫一般在口岸、机场、港口等场所设立检疫机构，对进出口货物、旅客携带的行李进行检查。出口产品进行基地化生产的，也可在产地设立机构检疫，国内检疫是防止国内已有的危险性病、虫、杂草从已发生的地区蔓延扩散。

植物检疫是一项专业性很强的工作，这项工作抓得好，可以从源头上杜绝危险生物的传播。在当今世界，经济一体化步伐加快，国际贸易往来频繁，旅游业越来越兴旺，加强植物检疫工作显得尤为重要。为了防止病虫害随种子、植株或其产品在国际或国内不同地区造成人为的传播，国家设立了专门的检疫机构，对引进或输出的植物材料及产品进行全面检疫，发现有病虫害的材料及产品就地销毁。在花卉上，目前还没有明确的检疫对象，因此从国外进口花卉和植物材料时，常带进病菌和害虫。如荷兰进口的风信子带有黄瓜花叶病毒，香石竹带有蚀环病毒等。在局部地区已发生危险病虫害时，应采取措施将其封闭在一定范围内予以消灭，不让它们蔓延传播到无病区。当发现危险性病虫害已经传入新的地区时，应积极防治、彻底消灭，控制病区的扩大。

第三节　树体保护与管理

树体保护是对树体本身进行的保养措施，树木的树干和骨干枝上，往往因病虫害、冻害、日灼及机械损伤等造成伤口，这些伤口如不及时保护、治疗、修补，经过长期雨水侵蚀和病菌寄生，易使内部腐烂形成树洞。另外，树木还经常受到人为的破坏，如树盘内的土壤被长期践踏得很坚实，在树干上刻字或拉枝折枝等，所有这些对树木的生长都有很大影响。因此，对树体的保护和修补是非常重要的养护措施。

一、树体损伤及树洞的处理

（一）树木受伤后的表现

树木受到损伤形成的伤口虽不能治愈恢复到原来的状态，但往往伤口外面会被愈合的树皮覆盖。树木受到损伤后，在木射线与年轮之间因化学物质的改变及新细胞的形成，在伤口周围形成分隔来限制伤口的扩大，这个过程称为隔离。邻近伤口的木质部细胞形成具有4层壁的立方体分隔：第一层位于伤口上下堵塞的木质部导管与管胞；第二层为内部年轮中晚材的厚壁细胞；第三层为辐射状的木射线；第四层为伤后形成的新木质部，其解剖形状及化学性质都不同。其中第二、第三层发生化学变化，阔叶树种中主要是酚类物质的初步氧化和聚合；针叶树种则主要是萜类，由此形成保护，避免进一步的腐朽与变色。其中第一层壁抵御病腐菌的侵蚀能力最小，第四层壁最大，但第四层壁的结构性能差，容易导致年轮环裂而使树干强度减弱。

一般情况，树枝因折断、修剪或枯死留下的残桩常发生变色及腐朽，腐朽部位被树干产生的化学和物理变化形成的阻隔所终止，但如果修剪侧枝时伤及树干组织，病腐菌容易侵入。

（二）树木受伤的特点

树木受伤后产生的伤口是否能被树皮包覆，取决于伤口的位置、受伤的时间、暴露的组织。Neely认为（1970），伤口的形状与愈合的关系不明显，但是如果损伤发生在生长期初，此时维管形成层连接的木质部不会很快干燥，在一个生长季内树皮就可愈合（小伤口）；在暴露的木质部上即使只有少许形成层组织残留下来，在木质部也有足够的射线薄壁细胞，它们会分生形成伤口材覆盖伤口。木质部生长最旺盛的时候，伤口愈合也最快；树干基部越接近健康和生长旺盛的根部，其愈合速度也越快。

树皮在春季形成层活动时最容易受伤、撕裂。春季形成的伤口，在其后的第一个生长季中愈合速度比夏季造成的伤口快6倍；夏季及秋季形成的伤口其周围的树皮易发生死亡，特别是皂荚树；秋季的伤口更易受腐朽菌的感染，因为此时正是各类真菌孢子成熟释放的时间。有些微生物能保护伤口免受病腐真菌的侵蚀或至少延迟其侵蚀。另外，树木的伤口处于干湿交替的环境更容易发生腐朽。

（三）伤口的处理

树木不可避免地会形成各种伤口，通过合理的管理和养护措施可使其对树木的伤害减少到最小的程度。例如选择春季旺盛生长或秋季落叶时，而不是在树木生长最脆弱的时候修剪、注射；注意选择适当的栽植地点，避免不必要的机械损伤等。主要包括以下几个方面：

1. 清理伤口 先用锋利的凿和刀刮净削平伤口四周，如已腐烂，应削过腐烂部分直至活组织中，使皮层边缘成弧形，不仅便于准确确定伤口的情况，同时减少害虫的隐生场所。树洞的清理要从洞口开始逐渐向内清除已腐朽或虫蛀的木质部，注意保护障壁层，通常木材虽已变色，但质地较硬的部分就是障壁层所在，因此，清理时对于已完全变黑变褐、松软的心材要去掉，对已变色而未完全腐朽的要保留（图12－1）。

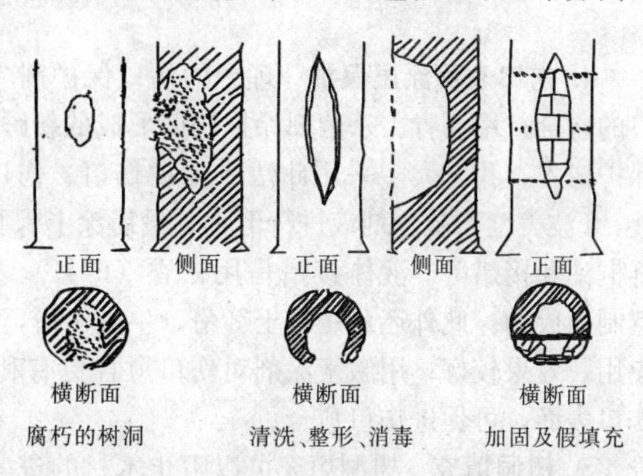

图12－1 树洞的处理
（祝遵凌，2005）

对于已基本愈合封口的树洞，可不进行树洞清理，但应向洞内注入消毒剂，以阻止内部的进一步腐朽。

2. 整形 一般习惯在清理伤口的同时对伤口的形状加以整理，如修去伤口周围活的树皮使伤口形状变得规则。但许多研究认为这种做法不利于伤口的愈合，应尽量保留活的树皮。如果需要修理和给伤口整形时，尽量不要增加其宽度，避免出现锐角。修理伤口必须用快刀，除去已翘起的树皮，削平已受伤的木质部，使形成的愈合面比较平整，不要随意扩大伤口。

伤口整形分内部整形和洞口整形。内部整形是为了消灭水袋，防止积水。对较浅的树洞，如果洞口高、里面低，可切除洞口树皮的外壳，使洞底向外向下倾斜。有些较深的树洞，可在洞的下方斜向上用电钻打一通道，直达洞内最低处，钻孔要保证通道最短，在通道内安一排水管，管的出口稍突于树皮。如果树洞的底面低于地面，可在其内塞入填充物，使洞底高于地平面10～20cm。

洞口整形最好保持其自然轮廓线。在不破坏形成层、不制造新的创伤的情况下，尽量使洞口呈长椭圆形，长轴与树高方向一致。

3. 树洞加固 通常小树洞对树木的机械强度影响不大，不需加固。大树洞有时需要加固，以增强洞壁的刚性，使以后的填充材料更加牢固。

树洞加固可用螺栓或螺钉（图12－2），先用电钻打孔，所用螺栓和螺钉的长度要适宜，保证加固后螺帽不突出形成层，以利于愈伤组织覆盖其表面，所有的钻孔都要消毒并用树木涂料覆盖。

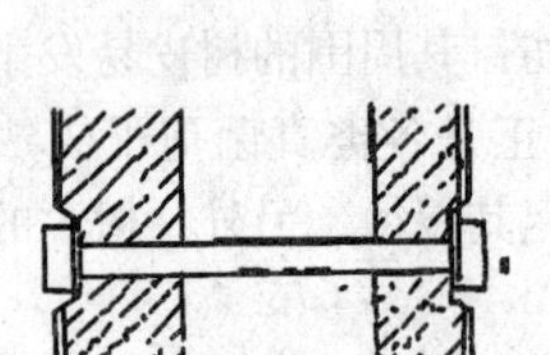
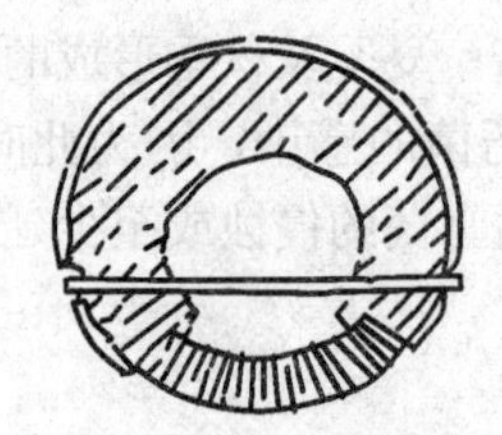
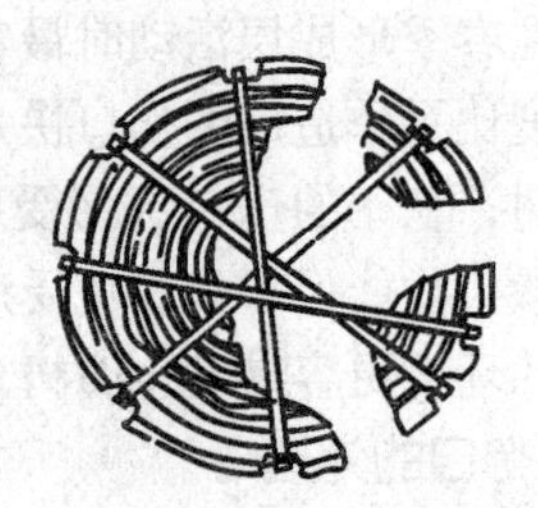
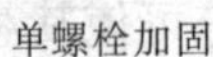

单螺栓加固　　螺丝加固假填充　　多螺栓加固(不同高度)

图 12-2　树洞的加固

(祝遵凌，2005)

4. 伤口表面涂层保护　理想的伤口保护剂应能保护木材病腐菌的侵蚀，同时能促进伤口的愈合。用沥青、杀菌剂涂抹修剪形成的新鲜伤口表面，可减少病虫害的侵入机会，有效保护树木，我国大多采用此法来保护伤口。伤口也可用 2%～5%硫酸铜液，0.1%升汞溶液，5 波美度石硫合剂液进行消毒，最后涂上保护剂，预防伤口腐烂，并促其愈合，保护剂有桐油和接蜡等。液体接蜡是用松香（64%）、油脂（8%）、酒精（24%）、松节油（4%）熬制而成的。此外还可用黏土 2 份，牛粪 1 份，加少量羊毛和石硫合剂用水调成保护剂就地应用，效果较好；用激素涂剂对伤口愈合更有利，用含有 0.01%～0.1% α-萘乙酸膏涂在伤口表面，可促进伤口愈合。

5. 树洞填充　树洞填充可以阻止木材的进一步腐朽，增强树洞的机械强度，改善树体的美观效果。过去在进行树洞填充时，多使用水泥等硬质材料作填充物，水泥坚硬、比重大、膨胀系数与木材不同，填充物的周围常存在间隙，给病菌侵入创造机会，同时随着树体的摇晃，坚硬的水泥可能挤破树干。因此，许多城市绿化工作者认为树洞填充弊多利少。随着一些高分子填充材料的研制成功和投入使用，这一状况将很快发生改变，树洞填充的优越性将突显出来。

为了更好地固定填料，填充前可在经过清理消毒的树洞内壁钉一些平头钉，一半钉入木材，另一半与填料浇注在一起（图 12-3）。

未处理的树洞　　清理、钉钉后的树洞

图 12-3　树洞的清理与钉钉

(祝遵凌，2005)

填充材料常见的有水泥、沥青和聚氨酯塑料等。水泥填料是将水泥、细沙和卵石按 1∶2∶3 的比例加水调制，大树洞要分层分批注入，中间用油毛毡隔开。水泥填料可用于小树洞，特别是干基或大根的空洞填充，因为这些位置一般不会由于树体摇摆而挤破洞壁。沥青填料是由 1 份沥青熔化后加入 3～4份锯末或木屑混合制成，注入时注意不要弄脏树体和周围的环境。聚氨酯塑料、弹性环氧胶等是近年来推出的新型高分子材料，它们的共同特点是坚韧结实、有弹性、与木材的黏合性好，且重量轻、易灌注，同时具有杀菌作用，因而在生产中应用越来越普遍，它代表了树洞填充材料的发展方向。

6. 树洞覆盖　有些树木的树洞，木质部严重腐朽，洞壁已十分脆弱，要进行广泛的凿洗清理和填充加固已不可能，为了延缓进一步腐朽和美化树洞，可对树洞进行覆盖。方法是先进行必要的清理、消毒和涂漆，然后在洞口周围用利刀切出一条1.5cm左右宽的树皮带，露出木质部，深度以覆盖物略低于或平于形成层为准。在切削部涂上紫胶漆后在洞口盖一张纸，裁成与切口边缘相吻合的图形，根据此图形裁制一块镀锌铁皮或铜皮，背面涂上沥青或焦油后将铁皮或铜皮钉在露出的木质部上，最后在覆盖物表面涂漆防水。

7. 树皮修补及移植树皮　在春季及初夏形成层活动期，树皮极易受损与木质部分离，此时可采取适当的处理使树皮恢复原状。如发现树皮受损与木质部脱离，应立即采取措施保持木质部及树皮的形成层湿度，从伤口处去除所有撕裂的树皮碎片，重新把树皮覆盖在伤口上，用小钉子（涂防锈漆）或强力防水胶带固定，另外用潮湿的布带、苔藓、泥炭等包裹伤口避免太阳直射。一般在形成层旺盛生长期，处理后1～2周可打开覆盖物检查树皮是否仍然存活，是否已经愈合，如果已在树皮周围产生愈伤组织则可去除覆盖物，但仍需遮挡阳光。

对于修剪造成的伤口，应将伤口削平后涂保护剂，防止腐烂。由于大风使树木枝干折裂，应立即用绳索捆缚加固，然后消毒涂保护剂。由于雷击使枝干受伤的树木，应将烧伤部位锯除并涂保护剂。

树干受到环状损伤时，也可以补植树皮，使上下已断开的树皮重新连接恢复传导功能，或嫁接短枝来连接恢复功能。该技术经常在果树栽培中采用，近年来常用于古树名木的复壮与修复。树干的环状损伤通常是由于在树干上捆绑铁丝所造成，对此采用的树皮移植技术要点为：

①清理伤口，在伤口上下部位铲除一条树皮形成新的伤口带，宽2cm、长6cm。

②在树干的其他部位切取一块树皮，宽度与上述新形成的伤口宽度相等但长度略短。

③把新取下的树皮覆盖在树干的伤口上，用涂过防锈清漆的小钉固定。

④重复上述过程，直到整个树干的环状伤口全部被移植的树皮覆盖。

处理过程中要保持伤口的湿度，最后在移植树皮的上下15mm范围内用湿布等材料包裹。再在外面用强力防水胶带固紧，包裹范围应上下超过内层材料的25mm。上述处理后1～2周移植的树木树皮可以愈合，形成层与木质部重新连接，这种方法能成功地救治树木。

二、树木的支撑与加固

大树或古老的树木如有树身倾斜不稳时，大枝下垂的需设支柱撑好，支柱可采用金属、木桩、钢筋混凝土等材料。支柱应有坚固的基础，上端与树干连接处应有适当形状的托杆和托碗，并加软垫，以免损伤树皮。设支柱时一定要考虑到美观，与周围环境协调。北京故宫将支撑物漆成绿色，并根据松枝下垂的姿态，将支撑物做成棚架形式，效果很好。

(一) 悬吊与支撑

采用钢索悬吊、杆材支撑或螺栓加固那些负重过大、有劈裂断痕，但仍然可以存活并有保留价值的大枝、树干等，是树木损伤修复的主要方法之一。

悬吊是用单根或多股绞集的金属线、钢丝绳，在树枝之间或树枝与树干间连接起来，以减少树枝的移动、下垂，降低树枝基部的承重；或将原来由树枝承受的重量通过悬吊的缆索转移到树干的其他部位或另外增设的构架上。

支撑的作用与缆索悬吊基本相同，但它是通过支杆从下方、侧方承托重量来减少树枝或树干的压力。

加固是用螺栓穿过已劈裂的主干或大枝，或将脱离原来位置与主干分离的树枝铆接加固的办法。

必须指出的是，采用悬吊、支撑的方法其本身存在缺陷，它只能减少潜在的危险，而不能保证树木一定不会造成安全威胁，因此它不适用于所有必须处理的树木，而应区别对待。

1. 缆索悬、拉的方法 缆索是一种韧性结构，用其悬吊或拉固，连接的树枝一般可有稍微的移动，常用的有 4 种方式。缆索悬、拉分别用于不同的树干或侧枝，必须根据树体结构来选择适合的形式（图 12-4）。

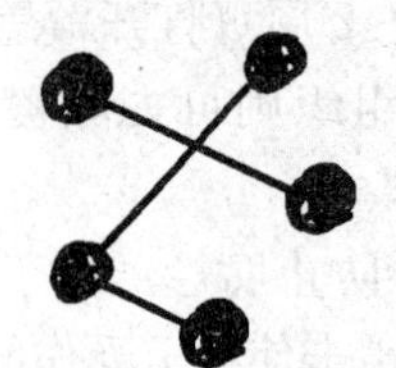
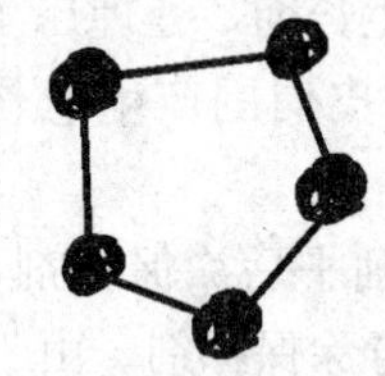
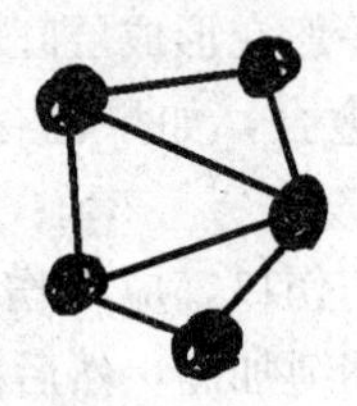

图 12-4　缆索的固定形式

（吴泽民，2003）

（1）缆索的方式

①单根缆索：应用缆索对两个直径基本相同的基部连接不牢固或有劈裂的树枝进行加固与连接，起到互相支持的作用，或其中一个较大健康的树枝来支持另一个有缺陷的弱枝。

②3 根拉索：拉索构成三角形，连接 3 个基部连接较弱或过重的侧枝，并可减少过重侧枝扭曲折断的危险性。

③多根环式封闭性拉索：主要针对有多个分枝的树木，通过多根拉索连接后，每个被连接的树枝能有所移动，但如在封闭式的拉固基础上再设置对角线的拉索，则产生较强的刚性，会减少树枝的摇动。

④辐射式拉索系统：适用于有多个分散的主干、直径基本相似，而没有明显的中央主干的情况，它可使被拉的树枝在各个方向都可移动。但拉索最易产生金属疲劳，因此需比通常用的拉索的直径稍粗。

吊索在树干或树枝上的固定位置十分重要，美国树艺学会制定的标准指出，吊索固定的位置一般约在树枝、树干的 2/3 处或以外；当悬吊一个近于水平、脆弱的侧枝时，吊索的固定点应尽可能位于侧枝的先端以及主干的顶端，以使吊索和侧枝形成 45°夹角。

（2）吊索的固定办法

①金属箍：用铁质材料分两半通过螺栓夹紧，内口的直径略大于需悬吊的树枝或作为支点的树干直径，把箍固定在树枝上时必须在金属箍与树皮之间垫衬软质材料，如橡胶垫等。箍上附有一个圆环，以便穿过吊索。用螺旋夹固可以随着树干和树枝的增粗进行调整，以免损伤树皮。目前我国一般采用这类方法来固定悬索。

②螺栓固定：用螺栓直接穿透需吊拉索的树枝或树干，螺栓的一头带有圆环、弯钩等可以穿过吊索的装置，另一端用螺帽固定。这类方法在美国应用广泛，甚至认为对于软木类树

木以及有腐朽的树枝仍可应用，但最好是采用双螺帽，且每个螺帽需加螺帽垫。

采用不穿透树枝的螺钉时应注意：如用大径的螺钉应先在树体上钻孔，孔径应略小于螺栓的直径，软木类树木应小于3mm，一般为1～2mm；直径较小的枝螺钉拧入的深度不应小于1/3，并尽可能将螺钉拧入树体，露出的部位只要能穿过拉索即可；螺钉在树体内应成直线，否则容易损伤周边的木材；同一树枝上应用两个螺钉时其间距不小于5cm。

我国目前主要对古树名木以及具有十分重要价值的树木采用悬吊支撑处理，因此基本不采用螺栓，因为这种处理会造成伤口，而且对于软木类和有腐朽的树木更加不利。为了使被吊拉的树枝有更大幅度的摆动、震动，可在钢索中加一个压缩弹簧以增加缓冲性。

2. 枝的支撑　下垂的树枝、倾斜的树体，主要是采用杆、棍、架等刚性物体来承托、支顶，因此支撑物与树体基本构成一个刚性结构。

常用材料如金属管、角铁、U形支架、原木等作为支撑物，必须注意的是确定受力点，尽量不损坏树皮，但也可采用把支杆嵌入木质部的做法。

3. 新植树木的支撑　栽植较大的树木时，一般要进行树干支撑，但新栽树木在根系扎牢前，因风吹雨打可能造成土陷树歪，应及时扶正，重新支撑。一般在下透雨后必须进行一次全面检查，树干动摇的应松土夯实；树穴泥土下沉缺土的，应及时覆土填平，防止雨后积水引起烂根；树穴泥土堆得过高的要耙平，防止深埋影响根系发育；如果支撑树木的扶木已松动，要重新绑扎加固；如果树木栽植不久就倾斜，应立即扒开原填的土壤扶正；在生长季节由于下雨、灌溉或土体沉降而倾斜的，暂时不扶正，在秋末树木进入休眠后再扶正，方法是在树木倾斜的一侧沿原栽植穴的坑壁向下挖沟至穴底，再向内掏底土至树干的下方，用锹或木板伸入底沟向上撬起，向底沟塞土压实，保证在抽出锹或木板后树木直立，最后回土踩实。如果倾斜的树木栽植浅，可按上述方法在倾倒方向的反侧挖沟至穴底，再向内掏土至稍超过树干中轴线，将掏土一侧的根系下压，保证树干直立，再回土踩实即可。对于已完全倒伏的树木必须重新栽种。在树木扶正或重新栽植后，仍要设立支撑物。

定植多年的大树或古树如有树干倾斜不稳的，要设立支柱。树木的侧枝过长下垂，影响树形或易遭风害雪压的，要顶枝。果树结果多，可能压垮枝条的，一般采用吊枝的办法。树木支撑要注意支撑点树皮的保护，要在树干或枝条的支撑点处加上软垫，以免损伤树皮。

（二）有问题的枝干加固

1. 枝基部的加固　有的树木其主侧枝或大枝的基部连接处，由于各种原因而挤成连接强度减弱，如分枝的角度过大，树冠过于开张、主侧枝与树干或两个大主枝间有夹皮现象等，虽然在基部没有伤裂，但连接强度已明显减弱，如果承受较大的树冠重量，一旦遇到强外力影响则容易发生折断。遇到这类情况，如果树木生长在重要的位置，并有重要景观价值，或构成不安全因素时，应采用螺栓夹固的方法来加固。用单根螺栓或双根甚至多根螺栓，要视具体情况而定。

关于夹固螺栓的安装位置，至今没有一个定论。一些人认为螺栓应在分枝连接处的下方；有人建议，合适的位置在基部裂纹以上10cm处；美国树艺学会提出，螺栓可安装在两枝的连接处往下到裂纹基部的位置。如果侧枝直径较大，可用平行的双螺栓加固，但两个螺栓应位于相同水平面上，其间的距离约为树干或树枝的半径，应掌握在12.5～45cm。如是特大的树枝可在同一水平面上加用第三根螺栓；如果有腐朽现象，则应用双螺帽，两个螺帽间要加垫；随着树木直径的生长，夹固的螺栓其原来外裸的螺帽包入新生长的木质部，树干外部不再能见到。

2. 纵向劈裂的树干或树枝的夹固 沿着树干纵向劈裂的现象在低温地区时常发生，通常是由于冬季冰冻造成的，一般在气温回暖后裂口可减小，但如不断发生类似的情况会对树木带来严重影响，因此可采用纵向排列的螺栓来夹固。处理时夹固螺栓的排列不应与树干纵向纹理一致，螺栓间的间距应保持在30～40cm，另外经此处理的树干或树枝其柔韧性大大降低，因此在评价树木的安全性时必须考虑这个因素。

3. 过于接近发生摩擦的两个枝 如两个侧枝或主干与侧枝过于靠近造成摩擦，则容易损伤树皮，并进一步造成木质部的深度损伤，一般情况应去除其中一个，但如必须保留则可用螺栓将其固定在一起，或用支杆将其撑开。采用螺栓固定应在春季进行，处理前可将摩擦处的树皮除去，然后用螺栓穿过固定使两个枝的形成层接触，然后用蜡密封两树枝间的接缝及螺帽的周围以免形成层失水，一段时间以后两个枝可生长在一起。

在使用螺栓加固树木时应注意，树体上的钻孔直径应较螺栓直径大1.5cm；螺帽加垫处的树皮应除去，但螺帽垫不能嵌入边材；选用圆形的螺帽帽垫；用于劈裂的树枝，螺栓的排列应错开不能纵向成一直线；另外夹固的树干外表应涂保护剂，暴露的螺帽等应涂防锈剂。

三、树干刷白

树干涂白的目的是防治病虫害，减轻低温危害和日灼伤害，延迟树木萌发且美化树干。树干涂白可以反射阳光，减少热能吸收，在夏秋可减轻日灼，冬春可减轻冻害。据试验，桃树干涂白后较对照树的花期推迟5d。因此，在日照强烈、温度变化剧烈的大陆性气候地区，可利用涂白减弱树木地上部分吸收太阳辐射热的原理，延迟芽的萌动期。由于涂白可以反射阳光，减少枝干温度的局部增高，可有效预防日灼危害。因此目前仍采用涂白作为树体保护的措施之一。杨、柳栽完后马上进行树干涂白，可防蛀干虫害。

涂白剂的配制成分各地不一，一般常用的配方是：水10份，生石灰3份，石硫合剂原液0.5份，食盐0.5份，油脂（动植物油均可）少许。配制时要先化开石灰，把油脂倒入后充分搅拌，再加水拌成石灰乳，最后放入石硫合剂及盐水。在南方多雨地区，每50kg涂白剂加入桐油0.1kg，以提高涂白剂的附着力，延长涂白期限。

四、根部的维护与管理

在城市环境中树木的地下部分也是重要的养护内容，因为栽培不当的树木其根系经常发生损坏人行道、建筑物、地下管道、输电线路等城市基础设施的情况，而衰退的根系影响树木的生长，造成树木生长势衰弱而最终死亡；根系受到严重损伤，失去支持树体的作用，树木易发生风倒的现象。

1. 根系与地下管道 城市地下有纵横交错的各类管道，如果栽植树木时没有充分考虑这个因素，树木根系可能构成对管道的破坏。例如，管道恰位于树干迎风面一侧的主侧根上方，或背风一侧的大根的下方，当遇大风时树干晃动而导致管道破裂；根系可能穿透管道接口处的缝隙，进入并堵塞管道，这类问题如果不挖开地表一般很难发现。因此，应尽可能避免在有管道的位置栽植速生及具有巨大扩散根系的树木，如杨、柳、银叶槭等。

2. 根系与铺装地面 城市行道树基部往往被各种铺装物所覆盖，随着树木生长，树干增粗，常见一主侧根裸出地表，造成人行道的铺装地表破裂、隆起。当水泥地面或人行道的路沿过于靠近树木基部，树干增粗时水泥路面嵌入树干造成极大损伤，或使大根转向折断，特别是影响根系的石块位于迎风的一侧时，树木容易风倒。

行道树对人行道铺装地表的损害情况经常发生。有栽植带的行道树和栽植在人行道上的行道树相比，后者对人行道的损坏更严重；栽植带宽小于 3m 的行道树对人行道表面的损坏，比宽带栽植的严重。因此行道树的栽植应保证有一定的空间，如英国规定行道树必须有栽植带，宽度大于 3m，如果不设计栽植带，树木至少有 $4m^2$ 的栽植面积，另外行道树至少应距离人行道路缘 1m。为了避免行道树对铺装表面及路缘的损坏，可采用以下方式：

①降低栽植区的土壤表面，如美国加利福尼亚州，行道树的栽植表面比人行道低 0.5m，形成一个井状的栽植区使树木的根系降低，可避免对人行道铺装表面的损坏，但必须注意排水。

②采取特殊的措施促使树木的根系向深层生长，例如在栽植区边缘土层设围栏，迫使根系向下生长。

③对大树的根系进行整修，国外常用的方法是采用机械锯截断破坏路缘的根，但不能同时截断两侧的根，应间隔 3～4 年才能修整另一侧的根。另外，在修剪根系之前应适当减少树冠的枝叶。

最主要的还是要注意选择适当的树种，设计适当的栽植位置，满足最小限度的栽植空间。

3. 根系与建筑 大树过于靠近建筑（一般为小型建筑，如 1～3 层的建筑物）常会造成对建筑物的损害，特别是在旱季以及黏性土壤的立地条件。因为树木根系吸收水分致使地表下陷造成墙体裂纹，门窗变形，甚至成为危房。

目前城市建筑物以钢筋水泥框架结构的多层、高层建筑为主，树木对其影响很小。但对于郊区农民的建筑，以及最近出现的大量别墅式建筑应注意，为了避免树木对建筑物的损坏，应在建筑物附近栽植小乔木，避免栽植生长快、树冠大、需水量多的树木，如柳、榆、栎类等，或经常修剪树冠以减少树木根系的生长与对土壤水分的消耗等。

五、桥　接

树体遭受病虫、冻伤、机械伤后，树皮受到损伤，影响树液流通，树势生长亦因之削弱，对于受伤面积很大的枝干，为保护树体，恢复树势，延长树木的寿命，有时采用桥接的补救措施。桥接是用几条长枝连接受损处，使上下连通以恢复树势。

桥接一般用于受损庭院大树的树势恢复。桥接方法为：于春季树木萌芽前，削切坏死树皮，选树干上树皮完好处，在树干连接处（可视为砧木）切开和接穗宽度一致的上下接口，取同种树的一年生枝条，两头嵌入伤口上下树皮好的部位，然后用小钉固定，再涂保护剂或接蜡，用塑料薄膜捆紧即可。如果伤口发生在树干的下部，其干基周围又有根蘖发生，则选取位置适宜的萌蘖枝，并在适当位置剪断，将其接入伤口的上端，然后固定绑紧，这种称为根寄接。也可栽一株幼树，成活后将上端斜削，插嵌于伤口上端活树皮下，绑紧即可。

复习思考题

1. 简述冻害、霜害、干梢、涝害、雪害和雨凇、高温危害、风害的概念、成因、危害及防治措施。

2. 分析园林植物病害和虫害的危害症状，病虫害的特点、防治的原则和方法。

3. 如何对树木伤口进行处理？分析树洞处理的步骤和方法。

4. 简述树木支撑与加固的主要方法。

5. 结合当地实际说明树木保护的主要措施。

第十三章　园林植物的其他养护与管理

【本章提要】本章介绍了工程建设过程中的园林植物管理，园林植物的化学处理，园林植物的花期控制与调节，园林植物的安全性管理。

园林植物的养护管理是一个长期而又艰苦细致的工作，除土、肥、水管理，整形修剪，植物保护管理以外，还有许多其他养护管理工作，如市政工程建设过程中的园林植物管理、园林植物化学处理、花期控制与调节、安全性管理等，这些都是十分重要的工作。

第一节　工程建设过程中的园林植物管理

大多情况下，建设期间对园林植物的影响不可能被完全消除，应将伤害程度尽可能减小。在我国，一些城市已经注意到市政施工对现有植物的伤害，并建立了保护条例。如北京在2001年颁发的城市建设中加强植物保护的紧急通知中，明确规定建设单位必须在规划前期调查清楚工程范围内的植物情况，在规划设计中能够避让古树、大树的，坚决避让，并在施工中采取严格保护措施。

一、建设前的园林植物处理

工程建设开始前对计划保留的植物采取适当的保护性处理，有助于增强植物对建设影响的忍受力。处理的要点是能最大限度地增加植物体内糖分的储存并调节其生长，以迅速产生新根、嫩梢，适应新的生长环境。处理应尽早实施，因为成年树的反应需要时间。如美国，在建设开始前1年，就对规划建设区内计划保护的植物进行特殊养护，使它们能在建设后有一个较以前更完整的树冠构成、更好的枝干形态和更鲜明的枝叶色彩。工程建设前对园林植物一般经常采用的措施有灌溉、施肥和病虫害防治。

1. 灌溉　在水分亏缺时给树体提供及时而充足的灌溉，是简单而又重要的处理。在工程前期，工地用水在没有困难的条件下，解决灌溉的一种方法，是在树体保护圈的边缘，围绕树体筑一个15cm高的围堰或设置塑料隔板，用载水车引水注入。大多情况下，灌溉应该浸湿根际表层土壤0.6～1m。

2. 施肥　肥料的供给依据植物被管护的历史来决定。一般情况下，如果树体表现生长缓慢、叶色暗淡或有少量落叶，应考虑施肥。大多情况下，氮是主要的元素。在工程建设之先，给树体施肥是卓有成效的。在建设期间及在建设后至少1年内，仍应继续给植物施肥，以增强树体对环境条件改变的适应性。

3. 病虫害防治 在建设之前和进行期间，及时而有效地防治树体病虫害，有利于树体的综合生长表现，病虫害防治应及早进行。

二、建设期间的园林植物管理

为被保留的每棵树或每个树群设置一个临时性栅栏，是最重要的保护措施，在此范围内应禁止构造性的活动、材料储放、倾倒垃圾或停车等，同时在确定要保留下来的植株上做明显的标志。当邻近的那些不被保留的植株在建设开始前被去除后，保留下来的植株将面迎更大的风，因此需要修剪，以减少被风吹倒的危险。先前有遮蔽的树干暴露在太阳下易遭日灼，应将其遮蔽或用白色乳胶涂抹，以将伤害控制在最小限度。

在防护围栏区域以外的计划栽植区，可能遇到建设车辆、材料储放和设备停放时，应覆盖10～15cm的护根物。覆盖材料应是容易去除的，若有利于表层土壤结构改善的则可以被保留。

除防护栏以外，其他的工地相关事项，包括提供表明被保护植株的设计、场地清扫、公用事业设施的埋设和坑道挖掘、现场办事处的部署、建设设备的停放、土方的堆积、运输通道、材料储放、化学物质和燃料的储放、混凝土搅拌场选址、因搭建建设用房和设备运作而必需的植株修剪以及建设过程中的植物管理等，都应在植物栽培专家的指导下完成。

建设规划合同书应包含现有植物的保护计划，明确建设者应负的责任以及损害植物的惩罚。建设合同可以包含对存留植物损害的处罚，植物的价值评估，可在建设开始前根据有关法规做出，如美国是采用CTLA植物价值指南来评估。万一损害事件发生，负有责任的建设承包商应做出相应的赔偿。

三、地形改变对园林植物的伤害

几乎每项工程建设都可能涉及对地形的改造，伴随着挖土、填土、削土和筑坡，从而造成对土壤的破坏，这不仅表现在对地层构造或地形地貌的影响上，更严重的是会导致植物根系的失调，损伤树体生长。

（一）填方

填土是市政建设中经常发生的行为，如果靠近树体填土，必须考虑为什么要填土、是否能限制填土或将填土远离树体。如果必须填土，则应将保持树体健康的价值与堆放这些土方的花费进行比较，或寻找其他远离树体的地方处理这些土方。

1. 填方的危害及其原因 由于市政工程的需要，在植物的生长地培土，致使土层加厚，会对原来生长在此处的植物造成危害。一般情况下，填土层低于15cm且排水良好时，对那些生根容易和能忍受、抵御根颈腐烂的长势旺盛的幼树，危害不大。填方过深，植物表现为树势衰弱，生长量减少，沿主干和主枝发出许多萌条，许多小枝死亡，树冠变稀，病虫害发生严重等现象。

根区填方过深对植物造成危害，其原因主要是填充物阻滞了空气与土壤中气体的交换及水的正常运动，根系与根际微生物的功能因窒息而受到干扰，厌氧细菌的繁衍产生的有毒物质，可能比缺氧窒息造成的危害更大。此外，填方将植物根颈部分埋土过深，对植物生长也不利。由于填方，根系与土壤基本物质的平衡受到明显的干扰，造成根系死亡，地上部分的症状也变得明显。这些症状可能在一个月内出现，也可能几年之后还不明显。一些植物被填埋后，可能会萌发出一些新根，暂时维持树体的生命，但随着原有根系的必然死亡，最终仍将危及树体存活。

填方对植物危害的程度与树种、年龄、生长状况、填土质地、深度等因子有关。槭、山毛榉、栎类、鹅掌楸、松、云杉、毛白杨、河北杨、响叶杨等树种填土 10cm，生长量就会降低，并永远不能恢复；桦木、山核桃和铁杉等受害较轻；榆、柳、二球悬铃木和刺槐等能发出不定根，受填方影响较小。幼树比老树、强树比弱树受填方的危害较轻。一些浅根系的植物则对基部的填土十分敏感，如填土达到一定厚度可能造成植物死亡。填充物为疏松多孔的土壤植物受害小；若为通透性差的黏土则危害最严重，甚至只填土 3～5cm 就可以造成植物的严重损害甚至死亡；如果填方土壤中混有石砾会减小对植物的伤害。此外，填方越深越紧，对植株的根系干扰越明显，危害越大。在植株周围长时间堆放大量的建筑用沙或土对植株也有不利影响。

2. 填方危害的防治　首先在设计时就要权衡利弊，区分情况，采取不同的处理方法。如果必须在植物栽植地进行填方，而填土较薄，可在铺填之前，在不伤根或少伤根的情况下疏松土壤、施肥、浇水，使用沙砾、沙或沙壤土进行填充或安装通气设施；如填土很厚，只有将树移走。如填方地栽植的是珍贵的、有研究价值或观赏价值极高的古树或大树，决不能进行移栽，也不能填方，只能更改设计。

关于低洼地填平后种树的问题，也应注意。首先要分析填土的质地，质地不同对植物的影响也不同。一般用挖方的土或生活垃圾及建筑垃圾进行填平，因为挖方的土壤大部分为未风化的心土，通气孔隙度很低，通气不良，基本上没有微生物的活动，肥力很低。如果不经过一段时间的风化而立即种树，其结果不是植株生长不良，就是植株很快死亡。对这类土质，应放置 1～2 年，在其上最好种植绿肥作物，令其尽快进行风化，增加通气孔隙和肥力。如果工期紧，不容耽搁时间，也可采用在其土中掺入一定量的腐殖土、沙子及有机肥或在种植穴内换土等措施。

保持树体基部土壤自然状态是相当重要的，在那些高程必须提升的地方，通常可采取以下措施：

①设法调整周边高程，与植株根颈基部的高程尽可能一致。

②高程必须被抬升的地方，应确定填土的边界结构，附加必需的辅助建筑。如高程变化在树体保护圈内，考虑在填土边缘设置挡土墙，并在四周埋设通风管道。

③如果植物种植地低洼积水，应在尽可能远离树体（靠近挡土墙）的地方挖排水沟，或做导流沟、筑缓坡以利排水。

④如果恰当的树体保护圈不能被保留，则考虑移树，或创造适宜的高程变化。

（二）挖方

1. 挖方的危害及其原因　植物的根系在土壤中生长，对土层厚度是有一定要求的，过深与过浅均对植物生长不利。植物生长需要的土壤厚度见表 13-1。

从树冠下方取土会严重损伤树体根系，甚至可能危及树体的稳固性。如果树体保护圈内的整个地面被降低 15cm，树木的存活将受到威胁。挖方不会像填方那样给植物造成灾难性的影响，但也因挖掉含有大量营养物质和微生物的表土层，使大量吸收根群裸露而干枯，表层根系也易受夏季高温和冬季低温的伤害。根系被切伤和折断以及地下水位提高等都会破坏根系与土壤之间的平衡，降低植物的稳定性。这种影响对浅根性树种更大，有时甚至会造成植株死亡。如果挖掉的土层较薄，如几厘米或十几厘米，大多数植物会适应新环境的变化而受害不明显。如挖掉的土层较厚，就必须采取相应的措施，最大限度地减少挖方对植物根系的伤害。

表 13-1 植物生长所必需的最低土壤厚度

（张秀英，2005）

植物种类	生存所需土层厚度（cm）	栽培最小土层厚度（cm）
矮小草本	15	30
小灌木	30	45
大灌木	45	60
浅根性乔木	60	90
深根性乔木	90	150

2. 挖方危害的防治 如果必须在树下取土，则根据植物的种类、年龄、特有生根模式以及该地域的土壤条件，保留适当的原始土层厚度，当然未被损坏的土壤保留得越多越好。如果取土和挖掘必须在树体保护圈内进行，应首先探明根系的分布，小心地从树冠投影外围向树干基部逐步移土。大多情况下，在距树干 2～3m 以外范围，吸收根系分布虽明显减少，但为了保持树体的良好稳固状态，仍应尽量少地切断根系。

如果挖掉的土层较厚，就必须采取相应措施，最大限度地减少挖方对植物根系的伤害。常见的措施有：

（1）移栽 如果植株较小，条件又许可，最好移到合适的地方栽植。

（2）根系保湿 挖方暴露出来的根系和切断的根系，应经过消毒涂漆或用泥炭藓及其他保湿材料覆盖，以防根系干燥。

（3）施肥 在保留的土壤中施入腐叶土、泥炭藓或农家肥，以改良土壤结构，提高保湿能力。

（4）修剪 为保持根系吸收和枝叶蒸腾水分的平衡，在大根被切断或损伤较严重的情况下，应对地上部分进行合理的、适度的修剪。

（5）做土台 对于古树和较珍贵的植物，在挖方时应在其根基周围留有一定大小的土台，由于根系分布近树者浅，远离树者深，因此留的土台最好是内高外低，还可修筑成台阶式。土台的四周应砌石头挡墙，以增加观赏性。

（三）高程变更

大多情况下，竣工的地面高程和自然高程间有一定的变更。如果位于高程变化处附近的树木值得抢救，可以采取建造挡土墙的办法来减少高程变化后的垂直距离。挡土墙的结构可以是混凝土、砖砌、木制或石砌，但墙体必须带有挖掘到土层中的结构性脚基。如果脚基将伸入根系保护圈内，可使用不连续脚基，以减少对根系生长的影响。在挡土墙建构过程中，为预防被切断、暴露的根系干枯，可采用厚实的粗麻布或其他多孔、有吸水性的织物，覆盖在暴露的根系和土壤表面，特别是对于木兰属这类具肉质根的植物，可有效预防根系失水。

在高程变更较小（30～60cm）的情况下，通常采用构筑斜坡过渡到自然高程的措施，以减少对根系的损伤。斜坡比例通常为 2∶1 或 3∶1。如植物周围地表的高程降低超过

15cm 时，一般会对植物生长造成严重影响，甚至导致死亡，必须在植物周围筑挡土墙保留根部的自然土层，避免根系裸露。

四、地下市政设施建设对园林植物的伤害

地下公用设备、设施埋设导致对植物根系的严重损伤，与附属建筑物限制所带来的结果相似。据美国的一项研究报道，在伊利诺伊州的桥公园，埋设水管后的 12 年，262 株被侵扰过的成年行道树中，92 株已死亡，27 株树冠顶部明显回缩。在这些地区，每米管道通过树下的附加费用为 150～215 美元，植物损失和移去死树、重新栽植的代价，则 4 倍于此附加费用。因此，该市现在采用在树下挖坑道施工的办法来避免对植物的伤害，并颁布了地下坑道施工规范。加拿大多伦多市也有地沟和坑道的操作规范。英国标准协会（BSI）于 1989 年公布了地下公用设施挖掘深度的最低限度，并建议在树体下方直接挖掘（表 13－2，表13－3）。

表 13－2　地下坑道距栽植树干的距离

（吴泽民，2003）

加拿大多伦多		美国伊利诺伊	
树干直径（mm）	距离（m）	树干直径（mm）	距离（m）
50	0.6		
75	0.9	50	0.3
150	1.5	75～100	0.6
300	1.8	125～225	1.5
450	2.1	250～350	3.0
600	2.4	375～475	3.6
750	2.7	＞475	4.5
900	3.0		
1 050	3.6		

表 13－3　露天沟坑道距栽植树干的距离

（吴泽民，2003）

加拿大多伦多		英格兰	
树干直径（mm）	距离（m）	树干直径（mm）	距离（m）
50	0.9		
75	1.8		
150	3.0	200	1.0
300	3.6	250	1.5
450	4.2	375	2.0
600	4.8	500	2.5
750	5.5	750＋	3.0
900	6.0		
1 050	6.6		

地沟可以在树体保护圈外侧采用机械化挖掘，直至遇到较粗的大根时为止，或根据表13-2、表13-3中的操作规范施工，坑道在树体中央根系的下部穿过一根管道。一些国家制订了坑道深度的规范，如加拿大多伦多市依据树的体量确定为0.9～1.5m，伊利诺伊州要求坑道深度至少应有0.6m，英国建议坑道挖掘尽可能深为好。在根系保护主要范围的下方挖掘，任何直径大于3～5cm的根，都应尽可能避免被切断。

五、地面铺装对园林植物的伤害

用水泥、沥青和砖石等材料铺装地面是市政经常进行的工程，但有的铺装不正确，如在树干周围的地面浇注水泥、沥青和铺装砖石，不给植株留树池或所留树池很小等。不正确的地面铺装不仅会对植物生长发育造成严重影响，还会造成铺砌物的破坏，增加养护和维修费用。

（一）铺装的危害及其原因

地面铺装对植物的危害主要表现不是突然死亡，而是经过一定的时间植株生长势衰弱，最后死亡。

1. 铺装有碍水、气交换 铺装可阻碍土壤与空气中的水、气交换，铺装面下形成潮湿不透气的环境，并使雨水流失，减少了对根系的水分、养分供应，不但使根系代谢失常，功能减弱，还会改变土壤微生物系，影响土壤微生物的活动，破坏植物地上部分与地下部分的代谢平衡，降低植物的生长势，严重时根系因缺氧窒息而死亡。

2. 地面铺装改变了下垫面的性质 铺装显著加大了地表及近地层的温度变幅，在夏季，铺装地面的温度相当高，有时可达50～60℃。植物的表层根系，特别是根颈附近的形成层更易遭受极端高温与低温的伤害。根据调查，在空旷铺装地段栽植的去头植物，主干西面和南面的日灼现象明显高于一般未铺装的裸露地。铺装材料越密实、比热容越小、颜色越浅、导热率越高，危害越严重，甚至导致植物死亡。

3. 干基损伤 如果铺装材料有一定的透气和透水性，在铺装时没有留出树池，其结果是随着植物的长大，根颈的增粗，干基越来越接近铺装面。如果铺装材料薄而脆弱，则随着干基与浅层骨干根的加粗而导致铺装圈的破碎、错位或隆起；如果铺装材料厚而结实，随着植物的长大，干基或根颈的韧皮部和形成层受到铺装物的挤压或环割，造成生长势下降，最后因韧皮部输导组织及形成层的破坏而死亡。

（二）铺装危害的防治

一株树可以容忍的铺筑路面量，取决于在铺筑过程中有多少根系干扰发生，植物的种类，生长状况，它所处的生长环境，土壤孔隙率和排水系统，以及植物在路面下重建根系的潜能。为了减少铺装对植物的伤害，一方面要进行合理设计，不该铺装的地面绝不铺装，如果铺装，一定要给植株留下一定大小的树池；另一方面要选用各种透气性能好的优质铺装材料，并改进铺装技术。

1. 透气铺装 国外的一些植物保护指南，建议在树下使用通透性强的路面，如铺设非通透性路面时，建议采用某些漏孔的类型或透气系统。

（1）间隙孔洞铺装　在道路铺筑开工时，沿线挖一些规则排列、有间隔的直径2～5cm的洞。

（2）透气管道铺装　铺一层沙砾基础，在其上竖一些PVC管材，用铺设路面的材料围固，路面竣工后将其切平，管中注入沙砾，安上栅格，其形状可依据通气需求设计成长条形或栅格状。

（3）组合式透气铺装　不进行水泥浇注，而采用混合石料或块料，如各类型灰砖、倒梯形砖、彩色异型砖、图案式铸铁或带孔的水泥预制砖等，拼接组合成半开放式的面层，其下用1∶1∶0.5的锯末、白灰和细沙混合物作垫层，面层上的各种空隙可用粗砾石填充。

（4）架空式透气铺装　根据铸铁或水泥预制栅格的大小，在植物根区建立高5～20cm、占地面积小而平稳的墙体或基桩，将栅格放在其上而架空，使面层下面形成5～20cm的通气空间。

（5）设置多条伸缩缝　用混凝土铺设路面时，设计多条增加间隙的伸缩缝，也可以达到透气的功效。事实上大多铺设的道路可被认为是多孔的，特别在多年后，沥青和混凝土路面都产生许多水和空气能渗透的小龟裂，而铺设路面以下的土壤通常比裸露的土壤湿润，许多植物的根系在其中生长没有太大困难，由此而来的问题是由于根系抬升致使铺设的路面裂开。

2. 尽量减少整体浇注对植物的伤害　在不得不进行整体浇注的地方，必须设置通气系统，尽量减少对植物的伤害。

对于已铺装的根区，应以树干为中心，在水泥地面上开几条辐射沟至树冠投影以外，去掉水泥，垫沙铺石，增强局部通气透水性。也可以在树冠投影边缘附近，每隔60～100cm开深至表层根系的洞，洞内安装直径15～20cm的侧壁带孔的陶管、塑料管等，管口应有带孔的盖板。管内放木炭、粗沙、锯末、石砾混合物，既可防堵塞又利于通气透水。

对于新铺装，则要在铺装前按一定距离在根区均匀留出直径15～20cm的通气孔洞，洞中装填粗石砾、锯末、粗沙等混合物并加孔的盖，不但有利于渗水透气，还可作为施肥、洒水的通道。如在铺装前设立通气管道与垂直孔洞相通，效果更好。

在解决铺装面通气方面，我们的祖先早在七八百年前就做出了功绩。20世纪80年代初，北京市园林科学研究所给北海公园团城上的古油松和古白皮松复壮时发现，铺装砖为上大下小的倒梯形，砖上面为43.6cm×21.5cm，下面为41.5cm×18.5cm，厚为10cm；砖缝未黏合，砖与砖之间形成了纵横交错的楔形气室，以利气体进行交换和雨水渗透；砖下面是孔多、透水、透气较好的轻灰土，以承载和稳定上面的砖，其有机质含量为2.16%，容重为1.407g/cm^3，孔隙度为56%。在轻灰土下面为黑色的沃土，内有兽骨、螺壳等物，有机质含量为3.32%，容重为1.24g/cm^3，孔隙度为48.9%。再下面为很厚的黄色沙土，有机质含量为0.317%，容重为1.695g/cm^3，孔隙度为31.1%，能保肥保水而不积水。这种方法解决了因地面铺装而影响土壤通气和水分流失的问题，既保水、保肥，又能承受踩压，使植物生长不受影响。一旦需要进行养护，可以把砖撬开，操作后复原地面不留痕迹。

3. 路面铺设中应注意的问题　路面铺设中，保护植物的最重要措施是避免因铺设道路而切断根系和压实根际土壤所造成的损害，合理的设计可以将这些因子限制在最小限度，实际施工中应注意以下问题：

①采用最薄断面的铺设模式，如混凝土的断面比沥青薄。

②将要求较厚铺设断面的重载道路尽可能设置在远离植物的地方。

③调整最终高程，以使铺设路面的路段建在自然高程的顶部，路面将高于周围的地形，可使用“免挖掘”设计。

④增加铺设材料的强度，以减少在施工过程中对亚基层（土壤）的压实，通常在表层中添加加固材料来实现。

六、土壤紧实对园林植物的伤害

人为的践踏、车辆的碾压、市政工程和建筑施工时地基的夯实及低洼地长期积水等，均会增加土壤的紧实度。

（一）土壤紧实对植物的影响

质地不同的土壤压缩性各异。在一定的外界压力下，粒径越小的颗粒组成的土壤体积变化越大，因而通气孔隙减少也越多。一般砾石受压时几乎无变化，沙性强的土壤变化很小，壤土变化较大，变化最大的是熟土。土壤受压后，通气孔隙度减小，容重增加，当土壤容重达到 1.5～1.8g/cm^3 时，土壤密实板结，植株的根系常生长畸形，并因得不到足够的氧气而霉烂，树势衰弱，以致死亡。一般情况下，植物的根系必须在土壤容重低于 1.5g/cm^3 时，生长才能正常。

市政工程和建筑施工中将心土翻到上面，心土通常孔隙度很低，微生物的活动很差或根本没有。所以，在这样的土壤中植物生长不良或不能生长，加之施工中用压路机不断地压实土壤，会使土壤更紧实，孔隙度更低。

在夯实的地段上栽植植物时，大多数只将栽植穴内的土壤刨松，植物可以暂时成活生长。但因栽植时穴外的土壤没有刨松，种植穴内外的土壤紧实度不同，加之坑外经常有人踩，更使紧实度增加。由于穴外的紧实度明显大于穴内，植物长大以后，穴内已经不能容纳如此多的根系，根系又不能向外扩展，最后植物因穴内的营养不足而死亡。

（二）土壤紧实危害的防治

1. 做好绿地规划 合理开辟道路，组织人流，使游人不乱穿行，以免践踏绿地。

2. 做好维护工作 在人们易穿行的地段，贴出告示或示意图，引导行人走向，也可以做栅栏将植物围护起来，以免人流踩压。

3. 耕翻扩穴 对压实地段的土壤用机械或人工进行耕翻，使土壤疏松。耕翻的深度，根据压实的原因和程度决定，通常因人为践踏使土壤压得不太坚实，耕翻的深度可较浅，夯实和车辆碾压使土壤非常坚实，耕翻要深。在翻耕时应适当加入有机肥，既可增加土壤松软度，还能为土壤微生物提供食物，提高土壤肥力。

在夯实的地段种植植物时，最好先进行深翻，如不能做到全面深翻土壤，应扩大种植穴，以减少中期扩穴的麻烦。在种植穴内外通气孔隙差异较大的情况下，应根据植物生长情况适时进行扩穴。

第二节 园林植物的化学处理

园林植物的养护过程中应用一些化学处理方法是不可避免的，除农药、化肥外，可能经常采用的还有植物生长调节剂、保水剂等，所有化学物品的使用都会对环境产生一定的负面影响。近年来提出与环境友好的化学处理方法（environment-friendly treatment），主要是指使用对环境影响最小的化学制剂、在封闭的环境中使用以及不直接排放含有化学物的废水、废物等方法。

一、植物生长调节剂

应用植物生长调节剂控制植物的生长发育，在园林植物栽植中日益受到重视，进展很快。这是因为到20世纪60年代已确认了至少有5类激素对调节植物的生长发育有重要作用。另外，由于科研和化学工业的发展，合成并筛选出了有特异效应的生长调节剂，如比久(B_9)、乙烯利等。

生长调节剂泛指体外施用于植物以调节其内部生长发育的非营养性化学试剂。它可以由植物体内提取，如赤霉素（GA）；也可以模拟植物内源激素的结构人工合成，如吲哚丁酸(IBA)、6-苄氨基腺嘌呤（BA）；还有一些在化学结构上与植物内源激素毫无相似之处，但具有调节植物生长发育效应的物质，如西维因、石硫合剂，它们既是农药，也可作为化学疏果疏花制剂。因目前在园林植物栽植中，有些问题用一般农业技术不易解决或不易在短期内奏效，而用生长调节剂确为方便有效的途径，如促进生根，促进侧枝萌发、调节枝条开张角度，控制营养生长，促进或抑制花芽分化，提高坐果率，促进果实肥大，改变果实成熟期，增强树体抗逆性，打破或延长休眠，辅助机械操作等。应用生长调节剂还可以提高养护管理效率，降低成本。

(一) 主要生长调节剂的种类及应用

1. 生长素类　生长素类物质在园林植物栽植上的应用，主要为促进生根，改变枝条角度，促发短枝，抑制萌蘖枝的发生，防止落果等。生长素类物质的生理促进作用，主要是使植物细胞伸长而导致幼茎伸长，促进形成层活动、影响顶端优势，保持组织幼年性、防止衰老等，其作用机制是影响原生质膜的生理功能，影响DNA指令酶的合成，或影响核酸聚合酶的活性，因而促进RNA合成。

(1) 吲哚乙酸及其同系物　在植物体内天然存在的主要是吲哚乙酸（IAA)，还有吲哚乙醛（IAAID)、吲哚乙腈（IAN）等。人工合成的有吲哚丙酸（IPA)、吲哚丁酸（IBA)、吲哚乙胺（IAD)。应用最多的是IBA，它活力强、较稳定、不易遭受破坏，价格低廉，主要用于促进生根等方面。

(2) 萘乙酸及其同系物　萘乙酸（NAA）有α型与β型，以α型活力较强，作用广。因其生产容易，价格低廉，为目前使用范围最广的生长素类物质。NAA不溶于水而溶于酒精等有机溶剂，其钾盐或钠盐（KNAA，NaNAA）及萘乙酰胺（NAD，NAAm）溶于水，作用与萘乙酸相同，但使用浓度一般高于NAA。此外，还有萘丙酸（NPA)、萘丁酸(NBA）及苯氧乙酸（NOA）等，NOA β型活力比α型高，与NAA相反。

(3) 苯酚化合物　苯酚化合物主要有2,4-二氯苯氧乙酸（2,4-D)、2,4,5-三氯苯氧乙酸（2,4,5-T）等，且活力比IAA强100倍。

以上三种生长素类物质中，其活力和持久力一般表现为：吲哚乙酸<萘乙酸<苯酚化合物。不同类型的生长素类物质对植株不同器官的具体活力，亦有一定的差别。如促进插条生根，2,4-D>IBA，NAA>NOA>IAA。IBA活力虽不如2,4-D，但它适用范围广，所以商品制剂仍以IBA为主。

2. 赤霉素类　1938年，日本第一次从水稻恶苗病菌中分离出赤霉素（GA）结晶，至1983年已发现有70种含有赤霉烷环的化合物，常见的有GA_1、GA_3、GA_4、GA_7、GA_8等。在植物活体内，它们可以互相转变，其中GA_8的葡萄糖苷可能是一种储藏形态。

赤霉素只溶于醇类、丙酮等有机溶剂，难溶于水，不溶于苯、氯仿等。作为外源赤霉素，商品化生产的主要是GA_3（920）及GA_{4+7}。不同赤霉素表现的活性不同，不同植物对赤霉素的反应也不同，故有其特异性。赤霉素的效应如下：

（1）促进新梢生长，节间伸长　美国用GA来克服樱桃的一种病毒性矮化黄化病，处理后植株恢复正常生长。GA也可打破种子休眠，使未充分休眠而矮化的幼苗恢复正常生长。

（2）GA不像生长素类物质那样呈现极性运转　GA对树体生长发育的效应，有明显的局限性，即在植物体内基本不移动。甚至在同一果实上，如只处理一半，则只有被处理的一半果实增大。GA作用的生理机制，其显著特点是促进α淀粉酶的合成，抑制吲哚乙酸氧化酶的产生，从而防止IAA分解。其短期的调节功能，可能是通过激活作用，如使已存在的酶活化、改变细胞膜的成分和某些构造；其较长期的调节作用，可能是促进RNA合成，从而影响蛋白质的合成。

3. 细胞分裂素类　1956年发现的细胞激动素——6-呋喃氨基嘌呤（KT）是DNA降解的产物，1963年又发现第一种天然的细胞分裂素——玉米素（ZT）。现已知高等植物体内存在的天然细胞分裂素有13种，它们主要在根尖和种子中合成。人工合成的细胞分裂素有6种，常用的为BA。此外还有几十种具细胞分裂素活性作用的化合物。细胞分裂素的溶解度低，在植物体内不易运转，故其应用受到一定限制。

细胞分裂素类物质可促进侧芽萌发，增加分枝角度和新梢生长。细胞分裂素可防止树体衰老，较长时间地维持叶片绿色。细胞分裂素在有赤霉素存在时，有强烈的刺激生长作用，它可改变核酸、蛋白质的合成和降解。在评价细胞分裂素的功能时，应当考虑到细胞分裂素还可导致生长素、赤霉素和乙烯含量的增加。

4. ABT生根粉　ABT生根粉是一种广谱高效的植物生根促进剂。用ABT生根粉处理插穗，能补充插条生根所需的外源激素，使不定根原基的分生组织细胞分化成多个根尖，呈簇状暴发生根。新植树的根系用生根粉处理，可有效促进根系恢复、新生。用低浓度的ABT生根粉溶液浇灌成活植物的根部，能促进根系生长。

ABT生根粉忌接触一切金属。在配制药液、浸条、浸根、灌根和土壤浸施时，不能使用金属容器和器具，也不能与含金属元素的盐溶液混合。配好的药液遇强光易分解，浸条、浸根等工作要在室内或遮阴处进行。如在植物上喷洒，最好在16:00后进行。

ABT 1号至5号生根粉是醇溶性的，配制时先将1g生根粉溶在500g 95%的工业酒精中，再加蒸馏水定容至1 000g，即配成浓度为1 000mg/L的原液。ABT 6号、7号、8号生根粉能直接溶于水，原液配制时，先将1g生根粉用少量水调至全部溶解，再加水定容至1 000g，即成1 000mg/L的原液。

ABT 1号至5号生根粉在低温（5℃以下）避光条件下可保存0.5～1年。ABT 6号至10号生根粉在常温下避光保存可达1年以上。ABT 1号至10号生根粉均可在冰箱中保存2～3年。

5. 乙烯发生剂和乙烯发生抑制剂　至20世纪60年代，乙烯才被确认是一种植物激素，但作为外用的生长调节剂，是一些能在代谢过程中释放出乙烯的化合物，主要的一种为乙烯利（Ethrel），化学名称为α-氯乙基膦酸，又叫乙基膦（CEP，CEPA）。自1968年发现乙烯利能显著诱导菠萝开花以来，乙烯利的应用研究迅速发展，其主要作用如下：

（1）抑制新梢生长　当年春季施用乙烯剂，可抑制新梢长度，仅为对照的1/4；上一年秋天施用，也可使翌年春梢长度变短。乙烯剂还可使枝条顶芽脱落，枝条变粗，促进侧芽萌发，抑制萌蘖枝生长。

（2）促进花芽形成　乙烯剂可促进多种花果木形成花芽。

（3）延迟花期、提早休眠、提高抗寒性　乙烯剂可延迟多种蔷薇科植物的春季花期，并可使樱桃提早结束生长、提早落叶而减轻休眠芽的冻害，可增强某些李和桃品种的耐寒性。

乙烯利的作用受环境pH的影响，pH>4.1即行分解产生乙烯，其分解速度在一定范围内随pH升高而加快。植物不同、树体发育状态不同、器官类别不同，其组织内部的pH不同，因而乙烯利分解、产生乙烯速度各异。最适作用温度为20～30℃，温度低于此则需时间较长或浓度较高。乙烯利容易从叶片移向果实，在韧皮部移动多由顶部向基部进行，或因受生长中心的作用而由基部向顶部移动。乙烯利可由韧皮部向木质部扩散，但不随蒸腾流上升。乙烯的作用机制还不十分清楚，它能引起RNA的合成，即能在蛋白质合成的转录阶段起调节作用，导致特定蛋白质的形成。但这并不是说乙烯的所有作用需完全通过调节核酸和蛋白质的合成而后才能发挥。

6. 生长延缓剂和生长抑制剂　生长延缓剂主要抑制新梢顶端分生组织的细胞分裂和伸长；生长抑制剂完全抑制新梢顶端分生组织生长，高浓度时抑制新梢全部生长。应用类型有：

（1）比久（B_9）　比久又叫B_{995}、阿拉（Alar），其化学名为琥珀酸-2,2-二甲酰肼（SADH），是一种生长延缓剂。自1962年被发现以来，迅速引起人们的重视。其作用如下：

①抑制枝条生长：主要是抑制节间伸长，使茎的髓部、韧皮部和皮层加厚，导管减少，故茎的直径增粗。由于节间短，单位长度内叶数增多，叶片浓绿、质厚，干重增加，叶栅状组织延长、海绵组织排列疏松。虽然叶片变绿、变厚，但按单位叶绿素重量计算的光合作用却下降，同时光呼吸强度也下降。

B_9对茎伸长的抑制作用，与增加茎尖内ABA（脱落酸）水平和降低GA类物质含量有关，其抑制生长的效应，在喷后1～2周内开始表现，并可持续相当长时间，具体数据视当地气温、雨量、树势、营养条件、修剪轻重等条件而异。一般使用浓度2 000～3 000mg/L，可用于抑制幼苗徒长，培育健壮、抗逆性强的苗木，也可作为矮化密植时控制树体的一种手段。在抑制效应消失后，新梢仍可恢复正常生长。

②促进花芽分化：B_9可促进樱桃、李和柑橘的花芽分化，于花芽分化临界期喷施1～3次，浓度2 000～3 000mg/L。B_9促进花芽分化与延缓生长有关，但有时新梢生长未见减弱而花量增加，这可能与B_9改变内源激素平衡有关。

B_9可通过叶、嫩茎、根进入树体。B_9的处理效应可影响下一年的新梢生长、花芽分化和坐果等，这种特点与B_9在树体内的残存有关。在生长期，花芽内的B_9残留量高于果实和顶梢。在休眠枝内累积量的顺序是：花芽>叶芽>花序基部>一年生枝韧皮部和木质部。B_9在树体内的残留量受气候条件的影响，在年积温高的地区残留量低，在年积温低的地区残留量高，这可解释在低积温区其延期效应较强的原因。加用渗透剂，会增加树体内残留量。B_9在土中虽不易移动，但易被某些土壤微生物分解，故不宜土施。纯B_9在干燥条件下可储藏3年，成分不变，在水中的稳定性为75d以上。

（2）矮壮素（CCC）　矮壮素即2-氯乙基三甲基铵氯化物，商品名Cycocel，是一种生长延缓剂。1965年报道矮壮素增进葡萄坐果后，引起广泛关注。

矮壮素有抑制新梢生长的效应，使用浓度高于 B_9，为 0.5%～1.0%，但浓度过高会使叶片失绿。受矮壮素抑制的新梢节间变短，叶片生长变慢、变小、变厚，可取代部分夏季修剪作业；因新梢节间短，有利于花芽分化，可增加翌年的开花量和大果率。新梢成熟早，新梢内束缚水含量增高，自由水含量下降，因而可提高幼树的越冬能力。矮壮素的作用机制，可阻遏内源赤霉素的合成，促进细胞激动素含量的增加，而细胞激动素的增多对开花坐果有利。

（3）多效唑（PP_{333}） 多效唑可抑制新梢生长，而且效果持续多年；可使叶色浓绿，降低蒸腾作用，增强树体抗寒力。与树体的内源赤霉素互相拮抗，可促使腋芽萌发形成短果枝，提高坐果率。由于它持效性长，抑制枝梢伸长效果明显，且有提早开花、促进早果、矮化树冠等多种效应，应用推广极快。

多效唑能被根吸收，可土施，不易发生药害，使用浓度可高达 8 000mg/L。但如使用不当，也会对树体造成不良影响，注意事项为：使用对象必须是花芽数量少、结果量低的幼旺树及成龄壮树，中庸树、偏弱树不宜使用。药液应随用随配，以免失效，短时间存放要注意低温和避光。秋季和早春施药，以每平方米树冠投影面积施 0.5～1g 粉剂为宜。叶面喷施应在新梢旺盛生长前 7～10d 进行，使用 500～1 000mg/L 的可湿性粉剂。喷药应选无风的阴天，晴天要在 10:00 前或 14:00 后进行，以叶片全湿、药滴不下落为宜。对于施用过量或错施的树体，可在萌芽后喷施 25～50mg/L 赤霉素 1～2 次，同时施肥灌水，以恢复生长。树种及树体年龄不同，对多效唑的反应不同，桃、葡萄、山楂对其敏感，处理当年即可产生明显效果，苹果和梨要翌年才能看出作用，一般幼树见效快，成龄树见效慢，黏土和有机质含量多的土壤对其有固定作用，效果较差。花果木使用多效唑后，树体花芽量增加，挂果量提高，树体对养分的需求也增高，除秋施基肥、春夏追肥外，于开花期、坐果期、幼果膨大期和果实采收后都要向叶面喷施 0.1%～0.3%的尿素或磷酸二氢钾溶液，并注意疏花疏果。

（二）影响生长调节剂应用效果的因子

植物生长调节剂对植物生长发育有多方面的效应，但在实际应用时，有的效果好，有的效果不稳定，甚至出现副作用，这和使用时的若干因子密切相关。

1. 器官发育和综合农业措施 外源植物生长调节剂的作用，主要是通过影响内源激素的水平及平衡，来调节树体生长发育。而内源激素的水平及平衡关系，又受植物本身各器官发育的制约，如细胞分裂素主要在根尖合成，生长素主要在茎尖合成，赤霉素在幼叶、种子和根部合成。因此这些器官的发育状况，也必然影响内源激素水平及平衡关系。

树体器官的发育有赖于基本营养物质的供应和一定的环境条件，激素只是调节物质，它与器官形成间有反馈作用，但代替不了生长发育所需的营养元素。环境条件影响器官发育，或者通过影响内源激素起作用。如在干旱条件下，ABA 增加，植物气孔关闭，生长停滞。因此，外用植物生长调节剂的效应，也必然因环境条件而异。管理措施也会改变内源激素平衡，如直立枝被拉成水平，则生长素含量下降，乙烯增多。不同植物或品种、不同发育阶段，内源激素水平和平衡状态各异。

因此，植物生长调节剂的效应与植物种类、品种、树体发育阶段、发育状况以及农业措施、环境条件等有关，要注意配合肥水管理，以满足树体对养分增加的需要。过于徒长的旺树，不从肥水、修剪方面加以控制，单靠植物生长延缓剂也不能达到满意的效果。极度衰弱的树木，不从根本上改善树体营养状况，单用植物生长促进剂也不能达到健壮生长的目的。

所以，从植物栽培方法的运用看，根本措施是保证树体正常生长发育所需要的各种基本条件，如肥、水、修剪、病虫防治等。只有在采取综合管理措施的基础上，并考虑植物特性和环境特点，在关键时刻合理施用植物生长调节剂，才能充分显示其效应。

2. 影响药剂吸收和进入的因子　植物生长调节剂必须以各种方式渗入树体内并到达作用部位，才能发挥其效用，故在施用过程中会受多方面的限制、影响。如在叶面施用时，需考虑的影响有：

(1) 进入障碍　植物生长调节剂由叶面进入，要通过几道屏障。第一层是蜡质层（随叶龄的加大，蜡质的密度也加大），其下是角质层，再下是由果胶及果胶纤维素构成的细胞壁，第四层是原生质膜。从吸收情况看，在叶片表面，叶缘部位比近轴表面进入多，下表面比上表面吸收多，表面保卫细胞和副卫细胞是进入部位。

(2) 吸收速率　药液施于叶面后，最初吸收快，随后减慢呈平衡吸收。开始的快速吸收和液滴在叶表面停留时间有关，而以后缓慢平衡的吸收与在叶表面的残留量有关。液滴的加速干燥会加速开始的吸收，而残留物的吸收决定于相对湿度，相对湿度高则吸收多。

(3) 溶液性质　施用溶液的H^+浓度对弱有机酸类生长调节剂的进入有很大影响；而生长素类物质的极性是不受H^+浓度而改变的，故pH影响对其不大。溶液物质分子结构影响溶解度，如果增加分子的脂溶性有助于生长调节剂的进入。使用时加入具有展着、乳化、溶解、附着或渗透等作用的附加剂，可促进生长调节剂的吸收而增强其效应。

(4) 环境条件　光、温度、湿度等环境条件，既可影响叶片角质层的理化性质，又可直接影响生长调节剂进入的过程。如温度影响角质层的透性，在一定限度内，生长调节剂随温度升高而进入增加。在低温（10～15℃）下发育的叶片比在高温下（22～30℃）发育的叶片吸收NAA、NAAM、2,4-D等少，其中也有温度的间接作用，即包含不单是影响吸收过程本身的作用。喷布药液后，高湿度的环境使叶片角质层处于高度水合状态，延长了叶面液滴干燥的时间。

3. 生长调节剂的体内运输和代谢　外用植物生长调节剂和天然激素一样，很低浓度即对树体生理代谢活动有效，但在实际应用中，为使其有效到达作用部位，仍需提高施用浓度：如B_9不易通过角质层，而CCC在韧皮部不易运转。植物生长调节剂在从施用部位到达作用点的过程中受到各种酶的破坏，其破坏速度变化很大，NAA进入树体4h后可被破坏75%，2,4-D进入树体后降解亦很快，但B_9过4个月才消失20%。

4. 使用的浓度、次数和剂量　确定不同植物的适用浓度是操作使用中的重要问题。最适浓度因地区、年份而有变化，必须结合具体情况确定。考虑使用浓度时，应同时考虑用药体积及次数，即实际的施用剂量。据研究，在应用延缓剂抑制生长时，小剂量、多批次比大剂量、一次性应用的效果好，因小剂量、多批次可经常保持抑制效果所需水平，并降低施用药剂所致的植物毒害。不同生长调节剂种类的具体应用方法有异，不能一概而论。

5. 使用时期和方法　使用时期决定于植物生长调节剂种类、药剂延续时间、预期达到的效果以及树体生长发育阶段等因子。药剂在不同生长发育阶段对树体的效应不同，这主要与树体不同发育阶段的内源激素水平及平衡关系有关。此外，树体不同发育阶段对药剂的吸收能力也不同，如用B_9抑制新梢生长，以早期有相当数量幼叶时施用好，因幼叶比老叶易于吸收；但施用过早因幼叶数量少、吸收面积小，效果欠佳。

使用方法有树体喷布（溶液或粉剂）、土壤处理、枝叶浸蘸、茎干注射等，常用的为前

3种。大多数植物生长调节剂不溶于水，只溶于无机酸或酒精等有机溶剂，需先配制母液，使用时再稀释。常用的附加剂有中性皂片、洗衣粉，吐温-20、多元乙二醇、三乙醇胺等。粉剂可用滑石粉、木炭粉、大豆粉或黏土调配。对种子或幼苗可用淋水法、生长点滴注法和喷洒法，插穗处理可用低浓度浸泡12～48h或高浓度快速浸蘸5～15s，也可用粉剂蘸处。

多种植物生长调节剂混合或先后配合施用是新的趋势。如BA与GA_{4+7}配合用可改善果形；B_9与CEPA配合用可促进花芽分化。先用B_9，后期配合CEPA加生长素，可促进苹果上色。多种植物生长调节剂配合用，有的是利用其互相增益的作用，有的是利用其互相拮抗的原理，视要达到的实际目的而定。

植物生长调节剂与农药合用的问题也应注意。CEPA不能与碱性药液配合用，B_9不能与铜制剂配合用，若需同期应用至少相隔5d以上。NAA与波尔多液合用时要提高浓度。

6. 研究趋势和应用前景 虽然植物生长调节剂对植物生长发育有多方面的效应，但和期望值相比，其应用仍有局限，这是因为：

（1）技术上的原因 目前，对植物生长调节剂作用机制尚了解不够，单用某种植物生长调节剂有时有副作用，而这种副作用有的可以接受，有的尚未找到克服的途径。

（2）残留问题 植物生长调节剂虽大多无毒，但有的在制作过程中带有有毒物质，得到安全使用的证据，需要时间和费用。

因此，不断筛选新的更理想的与环境友好的植物生长调节剂种类和剂型，加强其调节机理和影响其效应的内外因子的研究，多方面积累实践经验，是当前投入的方向。植物生长调节剂的混合使用或先后配合使用，将有积极的发展。抑制剂、生长延缓剂仍相当受重视。在园林植物栽培现代化的发展过程中，植物生长调节剂在组织培养、扦插繁殖、矮化密植、控冠、促花、保果、提高果实品质等很多领域内的实际应用，已经取得显著的甚至是关键性的成果，并有着广阔的前景。

二、植物抗蒸腾保护剂

如何解决新栽植物的树冠蒸腾失水、提高植物的栽植成活率，一直是园林工作者的科研方向。北京市园林科学研究所研制的植物抗蒸腾剂，可有效缓解高温季节栽植施工过程中出现的树体失水和叶片灼伤。植物抗蒸腾剂是一种高分子化合物，喷施于树冠枝叶，能在其表面形成一层具有透气性、可降解的薄膜，在一定程度上降低树冠蒸腾速率，减少因叶面过分蒸腾而引起的枝叶萎蔫，从而起到有效保持树体水分平衡的作用。新移栽植株，在根系受到损伤、不能正常吸水的情况下，喷施植物抗蒸腾剂可有效减少地上部的水分散失，显著提高移栽成活率。2001年，北京市园林科学研究所先后多次在大叶女贞、大叶黄杨等植物上进行了喷施试验。结果表明，喷施植物抗蒸腾剂的树体落叶期较对照晚15～20d，且落叶数量少，在一定程度上增强了观赏效果。在其后的推广试验中，对新移栽的悬铃木、雪松、油松喷施后，树体复壮时间明显加快，均取得了良好的效果。

北京裕德隆科技发展有限公司与清华大学生态科学工程研究所研制的抗蒸腾防护剂，主要功能是在树体的枝干和叶面表层形成保护膜，有效提高树体抵抗不良气候影响的能力，减少水分蒸腾以及风蚀造成的枝叶损伤。抗蒸腾防护剂中含有大量水分，在自然条件下缓释期10～15d，形成的固化膜不仅能有效抑制枝叶表层水分蒸发，提高植株的抗旱能力，还能有效抑制有害菌群的繁殖。据介绍，该产品形成的防护膜，在无雨条件下有效期为60d，遇大雨后可自行降解。抗蒸腾防护剂有干剂和液剂两种，使用效果相同。液体制剂可用喷雾器喷施，如果与杀虫剂、农药、肥料、营养剂一起使用，效果更佳。一般情况下，每公顷林地使用液体抗蒸腾防护剂的参考用量为450～2 250kg。

三、土壤保水剂

早在20世纪60年代初，人们就开始将吸水聚合物用于农业生产上，达到改良土壤的目的。但早期产品常带有毒副作用，试用结果不理想。80年代初，安全无毒、效果显著、有效期长的新一代吸水聚合物开发面世。

保水剂是一类高吸水性树脂，能吸收自身重量100～250倍的水，并可以反复释放和吸收水分，在西北等地抗旱栽植效果优良，在南方应用效果更显著。南方空气湿润，表土水分蒸发量小；降雨间隔时间不长，中、小雨频率高，为保水剂完全发挥作用提供了可能。年均降水900mm以上的地区，施用保水剂后基本不用浇水。对于丘陵山区，雨水不易留存，配合传统节水措施适当增大保水剂拌土比例，十分有效。实践证明，拌土施用保水剂可节水50%，节肥30%。

目前使用的保水剂有两类：一类是由纯吸水聚合物组成的产品，如美国的"田里沃"；另一类是复合型保水剂，如比利时的Terra Cottem，简称TC。

（一）TC土壤改良剂成分构成

TC土壤改良剂由6大类20多种不同物质构成，在树体生长全过程中起协同作用。

1. 生长促进剂　刺激根细胞的扩展，促进根系向有更多水分的土壤深层生长。同时也促进叶的发育与新陈代谢。

2. 吸水聚合物　高度吸水的聚合物一接触到水，便发生协同作用，吸收水分子，很快形成一种类似水凝胶的不溶物质，具有吸存100倍于自身重量水的能力，可经受从湿到干的无数次循环，增加土壤的储水保肥能力，供树体生长长期利用。

3. 水溶性矿质肥料　由水凝胶吸收土壤矿质元素形成一种典型的氮－磷－钾盐混合物，供树体移植初期生长所需。

4. 缓释矿质肥料　可在一年里不断提供树体生长所需养分，对增强土壤肥力有显著作用，这一作用不依赖于土壤pH，也不受降雨量和灌溉水量的影响。

5. 有机肥料　促进土壤中微生物的活力，有效释放氮和其他生长促进剂，全面改善土壤状况。

6. 载体物质　无论大面积撒施还是穴施，包括二氧化硅在内的硅沙石（最小颗粒63μm），能使多种成分均匀分布、均衡供给，同时还可增加土壤透气性。

TC土壤改良剂具有节水、节肥、降低管理费用、提高绿化质量的优点，其主要作用在于促进树体根部吸收水分和营养，强壮根系。在国外，TC土壤改良剂不但成功地用于市政绿化、屋顶花园、高档运动场草坪（如足球场、高尔夫球场），而且在绿化荒地、治理沙漠和土壤退化方面均有独特的作用。

（二）TC土壤改良剂的施用方法

1. 施用比例　TC土壤改良剂是复合型保水剂，是一种强有力的产品，对使用比例的要求比单一保水剂更高，只有适量施用才能产生明显的效果；使用不当，会产生相反效果，使树体生长变慢。土质对 TC 土壤改良剂的用量有影响，一般情况下，沙质土为 1.5kg/m³，沃土为 1kg/m³，黏土为 0.5kg/m³。考虑到气候和植物对 TC 土壤改良剂用量的影响，如在炎热的气候条件下以及种植不耐旱植物时，TC 土壤改良剂的用量可增加 1 倍。TC 土壤改良剂的有效施用深度为 20cm，如果施放在土壤表面或埋得过深，将影响使用效果。

2. 施用方法 将定植穴内挖出的土分成大堆与小堆，将 TC 土壤改良剂与大堆土拌和均匀，将其一部分混合土垫入坑底，树体放入坑内后，填入其余混合土；把预留的小堆土做成 1cm 厚的覆盖层，以限制土壤水分蒸发，避免 TC 土壤改良剂的损失。并做成一个约 5cm 高的围堰，浇透水，以使吸水聚合物充分发挥功能。

南方黏壤土地区，最好使用 0.5～3mm 粒径的保水剂，以干土重 0.1%的比例拌土，可达到最佳成本效益比。南方降水多、雨量大，只要土壤含水率不低于 10%，就可将干保水剂直接拌土，拌土后浇一次水。干旱季节再拌土，不必浇水。如果是丘陵地区，可将保水剂吸足水呈饱和凝胶后，放于塑料袋或水桶中，运到目的地，用饱和凝胶拌土后再掺肥。为防止水分蒸发，应将其施于 20cm 以下土层中，并最好在土表覆盖 3cm 厚的作物秸秆。对于幼树，可挖 30cm 深、50cm 底径的树穴，每株施用 40～80g。成龄树穴底直径挖 60cm，每株施 100～140g。为防止苗木在运输过程中失水，可用保水剂蘸根，将 40～80g 粉状保水剂投入容器中，加 1 000 倍水，经 20min 充分吸水后，将植物根部置于其中浸泡 30s 后取出，再用塑料薄膜包扎，可提高成活率 15%～20%。

第三节 园林植物花期调控

园林植物的花期控制与调节，又称催延花期或促成及抑制栽培，即通过人为控制环境条件，应用栽培技术，使植物改变自然花期，按照人们的意愿定时开放。开花期比自然花期提前的称为促成栽培，比自然花期延迟的称为抑制栽培。

通过花期控制与调节栽培技术，可根据市场或应用的需求，按时提供产品，使节日百花齐放，以丰富节日或日常的需要，例如使各种花卉在四季均衡开花；使不同花期的花卉在同一时期集中开放，以供应节日需要，即“催百花于片刻，聚四季于一时”；使某些每年开花一次的变为一年多次开花等。一年中节日很多，元旦、春节、五一、母亲节、情人节等，都需应时花卉。目前不少花卉，如月季、香石竹、菊花等重要种类，采用促成栽培与抑制栽培技术，已能达到周年供花的目的。同时，由于人工调节花期，能准确地安排栽培日程，缩短生产周期，加快土地利用周转率；提高花卉产量，并且能准时供应花卉，还可得到较好的市场价格；同时也缓解生产中出现的供不应求或供过于求的矛盾，以满足市场四季均衡供应和外贸出口的需要。所以花期调节技术不论在提高经济效益、科学研究、社会文明建设上都具有很重要的意义。

我国早在宋代就有人为控制花期，开出“不时之花”的记载。20 世纪 30 年代以来，根据植物对光周期长短的不同反应，延长或缩短光照时间，从而控制花期，从 50 年代起，植物生长调节剂应用于花期控制，到 70 年代，花期控制技术应用范围更加广泛，方法也层出不穷。现代花卉业对园林植物的花期控制提出了更高要求，这是由于园林植物花期的早晚直接影响其上市时间、商品价值、品种培育等方面。因此，近年来花期控制已作为园林植物栽培管理的一项核心技术而备受重视。

一、花期调控的原理

（一）阶段发育理论

植物在其一生或一年中经历着不同的生长发育阶段，最初是进行细胞、组织和器官数量的增加，体积的增大，这时植物处于生长阶段，随着植物体的长大与营养物质的积累，植物进入发育阶段，开始花芽分化和开花，对于木本植物来说，实生苗要经过几年的幼苗期，才能达到发育阶段。如果人为创造条件，使其提早进入发育阶段，就可以提前开花。

（二）休眠与解除休眠理论

休眠是植物个体为了适应生存环境，在历代种族繁衍和自然选择中逐渐形成的生物习性，是对原产地气候及生态环境长期适应的结果。要想让处于休眠的园林植物开花，首先要了解休眠特性，采取措施打破休眠使其恢复活动状态。如果想延迟开花，必须延长其休眠期，使其继续处于休眠状态。休眠依其深度和阶段不同，可分为两种类型。

1. 自发休眠　自发休眠是园林植物自身习性决定的休眠现象，往往出现在冬季温度最低的时期，此时植物体的生长活动能力接近最低点，细胞原生质含水量极低，此时若将这些植物个体移入适宜的环境，也不会萌发、生长、开花。

自发休眠按其休眠的深度不同，分为前休眠期、中休眠期和后休眠期 3 个阶段。

前休眠期是指当外界环境条件由适宜生长逐步变为不利于生长的情况下，如日照变短、温度降低等，植物的生命活动能力相应减弱。这是由植物体内部变化引起的生理活性逐步下降，与环境因子的逐步变化相协调，并从生理和形态上做好了适应不良环境的准备。

中休眠期又称深休眠期，是指当外界温度下降到使植物生长接近于停止的程度，植物体代谢极为缓慢，已达到最低水平，植物处于完全深休眠状态，此时即使提供适宜的生长条件，也不能打破休眠状态。

后休眠期是当外界气温开始回升、日照转长、冬季即将结束时，植物由深休眠转入后休眠，植物体各器官已有了开始生长的准备，此时植物容易接受环境条件变化的诱导。

在这 3 个时期中，前休眠期和后休眠期容易打破，而中休眠期则极难打破。

2. 强制休眠　强制休眠又称被迫休眠，是指植物在生长期内遇到低温或干旱等不良环境条件，限制了植物继续生长，迫使其生长处于缓慢或停滞状态。此时如果给予适宜的生长条件，能立即恢复生长。

有些园林植物在同一休眠期中有两种不同类型的休眠，如前期为自发休眠，后期为强制休眠。丁香、连翘12月以前为自发休眠，12月以后即为严冬气候所致的强制休眠。

（三）花芽分化的诱导

1. 春化作用　有些园林植物在其一生中的某个阶段，只有经过一段时期的相对低温，才能诱导生长点发生代谢上的质变，进而有花芽分化、孕蕾、开花，这种现象称为春化作用，多数越冬的两年生草本花卉、部分宿根花卉、球根花卉及木本植物需要春化作用，若没有持续一段时期的相对低温，始终不能成花。温度高低与持续时间的长短因种类不同而异。多数园林植物需要 0～5d，天数变化较大，最大变动 4～56d。

2. 光周期现象　园林植物生长到某一阶段，需要经过一定时间白天与黑夜的交替，才能诱导成花，这种现象叫光周期现象。长日照促进长日照植物开花，抑制短日照植物开花；相反，短日照能促使短日照植物开花，抑制长日照植物开花。但光照处理必须与植物在某一生育期对温度的要求结合，才能达到目的。

实践证明，长日照植物的光照阶段不是绝对地要求某一日照时数，而是光照时间渐长的环境；短日照植物的光照阶段，也不是绝对地要求某一短日照条件，而是要求日照时间渐短的环境。实质上，起作用的不是足够长或足够短的日照，而是足够短或足够长的黑夜。

3. 积温学说 通过大量的科学试验证明，植物体平均发育速率与植物发育期内环境的最低（下限）温度以上的温度的总和（积温）呈直线关系。尤其是那些对光周期要求不严格，生育过程又与温度条件密切相关的植物种类，完成发育的全过程就要求有一定的积温。有时在满足积温的基础上，植物才接受环境中光周期或低温春化的诱导，最后在这些内外因子的综合作用下，才能由营养生长转向生殖生长。在生产中，有经验的花卉工对播种期的要求非常严格，且对花期估计得十分准确，这实际上是利用积温学说。

4. 成花学说

(1) 碳氮比学说 碳氮比学说又称营养物质学说。植物要想成花，体内营养物质的积累是基础，营养物质可分为糖类和蛋白质等。试验证明，促进植物开花的因子不是某类物质的绝对含量，而是其含量的比值。当糖类物质含量多于含氮化合物时，植物开花，反之不开花或推迟开花。许多对春化和光周期要求不严格的一年生植物受体内营养水平的影响较大。但也必须注意到，植物体C/N不能影响所有植物成花，而是植物成花的前提和基础。

(2) 激素平衡学说 激素平衡学说又称成花物质学说。此学说是根据3个不同结实苹果枝条花芽分化情况提出的，着生有籽果的枝条上花芽分化很少，着生无籽果的枝条花芽分化多，没有结果的枝条花芽也多。这个试验结果用营养物质学说是解释不通的，而根据种胚产生赤霉素或生长素这一事实是可以解释的。当来自叶片和根系的促花激素与来自发育着的种子的抑花激素达到平衡时，才有利于花芽分化。

(3) 遗传基因控制论 基因可以控制生长和发育的进程，花芽形成时RNA/DNA大。研究苹果和柑橘幼年树与成年树的叶片组织中核酸变化情况，得出成年树的RNA/DNA高于幼年树。这一点解释为幼年树基因不活泼，而成年树基因活泼有效。

二、花期调控的主要途径

（一）光照调节

光照调节的作用是通过光照处理，促进花芽分化、成花诱导、花芽发育和打破休眠。长日照花卉在日照短的季节，用电灯补充光照能提早开花，若给予短日照处理，则抑制开花；短日照花卉在日照长的季节，进行遮光短日照处理，能促进开花，相反，若长期给予长日照处理，抑制开花。一般春夏开花的花卉多为长日照花卉，秋冬开花的多为短日照花卉。

为了使一些必须在短日照环境条件下才能进行花芽分化、现蕾开花的花卉提早开花，必须提前缩短每天的光照时间，如一品红、叶子花等，若要在国庆节开放，必须提前40～50d把每天的光照时数缩短到10h以下。光照调节应辅以其他措施，才能达到预期的目的，如花卉的营养生长必须完善，枝条应接近开花的长度，腋芽和顶芽应充实饱满，在养护中应加强磷、钾肥的施用，停止施用氮肥，以防止徒长，否则对花芽的分化和花蕾的形成不利。

1. 长日照处理 用人工补充光照的方法，延长每日连续光照时间，达到12h以上，可使长日照花卉在短日照季节开花。如冬季栽培的唐菖蒲，在日落之前加光，使每天有16h的光照，并结合加温，可在冬季和早春开花。

(1) 长日照处理方法　长日照处理的方法有多种，如延长明期法、暗中断法、间隙照明法、交互照明法等。

①延长明期法：在日落后或日出前给予一定时间的照明，使明期延长到该植物的临界日长时数以上。较多采用的是日落后做初夜照明。

②暗中断法：也称夜中断法或午夜照明法。在自然长夜的中期（午夜）给予一定时间照明，将长夜隔断，使连续的暗期短于该植物的临界暗期小时数。通常夏末、初秋和早春夜照明小时数为1～2h，冬季照明小时数3～4h。

③间隙照明法：也称闪光照明法，该法以夜中断法为基础，但午夜不用连续照明，而改用短的明暗周期，一般每隔10min闪光几分钟，其效果与夜中断法相同。间隙照明法是否成功，决定于明暗周期的时间比。如荷兰栽培切花菊，夜间做2.5h中断照明，在2.5h内，进行6min明24min暗或7.5min明22.5min暗等间隙周期，使总照明时间减少至30min，大大节约电能，节省电费2/3。

④交互照明法：此法是依据在诱导成花或抑制成花的光周期需要连续一定天数方能引起诱导效应的原理而设计的节能方法。例如长日照抑制菊花成花，在长日处理期间采用连续2d或3d（依品种而异）夜中断照明，随后间隔1d非照明（自然短日），依然可以达到长日的效应。

(2) 长日照处理的光源与照度　照明光源通常用白炽灯或荧光灯，不同植物适用的光源有所差异。菊花等短日照植物多用白炽灯，因白炽灯含远红外光比荧光灯多，锥花丝石竹等长日照植物多用荧光灯。也有人提出，短日照植物叶子花在荧光灯和白炽灯组合照明下发育更快。

不同植物种类照明的有效临界光照度有所不同。紫菀在10lx以上，菊花需50lx以上，一品红需100lx以上才有抑制成花的长日效应。50～100lx也常是长日照植物诱导成花的光照度。锥花丝石竹长日照处理采用午夜4h中断照明时，随光照度增加有促进成花的效果，但是超过100lx后效果即不明显。有效的光照度常因照明方法而异。菊花抑制栽培，采用午夜闪光照明法时，1min/10min的明暗周期需要200lx可起长日效应，而2min/10min的明暗周期则50lx即可有效。

植物接收的光照度与光源安装方式有关（表13-4）。100W白炽灯相距1.5～1.8m时，其交界处的光照度在50lx以上。生产上常用的方式是100W白炽灯相距1.8～2m，距植株高度为1～1.2m。如果灯距过远，交界处光照不足，长日照植物会出现开花少、花期延迟或不开花现象，短日照植物则出现提前开花、开花不整齐等弊病。

表13-4　不同功率白炽灯的有效面积

功率（W）	有效半径（m）	有效面积（m^2）
50	1.4	6.2
100	2.2	15.2
150	2.9	26.4

(3) 实例　秋菊或部分寒菊推迟至元旦、春节开花，采用灯光照明加光的长日照处理。在8月下旬至9月上旬花芽分化前，用100W白炽灯加光，有效照明半径2.23m，每日光照

时间保证14.5h。即8月每天增加光照2h，9月2.5h，10月3h，11月4h，结束加光处理后，花芽分化。在温室中保持温度15℃以上栽培65～70d，正常开花。

另有一类植物对日长条件的要求随温度不同而有很大变化。例如，万寿菊在高温条件下短日开花，但温度降低时（12～13℃）只能在长日条件下开花。报春花在低温条件下，长日和短日都能诱导成花，当温度升高则仅在短日中诱导成花，其花芽发育则都在高温长日中得到促进。叶子花在高温和短日中诱导成花，而15℃中温则长日与短日均能诱导成花。

2. 短日照处理 短日照处理用于短日照花卉的促成栽培和长日照花卉的抑制栽培。

短日照处理用黑色遮光材料在白昼两头进行遮光处理，缩短白昼，加长黑夜，使日长短于该植物要求的临界小时数，可促使短日照花卉在长日照季节开花。每天遮光处理的小时数不能超过临界夜光的小时数太多，否则会影响正常的光合作用，从而影响开花质量。例如一品红的临界日长为10h，经30d以上短日处理可诱导开花，在短日处理时日长不宜少于8～10h。蟹爪兰每天日照缩短至9h，60d也可开花。另外，临界日长受温度的影响而改变，温度高时临界日长小时数相应减少。

遮光程度保持低于各类植物的临界光照度，一般不高于22lx，特殊花卉有不同要求，菊花应低于7lx，一品红应低于10lx。

不同植物需要遮光日数不同，通常35～50d。短日照处理以春季及初夏为宜，夏季做短日照处理，在覆盖物下易出现高温危害或降低花品质。为减轻短日处理可能带来的高温危害，应采用透气性覆盖材料，在日出前和日落前覆盖，夜间揭开覆盖物使栽培设施内温度与自然夜温相近。遮光处理时，遮光材料要密闭、遮严、不透光，以防止低照度散光产生破坏作用；遮光要连续进行，不可间断，否则遮光无效。遮光处理在夏季炎热季节进行，要注意通风和降温。

一般短日照遮光处理多遮去傍晚和早晨的光，遮去早晨的阳光，开花偏晚，以遮去傍晚的阳光为好；另外，植物已展开的叶片中，上部叶比下部叶对光照敏感，因此在检查时应着重注意上部叶的遮光度。

3. 加光分夜处理 短日照花卉在短日照季节易形成花蕾开花，但在1:00～2:00加光2h，把一个长夜分成两个短夜，破坏了短日照的作用，就能阻止短日照花卉在短日照季节形成花蕾开花，停光以后，由于处于自然的短日照季节里，花卉会自然进行花芽分化而开花。停光日期决定于该花卉当时所处的气温条件和它在短日照季节里从分化花芽到开花所需要的天数。用作加光分夜的光照以具红光的白炽灯为好。

4. 颠倒昼夜 采用白天遮光、夜间光照的方法，可使在夜间开花的花卉在白天开放，并可使花期延长2～3d，如昙花。

（二）温度调节

温度处理调节花期主要是通过温度的作用调节休眠期、成花诱导与花芽形成期、花茎伸长期等主要进程而实现对花期的控制。大部分越冬休眠的多年生草本和木本花卉以及越冬呈相对静止状态的球根花卉，都可采用温度处理的方法调节花期。

1. 增温催花 增温催花适用于入室前已完成花芽分化过程，或入室后能够完成花芽分化过程的植物种类。设施提供适当的生长发育条件，通过升温可达到提前开花的目的。这种方法适应范围较广，包括露地经过春化的草本和宿根花卉，如石竹、桂竹香等；春季开花的低温温室花卉，如天竺葵、仙客来；南方的喜温花卉，如非洲菊、五色茉莉等；经过低温休眠的露地花卉，如牡丹、杜鹃花等。开始加温的日期要根据植物生长发育至开花所需要的天数而定。温度是逐渐升高的，一般用15℃的夜温，25～28℃的日温。刚加温时，每天要在植物的枝干上喷水。

一些多年生花卉和秋播草花在入冬前若放入温室内培养，一般都能提前开花，如牡丹、杜鹃花、山茶花、瓜叶菊、大岩桐等。但加温处理必须是成熟的植株，并在入冬前已形成花芽，否则不会成功。加温促成栽培，首先要确定花期，然后再根据花卉的特性确定提前加温的时间。在室温增加到20～25℃、相对湿度增加到80 %以上时，垂丝海棠经10～15d就能开花，牡丹经30～35d可开花，而杜鹃花则需40～50d开花（表13-5）。

表13-5 几种花卉春节开花所需温度和加温天数

种类	温度（℃）	处理天数（d）	种类	温度（℃）	处理天数（d）
碧桃	10～30	40～50	迎春	5	30
西府海棠	12～18	15～20	杜鹃花	15～20	50
榆叶梅	15～20	20			

有许多花卉在适宜的环境条件下可连续生长，开花不断，如月季、非洲菊、美人蕉、天竺葵等，都可通过加温使花期延长。但加温应提前进行，不使其受低温影响而停止生长，并结合施肥、浇水、修剪等技术措施，才能达到延长花期的目的。

增温催花的方法有：

（1）直接加温催花　入室前已完成花芽分化的种类，如瓜叶菊、山茶花、白兰花、蜡梅等，升温可使花期提前。

（2）入室前经过预处理　部分花卉如郁金香、百合等在室内加温前需一个低温过程完成花芽分化和休眠，然后再入室加温处理。应结合休眠控制等手段来调节花期。

（3）高温打破休眠　有时加温可以打破部分植物的休眠，常用的方法是温水浴法，即将植株或植株的一部分浸入温水中，一般30～35℃。如温水处理丁香、连翘的枝条，只需几个小时可解除休眠。

2. 降温

（1）休眠控制　多数植物都有低温休眠的特性，可通过控制休眠来控制花期。

①延长休眠期：常用低温处理使花卉在较长时间内处于休眠状态，达到延迟花期的目的。在早春气温回暖之前，对处于休眠的春季开花的花卉给予低温，使休眠期延长，开花期延迟。处理温度1～3℃，常有一个逐渐降温的过程。在低温休眠期间，要保持根部适当湿润。根据需要开花的日期、花卉的种类及气候条件，确定降温培养至开花所需的天数，然后确定停止低温处理的日期。一般在开花前20d左右移出冷室，逐渐升温、喷水和增加光照，施用磷、钾肥。

这种方法管理方便，开花质量好，延迟花期时间长，适用范围广。包括各种耐寒、耐阴的宿根花卉、球根花卉及木本花卉，如牡丹、梅花、山茶花等都可用此法调节花期。如杜鹃花、紫藤可延迟花期7个月以上，而且花的质量不低于春天开的花。

②低温打破休眠：休眠器官经一定时间的低温作用后，休眠即被解除，再给予延长休眠或转入生长的条件，可控制花期。

牡丹在落叶后挖出，经过 1 周低温储藏（温度在 1～5℃），再进入设施加温催花，元旦可上市。

对于高温休眠的种类，如郁金香、仙客来等用 5～7℃低温处理种球，可打破休眠并诱导和促进开花。

（2）低温春化　二年生花卉和宿根花卉在生长发育中需要一个低温春化过程，才能抽薹开花，如毛地黄、桂竹香、牛眼菊等。

对秋播花卉，若改变播种期至春季，在种子萌发后的幼苗期给予 0～5℃低温，使其通过春化阶段，可正常开花。

秋植球根花卉需要一段 6～9℃低温才能使花茎伸长，如君子兰、水仙、风信子等。

某些花木需经 0℃的低温，强迫其通过休眠阶段后，才能开花，如桃花等。

（3）低温延缓生长　采用降温的方法延长花卉的营养生长期达到延迟开花的目的。降温通常逐渐进行，最后保持在 2～5℃。如盆养水仙，用 4℃以下的冷水培养，可推迟开花。但这种方法在生产中不常用，因为延缓生长意味着产量下降。

对于原产夏季凉爽地区的花卉，因在夏季炎热地区生长不良，开花停止，若使温度降到 28℃以下，使其继续处于旺盛生长的状态，会继续开花，如仙客来、天竺葵、吊钟海棠等。

（三）生长激素调节

人工合成和从植物或微生物中提取的生理活性物质，称为植物生长调节剂，除生长素类、赤霉素类、细胞分裂素类、脱落酸、乙烯外，还包括植物生长延缓剂和植物生长抑制剂。花卉开花调节中，用于打破休眠，促进茎叶生长，促进成花、花芽分化和花芽发育。常用的药剂有赤霉素（GA）、萘乙酸（NAA）、2,4-D、比久（B_9）、矮壮素（CCC）、吲哚乙酸（IAA）、β-羟乙基肼（BOH）、秋水仙素、马来酰肼（MH）、脱落酸（ABA）。

1. 应用方法

（1）促进诱导成花　矮壮素、比久、嘧啶醇可促进多种植物的花芽形成。矮壮素浇洒盆栽杜鹃花与短日处理相结合，比单用药剂更有效。有些栽培者在最后一次摘心后 5 周，叶面喷施矮壮素 1.58%～1.84%溶液可促进成花。用 0.25%比久在杜鹃花摘心后 5 周喷施叶面，或以 0.15%喷施 2 次，其间间隔 1 周，有促进成花作用。比久可促进桃等木本花卉花芽分化，于 7 月以 0.2%喷施叶面，促使新梢停止生长，从而增加花芽分化数量。乙烯利、乙炔、BOH 对凤梨科的多种植物有促进成花作用，凤梨科植物的营养生长期长，需 2.5～3 年才能成花。以 0.1%～0.4% BOH 溶液浇灌叶丛中心，4～5 周内可诱导成花，之后在长日条件下开花，对果子蔓属、水塔花属、光萼荷属、彩叶凤梨属等有作用。田间生长的荷兰鸢尾喷施乙烯利可提早成花并减少盲花百分率。赤霉素对部分植物种类有促进成花作用。A. Long（1957）认为，赤霉素可代替二年生植物所需低温而诱导成花。细胞分裂素对多种植物有促进成花效应。玉米素可促进金盏菊及牵牛花成花。

（2）打破休眠，促进花芽分化　常用的有赤霉素、激动素、吲哚乙酸、萘乙酸、乙烯等。

通常用一定浓度药剂喷洒花蕾、生长点、球根、雌蕊或整个植株，可促进开花。也可用快浸和涂抹的方式，处理的时期在花芽分化期，对大部分花卉都有效应。例如用 500～1 000μL/L 浓度的赤霉素，点在牡丹、芍药的休眠芽上，几天后芽可萌动；喷在牛眼菊、毛地黄上，有代替低温的作用，可提早抽薹；涂在山茶花的花蕾上，能加速花蕾膨大，提早开花。宿根花卉芍药的花芽需经低温打破休眠，5℃至少需经 10d，如在促成栽培前用 GA_3 10mg/L 处理可提早开花并提高开花率；10～12 月用浓度为 100mg/kg 的赤霉素处理桔梗的宿根，可代替低温打破休眠。

（3）抑制生长，延迟开花　用生长抑制剂喷洒处理可延迟植物开花。三碘苯甲酸（TIBA）0.2%～1%溶液，矮壮素 0.1%～0.5%溶液，在生长旺盛期处理植物，可明显延迟花期。2,4-D 可抑制花芽分化，延迟开花，对花芽分化和花蕾发育有抑制作用。用 2,4-D 处理菊花时，用 0.01μL/L 处理的菊花呈初花状态，用 0.1μL/L 处理的菊花花蕾膨大，而用 5μL/L 喷过的花蕾尚小。

2. 应用特点

（1）相同的药剂对不同植物种类、品种的效应不同　赤霉素对一些植物有促进成花作用，如花叶万年青。而对多数其他植物，如菊花等具抑制成花作用。

相同的药剂因浓度不同产生不同的效果。如生长素在低浓度时促进生长，而在高浓度时抑制生长。

相同药剂用在相同植物上，因施用时期不同而产生不同效应。如吲哚乙酸对藜的作用，在成花诱导之前应用可抑制成花，而在成花诱导之后应用可促进成花作用。

（2）施用方法　易被植物吸收、运输的药剂如赤霉素（GA）、比久（B_9）、矮壮素（CCC），可用叶面喷施；能由根系吸收并向上运输的药剂如嘧啶醇、多效唑（PP_{333}）等，可用土壤浇灌；对易于移动或需在局部发生效应的，可用局部注射或涂抹，如 BA 可涂于芽际促进落叶，为打破球根休眠可用浸球法。

（3）环境条件的影响　有的药剂以低温为有效条件，有的需高温；有的需在长日条件中发生作用，有的需与短日相配合。此外土壤湿度、空气相对湿度、土壤营养状况以及有无病虫害等都会影响药剂的正常效应。

（四）栽培管理措施调节

运用播种、修剪、摘心及水肥管理等技术措施调节花期。根据花卉习性，在不同时期采取相应的栽培管理措施进行处理。由于地区、时间、当时的气候以及花卉苗木的大小、强弱等许多因子不同，必须根据当地气候等实际情况，确定采取的技术措施，并严格掌握，方可取得成功。

1. 调节植物播种期和栽植期

（1）调节播种期　不需要特殊环境诱导，在适宜的生长条件下只要生长到一定大小即可开花的植物种类，可以通过改变播种期来调节花期。多数一年生草本花卉属于中性植物，对光周期没有严格的要求，在温度适宜植物生长的地区或季节采用分期播种，可在不同时期开花。如在温室提前育苗，可提前开花。

翠菊的矮性品种于春季露地播种，6～7 月开花；7 月播种，9～10 月开花；于温室 2～3 月播种，则 5～6 月开花；8 月播种的幼苗在冷床上越冬，则可延迟到次年 5 月开花。

一串红的生育期较长，在春季晚霜后播种，可于 9～10 月开花；2～3 月在温室育苗，可于 8～9 月开花；8 月播种，入冬后假植、上盆，可于次年 4～5 月开花。一串红在 8 月下旬播种，冬季温室盆栽，不断摘心，在五一前 25～30d 停止摘心，五一时繁花盛开。

唐菖蒲在北方地区于 4 月中旬至 7 月底分期分批播种，可于 7～10 月开花不断。

瓜叶菊于 4、6、10 月分期播种，开花期自 11 月至次年 5 月，可达 5 个多月。

翠菊、万寿菊、美女樱等于6月中旬播种，百日草、凤仙花等于7月上旬播种，可为国庆节提供用花（表13-6）。

表13-6 十一用花的种类及播种期

播种期	花卉种类
3月中旬	百子石榴
4月初	一串红
5月初	半支莲
6月初	鸡冠花
6月中旬	圆绒鸡冠、翠菊、美女樱、银边翠、旱金莲、大花牵牛、茑萝、万寿菊
7月上旬	百日草、孔雀草、凤仙花、千日红
7月20日	矮翠菊

二年生花卉需在低温下形成花芽。在温度适宜的季节或冬季设施栽培条件下，也可调节播种期使其在不同时期开花。金盏菊在低温下播种30～40d开花，自7～9月陆续播种，可于12月至翌年5月陆续开花。紫罗兰12月播种，5月开花；2～5月播种，则6～8月开花；7月播种，则翌年2～3月开花。

（2）调节栽植期　改变植物的栽植时期可以改变花期。如需国庆节开花，可在3月下旬栽植葱兰，5月上旬栽植荷花，7月上旬栽植晚香玉、唐菖蒲，7月下旬栽植美人蕉（上盆，剪除老叶、保护叶及幼芽）。唐菖蒲的早花品种，1～2月在低温温室中栽培，3～5月开花；3～4月种植，6～7月开花；9～10月栽种，12月至翌年1月开花。

2. 采用修剪、摘心、抹芽等措施　月季、茉莉花、香石竹、倒挂金钟、一串红等多种花卉，在适宜条件下一年中可多次开花。通过修剪、摘心等技术措施可以预定花期。

月季从修剪到开花的时间，夏季40～45d，冬季50～55d。9月下旬修剪可于11月中旬开花，10月中旬修剪可于12月开花，不同植株分期修剪可使花期相接。

一串红修剪后发出的新枝经20d开花，4月5日修剪可于5月1日开花，国庆节前25～30d摘心，国庆节可按时开花。

如果为在国庆节开花，早菊的晚花品种在7月1～5日，早花品种在7月15～20日修剪。荷兰菊在短日照期间摘心后萌发的新枝经20d开花，在一定季节内定期修剪可定期开花。3月上盆后，修剪2～3次，最后一次修剪在国庆节前20d进行。

3. 水肥调节　人为控制水分，可强迫休眠；于适当时期供给水分，可解除休眠，使其发芽、生长、开花。采用此法可促使梅花、海棠、玉兰、牡丹等木本花卉在国庆节开花。例如，欲使玉兰在当年国庆节第二次开花，首先要在第一次开花后加强水肥管理，使新枝的叶、芽生长充实，然后停止浇水，人为地制造干旱环境，同时进行摘心，3～5d后将其移到凉爽的地方，并向植株上喷水，使其恢复生机，花芽便开始分化，这时再加施磷肥，使花芽尽快分化完成，可望在国庆节前开花。

通常氮肥和水分充足可促进植物营养生长而延迟开花，增施磷、钾肥有助于抑制营养生长而促进花芽分化。菊花在营养生长后期加施磷、钾肥可提早开花约1周。

有的花卉能连续发育出花蕾，总体花期较长，在开花后期增施营养可延长总花期。如仙客来在开花近末期增施氮可延长花期约1个月。

干旱的夏季，充分灌水有利于生长发育，促进开花。例如在干旱条件下，在唐菖蒲抽穗期充分灌水，可提早开花约1周。

在休眠期或花芽分化期，可通过肥水控制迫使植物休眠或促进花芽分化。如桃花、梅花等花卉在生长末期，保持干旱，使自然落叶，强迫其休眠，然后再给予适宜的肥水条件，可使其在10月开花。

三、花期调控应遵循的原则

1. 充分了解栽培对象生长发育特性　根据营养生长、成花诱导、花芽分化、花芽发育的进程和所需求的环境条件，休眠与解除休眠的特性及要求的条件，选定最适合的途径达到开花调节的目的。有的情况下只需一种措施就能达到定期开花的目的，例如在适宜的生长季内调节播种期。但经常遇到的是需采取多种措施方可达到目的，例如菊花周年供花需要调节扦插时期、摘心时期，采用长日照抑制成花促进营养生长，应用短日照诱导孕育花芽和花芽分化等多项措施。

2. 充分了解环境因子　了解环境因子对栽培植物起作用的有效范围及最适范围，各环境因子之间的相互关系，是否存在相互促进或相互抑制或相互代替的可能，以便在必要时相互弥补。例如低温可以部分代替短日照作用，高温和强光可部分代替长日照作用。

3. 充分了解设施性能　要了解设施、设备的性能是否与栽培对象的要求相符合，包括加光、遮光、加温、降温及冷藏等。例如冬季在日光温室促成栽培唐菖蒲，如果温室缺乏加温条件，当地光照过弱，则往往出现“盲花”、花枝产量降低或每穗花朵过少等现象。

4. 尽量利用自然环境条件　利用自然环境条件可以节约能源及设施，例如促成木本花卉开花，可以部分或全部利用户外低温以满足花芽解除休眠对低温的需求。

5. 根据开花时期选用适宜的品种　早花促成栽培宜选用自身花期早的品种，晚花促成栽培或抑制栽培宜选用晚花品种，可以简化栽培措施。例如香豌豆是量性长日花卉，冬季生产可用长日性弱的品种，夏季生产可用长日性强的品种。

6. 采用综合控制原则　花期控制措施种类繁多，有起主导作用的，有起辅助作用的。有同时使用的，也有先后使用的。必须按照植物生长发育规律及各种有关因子，并利用外界条件，综合进行科学判断，加以选择。使植物的生长发育达到按时开花的要求，在开花时还要给予适合开花的条件，才能使之正常开花。

第四节　园林树木的安全性管理

园林绿地中有许多成年的大树，由于受到自然或人为活动的影响而处于衰退的状态，有的出现严重的损伤，这类植物不仅不能发挥正常的功能，还可能直接构成对居民人身或财产的损害，因此在园林植物养护与管理工作中，安全性管理及树体保护是十分重要的。

一、园林树木的不安全因素及其评测

在人们居住的环境中总有许多大树、老树、古树，以及不健康的植物，由于种种原因而表现生长缓慢，树势衰弱，根系受损，树体倾斜，出现断枝、枯枝等情况，这些植物如遇到大风、暴雨等异常天气容易折断、倒伏，树枝垂落而危及建筑设施，并构成对人群安全的威胁。事实上几乎所有的植物都具有潜在的不安全因素，即使健康生长的植物，有的因生长过速枝干强度降低而成为城市的不安全因素。因此城市植物的经营者不仅要注意已经受损、发现问题的植物，而且要密切关注暂时看起来健康的植物，并建立植物安全管理体系。

（一）危险树木的定义

一般将具有危险的树木定义为，树体结构发生异常并且有可能危及目标的植物。

1. 树体结构异常 树体结构异常主要表现为由病虫害引起的枝干缺损、腐朽、溃烂，各种损伤造成树干劈裂、折断，一些大根损伤、腐朽，树冠偏斜、树干过度弯曲、倾斜等。树木结构方面的因素主要包括以下几方面。

（1）树干部分 树干的尖削度不合理，树冠比例过大、严重偏冠，具有多个直径几乎相同的主干，木质部发生腐朽、空洞，树体倾斜等。

（2）树枝部分 大枝（一级或二级分枝）上的枝叶分布不均匀，大枝呈水平延伸、过长，前端枝叶过多、下垂，侧枝基部与树干或主枝连接处腐朽、连接脆弱，树枝木质部纹理扭曲，腐朽等。

（3）根系部分 根系浅、根系缺损、露出地表、腐朽，侧根环绕主根影响其他根系的生长。

2. 危及目标 不安全的树木除了树木本身外还必须具有其危及的目标，如树木生长在旷野不会构成对财产或生命的威胁，因此不用判断为安全性有问题的植物，但在城区就要慎重处理。城市树木危及的目标包括各类建筑、设施、车辆、人群等。人群经常活动的地方，如人行道、公园、街头绿地、广场等，以及重要的建筑附近的树木应是主要的监管对象。也应注意树木对地面和地下部分城市基础设施的影响。

另外一种特殊的情况是，树木生长的位置以及树冠结构等方面对交通的影响，也是树木造成不安全的因素。例如，十字路口的大行道树，过大的树冠或向路中伸展的枝叶可能遮挡司机的视线；行道树的枝下高过低也可能造成对行人的意外伤害。

（二）危险树木的评测

对树木潜在危险性的评测，一般通过观察树木的各种表现或树体的各项指标测量，例如树木的生长、各部位形状是否正常，树体平衡性及机械结构是否合理等，并与正常生长的树木进行比较做出诊断。这种方法称为望诊法（visual tree assessment，VTS），即通过对树木的表现来判断。

德国树木学家 Claus Mattheck 认为该方法主要建立在以下基础上：

①树干、树枝的机械强度与树木结构有关。每种树木都在长期的进化过程中形成了独特的生长特性，以维持其树体机械结构的合理性。因此，正常情况下树木均能承受其树冠本身的重量造成的应力及外界风雪的压力。

②树木是生命体，能通过调整树体的各部分来平衡生长与支撑之间的关系。因此，树木的生长使各方面的压力、应力均衡分布在其表面。树木适应这类经常性的应力分布规律，但一旦在某个位置发生应力的变化，该处就成为脆弱点。

③虽然一般认为整个树干起着支撑的作用，但事实上树木的边材才起着主要的支撑作

用，这为推断树干强度提供了依据。

④正常的树木一般情况下不会在某个部位负载过大或失去负荷。但大风、冰雪等异常天气发生时，会使树木的某个部位负荷加重，破坏原先的平衡造成该处脆弱。另外，如果生长的立地条件发生变化，例如周围的树木被伐去，留下的树木生长节律发生变化，进而在一段时间内生长平衡发生改变，在重新调整结构趋向新的平衡点之前，树木成为脆弱点。

⑤树木在某处表现对外界压力反应的生长变化。例如发生机械性损伤时，促使形成层活动加快修复损伤，经常看到的生长旺盛处可能就是机械强度减低的位置，称为因修复生长产生的症状。

⑥树木内部的解剖特征。例如木质部纤维素的长度、排列，纤丝角等木材的超微结构都直接关系到树木的机械强度。

因此，树干外表的一些异常变化往往预示其强度上的变化，这是观察评估树木是否存在安全问题的关键。例如树干部位有隆突、肿胀，一般是内部发生腐烂或有空洞；条肋状的突起指示树干内部有裂缝；树皮表面局部的横向裂缝表示该处受轴向的张力，而纵向裂缝或变形则表示该处受轴向的压力。

（三）危险树木的检查评测周期

城市树木的安全性检查应成为制度，进行定期检查与及时处理，一般间隔1～2年。我国在这方面还没有明确的规定，一般视具体情况而定。但在其他国家均已制订具体的要求，例如美国林务局要求每年需检查1次，最好是1年2次，分别在夏季和冬季进行；美国加利福尼亚州要求每2年1次，常绿树木在春季检查，落叶树木在落叶以后检查。应该注意的是，检查周期还需根据树木及其生长的位置、树木的重要性以及可能危及目标的重要程度来确定。

二、树木腐朽及其诊断

（一）树木腐朽的概念

树木腐朽是城市树木管理与经营中的主要内容之一，因为腐朽直接降低树干、树枝的机械强度。理论上讲，树木出现腐朽情况时就应视其对人群与财产安全具潜在威胁，但并非所有腐朽的树木都必然构成对安全的威胁，重要的是确认哪些部位的腐朽、腐朽到什么程度、如何控制和消除导致腐朽的因素等。因此，了解树木腐朽的发生原因、过程，做出科学的诊断和合理的评价是十分重要的，一旦做出诊断并给予适当处理，那么这些树木不仅不会再构成威胁，还可以成为城市的别样景观。

树木的腐朽过程是木材分解和转化的过程，即在真菌或细菌作用下，木质部分解为简单的形式。虽说腐朽一般发生在木质部，但能使形成层细胞死亡，最终造成树木死亡。经过多年研究，对于树干腐朽有以下几点认识：

①树干腐朽与植物有很大关系，一些植物腐烂的速度高于其他植物，而同种植物的不同个体也存在差异。

②不同的真菌对木材的入侵感染能力不同。

③树干的腐朽受水分与空气影响，树干的含水量足以满足真菌的需要，如果水分能通过树干的伤口进入木质部，真菌的孢子和细菌也能随水分一起侵入。因此，树干中空气的量对于侵入的真菌能否生长显得更为重要。

④昆虫、鸟类、啮齿动物的活动将空气带入树干木质部，使真菌得以生长，致使木质部腐朽发生。

⑤树干腐朽与树木的年龄、生长情况、伤口的位置，以及生长环境都有很大关系。

（二）树木腐朽的过程

一般将树木的腐朽过程划分为以下几个阶段：

1. 初期阶段 腐朽的初期木材变色或不变色，但无论出现何种情况木质部组织的细胞壁变薄，导致强度降低。因此在观察到腐朽变色之前，木材的强度已经发生变化。

2. 早期阶段 已能观察到腐朽的表象，但一般不十分明显，木材颜色、质地、脆性均稍有变化。

3. 中期阶段 腐朽的表象已十分明显，但木材的宏观构造仍然保持完整的状态。

4. 后期阶段 木材的整个结构改变、被破坏，表现为粉末状或纤维状。

当树木的某个部位被诊断为腐朽，下一步应确定其腐朽的范围，腐朽部位的力学性质。因为，树干发生腐朽后在早期其力学性质可能变化不大，强度是逐渐降低的，最终可能形成空洞。因此，对重要树木的腐朽实施监控的重要内容，就是确定其腐朽部位材质变化的动态过程，并找出其可能危及安全的临界点，达到有效的管理，目前已有仪器来测量和判断树干或大枝腐朽的程度，如果检测结果表明腐朽部位残留的强度已不足支持，应及早伐去、修剪或采取其他加固措施。

（三）树木腐朽的类型

1. 不同真菌导致的木材腐朽 真菌可以降解细胞壁的组成成分，但是不同的真菌种类具有不同的酶以及其他生化物质，因此造成不同的木材腐朽方式。

（1）褐腐　褐腐是因担子菌纲的真菌侵入木质部降解木材的纤维素和半纤维素，微纤维的长度变短失去其抗拉强度，褐腐过程并不降解木质素。腐朽的木材颜色从浅褐色到深褐色，质地脆，干燥时容易裂成小块，用手易研成粉末。褐腐菌可导致多种树木腐朽。

（2）白腐　白腐是因担子菌纲和一些子囊菌的真菌导致的腐朽，这类真菌的特点是能降解纤维素、半纤维素和木质素，降解的速度与真菌种类及木材内部的条件有密切关系。可分为选择性的降木质化和刺激性的腐朽两大类。

2. 不同的腐朽部位 树木腐朽通常根据发生腐朽的部位进行划分，树木腐朽部位是确定该树木是否构成不安全的重要因素。

（1）心腐　心腐通常发生在树干及根颈部位，真菌经树枝残桩侵入引起树干腐朽，经树干基部伤口侵入则造成根颈腐朽。

（2）边材腐朽　有些真菌主要在已死亡的树干、暴露的边材或有氧的部位生长最好，它们需要大量的氧，更容易感染阔叶树，能经由生长极度衰弱趋于死亡的树枝向其他大枝甚至树干蔓延。另外一些种类能在少氧条件下生长侵入心材，并在垂直方向上蔓延。老树、生长衰弱的树木，其侵入真菌后腐朽速度比幼树、生长旺盛的树木快。

3. 变色 当木材受伤或受到真菌的侵蚀时，木材细胞的内含物发生改变以适应代谢的变化来保护木材，导致木材变色。木材变色是一个化学变化，可发生在边材或心材。木材变色本身并不影响其材性，但预示木材可能开始腐朽，并非所有的木材变色都指示着腐朽即将发生，例如，松类、栎类、黑核桃树木的心材随着年龄增长颜色变深，则是正常的过程。

4. 空洞　木材腐朽后期，腐朽部分的木材被真菌分解成粉末并掉落，形成空洞。树干或树枝的空洞总有一侧向外，有的可能愈合，有的因树枝的分叉而隐蔽，有的树干心材大部分腐朽形成纵向很深的树洞。沿着向外开口的树洞边缘组织常愈合形成创伤材，特别是在沿树干方向的边缘。创伤材表现光滑、较薄覆盖伤口或填充表面，但向内反卷形成很厚的边，如果树干的空洞较大，该部分为树干提供了必要的强度。

（四）树木腐朽的观察诊断法

1. 观测和评测树干及树冠的外观特征　如树干或树枝上有空洞、树皮脱落、伤口、裂纹、蜂窝、鸟巢、折断的树枝、残桩等，基本能指示树木内部已出现腐朽。即使伤口的表面具有较好的愈合，内部仍可能有腐朽部分，因此通过外表观测诊断有时是十分困难的，有的树木树干腐朽已十分严重，但生长依然正常。

2. 观测腐朽部位颜色变化　观测腐朽部位颜色变化是主要使用的方法，但不同植物、不同真菌的情况有很大差别，因此为这项工作带来很大的难度。

3. 木槌敲击听声法　用木槌敲击树干，可诊断树干内部是否有空洞，或树皮是否脱离。但该方法需要有一定经验的人来做，诊断有一定难度，对已发生严重腐朽的树干效果较好。

4. 生长锥法　用生长锥在树干的横断面上抽取一段木材，直接观察木材的腐朽情况，如是否有变色、潮湿区，也可在实验室培养抽出的纤维来确定是否有真菌寄生。该方法一般适用处于腐朽早期或中期的树木，如果采用实验室培养的方法，则在腐朽初期就能有效诊断。但生长锥造成的伤口可能成为木腐菌侵入的途径，另外对于特别重要珍贵的古树名木也不宜采用。

5. 小电钻法　用钻头直径3.2mm的木工钻在检查部位钻孔，检查者根据钻头进入时感觉承受到的阻力差异，以及钻出粉末的色泽变化，来判断木材物理性质的可能变化，确认是否有腐朽发生。与生长锥法相同，可以取样来做实验室的培养。该方法一般适用于腐朽达到中期程度的树木，但需要有经验的人员来操作，其主要缺点是损伤树木，造成新的伤口，增加感染机会。

6. 其他探测技术　目前国外设计生产了一些比较先进的仪器探测技术用于树木腐朽的观察诊断，如携带式Resistograph仪器、Fractometer仪器探测可用于野外探测树干内部的腐朽，目前用于医院CT扫描的层面X射线照相技术（computerised tomographic）用于古树名木的树干检查，运用声波传输时间技术（transmission time technique）探测活立木的树干内部腐朽情况。

（五）树干腐朽后强度的损失

树干能抵御一定程度的各种压力和拉力，这种能力的大小取决于树种，负载的类型、方向及大小，温湿度等环境因子。木材腐朽后其强度的丧失发生在木材重量及密度损失之前，即在木材腐朽早期其强度迅速减低，然后重量减轻，而这一点却常不被注意。

关于树木腐朽后强度损失的研究很多，主要有Wagener公式、Barlett公式、CoDer公式、Mattcheck公式等来计算树木腐朽后强度的损失。虽然4个公式对腐朽造成的强度损失的估计不同，但都提出了一个树干腐朽后构成威胁的阈值，即超过该值时理论上应伐去该树木，以免带来危险，可为管理者提供参考。

把树木看作刚体，通过计算强度的损失来确定构成危险的阈值，在实际应用时比较复杂，因为公式的依据是由匀质材料构成的完全的几何体，但树木不可能是规则的几何体，也非匀质材料，而且不同树木的材性差异很大，相同的树种受立地条件、气候、人工管理措施的影响也存在差异。因此，不可能应用某一类计算公式来确定所有树木的木材强度变化。对于城市树木的养护与管理来说，应结合当地的实际情况，对不同树种的树木腐朽可能造成的不安全现象开展系统研究，制定切实可行的评价标准是最为重要的工作内容。我国对于这方面的研究几乎是空白，主要原因是目前对城市树木的管理尚未达到系统化的水平，对树木可能危及居民的认识不足，甚至错误地认为是自然现象不可避免，有悖于城市植树、绿化的初衷。

三、树木的安全性管理

（一）建立安全管理系统

城市绿化管理部门应建立树木安全管理系统作为日常的工作内容，加强对树木的管理和养护，尽可能减少树木可能带来的损害。

树木安全管理系统应包括如下内容：

①确定树木安全性的指标，如根据树木受损、腐朽或其他原因构成对人群、财产安全威胁的程度，划分等级，最重要的是构成威胁的门槛值的确定。

②建立树木安全性定期检查制度，对不同生长位置、树木年龄的个体分别采用不同的检查周期。对已经处理的树木应间隔一段时间后进行回访检查。

③建立管理信息档案，特别是对行道树、街区绿地、住宅绿地、公园等人群经常活动场所的树木，具有重要意义的古树、名木，处于重要景观的树木等，建立安全信息管理系统，记录日常检查、处理等基本情况，可随时了解情况，遇到问题及时处理。随着计算机技术的普及，这项工作已被数据库代替了，近年来更是运用地理信息系统来实现管理。

④建立培训制度，从事检查和处理的工作人员必须接受定期培训，并获得岗位证书。

⑤应建立专业管理人员和大学、研究机构的合作关系，树木安全性的确认是一项复杂工作，有时需要应用各种仪器设备，需要有相当的经验，因此充分利用大学及研究机构的技术力量和设备是必要的。

⑥应有明确的经费渠道。根据上述要求，应对每一株应接受检查及已接受检查的树木，建立档案卡片，这项工作需较大的投入，因此应纳入城市树木日常管理预算中。

对于树木安全性的检查和诊断，是一项需要经验和富于挑战性的工作，因此在认真观察和记录检查与诊断结果的同时，应注意比较前后检查诊断期间树木表现，确认前次检查的准确程度，有助于今后的工作。

（二）建立分级评测系统

1. 分级评测的意义 评测树木安全性的目的，是为了确认该树木是否可能构成对居民和财产的损害，如果可能发生威胁，那么需要做何种处理才能避免损失，或把损失减小到最低程度。对于一个城市，特别是拥有巨大数量树木的大城市来讲，这是一项艰巨的工作，几乎不可能对每一株树木实现定期检查和监控。多数情况是在接到有关报告，或在台风来到之前对十分重要的目标进行检查和处理。当然，对于现代城市的绿化管理来说这是远远不够的。因此，必须采用分级管理的方法，即根据树木可能构成威胁程度的不同来划分等级，把那些最有可能构成威胁的树木作为重点检查的对象，并做出及时的处理。分级管理的办法已在许多国家实施。

2. 分级评测的内容及特点　一般根据以下几个方面来评测：

①树木折断的可能性。

②树木折断、倒伏危及目标（人、财产、交通）的可能性。

③树种因子，根据不同树木种类的木材强度特点来评测。

④对危及目标可能造成的损害程度。

⑤危及目标的价值，以货币形式计价。

上述的评测体系包括3个方面的特点：

①树木特性是生物学基础。

②树木受损伤、受腐朽菌感染、腐朽程度，以及生长衰退等因素，有外界因素也有树木生长的原因。

③可能危及的目标情况，如是否有危及的目标及其价值等因素。上述各评测内容，除危及对象的价值可用货币形式直接表达外，其他均用百分数来表示，也可给予不同的等级。

3. 分级监控体系　根据以上分析，从城市树木的安全性考虑，根据树木的生长位置、可能危及的目标建立分级监控与管理系统。

（1）Ⅰ级监控　针对生长在人群经常活动的城市中心广场、绿地、主要商业区、住宅区、重要建筑物附近单株栽植的已具有严重隐患的树木。

（2）Ⅱ级监控　除上述地段以外人群一般较少进入的绿地虽表现出各种问题，但尚未构成严重威胁的树木。

（3）Ⅲ级监控　公园、街头绿地等成片树林中的树木。

复 习 思 考 题

1. 工程建设前和建设期间的园林植物如何养护管理？
2. 试述园林工程填方与挖方的危害及防治措施。
3. 地面铺装对植物有什么危害？如何防治？
4. 简述主要的生长调节剂种类及其作用。分析影响生长调节剂应用效果的因素。
5. 植物抗蒸腾保护剂和土壤保水剂有何作用及效果？结合实际说明其使用方法。
6. 什么是促成栽培及抑制栽培？生产上有何意义？
7. 结合实际分析花期控制的原理及途径。
8. 什么是危险的植物？如何对危险性植物进行评测和安全管理？
9. 简述树木的腐朽过程和类型，树木腐朽的探测与诊断方法。

主要参考文献

包满珠．2003. 花卉学［M］. 第2版．北京：中国农业出版社．
曹春英．2001. 花卉栽培［M］. 北京：中国农业出版社．
陈发棣，郭维明．2009. 观赏园艺学［M］. 第2版．北京：中国农业出版社．
陈其兵．2007. 园林植物培育学［M］. 北京：中国农业出版社．
陈有民．2007. 园林树木学［M］. 北京：中国林业出版社．
成海钟．2002. 园林植物栽培养护［M］. 北京：高等教育出版社．
郭学望，包满珠．2002. 园林树木栽植养护学［M］. 北京：中国林业出版社．
胡长龙．1996. 观赏花木整形修剪图说［M］. 上海：上海科学技术出版社．
黄金锜．2003. 屋顶花园设计与营造［M］. 北京：中国林业出版社．
李承水．2007. 园林树木栽培与养护［M］. 北京：中国农业出版社．
李光晨，范双喜．2004. 园艺植物栽培学［M］. 北京：中国农业大学出版社．
李小龙．2004. 园林绿地施工与养护［M］. 北京：中国劳动社会保障出版社．
刘金海，王秀娟．2009. 观赏植物栽培［M］. 北京：高等教育出版社．
刘庆华，王奎玲．2003. 花卉栽培学［M］. 北京：中央广播电视大学出版社．
刘树堂．2004. 无土栽培实用技术［M］. 济南：黄河出版社．
刘燕．2008. 园林花卉学［M］. 北京：中国林业出版社．
龙雅宜．2004. 园林植物栽培手册［M］. 北京：中国林业出版社．
罗镪．2006. 园林植物栽培与养护［M］. 重庆：重庆大学出版社．
马凯，陈素梅，周武忠．2003. 城市树木栽培与养护［M］. 南京：东南大学出版社．
毛春英．1998. 园林植物栽培技术［M］. 北京：中国林业出版社．
佘远国．2007. 园林植物栽培与养护管理［M］. 北京：机械工业出版社．
施振周，刘祖祺．1999. 园林花卉栽培新技术［M］. 北京：中国农业出版社．
孙世好．1999. 花卉设施栽培技术［M］. 北京：高等教育出版社．
田如男，祝遵凌．2001. 园林树木栽培学［M］. 南京：东南大学出版社．
宛敏渭，刘秀珍．1979. 中国物候观测方法［M］. 北京：科学出版社．
王韫璆．1986. 园林树木栽培技术［M］. 北京：中国林业出版社．
魏岩．2003. 园林植物栽培与养护［M］. 北京：中国科学技术出版社．
温国胜，杨京平，陈秋夏．2007. 园林生态学［M］. 北京：化学工业出版社．
小黑 晃，杉井明美，等，著．2002. 花木栽培与造型［M］. 段传德，等，译．郑州：河南科学技术出版社．
吴丁丁．2007. 园林植物栽培与养护［M］. 北京：中国农业出版社．
吴亚芹．2005. 园林植物栽培养护［M］. 北京：化学工业出版社．
吴泽民．2003. 园林树木栽培学［M］. 北京：中国农业出版社．
张涛．2003. 园林树木栽培与修剪［M］. 北京：中国林业出版社．
张秀英．2005. 园林树木栽培养护学［M］. 北京：高等教育出版社．
张彦萍．2002. 设施园艺［M］. 北京：中国农业出版社．
赵和文．2004. 园林树木栽植养护学［M］. 北京：气象出版社．
郑芳．2007. 观赏园林植物栽培养护［M］. 沈阳：辽宁大学出版社．

周兴元．2006. 园林植物栽培［M］. 北京：高等教育出版社．

朱加平．2001. 园林植物栽培养护［M］. 北京：中国农业出版社．

祝遵凌，王瑞辉．2005. 园林植物栽培养护［M］. 北京：中国林业出版社．

邹长松．1988. 观赏树木修剪技术［M］. 北京：中国林业出版社．

图书在版编目（CIP）数据

园林植物栽培养护 / 严贤春主编 . —北京：中国农业出版社，2013.9（2018.12 重印）
普通高等教育农业部“十二五”规划教材 全国高等农林院校“十二五”规划教材
ISBN 978-7-109-17908-0

Ⅰ. ①园… Ⅱ. ①严… Ⅲ. ①园林植物－观赏园艺－高等学校－教材 Ⅳ. ①S688

中国版本图书馆 CIP 数据核字（2013）第 118838 号

中国农业出版社出版
（北京市朝阳区麦子店街 18 号楼）
（邮政编码 100125）
策划编辑 戴碧霞
文字编辑 戴碧霞

北京通州皇家印刷厂印刷 新华书店北京发行所发行
2013 年 9 月第 1 版 2018 年 12 月北京第 3 次印刷

开本：787mm×1092mm 1/16 印张：23.5
字数：588 千字
定价：46.50 元